Circuit Theory

Fundamentals of DC Circuits and Analysis

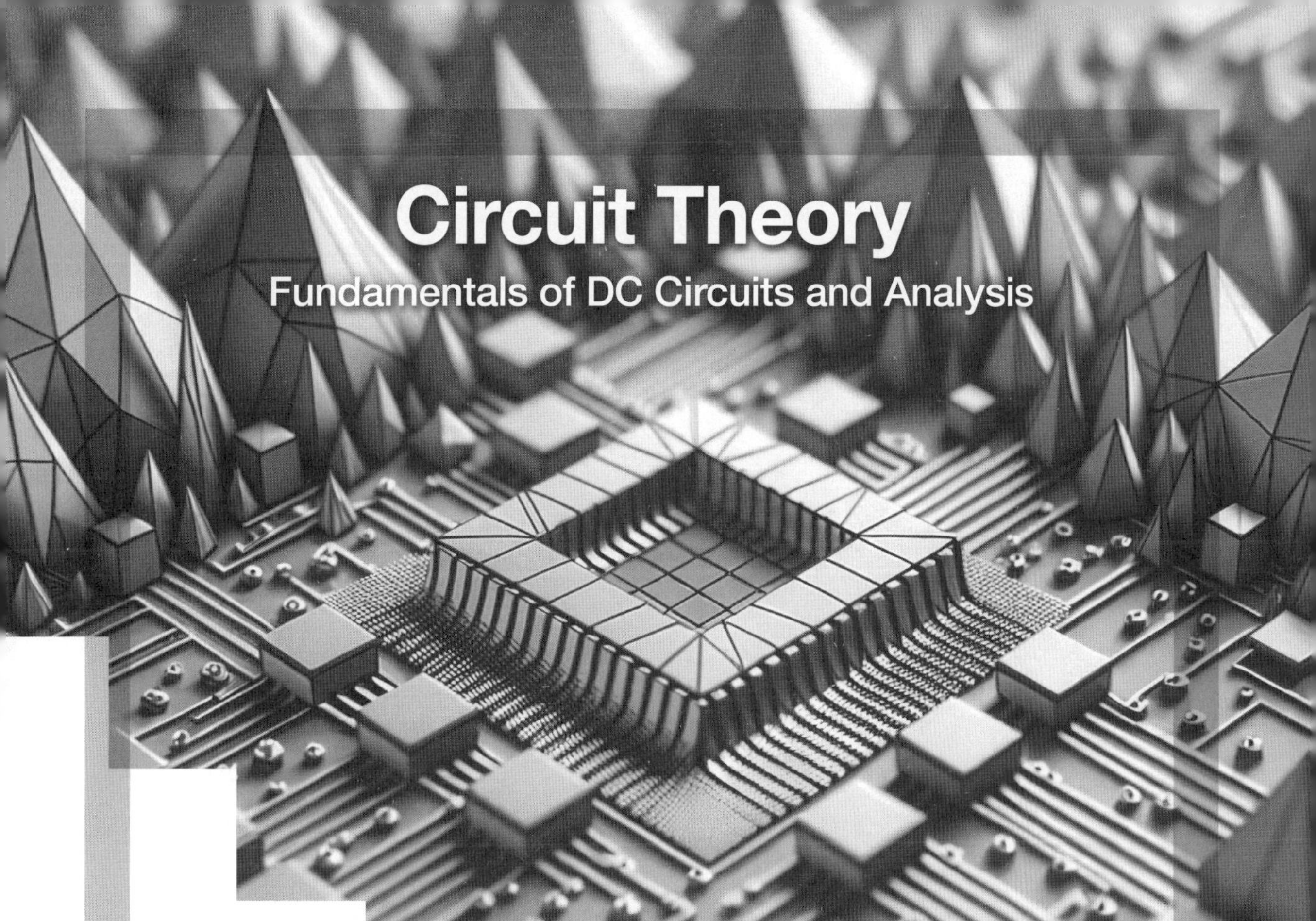

회로이론 1

직류회로와 해석의 기본

강석근 지음

도서출판 홍릉

저자소개

강석근

1988년 경북대학교 전자공학과, 학사
1993년 경북대학교 전자공학과, 석사
1999년 경북대학교 전자공학과, 박사
1993년 ~ 1994년 국방과학연구소, 연구원
2000년 ~ 2003년 National University of Singapore, Research Fellow
2003년 ~ 현재 경상국립대학교 반도체공학과, 교수

회로이론 1

직류회로와 해석의 기본

인 쇄: 2024년 3월 2일 초판 1쇄
발 행: 2024년 3월 8일 초판 1쇄

저 자: 강석근
발행인: 송 준
발행처: 도서출판 홍릉
주 소: 01093 서울시 강북구 인수봉로 50길 10
등 록: 1976년 10월 21일 제5-66호

전 화: 02-999-2274~5, 903-7037
팩 스: 02-905-6729
e-mail: hongpub@hongpub.co.kr
http://www.hongpub.co.kr
ISBN: 979-11-5600-170-6(93560)

정 가: 27,000원

PREFACE

회로이론은 전기공학, 전자공학, 반도체공학, 제어계측공학, 메카트로닉스공학 등의 학과에 입학한 학생들이 2학년 전공에 진입하면서 가장 처음 접하는 기초 교과목이다. 특히, 전자회로, 펄스회로 또는 스위칭회로, 그리고 이러한 회로 및 시스템의 설계 관련 교과목을 학습하기 위한 선수과목으로 반드시 학습하여야 하는 교과목이므로 그 중요성을 아무리 강조해도 지나치지 않다.

고교 교육과정 및 대학교 기초 교육과정의 변화 반영

저자는 지난 20여 년 간 회로이론을 가르치면서 우리나라 고교 교육과정, 특히 수학과 과학 교과의 변화가 이공계 대학 교과목의 학습 능력에 어떤 영향을 끼쳐왔는지 줄곧 지켜보았다. 대부분의 우리나라 대학교들이 고교 교육과정의 변화에 대응하기 위하여 부단히 노력해왔다. 이와 같이 고교 및 대학교 기초 교육과정이 변화하는 과정에서도 저자는 고교 교과과정에서 미적분을 학습하고, 대학교 1학년 대학수학 등을 통하여 미적분방정식과 행렬에 대한 학습을 이수하였거나 공학수학 교과를 이수한 학생이라면 회로이론을 공부하는데 아무 지장이 없도록 교재를 준비하였다.

집필 동기

회로이론이라는 교과목이 정확하게 언제부터 시작되었다고 정의하기는 어렵지만 적어도 100년 이상 그 이론과 내용들이 정립되고 추가되었으며, 학문 후속 세대들에게 기초 교과목으로 강의되었다. 물론, 길게 보면 저자도 훌륭한 선배 교수님들이 대학교 현장에서 학생들을 가르치면서 저술한 교재나 유명 학자들이 저술한 원서를 바탕으로 공부한 학문 후속 세대의 한 명일 것이다. 하지만 막상 대학교에서 학생들에게 회로이론을 가르치면서 선배 교수님들이 저술한 눈부신 교재들이 가지고 있는 사소한 단점들을 보완할 필요성과 함께 학생들이 좀 더 이해하기 쉬우면서도 최근 공학교육인증제에서 요구하는 여러 가지 학습성과들을 골고루 반영할 수 있는 교재의 필요함을 느꼈다.

특별히 염두에 둔 점

저자는 이 교재를 준비하면서 다음과 같은 사항을 특히 염두에 두었다.

① 다양한 학습자들이 혼자서도 학습할 수 있어야 한다.

회로이론은 전기전자공학 관련 학문 분야에서 가장 처음 접하는 전공 교과목이며, 전자회로나 스위칭회로 등 보다 높은 수준의 교과목을 학습하기 위한 기본 교과목이다. 또한, 마이스터고를 비롯한 특성화 고교를 졸업하고 사회에 진출하여 이론적인 배경지식이 부족하거나, 대학교에서 학습한지 꽤 오랜 시간이 경과된 관련 분야의 많은 엔지니어들도 학습하기를 희망하는 교과목이다. 따라서 이론 학습과 연습문제 등 주요 내용뿐만 아니라 서술 문체까지도 거부감이 적어서 대학교에서 교과목을 수강하지 못하더라도 이들이 충분히 혼자서 학습할 수 있어야 한다.

② 학습 순서를 반드시 지켜야 한다.

거의 대부분의 이공계 학문에서 학습은 기초-발전-심화-응용의 순서로 진행되며, 단일 교과목에서도 그 순서는 여전히 유효하다. 이것은 학습자의 호기심을 자극하는 수단으로서의 유효성뿐만 아니라 교재의 처음부터 끝까지가 일관된 주제를 가지면서 하나의 스토리텔링으로 이어져야 학습성과를 보장할 수 있다. 따라서 저자는 어떤 주제든지 하나의 일관된 흐름을 벗어나지 않도록 각별히 주의하면서 내용을 조정하였다. 가령, 수동소자의 Δ-Y 결선에 대한 학습은 2장(회로이론 I)에서 다룰 수도 있으나 Δ-Y 결선구조는 3상 전기회로시스템의 기본 구조이므로 11장(회로이론 II)에 가서야 내용을 서술하였다. 또 다른 예를 들자면, 종속전원이 포함된 테브냉-노튼 등가회로에 대한 해석이다. 테브냉-노튼 등가회로에 대한 가장 일반적인 이론은 2장(회로이론 I)에서 서술하였다. 하지만 종속전원은 연산증폭기에서 구체적으로 다루는 것이 일반적이다. 따라서 부분적으로 내용의 중복이 있음은 불가피한 것으로 판단하여 종속전원이 포함된 테브냉-노튼 등가회로는 3장(회로이론 I)에서 학습할 수 있도록 내용을 조정하였다.

③ 예제와 연습문제는 학습성과를 높이는 중요한 도구이다.

거의 대부분의 이공계 교과목들이 추구하는 것처럼 회로이론도 많은 주제를 수학적 도구들을 사용하여 논리적으로 이론을 전개하고 결론을 유도한다. 이러한 수학적 도구들이 실제적으로 회로를 해석하는데 어떻게 사용되는지 또는 주어진 회로를 어떤 방법을 사용하여 방정식으로 전개하는지는 학습자들이 스스로 학습하는데 가장 어려워하는 사항이다. 따라서 저자는 학습 내용에서 소개한 이론 전개과정을 직접 적용할 수 있는 많은 예제들을 준비하기 위하여 노력하였다. 하지만 본문에서 너무 많은 예제들을 다루면 자칫 학습주제들의 일관된 흐름을 방해할 수 있는 요소가 되므로, 더 많은 다양한 구조의 회로를 연습문제에서 다룰 수 있도록 조정하였다. 기존의 일부 교재들은 다양성을 위하여 지나치게 어렵거나 복잡한 구조의 회로를 연습문제에 포함시킴으로써 학습자들이 오히려 풀이를 포기하는 경우가 있었던 것이 사실이다. 저자는 이러한 우를 범하지 않기 위하여 풀이가 제공되지 않는 예제 문제 수준이나 그것보다 조금 더 심화 수준의 연습문제를 준비함으로써 학습자들이 풀이에 대한 호기심을 자극할 수 있도록 노력하였다. 또한, 비슷하지만 조금씩 다른 구조의 회로를 제시하는 방법으로 다양성을 제공하여 학습성과를 높이도록 유도하였다.

④ 문제해결뿐만 아니라 자기주도학습과 소통능력은 엔지니어의 기본이다.

다수의 우리나라 대학교는 공학교육인증제를 시행하고 있다. 공학교육인증제는 문제해결능력뿐만 아니라 소통능력과 자기주도학습능력을 학습성과를 판단하는 아주 중요한 요소로 사용하고 있다. 이에 비하여 많은 학생들은 교과목을 학습하면서, 특히 예제 문제와 연습문제를 학습하면서 문제해결에만 많은 시간을 소비함으로써 문제를 풀어내는 기계와 다름없는 상태로 변해가고 있음은 매우 안타까운 현상이다.

저자는 중간고사나 기말고사를 대비하는 학생들 중에서 연습문제의 풀이에 대하여 질문하러 연구실을 방문하는 학생들에게 가장 효과적인 학습방법 중의 하나는 자기가 풀어낸 방법을 동료 학생들에게 설명하는 것이라고 강조하고 있다. 그 이유 중에는 설명하고 가르쳐보면 허점을 발견하게 되어 굳이 교수님을 찾아서 질문할 필요가 사라지는 경우가 종종 발생하기 때문이다. 자기가 해결한 문제를 동료들에게 논리적으로 설명하여 이해시키는 소통능력과 이를 스스로에게 피드백함으로써 얻을 수 있는 자기주도학습능력은 공학교육뿐만 아니라 엔지니어의 기본이라고 판단하므로 저자는 풀이에 대한 설명을 소문제로 포함하고 있는 많은 연습문제를 준비하였다.

⑤ 문제 정의와 해결 능력은 적절한 공학도구를 활용하는 것보다 우선되어야 한다.

문제의 정의와 해결 능력과 적절한 공학도구 활용 능력은 공학교육인증제의 학습성과를 인증하는 중요한 요소들이다. 굳이 이들 중 더 중요한 것이 무엇인지를 판단하라면 저자는 문제를 정확하게 정의하고 해결할 수 있는 능력을 기르는 것이 우선되어야 한다는 생각이다. 특히, 회로이론처럼 해석에 필요한 다양한 공학도구들이 준비되어 있는 경우는 더욱 더 기본적인 능력 자체가 필요하다고 본다. 과학기술이나 컴퓨터 등이 발전하면서 활용할 수 있는 다양한 공학도구들이 소개되고 있다. 하지만 학습자나 엔지니어가 이미 주어진 회로를 해석할 수 있는 능력과 자기의 해석을 설명할 수 있는 능력을 갖추고 있다면 공학도구들은 확인을 위한 보조수단이 될 것이다. 이런 이유로 P-Spice, MultiSim, Matlab 등 회로해석을 위한 여러 가지 시뮬레이션 소프트웨어들이 있음에도 불구하고 이들을 활용하는 것을 이 교재에는 포함시키지 않았다. 하지만 꼭 필요하다면 학습자들이 이와 같은 공학도구들을 활용하도록 강의를 담당하는 교수님들이 권장할 만하다.

PREFACE

교재의 구성과 활용

전기전자회로의 해석에 사용되는 이론들은 대부분 매우 상식적이며, 그 종류도 몇 가지에 불과하다. 전하와 전압, 전류에 대한 기본적인 개념을 정확하게 이해하면 전원과 저항소자만으로 구성된 회로에 해석을 위한 이론을 적용할 수 있고, 또한 이를 통하여 회로해석방법의 거의 모든 내용을 익힐 수 있다.

회로이론은 전원의 종류, 회로를 구성하는 수동소자의 종류, 회로해석을 위한 수학적 도구, 회로의 구조 및 해석영역 등을 변화시키면서 동일한 회로해석방법을 적용시켜 주어진 회로의 다양한 파라미터를 분석하는 과정으로 구성된다. 가령, 1장부터 7장(회로이론 I)까지는 직류 전원을 주로 사용하고 8장(회로이론 I)부터 16장(회로이론 II)까지는 교류 전원을 사용한다. 또한, 1장(회로이론 I)부터 11장(회로이론 II)까지는 시간영역에서 해석하는 기술을 학습하고, 12장(회로이론 II)부터 마지막 16장까지는 시간영역보다는 주파수영역 해석에 초점을 두었다. 이에 따라 교재의 구성을 크게 분류하면 다음과 같다.

Part I

- 전원 : 직류
- 수동소자 : 저항
- 수학 도구 : 대수방정식
- 해석 영역 : 시간영역
- 교재 범위 : 회로이론 I

→

Part II

- 전원 : 직류
- 수동소자 : 저항, 인덕터, 커패시터
- 수학 도구 : 미분방정식
- 해석 영역 : 시간영역
- 교재 범위 : 회로이론 I

↓

Part III

- 전원 : 교류
- 수동소자 : 저항, 인덕터, 커패시터
- 수학 도구 : 페이저 및 복소수
- 해석 영역 : 시간영역
- 교재 범위 : 회로이론 II

←

Part IV

- 전원 : 교류
- 수동소자 : 저항, 인덕터, 커패시터
- 수학 도구 : 페이저, 라플라스변환 푸리에변환
- 해석 영역 : 주파수 및 s-영역
- 교재 범위 : 회로이론 II

PREFACE

저자의 조사에 의하면 학과(전공)에서 교과목에 대한 중요도, 학점 이수체계, 공학교육인증제의 도입 여부 등 여러 가지 이유와 목적에 따라 회로이론은 1학기, 2학기, 3학기 동안 강의되고 있다. 1년 2학기제로 운영되는 대부분의 대학교에서는 2학기 동안 강의하고 있으며, 이 경우 교재의 회로이론 I을 첫 학기에 수업하고 회로이론 II를 두 번째 학기에 수업하면 적당하도록 구성하였다. 1학기 동안 강의하는 경우에는 회로이론 I의 1장~7장까지는 필수적으로 강의하는 것이 바람직할 것으로 생각되며, 시간적 여유가 있으면 교류회로에 대한 개념을 제공할 목적으로 교재의 8장을 강의할 수 있도록 회로이론 I을 준비하였다. 극소수이긴 하지만 3학기 동안 강의하는 경우에는 Part I과 II에 해당하는 1장~7장을 첫 학기에, Part III과 IV의 일부분인 8장~14장을 두 번째 학기에, 그리고 세 번째 학기에는 Part IV의 15장, 16장과 함께 고급 회로망 해석을 더하여 강의하는 것을 제안한다. 이와 같은 분류와 제안은 어디까지나 저자의 개인적인 견해이다. 최근 중요성이 더해지고 있는 플립러닝, 프로젝트 기반 학습 등 학습 수요자 중심의 교육을 운영하는 경우뿐만 아니라 일반적인 강의에서도 실제로 강의를 담당하시는 교수님들의 회로이론 교육에 대한 철학과 효과적인 학습성과 제고에 대한 노하우를 반영하는 것은 가장 좋은 방법이라고 할 수 있다.

의견 수렴

저자는 이 교재를 준비하면서 갖은 노력을 다하였다고 감히 말할 수 있다. 그럼에도 불구하고 내용의 부족이나 오류, 바로잡지 못한 실수들이 여전히 여기저기에 있을 것으로 사료된다. 이 교재를 사용하여 강의하시는 교수님들과 학습자들의 제언, 칭찬, 질문, 오류 지적 등 다양한 피드백(sgkang@gnu.ac.kr)은 앞으로도 교재를 지속적으로 개선시키는데 크게 도움될 것으로 믿어 의심치 않는다.

감사

오로지 하나의 목적으로 달려왔던 거의 3년에 이르는 지난날들의 노력을 마감하며 서문을 쓰고 있는 이 시점에 저자는 교재가 어떻게 평가받을지에 대한 두려움이 떠오릅니다. 평가에 대한 두려움은 누구에게나 있는 것이고 온전히 저자가 감당할 몫입니다. 하지만 그 동안 짊어지고 있던 마음의 짐을 내려놓는다는 기쁨내지는 홀가분함이 앞서고, 이와 함께 그 동안 저자가 스스로 자처한 교재 집필의 길을 응원하고 격려하여 주신 많은 분들에게 감사함을 표할 수 있는 기회가 생긴 것 또한 매우 기분 좋은 일입니다.

부족함이 있었음에도 불구하고 첫 만남에서 선뜻 교재 출판을 허락하고 동행할 수 있는 기회를 제공한 도서출판 홍릉의 송준 대표님과 편집과 디자인 등 제반 실무를 담당하여 교재를

PREFACE

완성시킨 박찬혁 실장님께 감사함을 우선 표하고 싶습니다.
교재를 집필하는 동안 수동적으로 학과 업무에 임했음에도 오히려 격려를 아끼지 않았던 학과 선후배 교수님들께 고마운 마음을 전하고 싶습니다. 또한, 내용의 구성뿐만 아니라 심지어 출판 방법 등에 대한 조언과 응원을 보내주신 동료 교수님들께도 진심으로 감사한 마음을 전합니다. 이 교재의 시험판으로 수업을 진행하는 동안 오탈자와 풀이에 대한 이상한 점을 질문하여 바로잡을 수 있는 기회를 준 많은 제자들에게도 감사한 마음을 전하고 싶습니다.
마지막으로 지난 3년 가까운 시간동안 아무런 기여를 하지 못했음에도 불구하고 항상 잘하고 있다고 격려해주고, 저자가 어려운 점이 없도록 살피고 지원해준 아내와 가족이 있었기에 교재를 완성할 수 있었음은 너무나도 자명한 사실입니다. 이들의 이해와 협조, 격려와 희생에 대하여 아주 특별히 감사하게 생각하고 있습니다.

학습자에 대한 제언

대학교 1학년에서 교양 교과목을 이수하고 전공과정에 진입한 학생들이나 특성화고를 졸업하고 사회에 진출한 초보 엔지니어, 학교를 졸업한 이후 사회에서 관련 분야 업무를 수행하면서 필요성이 생겨 회로이론을 공부하는 학습자들은 우선 교재의 두께에 압도당하여 제대로 공부할 수 있을 것인가? 하는 두려움이 생길 것입니다.
회로이론 교재는 모두 이 정도의 외형을 가지고 있습니다. 어차피 모두 동일하므로 공부하겠다고 마음먹은 이상 피해갈 수 있는 방법은 없으니 일단 도전해보자고 생각하여야 합니다. 사실 회로이론의 내용을 전체적으로 미리 파악하고, 선형방정식, 삼각함수, 미적분학, 복소수 정도만 알면 그다지 어려운 공부도 아닙니다.

회로이론의 구성과 학습 주안점

회로이론은 대부분 다음과 같이 4개의 Part로 구성되어 있습니다.

Part I

- 전원 : 직류
- 수동소자 : 저항
- 수학 도구 : 대수방정식
- 해석 영역 : 시간영역
- 교재 범위 : 회로이론 I

➜

Part II

- 전원 : 직류
- 수동소자 : 저항, 인덕터, 커패시터
- 수학 도구 : 미분방정식
- 해석 영역 : 시간영역
- 교재 범위 : 회로이론 I

➜

Part III

- 전원 : 교류
- 수동소자 : 저항, 인덕터, 커패시터
- 수학 도구 : 페이저 및 복소수
- 해석 영역 : 시간영역
- 교재 범위 : 회로이론 II

➜

Part IV

- 전원 : 교류
- 수동소자 : 저항, 인덕터, 커패시터
- 수학 도구 : 페이저, 라플라스변환 푸리에변환
- 해석 영역 : 주파수 및 s-영역
- 교재 범위 : 회로이론 II

PREFACE

그 중에서 학습자 여러분들이 주어진 회로를 실제로 해석하는 기법들은 Part I에서 거의 대부분을 학습합니다. 회로이론 학습의 초석이 되는 1장의 기본 개념부터 실제 회로해석에 사용되는 세부 기법을 소개한 2장의 내용은 아주 정확하게 의미를 파악하여야 합니다. 3장에서는 전원에 대한 간단한 분류와 함께 실제 회로설계에서 가장 자주 사용하는 연산증폭기가 소개되며, 1장~3장까지의 내용을 적용하여 회로를 해석하는 거의 모든 방법은 4장에서 학습합니다. 그러므로 4장의 내용까지 정확하게 학습하는 것은 회로이론 학습에서 무엇보다 중요한 일입니다.

Part II의 5장부터는 인덕터와 커패시터를 회로에 추가하여 해석합니다. 물론, 이들 소자의 특성에 대하여 5장에서 별도로 공부하겠지만, 그 외의 회로해석 방법은 Part I에서 학습한 내용의 반복입니다. Part III과 Part IV에서 학습하는 좀 더 어려운 내용들도 주어진 회로를 해석하는 방법은 Part I에서 학습한 기법들을 그대로 적용합니다. 따라서 앞에서 강조한 것처럼 Part I에서 학습하는 내용들은 모두 정확하게 학습할 것을 다시 한 번 강조합니다.

연습문제의 중요성

대부분의 이공계 학문에서 학습은 기초-발전-심화-응용의 순서로 진행됩니다. 여러분이 각 장의 주제를 충실히 학습하는 동안 그 내용들이 어떻게 적용되는지를 예를 들어 확인하는 것이 풀이과정이 제공되는 예제 문제입니다. 하지만 예제 문제들만으로는 충분히 다양한 회로구조를 학습하는데 한계가 있습니다. 이러한 한계를 극복하기 위하여 충분히 많은 연습문제를 각 장의 마지막에 제시하였습니다.

연습문제는 단순히 학습자를 시험하거나 보고서 작성을 위하여 준비한 것이 아닙니다. 또한, 문제를 위한 문제로 준비한 것은 거의 없습니다. 아마 풀어보면 알겠지만 각 장의 본문에서 학습한 내용을 확인할 수 있는 기초적인 문제부터 회로구조가 조금씩 변경되면서 여러분의 호기심을 자극하여 기초-발전-심화-응용이라는 단계별 학습 발전이 이루어지도록 치밀하게 준비하였습니다. 그러므로 학습자들은 각 장의 연습문제를 빠짐없이 풀고 동료들과 의견을 나누어 볼 것을 권장합니다.

소통능력과 자기주도학습능력 배양

엔지니어는 단순히 문제를 해결하는 기계가 아닙니다. 주어진 문제를 정확하게 정의하여 해결하는 능력은 아주 중요하지만 그것은 기본에 불과합니다. 특히, 단순히 정답만을 알기 위하여 지식검색이나 인터넷 포털에 문의하는 것은 여러분의 학습 발전에 아무런 도움이 되지 않을 것입니다.

PREFACE

엔지니어는 자기가 해결한 문제를 동료를 비롯한 다름 사람들에게 설명하고 더욱 개선시킬 수 있는 방법에 대하여 궁금해 하여야 합니다. 그러기 위해서는 어떻게 문제를 해결하였는지, 왜 그런 해결방법을 사용하였는지, 그리고 그 결과를 통하여 어떤 점을 알게 되었는지 설명하고, 추가로 자기가 알게 된 점을 활용하여 개선시킬 수 있는 방법을 생각해보고 실행하는 능력의 계발이 필요합니다. 이런 이유로 공학교육인증제는 소통능력과 자기주도학습능력을 학습성과 인증을 위한 중요한 도구로 사용하고 있습니다.

시뮬레이션 소프트웨어 활용 추천

교재는 회로해석을 위한 세부적인 기법들부터 실제 회로해석 방법까지를 이론적으로 다루고, 학습자들이 익힐 수 있도록 다양한 구조의 회로를 연습문제로 제공하고 있습니다. 학습자들은 펜과 연습장, 공학용 계산기만으로도 이러한 문제를 해결할 수 있는 능력을 교재 학습을 통하여 갖추게 될 것입니다. 이와 함께 P-spice, MultiSim, Matlab 등 회로해석 결과를 확인할 수 있는 여러 가지 시뮬레이션 소프트웨어들이 있습니다. 이들을 활용하면 여러분들이 회로해석에 적용한 방법에 의한 결과가 정확한지 아닌지 확인할 수 있습니다. 따라서 저자는 다양한 시뮬레이션 소프트웨어의 활용을 추천합니다. 이것은 단지 회로해석에만 적용할 수 있는 것이 아니라 여러분들이 생각하는 것보다 훨씬 더 많은 방법으로 공학 현장에서 사용되고 있습니다. 따라서 이러한 도구들의 사용방법을 잘 알고 있는 것만으로도 학습자 여러분들은 학교나 직장에서 현실적인 문제를 해결할 수 있는 매우 유용한 지식을 학습하는 셈이라고 할 수 있습니다.

의견 수렴

마지막으로 이 교재를 사용하여 학습하는 동안 만족스럽지 못한 사항이나, 오류 등을 발견하면 출판사나 저자(sgkang@gnu.ac.kr)에게 알려 바로잡거나 보완할 수 있는 기회를 제공하기 바랍니다. 어떠한 제언이나 질문, 지적 등에도 고마운 마음으로 응답할 것입니다.

여러분의 학습이 항상 발전하기를 기원합니다.

PREFACE

To my lovely family

CONTENTS

CONTENTS

CONTENTS

CONTENTS

기본 개념

CHAPTER 01

1장 기본 개념

휴대폰이나 노트북 컴퓨터 등 휴대용 전자장치뿐만 아니라 가정용 및 산업용 전기・전자 제품은 일상생활을 영위하는데 거의 필수적으로 사용되고 있다. 이런 기기들에는 소자(device)들이 집적된 전기회로가 인쇄회로기판(printed circuit board, PCB)에 구현되어 있다. 회로이론 또는 회로해석론은 전기공학이나 전자공학 그리고 이들을 기반으로 하는 응용 학문을 전공하려고 하는 학생들이 가장 처음 배우게 되는 교과목들 가운데 하나이다. 그 이유는 통신, 전력, 제어, 집적회로 등 대부분의 전기・전자시스템을 설계하는 것은 흔히 소자(device)라고 부르는 전기적 요소(element)들을 목적에 맞게 연결시키는 것이라고 할 수 있다. 이와 같이 전기적 요소들을 상호 연결한 것을 전기회로(electric circuit), 전자회로(electronic circuit) 또는 전기네트워크(electric network)라고 한다. 따라서 회로해석은 전기회로 내에서 일어나는 상호 작용을 분석하여 전압(voltage), 전류(current), 전력(electric power) 등 전기적 파라미터를 이론적으로 결정하는 것이다.

주어진 전기회로를 정확하게 해석하기 위하여 필요에 따라 대수학, 물리학, 전기자기학, 기하학 등을 이용하여 방정식을 만들고 해를 구하는 과정이 주로 사용된다. 그러므로 회로이론은 매우 정량적인 기초 교과목이며 전기회로를 해석하기에 앞서 본 장에서는 앞으로 마주치게 될 전기회로의 해석을 위한 기본적인 개념, 정의, 규약, 그리고 단위들을 설명한다.

1.1 기본적인 정의와 단위

전기회로는 전기적 요소들, 즉 전기소자(앞으로는 줄여서 소자라고 한다)들의 상호 연결이라고 정의한 바 있다. 소자는 전기적 또는 화학적 작용이 발생하는 몸통(body)과 다른 소자와 연결되는 부분인 단자(또는 터미널, terminal)로 만들어진다. 그림 1.1은 2개의 단자를 가지는 소자를 나타낸다. 여기서 □로 나타낸 것은 소자의 몸통이고, −로 나타낸 것은 단자이다. 회로이론에서 가장 빈번하게 다루는 2단자 소자로는 저항(resistor), 인덕터(inductor), 커패시터(capacitor) 등이 있으며, 각각의 소자는 그림 1.1에서 □로 표시한 몸통을 대신하는 고유한 전기회로 심볼이 있다.

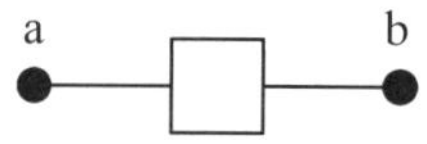

그림 1.1 2단자 소자

한편, 3개의 단자를 가지는 대표적인 소자로는 트랜지스터(transistor)가 있다. 또한, 그림 1.2에 나타낸 것처럼 여러 개의 소자들을 상호 연결하여 여러 개의 입력과 출력을 가지도록 하나의 패키지(package) 소자를 구성할 수도 있다. 이러한 패키지 소자는 주로 통신시스템이나 제어시스템 등이 목표로 하는 복잡한 기능을 달성하기 위한 용도로 직접회로(integrated circuit, IC)의 형태로 설계하여 구현한다.

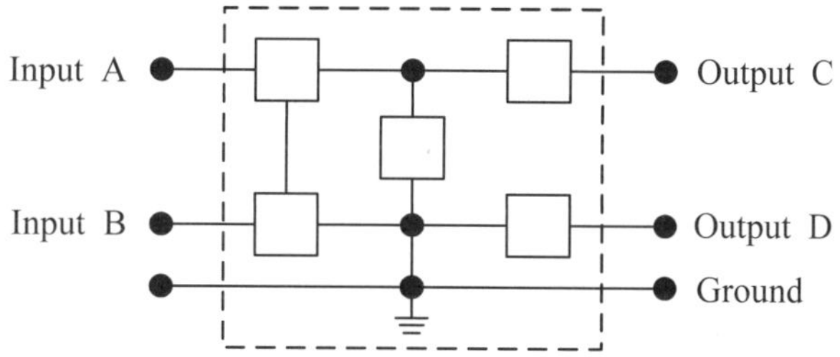

그림 1.2 2개의 입력과 2개의 출력을 가지는 패키지 소자

앞으로 회로이론에서 해석하게 될 대부분의 전기회로는 그림 1.3에 나타낸 것처럼 여러 개의 2단자 소자들로 구성되는 것으로 한다. 여기서 ●은 소자들을 상호 연결하는 연결점으로 마디 또는 노드(node)라고 한다. 마디에 연결되는 선은 단자들이 연장된 것으로 전선(electric wire)이 사용될 수도 있다. 그리고 마디 주변에 표시된 알파벳은 각 마디의 구분하기 위한 표식이며 회로소자는 아니다.

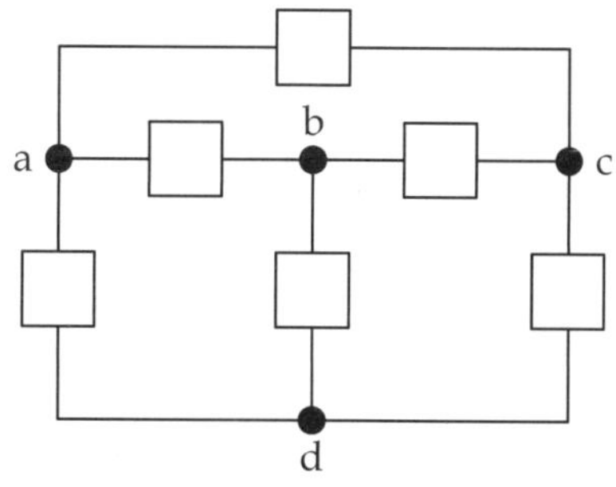

그림 1.3 여러 개의 2단자 소자로 구성된 전기회로

회로이론에서는 전기회로의 동작을 전압, 전류, 전력 등 전기적 파라미터의 구체적인 수치로 측정하여 나타낸다. 이와 같은 계측값은 국제적인 약속에 의하여 정해진 통일된 단위를 사용하여 표현하는 것이 편리하다. 오늘날 거의 대부분의 국제 전문학회, 산업 표준, 교과서 등에서 사용하는 표준 단위계는 1960년대 도량형총회(General Conference on Weights and Measures)에서 채택된 국제 단위계(International System of Units, SI)이다. SI 단위계에는 표 1.1에 나타낸 것처럼 6개 물리량에 대한 기본 단위가 있다. 6개의 물리량과 단위 가운데 회로이론과 직접적으로 관련 있는 것은 길이, 질량, 시간, 전하 등이 있다. 에너지, 힘, 전류 등과 같은 물리량에 대한 단위는 6개의 기본 단위를 조합하여 정의할 수 있다. 예를 들어, 힘의 단위는 뉴턴 [N]으로 1 [kg] 질량을 1 [sec]당 1 [m]로 가속시키는데 필요한 힘으로 정의된다. 따라서 1 [N] = 1 [kg・m/sec^2]이 되므로 힘의 단위는 표 1.1에 나타낸 6개의 기본 단위 가운데 질량, 길이, 시간의 조합으로 나타낼 수 있다.

표 1.1 국제 기본 단위

물리량	단위	기호
길이	meter	m
질량	kilogram	kg
시간	second	sec
전하	Coulomb	C
온도	Kelvin	K
밝기	candela	cd

SI 시스템에서는 매우 큰 수와 아주 작은 수를 표시하기 위하여 10의 거듭 제곱에 대한 정의도 포함하고 있다. 표 1.2는 10의 거듭 제곱에 대한 접두어와 표준 약어이다 1).

1) 여기서 유의할 점은 10^6 이상을 표시하는 표준 약어들은 대문자를 사용하는 것이다. 10^3을 표시하기 위하여 대문자 K를 사용하는 실수를 매우 빈번하게 볼 수 있다.

표 1.2 SI 시스템에서 10의 거듭 제곱에 대한 정의

	접두어	약어		접두어	약어
10^{18}	exa	E	10^{-1}	deci	d
10^{15}	peta	P	10^{-2}	centi	c
10^{12}	tera	T	10^{-3}	milli	m
10^{9}	giga	G	10^{-6}	micro	μ
10^{6}	mega	M	10^{-9}	nano	n
10^{3}	kilo	k	10^{-12}	pico	p
10^{2}	hecto	h	10^{-15}	femto	f
10^{1}	deka	da	10^{-18}	atto	a

1.2 전하와 전류

초등학교 과학실험에서 풍선을 스웨터에 문질러 머리에 갖다대면 머리카락이 일어서서 풍선의 표면에 달라붙는 정전기 현상을 관찰하였을 것이다. 이와 같은 전기적 현상은 모든 물질을 구성하고 있는 원자(atom)가 양성자(proton), 중성자(neutron), 전자(electron)로 이루어져 있기 때문에 발생한다. 전기적으로 중성인 원자에서 어떤 요인으로 인하여 전자가 떨어져 나가면 원자는 양의 전기적 성질을 가지게 된다. 즉, 전자는 음의 전기적 성질을 가지는 입자로 음전하와 거의 동일한 의미로 사용된다.

전하는 물질을 구성하는 원자의 전기적 성질을 의미하지만 전기 입자의 양을 나타내는 전하량을 대신하는 의미로 사용되기도 한다. 이때 전하의 단위는 표 1.1에 있는 것처럼 쿨롱(C)을 사용한다. 예를 들어, 전자는 1.6021×10^{-19} [C]의 음전하를 가진다. 이를 다르게 표현하면 1 [C]의 전하는 약 6.24×10^{18}개의 전자들을 모았을 때 가지는 총 전하량이 된다.

일반적으로 전하는 Q 또는 q라는 기호를 이용하여 표현된다. 대문자 Q는 주로 일정한 전하, 즉 전하량이 시간의 변화와는 관계없이 항상 일정한 전하를 나타낸다. 이에 비하여 소문자 q는 시변(time-varying) 전하를 나타낼 때 주로 사용하며, 시간에 대한 의존성을 나타내는 방법으로 q(t)와 같이 함수로 표현하기도 한다. 참고로 이와 같은 표기법은 전하

뿐만 아니라 전압이나 전류 등 앞으로 학습할 대부분의 파라미터에도 동일하게 적용된다.

전하의 특성 가운데 하나는 이동성이다. 도체 내부에 있는 전하는 외부적 요인에 의하여 다른 지점으로 이동할 수 있다. 그림 1.4는 배터리가 연결된 도체 내부에서 음전하가 이동하는 것을 개념적으로 보여준다. 전기회로는 도체와 전선으로 구성되며 전하가 이동할 수 있는 경로를 형성한다. 전하의 이동은 전류를 발생시킨다.

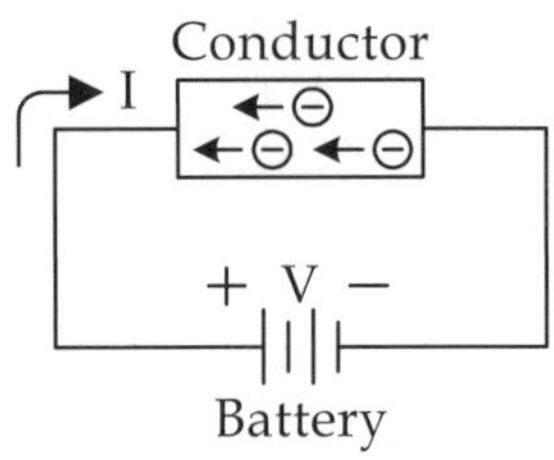

그림 1.4 전하의 이동에 의한 전류

전류는 시간의 변화에 대한 전하의 변화량으로 식 (1.1)과 같이 정의되며, I 또는 i라는 기호를 사용하여 표시한다.

$$i(t) = \frac{dq(t)}{dt} \tag{1.1}$$

전류의 단위는 암페어(Ampere, A)를 사용하며, 정의에 따라 1 [A] = 1 [C/sec]이다. 즉, 1 [A]는 단위영역을 통하여 1 [C]의 전하가 1 [sec] 동안 흐르는 것을 의미한다.

국제적으로 공인된 규약에 따르면 전류는 양전하가 움직이는 방향으로 정의된다. 이 정의는 일부 물리적 매체에서는 정확하지만 일반적인 금속 전도체가 사용되는 전기회로에서는 반대이다. 즉, 음전하가 움직이는 반대 방향으로 전류가 흐른다. 이는 양성자보다는 자유 전자가 전류를 흐르게 하는 매개체가 되기 때문이다. 하지만 다행스럽게도 회로이론에서는 어떤 방향으로 양전하가 움직이는 것은 동일한 수량의 음전하가 반대 방향으로 이동하는 것과 차이가 없다.

도체 또는 소자를 통하여 흐르는 전류는 정량적 크기뿐만 아니라 기준 방향도 표시해야 한다. 그림 1.5는 전기회로에서 통상적으로 전류를 표시하는 예를 알려준다. 그림 1.5(a)는 어떤 도선의 왼쪽에서 오른쪽으로 i_1의 크기를 가지는 전류가 흐르는 것을 나타낸다. 그림 1.5(b)는 보다 더 구체적으로 a지점에서 b지점으로 5 [A]의 전류가 흐르는 것을 보여준다. 이 경우 정량적 수치인 5 [A]는 전류의 크기이고, a지점에서 b지점으로 향하도록 표시된 화살표는 전류의 방향을 나타낸다.

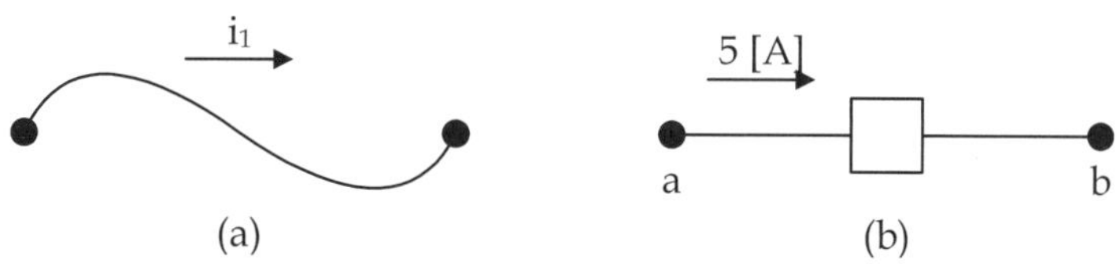

그림 1.5 전기회로에서 통상적인 전류의 표시 방법

다른 예로서 그림 1.6은 같은 전류를 나타내는 두 가지 방법을 보여준다. 그림 1.6(a)는 a지점에서 b지점으로 7 [A]의 전류가 흐르는 것을 나타낸다. 이에 비하여 그림 1.6(b)는 b지점에서 a지점으로 −7 [A]의 전류가 흐르는 것이다. 즉, 전류가 흐르는 화살표 방향을 반대로 표시하면 전류의 크기에 대한 부호를 반전시켜 표시하는 것이다. 따라서 전류의 기준 방향과 정량적 수치의 부호를 함께 바꾸면 전류의 값과 방향은 변하지 않는다. 이로부터 전류를 정확하게 표시하기 위해서는 크기를 나타내는 정량적 수치와 함께 기준 방향도 반드시 같이 표시하여야 한다.

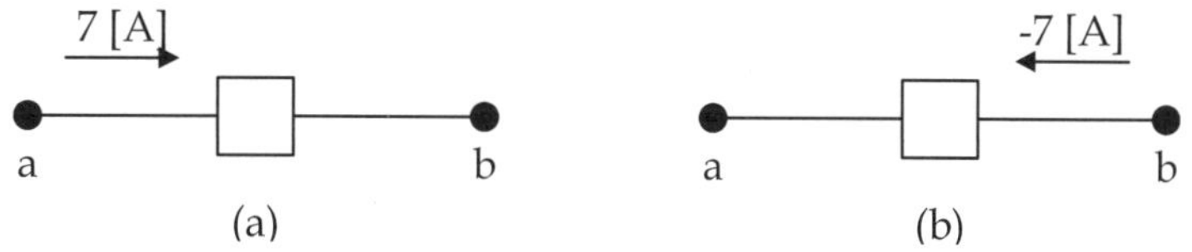

그림 1.6 동일한 전류의 두 가지 표현 방법

전류는 시간의 변화에 대한 전하량 변화의 비로 앞에서 정의하였다. 그렇다면 시간 t_0부터 t까지 어떤 소자를 통하여 이동한 전하의 총량은 식 (1.1)처럼 전류를 적분하여 구할 수 있다.

$$q_T = q(t) - q(t_0) = \int_{t_0}^{t} i(\tau)\, d\tau \tag{1.2}$$

예제 1.1

어떤 소자를 통하여 흐르는 전류가 5 [A]로 측정되었다. 이 소자에 3 [sec] 동안 유입되는 전하량은 얼마인가?

풀이

식 (1.2)를 이용하여 전체 전하량을 계산하면

$$q_T = \int_{t_0}^{t_0+3} 5\,d\tau = [5\tau]_{\tau=t_0}^{t_0+3} = 5(t_0+3) - 5t_0 = 15\ [\mathrm{C}]$$

식 (1.2)와 위의 예제에서 전하량과 전류는 모두 소문자 i를 이용하였다. 이는 일정한 전류와 전하도 시간을 변수로 하는 함수의 한 종류이므로 좀 더 일반적인 방법으로 표기한 것일 뿐이다. 전기회로에서는 그림 1.7에 나타낸 것처럼 여러 가지 형태의 전류가 사용된다.

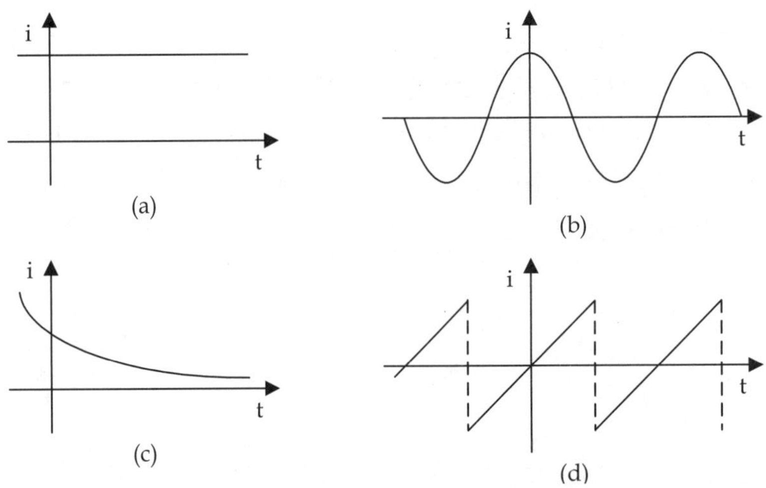

그림 1.7 여러 가지 형태의 전류 (a) 직류전류 (b) 교류전류 (c) 지수함수형 전류 (d) 톱니파 전류

예제 1.2

어떤 소자에 유입되는 총 전하량이 $q(t) = 10 - 5e^{-2t}$ [mC]이라고 한다. $t = 1.0$ [sec]에서 이 소자에 흐르는 전류를 구하라.

풀이

식 (1.1)을 이용하면 소자를 통하여 흐르는 전류의 일반식은 다음과 같다.

$$i(t) = \frac{dq(t)}{dt} = \frac{d}{dt}\{10 - 5e^{-2t}\} = 10e^{-2t}$$

따라서 $t = 1.0$ [sec]에서 소자를 통하여 흐르는 전류는

$$[i(t)]_{t=1} = [10e^{-2t}]_{t=1} = 10e^{-2} = 1.353 \text{ [mA]}$$

■

그림 1.7(a)에 나타낸 전류는 시간의 변화와 관계없이 일정한 크기를 유지하는 것으로 직류전류(direct current, dc)라고 한다. 그림 1.7(b)의 전류는 정현파(sinusoidal wave) 형태로 동일한 함수패턴이 주기적으로 반복되는 교류전류(alternating current, ac)이다. 그림 1.7(c)의 전류는 시간이 증가됨에 따라 크기가 지수함수(exponential function) 형태로 감소된다. 그리고 그림 1.7(d)의 전류는 그림 1.7(b)의 교류전류처럼 동일한 함수패턴이 주기적으로 반복되면서 톱니파(sawtooth wave) 형태를 가진다.

직류전류는 휴대폰, 노트북 컴퓨터, 손전등 등과 같이 배터리를 이용하는 휴대용 전기·전자장치에서 주로 사용된다. 교류전류는 대부분의 가정용 전자제품과 산업용 전기장치에서 사용되고 있다.

1.3 전압

도체 내부에 있는 전하는 외부적 요인에 의하여 이동할 수 있으며, 전하의 이동에 의하여 전류가 발생한다고 하였다. 그렇다면 전하를 이동시키는 외부적 요인은 무엇인가? 가령 그림 1.4에서 배터리를 제거하면 도체 내부의 자유전자는 불규칙한 운동을 한다. 도체 내부에 단 하나의 자유전자가 있다면 이 전자의 움직임에 따라 전류가 흐르는 방향도 불규칙하게 변한다. 하지만 도체 내부에는 많은 자유전자가 있고, 이 자유전자들이 불규칙하게 운동한다면 같은 방향으로 운동하는 전하와 반대 방향으로의 움직이는 전하들이 발생시키는 전류는 통계적으로 서로 상쇄되어 전류가 흐르지 않는 상태가 된다. 도체와 도선을 통하여 전류가 흐르게 만들려면 자유전자들이 동일한 방향으로 움직이도록 외부에서 작용하는 힘 또는 에너지가 필요하다. 이것을 기전력(electromotive force, emf)라고 하며, 대표적인 소자로는 그림 1.4에 있는 것처럼 배터리이다.

어떤 소자를 통하여 단위 전하(1 [C])를 한 지점에서 다른 지점으로 움직이는데 필요한 에너지

또는 일(work)을 소자 양단에 걸리는 전압으로 정의하며, 수학적으로는 식 (1.3)과 같이 표현된다.

$$v(t) = \frac{dw(t)}{dq(t)} \tag{1.3}$$

여기서 $w(t)$는 에너지로 단위는 Joule(줄여서 J로 표현)이다. 그리고 전압의 단위는 전지를 발명한 18세기 이탈리아 물리학자 Alessandro A. Volta의 업적을 기리는 의미에서 Volt(줄여서 V로 표현)이다.

전기회로에서 어떤 소자 양단에 걸리는 전압을 표시할 때에는 반드시 두 가지 요소를 표기하여야 한다. 전류를 표시하는 방법과 유사하게 전압을 측정하는 기준 방향을 나타내는 플러스-마이너스 부호 쌍과 전압의 정량적 크기를 나타내는 수치이다. 그림 1.8은 전기회로에서 일반적으로 전압을 표시하는 방법을 보여준다. 그림 1.8(a)는 소자의 왼쪽에 있는 a지점이 오른쪽인 b지점보다 V_1 [V]만큼 높은 전압을 가진다는 의미이다. 그림 1.8(b)는 구체적인 수치로서 소자 양단의 전압차이가 3 [V]이며, a지점이 b지점보다 높은 전압을 가진다는 것을 뜻한다.

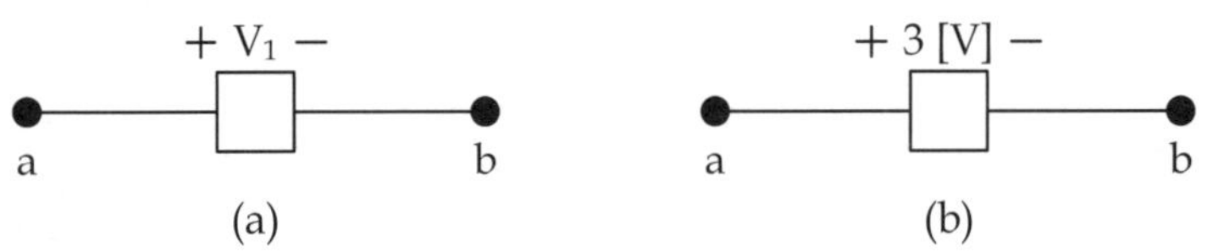

그림 1.8 전기회로에서 통상적인 전압의 표시 방법

전압을 측정하는 기준 방향에 따라 동일한 전압이라도 그림 1.9에 나타낸 것처럼 두 가지 방법으로 표시할 수도 있다. 그림 1.9(a)는 그림 1.8(b)와 같다. 이를 기준 방향을 바꿔서 표현하면 그림 1.9(b)와 같이 전압의 크기를 나타내는 정량적 수치의 부호를 반전시킨다.

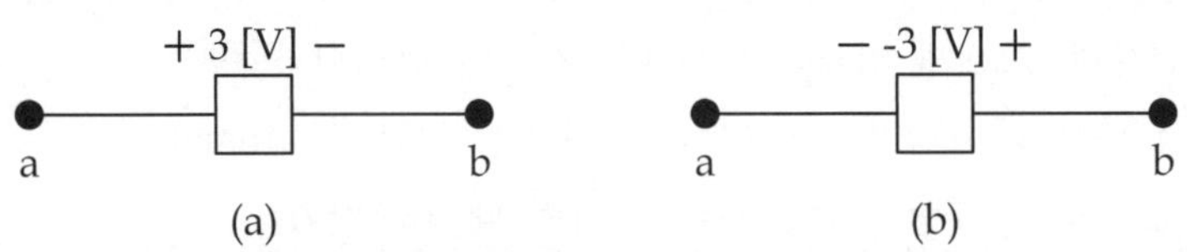

그림 1.9 동일한 전압의 두 가지 표현 방법

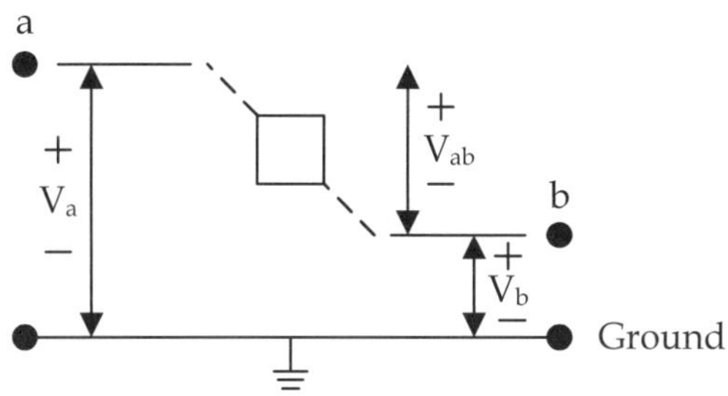

그림 1.10 전위와 전압강하에 대한 개념

한편, 전압을 나타내는 용어로는 전위차(electric potential difference)와 전압강하(voltage drop)라는 용어도 매우 빈번하게 사용한다. 전위는 전기적 위치에너지를 의미하는 것으로 그림 1.10에서 a지점이 가지는 전기적 위치에너지와 b지점의 전기적 위치에너지의 레벨이 표시되어 있다. 이는 접지(ground) 레벨, 즉, 전기적 위치에너지가 0 [J]인 레벨에 대하여 전하를 a지점까지 올리기 위하여 필요한 에너지 레벨이 a지점의 전위가 된다. 그리고 이 위치에너지에 따른 전압은 식 (1.3)의 정의에 따라 V_a [V]이다. 따라서 V_b [V]는 전하를 b지점까지 올리기 위하여 필요한 에너지 레벨에 따른 전압이 된다. 그러므로 a지점과 b지점이 가지는 에너지 레벨의 차이(이를 전위차라고 한다)에 비례하는 양이 소자의 양단에서 발생하는 전압강하 V_{ab}가 되며 식 (1.4)와 같이 정의하는데, 이를 일반적으로는 소자 양단에 걸리는 전압이라고 한다.

$$V_{ab} = V_a - V_b = -V_{ba} \tag{1.4}$$

전류와 마찬가지로 전압에도 직류전압과 교류전압이 있다. 직류전압(dc voltage)은 시간의 변화에 무관하게 항상 일정한 레벨을 유지하는 전압이며, 배터리에서 발생되는 전압이 대표적인 예이다. 정현파함수처럼 동일한 형태가 일정한 주기로 반복되는 전압을 교류전압(ac voltage)이라고 하며, 일반 가정용이나 산업용 전원(source)으로 주로 사용된다.

1.4 전력과 에너지

소자 양단에 걸리는 전압을 설명하면서 전위차에 대하여 개념적으로 설명하였다. 대부분의 전기회로에서 어떤 소자 양단에서는 전기적 위치에너지의 차이가 발생하는데, 그럼 이 에너지의 차이는 어떤 일을 하는가? 하는 의문점이 생긴다. 이는 높은 에너지 레벨을 가지는 지점에서 낮은 에너지 레벨을 가지는 지점으로 전하를 이동시키는데 사용된다. 이러한 현상을 소자가 에너지를 흡수하는 것 또는 에너지를 흡수하여 일하는 것으로 표현한다.

소자가 어떤 시간동안 어느 정도의 일을 하는지 확인하기 위하여 식 (1.3)을 변형하여 다음과 같이 표현하자.

$$dw(t) = v \cdot dq(t) \tag{1.5}$$

식 (1.5)의 양변을 시간을 변수로 미분하여 정리하면

$$\frac{dw(t)}{dt} = v \cdot \frac{dq(t)}{dt} = v \cdot i \tag{1.6}$$

가 된다. 시간의 변화에 대한 에너지의 변화량 또는 단위 시간당 에너지를 흡수하거나 사용하는 양을 소자가 소비하는 전력(power)이라고 하며, 수학적으로는 식 (1.7)과 같이 정의한다.

$$p = \frac{dw(t)}{dt} = v \cdot i \tag{1.7}$$

전력의 단위는 Watt(줄여서 W)를 사용하는데 이는 Joule/sec(또는 간단히 J/s)와 동일하다.

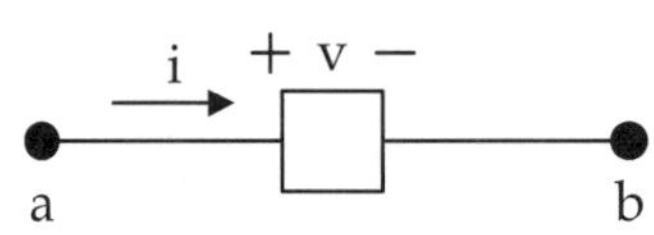

그림 1.11 소자에 대한 전압과 전류의 표현

전기회로에서는 어떤 소자 양단에 걸리는 전압과 이 소자를 통하여 흐르는 전류를 그림 1.11과 같이 나타낸다. 수동부호규정(passive sign convention)에서는 전류의 기준 방향을 나타내는 화살표가 소자에 들어가는 부분에 전압의 기준 방향을 나타내는 + 부호를 붙인다. 이때 전압과 전류의 곱인 전력은 양(positive)의 값으로, 즉, $p = vi > 0$ [W]로 측정되며, 소자가 전력 또는 에너지를 흡수(absorbing)하는 것으로 간주한다. 반대로 $p = vi < 0$[W]인 경우 소자는 전력 또는 에너지를 전기회로에 공급(supplying)하는 것으로 간주하며, 대체로 전압원(voltage source)이나 전류원(current source)과 같은 전원이 이에 해당한다.

예제 1.3

그림 1.12에 나타낸 두 소자에서 소비 또는 공급되는 전력을 구하라.

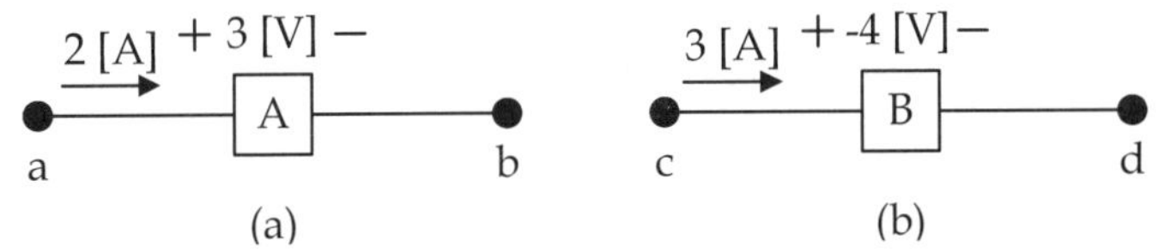

그림 1.12 예제 1.3을 위한 소자들의 전압, 전류 표현

풀이

A 소자의 경우 전력은 $p_A = v \cdot i = 3 \times 2 = 6$ [W]이고, 수동부호규정에 따라 전력을 흡수한다.

B 소자는 $p_B = v \cdot i = -4 \times 3 = -12$ [W]로 계산된다. 수동부호규정에 따라 해석하면 B 소자는 -12 [W] 전력을 소비하는 것이므로 12 [W]의 전력을 전기회로에 공급한다.

■

한편, 식 (1.7)을 통하여 시간 t_0부터 t까지 어떤 소자가 수행한 일 또는 소자가 소비한 에너지를 다음과 같이 구할 수 있다.

$$w(t) - w(t_0) = \int_{t_0}^{t} p\, d\tau = \int_{t_0}^{t} v \cdot i\, d\tau \tag{1.8}$$

여기서 초기값 $w(t_0)$는 시간 t_0까지 소비한 에너지를 나타내므로 소자가 시간 t까지 소비한 에너지는

$$w(t) = \int_{t_0}^{t} v \cdot i\, d\tau + w(t_0) \tag{1.9}$$

가 된다. 가령 초기 시간을 $t_0 = -\infty$로 하고, $w(-\infty) = 0$ [J]으로 가정하면 식 (1.9)는 가장 일반적인 형태로 다음과 같다.

$$w(t) = \int_{-\infty}^{t} v \cdot i\, d\tau \tag{1.10}$$

위의 식들로부터 에너지의 단위를 유추해보면 Joule = Watt × sec가 된다. 즉, 어떤 시간 동안 소자가 수행한 일 또는 소비한 에너지는 그 소자가 흡수한 전력과 측정하는 시간의 곱이 되는 것이다. 이것은 와트-시(Wh)라고 하는데 전력을 공급하는 회사가 전기요금을 산정하는 기초 자료가 된다. 또한, 가정용 전기 · 전자제품에도 각 제품이 소비하는 전력의 평균적인 값을 이용하여 와트-시를 표시하여 둠으로써 소비자가 비용 대비 효율이 높은 제품을 선택할 수 있는 자료를 제공한다.

예제 1.4

어떤 전구에 직류 1.5 [A] 전류를 10 [sec] 동안 공급하였더니 빛과 열로 방출된 에너지가 3.0 [kJ]로 측정되었다. 전류가 공급되는 동안 전구 양단에 걸리는 전압과 소비되는 전력은 각각 얼마인가?

풀이

식 (1.1)을 변형하여 주어진 시간동안 전구에 유입되는 전하량을 계산하면

$$\frac{\Delta q}{\Delta t} = i \;\rightarrow\; \Delta q = i \cdot \Delta t = 1.5 \times 10 = 15 \text{ [C]}$$

따라서 전류가 공급되는 동안 전구 양단에 걸리는 전압은

$$v = \frac{\Delta w}{\Delta q} = \frac{3{,}000}{15} = 200 \text{ [V]}$$

이고, 전구에서 소비되는 전력은

$$p = v \cdot i = 200 \times 1.5 = 300 \text{ [W]}$$

이다.

■

예제 1.5

어떤 소자가 흡수하는 에너지가 다음 그림과 같다. 이 소자의 양의 단자에 공급되는 전류가 $i(t) = 20\cos(1000\pi t)$ [mA] 라면 $t = 2$ [msec]에서 소자에서 소비되는 전력과 소자 양단에 걸리는 전압을 계산하라.

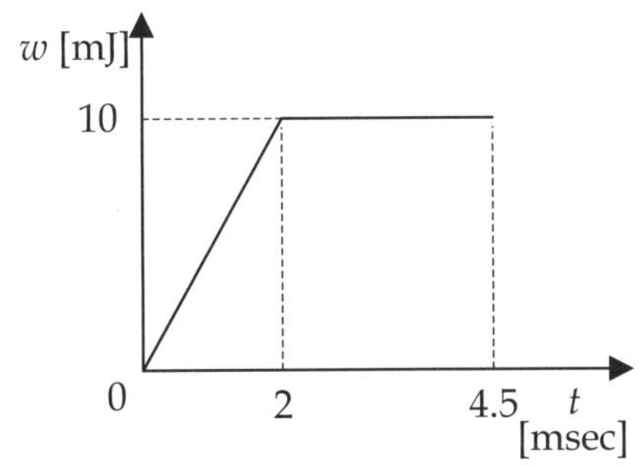

그림 1.13 예제 1.5에서 소자의 에너지 소비

풀이

식 (1.5)와 같이 정의되는 소자 양단에 걸리는 전압은 다음과 같이 변형될 수 있다.

$$v=\frac{dw}{dq}=\frac{dw}{dt}\cdot\frac{dt}{dq}=\frac{dw}{dt}\cdot\left(\frac{dq}{dt}\right)^{-1}=\frac{dw}{dt}\cdot i^{-1}=p\cdot i^{-1}$$

주어진 그림에서 2 [msec]까지 소비되는 시간의 변화에 대한 에너지의 변화량, 즉 소자에서 소비되는 전력은

$$p=\frac{dw}{dt}=\frac{10\times10^{-3}-0}{2\times10^{-3}-0}=5\ [\mathrm{W}]$$

이다. $t=2$ [msec]에서 소자 양단에 걸리는 전압은

$$v=\frac{dw}{dt}\cdot i^{-1}=\frac{5}{20\cos(1000\pi\times2\times10^{-3})\times10^{-3}}=\frac{5{,}000}{20\cos(2\pi)}=250\ [\mathrm{V}]$$

1.5 수동소자와 능동소자

전기회로를 구성하는 소자들은 에너지를 흡수하는지 또는 전기회로에 에너지를 공급하는지에 따라 수동소자(passive element)와 능동소자(active element)로 구분된다. 수동부호 규정을 만족하도록 설계된 전기회로에서 어떤 소자가 외부에서 공급받은 것보다 더 많은 에너지를 외부로 공급할 수 없는 경우 이 소자를 수동소자라고 한다. 이를 수학적으로 표

현하면 수동소자는 모든 t에 대하여

$$w(t)=\int_{-\infty}^{t} p(\tau)\,d\tau=\int_{-\infty}^{t} v\cdot i\,d\tau \geq 0 \tag{1.11}$$

을 만족하는 것을 의미한다. 이와 같은 조건을 만족하는 대표적인 수동소자로는 저항, 인덕터, 커패시터 등이 있다.

능동소자는 식 (1.11)을 만족시키지 않는 소자이다. 즉 어떤 소자가 외부에서 공급받는 에너지보다 더 많은 에너지를 전기회로에 공급함으로써 주어진 전기회로를 구동시키는 역할을 수행하는 것이 능동소자이다. 능동소자의 대표적인 예로는 배터리나 발전기 등 회로에서 전원으로 동작하는 소자들이다.

전원은 주어진 회로를 구동시키는 요인에 따라 전압원(voltage source)과 전류원(current source)으로 구분된다. 또한, 전원의 크기가 독립적으로 결정되는지 그렇지 않고 주어진 회로 내에서 다른 파라미터의 값이 정해지면 그에 따라 결정되는지에 따라 독립전원(independent source)과 종속전원(dependent source)으로 구분되기도 한다. 종속전원의 경우 연산증폭기에 대한 학습 전에 자세하게 설명할 것이므로 여기서는 독립전원에 대하여 간단히 살펴보기로 한다.

독립전압원은 전기회로의 구성이나 전압원을 통하여 흐르는 전류에 관계없이 표시된 수치나 수식으로 정해진 전압을 항상 유지한다. 그림 1.14는 두 가지 전형적인 독립전압원을 보여준다. 그림 1.14(a)는 함수형 독립전압원을 나타내고 그림 1.14(b)는 배터리가 전압원으로 사용되는 경우이다. 전원 양단의 전압 v는 단자 전압(terminal voltage)이라고 하며 전압원의 단자 전압은 전압원의 크기와 일치하며, 독립전압원의 경우 크기가 변하지 않는다.

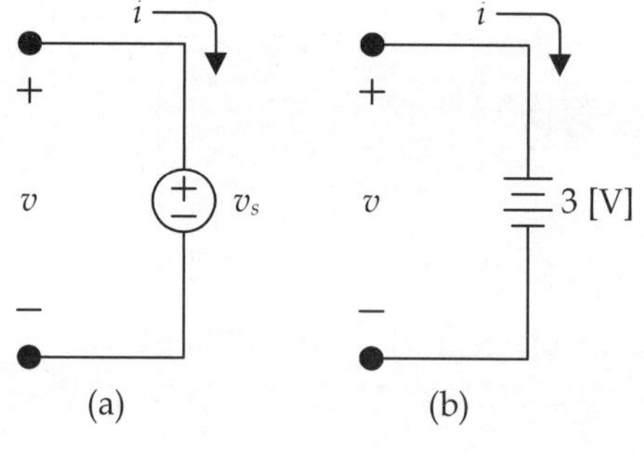

그림 1.14 전형적인 독립전압원

그림 1.15에 나타낸 독립전류원도 전기회로의 구성이나 전류원 양단에 걸리는 전압과는 상관없이 표시된 수치나 수식으로 정해진 전류를 화살표가 표시된 방향으로 전기회로에 공급한다. 전압원의 경우와 유사하게 전류원의 양 끝단을 통하여 흐르는 단자 전류(terminal current)는 전류원이 공급하는 전류와 일치한다. 즉 $i = i_s$이다.

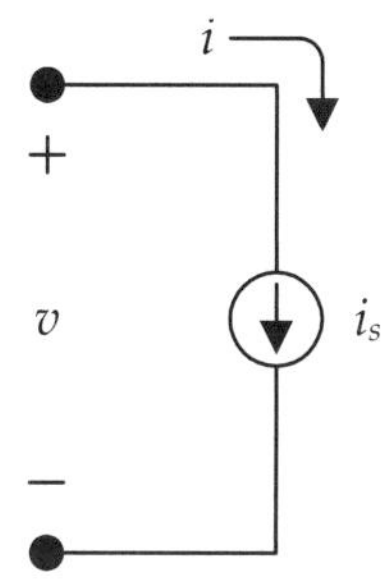

그림 1.15 전형적인 독립전류원

예제 1.6

어떤 독립전압원의 양의 단자를 통하여 방출되는 전하량이 $q = -4\cos(4t)$ [mC]이고, 단자 전압은 $v = 3\sin(4t)$ [V]로 측정되었다. 임의의 시간에 전압원이 전기회로에 공급하는 전력과 $0 \sim t$ [sec] 동안 전원에 공급되는 에너지는 각각 얼마인가?

풀이

함수형 전원의 순간 전력(instantaneous power)은 전압과 전류의 곱이므로 전하량을 이용하여 전류를 구하면 다음과 같다.

$$i = \frac{dq}{dt} = \frac{d}{dt}\{-4\cos(4t)\} = 16\sin(4t) \text{ [mA]}$$

따라서 전압원이 공급하는 전력은

$$p = vi = 3\sin(4t) \times 16\sin(4t) = 48\sin^2(4t) \text{ [mW]}$$

이고, 전원에 공급되는 에너지는

$$w = \int_0^t p(\tau)\,d\tau = \int_0^t 48\sin^2(4\tau)\,d\tau$$

$\sin^2(4\tau) = \frac{1}{2}\{1-\cos(8\tau)\}$이므로

$$w = 48 \cdot \frac{1}{2}\int_0^t \{1-\cos(8\tau)\}\,d\tau = 24\left\{t - \frac{1}{8}\sin(8\tau)\right\} = 24t - 3\sin(8t)\ \text{[mJ]}$$

예제 1.7

수동부호규정을 준수하여 다음 전기회로에서 각 소자가 흡수하는 전력을 계산하라.

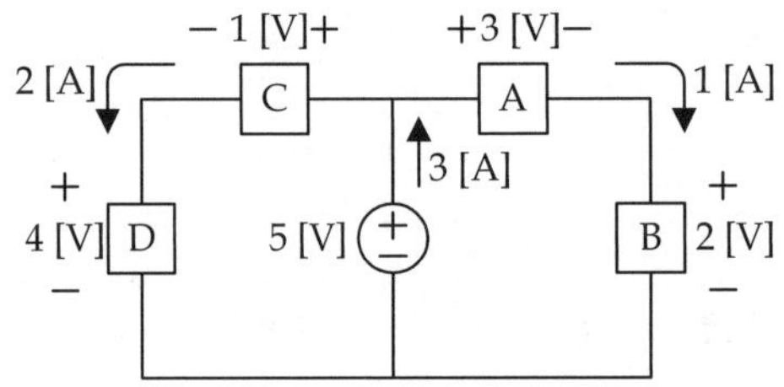

그림 1.16 예제 1.7을 위한 전기회로

풀이

$$p_A = 3\times1 = 3\ \text{[W]},\ p_B = 2\times1 = 2\ \text{[W]},$$

$$p_C = 1\times2 = 2\ \text{[W]},\ p_D = 4\times2 = 8\ \text{[W]}.$$

전압원의 경우 수동부호규정에 따라 전력을 계산하면

$$p_s = 5\times-3 = -15\ \text{[W]}$$

따라서 능동소자인 전압원은 전력 −15 [W]를 흡수하므로 15 [W]를 전기회로에 공급하며, 이는 나머지 4개의 소자들이 흡수하는 전력의 합과 일치한다.

연습문제

1.1 그림 P1.1에 나타낸 소자의 A단자를 통하여 흘러 들어가는 전하량이 $q(t) = 3t$ [C]일 때, 이 소자를 통하여 흐르는 전류를 구하라.

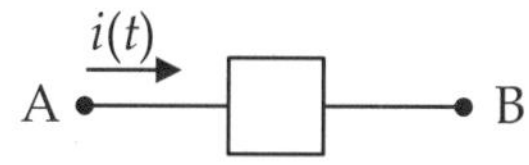

그림 P1.1

1.2 어떤 소자에 흐르는 전류가 $i(t) = 250$ [mA]이다. $0 \leq t \leq 3$ [sec] 동안 이 소자를 통하여 흘러가는 전하량은 얼마인가? 여기서 $t < 0$ [sec]에서 전하량은 0 [C]인 것으로 가정한다.

1.3 어떤 소자를 통하여 흐르는 전류가 그림 P1.3과 같다. $0 \leq t \leq 10$ [sec] 동안 소자를 통하여 흘러가는 전하량을 구하라. $q(0) = 0$ [C]이다.

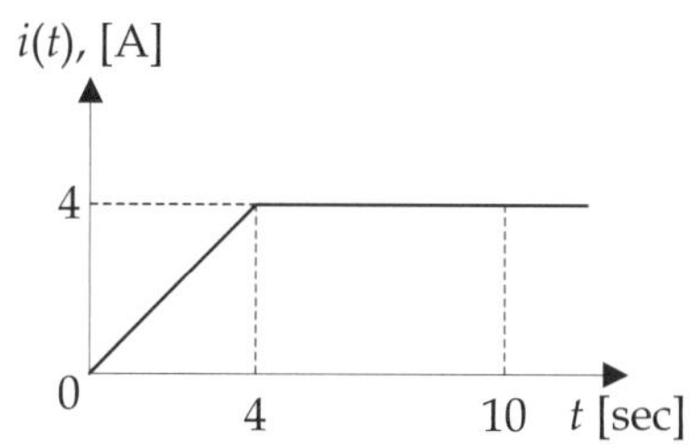

그림 P1.3

1.4 그림 P1.4(a)에 나타낸 소자의 단자 A에서 B로 흐르는 전류가 그림 P1.4(b)와 같다면 단자 A를 통하여 흘러들어간 총 전하량은 얼마인가?

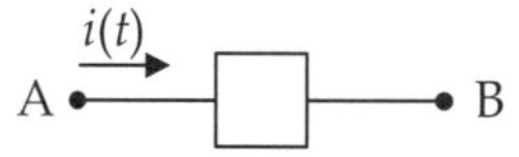

그림 P1.4 (a)

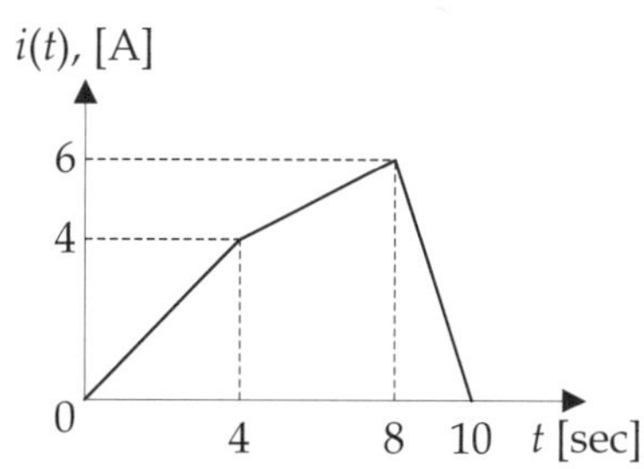

그림 P1.4 (b)

1.5 어떤 순간 도선의 단면을 통과하는 전하가 $q(t) = 5 - 0.25t^2$ [C]이다.

(1) 1 [C]의 전하가 단면을 통과하는 시간을 구하라.

(2) (1)에서 구한 시간까지 단면을 통과한 총 전하량을 구하라.

(3) (1)에서 구한 시간에서 전류는 얼마인가?

1.6 어떤 소자에 흘러 들어가는 전하의 양을 그림 P1.6에 나타내었다.

(1) $0 \le t \le 10$ [sec] 동안 소자에 흘러 들어간 총 전하량을 구하고, 설명하라.

(2) $0 \le t \le 10$ [sec] 동안 소자에 흐르는 전류를 구하고, 그림으로 나타내어라.

(3) $t = 1, 5, 9$ [sec]에서 소자에 흐르는 전류는 각각 얼마인가?

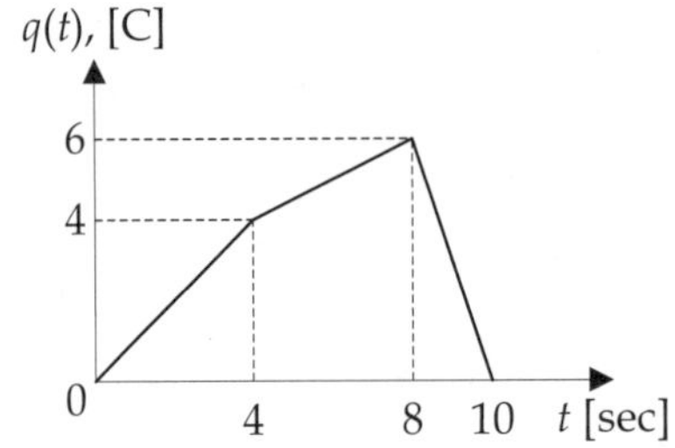

그림 P1.6

1.7 어떤 순간 도선의 한 단면으로 흘러 들어가는 전하량을 그림 P1.7에 나타내었다. $0 \le t \le 5$ [sec]에서 각 시간구간 별로 도선에 흐르는 전류를 구하고, 그림으로 나타내어라.

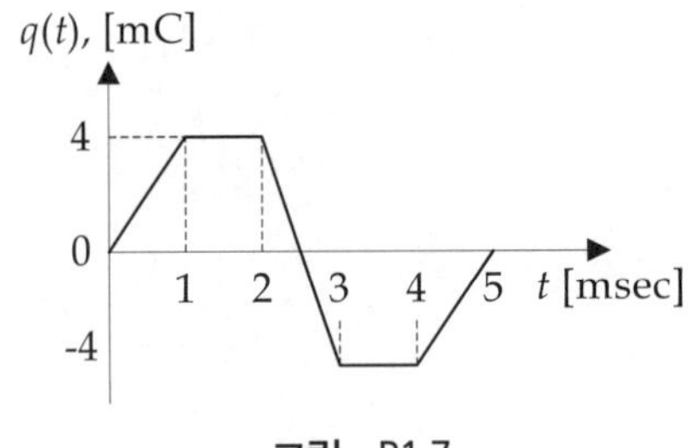

그림 P1.7

1.8 전류가 다음과 같을 때 어떤 소자를 통하여 흐르는 전하량을 구하라.

(1) $i(t) = 6t + 5$ [mA], $q(0) = 0$ [C]

(2) $i(t) = 4\cos(2t + \pi/6)$ [A], $q(0) = 0.5$ [C]

1.9 0.5 [C]의 음전하를 a지점에서 b지점까지 옮기는데 2 [J]의 일을 소비하였다. a지점에서 b지점 사이의 전위차 v_{ab}는 얼마인가?

1.10 수동부호규정을 만족하는 그림 P1.10에 나타낸 소자를 통하여 흐르는 전류가 $i(t) = -t^2 + 9t$ [A]이고, 소자 양단의 전압은 $v(t) = 4t$ [V]이다.

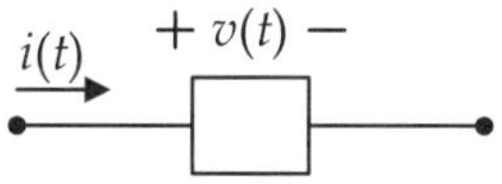

그림 P1.10

(1) 소자에서 소비되는 전력을 구하라.

(2) $0 < t < 4$ [sec] 동안 소자에 공급되는 에너지는 얼마인가?

1.11 그림 P1.11에 나타낸 소자 양단의 전압이 $v(t) = 2i(t) - 2$ [V]라고 한다. 수동부호규정을 고려할 때 이 소자는 능동소자인가 수동소자인가?

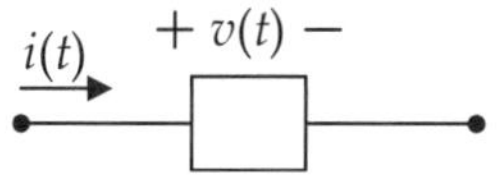

그림 P1.11

1.12 어떤 소자의 양의 단자로 흘러 들어가는 전하량이 $q(t) = 10\sin(2\pi t)$ [mC]일 때 소자 양단의 전압이 $v(t) = 5\cos(2\pi t)$ [V]로 측정되었다.

(1) $t = 0.5$ [sec]에서 소자가 소비하는 전력을 구하라.

(2) $0 \le t \le 1$ [sec] 동안 소자에 전달된 에너지를 구하라.

1.13 어떤 소자의 양단에 걸리는 전압이 $v(t)=5\cos(2\pi t)$ [V]이고, 이때 소자가 소비하는 전력이 $p(t)=5\pi t\{1+\cos(4\pi t)\}$ [W]이다.

(1) 소자의 양의 단자로 흘러 들어가는 전류를 구하라.

(2) $0 \le t < 1$ [sec] 동안 소자에 흐르는 전하의 양을 계산하라. 여기서 $q(0)=0$ [C]으로 가정한다.

1.14 수동부호규정을 만족하는 소자의 양의 단자로 흘러 들어가는 전류가 $i(t)=5e^{-t}$ [mA]이고, 소자 양단의 전압은 $v(t)=-5di(t)/dt$ [V]이다.

(1) $0 \le t < 1$ [sec] 동안 소자에 전달된 전하량 $q(t)$를 구하라. 여기서 $q(0)=0$ [C]이다.

(2) 소자에서 흡수된 전력을 구하라.

(3) $0 \le t < 1$ [sec] 동안 소자가 소비한 에너지를 계산하라.

1.15 어떤 소자에서 흡수되는 전력이 다음과 같다.

$$p(t)=\begin{cases} t, & 0 \le t < 2 \\ -t+4, & 2 \le t < 4 \\ 0, & t<0, t \ge 4 \end{cases}$$

이 소자가 수행한 일의 양을 구하라. 여기서 $p(t)$의 단위는 [W]이고, t의 단위는 [sec]이다.

1.16 그림 P1.16에 나타낸 전기회로에서 소자 A, B, C는 수동소자이다.

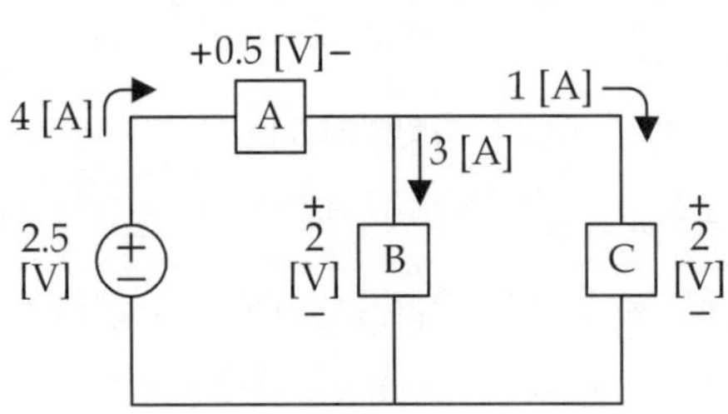

그림 P1.16

(1) 수동부호규정을 고려하여 각각의 수동소자에서 소비되는 전력을 구하라.

(2) 능동소자인 전압원이 회로에 공급하는 전력과 수동소자들에서 소비되는 전력을 비교하라.

1.17 다음 전기회로는 수동부호규정을 만족한다.

(1) 수동소자 A, B, C가 소비하는 전력을 계산하라.

(2) 능동소자인 전압원과 전류원이 소비하는 전력을 계산하라.

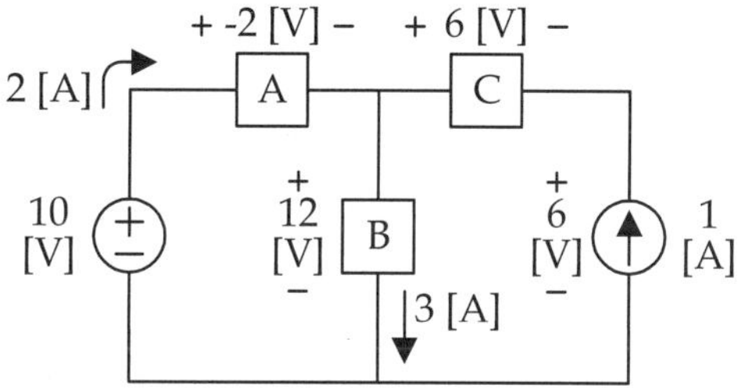

그림 P1.17

1.18 그림 P1.18에 나타낸 전기회로에 대하여

(1) 수동부호규정에 따라 각 소자가 흡수하는 전력을 계산하라.

(2) 각 소자들이 소비하는 전력의 전체 합을 구하라.

(3) (1)의 결과 능동소자와 수동소자를 분류하고, 이유를 설명하라.

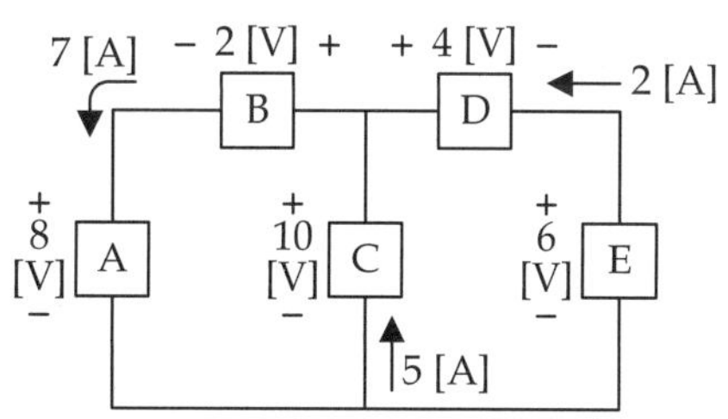

그림 P1.18

1.19 어떤 사무실에서 3대의 컴퓨터와 1대의 프린터가 사용되고 있다. 컴퓨터는 모두 동일한 사양으로 시간당 240 [W]의 전력을 소비하며, 하루 평균 7시간씩 사용된다. 프린터는 시간당 480 [W]의 전력을 소비하며, 하루 평균 3시간 작업에 사용된다.

1개월에 평균 20일 근무한다면 1개월에 사무실에서 소비되는 총 전력은 얼마인가?

1.20 전기요금 산정 기준이 다음과 같다면 문제 1.19의 사무실에 매월 부과되는 순수 전기요금은 얼마인가? 단, 순수 전기요금에는 부가가치세는 포함시키지 않는다.

- 기본 요금 : 3,000원
- 최초 50 [kW] : 50원 / kW
- 이후 100 [kW] : 80원 / kW
- 100 [kW] 초과 : 100원 / kW

저항 회로

CHAPTER

02

일반적으로 저항이란 어떤 힘이나 조건에 굽히지 않고 거역하거나 버팀 또는 물체의 운동 방향과 반대 방향으로 작용하는 힘으로 정의된다. 전기회로이론에서 저항은 물체에 전류가 흐를 때 이 전류의 흐름을 방해하는 요소 또는 이러한 성질을 가지는 소자를 말한다.

어떤 물체의 저항은

$$R = \rho \frac{l}{A} \tag{2.1}$$

이다. 여기서 l은 물체의 길이이고 A는 전하가 통과하는 영역의 면적이다. 그리고 비례상수 ρ는 비저항(resistivity)으로 물체가 가지는 고유한 특성이다. 비저항은 물체 내부에서 전류가 흐르는 정도를 나타내는 전기전도도(electric conductivity)의 역수이다. 구리의 경우 전기전도도가 $\sigma = 5.81 \times 10^{7}$ [S/m]로 매우 큰 값을 가지므로, 비저항은 아주 작다. 그러므로 구리를 단위 면적과 단위 길이로 사용하는 전선의 저항은 아주 작은 값을 갖는다. 이런 이유로 앞으로 별도의 표시가 없으면 전기회로에서 전선의 저항은 $0\,[\Omega]$인 것으로 가정한다. 이에 비하여 종이나 유리의 전기전도도는 $\sigma < 10^{-10}$ [S/m] 정도로 엄청나게 작은 값을 가진다. 이것이 종이나 유리가 대표적인 부도체로 분류되는 이유이다.

본 장에서는 수동소자로 저항(resistor)만을 사용하는 전기회로인 저항 회로를 대상으로 회로해석을 위한 여러 가지 세부적인 기술들을 설명한다. 이는 저항의 물리적 동작 특성이 개념적으로 가장 단순하고 전기회로를 해석하기 위한 수학적 도구도 간단한 선형대수학(linear algebra)만으로도 충분하기 때문이다. 하지만 이러한 기술들은 회로이론 전체에서 거의 동일하게 적용되므로 명확하게 이해할 때까지 충분히 학습할 것을 권한다.

2.1 용어의 정의

전기회로는 그림 2.1에 나타낸 것처럼 소자들을 통하여 전하들이 움직일 수 있도록 도선으로 상호 연결한 것이다. 앞으로 학습할 회로해석법을 위하여 이 절에서는 전기회로에 나타나는 몇 가지 사항을 추가적으로 정의한다.

마디(또는 노드)에 대해서는 1장에서 이미 정의하였으며, 그림 2.1의 회로에는 a, b, c, d 등 4개의 마디, 즉 연결점이 있음을 알고 있다. 소자와 소자에 연결된 도선을 통하여 전하가 이동하는 길을 경로(path)라고 부른다.

가지(branch)는 하나의 소자를 포함하는 경로이다. 마디 a와 b 사이의 경로에는 소자 B가 있으므로 마디 a와 b 사이의 경로는 가지가 된다. 따라서 그림 2.1의 전기회로에는 6개의 소자가 있으므로 가지도 6개가 있다.

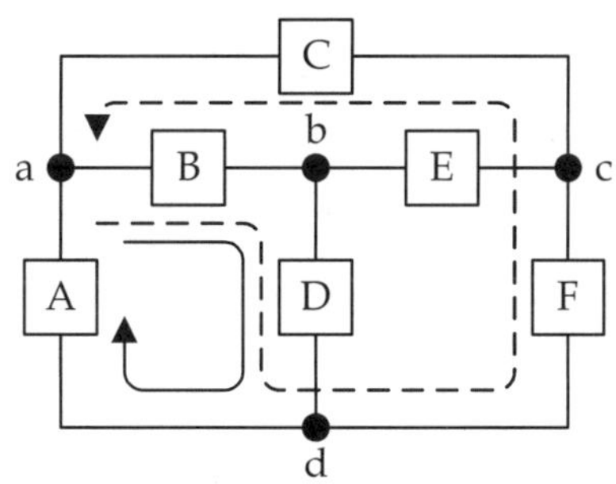

그림 2.1 일반적인 전기회로

폐경로(closed path)는 전하가 어떤 지점을 출발하여 같은 가지를 두 번 이상 거치지 않고 출발 지점까지 돌아올 수 있는 가지들의 조합이다. 예를 들어, 전하가 마디 a를 출발하여 마디 b와 d를 거쳐 다시 마디 a로 돌아가도록 가지들을 순차적으로 조합하면 하나의 폐경로가 만들어진다. 또한, 점선으로 표시된 것처럼 마디 a-b-d-c-a 순서로 가지들이 연결된 것도 단일 폐경로이다.

폐경로를 뜻하는 다른 용어로는 루프(loop)와 망로 또는 메쉬(mesh)가 있다. 루프는 폐경로와 거의 동일한 의미로 사용된다. 이에 비하여 망로는 내부에 다른 폐경로를 포함하지 않는 폐경로이다. 이런 정의에 따라 망로를 단위 폐경로라고도 한다. 예를 들어, 그림 2.1의 회로에서 점선으로 표시된 루프에는 마디 b-d-c 순서로 연결되는 폐경로가 포함되어 있으므로 망로가 되지 않는다. 이에 비하여 실선으로 표시된 루프는 내부에 다른 폐경로가 존재하지 않으므로 망로가 된다. 따라서 그림 2.1의 전기회로는 3개의 망로로 구성되어 있다.

2.2 키르히호프의 법칙(Kirchhoff's law)

전기회로를 해석하기 위해서는 회로를 구성하는 요소들의 연결 구조를 명확하게 파악하는 것이 가장 기본이다. 단순한 전기회로의 경우 소자들의 연결 구조를 기반으로 간단한 물리법칙만을 적용하여도 소자 양단에 걸리는 전압과 소자를 통하여 흐르는 전류를 구할 수 있다.

키르히호프 법칙은 1847년 독일의 물리학자 Gustav R. Kirchhoff가 처음 제시한 것으로 회로를 구성하는 소자들과 이들의 연결 구조를 이용하여 전압과 전류를 계산하는 두 가지 간단한 물리법칙이다. 키르히호프 법칙을 설명하기에 앞서 두 가지 약속을 먼저 정하는 것이 좋다. 첫 번째는 마디는 단순히 전선이 연결되는 점으로 회로를 편리하게 해석하기 위한 요소이지만 회로를 구성하는 소자는 아니다. 따라서 어떠한 마디에서도 새로운 전하가 생성되거나 사라지지 않으며 저장되지도 않는 것으로 가정한다. 두 번째는 전기회로에 표시되는 전압과 전류 그리고 이들로부터 계산되는 전력과 에너지 등은 수동부호규정을 만족하는 것으로 가정한다.

먼저 키르히호프 전류법칙(Kirchhoff's current law, KCL)을 학습하기 위하여 그림 2.2와 같이 4개의 가지가 연결된 하나의 마디에 대하여 생각해보자.

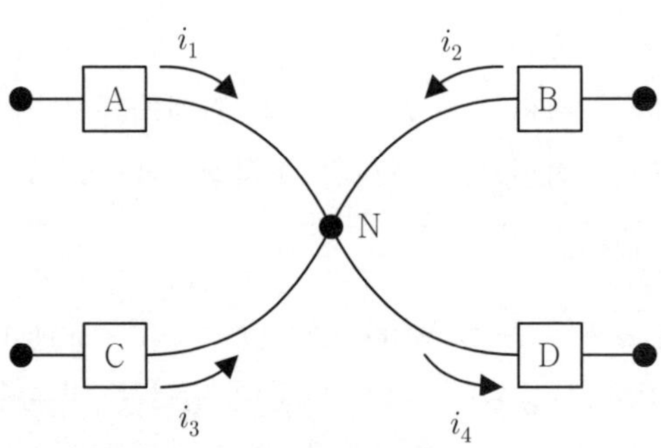

그림 2.2 4개의 소자가 하나의 마디를 공유하는 전기회로의 일부

소자 A, B, C를 통하여 흐르는 전류는 기준 방향을 고려하면 마디 N에 흘러 들어가는 전류이다. 소자 D를 통하여 흐르는 전류는 마디 N으로부터 나오는 방향이다. 앞선 첫 번째 가정을 상기하면 마디 N으로 흘러 들어가는 전류는 마디 N에서 흘러나오는 전류와 같아야 한다. 이를 수식으로 표현하면

$$i_1 + i_2 + i_3 = i_4 \tag{2.2}$$

가 된다. 이제 키르히호프 전류법칙을 정리하면 다음과 같다.

키르히호프 전류법칙(KCL)

어떤 마디에 흘러 들어가는 전류의 대수적 합은 그 마디로부터 흘러나오는 전류의 대수적 합과 같다.

식 (2.2)의 우변을 좌변으로 이항하면 식 (2.3)과 같이 나타낼 수 있고, 양변에 -1을 곱하면 식 (2.4)와 같다.

$$i_1 + i_2 + i_3 + (-i_4) = 0 \tag{2.3}$$

$$-i_1 - i_2 - i_3 + i_4 = 0 \tag{2.4}$$

식 (2.3)은 '어떤 마디에 흘러 들어가는 모든 전류의 대수적 합은 0 [A]이다' 라는 의미이고, 식 (2.4)는 '어떤 마디로부터 흘러나오는 모든 전류의 대수적 합은 0 [A]이다' 라고 해석할 수 있다. 이것들은 결국 위에서 정리한 키르히호프 전류법칙에 대한 다른 표현이다. 이러한 식들을 좀 더 일반적인 형태로 나타내면 M 개의 가지가 연결된 어떤 마디에 대한 키르히호프 전류법칙은

$$\sum_{k=1}^{M} i_k = 0 \tag{2.5}$$

으로 표현할 수 있다. 여기서 i_k는 마디에 연결된 k 번째 가지를 통하여 흐르는 전류이다.

예제 2.1

다음 전기회로에서 키르히호프 전류법칙을 이용하여 전류 i_1, i_2, i_3을 구하라.

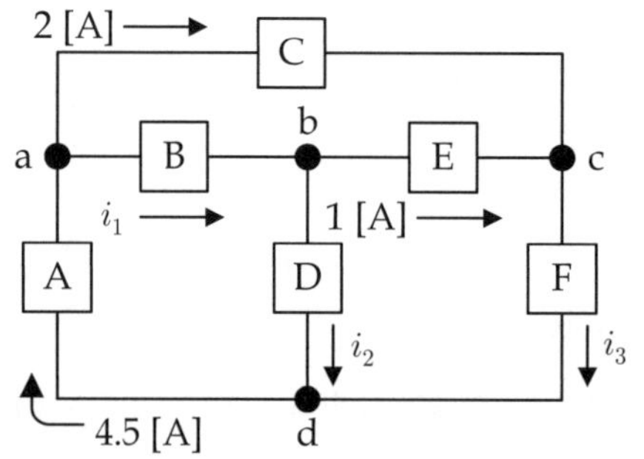

그림 2.3 예제 2.1을 위한 전기회로

풀이

마디 a에 키르히호프 전류법칙을 적용하면

$$2 + i_1 = 4.5 \rightarrow i_1 = 4.5 - 2 = 2.5 \text{ [A]}$$

마디 b에 키르히호프 전류법칙을 적용하면

$$i_1 = i_2 + 1 \rightarrow i_2 = i_1 - 1 = 2.5 - 1 = 1.5 \text{ [A]}$$

마디 c에 키르히호프 전류법칙을 적용하면 $i_3 = 2 + 1 = 3$ [A] 또는 마디 d에 키르히호프 전류법칙을 적용하면

$$i_2 + i_3 = 4.5 \rightarrow i_3 = 4.5 - i_2 = 4.5 - 1.5 = 3 \text{ [A]}$$

두 번째 키르히호프 법칙은 키르히호프 전압법칙(Kirchhoff's voltage law, KVL)이다. 그림 2.4는 어떤 전기회로에서 4개의 소자로 구성된 폐경로 부분을 나타낸 것이고, 내부의 화살표는 폐경로 내에서 전류가 흐르는 방향을 나타내는 것으로 가정한다. 전류의 흐름에 의하여 4개의 소자 양단에서는 전압강하가 발생한다. 키르히호프 전압법칙은 폐경로 내에서 발생하는 전압강하에 대한 것으로 다음과 같다.

키르히호프 전압법칙(KVL)

어떤 폐경로 내의 모든 소자들의 양단에서 발생하는 전체 전압강하의 대수적 합은 0 [V]이다.

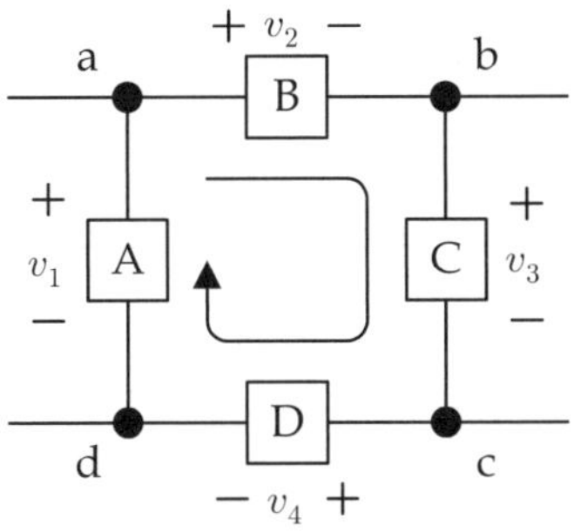

그림 2.4 4개의 소자로 구성된 폐경로

그림 2.4에서 마디 a-b-c-d-a로 이루어지는 폐경로에서 발생되는 전압강하를 더하면

$$v_2 + v_3 + v_4 + (-v_1) = 0 \tag{2.6}$$

수동부호규정에 따라 소자 A의 경우 전류가 흘러 들어가는 부분에 (−) 부호가 있으므로 전류에 방향을 고려하면 소자 A에서는 전압상승이 발생한다. 식 (2.6)을 변형하면

$$v_2 + v_3 + v_4 = v_1 \tag{2.7}$$

이 된다. 이는 '어떤 폐경로 내의 소자들에서 발생되는 전압강하의 대수적 합은 전압상승의 대수적 합과 같다'는 것을 의미한다. 식 (2.6)을 변형하여 키르히호프 전압법칙을 일반화된 수식의 형태로 나타내면 아래와 같다.

$$\sum_{k=1}^{M} v_k = 0 \tag{2.8}$$

여기서 M은 폐경로 내에 있는 소자의 수이고, v_k는 k 번째 소자 양단에서 발생되는 전압강하이다.

예제 2.2

다음 전기회로에서 키르히호프 전압법칙을 이용하여 소자 A와 B 양단에 걸리는 전압 V_1과 V_2를 구하라.

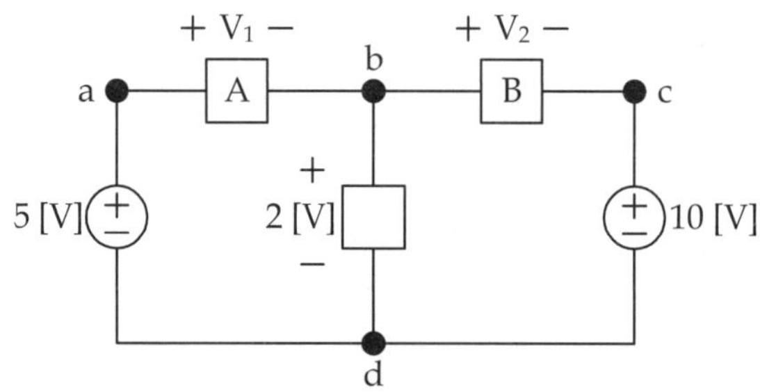

그림 2.5 예제 2.2를 위한 전기회로

풀이

5 [V] 전압원이 포함된 왼쪽 폐경로를 통하여 시계방향으로 전류가 흐르는 것으로 가정하여 수동부호규정에 따라 키르히호프 전압법칙을 적용하면

$$-5+V_1+2=0 \rightarrow V_1=5-2=3\ [V]$$

10 [V] 전압원이 포함된 오른쪽 폐경로에서도 시계방향으로 전류가 흐르는 것으로 가정하여 키르히호프 전압법칙을 적용하면

$$V_2+10-2=0 \rightarrow V_2=2-10=-8\ [V]$$

마지막으로 계산 결과를 확인하기 위하여 마디 a-b-c-d-a로 이루어지는 폐경로를 대상으로 키르히호프 전압법칙을 적용하면

$$-5+V_1+V_2+10=-5+3-8+10=0\ [V]$$

이므로 키르히호프 전압법칙이 마디 a-b-c-d-a로 이루어지는 폐경로에서도 만족됨을 확인할 수 있다.

■

2.3 옴의 법칙(Ohm's law)

전기회로를 구성하는 소자 가운데 저항은 가장 단순하고 널리 사용된다. 모든 물체는 저항 특성을 가지고 있다. 심지어 전류가 잘 통하는 도체의 경우에도 전하를 옮기는 매개체인 전자가 이동하면서 원자와 충돌하여 전하의 이동을 방해하는 저항이 있다. 식 (2.1)

에서도 설명하였지만 물체에 따라 비저항 또는 전기전도도가 다르므로 저항도 달라진다.

1827년 독일 물리학자 Georg S. Ohm은 실험을 통하여 도체에서 전류와 전압의 관계를 다음과 같이 도출하였다.

$$v = R \cdot i \tag{2.9}$$

여기서 R은 저항값을 나타내고 단위는 옴(Ohm, Ω)이다. 이를 정리하면 옴의 법칙은 그림 2.6에 나타낸 저항에서 나타나는 전류와 전압의 상관관계로서 아래와 같다.

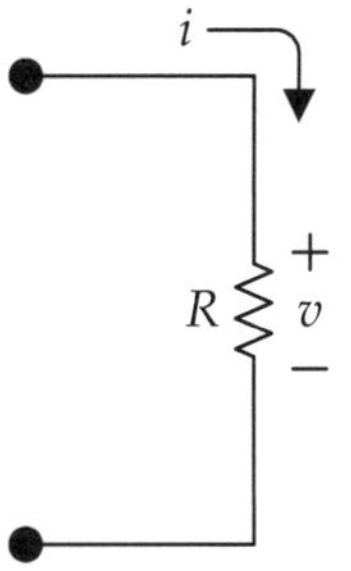

그림 2.6 전기회로에서 저항의 기호

> **옴의 법칙**
>
> 어떤 저항 양단에 걸리는 전압(또는 저항 양단에서 발생하는 전압강하)은 그 저항을 통하여 흐르는 전류와 1차 비례하고, 비례상수는 저항값이다.

그러므로 옴의 법칙에 따른 전류-전압 특성은 그림 2.7과 같은 그래프로 나타난다.

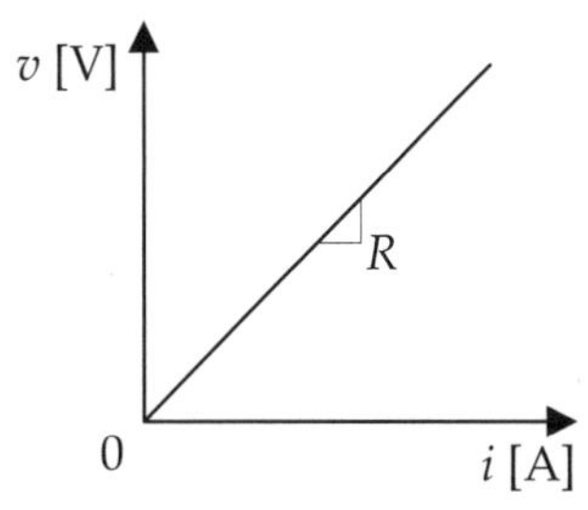

그림 2.7 옴의 법칙을 나타내는 전류–전압 특성

전류가 어떤 특정값을 초과하면 저항기의 전류-전압 특성이 그림 2.6에 나타낸 것처럼 1차 함수의 형태로 나타나지 않는 경우도 있다. 따라서 전기회로를 설계할 때는 번거롭더라도 사용할 저항의 정격을 꼭 확인하는 습관을 가지는 것을 추천한다.

1장에서 어떤 소자가 소비하는 전력은 그 소자를 통하여 흐르는 전류와 소자 양단의 전압의 곱으로 나타난다고 하였다. 옴의 법칙을 이용하면 소자의 소비 전력을 아래와 같이 좀 더 융통성 있게 구할 수 있다.

$$\begin{aligned} p &= v \cdot i = (R \cdot i) \cdot i = R \cdot i^2 \\ &= v \cdot \frac{v}{R} = \frac{v^2}{R} \end{aligned} \tag{2.10}$$

어떤 도체의 저항은 항상 0 [Ω]보다 크며, $i^2, v^2 \geq 0$이므로 어떤 저항에서 소비되는 전력은 항상 0 [W] 이상이다. 즉, 저항은 대표적인 수동소자이므로 전하를 생성하여 전기회로에 에너지를 공급할 수 없고, 회로의 다른 소자가 공급하는 에너지를 소비만 한다.

저항이 전하의 흐름을 방해하는 요인이라면 그 반대되는 물리량, 즉 전류가 얼마나 잘 흐를 수 있는지를 나타내는 물리적 척도는 컨덕턴스(conductance)로 다음과 같이 정의된다.

$$G = \frac{1}{R} \tag{2.11}$$

컨덕턴스의 단위는 지멘스(Simens, S)를 사용한다. 식 (2.11)을 적용한 옴의 법칙과 저항에서 소비되는 전력을 구하는 수식을 식 (2.12)와 식 (2.13)에 각각 나타내었다.

$$i = G \cdot v, \tag{2.12}$$

$$p = v \cdot i = G \cdot v^2 = \frac{i^2}{G} \tag{2.13}$$

저항이 아주 작아서 거의 0 [Ω]이 되면 저항을 통하여 흐르는 전류와 저항 양단에 걸리는 전압은 옴의 법칙에 따라

$$\lim_{R \to 0} i = \lim_{R \to 0} \frac{v}{R} = \infty \text{ [A]}, \quad \lim_{R \to 0} v = \lim_{R \to 0} Ri = 0 \text{ [V]} \tag{2.14}$$

가 된다. 이와 같이 저항을 통하여 흐르는 전류는 무한대가 되지만 저항 양단에서 실제적인 전압강하가 전혀 발생되지 않는 것을 단락회로(short circuit)라고 한다. 이와는 반대로

저항이 무한대에 근접할 정도로 커지면 저항을 통하여 흐르는 전류는

$$\lim_{R\to\infty} i = \lim_{R\to\infty} \frac{v}{R} = 0 \text{ [A]} \tag{2.15}$$

가 되어 전류가 흐르지 않는 상태가 되며, 이를 개방회로(open circuit)라고 한다. 전류가 흐르지 않는 것은 소자의 연결이나 도선이 사실상 끊어진 것과 다름이 없는 상태이므로 스위치가 열려 있는 것처럼 개방이라는 용어를 사용한 것이다.

예제 2.3

다음 전기회로에서 저항 양단에 걸리는 전압, 저항을 통하여 흐르는 전류, 그리고 저항에서 소비되는 전력을 계산하라.

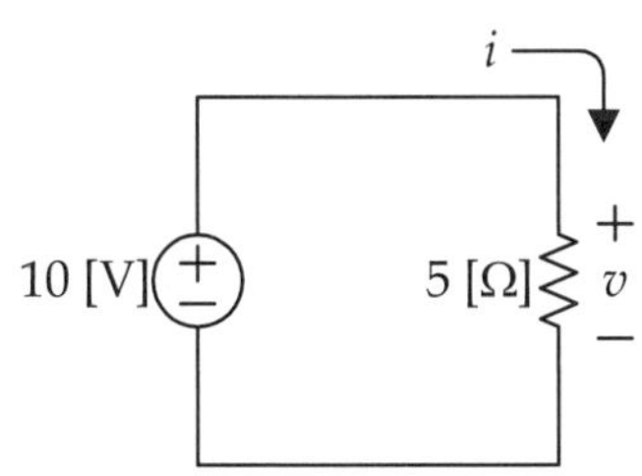

그림 2.8 예제 2.2를 위한 전기회로

풀이

수동부호규정에 따라 주어진 회로에 키르히호프 전압법칙을 적용하면 저항 양단에 걸리는 전압은

$$-10 + v = 0 \;\rightarrow\; v = 10 \text{ [V]}$$

이다. 옴의 법칙을 적용하면

$$i = v/R = 10/5 = 2 \text{ [A]}$$

따라서 저항에서 소비되는 전력은 $p = v \cdot i = 10 \times 2 = 20$ [W]이다. 소비 전력은 식 (2.10)을 이용하여 계산하여도 동일한 결과를 얻는다.

2.4 직렬연결과 전압분배법칙

예제 2.3을 통하여 매우 간단한 전기회로를 대상으로 하였지만 키르히호프 법칙과 옴의 법칙을 이용하여 회로해석을 처음으로 시도하였다. 이 절에서는 여러 개의 저항이 직렬로 연결된 경우에 대하여 학습한다.

직렬연결(series connection)이란 동일한 종류의 2단자 소자 2개가 하나의 마디를 공유하는 연결을 말한다. 그림 2.9는 저항의 직렬연결을 보여준다.

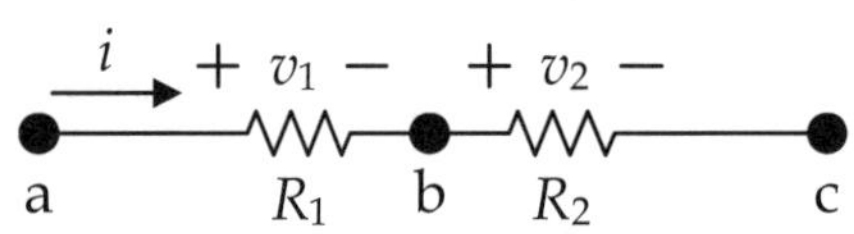

그림 2.9 저항 2개의 직렬연결

두 저항 R_1과 R_2는 마디 b를 공유한다. 앞에서도 설명한 것처럼 마디에서는 새로운 전하가 생성되거나 사라지지 않고 저장되지도 않으므로 저항 R_1의 왼쪽에서 흘러 들어오는 전류는 마디 b를 통하여 저항 R_2로 흘러 들어간다. 따라서 직렬연결된 저항들을 통하여 흐르는 전류는 항상 동일하다.

한편, 그림 2.9에서 마디 a와 c 사이에 키르히호프 전압법칙을 적용하면 두 저항 R_1과 R_2를 가로질러 걸리는 전압은 단순히 각각의 저항 양단에 걸리는 합으로 아래와 같이 표현된다.

$$v_1 + v_2 \tag{2.16}$$

여기에 다시 옴의 법칙을 적용하여 정리하면

$$v_1 + v_2 = R_1 i + R_2 i = (R_1 + R_2) i = R_s i = v_s \tag{2.17}$$

로 표현할 수 있다. 여기서 $R_s = R_1 + R_2$로 직렬연결된 저항의 등가저항(equivalent resistance)이라고 한다. 이와 같은 등가저항을 사용하면 그림 2.9는 그림 2.10처럼 단순한 형태로 나타낼 수 있다.

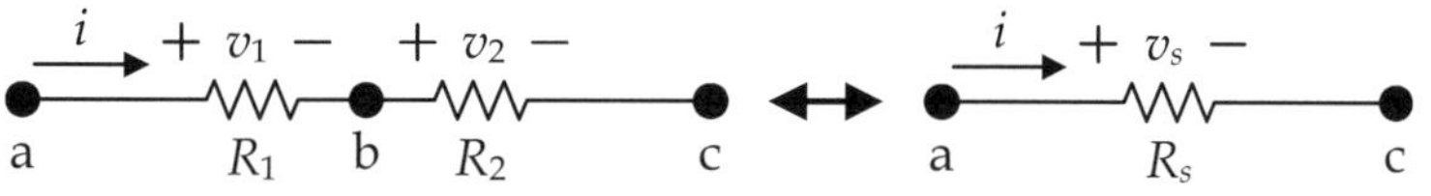

그림 2.10 직렬연결된 저항의 등가화된 표현

이를 그림 2.11(a)와 같이 N개의 저항이 직렬연결되어 있는 경우로 확장시키면 등가저항은

$$R_s = \sum_{k=1}^{N} R_k \ [\Omega] \tag{2.18}$$

으로 연결된 모든 저항들의 대수적 합으로 그림 2.11(b)와 같이 간단하게 나타낼 수 있다.

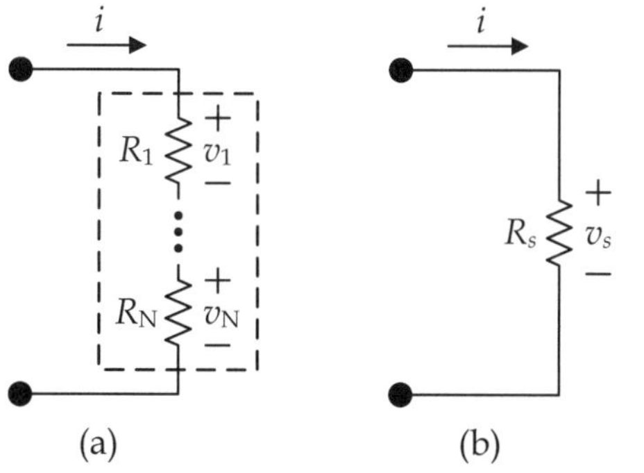

그림 2.11 (a) N개 저항의 직렬연결 (b) 등가저항

여러 개의 저항이 직렬연결된 경우 각각의 저항 양단에 걸리는 전압은 전원이 공급하는 전압과 어떤 관계가 있는지 확인하기 위하여 그림 2.12와 같은 전기회로를 고려해보자.

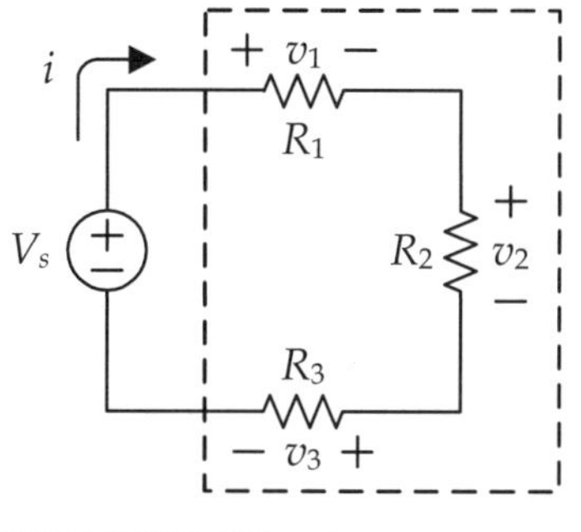

그림 2.12 3개의 저항이 직렬연결된 단일 폐경로 회로

전류의 기준 방향에 따라 키르히호프 전압법칙을 적용하면 회로방정식은

$$-V_s + v_1 + v_2 + v_3 = 0 \rightarrow V_s = v_1 + v_2 + v_3 \tag{2.19}$$

이 된다. 여기에 옴의 법칙을 적용하면 전압원이 공급하는 전압은 직렬연결된 저항들을 통하여 흐르는 전류는 동일하므로 식 (2.20)과 같이 나타난다.

$$V_s = R_1 i + R_2 i + R_3 i = (R_1 + R_2 + R_3) i = R_s i \tag{2.20}$$

저항 R_2 양단에 걸리는 전압은

$$v_2 = R_2 i \tag{2.21}$$

이다. 그러므로 R_2 저항 양단에 걸리는 전압은 전압원이 공급하는 전압과 다음과 같은 관계를 가진다.

$$\frac{v_2}{V_s} = \frac{R_2 i}{R_s i} = \frac{R_2}{R_1 + R_2 + R_3} \tag{2.22}$$

식 (2.22)를 N개의 저항이 직렬연결된 단일 폐경로 회로로 확장하면 다음과 같이 일반화된 관계식을 도출할 수 있다.

$$v_n = \frac{R_n}{R_s} V_s = \frac{R_n}{\sum_{k=1}^{N} R_k} V_s . \tag{2.23}$$

식 (2.23)은 직렬연결된 저항들에서 적용되는 전압분배법칙(voltage division law)이다. 즉, N 개의 직렬연결된 저항 가운데 n 번째 저항 양단에 걸리는 전압은 모든 저항들의 합에 대한 n 번째 저항의 비율과 전압원의 곱으로 나타난다. 그리고 저항 R_n의 양단에 걸리는 전압 v_n은 R_n의 크기에 비례하여 전압원의 전압이 분배된다.

예제 2.4

그림 2.12의 전기회로에서 $R_1 = 1\ [\text{k}\Omega]$, $R_2 = 2\ [\text{k}\Omega]$, $R_3 = 5\ [\text{k}\Omega]$이고, 전압원은 $V_s = 10\ [\text{V}]$라고 하자. 다음 조건에 따라 각 저항 양단에 걸리는 전압을 구하라.

① 회로를 통하여 흐르는 전류를 이용하는 방법

② 전류를 구하지 않고 전압을 직접 계산하는 방법

풀이

① 회로를 통하여 흐르는 전류를 이용하는 방법

직렬연결된 세 저항의 합성 저항은

$$R_s = R_1 + R_2 + R_3 = 1 + 2 + 5 = 8\ [\mathrm{k}\Omega]$$

따라서 전류 i는 옴의 법칙에 따라

$$i = \frac{V_s}{R_s} = \frac{10}{8000} = 1.25\ [\mathrm{mA}]$$

그러므로 각 저항 양단에 걸리는 전압은

$$v_1 = R_1 i = (1.0 \times 10^3) \times (1.25 \times 10^{-3}) = 1.25\ [\mathrm{V}],$$

$$v_2 = R_2 i = (2.0 \times 10^3) \times (1.25 \times 10^{-3}) = 2.5\ [\mathrm{V}],$$

$$v_3 = R_3 i = (5.0 \times 10^3) \times (1.25 \times 10^{-3}) = 6.25\ [\mathrm{V}].$$

② 전류를 구하지 않고 전압을 직접 계산하는 방법

전압분배법칙을 이용하면

$$v_1 = \frac{R_1}{R_s} V_s = \frac{R_1}{R_1 + R_2 + R_3} V_s = \frac{1}{1+2+5} \times 10 = 1.25\ [\mathrm{V}],$$

$$v_2 = \frac{R_2}{R_s} V_s = \frac{2}{1+2+5} \times 10 = 2.5\ [\mathrm{V}],$$

$$v_3 = \frac{R_3}{R_s} V_s = \frac{5}{1+2+5} \times 10 = 6.25\ [\mathrm{V}].$$

이다.

이 절을 마치기 전에 마지막으로 확인할 것은 직렬연결된 전압원의 등가전압이다. 그림 2.13과 같이 두 개의 전압원이 직렬로 연결된 간단한 회로를 대상으로 수동부호규정에 따라 회로방정식을 구하면

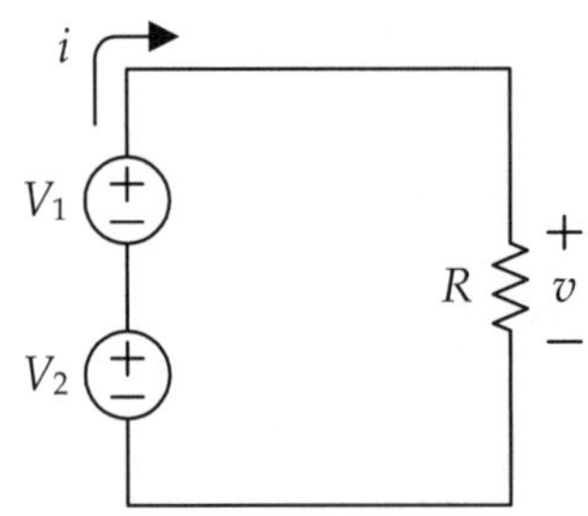

그림 2.13 두 개의 전압원이 직렬연결된 전기회로

$$-V_2 - V_1 + v = 0 \rightarrow v = V_1 + V_2 = V_s \tag{2.24}$$

즉, 직렬연결된 전압원들은 하나의 전압원으로 나타낼 수 있고, 전압의 크기는 전압원의 기준 방향에 따라 대수적 합으로 표현된다. 따라서 N 개의 전압원이 직렬연결되는 경우 합성 전압원은 식 (2.25)와 같이 구할 수 있다.

$$V_s = V_1 + V_2 + \cdots + V_N = \sum_{k=1}^{N} V_k \tag{2.25}$$

여기서 V_k는 k 번째 전압원을 나타낸다.

2.5 병렬연결과 전류분배법칙

병렬연결(parallel connection)이란 동일한 종류의 2개 이상의 2단자 소자가 동일한 2개의 마디를 공유하는 연결을 말한다. 그림 2.14는 2개의 저항이 마디 a와 b를 공유하는 병렬연결의 예를 보여준다.

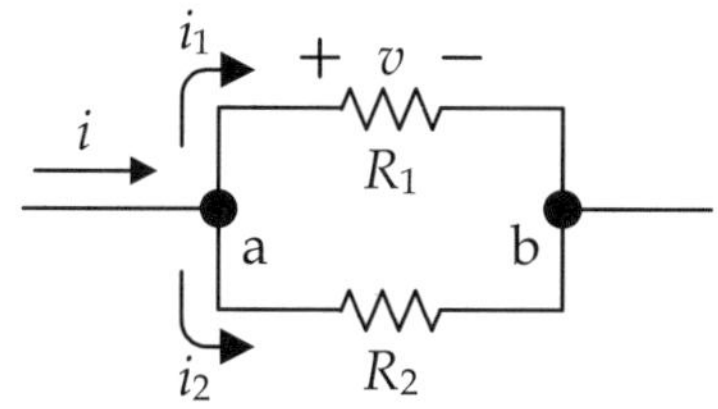

그림 2.14 두 저항의 병렬연결

저항 R_1 양단에 걸리는 전압은 마디 a와 b 사이의 전압이며, 이는 저항 R_2 양단에 걸리는 전압과 같다. 즉, 병렬연결된 수동소자 양단에 걸리는 전압은 모두 동일하다.

각 저항을 통하여 흐르는 전류의 경우는 어떨까? 저항 R_1을 통하여 흐르는 전류를 i_1이라고 하고 R_2를 통하여 흐르는 전류를 i_2라고 할 때 옴의 법칙에 따라 다음 식이 성립한다.

$$v = R_1 i_1 = R_2 i_2 \;\rightarrow\; \frac{i_1}{i_2} = \frac{R_2}{R_1} \tag{2.26}$$

이는 각 저항을 통하여 흐르는 전류는 저항의 크기에 반비례함을 뜻한다. 즉, 저항 양단에 걸리는 전압이 일정한 경우 저항이 커지면 전류는 적어지는 것을 의미하므로 옴의 법칙과도 일치하는 결과이다.

한편, 그림 2.14의 마디 a에 키르히호프 전류법칙을 적용하면 다음과 같다.

$$i = i_1 + i_2 \tag{2.27}$$

식 (2.27)은 옴의 법칙을 이용하여 다음과 같이 변형시켜 나타낼 수 있다.

$$i = i_1 + i_2 = \frac{v}{R_1} + \frac{v}{R_2} = \left(\frac{1}{R_1} + \frac{1}{R_2}\right) v = \frac{v}{R_s} \tag{2.28}$$

따라서 병렬연결된 두 저항의 합성 저항 또는 등가저항은

$$\frac{1}{R_s} = \frac{1}{R_1} + \frac{1}{R_2} \;\rightarrow\; R_s = \left(\frac{1}{R_1} + \frac{1}{R_2}\right)^{-1} = \frac{R_1 R_2}{R_1 + R_2} \tag{2.29}$$

이 된다. 이와 같은 등가저항을 이용하면 그림 2.14는 그림 2.15와 같이 변경하여 나타낼 수

있다. 여기서 전류 i와 합성 저항 R_s는 각각 식 (2.28)과 식 (2.29)를 이용하여 구한다.

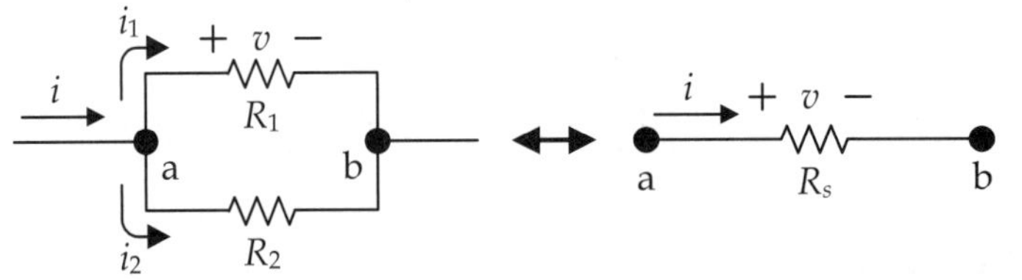

그림 2.15 병렬연결된 저항의 합성 저항

그림 2.16(a)에 나타낸 것처럼 병렬연결된 저항의 수를 N 개로 확장하는 경우 등가저항의 일반식은

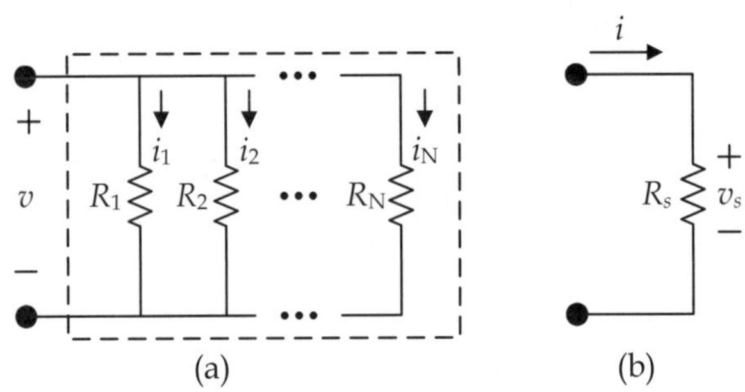

그림 2.16 N개 저항의 병렬연결과 등가저항

$$\frac{1}{R_s} = \frac{1}{R_1} + \frac{1}{R_2} + \cdots + \frac{1}{R_N} = \sum_{k=1}^{N} \frac{1}{R_k} \rightarrow R_s = \left(\sum_{k=1}^{N} \frac{1}{R_k} \right)^{-1} \tag{2.30}$$

으로 계산할 수 있다. 그리고 이 등가저항을 이용하면 그림 2.16(a)는 그림 2.16(b)처럼 단순화시켜 나타낼 수 있다.

한편, 식 (2.26)을 통하여 병렬연결된 저항을 통하여 흐르는 전류는 저항의 크기에 반비례하는 것을 알고 있다. 그림 2.17의 전기회로를 이용하여 전류분배법칙(current division law)을 확인하여 보자.

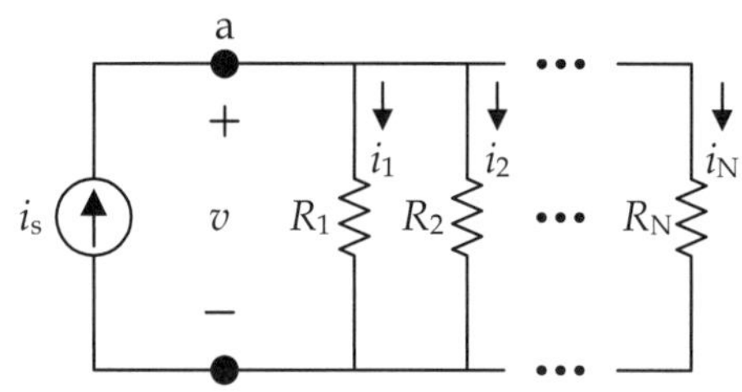

그림 2.17 N개의 병렬연결된 저항과 전류원으로 구성된 회로

마디 a에 키르히호프 전류법칙을 적용하여 전류에 대한 회로방정식을 구하면

$$i_s = i_1 + i_2 + \cdots + i_N \tag{2.31}$$

이 되고, 여기에 옴의 법칙을 적용하여 정리하면 저항들 양단에 걸리는 전압과 등가저항에 대한 식으로 나타낼 수 있다.

$$\begin{aligned} i_s &= i_1 + i_2 + \cdots + i_N = \frac{v}{R_1} + \frac{v}{R_2} + \cdots + \frac{v}{R_N} \\ &= \left(\frac{1}{R_1} + \frac{1}{R_2} + \cdots + \frac{1}{R_N}\right)v = \frac{v}{R_s} \end{aligned} \tag{2.32}$$

옴의 법칙에 따르면 k 번째 저항을 통하여 흐르는 전류는

$$i_k = \frac{v}{R_k} \tag{2.33}$$

이므로 전류원이 회로에 공급하는 전류와 k 번째 저항을 통하여 흐르는 전류는 다음과 같은 관계를 갖는다.

$$\frac{i_k}{i_s} = \frac{v/R_k}{v/R_s} = \frac{R_s}{R_k} \quad \text{또는} \quad i_k = \frac{v/R_k}{v/R_s} i_s = \frac{R_s}{R_k} i_s = \left(\frac{R_k}{R_s}\right)^{-1} i_s \tag{2.34}$$

그러므로 k 번째 저항이 연결된 가지를 통하여 흐르는 전류는 전체 등가저항에 대한 저항 R_k의 비율의 역수에 비례한다. 이를 좀 더 쉽게 설명하기 위하여 저항의 역수로 표현되는 컨덕턴스를 이용하여 다시 정리하면

$$i_s = i_1 + i_2 + \cdots + i_N = \frac{v}{R_1} + \frac{v}{R_2} + \cdots + \frac{v}{R_N} \tag{2.35}$$
$$= G_1 v + G_2 v + \cdots + G_N v = (G_1 + G_2 + \cdots + G_N) v = G_s v$$

가 되고, k 번째 저항을 통하여 흐르는 전류는

$$i_k = G_k v \tag{2.36}$$

이므로 전류원이 회로에 공급하는 전류와 k 번째 저항을 통하여 흐르는 전류는 다음과 같은 관계를 갖는다.

$$\frac{i_k}{i_s} = \frac{G_k v}{G_s v} = \frac{G_k}{G_s} \quad \text{또는} \quad i_k = \frac{G_k}{G_s} i_s \tag{2.37}$$

그러므로 병렬연결된 N 개의 저항 가운데 k 번째 저항을 통하여 흐르는 전류는 합성 컨덕턴스에 대한 k 번째 가지의 컨덕턴스의 비율에 비례하여 전류분배가 이루어진다.

예제 2.5

그림 2.18의 전기회로에서 $R_1 = 1$ [kΩ], $R_2 = 2$ [kΩ], $R_3 = 5$ [kΩ]이고, 전류원은 $i_s = 10$ [A]라고 하자. 다음 조건에 따라 각 저항을 통하여 흐르는 전류를 구하라. 단, 반올림하여 계산 결과는 소수점 아래 두 자리까지만 표시하라.

① 저항 양단의 전압을 이용하는 방법

② 전압을 구하지 않고 전류를 직접 계산하는 방법

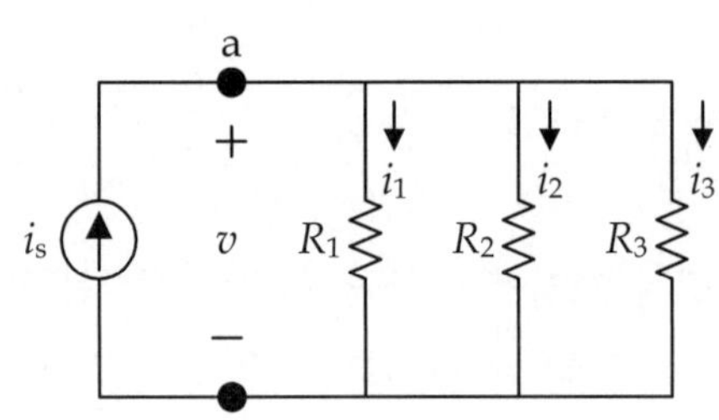

그림 2.18 3개의 저항이 병렬연결된 전기회로

풀이

① 저항 양단의 전압을 이용하는 방법

직렬연결된 세 저항의 합성 컨덕턴스는

$$G_s = \left(\frac{1}{R_1} + \frac{1}{R_2} + \frac{1}{R_3}\right) = \left(\frac{1}{1\times 10^3} + \frac{1}{2\times 10^3} + \frac{1}{5\times 10^3}\right) = 1.7\times 10^{-3}\ [\mathrm{S}]$$

따라서 전압 v는 옴의 법칙에 따라

$$v = \frac{i_s}{G_s} = \frac{10}{1.7\times 10^{-3}} = \frac{1}{1.7}\times 10^4 = 0.588\times 10^4\ [\mathrm{V}]$$

이다. 그러므로 각 저항을 통하여 흐르는 전류는

$$i_1 = G_1 v = (1000)^{-1}\times 0.588\times 10^4 = 5.88\ [\mathrm{A}],$$

$$i_2 = G_2 v = (2000)^{-1}\times 0.588\times 10^4 = 2.94\ [\mathrm{A}],$$

$$i_3 = G_3 v = (5000)^{-1}\times 0.588\times 10^4 = 1.18\ [\mathrm{A}].$$

② 전압를 구하지 않고 전류를 직접 계산하는 방법

전류분배법칙을 이용하면

$$i_1 = \frac{G_1}{G_s} i_s = \frac{1.0\times 10^{-3}}{1.7\times 10^{-3}}\times 10 = 5.88\ [\mathrm{A}],$$

$$i_2 = \frac{G_2}{G_s} i_s = \frac{(2000)^{-1}}{1.7\times 10^{-3}}\times 10 = 2.94\ [\mathrm{A}],$$

$$i_3 = \frac{G_3}{G_s} i_s = \frac{(5000)^{-1}}{1.7\times 10^{-3}}\times 10 = 1.18\ [\mathrm{A}].$$

■

이 절의 마지막 주제로 그림 2.19와 같이 전류원이 병렬연결되어 있는 경우 하나의 합성 전류원으로 표현하는 것에 대하여 고려한다.

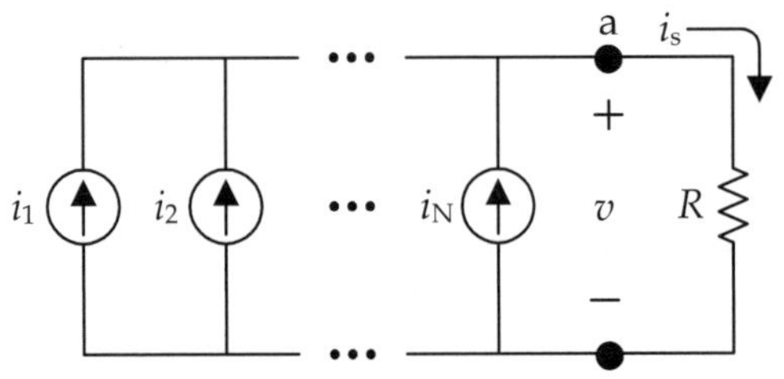

그림 2.19 N개의 전류원이 병렬연결된 전기회로

마디 a에 키르히호프 전류법칙을 적용하면 저항 R을 통하여 흐르는 전류는

$$i_1 + i_2 + \cdots + i_N - i_s = 0 \rightarrow i_s = i_1 + i_2 + \cdots + i_N = \sum_{k=1}^{N} i_k \tag{2.38}$$

이 된다. 그러므로 병렬연결된 전류원의 등가전류원은 전류의 기준 방향에 따라 전류원의 크기를 대수적으로 합한 결과와 같다.

예제 2.6

그림 2.20(a)의 회로에 대한 등가회로가 그림 2.20(b)라고 할 때 등가회로의 전류원 i_s와 등가저항 R_s를 구하라.

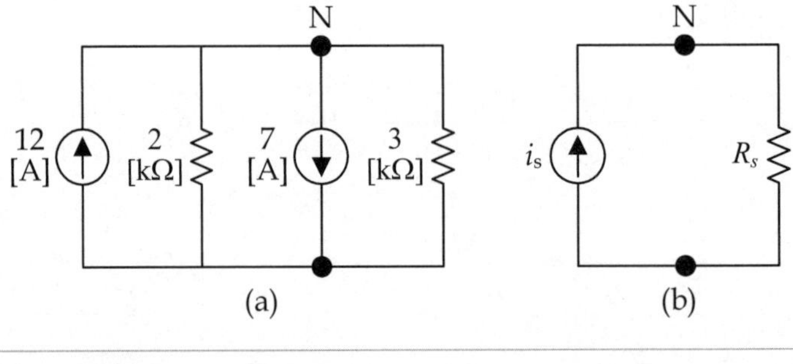

그림 2.20 (a) 원래의 전기회로 (b) 등가회로

풀이

등가회로에서 마디 N으로 흐르는 방향을 전류의 기준 방향이므로 원래 회로의 전류원들에 대한 합성 전류원은

$$i_s = 12 - 7 = 5\ [\mathrm{A}]$$

가 된다. 두 저항은 병렬연결되어 있으므로 합성 저항을 계산하면

$$R_s = \frac{R_1 \cdot R_2}{R_1 + R_2} = \frac{2 \times 3}{2 + 3} = 1.2\ [\mathrm{k\Omega}]$$

이 된다.

2.6 테브냉 등가회로와 노튼 등가회로

앞선 두 절에서 같은 종류의 소자들이 직렬 또는 병렬로 연결되는 경우 하나의 소자로 대체하여 나타낼 수 있다고 하였다. 이전의 예를 보면 직병렬연결된 저항들을 하나의 저항회로로 대체하는 것이나 직렬연결된 전압원 또는 병렬연결된 전류원을 동일한 값을 가지는 하나의 전원으로 변형하여 적용할 수 있다. 여기서 하나의 소자로 대체하는 것을 조금 더 확장하여 표현하면 전기회로에서 동일한 기능 또는 역할을 수행하는 다른 회로를 의미하는 것으로 주로 등가회로라고 한다.

회로설계는 주어진 조건이나 목적에 맞게 어떤 특정한 기능을 수행하도록 전기회로를 구성하는 것이다. 특정 기능을 수행하는 부분은 일반적으로 회로의 출력단이 되며, 원하는 출력이나 다양한 조건, 안전 관련 규정에 따라 엄격하게 제한될 수 있다. 이에 비하여 출력단을 동작시키는 회로는 겉으로는 잘 드러나지 않는 내부회로인 경우가 많으며 출력단에서 요구되는 전기적 특성을 만족시키는 범위에서 융통성 있게 설계할 수 있다. 따라서 엔지니어는 출력단의 기능에 영향을 미치지 않으면서도 안정적으로 동작하는 내부회로를 가능하면 단순하게 설계하려고 할 것이다. 이와 같은 목적을 달성하기 위해서는 한 종류의 소자가 아니라 전원을 포함하는 내부회로를 동일한 기능을 수행하는 다른 회로로 설계할 필요가 있다. 이 절의 주제인 테브냉 등가회로(Thevenin equivalent circuit)와 노튼 등가회로(Norton equivalent circuit)는 이 목적을 달성하는 가장 유력한 방법이다.

테브냉 등가회로는 2.21(a)와 같은 임의의 전기회로에서 부하(load) 부분(저항회로에서는 부하저항)을 제외한 다른 회로부를 2.21(b)에 나타낸 것처럼 단순화시키는 것이다. 이를 위한 테브냉 정리는 다음과 같다.

테브냉 정리

임의의 2단자 전기회로는 V_T의 전압을 인가할 수 있는 전압원과 내부저항 R_T가 직렬연결된 등가회로로 대체 가능하다.

여기서 주목해야 되는 점은 주어진 전기회로를 테브냉 등가회로로 대체하더라도 부하저항 R_L 양단에 걸리는 전압과 부하저항을 통하여 흐르는 전류는 변함이 없어야 한다는 것이다.

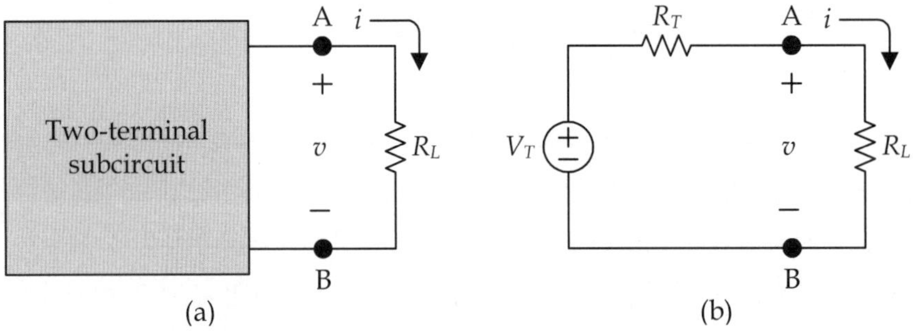

그림 2.21 (a) 부하저항이 연결된 임의의 전기회로 (b) 테브냉 등가회로

임의의 회로를 테브냉 등가회로로 나타내기 위해서는 테브냉 전압원 V_T와 테브냉 저항 R_T를 구하여야 한다. 이를 위하여 테브냉 정리를 적용하는 방법을 정리하면 다음과 같은 두 가지 과정으로 요약할 수 있다.

과정 ❶ 테브냉 전압원 V_T

부하저항을 개방시키고 개방된 두 개의 단자에 걸리는 개방회로 전압(open circuit voltage) V_{oc}를 측정하여 테브냉 전압원으로 한다.

과정 ❷ 테브냉 저항 R_T

부하저항을 개방시킨 다음 남은 전기회로에서 전압원은 단락(short)시키고 전류원은 개방시킨 상태에서 개방된 두 개의 단자 사이의 저항을 측정하여 테브냉 저항으로 한다.

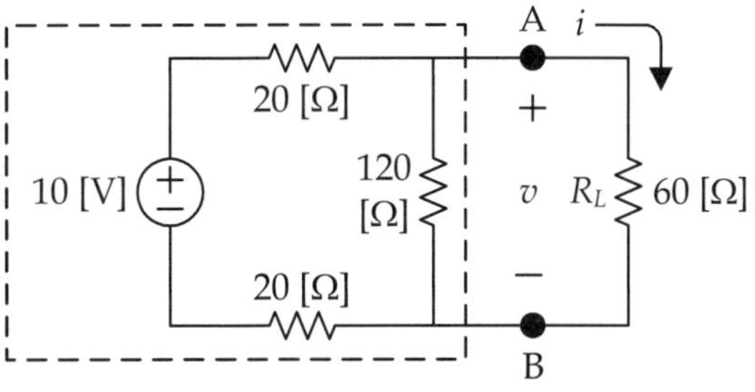

그림 2.22 테브냉 등가회로를 위한 예제 회로

예를 들어, 그림 2.22에 나타낸 회로에서 점선으로 표시된 내부회로에 대한 테브냉 등가회로를 구하여 보자. 테브냉 정리의 과정 ①을 적용하면 전압원을 구하기 위하여 부하저항을 개방시킨 회로는 아래와 같다.

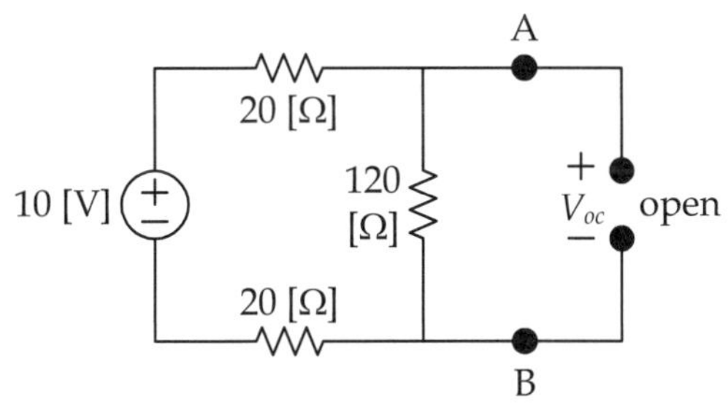

그림 2.23 예제 회로에서 부하저항을 개방시킨 형태

개방된 가지를 통하여 흐르는 전류는 0 [A]이므로 개방된 양단의 전압 V_{oc}는 120 [Ω] 저항 양단에 걸리는 전압과 같다. 직렬연결된 세 개의 저항 중 120 [Ω]에 걸리는 전압은 전압분배법칙을 적용하여 다음과 같이 구할 수 있다.

$$V_T = V_{oc} = 10 \times \frac{120}{20+120+20} = 7.5 \text{ [V]}$$

테브냉 정리의 과정 ②를 적용하여 테브냉 저항을 구하기 위하여 부하저항을 개방시키고 나머지 회로에서 전압원을 단락시킨 회로는 그림 2.24와 같다.

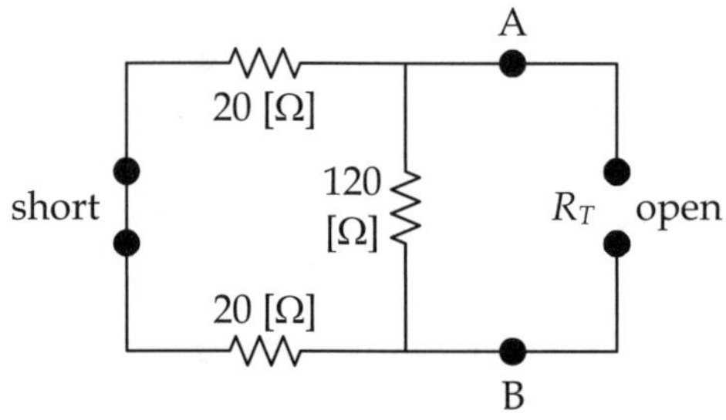

그림 2.24 부하저항을 개방시키고 전압원을 단락시킨 형태

개방된 두 단자 사이에 걸리는 저항은 A와 B 지점의 왼쪽 부분에 있는 세 저항의 합성 저항이 된다. 이것은 직렬연결된 20 [Ω] 저항들과 120 [Ω] 저항의 병렬연결 형태이므로 합성 저항은

$$R_T = \{20+20\}//120 = \frac{40\times 120}{40+120} = 30\ [\Omega]$$

여기서 기호 '//'는 병렬연결을 의미한다. 그러므로 그림 2.22에 나타낸 회로에 대한 테브냉 등가회로는 앞에서 구한 V_T와 R_T를 적용하면 다음과 같다.

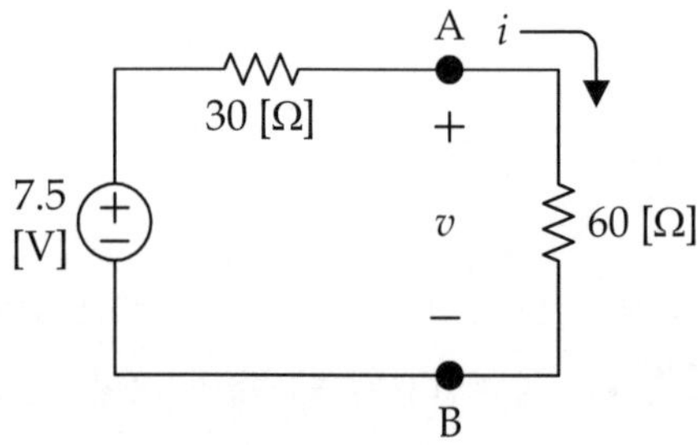

그림 2.25 그림 2.22의 회로에 대한 테브냉 등가회로

테브냉 등가회로는 임의의 전기회로에서 부하회로를 제외한 회로부를 하나의 전압원과 이에 직렬로 연결되는 저항으로 단순화시킨 것이다. 노튼 등가회로는 그림 2.26(a)와 같이 부하저항이 연결된 임의의 전기회로에서 부하를 제외한 부분을 2.26(b)에 나타낸 것처럼 단순화시키는 것이다.

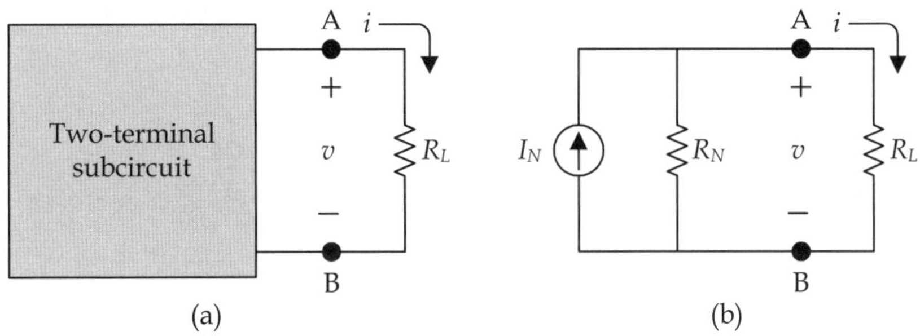

그림 2.26 (a) 부하저항이 연결된 임의의 전기회로 (b) 노튼 등가회로

노튼 등가회로는 아래와 같은 노튼 정리를 기반으로 하고 있으므로 주어진 회로로부터 노튼 전류원과 노튼 저항을 구하여야 한다.

노튼 정리

임의의 2단자 전기회로는 I_N의 전류를 인가할 수 있는 전류원과 내부저항 R_N이 병렬연결된 등가회로로 대체 가능하다.

노튼 등가회로에서도 테브냉 등가회로와 마찬가지로 부하저항 양단에 걸리는 전압과 부하저항을 통하여 흐르는 전류는 변함이 없어야 한다. 노튼 정리를 적용하여 등가회로를 구하는 방법도 두 가지 과정으로 요약할 수 있다.

과정 ❶ 노튼 전류원 I_N

부하저항을 단락시키고 단락된 경로를 통하여 흐르는 단락회로 전류(short circuit current) I_{sc}를 측정하여 노튼 전류원으로 한다.

과정 ❷ 노튼 저항 R_N

부하저항을 개방시킨 다음 남은 전기회로에서 전압원은 단락시키고 전류원은 개방시킨 상태에서 개방된 두 개의 단자 사이의 저항을 측정하여 노튼 저항으로 한다.

여기서 주목할 점은 노튼 저항을 구하는 과정이 테브냉 저항을 구하는 과정과 동일하다는 점이다. 즉 $R_N = R_T$ 이다.

그림 2.22에 나타낸 전기회로를 이용하여 노튼 등가회로를 구하는 과정을 설명한다. 노튼 정리의 과정 ①을 적용하여 전류원을 구하기 위하여 부하저항을 단락시킨 회로는 아래와 같다. 여기서는 설명의 편리를 위하여 마디 A의 위치를 변경하여 나타내었다.

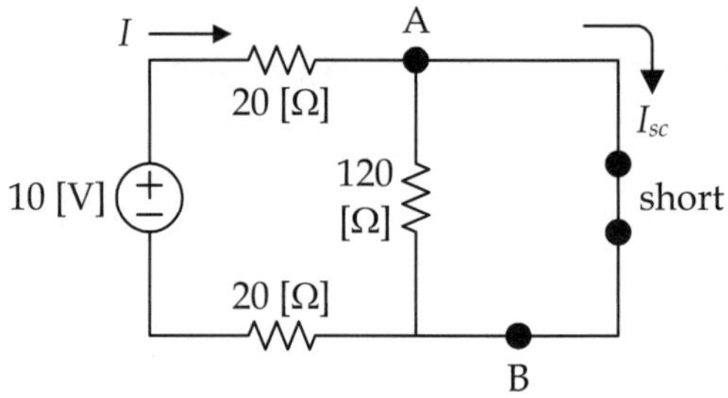

그림 2.27 예제 회로에서 부하저항을 단락시킨 형태

왼쪽의 10 [V] 전압원을 통하여 흐르는 전류는 20 [Ω] 저항을 통하여 A 마디로 흘러 들어간다. 이 전류를 I [A]라고 가정하고, 마디 A에 전류분배법칙을 적용하면 부하저항이 단락된 가지를 통하여 흐르는 전류는

$$I_N = I_{sc} = I \times \frac{120}{120+0} = I\,[\mathrm{A}]$$

가 된다. 이는 120 [Ω] 저항을 통해서는 전류가 흐르지 않는다는 의미이다. 그러므로 전류의 흐름 측면에서 분석하면 그림 2.27의 전기회로는 사실상 그림 2.28의 회로와 같다.

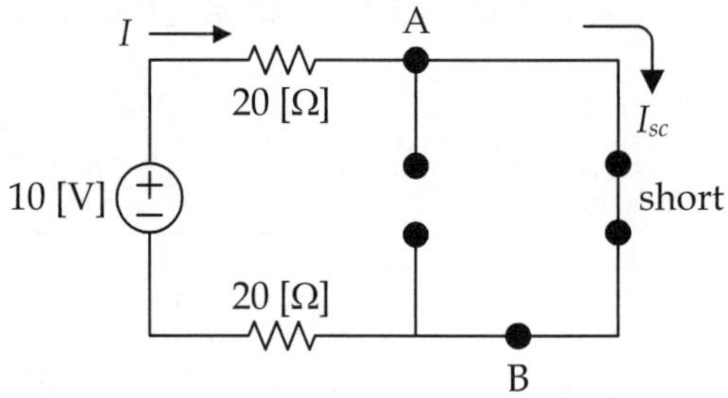

그림 2.28 전류의 흐름 측면에서 나타낸 회로

그림 2.28의 회로에 옴의 법칙을 적용하면 단락회로 전류는

$$I_{sc} = \frac{10}{20+20} = 0.25\ [\mathrm{A}]$$

이므로 노튼 전류원은 $I_N = I_{sc} = 0.25$ [A]이다. 그리고 노튼 저항을 구하는 과정은 테브냉 저항을 구하는 과정과 동일하므로 노튼 저항은 그림 2.24에 나타낸 회로의 합성 저항인 $R_N = R_T = 30\ [\Omega]$이 된다. 따라서 그림 2.22의 전기회로에 대한 노튼 등가회로는 그림 2.29와 같다.

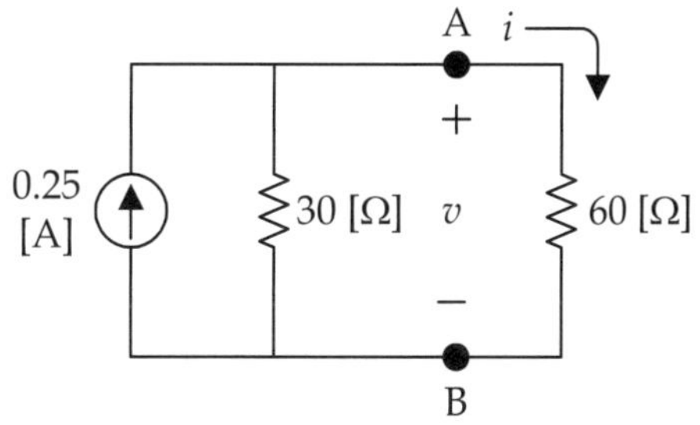

그림 2.29 그림 2.22의 회로에 대한 노튼 등가회로

그림 2.22의 원래 회로와 그림 2.25의 테브냉 등가회로, 그림 2.29의 노튼 등가회로가 모두 동일한 기능을 수행하는지 확인하려면 60 [Ω] 부하저항을 통하여 흐르는 전류와 부하저항 양단에 걸리는 전압을 구하여 비교하면 된다. 그림 2.22의 원래 회로에서 120 [Ω] 저항과 부하저항은 병렬연결이므로 합성 저항을 계산하면

$$R_p = \frac{120 \times 60}{120+60} = \frac{7200}{180} = 40\ [\Omega]$$

이 되므로 원래 회로는 다음과 같이 나타낼 수 있다.

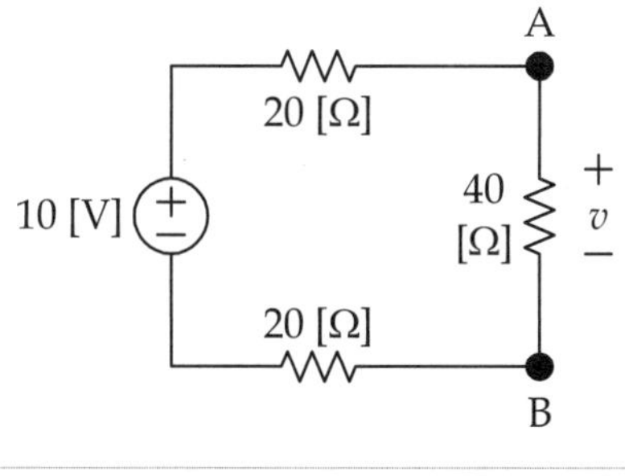

그림 2.30 원래 전기회로(그림 2.22)의 다른 표현

원래 회로에서 마디 A와 B 양단에 걸리는 전압은 그림 2.30의 회로에서는 40 [Ω] 양단에 걸리는 전압과 같다. 그러므로 전압분배법칙을 적용하면 40 [Ω] 양단에 걸리는 전압은

$$v = 10 \times \frac{40}{20+40+20} = 10 \times 0.5 = 5.0 \text{ [V]}$$

부하저항 양단에 걸리는 전압을 구하였으므로 옴의 법칙을 적용하면 부하저항을 통하여 흐르는 전류는

$$i = \frac{v}{R_L} = \frac{5.0}{60} = 83.33 \text{ [mA]}$$

그림 2.25의 테브냉 등가회로에서는 테브냉 저항과 부하저항이 직렬로 연결되어 있으므로 단순히 옴의 법칙을 적용하면 부하저항을 통하여 흐르는 전류는

$$i = \frac{V_T}{R_T + R_L} = \frac{7.5}{30+60} = 83.33 \text{ [mA]}$$

그리고 전압분배법칙을 적용하면 부하저항 양단에 걸리는 전압은

$$v = V_T \cdot \frac{R_L}{R_T + R_L} = 7.5 \times \frac{60}{30+60} = 5.0 \text{ [V]}$$

그림 2.29의 노튼 등가회로에서는 마디 A에 전류분배법칙을 적용하면 부하저항을 통하여 흐르는 전류를 다음과 같이 계산할 수 있다.

$$i = I_N \cdot \frac{R_N}{R_N + R_L} = 0.25 \times \frac{30}{30+60} = 83.33 \text{ [mA]}$$

부하저항 양단에 걸리는 전압은 옴의 법칙을 이용하면

$$v = R_L \cdot i = 60 \times 83.33 \times 10^{-3} = 5.0 \text{ [V]}$$

이 결과들은 임의의 전기회로에서 부하회로를 제외한 다른 회로부를 테브냉 등가회로나 노튼 등가회로로 대체하여 나타내어도 부하회로의 기능 또는 동작은 전혀 변하지 않는 것을 보여준다.

앞의 예를 통하여 테브냉 등가회로와 노튼 등가회로는 서로 등가의 관계인 것을 알 수

있었다. 이 사실을 확인하기 위하여 테브냉 형태와 노튼 형태를 비교하여 보자.

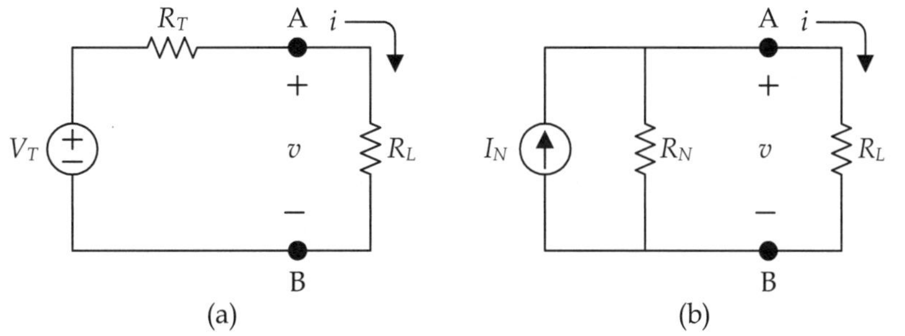

그림 2.31 테브냉 등가회로와 노튼 등가회로 비교 (a) 테브냉 형태 (b) 노튼 형태

수동부호규정에 따른 전류의 기준 방향을 고려하면서 테브냉 회로에 키르히호프 전압 법칙을 적용하면 회로방정식은

$$-V_T + R_T \cdot i + v = 0 \;\rightarrow\; v = -R_T \cdot i + V_T \tag{2.39}$$

가 된다. 그리고 노튼 회로의 마디 A에 키르히호프 전류법칙을 적용하면

$$I_N = i + \frac{v}{R_N} \;\rightarrow\; v = -R_N \cdot i + R_N \cdot I_N \tag{2.40}$$

이 된다. 식 (2.39)와 식 (2.40)을 비교하여 나타내면

$$v = -R_N \cdot i + R_N \cdot I_N = -R_T \cdot i + V_T \tag{2.41}$$

여기서 변수는 v와 i 뿐이고, 저항 R_T와 R_N, 전원 V_T와 I_N은 상수이므로 식 (2.41)로부터 다음 결론을 도출할 수 있다.

$$R_T = R_N, \;\; V_T = R_N \cdot I_N \tag{2.42}$$

그러므로 식 (2.42)를 이용하면 그림 2.31의 테브냉 등가회로와 노튼 등가회로는 서로 등가 관계이므로 주어진 전기회로를 편리하기 해석하기 위한 목적으로 서로 대체하여 적용할 수 있다.

예제 2.7

다음 전기회로에서 부하저항 500 [Ω]을 제외한 나머지 회로에 대한 ① 테브냉 등가회로와 ② 노튼 등가회로를 구하고 비교하라.

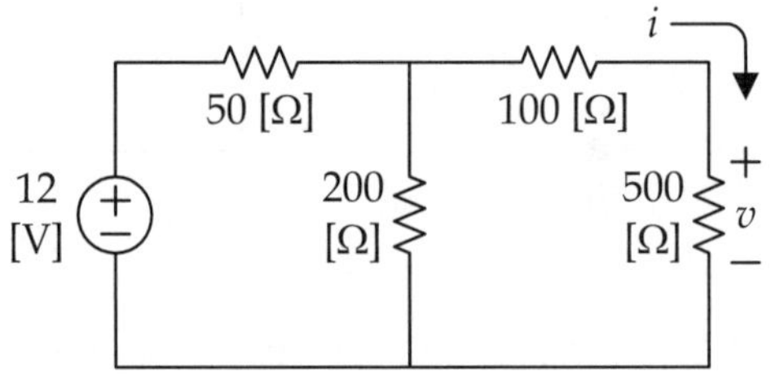

그림 2.32 예제 2.7을 위한 전기회로

풀이

① 테브냉 등가회로

- 테브냉 전압원을 구하기 위하여 부하저항을 개방시킨 회로는 아래 그림과 같다.

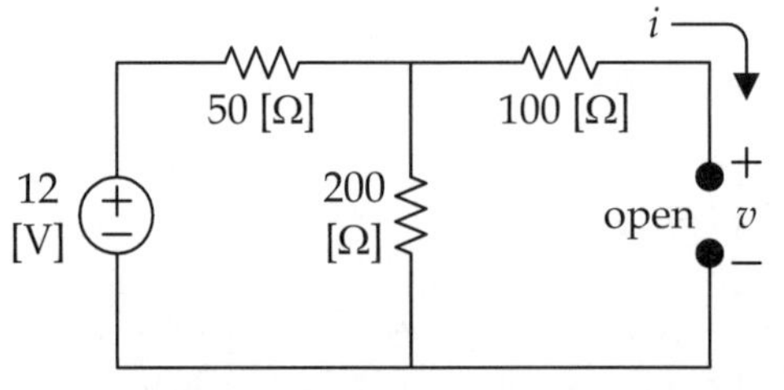

부하저항이 개방되었으므로 100 [Ω]을 통하여 흐르는 전류는 0 [A]가 된다. 그러므로 개방된 단자에서 전압을 측정하면 200 [Ω] 저항 양단에 걸리는 전압이 나타난다. 따라서 전압분배법칙을 적용하여 개방회로 전압을 계산하면

$$V_{oc} = V_s \cdot \frac{200}{50+200} = 12 \times \frac{4}{5} = 9.6 \text{ [V]}$$

이 되며, 개방회로 전압은 테브냉 전압원이 되므로 $V_T = V_{oc} = 9.6$ [V]이다.

- 테브냉 저항을 구하기 위하여 다음 그림과 같이 부하저항 개방시키고 전압원을 단락시킨 상태에서 개방된 단자들 사이의 저항을 계산한다.

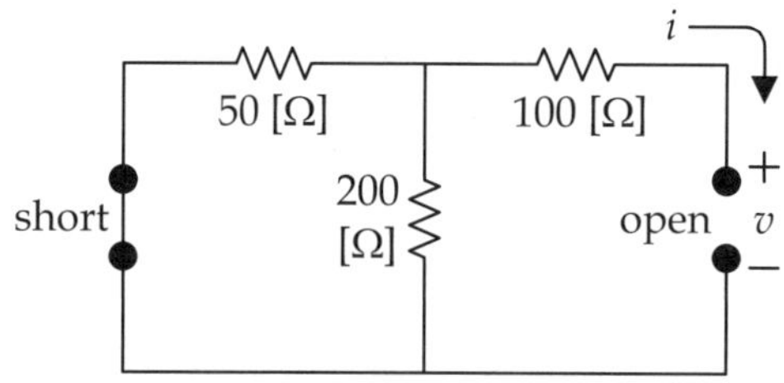

개방된 단자에서 보면 50 [Ω]과 200 [Ω] 저항은 병렬연결이고, 이 병렬 저항들과 100 [Ω] 저항은 직렬연결이다. 그러므로 개방된 단자에서 측정되는 테브냉 저항은

$$R_T = \{50//200\} + 100 = \frac{50 \times 200}{50 + 200} + 100 = 140\ [\Omega]$$

원래 회로에 대한 테브냉 등가회로는 다음과 같다.

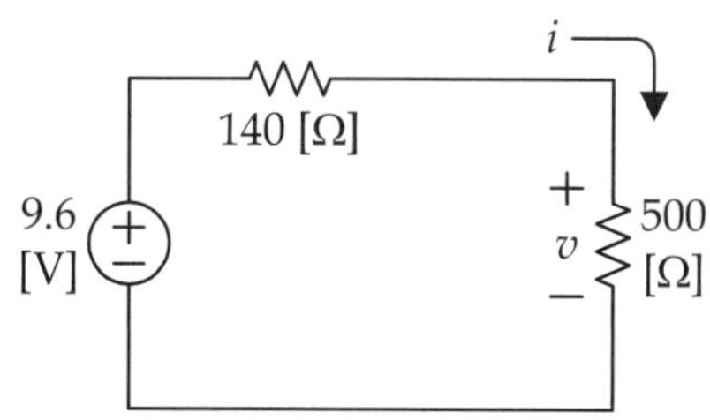

그림 2.33 제시된 회로에 대한 테브냉 등가회로

② 노튼 등가회로

- 노튼 전류원을 구하기 위하여 부하저항을 단락시킨 회로는 아래 그림과 같다.

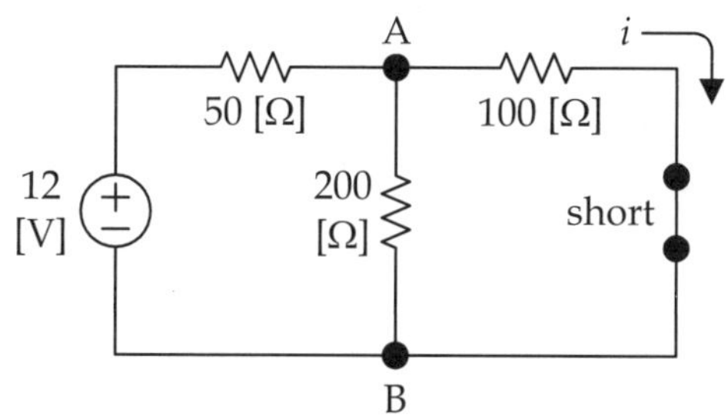

부하저항이 단락되었으므로 100 [Ω]과 200 [Ω] 저항은 병렬연결이므로 합성저항은

$$R_p = \frac{200 \times 100}{200 + 100} = \frac{200}{3} = 66.67\ [\Omega]$$

이므로 다음과 같은 회로가 된다.

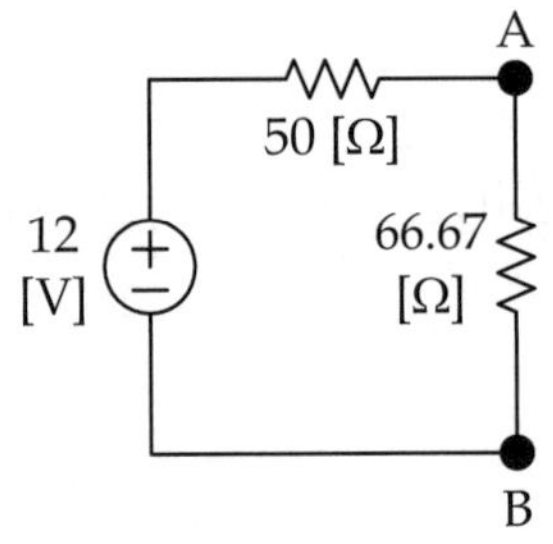

마디 A와 B 양단에 걸리는 전압을 전압분배법칙을 이용하여 계산하면

$$V_{AB} = 12 \times \frac{66.67}{50 + 66.67} = 6.86\ [\text{V}]$$

그러므로 100 [Ω] 저항을 통하여 흐르는 단락회로 전류를 옴의 법칙을 이용하여 계산하면

$$I_{sc} = \frac{6.86}{100} = 68.6\ [\text{mA}]$$

단락회로 전류는 노튼 등가회로에서는 노튼 전류원이 되므로 $I_N = I_{sc}$. 또한, 노튼 저항은 테브냉 저항과 동일하므로 $R_N = R_T = 140\ [\Omega]$이다. 그러므로 주어진 회로에 대한 노튼 등가회로는 다음과 같은 형태가 된다.

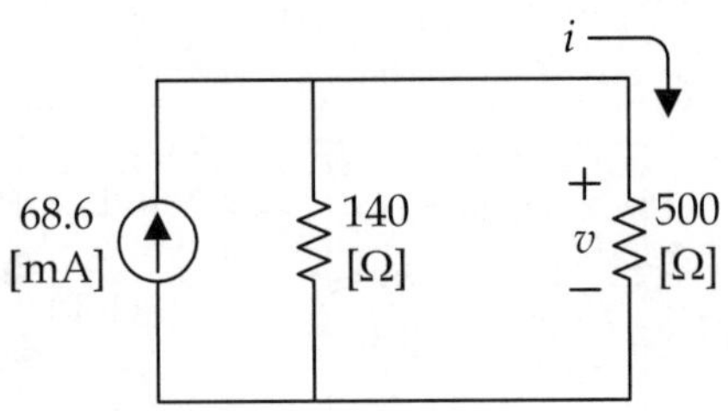

그림 2.34 제시된 회로에 대한 노튼 등가회로

그림 2.33의 테브냉 등가회로에서 테브냉 저항을 통하여 흐르는 전류와 테브냉 저항 양단에 걸리는 전압은 각각 옴의 법칙과 전압분배법칙을 이용하여 구할 수 있다.

전류 : $i = \dfrac{9.6}{140+500} = 15.0$ [mA]

전압 : $v = 9.6 \times \dfrac{500}{140+500} = 7.5$ [V].

그림 2.34의 노튼 등가회로에서 노튼 저항을 통하여 흐르는 전류는 전류분배법칙을 이용하여 구한다. 그리고 노튼 저항 양단에 걸리는 전압은 옴의 법칙을 구한다.

전류 : $i = 68.6 \times 10^{-3} \times \dfrac{140}{140+500} = 15.0$ [mA]

전압 : $v = 15.0 \times 10^{-3} \times 500 = 7.5$ [V].

따라서 위의 두 결과를 비교하면 테브냉 등가회로와 노튼 등가회로에서 부하저항 양단에 걸리는 전압과 부하저항을 통하여 흐르는 전류는 항상 같은 값을 가진다.

예제 2.8

다음 전기회로에서 부하저항 500 [Ω]을 제외한 나머지 회로에 대한 ① 테브냉 등가회로와 ② 노튼 등가회로를 구하고 비교하라.

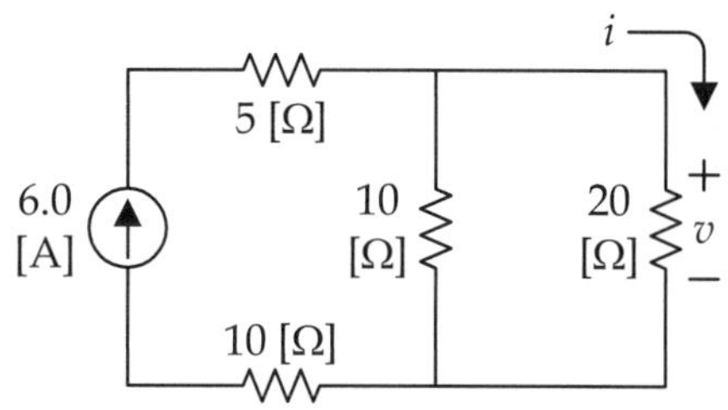

그림 2.35 예제 2.8을 위한 전기회로

정답

❶ 노튼 전류원 $I_N = 6$ [A], 노튼 저항 $R_N = 10$ [Ω]

❷ 테브냉 전압원 $V_T = 60$ [V], 테브냉 저항 $R_T = R_N = 10$ [Ω]

연습문제

2.1 그림 P2.1에 나타낸 소자 네트워크에서 마디를 정의하고, 각 마디에 키르히호프 전류 법칙을 적용하여 마디방정식을 작성하라.

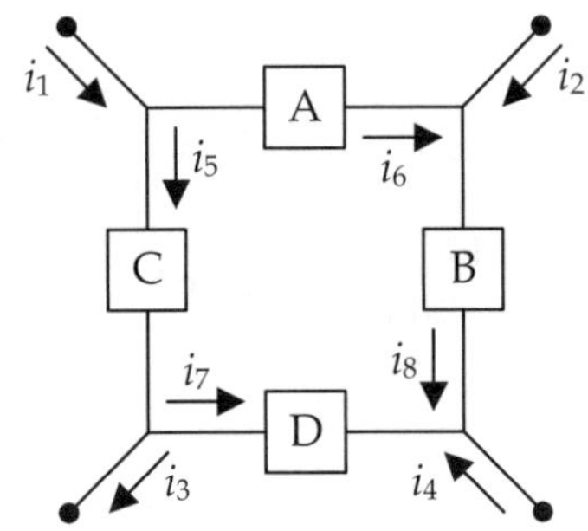

그림 P2.1

2.2 다음 전기회로에서 전류 I_1과 I_2를 구하라.

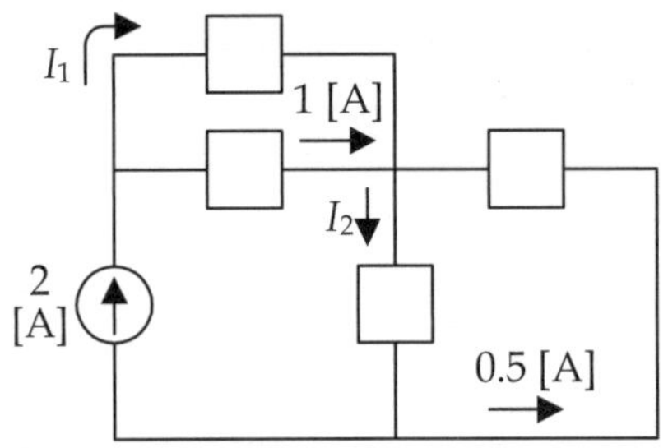

그림 P2.2

2.3 그림 P2.3에 나타낸 전기회로에 대하여

(1) 키르히호프 전류법칙을 적용하여 미지 전류 I_1, I_2, I_3를 구하라.

(2) $V_A = 2$ [V]이고 $V_E = 3$ [V]일 때, 소자 A와 소자 E에서 흡수되는 전력을 계산하라.

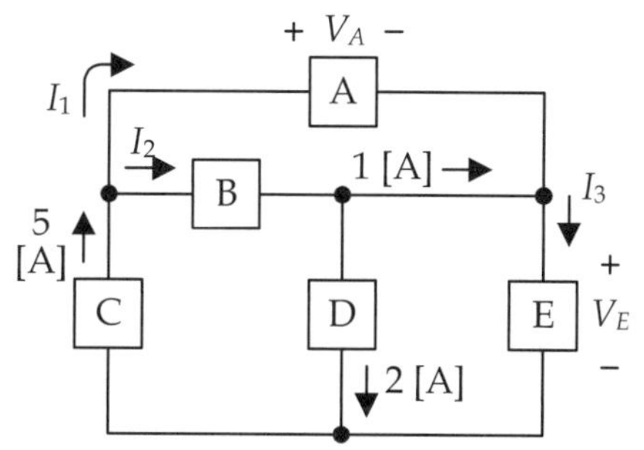

그림 P2.3

2.4 4개의 마디를 가지는 회로에 키르히호프 전류법칙을 적용한 마디방정식이 다음과 같다.

- 마디 A: $I_1 - I_2 = 0$
- 마디 B: $I_2 - I_3 - I_4 = 0$
- 마디 C: $-I_1 + I_3 + I_5 = 0$
- 마디 D: $I_4 - I_5 = 0$

마디방정식에 맞는 회로를 그리고, 마디를 정의한 다음 전류의 기준 방향을 표시하라.

2.5 3개의 마디를 가지는 전기회로에 키르히호프 전류법칙을 적용한 방정식이 다음과 같다.

- 마디 A: $i_1 + i_2 = 0$
- 마디 B: $-i_1 + i_3 - i_4 = 0$
- 마디 C: $-i_2 - i_3 + i_4 = 0$

마디방정식에 맞는 회로를 그리고, 마디를 정의한 다음 전류의 방향을 표시하라.

2.6 그림 P2.6의 전기회로에 대하여

(1) 주어진 회로에는 몇 개의 폐회로가 있는가?

(2) 각각의 폐회로에 반시계 방향으로 전류가 흐르는 것을 가정하여 키르히호프 전압법칙을 적용한 회로방정식을 만들어라.

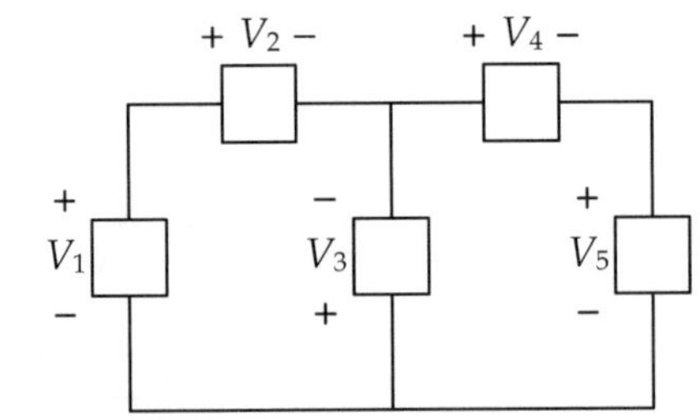

그림 P2.6

2.7 그림 P2.7에 나타낸 전기회로에 대하여

(1) 수동부호규정이 만족되도록 각 저항 양단에 걸리는 전압의 기준 방향을 정하라.

(2) 각각의 폐회로에 키르히호프 전압법칙을 적용하여 회로방정식을 만들어라.

(3) (2)에서 얻은 회로방정식만으로 각 저항 양단에 걸리는 전압을 정확하게 계산할 수 있는지 확인하라.

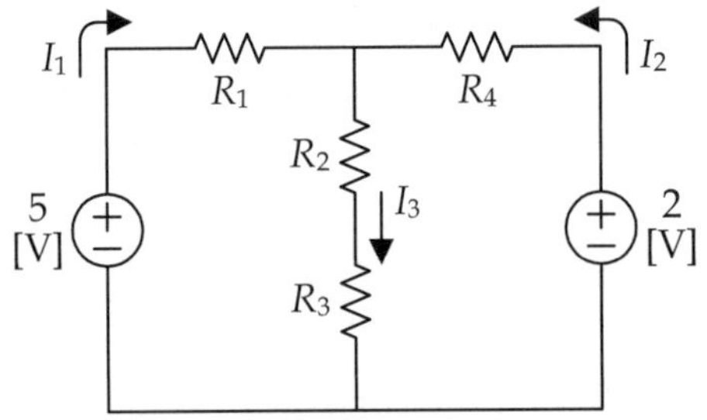

그림 P2.7

2.8 다음의 저항 네트워크의 합성저항 R_{ab}를 구하라.

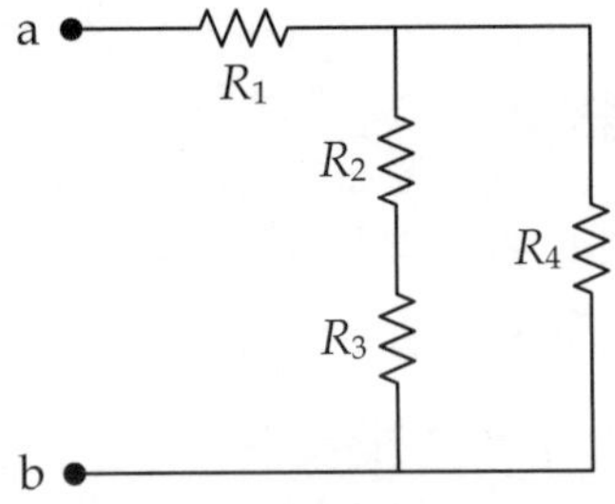

그림 P2.8

2.9 그림 P2.9에 나타낸 저항 네트워크에서

(1) 전체 합성저항 R_{ab}를 구하라.

(2) 모든 저항이 2 [Ω]이라면 R_{ab}는 얼마인가?

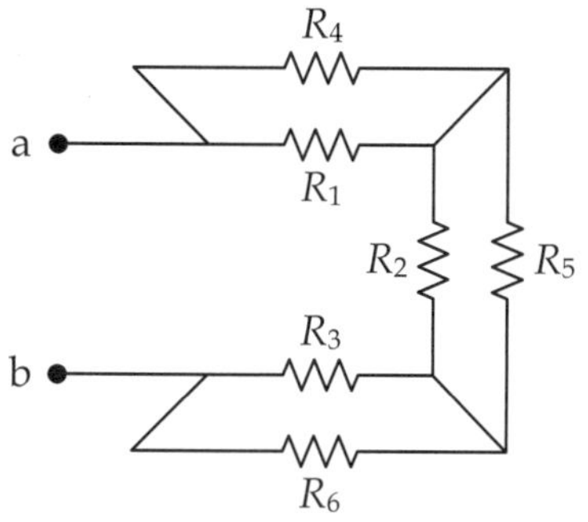

그림 P2.9

2.10 다음 저항 네트워크의 등가저항 R_{ab}를 구하라.

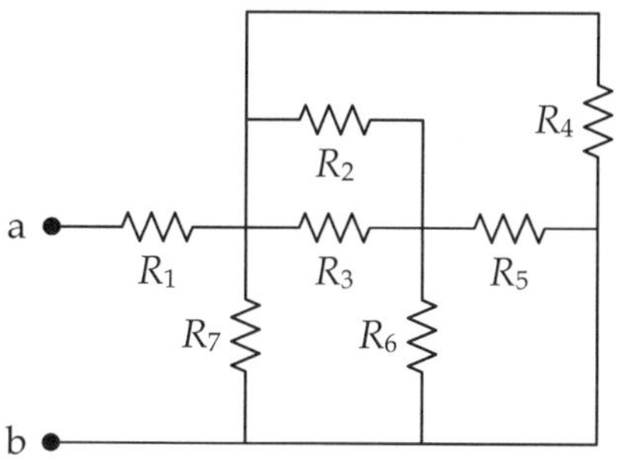

그림 P2.10

2.11 그림 P2.11에 나타낸 전기회로에 대하여

(1) 단자 a와 b의 오른쪽 저항 네트워크의 등가저항 R_{ab}를 구하라.

(2) 전류 I_1~I_4를 구하라.

(3) 전압 V_1~V_4를 구하고, 회로의 구조를 설명하라.

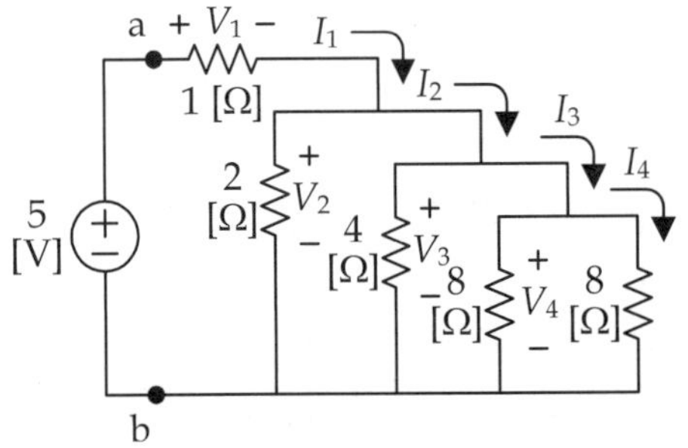

그림 P2.11

2.12 그림 P2.12에 나타낸 저항 네트워크에 대하여

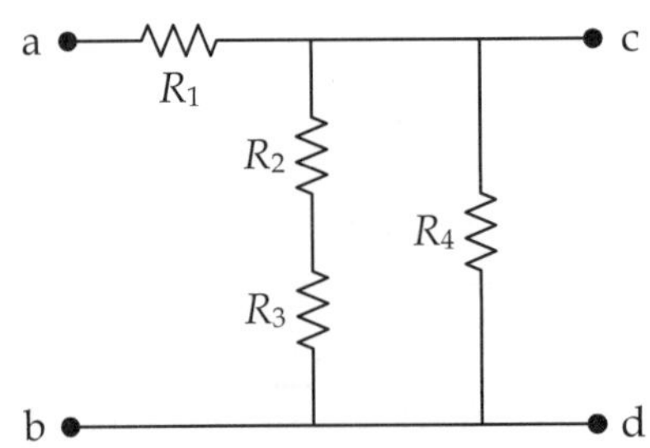

그림 P2.12

(1) 단자 c와 d를 개방한 상태에서 단자 a와 b 사이에서 측정되는 저항 R_{ab}를 구하라.

(2) 단자 c와 d를 단락시키고 단자 a와 b 사이에서 측정되는 저항 R_{ab}를 구하여 (1)의 결과와 비교하여 설명하라.

(3) 단자 a와 b를 개방한 상태에서 단자 c와 d 사이의 저항 R_{cd}를 구하라.

(4) 단자 a와 b를 단락시키고 단자 a와 d 사이의 저항 R_{cd}를 구하고, (2)의 결과와 어떤 차이가 있는지 설명하라.

2.13 다음 전기회로에 대하여

(1) 단자 a와 b 사이에 $R_{ab} = \infty$ [Ω]인 저항을 연결할 때 전체 저항과 전류 I를 구하라.

(2) 단자 a와 b 사이에 $R_{ab} = 0$ [Ω]인 저항을 연결할 때 전체 저항과 전류 I를 구하라.

(3) (1)과 (2)의 결과를 비교하여 설명하라.

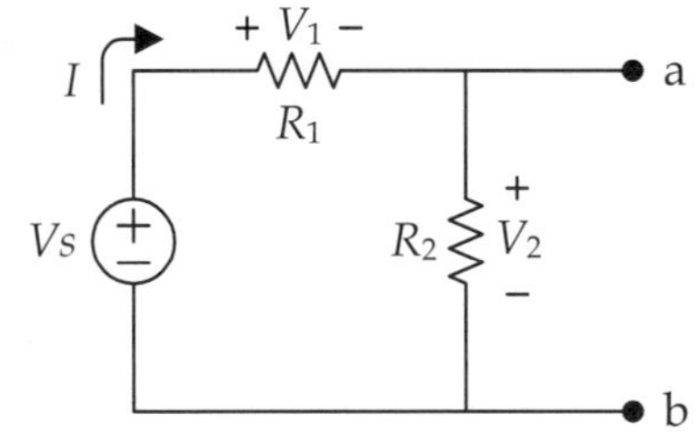

그림 P2.13

2.14 그림 P2.14에 나타낸 전기회로에서

(1) 단자 a와 b 사이의 저항 R_{ab}를 구하라.

(2) 옴의 법칙을 이용하여 전류 I_1을 구하라.

(3) 전압분배법칙을 이용하여 각각의 저항에 걸리는 전압을 구하라.

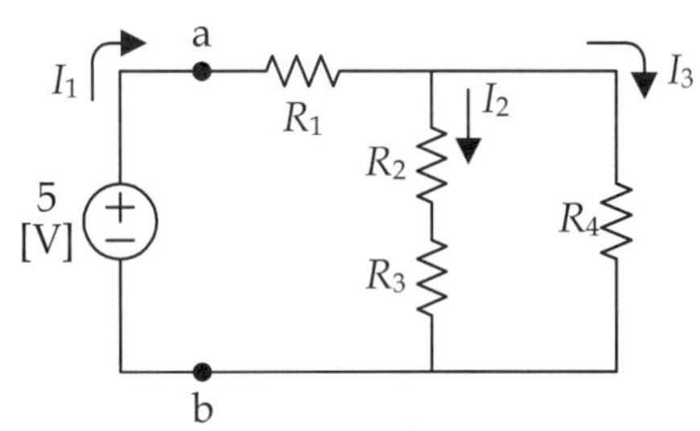

그림 P2.14

2.15 그림 P2.15에 나타낸 전기회로에서

(1) a와 b 단자에서 측정되는 저항 R_{ab}를 구하라.

(2) 옴의 법칙을 이용하여 전압 V_1을 구하라.

(3) 전류분배법칙을 이용하여 전류 I_2와 I_3를 구하고, 마디 A에서 키르히호프 전류법칙이 만족되는지 확인하라.

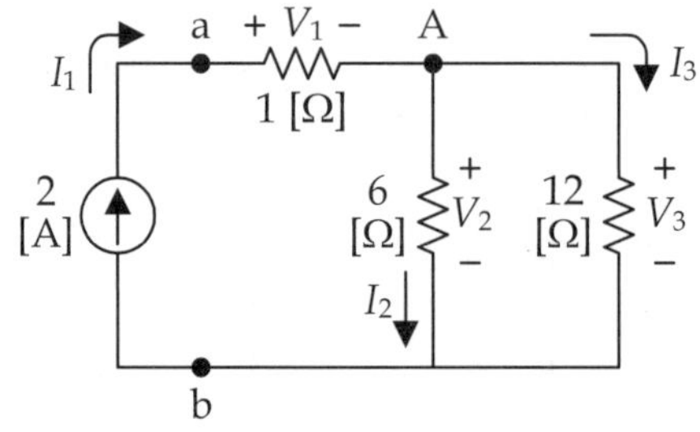

그림 P2.15

2.16 문제 2.15에서

(1) 옴의 법칙을 사용하여 전압 V_2와 V_3를 구하라.

(2) 수동부호규정에 따라 그림 P2.15의 회로에서 각 소자가 소비하는 전력을 계산하라.

2.17 그림 P2.17에 나타낸 전기회로에서

(1) 전체 저항을 구하라.

(2) 전류분배법칙을 적용하여 I_1~I_4를 구하라.

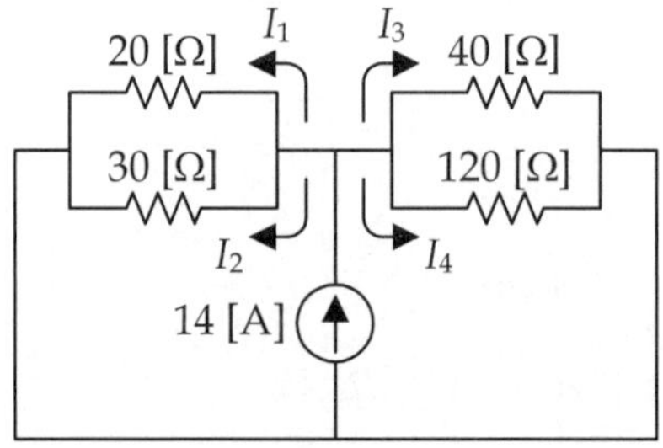

그림 P2.17

2.18 그림 P2.18에 나타낸 전기회로는 종속전압원을 포함하고 있다.

(1) 주어진 키르히호프 전압법칙을 적용한 회로방정식을 만들어라.

(2) 전류 I와 전압 v_0를 구하라.

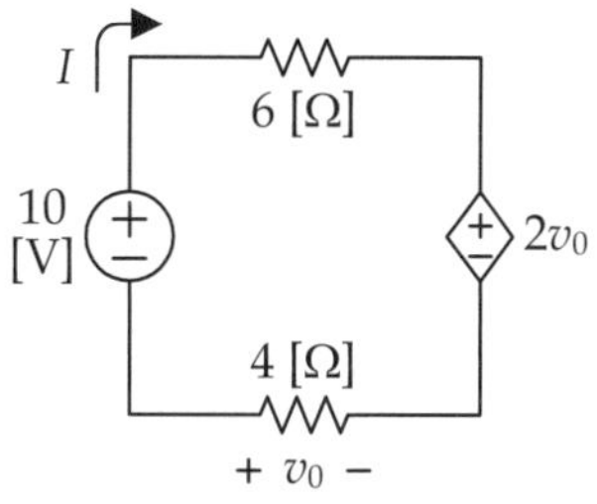

그림 P2.18

2.19 그림 P2.19에 나타낸 전기회로에 대하여

(1) 키르히호프 전류법칙을 적용하여 회로방정식을 만들어라.

(2) 전압 v_0와 전류 i_0를 구하라.

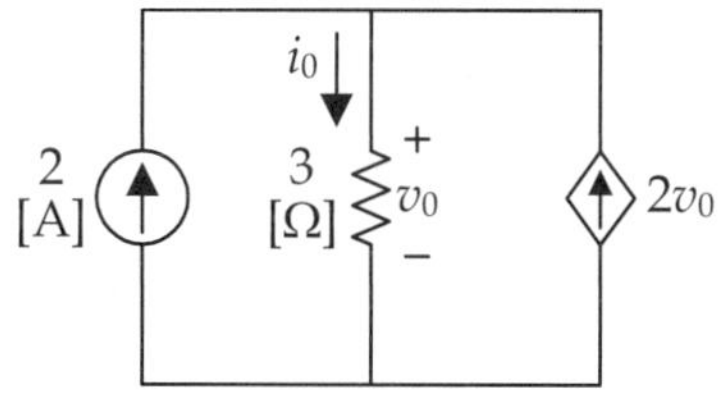

그림 P2.19

2.20 문제 2.19의 전기회로에 6 [Ω] 저항을 추가하여 그림 P2.20과 같이 회로를 구성하였다. 키르히호프 전류법칙을 적용하여 회로방정식을 만들고, 전압 v_0와 전류 i_0를 구하라.

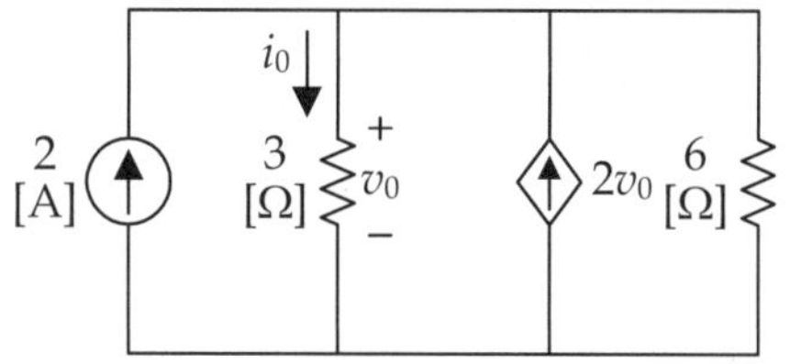

❒ **그림** P2.20

2.21 그림 P2.21에 나타낸 전기회로에서

(1) 단자 a와 b의 오른쪽 컨덕턴스 회로에 대한 등가컨덕턴스를 구하라.

(2) 전류 I_1을 구하라.

(3) 전류분배법칙을 이용하여 전류 I_2와 I_3를 구하라.

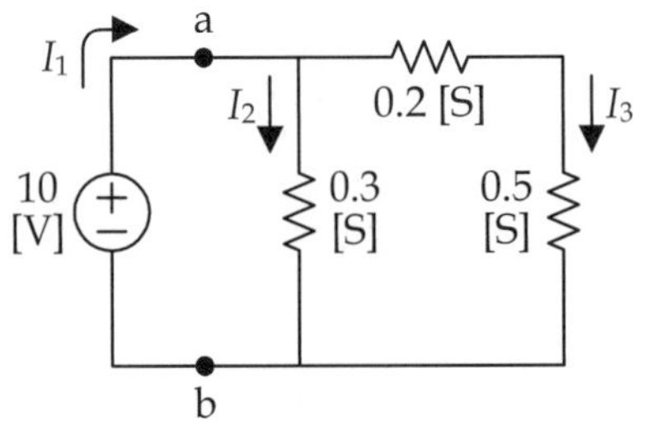

그림 P2.21

2.22 문제 2.21의 회로에

(1) 옴의 법칙을 적용하여 전류 I_2와 I_3를 구하라.

(2) 전류 I_1을 구하라.

(3) 위의 해법과 문제 2.21의 해법을 비교하여 설명하라.

2.23 그림 P2.23에 나타낸 전기회로에서

(1) 단자 a와 b의 오른쪽 회로에 대한 등가컨덕턴스를 구하라.

(2) 전류 I_1, I_2, I_3를 구하라.

(3) 각각의 컨덕턴스 양단에 걸리는 전압을 구하라.

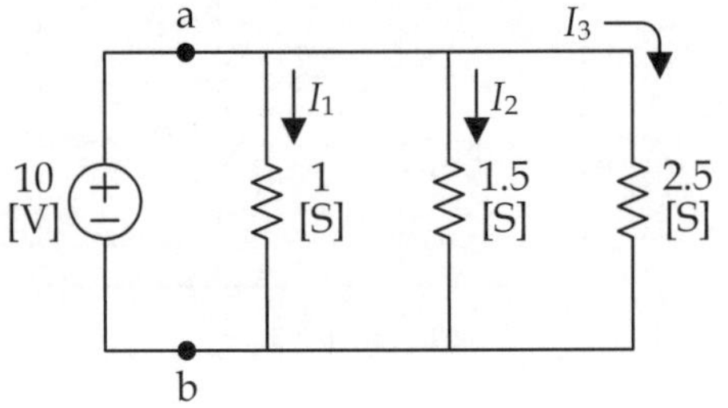

그림 P2.23

2.24 다음 전기회로에서 전류 I_1과 I_2를 구하라.

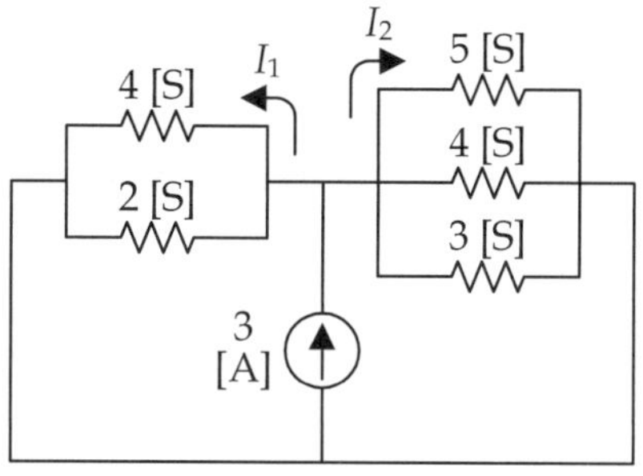

그림 P2.24

2.25 그림 P2.25에 나타낸 전기회로에서

(1) 부하저항 R_L 양단에 걸리는 전압 V_L과 부하저항을 통하여 흐르는 전류 I_L을 구하라.

(2) 단자 a와 b의 왼쪽 회로부분에 대한 테브냉 등가회로를 구하라.

(3) 테브냉 등가회로를 적용한 회로에서 V_L과 I_L을 구하여 (1)의 결과와 비교하라.

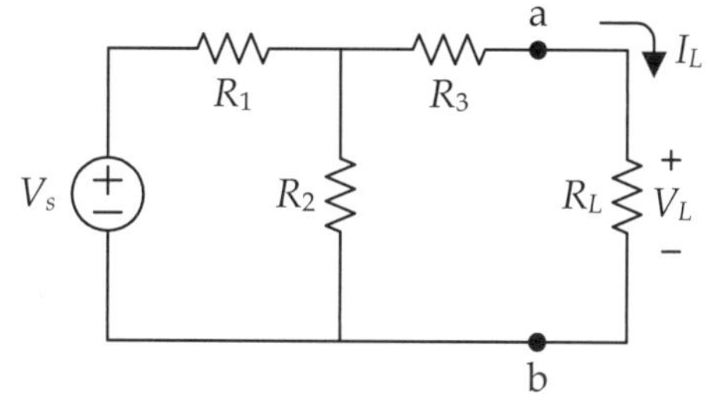

그림 P2.25

2.26 그림 P2.25의 전기회로에서

(1) 단자 a와 b의 왼쪽 회로부분에 대한 노튼 등가회로를 구하라.

(2) 노튼 등가회로를 적용한 회로에서 V_L과 I_L을 구하여 문제 2.25의 결과와 비교하라.

2.27 그림 P2.26에 나타낸 전기회로에서

(1) 부하저항 R_L 양단에 걸리는 전압 V_L과 부하저항을 통하여 흐르는 전류 I_L을 구하라.

(2) 단자 a와 b의 왼쪽 회로부분에 대한 테브냉 등가회로를 구하라.

(3) 단자 a와 b의 왼쪽 회로부분에 대한 노튼 등가회로를 구하라.

(4) 테브냉 등가회로와 노튼 등가회로를 적용하였을 때 V_L과 I_L을 구하여 (1)의 결과와 비교하라.

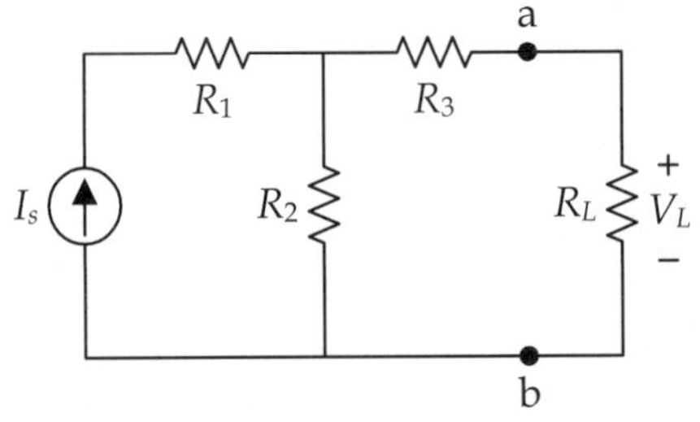

그림 P2.27

2.28 문제 2.25~문제 2.27의 결과를 통하여 테브냉 등가회로와 노튼 등가회로에서 다음의 관계가 성립하여 서로 바꾸어 나타낼 수 있음을 입증하라.

- $R_T = R_N$
- $V_T = R_N I_N$

여기서 R_T와 R_N은 각각 테브냉 저항과 노튼 저항이고, V_T와 I_N은 각각 테브냉 전압원과 노튼 전류원을 나타낸다.

2.29 다음 전기회로의 단자 a와 b의 왼쪽 회로부분에 대한

(1) 테브냉 등가회로를 구하라.

(2) 노튼 등가회로를 구하라.

(3) 부하저항의 전압 V_L과 전류 I_L을 각각 구하여 비교하라.

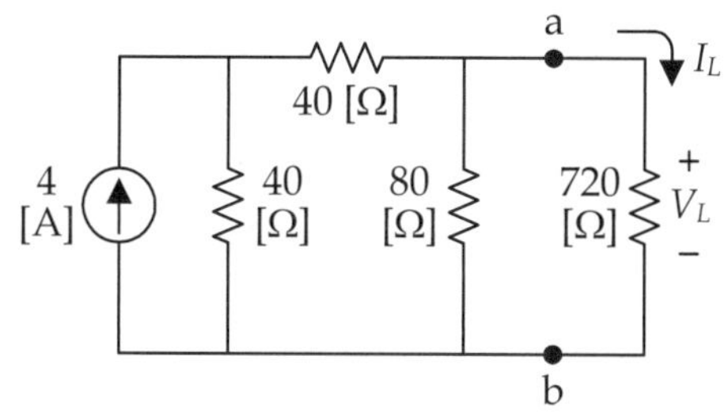

그림 P2.29

2.30 그림 P2.30에 나타낸 전기회로에서

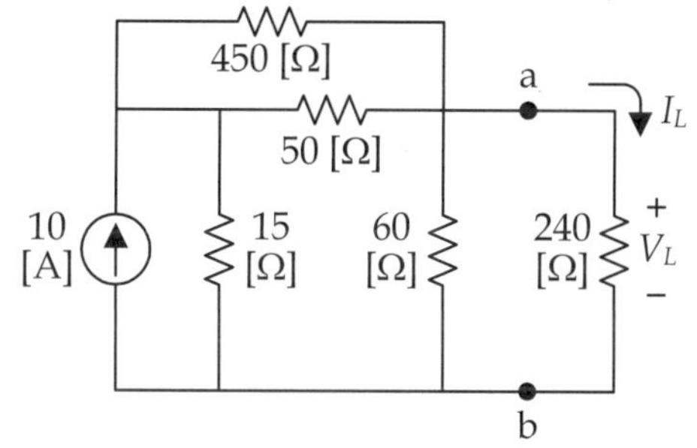

그림 P2.30

(1) 부하저항 R_L 양단에 걸리는 전압 V_L과 부하저항을 통하여 흐르는 전류 I_L을 구하라.

(2) 단자 a와 b의 왼쪽 회로부분에 대한 노튼 등가회로를 구하라.

(3) 단자 a와 b의 왼쪽 회로부분에 대한 테브냉 등가회로를 구하라.

(4) 노튼 등가회로와 테브냉 등가회로를 적용할 때 V_L과 I_L을 각각 구하여 (1)의 결과와 비교하라.

2.31 그림 P2.31에 나타낸 전기회로를 테브냉 정리와 노튼 정리를 이용하여 저항의 수를 단계적으로 축소하여 0.5 [kΩ] 양단에 걸리는 전압 V_{ab}를 구하라.

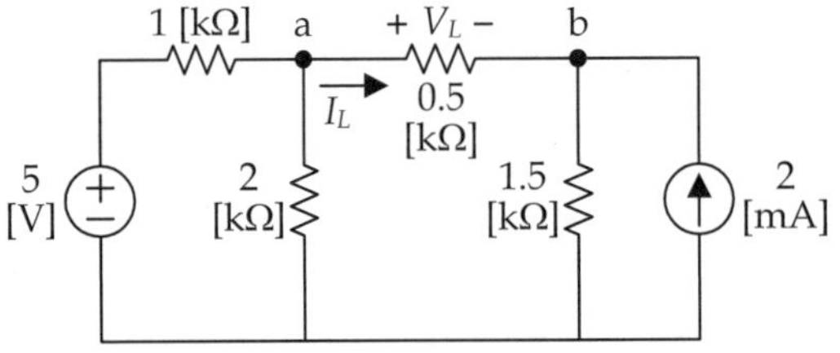

그림 P2.31

2.32 그림 P2.31의 회로에서 0.5 [kΩ]을 부하저항 R_L이라고 할 때,

(1) R_L을 제외한 나머지 회로에 대한 테브냉 등가회로를 구하라.

(2) 테브냉 등가회로를 적용할 때 부하저항 양단의 전압 V_L을 구하여 문제 2.31의 V_{ab}와 비교하라.

(**힌트** : 테브냉 전압원을 구할 때, 5 [V] 전압원과 2 [mA] 전류원 각각에 대한 테브냉 전압을 구하여 합산한다.)

2.33 그림 P2.33에 나타낸 전기회로에서

(1) 부하저항 R_L을 제외한 회로 부분을 노튼 등가회로로 변환할 때 V_L과 I_L을 구하라.

(2) R_L을 제외한 회로 부분에 대한 테브냉 등가회로를 구하라.

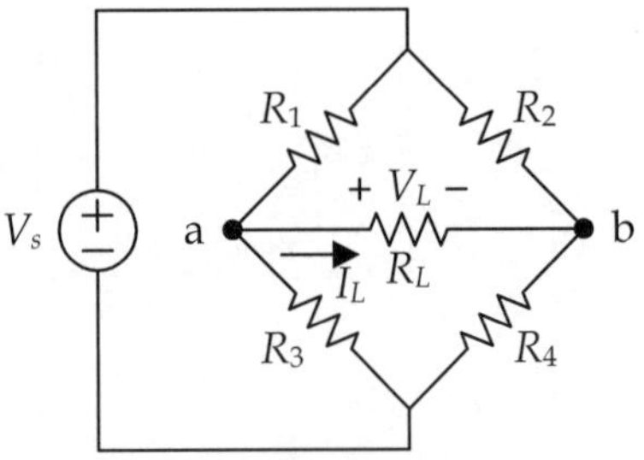

그림 P2.33

2.34 그림 P2.34의 전기회로에서 부하저항 R_L을 제외한 회로 부분을 테브냉 등가회로로 대체하여 V_L과 I_L을 구하라.

(**힌트:** 문제 2.32처럼 각각의 전압원에 대한 테브냉 등가회로를 구하여 합산함.)

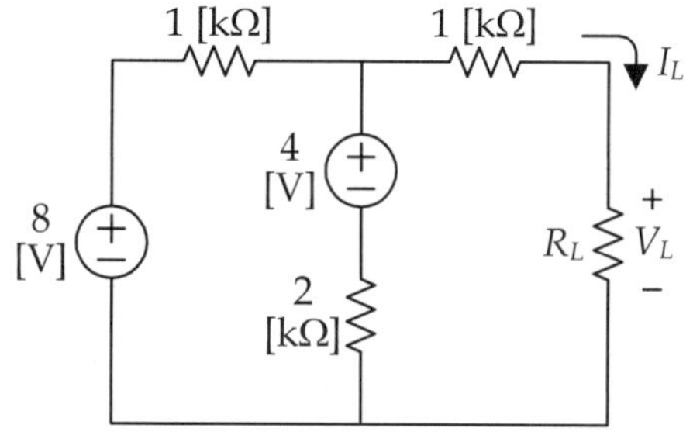

그림 P2.34

2.35 그림 P2.34의 전기회로에서 부하저항 R_L을 제외한 회로 부분을 노튼 등가회로로 대체하여 V_L과 I_L을 구하라.

2.36 그림 P2.36은 어떤 전기회로에서 단자 a와 b의 왼쪽 회로 부분을 테브냉 등가회로로 대체한 것이다. 부하저항 R_L에서 소비되는 전력이 최대가 되는 R_L의 조건을 유도하라.

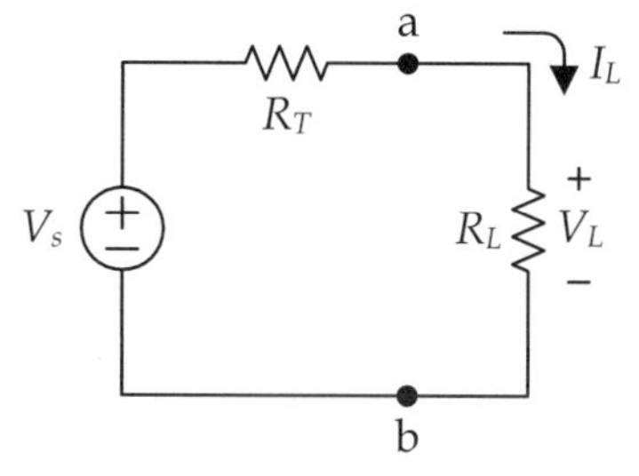

그림 P2.36

2.37 그림 P2.37에 나타낸 전기회로에 대하여

(1) 단자 a와 b의 왼쪽 회로 부분을 테브냉 등가회로로 대체하라.

(2) 부하자항 R_L을 변화시키면서 부하저항에서 소비되는 전력 P_L을 계산하여 아래의 표를 완성하라.

(단위 : 전력 [W])

R_L	$0.5R_T$	$0.8R_T$	R_T	$1.2R_T$	$1.5R_T$
P_L					

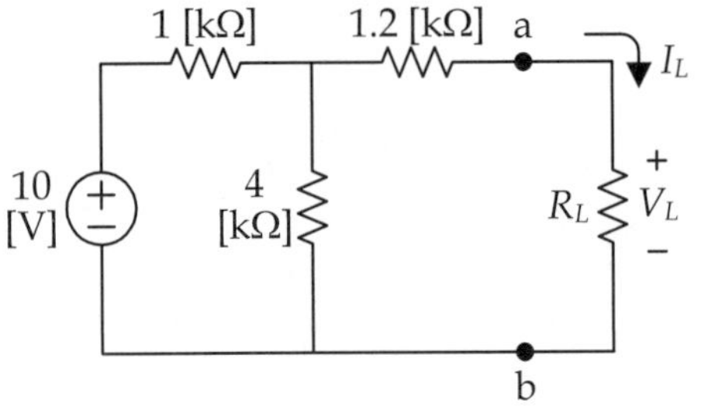

그림 P2.37

2.38 그림 P2.38은 어떤 전기회로에서 단자 a와 b의 왼쪽 회로 부분을 노튼 등가회로로 대체한 것이다.

(1) 부하저항 R_L에서 소비되는 전력이 최대가 되는 R_L의 조건을 유도하라.

(2) (1)의 결과를 문제 2.36의 결과와 비교하여 설명하라.

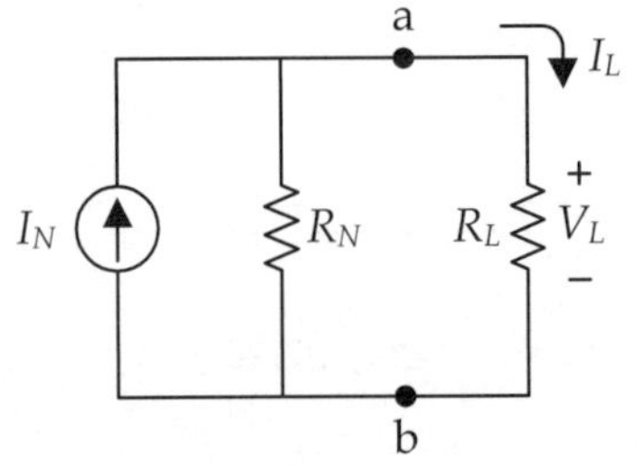

그림 P2.38

CHAPTER 03

연산증폭기

연산증폭기(operational amplifier, Op-Amp)는 저항, 커패시터, 다이오드(diode), 트랜지스터(transistor) 등의 소자들로 구성된 능동소자이다. 내부적으로는 많은 수의 소자들이 매우 복잡하게 연결되어 있지만 외부로부터의 입력과 외부로의 출력을 위한 단자들과 전원 인가를 위한 단자 등 집적회로(integrated circuit, IC) 형태로 구현된 단일 연산증폭기는 일반적으로 8개의 단자를 가진다. 이 단자들에 저항, 커패시터 등의 수동소자를 연결하여 부호 반전기(sign inverter), 곱셈기, 미분기, 적분기 등 간단한 수학 연산을 수행하는 전자회로를 구현할 수 있다. 이런 기능들 때문에 연산증폭기라고 이름이 붙여진 것이다. 연산증폭기는 높은 증폭 이득(gain)을 가지므로 실험실 수준의 전자회로 설계뿐만 아니라 전압 또는 전류의 제어 등의 용도로 산업용 전자회로시스템에도 많이 사용되고 있다.

연산증폭기뿐만 아니라 다이오드와 트랜지스터의 내부회로 구성과 동작에 대한 해석은 주로 전자회로 등의 교과목에서 상세하게 다루게 될 것이다. 그러므로 여기서는 연산증폭기에 대한 개념과 연산증폭기 해석을 위한 종속전원, 수동소자의 외부 연결을 통한 수학 연산시스템의 모델링과 해석 등에 대하여 학습한다.

3.1 종속전원

1.5절에서 독립전압원과 독립전류원이라는 이름으로 전원에 대하여 학습한 바 있다. 여기서 독립이라는 것은 전압원 또는 전류원의 크기가 이미 고유한 값으로 정해져 있음을 의미한다. 그렇다면 자연스럽게 떠오르는 질문은 고유한 값이 정해지지 않은 전원도 있을까? 하는 것이다. 그림 3.1에 나타낸 종속전원(dependent source)이 바로 그것이다.

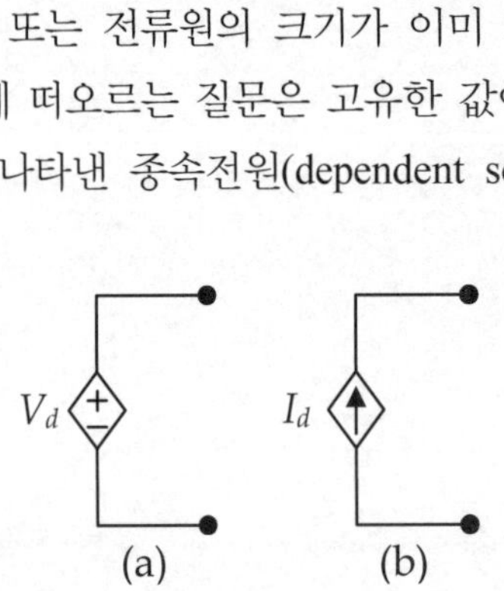

그림 3.1 종속전원의 기호 (a) 전압원 (b) 전류원

종속전원은 주어진 전기회로에서 다른 소자를 통하여 흐르는 전류나 소자 양단에 걸리는 전압의 크기나 값이 정해지면 그에 따라 전원의 크기가 결정된다. 특히, 종속전원은 증폭기와 같은 전자소자의 설계나 동작 해석에서 매우 중요한 역할을 한다.

종속전압원의 값을 제어하는 인자가 전압이면 전압제어 전압원(voltage-controlled voltage source, VCVS)이라고 하고, 제어인자가 전류이면 전류제어 전압원(current-controlled voltage source, CCVS)이라고 한다. 같은 방법으로 종속전류원의 크기를 제어하는 인자가 전압이면 전압제어 전류원(voltage-controlled current source, VCCS)이 되고, 제어인자가 전류이면 전류제어 전류원(current-controlled current source, CCCS)이 된다. 그림 3.2에 제어인자에 따른 4가지 종속전원을 나타내었다.

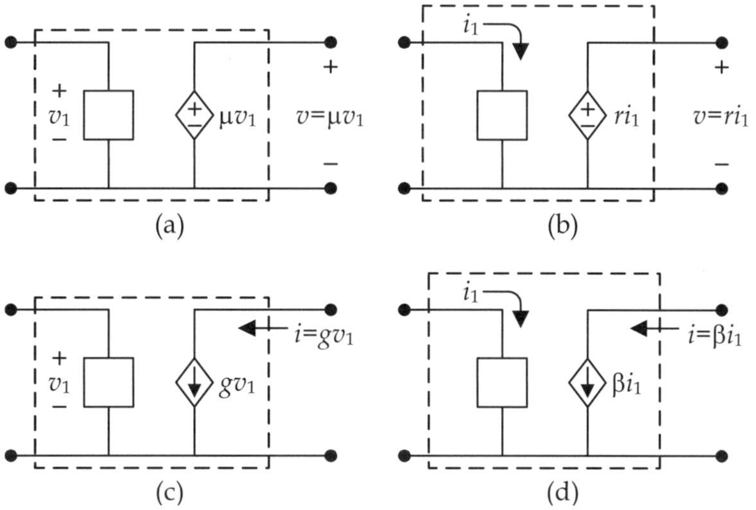

그림 3.2 제어인자에 따른 종속전원 (a) 전압제어 전압원 (b) 전류제어 전압원 (c) 전압제어 전류원 (d) 전류제어 전류원

전압제어 전압원에서는 제어인자와 제어되는 값이 모두 전압이므로 계수 $\mu = v/v_1$은 전압이득(voltage gain)이 된다. 전류제어 전류원의 경우에는 제어인자와 제어되는 값이 모두 전류이므로 계수 $\beta = i/i_1$은 전류이득(current gain)이 된다. 전류제어 전압원의 경우에는 계수 $r = v/i_1$으로 전압-전류의 비를 나타내므로 저항의 성질을 가진다. 따라서 이를 전달저항(transresistance)이라고 한다. 이에 비하여 전압제어 전류원의 경우 계수는 $g = i/v_1$이므로 전류-전압의 비가 되고 컨덕턴스의 성질을 가진다. 그러므로 계수 g는 전달컨덕턴스(transconductance)라고 한다. μ와 β는 단순한 이득이므로 단위가 없다. 그러나

r과 g는 저항과 컨덕턴스 특성을 가지므로 단위도 각각 [Ω]과 [℧ 또는 S]이다.

종속전원이 독립전원과 함께 사용된 예를 그림 3.3에 나타내었다. 종속전압원의 크기는 $2i_1$으로 저항 R_1을 통하여 흐르는 전류 i_1이 결정되어야만 값이 정해진다. 전압원의 크기를 결정하는 인자가 전류이므로 그림 3.3의 종속전원은 전류제어 전압원이다. 종속전압원의 크기를 v_d라고 가정하면

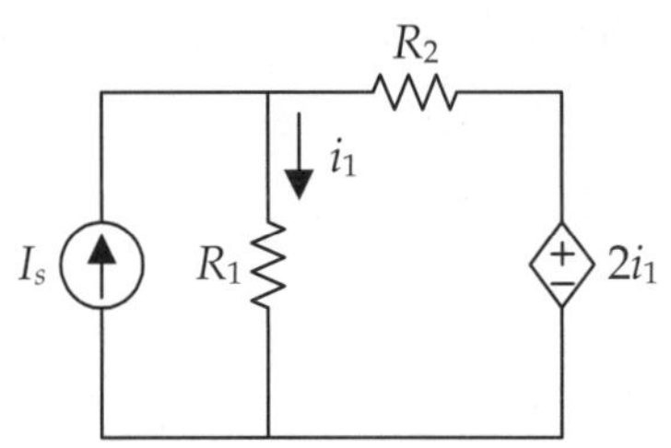

그림 3.3 종속전원이 사용된 전기회로의 예

$$v_d = 2i_1 \tag{3.1}$$

이므로 전달저항은 $r = 2$ [Ω]이 된다.

3.2 종속전원이 포함된 전기회로 해석

종속전원을 포함하고 있는 전기회로도 2장에서 설명한 회로해석 세부 기술들을 적용하여 해석할 수 있다. 예를 들어, 그림 3.4의 전기회로에서 전류 i를 구해보자.

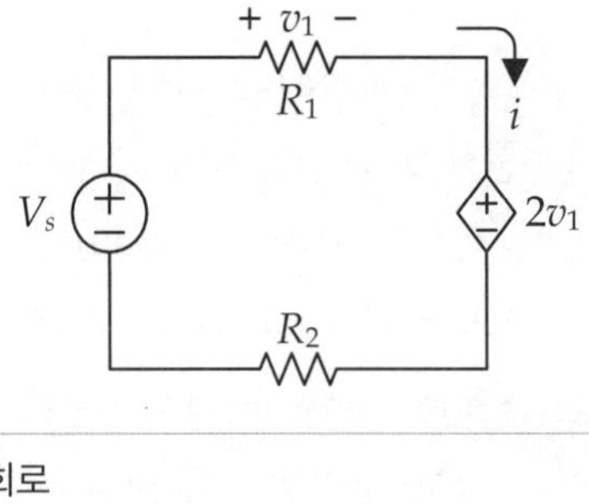

그림 3.4 종속전원을 포함하는 회로

주어진 전기회로에 수동부호규정에 따라 키르히호프 전압법칙을 적용하여 회로방정식을 나타내면

$$-V_s + v_1 + 2v_1 + R_2 i = 0 \tag{3.2}$$

이다. 옴의 법칙에 의하여 $v_1 = R_1 i$이므로 식 (3.2)는

$$3R_1 i + R_2 i = V_s \tag{3.3}$$

로 나타낼 수 있으므로 회로를 통하여 흐르는 전류는

$$i = \frac{V_s}{3R_1 + R_2} \text{ [A]} \tag{3.4}$$

위의 예에서 종속전원을 제어하는 인자는 저항 R_1에 걸리는 전압이므로 종속전원은 전압제어 전압원이고, 전압이득은 $\mu = 2$이다. 이제 전압이득을 3배 증가시켜 $\mu = 6$인 경우 전류가 어떻게 변하는지 살펴보자. 변경된 전압이득을 적용하면 식 (3.2)는

$$-V_s + v_1 + 6v_1 + R_2 i = 0 \tag{3.5}$$

가 된다. 그러므로 회로를 통하여 흐르는 전류는

$$i = \frac{V_s}{7R_1 + R_2} \text{ [A]} \tag{3.6}$$

식 (3.4)와 식 (3.6)을 비교하면 수학적으로 우연히 맞아 떨어지는 경우를 제외하면 전압이득을 3배 증가시킨 결과로 인하여 회로를 통하여 흐르는 전류가 3배 증가되거나 1/3배로 감소되는 것이 아님을 알 수 있다. 즉, 이 예를 통하여 주목해야 되는 점은 제어인자를 변경하는 것은 종속전원의 크기만 같은 비율로 변화시킬 뿐이지 회로의 다른 요소들까지도 같은 비율로 변화시키는 것은 아니라는 것이다.

예제 3.1

다음 전기회로에서 전류 i, 전압 v_1을 계산하라. 그리고 10 [V] 전압원에서 보는 회로의 저항을 구하라.

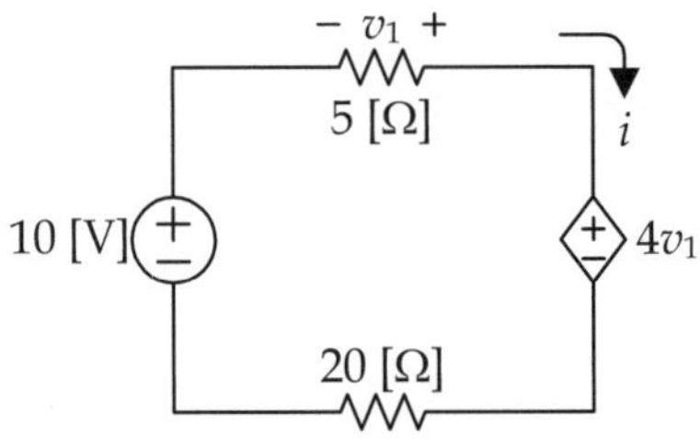

그림 3.5 예제 3.1을 위한 전기회로

풀이

수동부호규정에 따라 주어진 회로에 키르히호프 전압법칙을 적용하면

$$-10 - v_1 + 4v_1 + 20i = 0 \;\rightarrow\; 3v_1 + 20i = 10 \qquad ①$$

5 [Ω] 저항을 통하여 전류가 흘러나가는 부분에 (+)부호가 있으므로 수동부호규정에 따라 $v_1 = -5i$이고, 이것을 식 ①에 대입하면 전류는

$$3 \cdot (-5i) + 20i = 10 \;\rightarrow\; 5i = 10 \;\rightarrow\; i = 2 \ \ [\text{A}] \qquad ②$$

그러므로 $v_1 = -5i = -5 \times 2 = -10$ [V]이다.

위의 계산과정에서 10 [V]에서 회로방향으로 흐르는 전류가 2 [A]이므로 전압원에서 보는 회로의 저항은 옴의 법칙에 의하여 5 [Ω]이 된다.

예제 3.2

다음 전기회로에서 $v_1 = 6$ [V]라고 가정한다. 전류이득 β는 얼마인가?

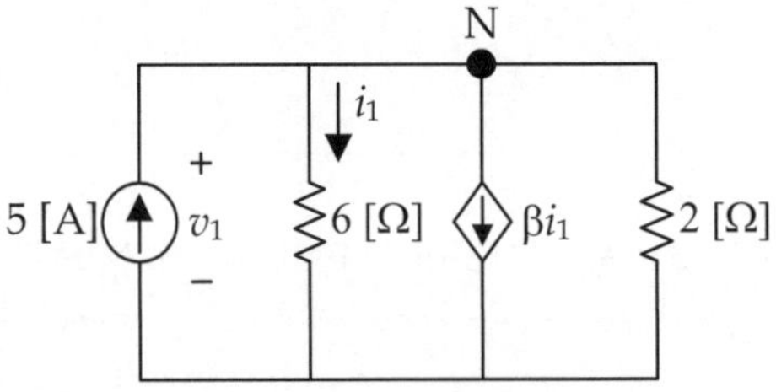

그림 3.6 예제 3.2를 위한 전기회로

힌트 : 마디 N에 키르히호프 전류법칙을 적용하여 회로방정식을 구한다.

정답 $\beta = 1$

테브냉-노튼 등가회로는 회로를 단순화시키는 유용한 방법이다. 종속전원이 있는 경우 2장에서 학습한 테브냉-노튼 정리를 그대로 적용할 수 있는 부분도 있고 그렇지 않은 부분도 있다. 그 이유는 종속전원의 크기가 회로 변수에 따라 달라지기 때문이다. 종속전원이 있는 회로에서 부하저항 R_L을 제외한 나머지 회로부분의 테브냉 전압원과 노튼 전류원을 구하는 방법은 2장에서 학습한 방법과 같다. 즉, 종속전원이 있더라도 테브냉 전압원 V_T는 개방된 부하저항 양단에서 측정되는 개방회로 전압 V_{oc}와 같다. 그리고 노튼 전류원 I_N은 부하저항을 단락시킨 경로를 통하여 흐르는 단락회로 전류 I_{sc}와 같다.

테브냉-노튼 저항을 구하기 위해서는 부하저항을 개방한 다음 나머지 회로에 있는 전원들은 모두 제거시켜야 한다. 하지만 여기서 말하는 전원은 독립전압원과 독립전류원을 의미하므로 종속전원은 단락 또는 개방시켜서는 안된다. 따라서 종속전원이 포함된 회로의 테브냉-노튼 등가저항을 구하기 위해서는 원래 회로의 모든 독립전원을 제거하고 부하저항을 개방시킨 다음 그림 3.7과 같이 테스트용 전원을 외부에서 인가한다.

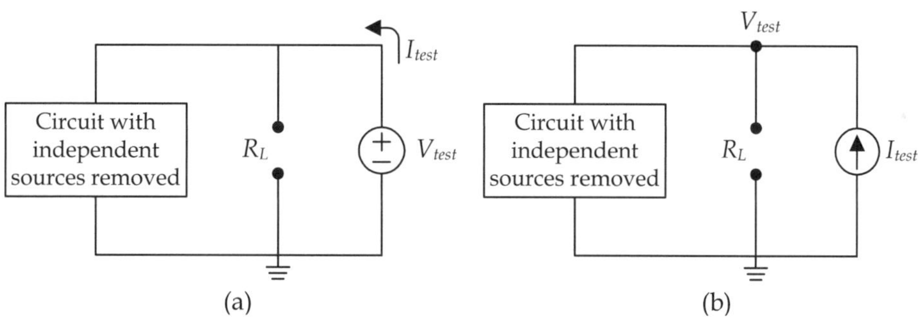

그림 3.7 테브냉-노튼 저항 구하기 위하여 (a) 테스트 전압원을 인가한 회로 (b) 테스트 전류원을 인가한 회로

그림 3.7과 같이 테스트용 전압원과 전류원이 인가되는 경우 원래 회로에서는 독립전원이 모두 제거되어 있으므로 테브냉-노튼 등가저항은

$$V_{test} = R_N I_{test} \rightarrow R_N = R_T = \frac{V_{test}}{I_{test}} \tag{3.7}$$

가 된다. 통상적으로 테스트용 전압원과 전류원은 구체적인 수치를 인가하지 않더라도 식 (3.7)처럼 비례식을 이용하여 테브냉-노튼 저항을 구할 수 있다.

예제 3.3

종속전원이 포함된 다음 전기회로에 대한 노튼 등가회로를 구하고 부하저항을 통하여 흐르는 전류와 부하저항 양단에 걸리는 전압을 구하라. 여기서 부하저항은 $R_L = 8\ [\Omega]$인 것으로 가정한다.

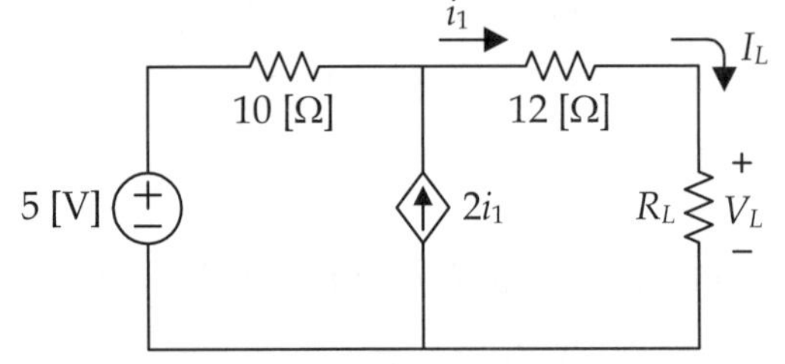

그림 3.8 예제 3.3을 위한 전기회로

풀이

노튼 전류원을 구하기 위하여 그림 3.9와 같이 부하저항을 단락시키고, 단락된 경로를 통하여 흐르는 단락회로 전류 I_{sc}를 구한다.

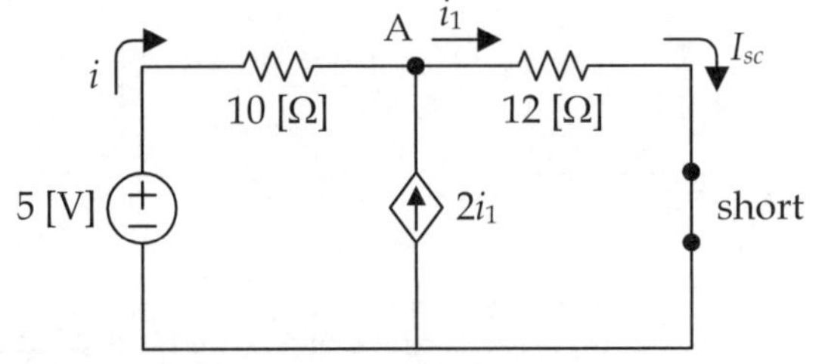

그림 3.9 예제 전기회로에서 부하저항을 단락시킨 회로

그림 3.9의 회로에 수동부호규정에 따라 키르히호프 전압법칙을 적용하면

$$-5 + 10i + 12i_1 = 0 \rightarrow 10i + 12i_1 = 5 \quad ①$$

마디 A에 키르히호프 전류법칙을 적용하면

$$i + 2i_1 = i_1 \rightarrow i = -i_1 \quad ②$$

식 ②를 식 ①에 대입하면

$$10 \cdot (-i_1) + 12i_1 = 5 \rightarrow i_1 = 5/2 = 2.5 \ [A] \quad ③$$

전류 i_1이 단락된 경로를 통하여 흐르므로 단락회로 전류는 $I_{sc} = i_1 = 2.5$ [A]이고, 이것은 노튼 전류원이 되므로 $I_N = I_{sc} = 2.5$ [A]이다.

노튼 저항을 구하기 위하여 주어진 회로에서 5 [V] 전압원을 단락시키고, 부하저항을 개방한 다음 그림 3.10과 같이 테스트 전압원을 인가한다.

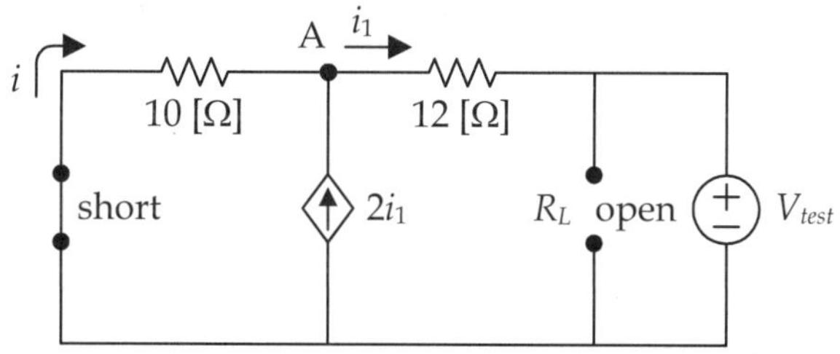

그림 3.10 독립전원을 단락시키고 테스트 전압원을 인가한 회로

테스트 전압원을 인가한 그림 3.10의 회로에 키르히호프 전압법칙을 적용하면

$$-V_{test} - 12i_1 - 10i = 0, \ i = -i_1 \rightarrow V_{test} = -2i_1 \quad ④$$

이 된다. 다음으로 독립전원을 단락시키고 부하저항을 개방시킨 상태에서 테스트 전류원을 그림 3.11과 같이 인가한다.

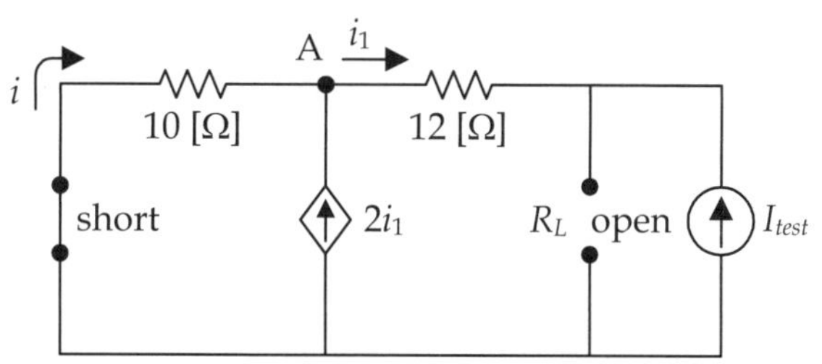

그림 3.11 독립전원을 단락시키고 테스트 전류원을 인가한 회로

부하저항이 개방된 상태이므로 테스트 전류원은

$$I_{test} = -i_1 \qquad ⑤$$

식 ④와 식 ⑤로부터 노튼 저항은

$$R_N = \frac{V_{test}}{I_{test}} = \frac{-2i_1}{-i_1} = 2\ [\Omega] \qquad ⑥$$

이 된다. 따라서 그림 3.8의 전기회로에 대한 노튼 등가회로는 다음과 같다.

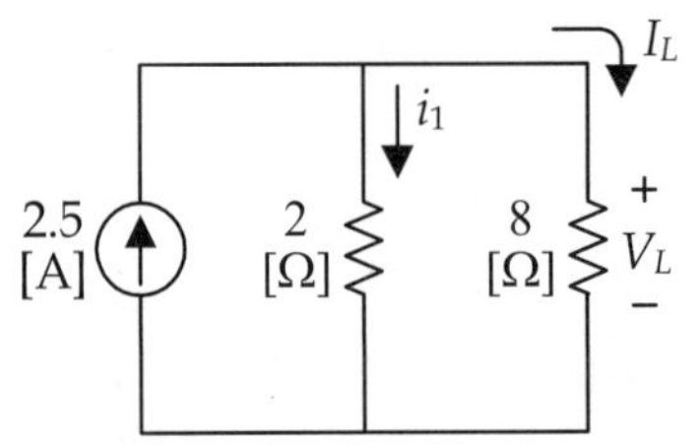

그림 3.12 주어진 회로에 대한 노튼 등가회로

그림 3.12의 노튼 등가회로에 전류분배법칙을 적용하면 부하저항을 통하여 흐르는 전류는

$$I_L = 2.5 \times \frac{2}{2+8} = 0.5\ [\text{A}] \qquad ⑦$$

이고, 부하저항 양단에 걸리는 전압은 $V_L = R_L I_L = 8 \times 0.5 = 4$ [V]가 된다.

한편, 관점을 조금 확장하여 예제 3.3의 그림 3.8에 나타낸 전기회로가 그림 3.13과 같이 어떤 2 단자 회로의 입력단으로 사용되는 구조를 생각해보자.

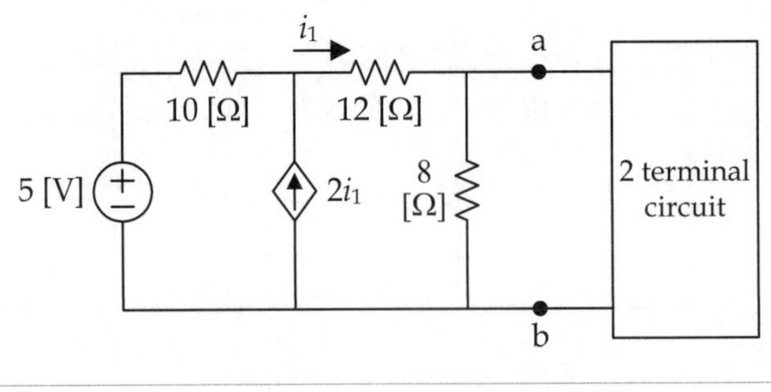

그림 3.13 2단 접속회로

이것은 2단 접속회로를 구성하는 하나의 예가 되는 연결구조이다. 이 회로에서 단자 a와 b의 왼쪽 회로부분인 입력단 회로를 단순화시켜 하나의 독립전원과 저항으로 나타내는 것은 전체 회로의 설계와 해석에 매우 유용하다.

그림 3.13의 입력단 회로에 대한 테브냉-노튼 등가회로를 구하기 것은 a와 b의 오른쪽에 있는 2 단자 회로 전체가 부하로 동작하므로 예제 3.3에서 8 [Ω] 저항이 부하로 동작하는 등가회로와는 다르다. 입력단 회로 전체에 대한 테브냉 등가회로를 구하는 문제는 그림 3.14와 같이 회로를 분리하여 해결한다.

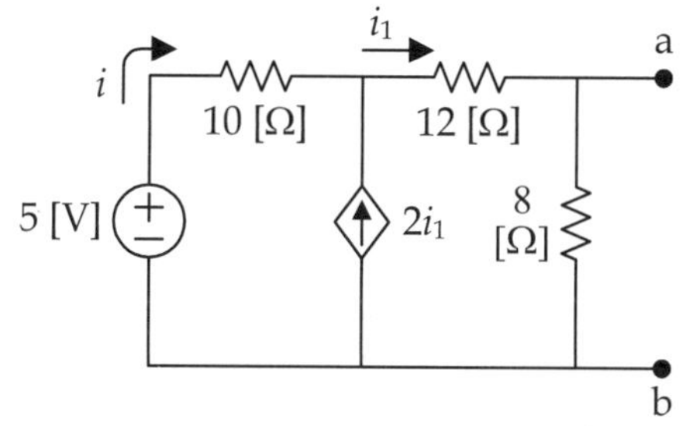

그림 3.14 그림 3.13의 입력단 회로

먼저, 그림 3.14의 회로에서 단자 a와 b를 그림 3.15와 같이 단락시키고 단락된 경로를 통하여 흐르는 단락회로 전류 I_{sc}를 구한다.

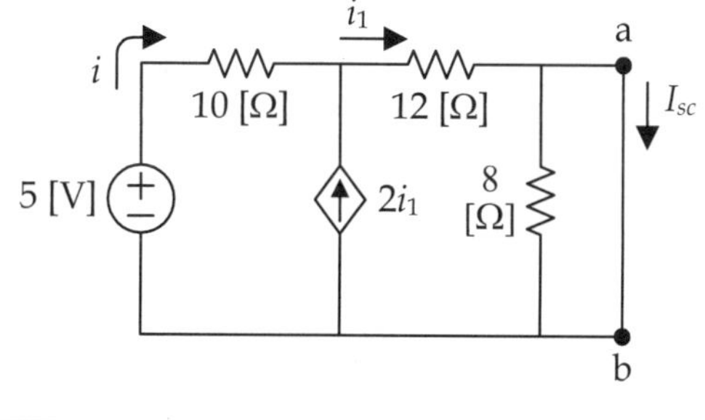

그림 3.15 단락회로 전류를 구하는 회로

단자 a와 b가 단락되면 8 [Ω] 저항으로는 전류가 흐르지 않게 되므로 $I_{sc} = i_1$이 된다. 따라서 그림 3.15의 회로에 키르히호프 전압법칙을 적용하면

$$10i + 12i_1 = 5 \tag{3.8}$$

가 되고, 키르히호프 전류법칙에 의하여

$$i + 2i_1 = i_1 \rightarrow i = -i_1 \tag{3.9}$$

이므로 식 (3.8)에 대입하면

$$-10i_1 + 12i_1 = 5 \rightarrow I_{sc} = i_1 = 5/2 = 2.5\ [\mathrm{A}] \tag{3.10}$$

단자 a와 b 사이의 개방회로 전압 V_{oc}는 그림 3.14의 회로에서 단자 a와 b 사이의 전압이며, 이것은 8 [Ω] 저항 양단에 걸리는 전압이다. 단자 a와 b가 개방된 상태에서 키르히호프 전압법칙을 적용하면

$$10i + (12+8)i_1 = 5 \tag{3.11}$$

식 (3.11)에 식 (3.9)를 대입하면 단자 a와 b가 개방된 상태에서 전류 i_1은

$$-10i_1 + 20i_1 = 5 \rightarrow i_1 = 5/10 = 0.5\ [\mathrm{A}] \tag{3.12}$$

이므로 8 [Ω] 양단에 걸리는 개방회로 전압은 $V_{oc} = 8i_1 = 8 \times 0.5 = 4$ [V]가 되며, 이것은 테브냉 등가회로의 전압원이 된다. 즉, $V_T = V_{oc}$이다. 따라서 테브냉 저항은

$$R_T = \frac{V_{oc}}{I_{sc}} = \frac{4}{2.5} = 1.6\ [\Omega] \tag{3.13}$$

이다. 그러므로 그림 3.13에 나타낸 2단 접속회로의 입력단을 테브냉 등가회로와 노튼 등가회로로 단순화시키면 그림 3.16과 같다.

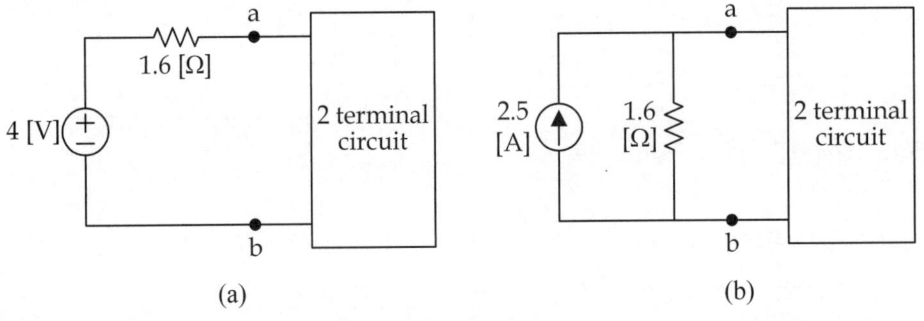

그림 3.16 그림 3.13에 나타낸 2단 접속회로 입력단을 (a) 테브냉 등가회로 (b) 노튼 등가회로로 단순화 시킨 모델

그림 3.16(b)에 나타낸 노튼 등가회로는 예제 3.3에서 8 [Ω] 저항을 부하로 사용한 결과와는 달라진 것을 알 수 있다. 즉, 회로 내의 어떤 수동소자를 부하로 사용하여 구한 테브냉-노튼 등가회로와 연결되는 2 단자 회로를 부하로 사용하여 주어진 회로 전체에 대한 테브냉-노튼 등가회로를 구한 것은 서로 다른 결과를 도출한다.

3.3 연산증폭기 모델

앞에서 소개한 두 절에서 종속전원은 제어인자를 이용하여 전압 또는 전류를 증폭시키는 특성이 있다. 연산증폭기는 종속전원의 특성을 가장 적절하게 활용하는 전자소자이다. 일반적으로 연산증폭기는 다수의 저항, 커패시터, 트랜지스터, 다이오드 등으로 구성되어 있다. 연산증폭기 내부 회로의 구성에 대한 해석은 회로이론의 범위를 벗어나므로 여기서는 생략한다. 하지만 전자회로 해석 관련 교과목에서 학습할 기회가 있을 것이다. 또한, 관심 있는 학생들은 연산증폭기를 제조 판매하는 회사의 홈페이지를 방문하여 정격 관련 서류를 검색하면 증폭기 내부에 대한 자세한 회로도를 확인할 수 있다.

집적회로 형태로 제작된 일반적인 연산증폭기를 그림 3.17에 나타내었다. 단일 연산증폭기로 제작된 대표적인 집적회로는 그림 3.17(a)에 나타낸 uA741이며, 그림 3.17(b)에 나타낸 것처럼 외부회로와 연결이 가능한 8개의 핀(pin)이라고 부르는 단자를 가지고 있다. 실제적인 회로설계에서는 이 단자들 가운데 양전원과 음전원을 공급하는 7번, 4번 핀, 반전(inverting) 입력과 비반전(noninverting) 입력을 인가하는 2번, 3번 핀, 그리고 출력을 측정하는 6번 핀이 주로 사용된다.

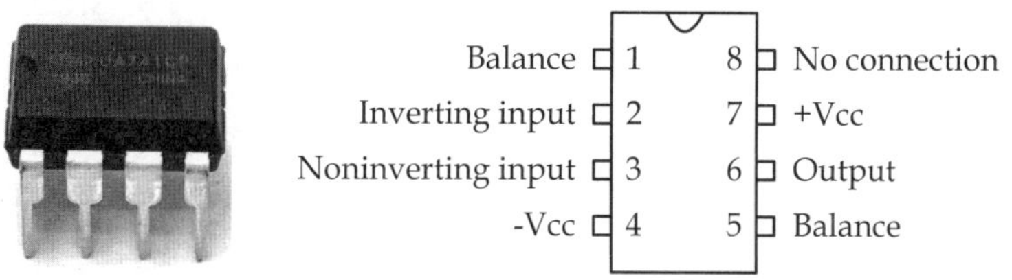

(a) (b)

그림 3.17 대표적인 연산증폭기 집적회로 (a) 외형 (b) 핀 할당도

연산증폭기는 그림 3.18에 나타낸 것처럼 주로 반전 및 비반전입력과 출력 등을 포함한 회로기호를 이용하여 표시한다. 여기서 비반전입력은 내부에 (+)부호로 표시된 단자이고

반전입력은 (−)부호로 표시된 단자이며 오른쪽의 단일 단자는 출력이다.

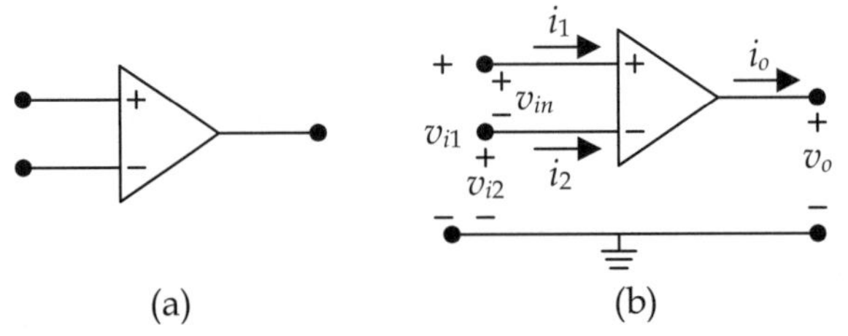

그림 3.18 3단자 형식 연산증폭기 (a) 회로 기호 (b) 입출력 전압과 전류

연산증폭기는 그림 3.18(a)에 나타낸 것처럼 두 개의 입력단자와 하나의 출력단자를 가진다. 입력단자들이 접지 레벨, 즉 0 [V] 레벨에 대하여 v_{i1}과 v_{i2} [V] 전압레벨을 가지는 것으로 가정하면 연산증폭기의 입력단자 전압은

$$v_{in} = v_{i1} - v_{i2} \text{ [V]} \tag{3.14}$$

로 두 입력단자에 인가되는 전압의 차이가 된다. 그리고 연산증폭기 출력 전압은

$$v_o = A_v v_{in} \text{ [V]} \tag{3.15}$$

이다. 여기서 A_v는 이상적인 연산증폭기의 개방루프이득(open loop gain) 또는 전압이득이다. 일반적으로 연산증폭기의 전압이득은 매우 크며, 식 (3.15)처럼 전압을 제어인자로 사용하여 증폭된 출력 전압을 얻는 전압제어 전압원으로 동작한다.

그림 3.18(b)와 식 (3.15)를 기반으로 하는 이상적인 연산증폭기 회로 모델은 그림 3.19와 같은 형태를 가진다. 여기서 점선으로 표시된 연산증폭기의 내부 회로는 개방된 상태지만 두 단자 사이에는 입력전압 v_{in}이 인가되어 있다. 이 입력전압은 종속전압원의 크기를 결정하는 제어인자로 사용된다. 이런 이유로 연산증폭기 출력전압은 식 (3.15)와 같이 측정되는 것이다.

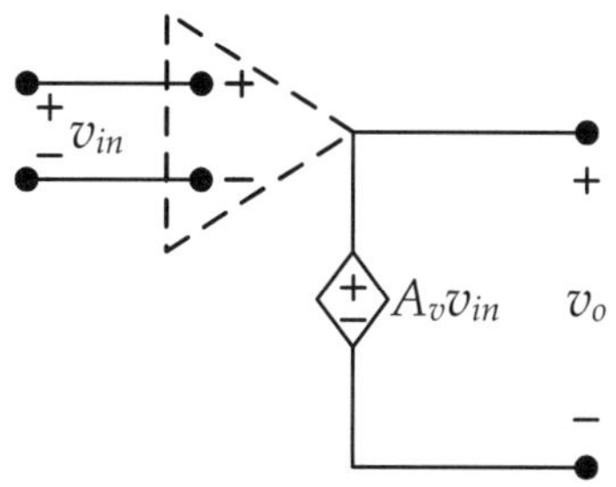

그림 3.19 이상적인 연산증폭기 모델

예제 3.4

다음 전기회로에서 연산증폭기의 개방루프이득이 $A_v = 10^4$일 때, 전류 i_s와 i_o, 전압 v_L을 계산하라. 여기서는 이상적인 연산증폭기로 가정한다.

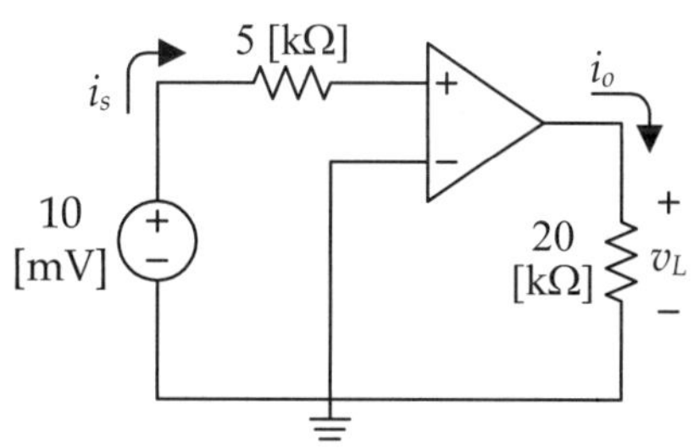

그림 3.20 예제 3.4를 위한 전기회로

풀이

주어진 회로를 이상적인 연산증폭기 모델로 변경하여 나타내면 그림 3.21과 같다. 이상적인 연산증폭기 모델에서는 두 입력 단자는 개방된다. 개방된 단자들 사이에는 전류가 흐를 수 없으므로 $i_s = 0$ [A]이다. 그러므로 5 [kΩ] 저항 양단에서 발생되는 전압강하도 0 [V]이다. 따라서 $v_{in} = v_s = 10$ [mV]가 된다.

종속전압원의 크기는 전압이득을 $A_v = 10^4$으로 가정하였으므로

$$v_d = A_v v_{in} = 10^4 \times (10 \times 10^{-3}) = 100 \text{ [V]} \quad ①$$

오른쪽 폐경로에 키르히호프 전압법칙을 적용하면 20 [kΩ] 양단에 걸리는 전압은

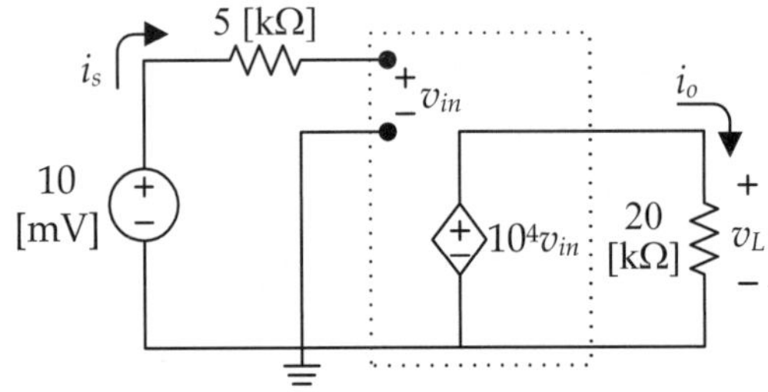

그림 3.21 그림 3.20의 회로에 대한 이상적인 연산증폭기 모델 표현

$$-A_v v_{in} + v_L = 0 \rightarrow v_L = A_v v_{in} = 100\ [\text{V}] \quad ②$$

이고, 20 [kΩ] 저항을 통하여 흐르는 전류 i_o는 옴의 법칙에 따라

$$i_o = \frac{v_L}{R_L} = \frac{100}{20 \times 10^3} = 5\ [\text{mA}] \quad ③$$

그림 3.19나 그림 3.21과 같이 이상적인 연산증폭기 모델에서 전류가 흐르지 않는 개방 입력단자 사이에 전압이 인가되는 구조를 아직은 쉽게 이해하기 힘들 수 있다. 보다 더 수월한 이해를 위하여 그림 3.22와 같은 개선된 연산증폭기 모델을 생각하여보자. 실제로도 개선된 모델은 연산증폭기를 응용하는 전자시스템의 해석에서 빈번하게 사용된다.

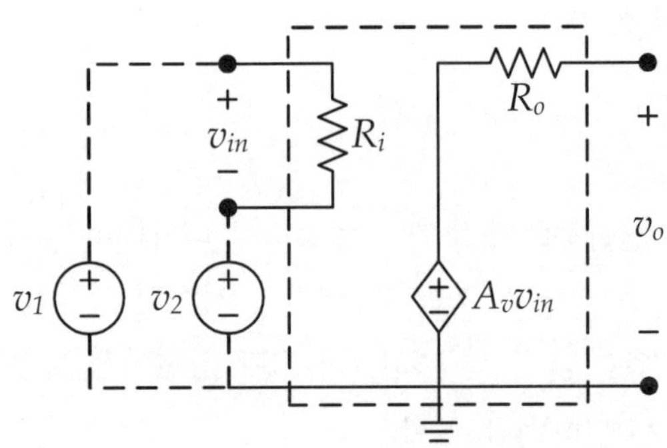

그림 3.22 개선된 연산증폭기 모델

개선된 연산증폭기 모델과 그림 3.19의 이상적인 모델과의 차이점은 증폭기 입력단자 사이에 입력저항 R_i를 추가하고 종속전원과 증폭기 출력단자 사이에 출력저항 R_o를 추가한 것이다. 두 모델의 차이점을 기반으로 이상적인 연산증폭기 모델의 기본적인 동작특성

을 요약하면 다음과 같다.

> **이상적인 연산증폭기의 동작 특성**
>
> ① 입력저항 : $R_i \to \infty$ [Ω], 개방회로처럼 동작하므로 입력저항이 매우 크다.
>
> ② 출력저항 : $R_o \to 0$ [Ω]으로 출력저항은 매우 작다.
>
> ③ 입력전압 : $v_{in}(=v_1-v_2) \to 0$ [V], 외부 입력전압의 차는 0 [V]에 수렴할 정도로 매우 작다.
>
> ④ 전압이득 : $A_v \to \infty$, 증폭이득이 매우 크다.
>
> ⑤ 주파수 특성 : 모든 주파수 대역에서 증폭이득은 거의 동일하다.

부가적인 특성으로는 그림 3.22에서 두 개의 외부입력이 동일한 경우, 즉 $v_1 = v_2$이면 출력전압은 $v_o = 0$ [V]가 된다. 그리고 위의 기본 특성 ③과 ④로부터 출력전압 $v_o = A_v v_{in} < \infty$으로 유한하여야 한다.

3.4 궤환

전기 또는 전자회로를 이용하여 시스템을 설계하는 엔지니어는 시스템이 설계 목적대로 동작하도록 출력의 변화를 계속 관측한다. 원하는 값보다 출력이 작은 경우 출력을 증가시키기 위하여 입력이나 다른 변수를 조절하고, 반대로 출력이 원하는 값보다 크면 이를 감소시키기 위한 조절이 필요하다. 이와 같이 상황이 발생할 때마다 인위적으로 입력을 포함한 시스템 변수를 조절하는 것은 매우 성가신 일이다.

궤환(feedback)이란 출력신호의 일부를 입력으로 되돌려서 인가하는 것을 말한다. 궤환에는 정궤환(positive feedback)과 부궤환(negative feedback) 등 두 가지 종류가 있다. 정궤환은 출력의 일부를 입력으로 인가함으로써 출력 신호의 세기(또는 강도, intensity)가 증가되도록 하는 것이다. 이때 회로의 다른 부분을 제어하여 출력이 ∞로 발산하는 것을 방지하여야 한다. 정궤환 증폭회로에서는 출력의 세기가 증가되므로 발진(oscillation)을 일으킬 수 있으므로 정밀한 제어가 필요하다. 이러한 특징을 이용하여 발진의 진동폭을 조절하여 스위칭(switching) 소자를 만들기도 한다.

이에 비하여 부궤환은 출력신호의 세기 변화가 입력신호의 세기 변화의 반대로 이루어지도록 한다. 즉, 출력신호의 강도가 목표 레벨보다 크면 작아지도록 그리고 출력신호의 강도가 목표 레벨보다 낮으면 출력이 증가되도록 제어한다. 따라서 잘 설계된 부궤환 증폭회로에서는 출력이 과도하게 증가되거나 0으로 수렴되는 경우는 거의 발생되지 않으므로 출력의 안정도를 높이는 목적으로 주로 사용된다.

연산증폭기는 증폭이득을 약간 희생하면서 부궤환을 이용하여 안정화된 증폭특성을 얻을 수 있는 시스템에 많이 사용된다. 예를 들어, 그림 3.23에 나타낸 증폭회로를 생각하여 보자. 여기서는 대수적 연산의 편리를 위하여 이상적인 연산증폭기 모델을 이용하여 해석한다.

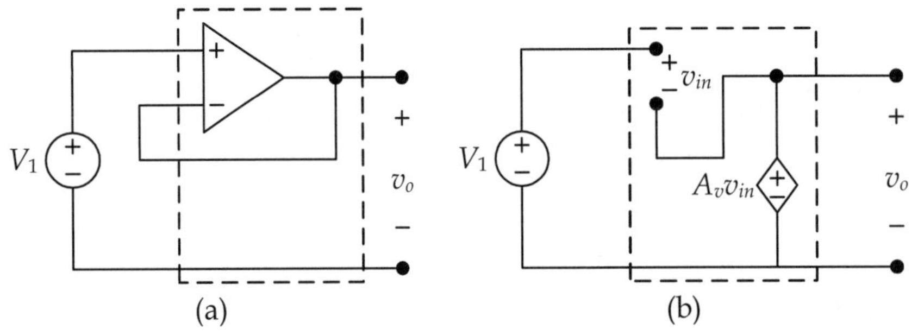

그림 3.23 부궤환 입력을 가지는 연산증폭기의 예 (a) 회로도 (b) 이상적인 모델을 이용한 등가회로

그림 3.23(a)의 회로에서 출력단은 연산증폭기의 반전 입력단자에 연결되어 있다. 이 연결은 출력전압이 연산증폭기의 입력으로 사용되는 궤환경로가 된다. 그림 3.23(b)에 나타낸 이상적인 연산증폭기 모델을 사용한 등가회로에 수동부호규정에 따라 키르히호프 전압법칙을 적용하면 회로방정식은

$$-V_1 + v_{in} + A_v v_{in} = 0 \tag{3.16}$$

이 된다. 이로부터

$$v_{in} = \frac{V_1}{1 + A_v} \tag{3.17}$$

이 되고, $v_o = A_v v_{in}$이므로

$$v_o = A_v \cdot \frac{V_1}{1+A_v} = \frac{A_v}{1+A_v} V_1 \tag{3.18}$$

이 된다. 연산증폭기의 동작 특성 ④에서 언급하였듯이 일반적으로 $A_v \gg 1$이므로 식 (3.18)은 다음과 같이 근사화 시킬 수 있다.

$$v_o = \frac{A_v}{1+A_v} V_1 \cong V_1 \tag{3.19}$$

즉, 그림 3.23(a)의 연산증폭기 회로는 부궤환의 영향으로 인하여 증폭기 외부 입력전압 V_1이 출력에 거의 왜곡 없이 전달된다. 이런 이유로 그림 3.23의 증폭회로를 전압 폴로워 (voltage follower)라고 한다.

예제 3.5

궤환 입력을 가지는 다음 연산증폭기 회로의 이득 $A = V_o / V_1$을 구하라. 여기서 연산증폭기 개방루프이득은 $A_v \gg 1$으로 가정하고, 이상적인 연산증폭기 모델을 적용하라.

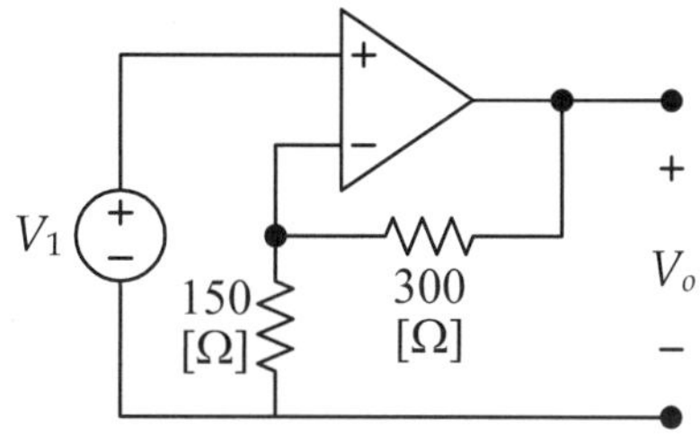

그림 3.24 예제 3.5를 위한 전기회로

풀이

주어진 회로를 이상적인 연산증폭기 모델로 변환하여 나타내면 그림 3.25와 같다.

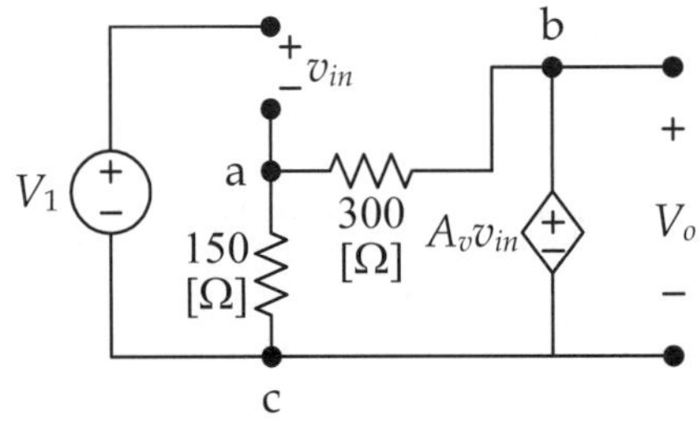

그림 3.25 이상적인 연산증폭기 모델을 이용한 등가회로

왼쪽의 외부 입력전원이 있는 폐경로(개방 입력단자가 있지만 저항이 ∞인 가지로 해석)에 키르히호프 전압법칙을 적용하면 회로방정식은

$$-V_1 + v_{in} + v_{150[\Omega]} = 0 \quad ①$$

이 된다. 여기서 $v_{150[\Omega]}$은 150 [Ω] 저항 양단에 걸리는 전압이다. 그림 3.25에서 종속전원을 포함하는 폐경로를 그림 3.26과 같이 나타내면 전압분배법칙에 의하여

$$v_{150[\Omega]} = A_v v_{in} \cdot \frac{150}{150+300} = \frac{1}{3} A_v v_{in} \quad ②$$

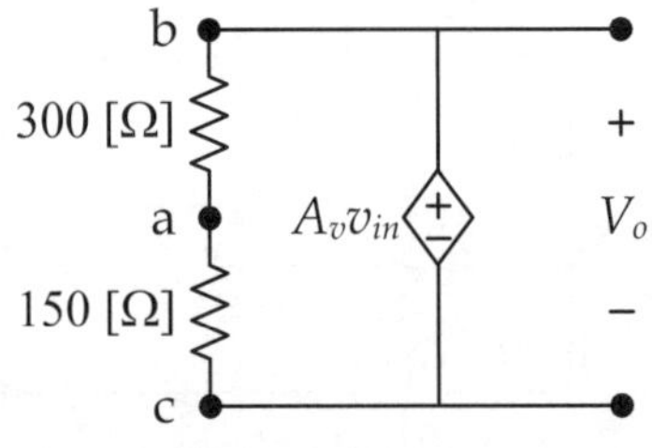

그림 3.26 그림 3.25에서 종속전원을 포함하는 폐경로

이 된다. 식 ②를 ①에 대입하여 정리하면

$$v_{in} = \frac{V_1}{1 + A_v/3} \quad ③$$

이므로 연산증폭기 출력전압은

$$V_o = A_v v_{in} = A_v \cdot \frac{V_1}{1+A_v/3} = \frac{3A_v}{3+A_v} V_1 \quad ④$$

가 되고, 연산증폭기 회로의 증폭이득은

$$A = \frac{V_o}{V_1} = \frac{3A_v}{3 + A_v} \cong 3 \qquad ⑤$$

3.5 연산증폭기 응용

앞에서도 학습한 것처럼 연산증폭기는 외부 연결회로를 적절히 구성함으로써 간단한 수학 연산을 수행하는 증폭회로를 구현할 수 있다. 예를 들어, 그림 3.27에 나타낸 연산증폭기 회로를 생각하여보자.

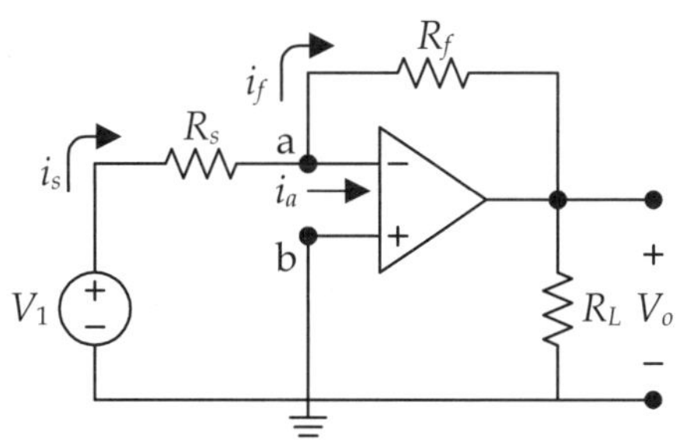

그림 3.27 대표적인 반전증폭기 회로

연산증폭기의 기본적인 특성을 고려하면 증폭기 입력전압은 비반전 입력단자인 마디 b의 전압 V_b와 반전 입력인 마디 a의 전압의 차로 다음과 같다.

$$v_{in} = V_b - V_a \cong 0 \text{ [V]} \qquad (3.20)$$

비반전 입력단자는 접지되어 있기 때문에 $V_b = 0$ [V]이므로 반전 입력단자의 전압도 $V_a = 0$ [V]가 된다. 연산증폭기의 입력저항은 $R_i = \infty$ [Ω]이므로 $i_a = 0$ [A]이다.

마디 a에 키르히호프 전류법칙을 적용하면

$$i_s = i_f + i_a = i_f \qquad (3.21)$$

즉, 독립전압원에서 발생된 전류는 a 마디에서 궤환저항 R_f를 통하여 출력단자로 흐르게 된다. 옴의 법칙을 이용하면 식 (3.21)은 다음과 같이 표현할 수 있다.

$$i_s = \frac{V_1 - 0}{R_s} = i_f = \frac{0 - V_0}{R_f} \rightarrow \frac{V_1}{R_s} = \frac{-V_0}{R_f} \tag{3.22}$$

따라서 주어진 증폭회로의 이득은

$$A = \frac{V_o}{V_1} = -\frac{R_f}{R_s} \tag{3.23}$$

식 (3.23)으로부터 그림 3.27의 연산증폭기 회로의 이득은 독립전압원에 연결된 저항과 궤환저항의 비로 결정되며, 출력전압과 전압원이 공급하는 전압의 부호는 서로 반대가 된다. 예를 들어, $R_f = R_s$인 경우 증폭기 회로의 이득은 $A = -1$이 되므로 출력전압은 전압원이 공급하는 전압의 부호가 반전된 형태이다. 이러한 동작특성 때문에 그림 3.26의 연산증폭기 회로를 반전증폭기(inverting amplifier)라고 한다.

예제 3.6

그림 3.28에 나타낸 연산증폭기 회로의 전압 증폭이득을 구하라. 여기서 연산증폭기의 입력전압은 $v_{in} = 0$ [V]이고, 입력저항은 $R_i = \infty$ [Ω]인 것으로 가정한다.

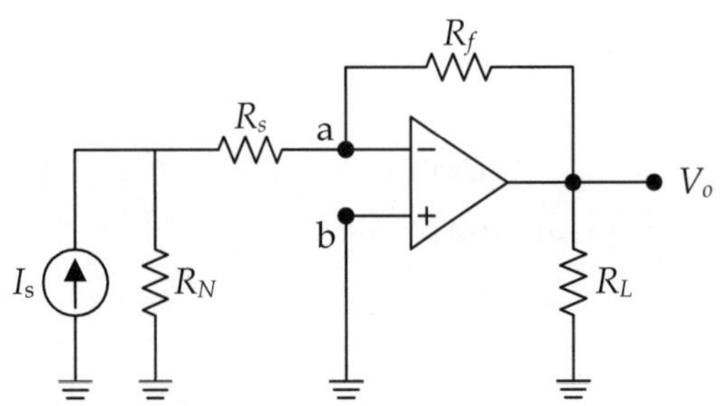

그림 3.28 예제 3.6을 위한 연산증폭기 회로

풀이

독립전류원과 저항 R_N은 노튼 등가회로의 형태로 연결되어 있으므로 테브냉 등가회로 형태로 변경하여 나타내면 다음과 같다.

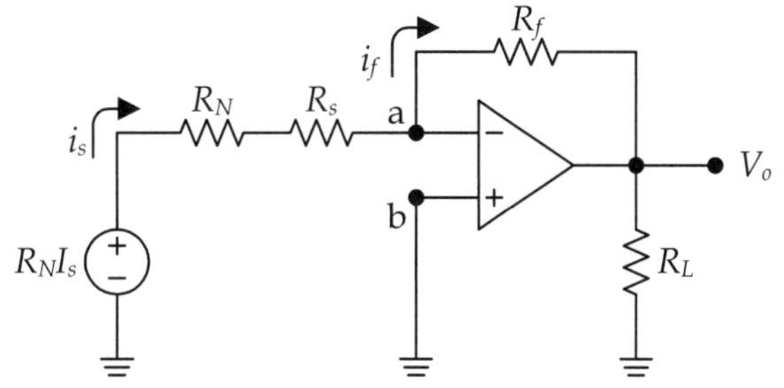

그림 3.29 전원부를 테브냉 등가회로 형태로 수정한 회로

그림 3.29의 마디 a에 키르히호프 전류법칙을 적용하면

$$i_s = i_f \;\rightarrow\; \frac{R_N I_s}{R_N + R_s} = \frac{-V_o}{R_f} \qquad ①$$

테브냉 등가회로와 노튼 등가회로의 관계로부터 $V_T = R_N I_s$이므로 주어진 회로의 증폭이득은

$$A = \frac{V_o}{V_T} = \frac{V_o}{R_N I_s} = -\frac{R_f}{R_N + R_s}$$

그림 3.30의 회로는 앞에서 소개한 반전증폭기의 외부 입력단자를 2개로 확장한 응용회로이다. 해석의 편리를 위하여 연산증폭기는 기본적인 특성을 만족하는 것으로 가정한다. 즉, 연산증폭기 입력저항은 $R_i = \infty\,[\Omega]$이고, 반전 및 비반전 단자의 입력전압의 차 $v_{in} = v_+ - v_- = 0$ [V]이다. 여기서 v_+는 연산증폭기 비반전 입력단자의 전압이고 v_-는 반전 입력단자의 전압이다.

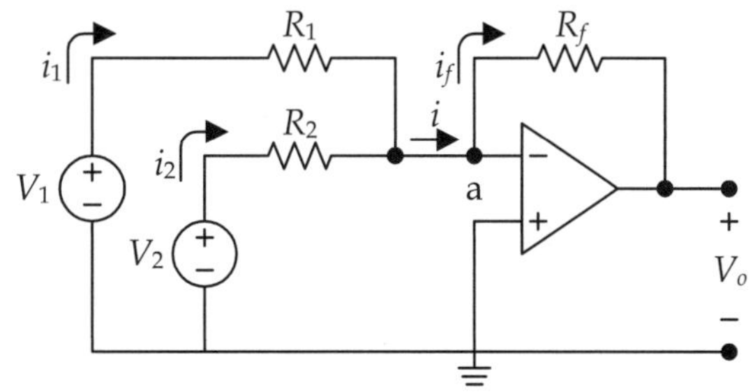

그림 3.30 연산증폭기를 이용한 반전가산기 회로

이상적인 연산증폭기의 기본적인 특성을 만족하는 것으로 가정하였으므로 마디 a에서 증폭기 반전 입력단자로 흘러가는 전류는 0 [A]이다. 마디 a에 유입되는 전류는 저항 R_1과 R_2를 통하여 흐르는 전류들의 합으로 다음과 같다.

$$i = i_1 + i_2 \tag{3.24}$$

마디 a로부터 유출되는 전류는 궤환저항을 통하여 출력단자로 흐르는 전류 i_f이다. 키르히호프 전류법칙을 적용하면

$$i_1 + i_2 = i_f \tag{3.25}$$

옴의 법칙에 의하여 식 (3.25)는 다음과 같이 나타낼 수 있다.

$$\frac{V_1}{R_1} + \frac{V_2}{R_2} = \frac{-V_o}{R_f} \rightarrow V_o = \left(-\frac{R_f}{R_1}\right)V_1 + \left(-\frac{R_f}{R_2}\right)V_2 \tag{3.26}$$

그러므로 출력전압은 전압원 V_1과 이에 대한 반전증폭기 이득의 곱과 전압원 V_2와 이에 대한 반전증폭기 이득의 곱의 전체 합으로 나타난다. 이것을 일반화시키기 위하여 그림 3.31과 같이 외부 전압원의 수를 N개로 확장시키면 출력전압은

$$V_o = \left(-\frac{R_f}{R_1}\right)V_1 + \left(-\frac{R_f}{R_2}\right)V_2 + \cdots + \left(-\frac{R_f}{R_N}\right)V_N \tag{3.27}$$

으로 표현된다. 이것은 그림 3.31에 나타낸 연산증폭기 회로의 출력전압이 증폭기 외부 입력 전압원에 $-R_f/R_n$의 가중치를 곱한 것들의 전체 합이 됨을 의미한다. 이런 이유로 이 회로를 반전가산기(inverting summer)라고 한다.

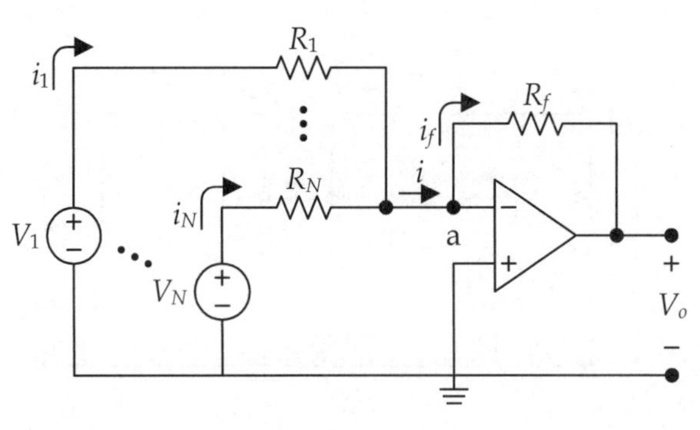

그림 3.31 반전가산기의 일반화를 위한 확장 회로

한편, 그림 3.30에서 $R_1 = R_2 = R$이라면 식 (3.26)은

$$V_o = \left(-\frac{R_f}{R}\right)V_1 + \left(-\frac{R_f}{R}\right)V_2 = -\frac{R_f}{R}(V_1 + V_2) \tag{3.28}$$

가 되고, 여기에 $R_f = R$인 조건까지 추가로 더해진다면

$$V_o = -\frac{R_f}{R}(V_1 + V_2) = -(V_1 + V_2) \tag{3.29}$$

이 되어 증폭기 출력전압은 외부 입력 전압원들의 합을 부호 반전시킨 형태로 나타난다. 그리고 외부 전압원을 N개로 확장하고 모든 저항을 $R_1 = R_2 = \cdots = R = R_f$로 동일하게 사용한다면 식 (3.29)는 다음과 같이 나타난다.

$$V_o = -(V_1 + V_2 + \cdots + V_N) = -\sum_{n=1}^{N} V_n \tag{3.30}$$

이것은 반전가산기의 특별한 예로 가중치가 모두 동일하게 1인 경우이다.

예제 3.7

다음 연산증폭기 응용 회로에서 V_o와 I_o를 구하라. 여기서 연산증폭기는 이상적인 조건을 만족하는 것으로 가정한다. 즉, 연산증폭기의 입력전압은 $v_{in} = 0$ [V]이고, 입력저항은 $R_i = \infty$ [Ω]이다.

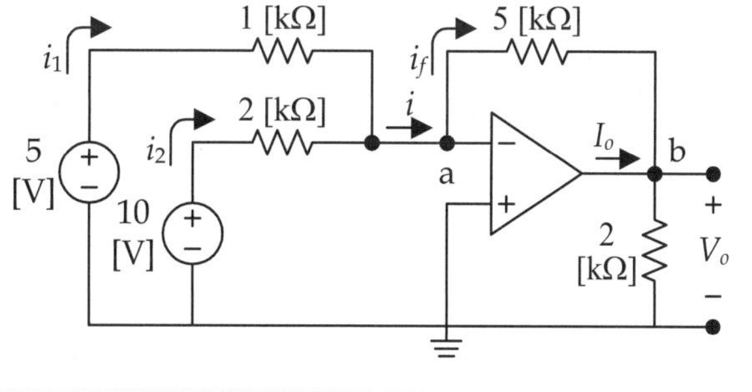

그림 3.32 예제 3.7을 위한 연산증폭기 회로

풀이

연산증폭기의 비반전 입력단자가 접지되어 있으므로 마디 a의 전압은 $V_a = 0$ [V]이고, 연

산증폭기 입력저항이 $R_i = \infty\,[\Omega]$인 것으로 가정하였으므로 마디 a에 키르히호프 전류법칙을 적용하면

$$i_1 + i_2 = i_f \;\rightarrow\; \frac{5}{1\times 10^3} + \frac{10}{2\times 10^3} = \frac{-V_o}{5\times 10^3} \qquad ①$$

그러므로 연산증폭기 출력전압은 $V_o = -50$ [V]이다. 연산증폭기 출력단자로 흐르는 전류를 구하기 위하여 마디 b에 키르히호프 전류법칙을 적용하면

$$I_o + i_f = i_{2[\mathrm{k}\,\Omega]} \;\rightarrow\; I_o = i_{2[\mathrm{k}\,\Omega]} - i_f = \frac{-50}{2\times 10^3} - \frac{0-(-50)}{5\times 10^3} \qquad ②$$

이므로 $I_o = -35$ [mA]가 된다.

연산증폭기의 다른 응용 예로 다음 회로를 생각해보자. 그림 3.27의 회로와 비교하면 외부 전원이 연결된 가지로 출력전압의 궤환이 이루어지지 않고 반대쪽 가지에 궤환저항이 연결되는 차이가 있다.

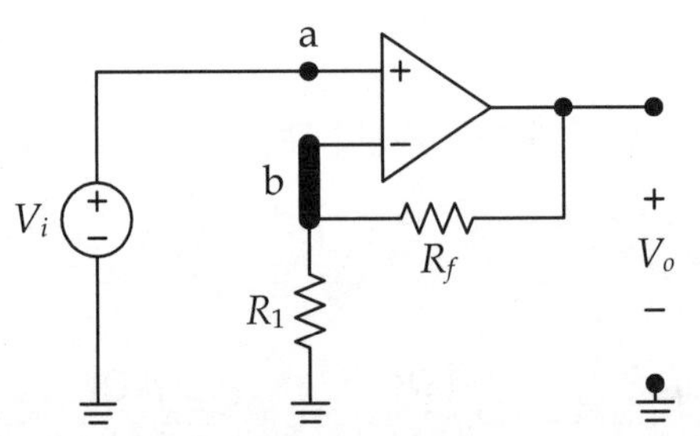

그림 3.33 연산증폭기를 이용한 비반전증폭기 회로

해석을 위한 제한조건은 앞의 예와 마찬가지로 이상적인 연산증폭기의 기본적인 특성을 만족하는 것으로 매우 일반적인 가정이라고 할 수 있다. 기본적인 특성에 따르면 연산증폭기의 두 입력단자 전압의 차이는 0 [V]이므로 a 지점의 전압과 b 마디의 전압은 동일하다. 즉, $V_b = V_i$가 되는 것이다.

연산증폭기 출력단자에서 회로를 보면 두 저항의 연결형태는 그림 3.34와 같다. 그림 3.34에서 출력전압과 반전 입력단자 전압은 전압분배법칙에 의하여 식 (3.31)과 같은 관계를 가진다.

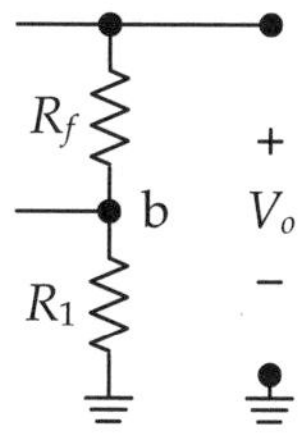

그림 3.34 그림 3.33에 나타낸 연산증폭기 회로의 출력단 연결 구조

$$V_b = V_i = V_o \cdot \frac{R_1}{R_f + R_1} \tag{3.31}$$

이를 정리하면 그림 3.33에 제시된 연산증폭기 회로의 증폭이득은

$$A = \frac{V_o}{V_i} = \frac{R_f + R_1}{R_1} = 1 + \frac{R_f}{R_1} \tag{3.32}$$

그러므로 궤환저항 R_f와 입력단 저항 R_1의 비에 따라 증폭기 회로의 이득을 조절하는 것이 가능하다. 예를 들어, $R_1 = R_f$인 경우 이득은 2가 되므로 출력전압은 외부 전압원이 비반전 단자에 공급하는 전압의 2배가 된다. 이에 비하여 $R_1 \gg R_f$인 경우에는 $A \cong 1$이므로 전압원의 전압이 부호의 반전 없이 거의 그대로 출력에 나타난다. 이는 그림 3.27에 나타낸 연산증폭기 회로와 동일한 크기의 이득을 가지지만 부호가 반대인 경우라고 할 수 있다.

예제 3.8

다음 연산증폭기 응용 회로의 증폭이득 $A = V_o / V_i$을 저항들의 관계식으로 표현하라. 그리고 $R_1 = 4$ [kΩ], $R_2 = R_3 = 2$ [kΩ]일 때 $A = 3$이 되도록 하는 궤환저항을 구하라. 여기서 연산증폭기는 이상적인 조건으로 동작하는 것으로 가정한다.

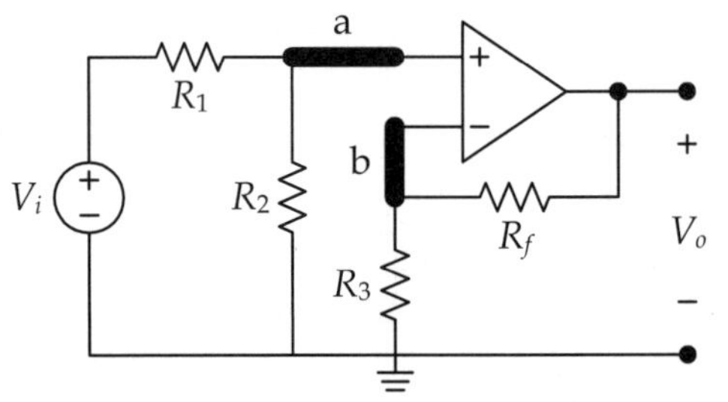

그림 3.35 예제 3.8을 위한 연산증폭기 회로

풀이

먼저 전압분배법칙을 적용하여 마디 a의 전압을 구하면

$$V_a = V_i \cdot \frac{R_2}{R_1 + R_2} \qquad ①$$

출력전압 V_o와 연산증폭기 반전 입력단자 전압사이의 관계식은 전압분배법칙에 의하여

$$V_b = V_o \cdot \frac{R_3}{R_3 + R_f} \qquad ②$$

연산증폭기 입력전압은 $v_{in} = V_a - V_b = 0$ [V]이므로

$$V_i \cdot \frac{R_2}{R_1 + R_2} = V_o \cdot \frac{R_3}{R_3 + R_f} \qquad ③$$

따라서 증폭이득은

$$A = \frac{V_o}{V_i} = \frac{R_2}{R_1 + R_2} \cdot \left(\frac{R_3}{R_3 + R_f}\right)^{-1} = \frac{R_2}{R_1 + R_2} \cdot \left(1 + \frac{R_f}{R_3}\right) \qquad ④$$

주어진 저항값을 위 식에 대입하면

$$A = \frac{2 \times 10^3}{4 \times 10^3 + 2 \times 10^3} \cdot \left(1 + \frac{R_f}{2 \times 10^3}\right) = 3 \qquad ⑤$$

이므로 전압이득이 $A = 3$이 되도록 만드는 궤환저항은 $R_f = 16$ [kΩ]이다.

3.6 연산증폭기 다단 접속

대부분의 전기전자시스템들은 그림 3.36과 같이 많은 소자들이 아주 복잡하게 연결되어 있다. 이와 같이 많은 소자들의 연결에도 아주 간단한 규칙은 있다. 그것은 어떤 소자의 출력이 다른 소자의 입력이 되도록 상호 연결되어 있는 것이다. 놀라울 정도로 간단한 이 규칙이 제대로 지켜지지 않을 경우 그림 3.36과 같은 회로를 설계하는 것은 사실상 불가능하다.

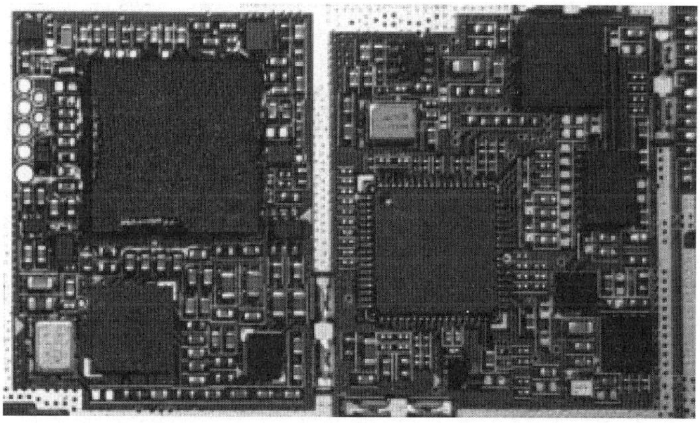

그림 3.36 전자시스템의 회로기판 일부

연산증폭기는 복잡한 회로를 설계하는데 아주 유용하게 사용되는 여러 가지 소자들 가운데 하나이다. 예를 들어, 1.5 [V] 전압원을 사용하여 300 [V]의 출력전압을 얻을 수 있는 증폭시스템을 가정해보자. 이 시스템의 증폭이득은 300/1.5 = 200이다. 앞 절에서 학습한 내용을 떠올린다면 그림 3.33에 나타낸 비반전증폭 회로의 이득이 식 (3.32)이므로 궤환저항 R_f와 R_1의 관계가 $R_f = 199R_1$을 만족하도록 설계하면 된다.

연산증폭기 회로의 증폭이득이 200이 되도록 회로를 설계하는 다른 방법으로 그림 3.37처럼 2개의 반전증폭기 회로를 2단으로 종속접속(cascaded connection)시킨 회로를 생각해보자.

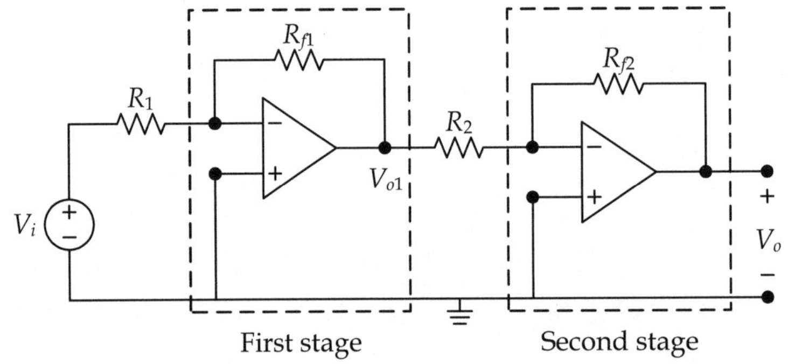

그림 3.37 2단 접속 연산증폭기 회로

식 (3.22)에 의하여 첫 번째 단의 반전증폭기 회로의 출력전압은

$$V_{o1} = -\frac{R_{f1}}{R_1} V_i \tag{3.33}$$

이고, 두 번째 반전증폭기의 출력전압은

$$V_o = -\frac{R_{f2}}{R_2} V_{o1} \tag{3.34}$$

이다. 식 (3.33)을 식 (3.34)에 대입하면 2단 종속접속된 증폭기 회로의 입력과 출력전압 사이에는 다음과 같은 관계식이 성립한다.

$$V_o = -\frac{R_{f2}}{R_2} \cdot \left(-\frac{R_{f1}}{R_1} V_i\right) = \left(-\frac{R_{f2}}{R_2}\right) \cdot \left(-\frac{R_{f1}}{R_1}\right) V_i \tag{3.35}$$

그러므로 그림 3.37에 나타낸 2단 연산증폭기 회로의 전체 증폭이득은

$$A = \frac{V_o}{V_i} = \left(-\frac{R_{f2}}{R_2}\right) \cdot \left(-\frac{R_{f1}}{R_1}\right) = A_2 \cdot A_1 \tag{3.36}$$

$A_2 = (-R_{f2}/R_2)$와 $A_1 = (-R_{f1}/R_1)$은 각각 두 번째 단과 첫 번째 단의 증폭이득이므로 전체 증폭이득은 종속접속된 각 단의 증폭이득의 곱이 된다.

그림 3.37에 나타낸 회로를 확장하여 다단 종속접속 회로의 일반화된 구조를 보이면 그림 3.38과 같이 된다. 여기서 각 단의 이득을 A_n, $1 \le n \le N$ 이라고 하면 전체 증폭이득은

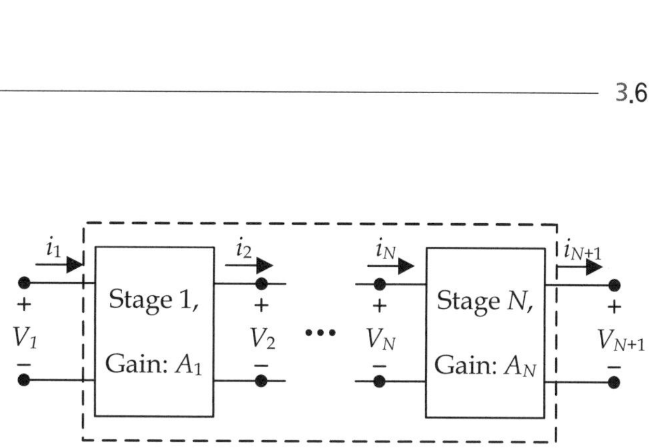

그림 3.38 다단 종속접속 회로의 일반화된 구조

$$A = A_1 \times A_2 \times \cdots \times A_N \tag{3.37}$$

하나의 매우 높은 증폭이득을 가지는 회로는 설계뿐만 아니라 유지 및 보수가 용이한 장점을 가질 수 있다. 하지만 매우 높은 증폭이득을 가지는 소자는 가격이 비싸고, 미세한 변경 요인을 회로 설계에 반영하기 어려운 단점이 있다. 이에 비하여 다단 회로는 비교적 저렴한 부품으로 구현이 가능하고 각 단의 설계 요소를 필요에 따라 변경할 수 있으므로 전체 회로의 설계에 융통성을 더할 수 있다.

식 (3.37)에 따르면 전체 회로의 증폭이득이 200인 회로는 증폭이득이 -2인 증폭회로와 -100인 증폭회로를 그림 3.27의 반전증폭기 회로를 이용하여 각각 설계한 다음 이들을 그림 3.37처럼 종속접속하면 된다. 특히, 곱셈 연산의 경우 교환법칙이 성립하므로 증폭이득이 -2인 연산증폭기 회로를 첫 번째 단에 배치하고 이득이 -100인 연산증폭기 회로를 두 번째 단에 배치되도록 설계하거나 또는 순서를 바꾸어 설계해도 전체 시스템의 증폭이득은 동일하게 200이 된다.

한편, 그림 3.36과 같은 복잡한 전자시스템에서는 입력과 출력의 순서가 명백하게 정해지므로 일반적으로는 단과 단의 순서를 바꾸어 설계하는 것이 허용되지 않는다. 앞의 예와 같이 간단한 산술 연산을 수행하는 회로처럼 단의 순서를 변경하는 것이 가능한 경우라 하더라도 서로 순서를 바꾸어 배치하는 설계에서 주의할 점은 회로소자의 입출력 전압과 전류 등에 대한 정격을 확인하여야 하는 것이다. n 번째 단의 출력전류가 $n+1$ 번째 단이 허용할 수 있는 입력전류에 대한 정격을 초과하거나 정격보다 낮은 경우라면 $n+1$ 번째 단부터는 회로가 정상적으로 동작하지 않으므로 전체 시스템으로부터 원하는 출력을 얻을 수 없는 결과를 초래한다.

예제 3.9

다음 2단 연산증폭기 회로에서 $R_1 = 100\ [\Omega]$이고 $R_3 = 400\ [\Omega]$이다. 전체 증폭이득이 $A = V_o / V_i = -200$이 되도록 만드는 궤환저항 R_2와 R_4의 조합 두 가지를 제시하라. 제한조건은 각 단의 이득이 정수이어야 하고, $R_2 < R_4$이다. 그리고 연산증폭기는 이상적으로 동작하는 것으로 가정한다.

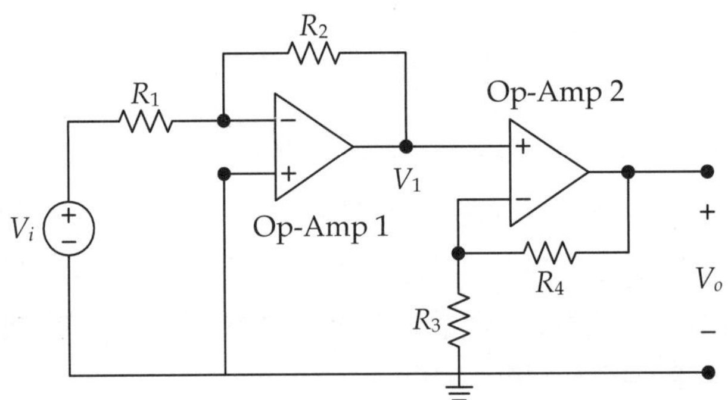

그림 3.39 예제 3.9를 위한 연산증폭기 회로

풀이

첫 번째 연산증폭기 회로는 반전증폭기이며 이득은 식 (3.23)에 따라

$$A_1 = \frac{V_1}{V_i} = -\frac{R_2}{R_1} \quad ①$$

두 번째 연산증폭기 회로는 비반전증폭기이며 이득은 식 (3.32)에 따라

$$A_2 = \frac{V_o}{V_1} = 1 + \frac{R_4}{R_3} \quad ②$$

그러므로 주어진 2단 연산증폭기 회로의 전체 이득은 다음과 같이 계산된다.

$$A = A_1 \cdot A_2 = -\frac{R_2}{R_1} \cdot \left(1 + \frac{R_4}{R_3}\right) = -\frac{R_2}{100} \cdot \left(1 + \frac{R_4}{400}\right) \quad ③$$

제시된 제한조건에 의하면 각 단의 증폭이득이 정수이므로 R_2는 100의 배수이고 R_4는 400의 배수이어야 한다. 이를 만족하는 저항 R_2와 R_4의 조합으로는 $(R_2, R_4) = (200\ [\Omega],$

39.6 [kΩ]), (800 [Ω], 9.6 [kΩ]) 등이 있다.

$$(R_2, R_4) = (200\ [\Omega],\ 39.6\ [\mathrm{k}\Omega]):\ A_1 = -2,\ A_2 = 100,$$

$$(R_2, R_4) = (800\ [\Omega],\ 9.6\ [\mathrm{k}\Omega]):\ A_1 = -8,\ A_2 = 25.$$

다단 증폭회로를 이용하여 차동증폭기(differential amplifier)를 구성하는 것도 가능하다. 특히, 기기증폭기(instrumentation amplifier)는 두 입력신호의 차이를 증폭하여 나타내는 것으로 그림 3.40에 나타낸 기기증폭회로나 이것의 변형회로는 여러 가지 응용에 매우 유용하게 사용된다.

그림 3.40의 회로에서 모든 연산증폭기가 이상적으로 동작하는 것으로 가정하면 증폭기 A1의 반전 입력단자 전압은 전압원 V_1과 같다. 또한, 같은 이유로 연산증폭기 A2의 반전 입력단자 전압은 V_2가 된다.

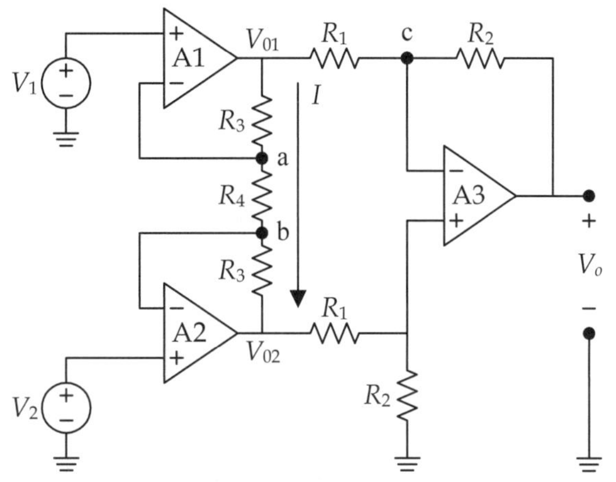

그림 3.40 2단 기기증폭기 회로

연산증폭기 A3의 비반전 입력단자 전압은 전압분배법칙에 의하여

$$V_{3+} = \frac{R_2}{R_1 + R_2} V_{02} \tag{3.38}$$

가 되고, 이상적인 연산증폭기를 가정하였으므로 A3의 반전 입력단자 전압은 비반전 입력단자 전압과 동일하므로 $V_{3-} = V_{3+}$이다. 그러므로 A3의 반전 입력단자인 마디 c에

키르히호프 전류법칙을 적용하면

$$\frac{V_{01} - V_{3-}}{R_1} = \frac{V_{3-} - V_o}{R_2} \;\rightarrow\; V_o = \frac{1}{R_1}\{(R_1 + R_2)V_{3+} - R_2 V_{01}\} \tag{3.39}$$

이 된다. 여기에 식 (3.38)을 대입하면 출력전압은 다음과 같이 표현된다.

$$V_o = \frac{R_2}{R_1}(V_{02} - V_{01}) \tag{3.40}$$

식 (3.40)으로부터 기기증폭기의 최종 출력전압은 연산증폭기 A1과 A2의 출력전압의 차이에 비례하는 것을 알 수 있다. A1의 출력 마디에서 A2의 출력 마디로 흐르는 전류를 I라고 하면 이것은

$$I = \frac{V_{01} - V_{02}}{2R_3 + R_4} \tag{3.41}$$

로 정의된다. 이 전류는 마디 a와 마디 b를 통하여 흐르는 전류이므로

$$I = \frac{V_a - V_b}{R_4} \tag{3.42}$$

와도 같다. $V_a = V_1$이고, $V_b = V_2$이므로 식 (3.41)과 식 (3.42)로부터 다음과 같은 관계식을 유도할 수 있다.

$$V_{01} - V_{02} = \frac{2R_3 + R_4}{R_4}(V_1 - V_2) = \left(1 + \frac{2R_3}{R_4}\right)(V_1 - V_2) \tag{3.43}$$

식 (3.43)을 식 (3.40)에 대입하면 기기증폭기의 최종 출력전압은

$$V_o = \frac{R_2}{R_1}\left(1 + \frac{2R_3}{R_4}\right)(V_2 - V_1) \tag{3.44}$$

이 되어 두 입력 전압원의 차이에 대한 함수로 나타난다. 그러므로 그림 3.40에 나타낸 기기증폭기는 차동증폭기의 한 종류이다.

연습문제

3.1 그림 P3.1에 나타낸 전기회로에서 v_x와 i_x를 구하라.

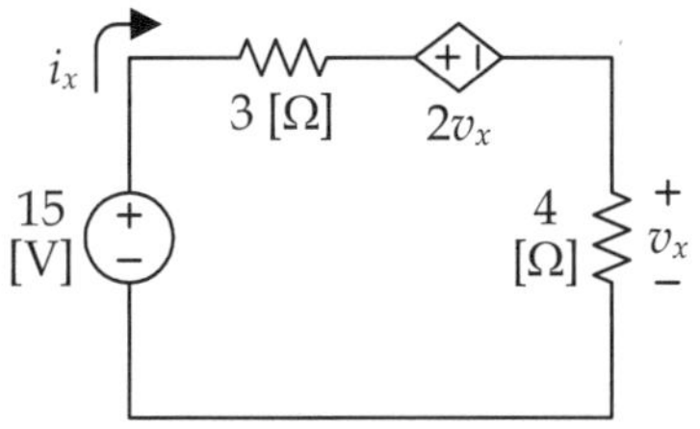

그림 P3.1

3.2 그림 P3.2에 나타낸 전기회로에서

(1) 종속전원의 제어전압 v_x를 구하라.

(2) 각각의 저항을 통하여 흐르는 전류를 구하여 키르히호프 전류법칙이 성립함을 보여라.

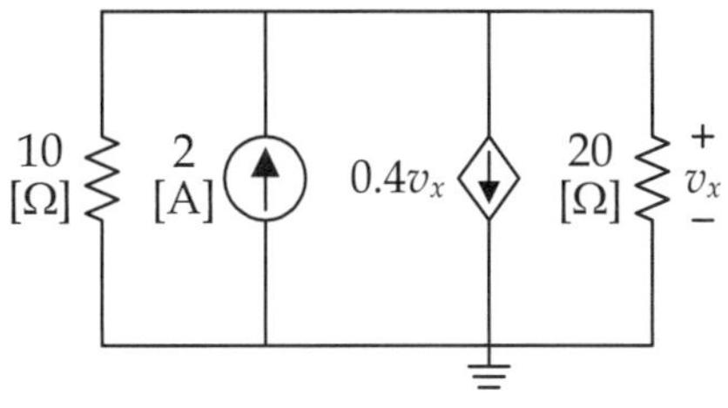

그림 P3.2

3.3 그림 P3.3에 나타낸 전기회로에서

(1) $v_x = 20$ [V]가 되도록 만드는 전류이득 β는 얼마인가?

(2) (1)의 조건에서 전원이 공급하는 전력과 저항에서 소비되는 전력을 구하라.

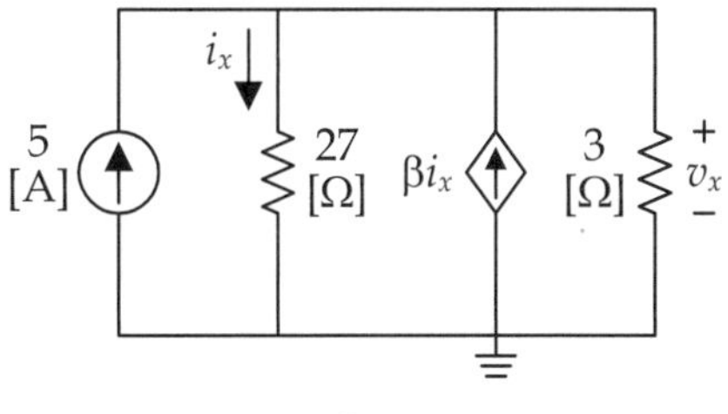

그림 P3.3

3.4 다음 그림의 전기회로에서 $i_x = 130$ [mA]라면 전류이득 β는 얼마가 되어야 하는가?

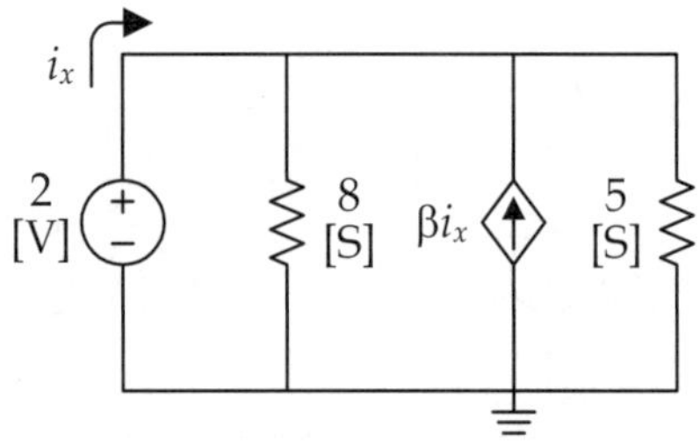

그림 P.3.4

3.5 그림 P.3.5의 전기회로에서

(1) 전류 i_x와 전압 v_x를 구하여 종속전원의 크기를 결정하라.

(2) 독립전원에서 보이는 회로의 저항을 구하라.

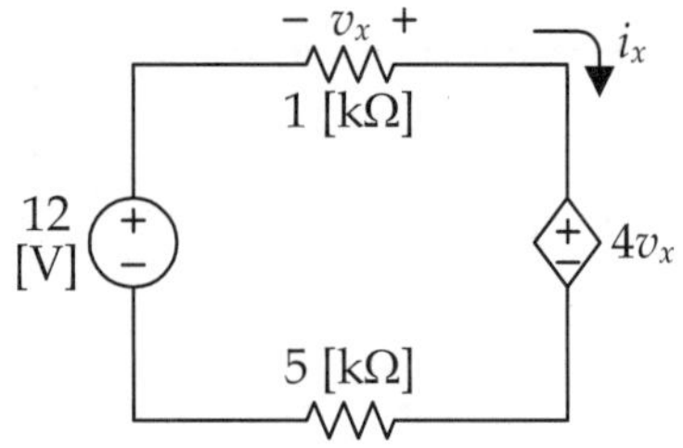

그림 P.3.5

3.6 그림 P3.6의 전기회로에 대하여

(1) 종속전원을 제어하는 전류 i_x를 구하고, 독립전압원에서 흘러 나오는 전류 i를 구하라.

(2) 전압 v_x를 구하라.

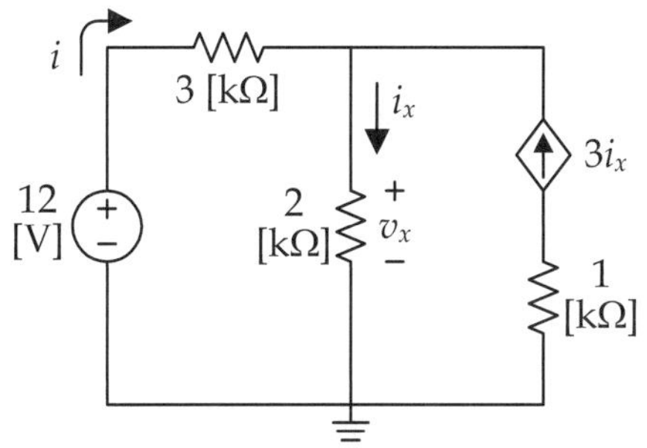

그림 P3.6

3.7 그림 P3.7의 전기회로에 대하여

(1) 종속전원을 제어하는 전압 v_x를 구하고, 전류 i_x를 구하라.

(2) 전류 i를 구하여 독립전원에서 바라보는 저항을 구하라.

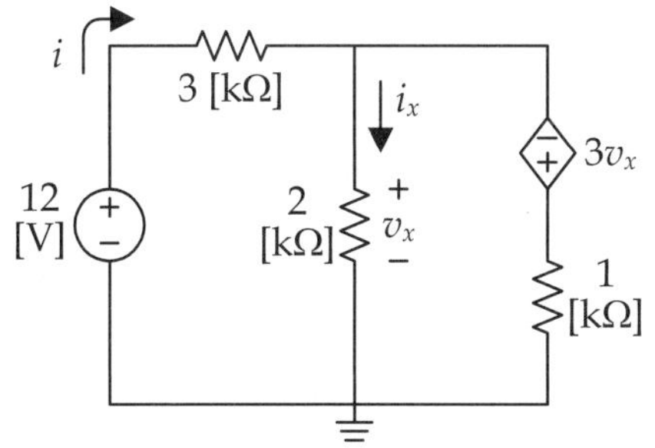

그림 P3.7

3.8 그림 P3.8의 전기회로에 대하여

(1) 종속전원을 제어하는 전류 i_x를 구하고, 독립전압원에서 흘러 나오는 전류 i를 구하라.

(2) 각 저항 양단에 걸리는 전압 v_1, v_2, v_3와 종속전원 양단의 전압 v_d를 구하여 키르히호프 전압법칙이 성립함을 보여라.

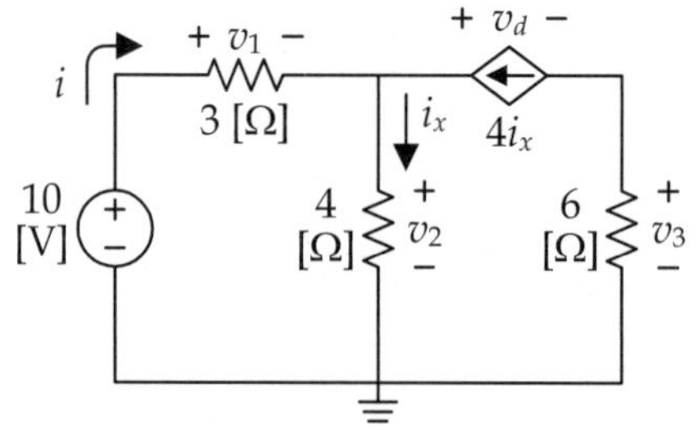

그림 P3.8

3.9 그림 P3.9에 나타낸 전기회로에서

(1) 종속전원을 제어하는 전류 i_x를 구하고, 각각의 저항 양단에 걸리는 전압 v_1, v_2, v_3을 구하라.

(2) 두 전원이 회로에 공급하는 전력과 각각의 저항에서 소비되는 전력을 구하여 전력보존의 법칙이 성립하는지 확인하라.

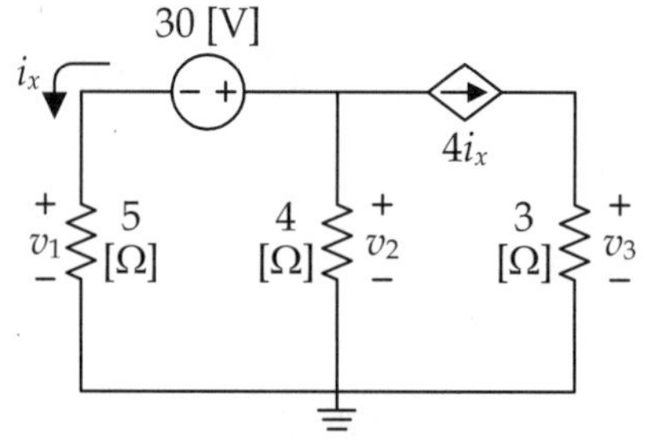

그림 P3.9

3.10 문제 3.9의 전기회로에서 종속전원의 크기를 $2i_x$로 변경한다.

(1) 종속전원을 제어하는 전류 i_x를 구하고, 각각의 저항 양단에 걸리는 전압 v_1, v_2, v_3을 구하라.

(2) 종속전원의 크기를 1/2배로 감소시킨 것이 회로 파라미터에 선형적인 영향을 미치는지 문제 3.9에서 구한 전압과 (1)의 결과를 비교하여 설명하라.

3.11 그림 P3.11에 나타낸 전기회로에 대하여

(1) 전류 i_x가 0.1 [A]가 되도록 전압 v_x로 제어되는 종속전원을 설계하라.

(2) $i_x = 0.1$ [A]가 되도록 전류 i_x로 제어되는 종속전원을 설계하라.

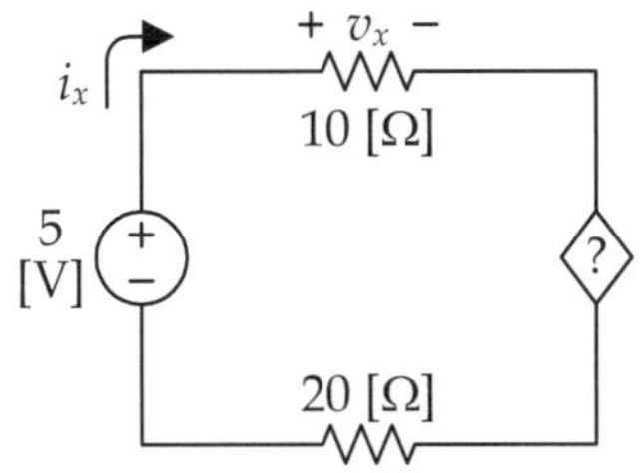

그림 P3.11

3.12 그림 P3.12에 나타낸 전기회로에 대하여

(1) 전류 i_x가 0.1 [A]가 되도록 전류 i_x로 제어되는 종속전원을 설계하라.

(2) $i_x = 0.1$ [A]가 되도록 전압 v_x로 제어되는 종속전원을 설계하라.

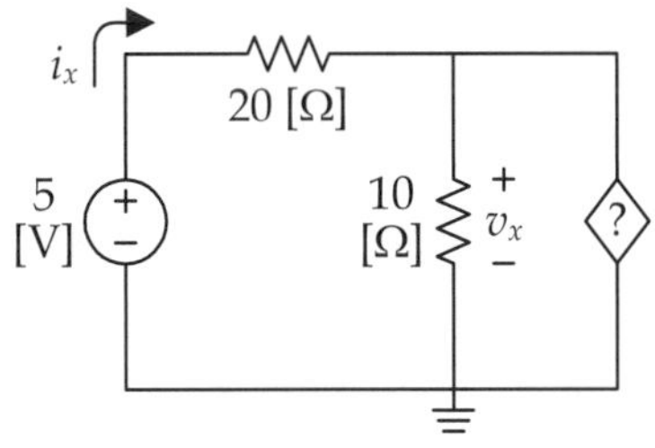

그림 P3.12

3.13 그림 P3.13에 나타낸 전기회로에서

(1) 단자 a와 b를 개방시킨 상태에서 전압 v_{ab}를 구하고, 점선으로 표시된 회로부분의 전압이득을 계산하라.

(2) 단자 a와 b를 단락시켰을 때의 단락회로 전류를 구하라.

(3) (1)과 (2)의 결과로부터 단자 a와 b의 왼쪽 회로부분에 대한 테브낭 등가회로를 구하라.

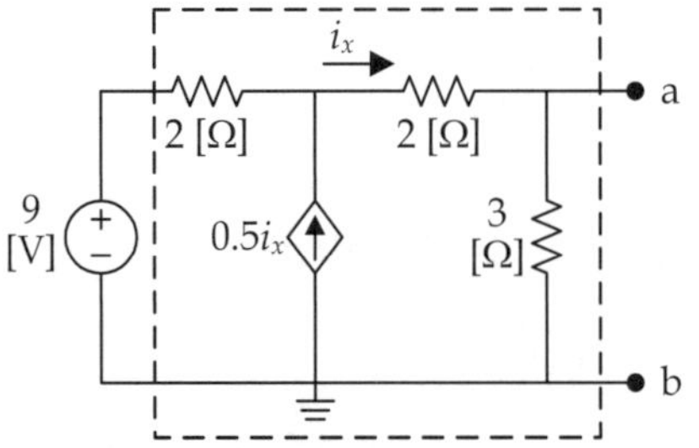

그림 P3.13

3.14 그림 P3.13의 회로에서 단자 a와 b의 왼쪽 회로부분에 대한 노튼 등가회로를 구하고, 문제 3.13의 결과와 비교하라.

3.15 그림 P3.15의 회로에서 단자 a와 b의 왼쪽 회로부분에 대한

(1) 테브냉 등가회로를 구하라.

(2) 노튼 등가회로를 구하라.

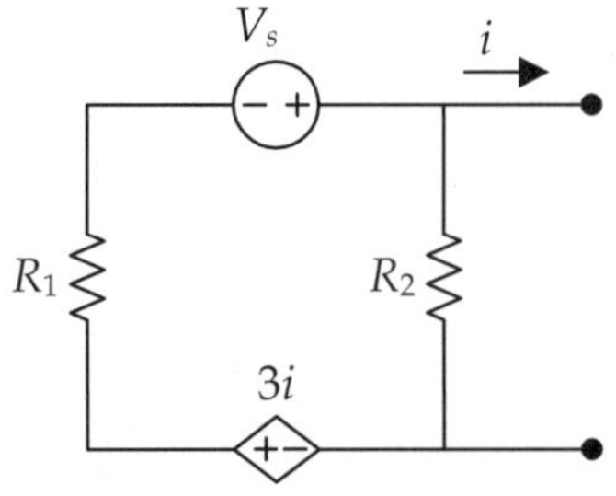

그림 P3.15

3.16 그림 P3.16에 나타낸 전기회로에서 단자 a와 b의 왼쪽 회로부분에 대한 노튼 등가회로를 구하라.

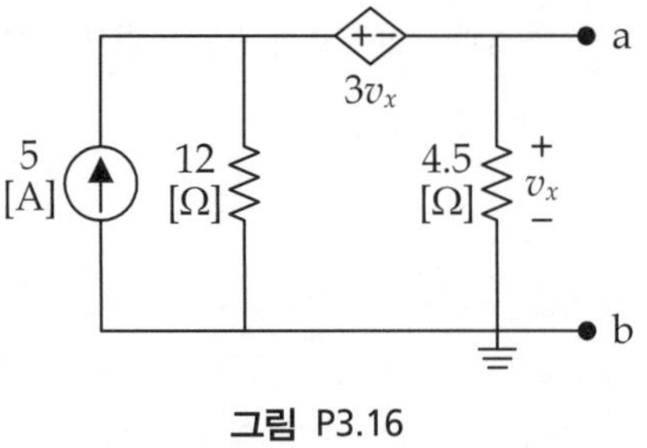

그림 P3.16

3.17 그림 P3.17에 나타낸 전기회로에서 개방루프이득이 $A_v = 10$이다.

(1) $R_i = 1$ [kΩ]일 때 출력전압 v_o와 회로의 전압이득 A를 구하라.

(2) $R_i = 9$ [kΩ]으로 변경하고 출력전압 v_o와 회로의 전압이득 A를 구하라.

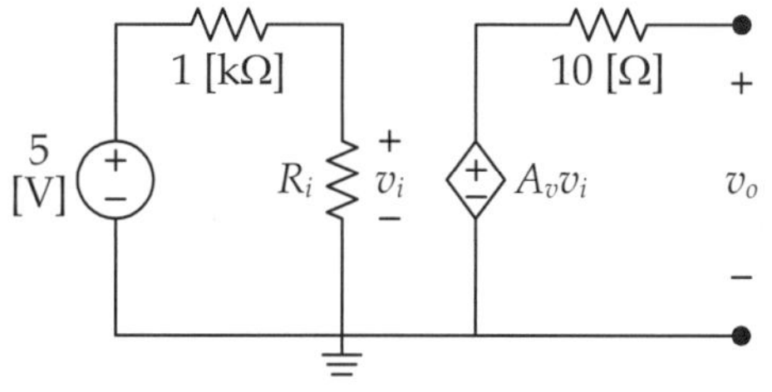

그림 P3.17

3.18 그림 P3.18에 나타낸 전기회로는 그림 P3.17의 회로에 입력단과 출력단 사이에 궤환저항을 추가한 것이다. $R_i = 1$[MΩ]일 때 출력전압 v_o와 회로의 전압이득 A를 구하라. 여기서 개방루프이득은 $A_v = 100$으로 가정한다.

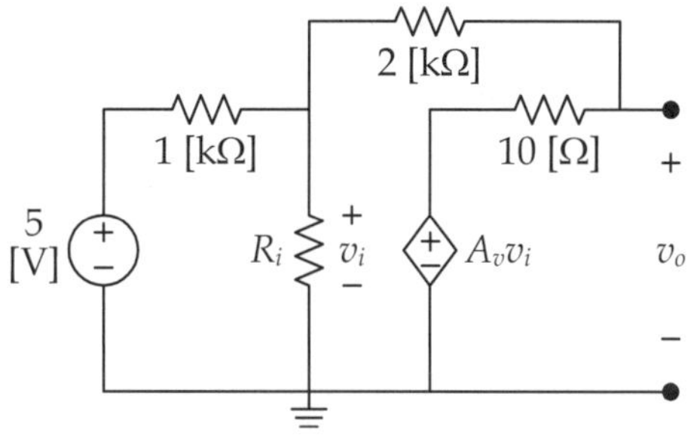

그림 P3.18

3.19 그림 P3.19의 전기회로에서 $R_1 = 1$[kΩ], $R_2 = 1$[MΩ], $R_o = 5$[kΩ]이고, 전달컨덕턴스는 $g = 0.01$[S]이다. 회로의 전압이득 V_o / V_s를 구하라.

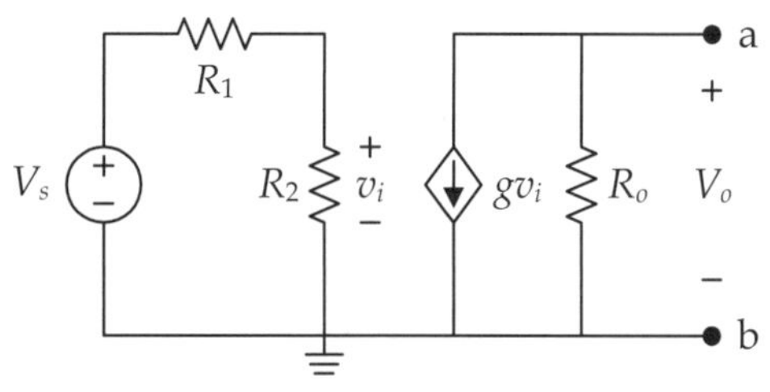

그림 P3.19

3.20 개선된 연산증폭기 모델을 이용하여 그림 P3.20에 나타낸 전기회로의 출력전압 V_o를 구하라. 여기서 연산증폭기 출력저항은 $R_o = 50[\Omega]$이고, 개방루프이득은 $A_v = 100$인 것으로 가정한다.

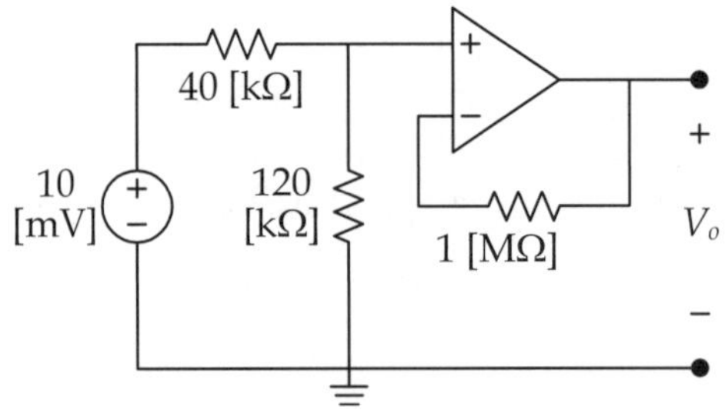

그림 P3.20

3.21 이상적인 연산증폭기 모델을 이용하여 문제 3.20을 다시 해석하여 결과들을 비교하라. 연산증폭기 출력저항과 개방루프이득은 동일한 값을 사용한다.

3.22 다음 전기회로에서 연산증폭기는 이상적인 조건으로 동작하는 것으로 가정할 때

(1) 출력전압 V_o를 구하고 전압이득을 계산하라.

(2) 전류 I_o를 구하라.

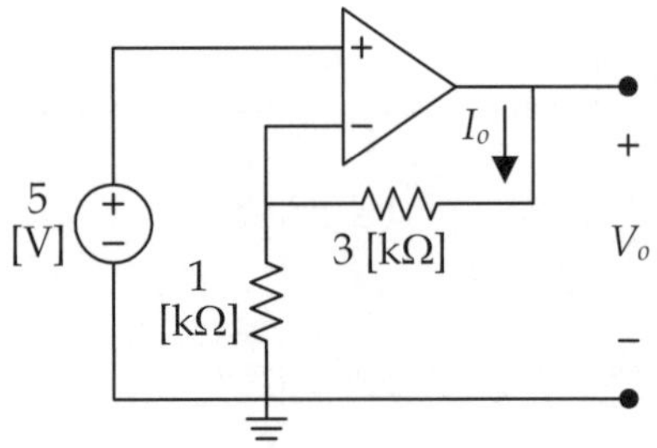

그림 P3.22

3.23 이상적인 연산증폭기를 사용한 그림 P3.23의 회로에 대하여

(1) 출력전압 V_o를 구하고 전압이득을 계산하라.

(2) 전류 I_o를 구하고, 문제 3.22의 결과와 비교하라.

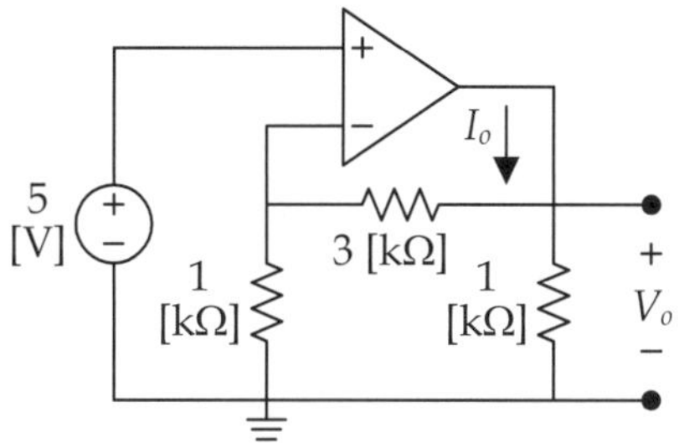

그림 P3.23

3.24 다음 연산증폭기 회로에서 전압 V_o와 전류 I_o를 구하라. 여기서 연산증폭기는 이상적인 조건으로 동작하는 것으로 가정한다.

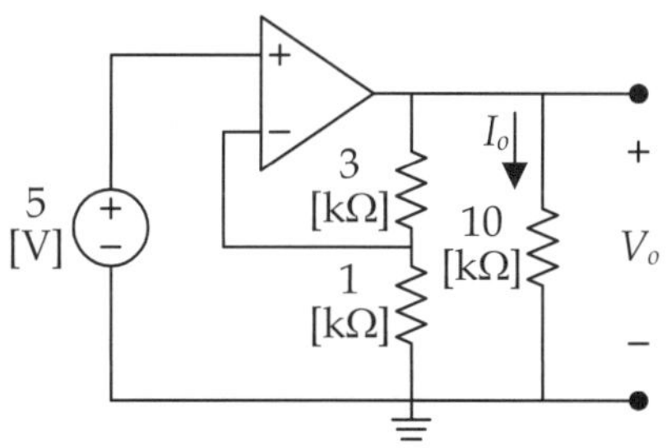

그림 P3.24

3.25 이상적인 연산증폭기를 사용하는 그림 P3.25의 전기회로에서

(1) 궤환저항이 $R_f = 1\ [\text{k}\Omega]$인 경우 출력전압 V_o와 궤환저항을 통하여 흐르는 전류 I_f를 구하라.

(2) 궤환저항을 $R_f = 10\ [\text{k}\Omega]$으로 변경할 때 V_o와 전류 I_f를 구하라.

(3) 궤환저항의 변경이 출력전압, 전압증폭이득, 궤환저항을 통하여 흐르는 전류에 어떤 영향을 미치는지 설명하라.

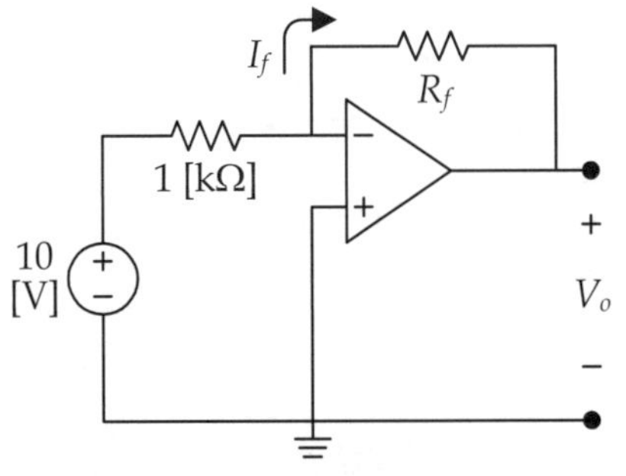

그림 P3.25

3.26 이상적인 연산증폭기를 사용하는 그림 P3.26의 전기회로에서

(1) $V_2 = 2$ [V]일 때 출력전압 V_o와 궤환저항을 통하여 흐르는 전류 I_f를 구하라.

(2) 전압원을 $V_2 = 4$ [V]로 변경하는 경우 V_o와 I_f를 구하라.

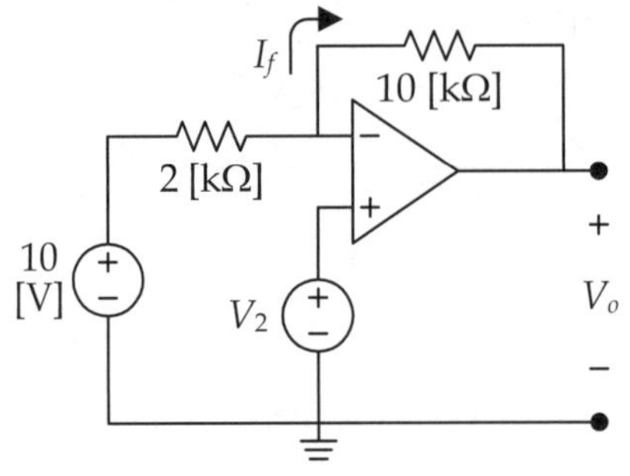

그림 P3.26

3.27 전류원을 사용하여 증폭회로를 동작시키는 그림 P3.27의 이상적인 연산증폭기 사용 회로에서

(1) 궤환저항을 통하여 흐르는 전류를 구하고, 그 이유를 설명하라.

(2) 출력전압 대 입력전류의 비 V_o/I_s를 구하라.

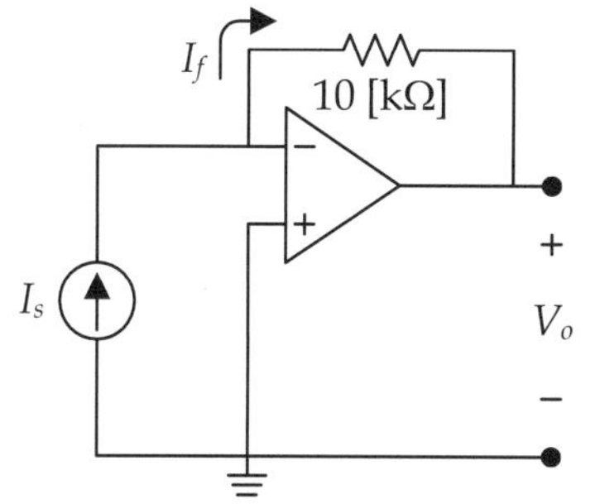

그림 P3.27

3.28 그림 P3.28의 회로는 그림 P3.27의 회로에 R_2와 R_3를 추가하여 변형시킨 것이다.

(1) 출력전압 대 입력전류의 비 V_o/I_s를 구하라.

(2) $R_1 = R_2 = R_3$인 경우 V_o/I_s를 구하라.

(3) $R_1 = R_2 = 10$ [kΩ]이고, $R_3 = 10$ [Ω]이면 V_o/I_s는 어떻게 변하는가?

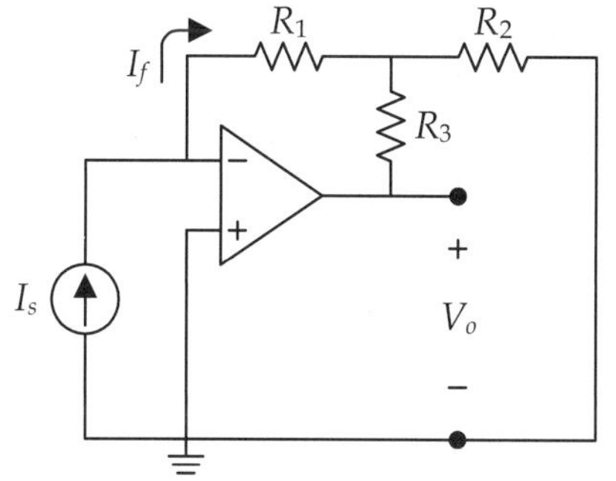

그림 P3.28

3.29 그림 P3.29에 나타낸 증폭회로에서

(1) 출력전압 V_o를 구하라.

(2) 전류 I_1, I_2, I_3와 궤환저항을 통하여 흐르는 전류 I_f를 구하라.

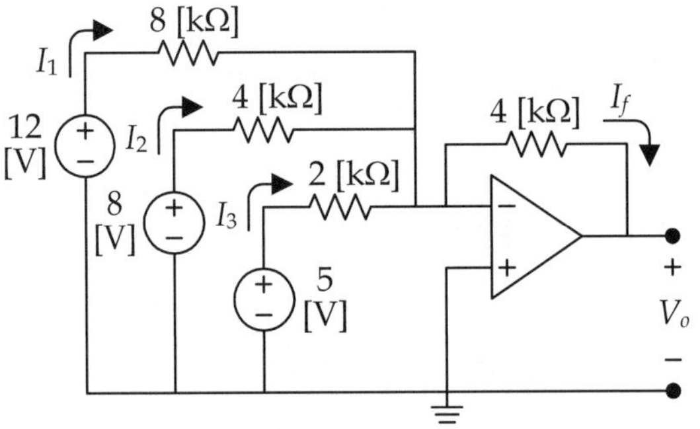

그림 P3.29

3.30 그림 P3.30에 나타낸 회로에서 연산증폭기는 이상적인 조건으로 동작하는 것으로 가정한다.

(1) 출력전압 V_o과 궤환저항을 통하여 흐르는 전류 I_f를 구하라.

(2) $R_1 = R_2$이고, $R_3 = R_4$일 때 출력전압을 구하고, 주어진 연산증폭기 회로의 동작을 설명하라.

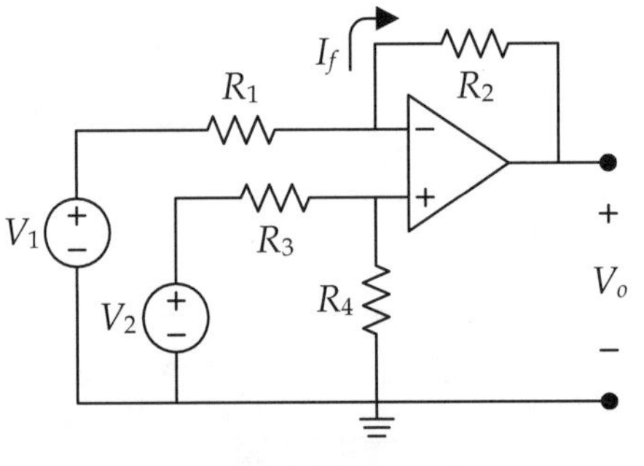

그림 P3.30

3.31 그림 P3.30에 나타낸 증폭회로의 출력전압이 $V_o = 3V_2 - 5V_1$이 되도록 R_1과 R_2, R_3와 R_4의 관계를 구하라.

3.32 두 개의 이상적인 연산증폭기로 구성된 그림 P3.32의 회로에서

(1) 출력전압 V_o를 구하라.

(2) 출력전압이 $V_o = 3V_2 - 5V_1$이 되도록 R_1과 R_2, R_3와 R_4의 관계를 구하라.

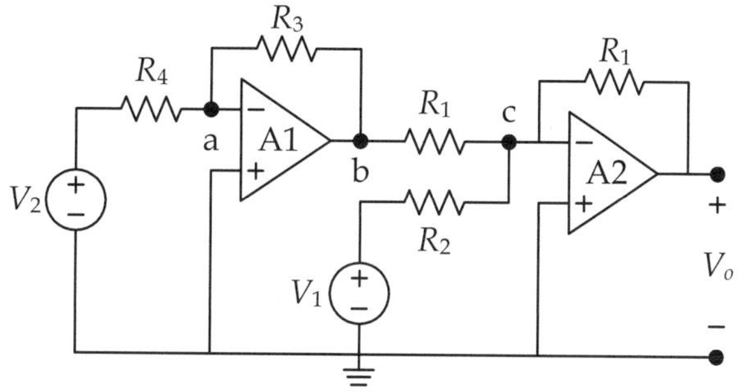

그림 P3.32

3.33 이상적인 연산증폭기를 사용하는 그림 P3.33의 증폭회로에서

(1) 반전 입력단자 전압 V_a와 마디전압 V_b를 출력전압 V_o를 이용하여 정의하라.

(2) (1)의 결과로부터 증폭회로의 전압 증폭이득 $A = V_o / V_s$를 구하라.

(3) $R_1 = 1\ [\text{k}\Omega]$, $R_2 = 2\ [\text{k}\Omega]$, $R_3 = 3\ [\text{k}\Omega]$, $R_4 = 4\ [\text{k}\Omega]$이고, $V_s = 10\ [\text{V}]$일 때 전류 I_o, I_1, I_3을 구하라.

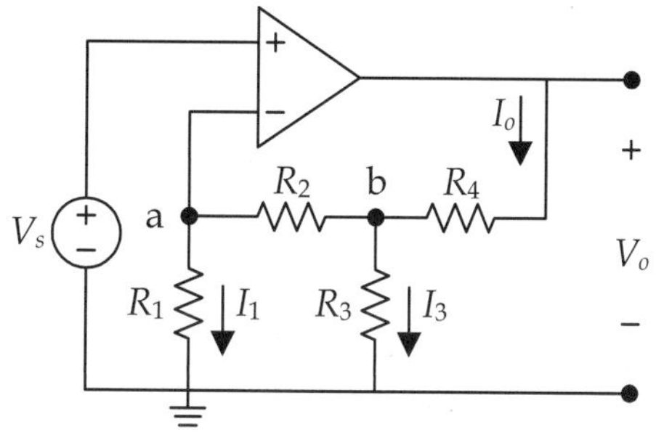

그림 P3.33

3.34 그림 P3.34에 나타낸 이상적인 연산증폭기를 사용하는 회로에서 출력전압이 $V_o = V_1 - 2V_2$가 되도록 만드는 저항 R_1과 R_2를 구하라.

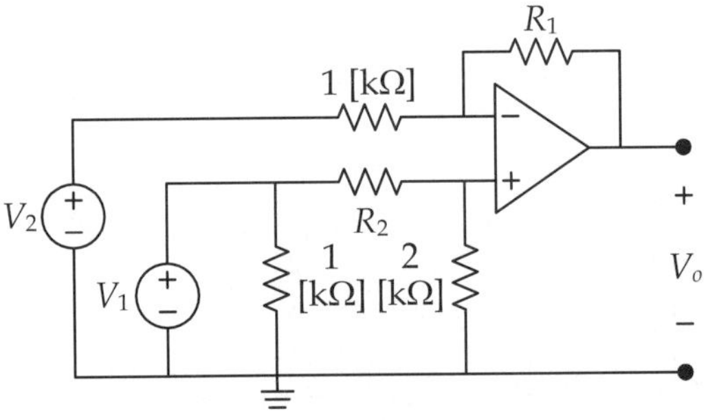

그림 P3.34

3.35 그림 P3.35에 나타낸 이상적인 연산증폭기를 사용하는 회로에서 출력전압이 $V_o = 8.2$ [V]이다. 저항 R을 구하라.

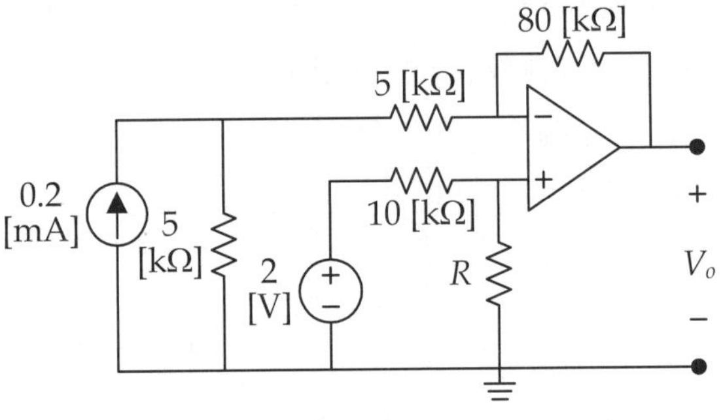

그림 P3.35

3.36 그림 P3.36에 나타낸 2단 증폭회로에서 연산증폭기는 이상적인 조건으로 동작하는 것으로 가정한다.

(1) 연산증폭기 A1의 출력전압을 구하고 증폭이득 A_1을 구하라.

(2) 연산증폭기 A2의 출력전압을 구하고 전체 증폭이득 A를 구하라.

(3) 출력전압이 $V_o = 6$ [V]가 되도록 만드는 저항 R을 구하라.

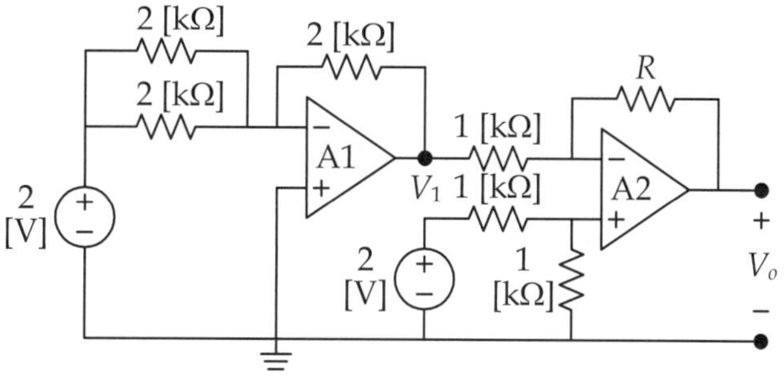

그림 P3.36

3.37 그림 P3.37에 나타낸 3단 증폭회로에서 연산증폭기는 이상적인 조건으로 동작하는 것으로 가정한다.

(1) 마디 a와 마디 b의 전압을 구하여 첫 번째 연산증폭기와 두 번째 연산증폭기 회로의 증폭이득 A_1과 A_2를 구하라.

(2) 전체 증폭이득이 $A = 400$이 되도록 만드는 저항 R을 구하고, 이때의 출력전압 V_o를 구하라.

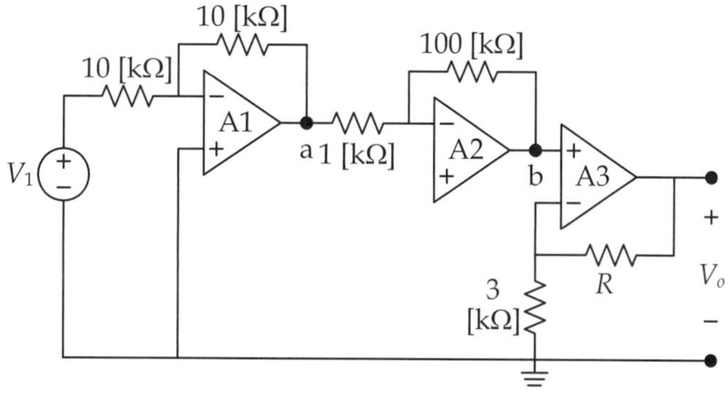

그림 P3.37

3.38 그림 P3.38은 3개의 이상적인 연산증폭기로 구성된 2단 증폭회로이다. 출력전압 V_o를 구하라.

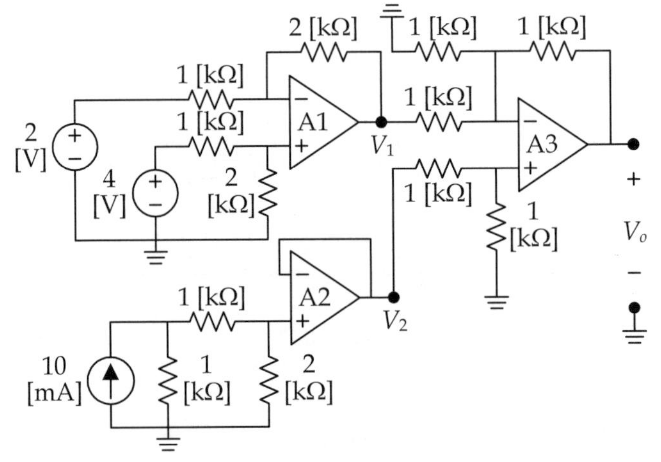

그림 P3.38

3.39 그림 P3.39(a)는 3개의 이상적인 연산증폭기로 구성된 2단 증폭회로이다. 입력전원 V_1과 출력전압 V_o의 관계가 그림 P3.39(b)와 같을 때 저항 R은 얼마인가?

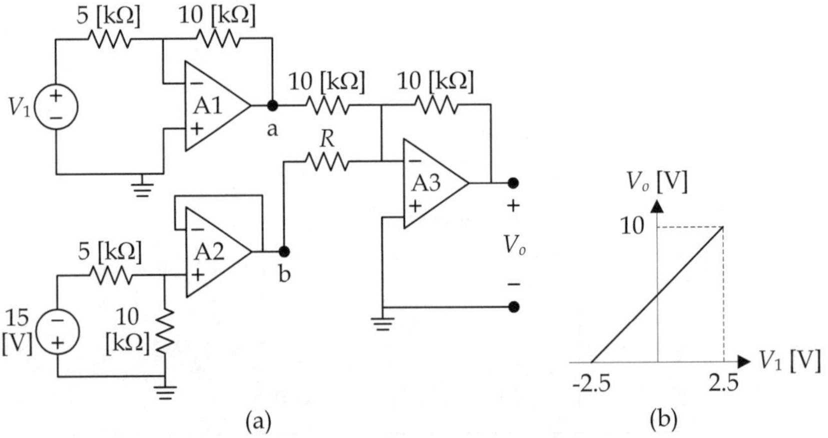

그림 P3.39

3.40 그림 P3.40에 나타낸 2단 증폭회로의 출력전압 V_o와 전류 I_o를 구하라. 여기서 모든 연산증폭기는 이상적인 조건으로 동작한다.

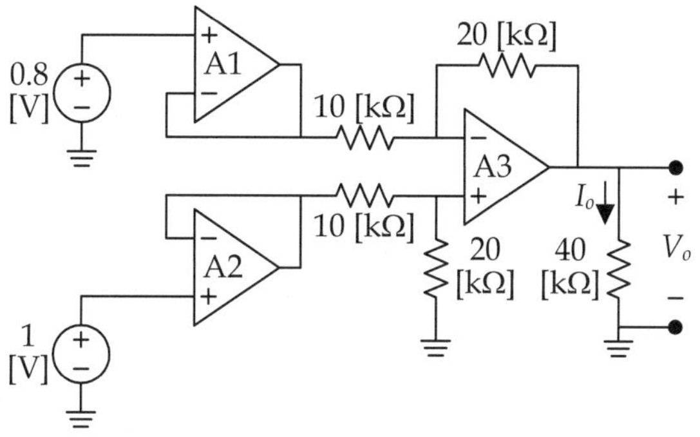

그림 P3.40

회로해석법

CHAPTER

04

전기 또는 전자회로를 구성하는 가장 기본적인 소자들과 이들의 동작 특성, 그리고 해석에 필요한 몇 가지 개념들에 대하여 학습한 바 있다. 전압과 전류, 그리고 전력과 에너지에 대한 개념과 정의를 명확하게 이해하는 것은 회로를 설계하면서 어떤 요소가 회로와 부품을 동작시키는 주된 요인인지를 파악하는데 필요한 통찰력을 제공할 것이다.

또한, 소자들의 상호연결로 이루어지는 회로를 해석하기 위한 여러 가지 기본적인 기법들에 대하여도 공부하였다. 특히, 키르히호프 법칙, 옴의 법칙, 전압분배 및 전류분배법칙, 테브냉-노튼 등가회로 등 세부기술들은 제시된 회로를 해석하기 위한 가장 중요한 기법들이라고 할 수 있다. 아직까지 이러한 기법들의 적용방법에 대하여 미숙한 점이 있다고 생각되면 반드시 복습하여 확실하게 이해하여 두어야 한다.

이 장에서는 전기전자회로를 해석하는 방법에 대하여 학습할 것이다. 회로해석이란 회로의 구조에 따라 적절한 세부기술들을 이용하여 각 소자들을 통하여 흐르는 전류와 소자 양단에 걸리는 전압을 구하고, 이를 활용하여 소자, 특히 출력이나 부하에 해당하는 소자가 소비하는 전력 또는 에너지를 계산함으로써 전체 회로가 어떤 동작이나 일을 수행하는지를 분석하는 것이다. 여기서 학습하는 해석방법들은 기본적으로 주어진 회로와 회로를 구성하는 소자들이 선형적인 구간에서 동작한다는 전제를 기반으로 한다.

회로해석법에는 마디해석법(nodal analysis), 망로해석법(mesh analysis), 중첩의 원리(superposition principle)를 이용하는 방법이 있다. 이 세 가지 해석법은 앞으로 여러분들이 마주하게 되는 모든 회로를 해석하는 공통된 방법이라고 할 수 있다. 따라서 이 장에서 학습하게 되는 내용은 이후에 학습할 모든 전기회로 해석에 적용될 수 있으므로 이해될 때까지 철저히 학습해 두어야 한다.

4.1 선형성과 비례성의 원리

선형이란 용어에 대해서는 수학을 비롯한 여러 교과목을 통하여 이미 반복적으로 학습해 왔다. 회로이론에서는 옴의 법칙을 선형성에 대한 가장 대표적인 예로 설명하고 있다. 이미 알고 있듯이 옴의 법칙을 나타내는 수식 $V = RI$는 1차 방정식

$$y = Kx \tag{4.1}$$

와는 동일한 수학적 형태를 가지지만 $R \geq 0$ [Ω]이라는 제한조건을 가진다. 그러므로 옴의 법칙은 식 (4.1)의 특별한 형태라고 할 수 있다. 식 (4.1)을 전기회로를 구성하는 어떤 소자나 전기회로를 이용하여 구현된 시스템에 적용한다면 변수 x는 입력에 해당하고 y는 출력 또는 응답(response)이 된다.

선형성을 좀 더 구체적으로 설명하기 전에 먼저 비례성(proportionality) 또는 비례성의 원리(proportionality principle)를 살펴 볼 필요가 있다. 어떤 소자가 식 (4.1)을 만족한다면 임의의 상수 k에 대하여 다음 식도 성립한다.

$$ky = K(kx) = k(Kx) \tag{4.2}$$

이것은 식 (4.1)을 만족하는 소자의 입력을 k배로 변경하면 출력도 원래 출력의 k배가 됨을 뜻한다. 그리고 이런 의미에서 상수 k를 가중치(weighting factor)라고 한다. 저항과 같은 단순한 소자뿐만 아니라 식 (4.3)과 식 (4.4)에 예를 들어 나타낸 것처럼 미분기(differentiator)나 적분기(integrator)도 식 (4.2)를 만족한다.

$$y = \frac{d}{dt}(Kx) \;\rightarrow\; ky = \frac{d}{dt}\{K(kx)\} = k\frac{d}{dt}\{Kx\}, \tag{4.3}$$

$$y = \int Kx\,dt \;\rightarrow\; ky = \int K(kx)\,dt = \int k(Kx)\,dt = k\int Kx\,dt. \tag{4.4}$$

그러므로 비례성은 어떤 소자나 시스템의 선형성을 결정할 수 있는 한 가지 요소가 됨을 알 수 있다.

비례성을 확인하였으므로 회로이론에서 요구되는 선형성에 대하여 좀 더 구체적으로 학습하여보자. 식 (4.1)과 식 (4.2)를 만족하는 어떤 소자나 시스템을 그림 4.1에 나타내었다. 여기서 함수 $f(x)$는 입력 x에 대한 기능적 처리를 의미한다. 가령 식 (4.1)의 경우라면 이득이 K인 증폭기로 동작하는 것이다.

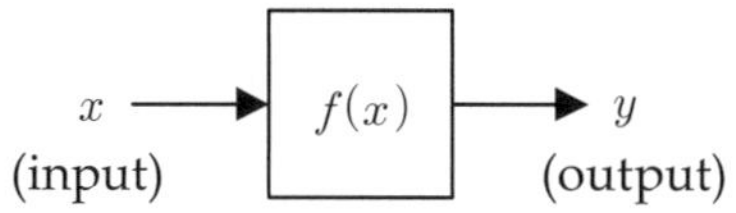

그림 4.1 임의의 시스템 블록 다이어그램

주어진 시스템은 어떤 입력 x를 인가하면 그에 따른 응답으로 y를 출력한다. 이 시스템의 입력이 x_1일 때 나타나는 출력을 $y_1 = f(x_1)$이라고 하자. 또한 입력 x_2에 대한 출력을 $y_2 = f(x_2)$라고 한다. 새로운 입력 x_3를 x_1과 x_2의 가중합(weighted sum)으로 다음과 같이 나타낸다면

$$x_3 = k_1 x_1 + k_2 x_2 \tag{4.5}$$

출력 y_3는

$$y_3 = f(x_3) = f(k_1 x_1 + k_2 x_2) \tag{4.6}$$

가 된다. 만약 시스템 함수 $f(x)$의 동작이

$$f(k_1 x_1 + k_2 x_2) = f(k_1 x_1) + f(k_2 x_2) = k_1 f(x_1) + k_2 f(x_2) \tag{4.7}$$

을 만족한다면 출력 y_3는 다음과 같이 표현된다.

$$y_3 = f(x_3) = k_1 f(x_1) + k_2 f(x_2) = k_1 y_1 + k_2 y_2 \tag{4.8}$$

식 (4.8)은 새로운 입력을 임의의 두 입력의 가중합으로 하면, 그에 대한 출력도 두 출력의 가중합으로 나타나는 것을 의미한다. 이것을 중첩의 원리(superposition principle)라고 하고, 이러한 중첩의 원리를 만족하는 소자 또는 시스템을 선형소자 또는 선형시스템이라고 한다. 3.2절에서도 학습한 바 있는 것처럼 종속전원을 포함하는 회로는 선형성을 보장할 수 없는 경우도 발생한다. 앞으로 소개하겠지만 선형소자와 독립전원만으로 구성된 회로를 선형회로(linear circuit)라고 한다.

선형회로를 해석할 때 앞에서 학습한 키르히호프 법칙과 옴의 법칙을 마디와 망로에 적용하여 회로방정식을 다음과 같이 만든다.

$$a_1 x_1 + a_2 x_2 + \cdots + a_N x_N = y \tag{4.9}$$

여기서 x_n, $1 \le n \le N$은 마디전압이나 망로전류와 같은 회로변수이고, y는 독립전원의 대수적 합이다. 그리고 저항성 회로에서 각각의 계수 a_n, $1 \le n \le N$은 저항 또는 컨덕턴스가 된다. 또한 식 (4.9)는 선형회로를 대상으로 도출한 회로방정식이므로 각 전원을 K배 하면 회로변수도 비례성에 따라 다음과 같이 K배가 된다.

$$a_1(Kx_1) + a_2(Kx_2) + \cdots + a_N(Kx_N) = Ky \tag{4.10}$$

예를 들어, 그림 4.2에 나타낸 회로에 대한 회로방정식을 도출해보자.

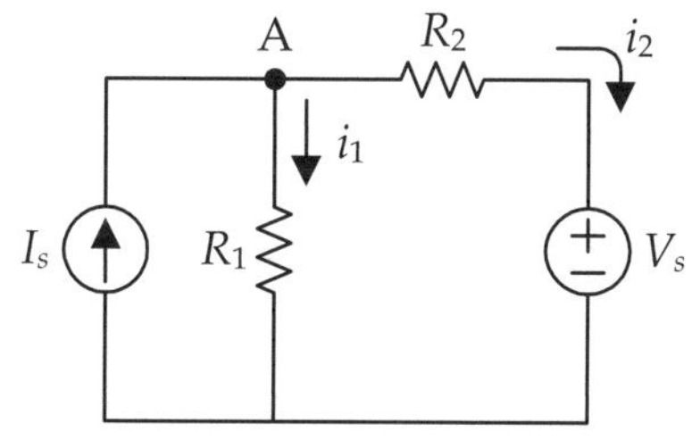

그림 4.2 2개의 전원을 가지는 선형회로

마디 A에 키르히호프 전류법칙을 적용하면

$$i_1 + i_2 = I_s \tag{4.11}$$

그리고 오른쪽 망로에 수동부호규정에 따라 키르히호프 전압법칙을 적용하면

$$-V_s - R_2 i_2 + R_1 i_1 = 0 \;\rightarrow\; R_1 i_1 - R_2 i_2 = V_s \tag{4.12}$$

구하고자 하는 회로변수는 i_1과 i_2이므로 식 (4.11)과 식 (4.12)를 연립방정식의 형태로 계산하거나 행렬(matrix)의 형태로 바꾸어 계산하면 저항 R_1과 R_2를 통하여 흐르는 전류는 다음과 같이 계산된다.

$$i_1 = \frac{1}{R_1 + R_2}(R_2 I_s + V_s),\;\; i_2 = \frac{1}{R_1 + R_2}(R_1 I_s - V_s) \tag{4.13}$$

그리고 i_1과 i_2를 이용하여 저항 R_1과 R_2 양단에 걸리는 전압을 구하면 각 저항에서 소비되는 전력도 쉽게 구할 수 있다.

예제 4.1

다음 전기회로를 해석할 수 있는 회로방정식을 구하고, 전류 i_1과 i_2, 전압 V_2를 계산하라.

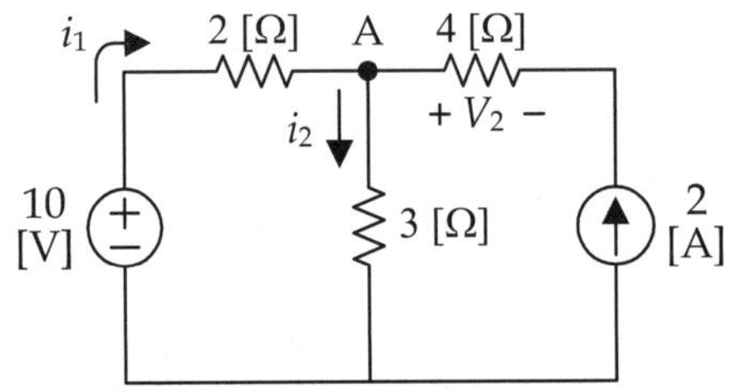

그림 4.3 예제 4.1을 위한 전기회로

풀이

왼쪽 망로에 키르히호프 전압법칙을 적용하면 회로방정식은

$$2i_1 + 3i_2 - 10 = 0 \quad ①$$

마디 A에 키르히호프 전류법칙을 적용하면 회로방정식은

$$i_1 + 2 = i_2 \quad ②$$

식 ②를 식 ①에 대입하여 계산하면

$$2i_1 + 3(i_1 + 2) = 10 \rightarrow i_1 = 4/5 = 0.8 \text{ [A]} \quad ③$$

그러므로 $i_2 = i_1 + 2 = 2.8$ [A]. 4 [Ω] 저항 양단에 걸리는 전압은 옴의 법칙에 따라

$$V_2 = 4 \times (i_1 - i_2) = 4 \times -2.0 = -8.0 \text{ [V]}$$

전원이 하나이고 저항이 사다리꼴 연결(ladder network) 형태를 가지는 비교적 단순한 회로는 비례성의 원리를 이용하여 해석할 수 있다. 특히, 이 구조는 여러 가지 회로해석 세부기술을 적용하는 연습에 효과적인 방법이다. 예를 들어, 그림 4.4에 보인 사다리꼴 형태 회로의 변수를 구하여보자.

현재까지 학습한 내용을 바탕으로 그림 4.4의 회로를 해석하려면 직병렬연결된 저항들의 전체 합성저항을 먼저 구하여 5 [V] 전압원에서 흘러 나오는 전류 i_5를 구한다. 그 다음으로는 2 [Ω] 양단의 전압을 옴의 법칙을 이용하여 구한 다음 가장 왼쪽 폐경로에 키르히호프 전압법칙을 적용하여 v_4를 구한다. 그리고 이 과정을 되풀이하여 가장 우측에 있는

$1\,[\Omega]$ 양단에 걸리는 전압과 이를 통하여 흐르는 전류 i_1을 구하는 것으로 종결된다.

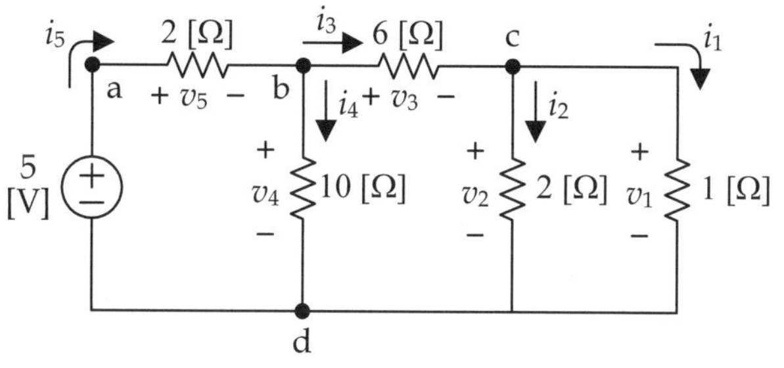

그림 4.4 사다리꼴 회로

그림 4.4의 회로는 독립전원과 저항으로만 구성된 선형회로이므로 앞에서 학습한 비례성의 원리를 적용할 수 있다. 먼저 $v_1 = 1$ [V]라고 가정한다. 옴의 법칙에 의하여 $i_1 = v_1/R$이므로 $i_1 = 1$ [A]이어야 한다. 또한, 우측의 $1\,[\Omega]$ 저항과 $2\,[\Omega]$ 저항은 병렬 연결되어 있으므로 $v_2 = v_1 = 1$ [V]도 당연히 성립한다. $2\,[\Omega]$ 저항 양단의 전압이 1 [V]이므로 이 저항을 통하여 흐르는 전류는 $i_2 = 1/2 = 0.5$ [A]이다. 이제 마디 c에 키르히호프 전류법칙을 적용하면 $i_3 = i_1 + i_2$이므로 $i_3 = 1.5$ [A]가 된다. 따라서 $6\,[\Omega]$ 저항 양단의 전압은 $v_3 = 6 \times i_3 = 9$ [V]이다. 가운데 폐경로에 대하여 수동부호규정에 따라 키르히호프 전압법칙을 적용하면

$$-v_4 + v_3 + v_2 = 0 \;\rightarrow\; v_4 = v_3 + v_2 = 9 + 1 = 10\ [\mathrm{V}]$$

이므로 $10\,[\Omega]$ 저항을 통하여 흐르는 전류는 $i_4 = v_4/10 = 1$ [A]이다. 이제 마디 b에 키르히호프 전류법칙을 적용하면 $i_5 = i_4 + i_3 = 1 + 1.5 = 2.5$ [A]이므로 옴의 법칙에 의하여 $v_5 = 2 \times i_5 = 5$ [V]가 된다. 마지막으로 왼쪽의 폐경로에 키르히호프 전압법칙을 적용하면

$$v_s = v_5 + v_4 = 5 + 10 = 15\ [\mathrm{V}]$$

로 처음 $v_1 = 1$ [V]라는 가정에 따라 계산된 값이다. 하지만 실제 연결된 전압원은 5 [V]를 회로에 공급하고 있으므로 가정에 따라 계산된 것보다 1/3배 작은 값이다. 따라서 앞에서 계산된 모든 회로변수에 1/3을 곱하면 정확한 결과를 얻을 수 있다.

비례성의 원리를 이용한 회로해석은 사다리꼴 회로에만 적용 가능한 방법은 아니다. 하지만 이 방법을 적용하려면 주어진 회로가 반드시 선형회로이어야 한다.

예제 4.2

다음 사다리꼴 회로에 비례성의 원리를 적용하여 전압 v_1과 v_2, 전류 i_1을 구하라.

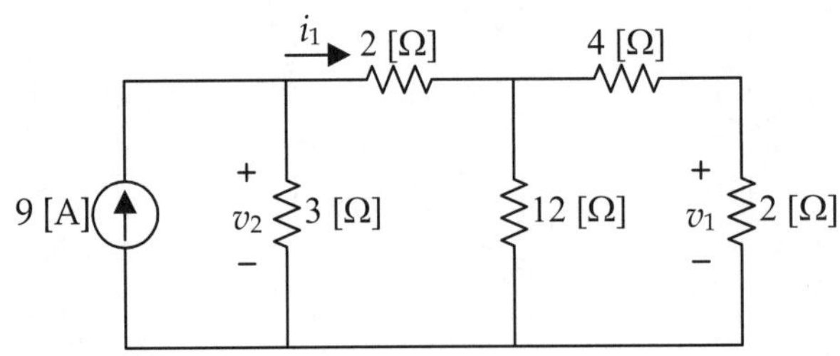

그림 4.5 예제 4.2를 위한 회로

정답 $v_1 = 4$ [V], $v_2 = 18$ [V], $i_1 = 3$ [A].

4.2 중첩의 원리를 이용한 해석

앞 절에서 식 (4.8)을 통하여 중첩의 원리에 대하여 학습하였다. 그리고 중첩의 원리를 만족하는 선형회로에 대한 회로방정식은 식 (4.9)와 같이 나타나는 것도 확인하였다. 선형회로를 중첩의 원리를 이용하여 해석하는 방법은 주어진 회로에 독립전원이 2개 이상 존재할 때 매우 유용한 방법이다.

어떤 선형회로에 2개의 전원 y_a와 y_b가 연결되어 회로를 구동시키는 것으로 생각하자. 전원 y_a에 의하여 나타나는 N개의 회로변수에 대한 회로방정식은

$$a_1 x_1^a + a_2 x_2^a + \cdots + a_N x_N^a = y_a \tag{4.14}$$

로 주어지고, 전원 y_b에 의한 회로방정식은

$$a_1 x_1^b + a_2 x_2^b + \cdots + a_N x_N^b = y_b \tag{4.15}$$

와 같이 나타난다.

식 (4.14)는 오로지 전원 y_a에 의해서만 나타나는 회로변수와 계수들의 조합이므로 전원 y_b의 영향은 완전히 배제되어야 한다. 즉, $y_b = 0$이 되어야 함을 의미한다. 당연히 식 (4.15)의 회로방정식을 구하는 경우에는 전원 y_a의 영향은 배제되어야 하므로 $y_a = 0$이 되어야 한다. 이와 같이 전원의 영향을 배제시키는 실제적인 방법은 전압원의 경우 단락시키고 전류원의 경우 개방시키는 것이다.

식 (4.14)와 식 (4.15)는 선형회로에 대한 회로방정식이므로 다음과 같이 중첩의 원리를 만족한다.

$$\left(a_1 x_1^a + a_2 x_2^a + \cdots + a_N x_N^a\right) + \left(a_1 x_1^b + a_2 x_2^b + \cdots + a_N x_N^b\right) = y_a + y_b \tag{4.16}$$

식 (4.16)을 정리하면

$$a_1\left(x_1^a + x_1^b\right) + a_2\left(x_2^a + x_2^b\right) + \cdots + a_2\left(x_N^a + x_N^b\right) = y_a + y_b \tag{4.17}$$

식 (4.14)는 입력전원이 y_a일 때 각 회로변수가 가지는 응답이 $a_n x_n^a$, $1 \le n \le N$,임을 의미한다. 이를 확장하면 식 (4.17)은 회로의 입력전원으로 y_a와 y_b가 동시에 사용되는 경우 각 회로변수의 응답은 $a_n\left(x_n^a + x_n^b\right)$로 두 입력전원에 의한 응답의 중첩된 형태로 나타나는 것을 의미한다. 그러므로 중첩의 원리를 이용한 회로해석은 다음과 같이 정리된다.

> **중첩의 원리를 이용한 회로해석**
>
> 여러 개의 독립전원이 존재하는 선형회로의 응답은 각각의 전원이 단독으로 존재할 때의 응답의 합으로 나타난다. 이때 하나의 전원을 제외한 다른 전원들의 영향을 배제시키기 위하여 전압원은 단락시키고 전류원은 개방시킨다.

그림 4.2에 나타낸 전기회로는 독립전류원과 독립전압원이 회로를 구동한다. 각 전원에 의한 회로변수만이 나타나도록 구분하여 나타내면 그림 4.6과 같다. 그림 4.6(a)는 전류원에 의하여 저항 R_1과 R_2에 나타나는 회로변수를 구하기 위한 것이므로 전압원은 단락시킨 것이다. 그림 4.6(b)에서는 전류원을 개방시켰으므로 회로변수에 영향을 미치는 유일한 요소는 전압원이다.

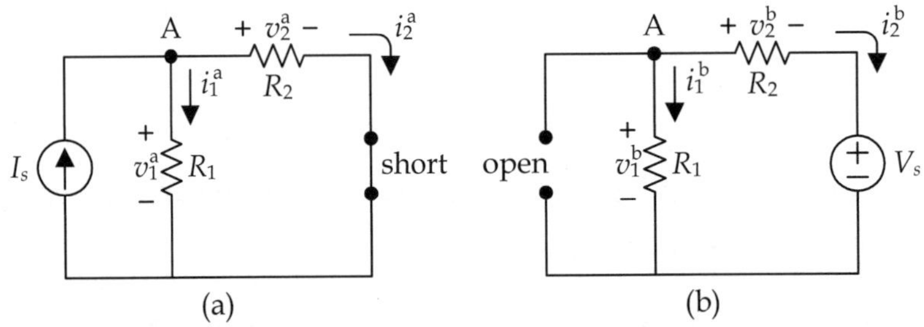

그림 4.6 그림 4.2의 회로에서 (a) 전류원만 동작 (b) 전압원만 동작

그림 4.6에서 구하고자 하는 회로변수를 저항 R_1과 R_2를 통하여 흐르는 전류라고 하자. 먼저 그림 4.6(a)의 마디 A에 전류분배법칙을 적용하면 저항 R_1과 R_2를 통하여 흐르는 전류는 각각

$$i_1^a = \frac{R_2}{R_1 + R_2} I_s, \quad i_2^a = \frac{R_1}{R_1 + R_2} I_s \tag{4.18}$$

옴의 법칙에 의하여 그림 4.6(b)에서 두 전류는 각각

$$i_1^b = \frac{v_1^b}{R_1}, \quad i_2^b = \frac{v_2^b}{R_2} \tag{4.19}$$

이 된다. 식 (4.19)에서 v_1^b와 v_2^b가 여전히 미지의 회로변수이므로 이미 알려진 값으로 정의하기 위하여 전압분배법칙을 적용하면

$$v_1^b = \frac{R_1}{R_1 + R_2} V_s, \quad v_2^b = \frac{-R_2}{R_1 + R_2} V_s \tag{4.20}$$

여기서 v_2^b는 수동부호규정에 따라 부호가 반전되었다. 식 (4.20)을 식 (4.19)에 대입하면 그림 4.6(b)에서 두 전류는 다음과 같다.

$$i_1^b = \frac{v_1^b}{R_1} = \frac{1}{R_1} \cdot \frac{R_1}{R_1 + R_2} V_s = \frac{1}{R_1 + R_2} V_s, \tag{4.21}$$

$$i_2^b = \frac{v_2^b}{R_2} = \frac{1}{R_2} \cdot \frac{-R_2}{R_1 + R_2} V_s = \frac{-1}{R_1 + R_2} V_s.$$

중첩의 원리에 따라 저항 R_1과 R_2를 통하여 흐르는 전류는 전류원에 의한 식 (4.18)과 전압원에 의한 식 (4.21)을 더하여 다음과 같이 구할 수 있다.

$$i_1 = i_1^a + i_1^b = \frac{R_2}{R_1+R_2} I_s + \frac{1}{R_1+R_2} V_s = \frac{1}{R_1+R_2}(R_2 I_s + V_s), \tag{4.22}$$

$$i_2 = i_2^a + i_2^b = \frac{R_1}{R_1+R_2} I_s + \frac{-1}{R_1+R_2} V_s = \frac{1}{R_1+R_2}(R_1 I_s - V_s).$$

이 결과는 앞에서 계산한 식 (4.13)과 일치하는 결과이다.

예제 4.3

다음 전기회로에 중첩의 원리를 적용하여 전압 v_1과 v_2를 구하라.

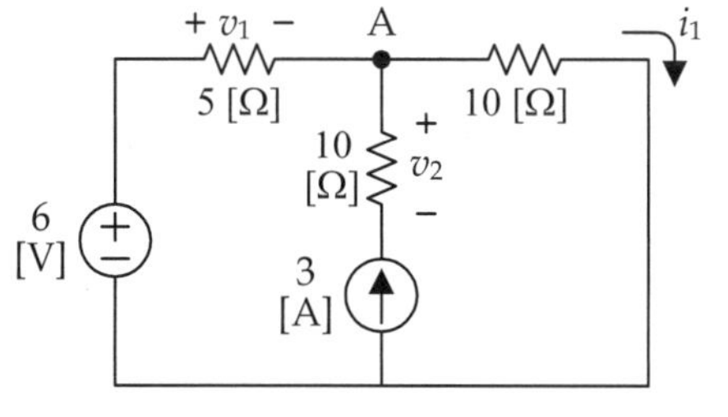

그림 4.7 예제 4.3을 위한 회로

풀이

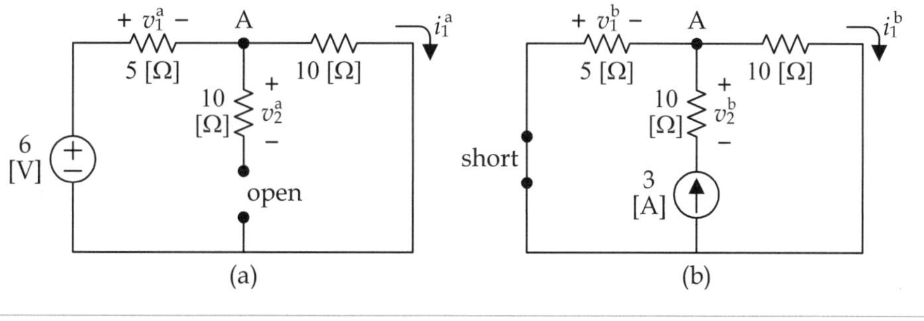

그림 4.8 그림 4.7의 회로에서 (a) 전압원만 동작 (b) 전류원만 동작

6 [V] 전압원에 의하여 나타나는 회로변수를 구하기 위하여 그림 4.8(a)처럼 3 [A] 전류원을 개방시킨다. 전류원이 개방된 지점으로는 전류가 흐르지 않으므로 $v_2^a = 0$ [V]이다. 그러므로 i_1^a는 전체 폐경로를 통하여 흐르는 전류가 되므로

$$i_1^a = \frac{6}{5+10} = \frac{2}{5} = 0.4 \text{ [A]}$$

가 되고, 5 [Ω] 양단의 전압은 $v_1^a = 5 \times 0.4 = 2.0$ [V]이다.

3 [A] 전류원에 의한 회로변수는 그림 4.8(b)처럼 6 [V] 전압원을 단락시켜서 구한다. 마디 A에 전류분배법칙을 적용하면 오른쪽 10 [Ω] 저항을 통하여 흐르는 전류는

$$i_1^b = 3 \times \frac{5}{5+10} = 3 \times \frac{1}{3} = 1.0 \text{ [A]}$$

마디 A에서 5 [Ω] 저항으로 흐르는 전류는 키르히호프 전류법칙에 의하여 $i = 3 - i_1^b = 2.0$[A]이다. 그러므로 수동부호규정과 옴의 법칙에 의하여 $v_1^b = -(5 \times 2) = -10$ [V]가 된다. 또한 $v_2^b = -(10 \times 3) = -30$ [V]이다. 그러므로 중첩의 원리에 의하여 구하고자 하는 회로변수는

$$v_1 = v_1^a + v_1^b = 2 + (-10) = -8 \text{ [V]},$$

$$v_2 = v_2^a + v_2^b = 0 + (-30) = -30 \text{ [V]},$$

$$i_1 = i_1^a + i_1^b = 0.4 + 1 = 1.4 \text{ [A]}.$$

이다.

예제 4.4

다음 전기회로에 중첩의 원리를 적용하여 전압 v_1과 v_2를 구하라.

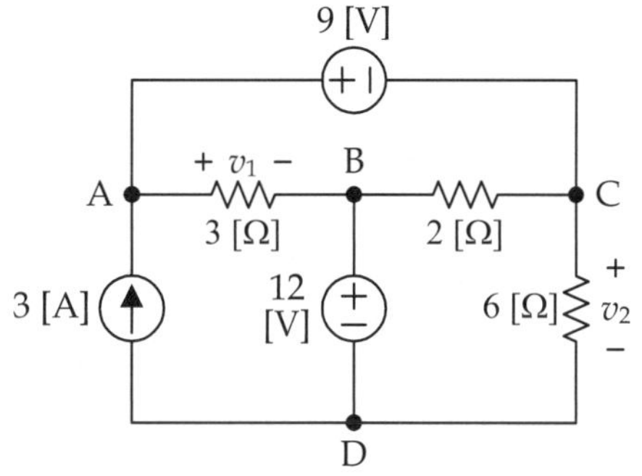

그림 4.9 예제 4.4를 위한 회로

힌트 : 전압원 단락과 전류원 개방에 따른 그림 4.10의 회로 구조를 풀이에 참고하라.

정답 $v_1 = 7$ [V], $v_2 = 10$ [V].

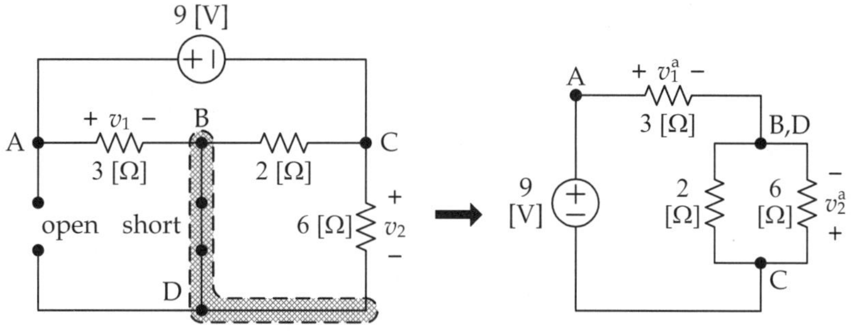

그림 4.10 (a) 그림 4.9의 회로에서 9 [V] 전압원만 동작

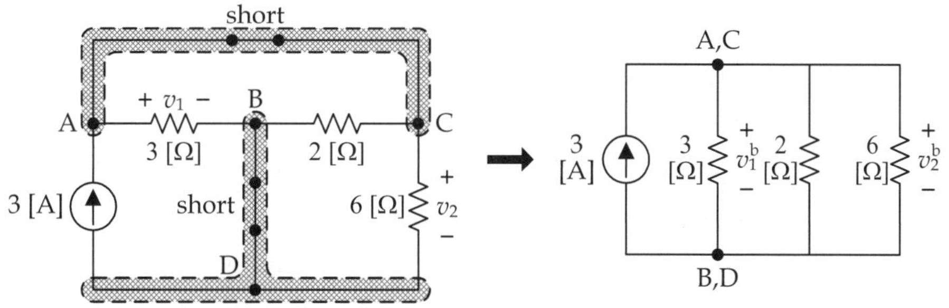

그림 4.10 (b) 그림 4.9의 회로에서 3 [A] 전류원만 동작

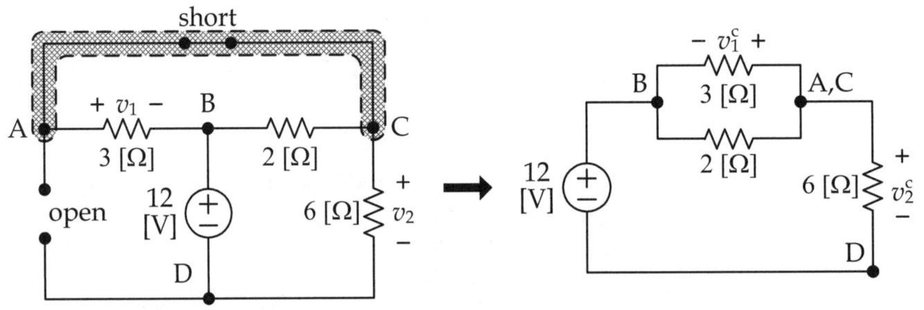

그림 4.10 (c) 그림 4.9의 회로에서 12 [V] 전압원만 동작

앞에서 선형회로는 독립전원과 선형소자로 구성된 회로로 정의하였다. 정의를 이렇게 제한시킨 이유는 종속전원이 포함된 전기회로에서는 종속전원의 크기를 결정하는 회로요소의 변화에 따라 종속전원의 동작이 선형성을 보장하지 않을 수 있기 때문이다. 그럼에도 불구하고 종속전원이 포함된 전기회로도 중첩의 원리를 이용하여 해석할 수 있다. 여기서 주의할 점은 종속전원이 전원의 한 종류라고 생각하여 단락 또는 개방시키지 않는다는 점이다. 즉 중첩의 원리를 이용하여 회로를 해석하는 경우에는 독립전원만 단락 또는 개방시키고 종속전원은 수동소자처럼 취급하여 전원의 크기를 결정하는 요소와 함께 항상 회로에 남겨두어야 한다. 예를 들어, 4.11과 종속전압원이 포함된 회로를 중첩의 원리를 이용하여 해석하여보자.

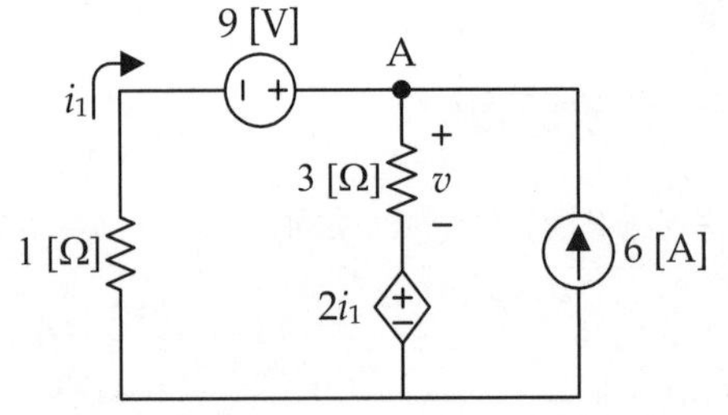

그림 4.11 종속전원이 포함된 전기회로

앞에서 설명한 것처럼 주어진 회로에 중첩의 원리를 적용하는 것은 그림 4.12에 나타낸 것처럼 독립전압원과 독립전류원에 의한 회로변수 i_1과 v를 구하는 것이다. 이 회로에서 종속전압원은 1 [Ω] 저항을 통하여 흐르는 전류 i_1에 의하여 제어되는 값을 가진다.

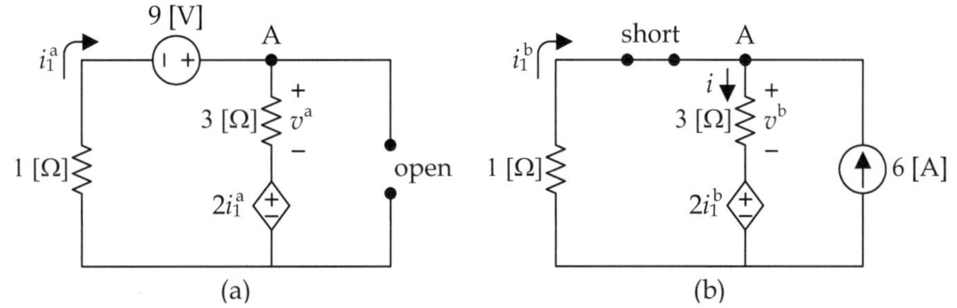

그림 4.12 그림 4.11에서 (a) 독립전압원만 동작 (b) 독립전류원만 동작

먼저 9 [V] 독립전압원이 회로를 구동시키는 경우 그림 4.12(a)처럼 전류원은 개방시켜 그 영향을 제거한다. 개방된 가지를 제외하고 남은 폐경로에 키르히호프 전압법칙을 적용하여 회로방정식을 구하면

$$-9+3i_1^a+2i_1^a+1i_1^a=0 \rightarrow 6i_1^a=9$$

이므로 $i_1^a=1.5$ [A]이고, 3 [Ω] 저항 양단에 걸리는 전압은 $v^a=3i_1^a=3\times1.5=4.5$ [V]가 된다.

6 [A] 전류원이 회로를 구동시키는 요소로 작용하는 경우에는 그림 4.12(b)처럼 독립전압원을 단락시켜 그 영향을 배제시킨다. 마디 A에 키르히호프 전류법칙을 적용하면 3 [Ω] 저항을 통하여 흐르는 전류는 $i=i_1^b+6$이다. 이것만으로는 전류 i_1^b를 구할 수 없으므로 왼쪽 폐경로에 키르히호프 전압법칙을 적용하면 회로방정식은

$$1i_1^b+v^b+2i_1^b=0$$

옴의 법칙에 의하여 3 [Ω] 양단에 걸리는 전압은 $v^b=3i=3\left(i_1^b+6\right)$이고, 이를 위의 식에 대입하면

$$1i_1^b+v^b+2i_1^b=1i_1^b+3\left(i_1^b+6\right)+2i_1^b=0 \rightarrow 6i_1^b=-18$$

이므로 $i_1^b=-3$ [A]가 되고, $v^b=3\times\left(i_1^b+6\right)=3\times(-3+6)=9$ [V]이다. 마지막으로 중첩의 원리를 적용하면 두 개의 독립전원이 동시에 인가되는 경우에 대한 회로변수를 다음과 같이 구할 수 있다.

$$v=v^a+v^b=4.5+9=13.5 \text{ [V]},$$

$$i_1 = i_1^a + i_1^b = 1.5 + (-3) = -1.5 \text{ [A]}.$$

4.3 마디해석법

중첩의 원리를 이용한 회로해석은 비선형회로를 제외한 거의 모든 전기회로에 적용할 수 있는 매우 강력한 방법이다. 하지만 각각의 전원에 의한 회로변수를 모두 구해야 하므로 다수의 전원을 포함하는 회로를 해석하기에는 불편함이 있다.

마디해석법(nodal analysis)은 다음에 학습할 망로해석법과 함께 전기회로를 해석하는 대표적인 방법이다. 전기회로에서 마디전압(node voltage)은 회로해석에서 가장 자주 사용되는 회로변수이다. 1장에서 전압을 전하량의 변화에 대한 전기적 위치에너지의 차이로 정의하였으며, 흔히 전위차 또는 전압강하라고 부른다고 하였다. 이 정의에 따르면 전압을 정확하게 측정하기 위해서는 회로 내에서 두 지점이 정의되어야 한다. 따라서 마디전압이라고 하면 회로 내의 어떤 마디에서 측정되는 전압을 의미하므로 기준이 되는 다른 지점 또는 마디가 필요하다.

예를 들어, 여태까지 사용하여 왔던 용어로 저항 양단에 걸리는 전압이라고 하면 2단자 소자인 저항의 한 단자와 다른 단자 사이의 전위차를 말한다. 이는 어떤 단자를 기준으로 삼을 때 기준 단자에 대하여 다른 단자에서 측정되는 전위를 의미하므로 상대적인 값이다. 이러한 기준 단자 또는 마디를 기준 마디(reference node)라고 한다.

일반적으로 전기회로에는 여러 개의 마디가 존재할 수 있다. 마디 사이의 전압을 모두 측정하여 표시하는 것은 번거로운 일이 된다. 가령, N개의 마디가 존재하는 회로에서 마디 사이의 전압을 모두 표기하려면 각 마디마다 $(N-1)$개의 다른 마디와의 전압을 측정하여 나타내어야 하므로 총 $N(N-1)/2$개의 전압이 표시되어야 하는 불편함이 있다. 그렇지만 회로 내의 어떤 마디를 기준 마디로 정하면 나머지 마디의 전압을 기준 마디에 대한 상대적인 전위로 표기할 수 있으므로 $(N-1)$개의 마디 전압만 표시하는 것으로도 충분하다.

회로 내의 어떤 마디도 기준 마디로 사용될 수 있다. 어떤 엔지니어는 소자가 가장 많이 연결된 마디를 기준 마디로 사용하는 경우도 있다. 하지만 기준 마디의 전압조차도 상대적인 값이 되므로 회로해석의 편의를 위하여 대부분의 경우 절대적인 값을 가지는 마디를 기준 마디로 정하는 것이 선호되는 경향이 있다. 전기회로에서 절대적인 전위값을 가지는 마디는 접지된 마디이며, 그 전압은 0 [V]이다. 따라서 접지에 연결된 마디를 기준 마디로 정한 다음 마디해석법을 적용하여 회로를 해석하는 것이 가장 보편적인 방법이다. 그림 4.13은 전기회로에 3개의 마디가 존재하고, 그 중 하나는 접지된 마디인 경우에 대한 마디 전압 v_n, $1 \le n \le 3$과 마디 간 전압 v_{nm}, $1 \le m \le 3$, $n \neq m$을 표시하였다.

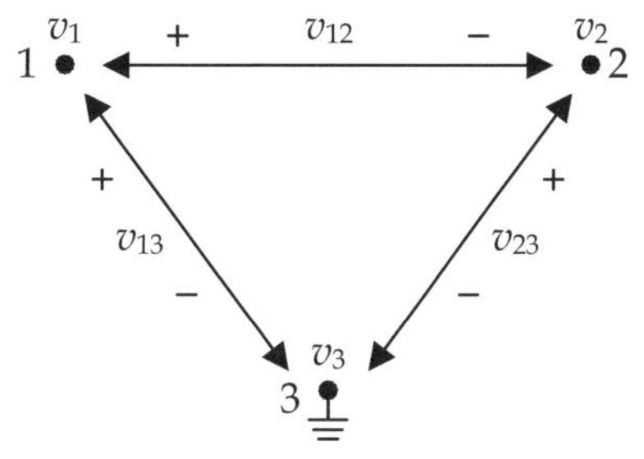

그림 4.13 마디 전압과 마디 간 전압

그림 4.13에서 접지된 마디 3의 전압은 절대적인 값으로 $v_3 = 0$ [V]이므로 마디 1의 전압은 마디 1과 마디 3 사이의 마디 간 전압과 같다. 즉

$$v_{13} = v_1 - v_3 = v_1 - 0 = v_1 \tag{4.23}$$

또한 마디 2의 전압은 마디 2와 마디 3 사이의 마디 간 전압과 같다.

$$v_{23} = v_2 - v_3 = v_2 - 0 = v_2 \tag{4.24}$$

마디 1의 전압과 마디 2의 전압을 정의하였으니 마디 1과 마디 2 사이의 마디 간 전압은 다음과 같이 나타낼 수 있다.

$$v_{12} = v_1 - v_2 = -(v_2 - v_1) = -v_{21} \tag{4.25}$$

여기서는 마디 간 전압이라는 용어를 사용하였으나 일반적인 전기회로에서는 마디와 마디의 사이에 소자가 존재하므로 소자 양단의 전압 또는 소자전압이라는 용어를 보편적으로 사용한다.

마디해석법을 이용하여 주어진 전기회로를 해석하는 일반적인 절차는 다음과 같다.

① 회로에 포함된 마디들을 기준 마디와 일반 마디로 분류

② 기준 마디를 제외한 각 마디에 키르히호프 전류법칙을 적용하여 마디 전압을 변수로

하는 마디방정식(nodal equation) 생성

③ 연립방정식 또는 행렬 연산을 이용하여 마디 전압의 해(solution) 도출

마디해석법의 결과로 얻은 마디 전압들을 이용하여 소자전압이나 소자를 통하여 흐르는 전류, 그리고 소자들이 소비 또는 공급하는 전력과 에너지 등 다른 회로변수 차례로 구할 수 있다.

마디해석법을 적용하여 회로해석을 수행하는 예를 위하여 그림 4.14와 같이 2개의 독립전류원에 의하여 구동되는 회로를 생각하여보자. 제시된 회로에는 3개의 마디가 있으며, 접지노드를 기준 마디로 정한다. 다음으로 수행할 과정은 기준 마디를 제외한 마디에 키르히호프 전류법칙을 적용하여 마디방정식을 만드는 것이다.

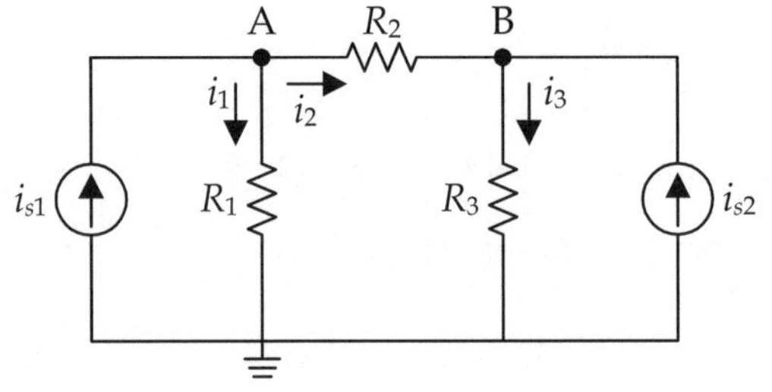

그림 4.14 2개의 전류원이 구동하는 회로

이론적인 내용은 아니지만 각 마디에 키르히호프 전류법칙을 적용할 때 그림 4.15와 같이 마디에 연결된 모든 가지에 번호를 부여하고 마디로 들어가는 전류와 마디로부터 흘러나가는 전류를 구분하여 표시하는 것이 실수를 줄이는 방법이다.

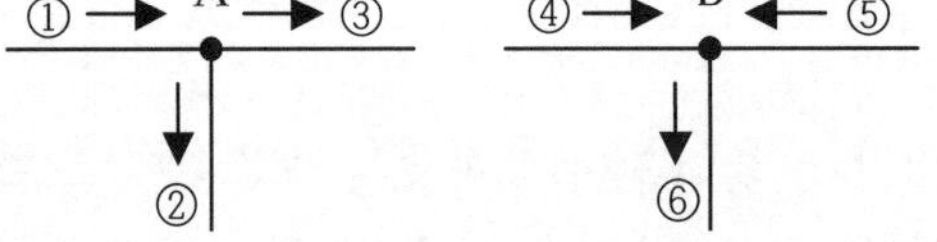

그림 4.15 마디 A와 B에 연결된 가지전류에 번호를 부여하는 예

이 방법에 따라 마디 A에 키르히호프 전류법칙을 적용하면 ①의 전류는 전류원으로부터 마디 A로 흘러 들어가는 전류이다. ②의 전류는 저항 R_1을 통하여 마디 A에서 기준 마디로 흐르는 전류이고, ③의 전류는 R_2 저항을 통하여 마디 A에서 마디 B로 흐르는 전

류이다. 그러므로 마디 A에 키르히호프 전류법칙을 적용한 마디방정식은

$$i_1 + i_2 = i_{s1} \tag{4.26}$$

이 되며, 여기에 옴의 법칙을 적용하면

$$i_1 = \frac{(V_A - V_C)}{R_1} = \frac{V_A}{R_1},\ i_2 = \frac{(V_A - V_B)}{R_2} \tag{4.27}$$

이므로 식 (4.26)은

$$\frac{V_A}{R_1} + \frac{V_A - V_B}{R_2} = i_{s1} \ \rightarrow\ \left(\frac{1}{R_1} + \frac{1}{R_2}\right)V_A - \frac{1}{R_2}V_B = i_{s1} \tag{4.28}$$

로 정리된다. 위와 같은 방식으로 마디 B에 키르히호프 전류법칙을 적용하여 구한 마디방정식은

$$i_2 + i_{s2} = i_3 \tag{4.29}$$

이다. i_2는 식 (4.27)의 정의를 이용하고, ⑥의 전류에 해당하는 i_3는 R_3을 통하여 마디 B에서 접지 마디로 흐르는 전류이므로 $i_3 = V_B/R_3$이다. 이들을 종합하여 정리하면 마디 B에 키르히호프 전류법칙을 적용한 마디방정식은

$$\frac{V_A - V_B}{R_2} - i_{s2} = \frac{V_B}{R_3} \ \rightarrow\ -\frac{1}{R_2}V_A + \left(\frac{1}{R_2} + \frac{1}{R_3}\right)V_B = i_{s2} \tag{4.30}$$

2개의 마디방정식 (4.28)과 (4.29)를 연립방정식의 해를 구하는 방법으로 마디전압 V_A와 V_B를 구하거나 식 (4.31)처럼 행렬의 형식으로 정렬한 다음 계수행렬(coefficient matrix)에 대한 역행렬(inverse matrix)[2]을 이용하여 마디전압을 식 (4.32)와 같이 구한다.

$$\begin{pmatrix} \frac{1}{R_1} + \frac{1}{R_2} & -\frac{1}{R_2} \\ -\frac{1}{R_2} & \frac{1}{R_2} + \frac{1}{R_3} \end{pmatrix} \begin{pmatrix} V_A \\ V_B \end{pmatrix} = \begin{pmatrix} i_{s1} \\ i_{s2} \end{pmatrix} \tag{4.31}$$

2) 역행렬을 구하는 방법은 부록 A. 행렬 연산 참조.

$$\begin{pmatrix} V_A \\ V_B \end{pmatrix} = \begin{pmatrix} \frac{1}{R_1} + \frac{1}{R_2} & -\frac{1}{R_2} \\ -\frac{1}{R_2} & \frac{1}{R_2} + \frac{1}{R_3} \end{pmatrix}^{-1} \begin{pmatrix} i_{s1} \\ i_{s2} \end{pmatrix} \tag{4.32}$$

전기회로를 동작시키는 전원이 독립전원만 있는 경우 행렬을 이용하여 마디방정식을 나타내는 방법이 가지는 장점은 저항 또는 컨덕턴스로 구성된 계수행렬이 대칭행렬(symmetric matrix)로 나타나고, 대각성분(diagonal element)에는 각 마디에 연결된 저항 또는 컨덕턴스 성분이 모두 포함된다는 점이다. 그리고 대각성분을 제외한 성분들은 이웃하는 마디와 연결된 저항 또는 컨덕턴스 성분이 부호 반전되어 나타난다. 따라서 계수행렬만으로도 마디방정식이 정확하게 만들어졌는지 확인하는 것이 가능하다. 식 (4.31)에서도 계수행렬의 1행 1열 성분인 $(1/R_1 + 1/R_2)$는 마디 A에 연결된 저항들이 컨덕턴스의 합 형태로 나타난 것이고 2행 2열 성분인 $(1/R_2 + 1/R_3)$는 마디 B에 연결된 저항들이 컨덕턴스 형태로 나타난 것이다. 그리고 1행 2열과 2행 1열 성분이 동일하므로 계수행렬은 대칭행렬이 되고, 이것은 이웃하는 마디를 연결하는 저항 성분이 컨덕턴스 형태로 부호 반전되어 나타난 것이다.

예제 4.5

다음 전기회로에 마디해석법을 적용하여 마디전압 v_1, v_2, v_3와 가지전류 i를 구하라. 여기서는 저항을 대신하여 컨덕턴스로 표기되어 있음에 유의하라.

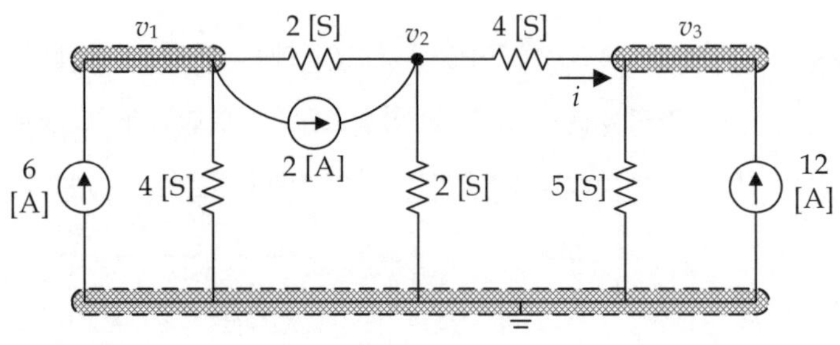

그림 4.16 예제 4.5를 위한 전기회로

풀이

먼저 마디해석법을 쉽게 적용하기 위하여 주어진 회로를 아래와 같이 마디를 중심으로 다시 나타내었다.

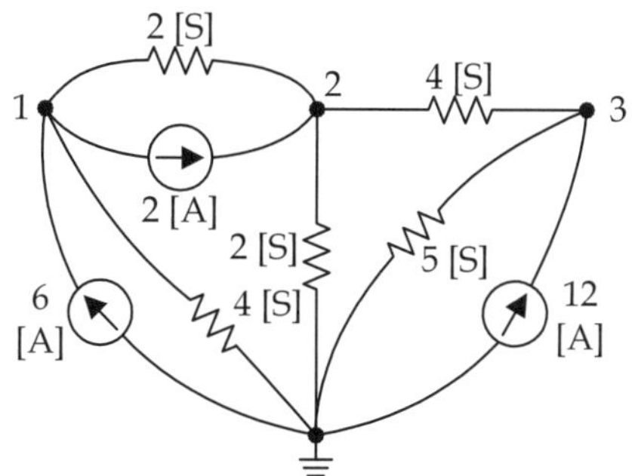

마디 1에 키르히호프 전류법칙을 적용하면 마디방정식은

$$4(v_1-0)+2(v_1-v_2)-6+2=0 \rightarrow 6v_1-2v_2=4$$

마디 2에 키르히호프 전류법칙을 적용하여 얻은 마디방정식은

$$2(v_2-v_1)+2(v_2-0)+4(v_2-v_3)-2=0 \rightarrow -2v_1+8v_2-4v_3=2$$

마디 3에 키르히호프 전류법칙을 적용한 마디방정식은

$$5(v_3-0)+4(v_3-v_2)-12=0 \rightarrow -4v_2+9v_3=12$$

3개의 마디방정식을 행렬 형식으로 표현하여 나타내면 다음과 같다. 컨덕턴스로 구성된 계수행렬은 대각성분을 중심으로 대칭을 이루는 대칭행렬이고, 대각성분들은 각 마디에 연결된 모든 컨덕턴스 성분의 합으로 나타나므로 앞에서 구한 마디방정식들은 유효한 것으로 생각할 수 있다.

$$\begin{pmatrix} 6 & -2 & 0 \\ -2 & 8 & -4 \\ 0 & -4 & 9 \end{pmatrix}\begin{pmatrix} v_1 \\ v_2 \\ v_3 \end{pmatrix}=\begin{pmatrix} 4 \\ 2 \\ 12 \end{pmatrix} \rightarrow \begin{pmatrix} v_1 \\ v_2 \\ v_3 \end{pmatrix}=\begin{pmatrix} 6 & -2 & 0 \\ -2 & 8 & -4 \\ 0 & -4 & 9 \end{pmatrix}^{-1}\begin{pmatrix} 4 \\ 2 \\ 12 \end{pmatrix}$$

계수행렬의 역행렬을 구하지 않고 단순히 변수 v_1, v_2, v_3만을 구하기 위해서는 크라머의 법칙(Cramer's rule)[3]을 이용하면 된다. 크라머의 법칙을 적용하기 위하여 먼저 계수행렬에 대한 행렬식(determinant)을 다음과 같이 구한다.

3) 크라머의 법칙은 부록 A. 행렬 연산 참조

$$\Delta = \begin{vmatrix} 6 & -2 & 0 \\ -2 & 8 & -4 \\ 0 & -4 & 9 \end{vmatrix} = 6\times8\times9-\{(-2\times-2\times9)+(-4\times-4\times6)\}=300$$

그러므로 각 마디전압은

$$v_1 = \frac{\begin{vmatrix} 4 & -2 & 0 \\ 2 & 8 & -4 \\ 12 & -4 & 9 \end{vmatrix}}{\Delta} = \frac{356}{300} = 1.19\ [\mathrm{V}],$$

$$v_2 = \frac{\begin{vmatrix} 6 & 4 & 0 \\ -2 & 2 & -4 \\ 0 & 12 & 9 \end{vmatrix}}{\Delta} = \frac{468}{300} = 1.56\ [\mathrm{V}],$$

$$v_3 = \frac{\begin{vmatrix} 6 & -2 & 4 \\ -2 & 8 & 2 \\ 0 & -4 & 12 \end{vmatrix}}{\Delta} = \frac{608}{300} = 2.03\ [\mathrm{V}].$$

가지전류 i는 마디 2에서 마디 3으로 흐르는 전류이므로 옴의 법칙을 적용하면

$$i = 4(v_2 - v_3) = 4\times(1.56-2.03) = -1.88\ [\mathrm{A}]$$

그림 4.17과 같이 종속전원이 있는 회로에 마디해석법을 적용하여 해석하는 방법에 대하여 생각해보자.

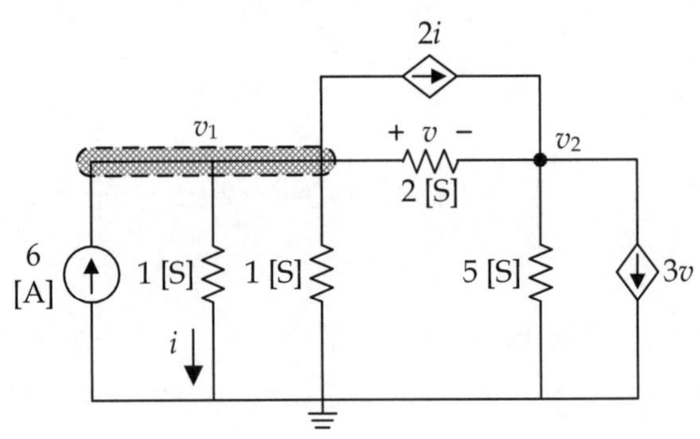

그림 4.17 2개의 종속전류원을 가지는 회로

마디 1에 키르히호프 전류법칙을 적용하면

$$-6+1v_1+1v_1+2(v_1-v_2)+2i=0 \tag{4.33}$$

여기서 종속전류원의 크기를 결정하는 변수 i는 1 [S]를 통하여 마디 1에서 기준 마디로 흐르는 전류이므로

$$i=v_1 \tag{4.34}$$

이 된다. 식 (4.34)를 식 (4.33)에 대입하고 정리하면 마디 1에서 얻는 마디방정식은

$$6v_1-2v_2=6 \tag{4.35}$$

마디 2에 키르히호프 전류법칙을 적용하면

$$-2i+2(v_2-v_1)+5v_2+3v=0 \tag{4.36}$$

여기서 오른쪽 종속전류원의 크기를 결정하는 변수 v는 2 [S] 양단에 걸리는 전압으로 다음과 같이 정의된다.

$$v=v_1-v_2 \tag{4.37}$$

따라서 식 (4.34)와 식 (4.37)을 식 (4.36)에 대입하고 정리하면 마디 2에서 얻는 마디방정식은

$$-v_1+4v_2=0 \tag{4.38}$$

2개의 마디방정식을 행렬 형태로 표현하면

$$\begin{pmatrix}6 & -2\\ -1 & 4\end{pmatrix}\begin{pmatrix}v_1\\ v_2\end{pmatrix}=\begin{pmatrix}6\\ 0\end{pmatrix} \ \rightarrow\ \begin{pmatrix}v_1\\ v_2\end{pmatrix}=\begin{pmatrix}6 & -2\\ -1 & 4\end{pmatrix}^{-1}\begin{pmatrix}6\\ 0\end{pmatrix} \tag{4.39}$$

크라머 법칙을 적용하기 위하여 계수행렬에 대한 행렬식을 계산하면

$$\Delta=\begin{vmatrix}6 & -2\\ -1 & 4\end{vmatrix}=6\times4-(-1\times-2)=22 \tag{4.40}$$

그러므로 각각의 마디전압은 다음과 같이 계산된다.

$$v_1 = \frac{\begin{vmatrix} 6 & -2 \\ 0 & 4 \end{vmatrix}}{\Delta} = \frac{6 \times 4 - (0 \times -2)}{22} = 1.09\,[\mathrm{V}], \tag{4.41}$$

$$v_2 = \frac{\begin{vmatrix} 6 & 6 \\ -1 & 0 \end{vmatrix}}{\Delta} = \frac{6 \times 0 - (-1 \times 6)}{22} = 0.27\,[\mathrm{V}].$$

4.4 전압원이 있는 회로에 대한 마디해석법

앞 절에서 학습한 마디해석법에서 주목할 점은 주어진 전기회로를 구동시키는 전원으로 전류원들이 사용된 것이다. 이는 기준 마디를 제외한 마디들에 키르히호프 전류법칙을 적용하여 회로방정식을 만들어야 하므로 마디에 유입되거나 마디로부터 유출되는 전류가 필요하기 때문이다. 하지만 전압원이 존재하면 전압원을 통하여 흐르는 전류에 대한 정보가 없으므로 키르히호프 전류법칙을 적용하는 것이 어려워진다.

전압원이 있는 회로에 대한 마디해석법은 앞에서 학습한 방법을 약간 변형하면 된다. 이는 전압원과 전압원의 앞뒤에 있는 마디들을 묶어 하나의 수퍼마디(supernode)를 만든 다음 이전에 학습한 마디해석법처럼 기준 마디를 제외한 일반 마디와 수퍼마디에 키르히호프 전류법칙을 적용하여 마디방정식을 도출한다. 전압원 전후에 있는 2개의 마디와 전압원을 묶어 수퍼마디 1개가 생기므로 회로방정식의 수가 1개 감소되며, 이로 인하여 계산량이 줄어드는 효과도 있다.

그림 4.18과 같이 전압원이 포함된 회로를 마디해석법을 이용하여 해석하여보자. 먼저 앞 절에서 학습한 일반적인 마디해석법을 적용하면 어떤 문제가 발생하는지 확인하여보자.

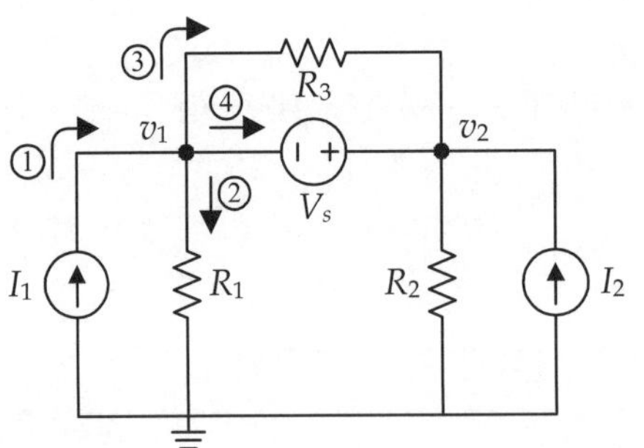

그림 4.18 전압원이 포함된 전기회로

마디 1에 키르히호프 전류법칙을 적용하면 전류 ①은 전류원에서 마디 1로 흘러 들어가는 전류로 크기는 I_1이고, 전류 ②는 마디 1에서 접지된 기준 마디로 흘러 나가는 전류로 크기는 v_1/R_1이다. 전류 ③은 저항 R_3를 통하여 마디 1에서 마디 2로 흐르는 전류이며 크기는 $(v_1 - v_2)/R_3$로 계산하면 된다. 하지만 전류 ④는 전압원을 통하여 흐르는 전류인데 크기에 대한 정보가 전혀 없다. 그러므로 전류 ④의 크기에 대한 정보가 별도로 주어지지 않는다면 마디 1에 키르히호프 전류법칙을 적용하여 마디방정식을 만들 수 없는 것이다. 마디 2의 경우도 동일한 이유로 키르히호프 전류법칙을 적용한 회로방정식을 만들 수 없다.

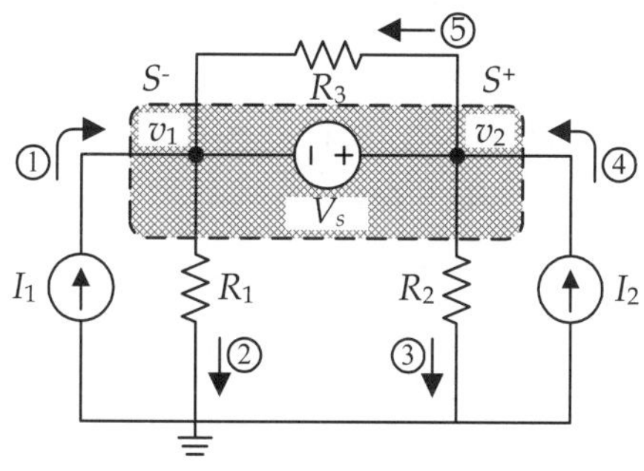

그림 4.19 그림 4.18에 수퍼마디를 적용한 회로

그림 4.18의 회로에 전압원과 전압원 앞뒤의 마디를 포함하는 수퍼마디를 정의한 회로를 그림 4.19에 나타내었다. 여기서 S^+와 S^-는 오직 계산의 편리를 위하여 수퍼마디의 양의 단자와 음의 단자를 각각 표시한 것이다. 실제로 수퍼마디는 하나의 마디이므로 양과 음의 단자가 존재하지는 않는다. 그림 4.19의 회로는 수퍼마디와 기준 마디만 있으므로 키르히호프 전류법칙을 적용할 마디는 수퍼마디 밖에 없다. 수퍼마디에 키르히호프 전류법칙을 적용하면 전류 ①과 ④는 수퍼마디로 흘러 들어가는 전류이고 전류 ②와 ③은 수퍼마디로부터 기준 마디로 흘러 나가는 전류이다. 전류 ⑤는 S^+에서 S^-로 흐르는 전류인데 하나의 마디 내에서 나가고 들어가는 전류이므로 서로 상쇄된다. 그러므로 그림 4.19처럼 수퍼마디를 정의한 회로에 대한 회로방정식은

$$-I_1 + \frac{S^-}{R_1} + \frac{S^+}{R_2} - I_2 = 0 \tag{4.42}$$

이 된다. 여기서 S^+와 S^-는 각각 마디 2와 마디 1의 전압이므로 $S^+ = v_2$, $S^- = v_1$을 식

(4.42)에 대입한다. 하지만 2개의 회로변수 v_1과 v_2를 계산하기 위해서는 추가적인 정보가 필요하다. 수퍼마디는 전압원과 전압원 전후의 마디로 구성되므로

$$V_s = v_2 - v_1 \tag{4.43}$$

이다. 식 (4.43)과 수퍼마디의 전압들을 식 (4.42)에 대입한 다음 마디전압 v_1로 정리하여 나타내면

$$\frac{v_1}{R_1} + \frac{V_s + v_1}{R_2} = I_1 + I_2 \tag{4.44}$$

가 된다. 그러므로 마디전압 v_1과 v_2는 각각

$$v_1 = \frac{R_1 R_2 (I_1 + I_2) - R_1 V_s}{R_1 + R_2}, \tag{4.45}$$

$$v_2 = V_s + v_1 = \frac{R_1 R_2 (I_1 + I_2) + R_2 V_s}{R_1 + R_2}.$$

예제 4.6

다음 회로에 마디해석법을 적용하여 마디전압 v_1, v_2, v_3와 가지전류 i를 구하라.

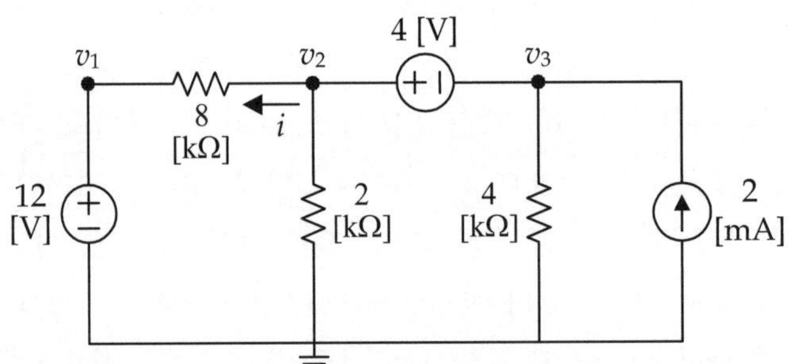

그림 4.20 예제 4.6을 위한 전기회로

풀이

주어진 회로에는 2개의 전압원이 있으므로 각 전압원과 전후의 마디를 묶어 2개의 수퍼마디를 가지는 회로로 나타내면 그림 4.21과 같다.

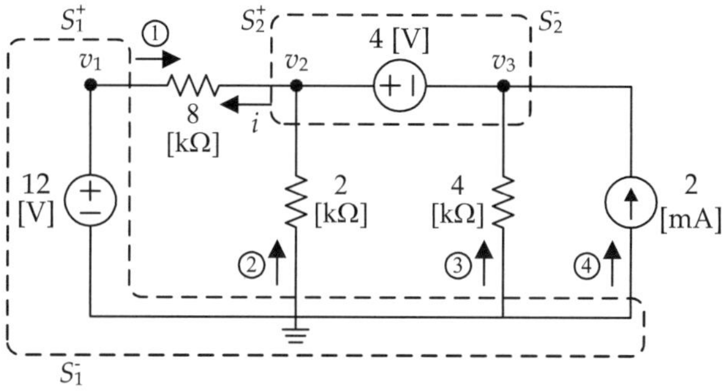

그림 4.21 그림 4.20에 수퍼마디를 적용한 회로

그림 4.21에서 전류 ①은 수퍼마디 1의 양의 단자에서 수퍼마디 2의 양의 단자로 흐르는 전류이고, 전류 ②는 2 [kΩ] 저항을 통하여 수퍼마디 1의 음의 단자에서 수퍼마디 2의 양의 단자로 흐르는 전류이다. 전류 ③은 4 [kΩ] 저항을 통하여 수퍼마디 1의 음의 단자에서 수퍼마디 2의 음의 단자로 흐르는 전류이고 전류 ④는 전류원이 회로에 공급하는 전류와 같다. 그러므로 수퍼마디 1에 키르히호프 전류법칙을 적용하면 회로방정식은

$$\frac{S_1^+ - S_2^+}{8\times 10^3} + \frac{S_1^- - S_2^+}{2\times 10^3} + \frac{S_1^- - S_2^-}{4\times 10^3} + 2\times 10^{-3} = 0 \qquad ①$$

주어진 회로로부터 수퍼마디 1의 양의 단자는 마디 1과 같고, 이것은 전압원의 양의 단자 전압이므로 접지마디보다 12 [V]가 높은 값을 가지므로 $S_1^+ = v_1 = 12$ [V]가 된다. 수퍼마디 1의 음의 단자는 접지마디이므로 $S_1^- = 0$ [V]이다. 수퍼마디 2의 양의 단자전압은 마디 2의 전압이며, 이것은 마디 3의 전압보다 4 [V] 높다. 그러므로 $S_2^+ = v_2 = v_3 + 4$ [V]이다. 이렇게 정의된 값들을 식 ①에 대입하면

$$\frac{12-(v_3+4)}{8} + \frac{0-(v_3+4)}{2} + \frac{0-v_3}{4} = -2 \qquad ②$$

가 되므로

$$-7v_3 - 8 = -16 \rightarrow v_3 = 8/7 = 1.14 \text{ [V]}$$

$$v_2 = v_3 + 4 = 5.14 \text{ [V]}$$

한편, 수퍼마디 2에 키르히호프 전류법칙을 적용하면 8 [kΩ], 2 [kΩ], 4 [kΩ] 저항을

통하여 흘러 나가는 전류의 합은 2 [mA] 전류원에서 들어오는 전류이므로

$$\frac{S_2^+ - S_1^+}{8\times 10^3} + \frac{S_2^+ - S_1^-}{2\times 10^3} + \frac{S_2^- - S_1^-}{4\times 10^3} = 2\times 10^{-3} \quad ③$$

이것은 ①에 나타낸 마디방정식의 부호반전 형태이다. 그림 4.21의 회로에는 2개의 수퍼마디만 존재하므로 어떤 수퍼마디에서 흘러 나가는 전류 성분들은 모두 다른 수퍼마디에 들어가는 전류 성분이므로 동일한 마디방정식이 만들어지는 것이다.

예제 4.7

다음 회로에 마디해석법을 적용하여 마디전압 v_1, v_2, v_3, v_4, v_5를 구하라.

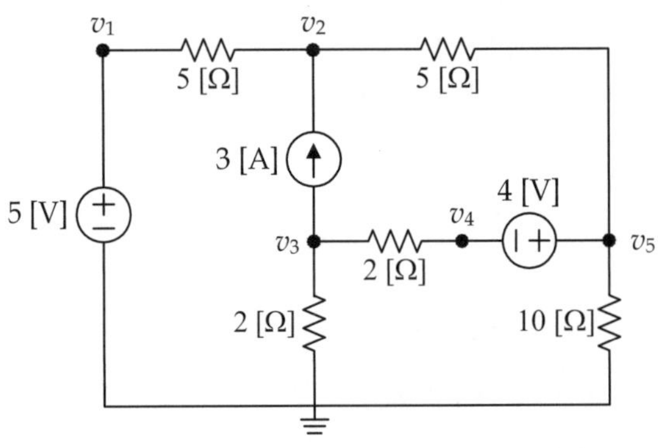

그림 4.22 예제 4.7을 위한 전기회로

힌트 : 그림 4.23에 나타낸 수퍼마디를 적용한 회로 구조를 풀이에 참고하라.

정답 $v_1 = 5.0$ [V], $v_2 = 11.67$ [V], $v_3 = -3.33$ [V], $v_4 = -0.67$ [V], $v_5 = 3.33$ [V].

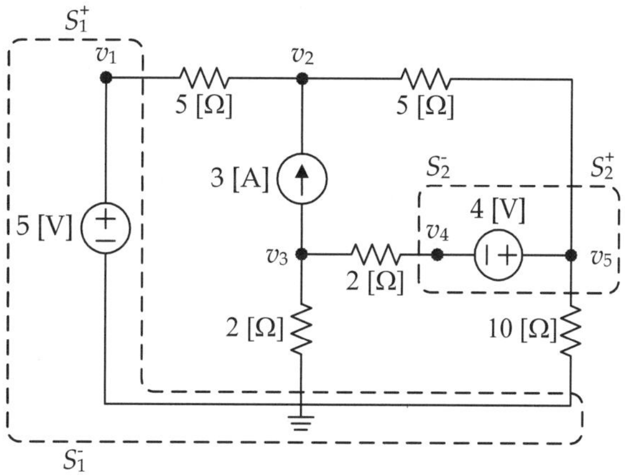

그림 4.23 그림 4.22에 수퍼마디를 적용한 회로

종속전압원이 있는 회로에서도 종속전원을 통하여 흐르는 전류가 정의되지 않으므로 종속전압원을 포함하는 수퍼마디를 정의하여 마디해석법을 적용한다. 여기서 주의할 점은 마디방정식을 작성할 때 종속전압원의 크기를 제어하는 변수를 반드시 고려하여야 한다는 점이다. 그림 4.24의 회로를 마디해석법을 이용하여 해석하여보자.

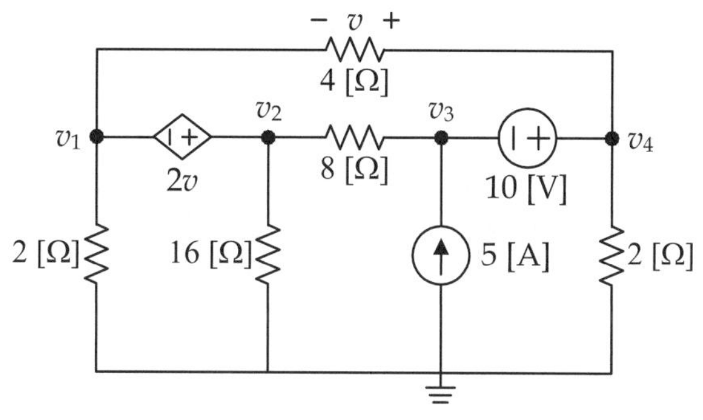

그림 4.24 종속전압원이 포함된 전기회로

그림 4.24의 회로에 있는 독립전압원과 종속전압원을 모두 수퍼마디로 정의하여 나타내면 그림 4.25와 같다. 이 과정에서 수퍼마디의 단자전압을 기존 마디전압으로 표현하면

$$S_1^- = v_1,\ S_1^+ = v_2 = v_1 + 2v,\ S_2^+ = v_4,\ S_2^- = v_3 = v_4 - 10 \tag{4.46}$$

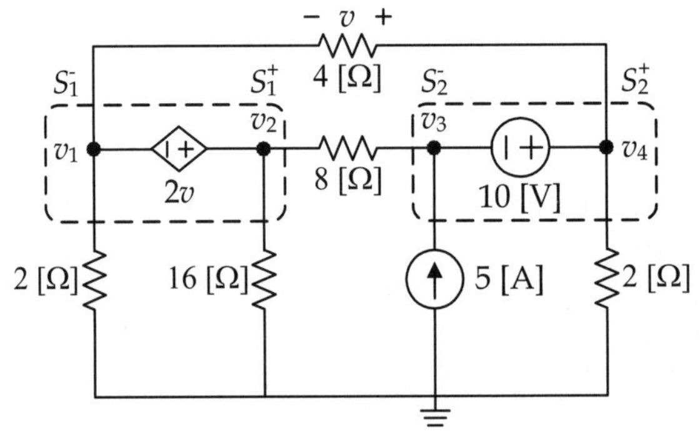

그림 4.25 그림 4.24에 수퍼마디를 적용한 회로

또한 종속전압원의 크기를 제어하는 변수는 4 [Ω] 저항 양단에 걸리는 전압으로

$$v = v_4 - v_1 \tag{4.47}$$

으로 정의된다.

수퍼마디 1에 키르히호프 전류법칙을 적용하면

$$\frac{S_1^-}{2} + \frac{S_1^+}{16} + \frac{S_1^- - S_2^+}{4} + \frac{S_1^+ - S_2^-}{8} = 0 \tag{4.48}$$

이 된다. 여기에 식 (4.46)과 식 (4.47)을 대입하여 정리하면

$$9v_1 + 20 = 0 \rightarrow v_1 = -20/9 = -2.22 \text{ [V]}$$

수퍼마디 2에 키르히호프 전류법칙을 적용하면

$$\frac{S_2^+ - S_1^-}{4} + \frac{S_2^- - S_1^+}{8} + \frac{S_2^+}{2} = 5 \tag{4.49}$$

이 된다. 여기에 식 (4.46)과 식 (4.47)을 대입하여 정리하면

$$-v_1 + 5v_4 = 50 \rightarrow v_4 = (50 + v_1)/5 = 9.56 \text{ [V]}$$

그러므로 $v_2 = v_1 + 2v = 21.34$ [V]이고 $v_3 = v_4 - 10 = -0.44$ [V]이다.

예제 4.8

다음 회로에 마디해석법을 적용하여 마디전압 v_1, v_2, v_3를 구하라.

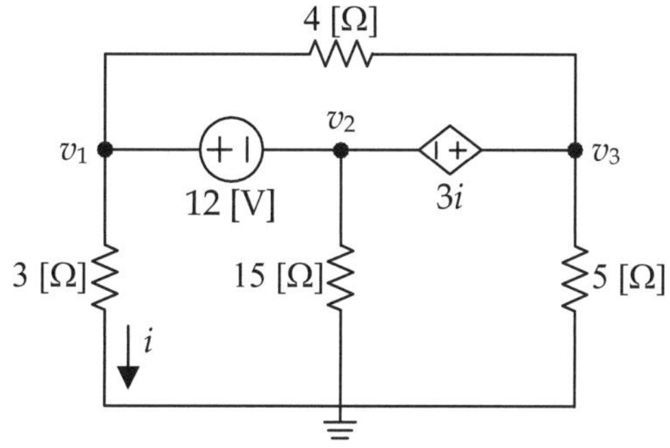

그림 4.26 예제 4.8을 위한 전기회로

힌트 : 그림 4.27의 수퍼마디를 적용한 회로 구조를 풀이에 참고하라. 여기서는 독립전압원과 종속전압원이 마디 2를 공유하면서 하나의 수퍼마디가 된다. 그러므로 수퍼마디에는 3개의 기존 마디가 포함되므로 수퍼마디의 양의 단자를 $S^+ = v_1$이라고 하면 수퍼마디 중간 단자는 $S^i = v_2 = S^+ - 12$이고 수퍼마디 음의 단자는 $S^- = v_3 = S^i + 3i$로 정의하여 계산한다. 그리고 4 [Ω] 저항을 통하여 흐르는 전류는 하나의 수퍼마디에서 나오고 들어가는 전류이므로 계산에 포함시키지 않아야 한다.

정답 $v_1 = 4.0$ [V], $v_2 = -8.0$ [V], $v_3 = -4.0$ [V].

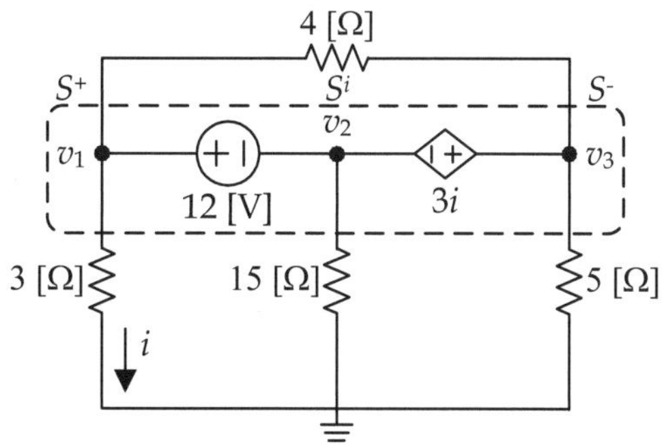

그림 4.27 그림 4.26에 수퍼마디를 적용한 회로

4.5 망로해석법

망로해석법(mesh analysis)은 앞의 두 절에서 학습한 마디해석법과 함께 전기회로를 해석하는 대표적인 방법이다. 망로는 내부에 다른 폐경로를 포함하지 않는 단위 폐경로라고 2장에서 정의한 바 있다.

키르히호프 전압법칙은 단일 폐경로에서 발생하는 모든 전압성분들의 합은 0이 된다는 것이다. 망로해석법은 망로를 대상으로 키르히호프 전압법칙을 적용하여 망로방정식(mesh equation)을 도출한다. 이때 회로변수는 망로를 통하여 흐르는 전류를 이용하므로 망로해석법은 망로전류(mesh current)를 구하는 것이 목적이다. 따라서 망로해석법을 이용하여 전기회로를 해석하는 일반적인 절차는 다음과 같다.

① 회로에 존재하는 모든 망로를 정의하고 망로전류를 배정

② 각각의 망로에 키르히호프 전압법칙을 적용하여 망로전류가 변수인 망로방정식 생성

③ 연립방정식 또는 행렬 연산을 이용하여 망로전류의 해(solution) 도출

그리고 망로전류를 이용하여 소자 양단의 전압이나 소자에서 소비되는 전력 또는 에너지를 차례대로 구한다.

망로해석법을 적용하여 회로해석을 수행하는 예를 위하여 그림 4.28과 같이 2개의 독립전압원에 의하여 구동되는 회로를 생각하여보자. 제시된 회로에는 3개의 폐경로가 존재한다. 폐경로 ①은 2개의 전압원과 저항 R_1, R_2로 구성되어 있으며, 내부에 폐경로 ②와 ③을 포함하고 있다. 그러므로 폐경로 ①은 망로가 되는 조건을 만족하지 못한다. 이에 비하여 폐경로 ②와 ③은 내부에 다른 폐경로를 포함하지 않으므로 단위 폐경로, 즉 망로가 된다.

그림 4.28의 회로에서는 이해의 편리를 위하여 수동소자 양단에 걸리는 전압의 기준 방향과 망로전류의 방향을 표시하여 두었다. 하지만 학습자들이 앞으로 마주하게 될 많은 전기회로에서는 이와 같은 기준 방향 표시가 없는 경우가 더 많을 것이다. 그런 경우에는 학습자들이 임의로 망로전류의 방향을 표시할 수 있고, 키르히호프 전압법칙을 적용할 때 수동부호규정을 반드시 지킨다면 회로해석에 문제될 것이 없다.

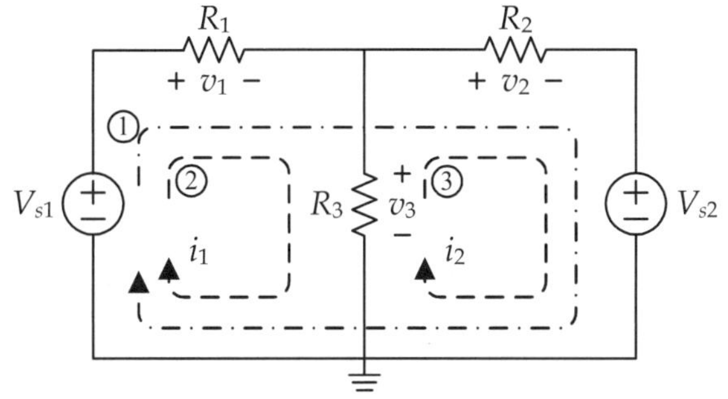

그림 4.28 망로해석법 적용을 위한 예제 회로

그림 4.28에 나타낸 회로에서 망로를 정한 다음에 수행할 과정은 각각의 망로에 수동부호규정에 따른 키르히호프 전압법칙을 적용하여 망로방정식을 만드는 것이다. 망로 ②에 키르히호프 전압법칙을 적용하면 회로방정식은

$$-V_{s1} + v_1 + v_3 = 0 \tag{4.50}$$

저항 R_1을 통하여 흐르는 망로전류는 i_1이 유일하므로 옴의 법칙에 의하여 저항 양단에 걸리는 전압은

$$v_1 = R_1 i_1 \tag{4.51}$$

이 된다. 이에 비하여 저항 R_3을 통하여 흐르는 망로전류는 i_1과 i_2가 있으며, 이들의 기준 방향은 서로 반대이다. 그러므로 저항 R_3 양단에 걸리는 전압은

$$v_3 = R_3(i_1 - i_2) \tag{4.52}$$

가 된다. 식 (4.51)과 식 (4.52)를 식 (4.50)에 대입하여 정리하면 망로 ②에서 만들어지는 회로방정식은

$$v_1 + v_3 = V_{s1} \ \rightarrow \ (R_1 + R_3)i_1 - R_3 i_2 = V_{s1} \tag{4.53}$$

망로 ③에 키르히호프 전압법칙을 적용하면 회로방정식은

$$-v_3 + v_2 + V_{s2} = 0 \tag{4.54}$$

저항 R_2를 통하여 흐르는 망로전류는 i_2가 유일하므로 옴의 법칙에 의하여 R_2 양단에 걸

리는 전압은

$$v_2 = R_2 i_2 \tag{4.55}$$

가 되고, 저항 R_3 양단에 걸리는 전압은 식 (4.52)에서 정의하였다. 식 (4.55)와 식 (4.52)를 식 (4.54)에 대입하여 정리하면 망로 ③에서 만들어지는 회로방정식은

$$v_2 - v_3 = -V_{s2} \rightarrow -R_3 i_1 + (R_2 + R_3) i_2 = -V_{s2} \tag{4.56}$$

2개의 망로를 대상으로 회로방정식을 구하였으므로 망로해석법의 마지막 단계는 식 (4.53)과 식 (4.56)의 방정식을 연립방정식의 해를 구하는 방법으로 망로전류 i_1과 i_2를 구하거나 식 (4.57)처럼 행렬의 형식으로 정렬한 다음 계수행렬의 역행렬(또는 크라머의 법칙)을 이용하여 망로전류를 식 (4.58)과 같이 구하거나 크라머의 법칙을 적용하여 구한다.

$$\begin{pmatrix} R_1 + R_3 & -R_3 \\ -R_3 & R_2 + R_3 \end{pmatrix} \begin{pmatrix} i_1 \\ i_2 \end{pmatrix} = \begin{pmatrix} V_{s1} \\ -V_{s2} \end{pmatrix} \tag{4.57}$$

$$\begin{pmatrix} i_1 \\ i_2 \end{pmatrix} = \begin{pmatrix} R_1 + R_3 & -R_3 \\ -R_3 & R_2 + R_3 \end{pmatrix}^{-1} \begin{pmatrix} V_{s1} \\ -V_{s2} \end{pmatrix} \tag{4.58}$$

그림 4.28의 회로는 독립전원과 선형 수동소자인 저항만으로 구성되어 있으므로 식 (4.57)과 같이 행렬 형태로 망로방정식을 표현하면 저항 성분으로 구성된 계수행렬이 대칭행렬이 된다. 계수행렬의 대각성분에는 각각의 망로에 연결된 저항 성분이 모두 포함되어 있고, 대각성분을 제외한 요소들은 이웃하는 망로와 공유하는 저항 성분이 부호반전되어 나타난다. 그러므로 마디해석법의 경우와 동일하게 계수행렬만으로도 망로방정식이 정확하게 도출된 것인지 확인이 가능한 장점이 있다.

예제 4.9

다음 전기회로에 망로해석법을 적용하여 망로전류 i_1, i_2, i_3를 구하라.

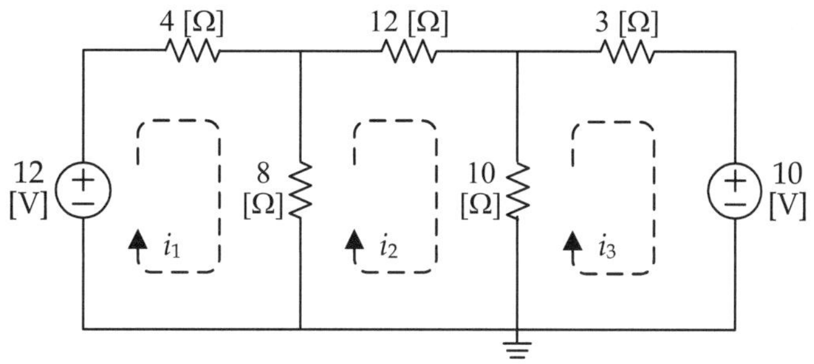

그림 4.29 예제 4.9를 위한 전기회로

풀이

주어진 전기회로에는 3개의 망로가 있고, 각각의 망로에는 망로전류가 배정되어 있다. 전류의 방향에 따라 왼쪽 망로에 키르히호프 전압법칙을 적용하면

$$-12+4i_1+8(i_1-i_2)=0 \;\rightarrow\; 12i_1-8i_2=12 \qquad ①$$

동일한 방법으로 가운데 망로와 오른쪽 망로에도 키르히호프 전압법칙을 적용하여 수식을 정리하면 각각 다음과 같다.

$$8(i_2-i_1)+12i_2+10(i_2-i_3)=0 \;\rightarrow\; -8i_1+30i_2-10i_3=0 \qquad ②$$

$$10(i_3-i_2)+3i_3+10=0 \;\rightarrow\; -10i_2+13i_3=-10 \qquad ③$$

3개의 망로방정식을 연립방정식의 풀이방법을 이용하여 망로전류를 구하거나 식 ④와 같이 행렬 형태로 변환하여 망로전류의 해를 구할 수 있다.

$$\begin{pmatrix} 12 & -8 & 0 \\ -8 & 30 & -10 \\ 0 & -10 & 13 \end{pmatrix}\begin{pmatrix} i_1 \\ i_2 \\ i_3 \end{pmatrix}=\begin{pmatrix} 12 \\ 0 \\ -10 \end{pmatrix} \qquad ④$$

계수행렬은 대각성분을 중심으로 왼쪽 아래와 오른쪽 위가 서로 대칭인 대칭행렬의 형태를 가지고 있으며, 대각성분은 각 망로에 포함된 저항들의 합이고 비대각성분은 이웃 망로와 공유하는 저항의 부호반전 형태이다. 그림 4.29에 주어진 전기회로는 독립전원과 선형 수동소자인 저항으로 구성되어 있으므로 식 ①, ②, ③은 정확하게 도출된 망로방정식인 것으로 생각할 수 있다.

계수행렬의 역행렬을 구하지 않고 크라머 법칙을 이용하여 망로전류의 해를 직접 구하기 위하여 계수행렬의 행렬식을 아래와 같이 구한다.

$$\Delta = \begin{vmatrix} 12 & -8 & 0 \\ -8 & 30 & -10 \\ 0 & -10 & 13 \end{vmatrix} = 2648$$

망로전류 i_1, i_2, i_3은 크라머 법칙을 아래와 같이 적용하여 구할 수 있다.

$$i_1 = \frac{\begin{vmatrix} 12 & -8 & 0 \\ 0 & 30 & -10 \\ -10 & -10 & 13 \end{vmatrix}}{\Delta} = \frac{2680}{2648} = 1.01\ [\mathrm{A}],$$

$$i_2 = \frac{\begin{vmatrix} 12 & 12 & 0 \\ -8 & 0 & -10 \\ 0 & -10 & 13 \end{vmatrix}}{\Delta} = \frac{48}{2648} = 0.02\ [\mathrm{A}],$$

$$i_3 = \frac{\begin{vmatrix} 12 & -8 & 12 \\ -8 & 30 & 0 \\ 0 & -10 & -10 \end{vmatrix}}{\Delta} = \frac{-2000}{2648} = -0.76\ [\mathrm{A}].$$

종속전압원이 포함된 회로에도 망로해석법을 적용하는 것은 유효하다. 예를 들어, 그림 4.30의 회로를 생각하여보자.

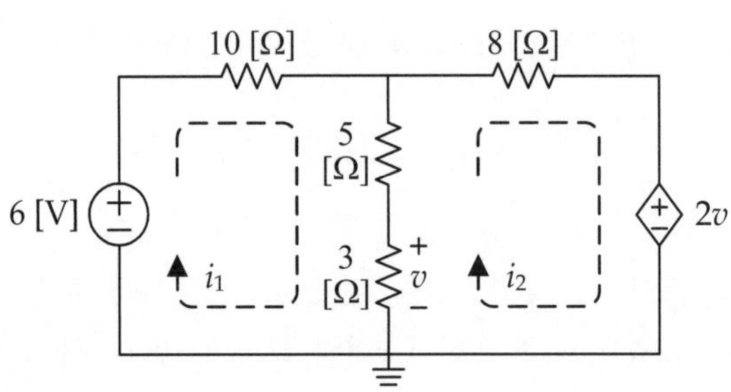

그림 4.30 종속전압원이 있는 전기회로

왼쪽 망로에 키르히호프 전압법칙을 적용하면

$$-6 + 10i_1 + 5(i_1 - i_2) + 3(i_1 - i_2) = 0 \rightarrow 18i_1 - 8i_2 = 6 \qquad (4.59)$$

오른쪽 망로에 키르히호프 전압법칙을 적용하면

$$8i_2+2v+3(i_2-i_1)+5(i_2-i_1)=0 \;\rightarrow\; -8i_1+16i_2+2v=0 \qquad (4.60)$$

여기서 종속전압원의 크기를 제어하는 변수는 가운데 가지에 있는 3 [Ω] 저항 양단에 걸리는 전압으로

$$v=3(i_1-i_2) \qquad (4.61)$$

이다. 식 (4.61)을 식 (4.60)에 대입하여 정리하면 두 번째 망로방정식은

$$-2i_1+10i_2=0 \;\rightarrow\; i_1=5i_2 \qquad (4.62)$$

식 (4.62)를 식 (4.59)에 대입하여 망로전류의 해를 구하면 다음과 같다.

$$i_1=365.85\ [\text{mA}],\ \ i_2=73.17\ [\text{mA}]$$

여기서는 식 (4.62)가 매우 간단하여 굳이 행렬 형태를 이용하여 해를 계산할 필요는 없다. 하지만 식 (4.59)와 식 (4.62)를 이용하여 계수행렬을 구하면 대칭행렬로 나타나지 않는다. 그 이유는 그림 4.30의 회로에 종속전원이 존재하기 때문이다.

예제 4.10

다음 전기회로에 망로해석법을 적용하여 망로전류 i_1, i_2, i_3를 구하라.

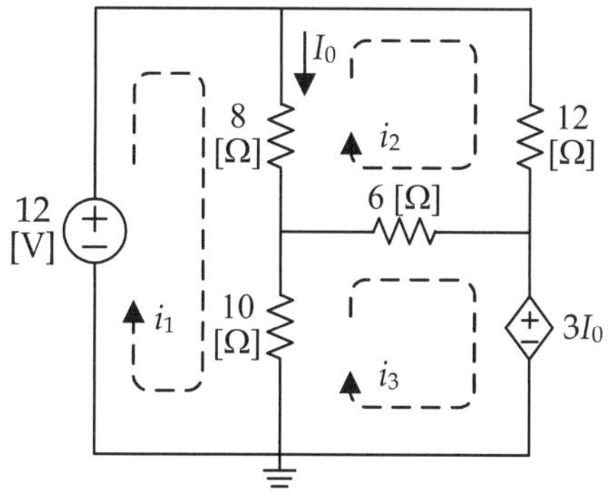

그림 4.31 예제 4.10을 위한 전기회로

풀이

전류의 방향을 참고하여 왼쪽 망로에 키르히호프 전압법칙을 적용하면

$$-12+8(i_1-i_2)+10(i_1-i_3)=0 \rightarrow 18i_1-8i_2-10i_3=12 \quad ①$$

오른쪽 위의 망로에 키르히호프 전압법칙을 적용하여 얻은 회로방정식은

$$8(i_2-i_1)+6(i_2-i_3)+12i_2=0 \rightarrow -8i_1+26i_2-6i_3=0 \quad ②$$

오른쪽 아래 망로에 키르히호프 전압법칙을 적용한 결과는

$$10(i_3-i_1)+6(i_3-i_2)+3I_0=0 \rightarrow -10i_1-6i_2+16i_3+3I_0=0 \quad ③$$

여기서 I_0는 가운데 가지의 8 [Ω] 저항을 통하여 흐르는 전류이므로

$$I_0=i_1-i_2 \quad ④$$

가 되고, 이것을 식 ③에 대입하면 오른쪽 아래 망로의 회로방정식은

$$-7i_1-9i_2+16i_3=0 \quad ⑤$$

식 ①, ②, ③에 대하여 연립방정식이나 행렬 연산을 이용하여 망로전류를 구한다. 여기서는 식 ⑥과 같이 3개의 망로방정식을 행렬 형태로 나타내고 크라머 법칙을 이용하여 풀이한다.

$$\begin{pmatrix} 18 & -8 & -10 \\ -8 & 26 & -6 \\ -7 & -9 & 16 \end{pmatrix}\begin{pmatrix} i_1 \\ i_2 \\ i_3 \end{pmatrix}=\begin{pmatrix} 12 \\ 0 \\ 0 \end{pmatrix} \quad ⑥$$

크라머 법칙을 적용하기 위하여 계수행렬의 행렬식을 계산하면

$$\Delta=\begin{vmatrix} 18 & -8 & -10 \\ -8 & 26 & -6 \\ -7 & -9 & 16 \end{vmatrix}=2616$$

이므로 각각의 망로전류는 다음과 같이 계산된다.

$$i_1 = \frac{\begin{vmatrix} 12 & -8 & -10 \\ 0 & 26 & -6 \\ 0 & -9 & 16 \end{vmatrix}}{\Delta} = \frac{4344}{2616} = 1.66\ [\mathrm{A}],$$

$$i_2 = \frac{\begin{vmatrix} 18 & 12 & -10 \\ -8 & 0 & -6 \\ -7 & 0 & 16 \end{vmatrix}}{\Delta} = \frac{2040}{2616} = 0.78\ [\mathrm{A}],$$

$$i_3 = \frac{\begin{vmatrix} 18 & -8 & 12 \\ -8 & 26 & 0 \\ -7 & -9 & 0 \end{vmatrix}}{\Delta} = \frac{3048}{2616} = 1.17\ [\mathrm{A}].$$

4.6 전류원이 있는 회로에 대한 망로해석법

앞 절에서 학습한 망로해석법에서 주목할 점은 설명을 위하여 예로 제시한 모든 전기회로에서 전원으로 전압원들이 사용된 것이다. 이는 정의된 모든 망로에 키르히호프 전압법칙을 적용하여 회로방정식을 도출하기 때문에 망로를 구성하는 각각의 가지에 있는 전압 성분들이 필요하기 때문이다. 특별히 지시되거나 표시되지 않는다면 회로에 있는 전류원의 양단에 걸리는 전압을 알 수 있는 방법이 거의 없다. 그러므로 전류원이 존재하면 전압 성분에 대한 정보가 없으므로 키르히호프 전압법칙을 적용하는 것이 어려워진다.

마디해석법에서도 전압원이 있는 경우 전압원과 전압원 전후에 있는 마디들을 묶어 하나의 수퍼마디를 만들어 회로를 해석하는 방법을 학습하였다. 전류원이 있는 회로에 대한 망로해석법은 앞 절에서 학습한 일반적인 망로해석법을 조금 수정하면 된다. 이때 전류원을 처리하는 방법은 전류원이 포함된 망로의 구조에 따라 두 가지 방법이 있다.

① 전류원이 하나의 망로에만 포함되는 경우
전류원과 함께 전류원에 직렬연결된 소자들이 포함된 가지를 가상적으로 개방시키고 전류원의 크기를 망로전류로 대체한다. 이때 전류의 기준 방향에 따라 동일 부호를 유지하거나 부호를 반전시킨다.

② 전류원이 두 개의 망로에 공유되어 있는 경우
전류원과 함께 전류원에 직렬연결된 소자들이 포함된 가지를 가상적으로 개방시킨 다음 수퍼망로(supermesh)를 만든다.

여기서 독립전류원과 종속전류원을 구분할 필요는 없다. 종속전류원의 경우 전류원의 크기를 제어하는 변수에 유의하여 처리하면 된다.

첫 번째 방법에 대한 간단한 예로 그림 4.32의 회로를 생각하여보자.

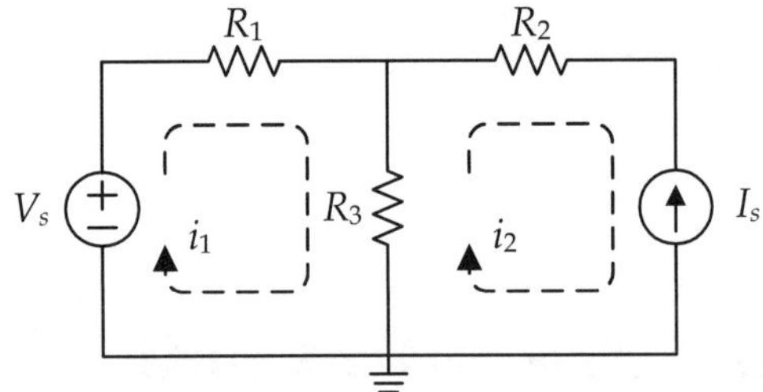

그림 4.32 전류원이 하나의 망로에만 포함된 전기회로

예제 회로는 2개의 망로로 구성되어 있으며, i_1과 i_2는 각 망로의 전류이다. 오른쪽 망로는 전류원이 있으므로 키르히호프 전압법칙을 적용하기가 쉽지 않다. 위에 소개한 방법 ①을 적용하면 전류원 I_s와 저항 R_2가 포함된 가지를 가상적으로 개방시킨 구조는 그림 4.33과 같다.

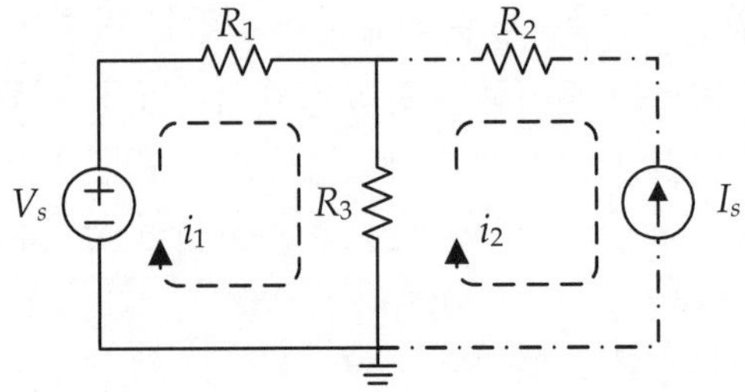

그림 4.33 전류원이 포함된 망로를 가상 개방시킨 회로

가상적으로 개방시킨 회로의 나머지 부분인 왼쪽 망로에 망로해석법을 적용하면

$$-V_s + R_1 i_1 + R_3(i_1 - i_2) = 0 \rightarrow (R_1 + R_3)i_1 - R_3 i_2 = V_s \tag{4.63}$$

회로변수가 2개이므로 식 (4.63)의 해를 구하기 위해서는 최소한 하나의 다른 식이 필요하다. 이는 망로전류와 전류원과의 관계를 이용하여 아래와 같이 구할 수 있다.

$$i_2 = -I_s \tag{4.64}$$

식 (4.64)를 식 (4.63)에 대입하면 망로전류 i_1은

$$(R_1 + R_3)i_1 + R_3 I_s = V_s \rightarrow i_1 = \frac{V_s - R_3 I_s}{R_1 + R_3} \tag{4.65}$$

두 번째 방법에 대한 예로 그림 4.34의 전기회로를 생각하여보자.

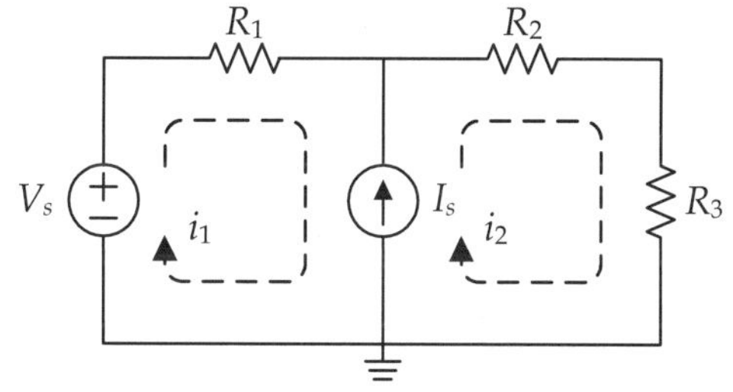

그림 4.34 전류원이 2개의 망로에 공유된 전기회로

전류원 I_s가 왼쪽 망로와 오른쪽 망로에 공유되어 있으므로 전류원이 있는 가지를 가상적으로 개방시키면 4.35와 같은 회로가 된다.

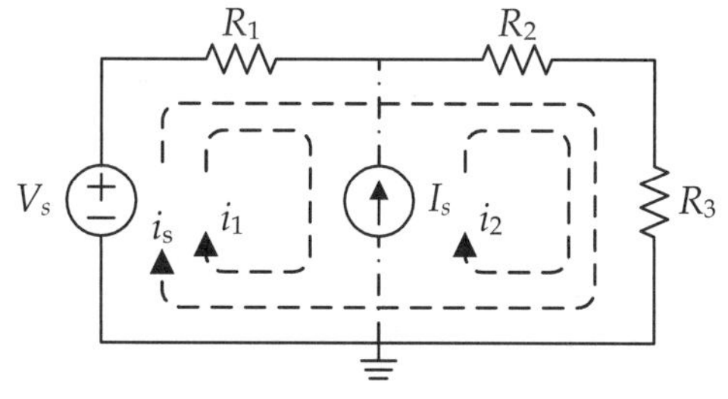

그림 4.35 전류원이 포함된 가지를 가상 개방시킨 회로

2개의 망로 사이에 있는 가지가 개방됨에 따라 그림 4.35의 회로에서는 2개의 망로가 통합된 수퍼망로가 생긴다. 수퍼망로에 키르히호프 전압법칙을 적용하는 것은 앞에서 학

습한 망로해석법과 거의 같다. 따라서 이 회로의 망로방정식은

$$-V_s + R_1 i_1 + R_2 i_2 + R_3 i_2 = 0 \tag{4.66}$$

여기서 망로전류 i_2는 전류원을 가상 개방하기 전 전류원과 망로전류 i_1의 관계로부터

$$I_s = i_2 - i_1 \tag{4.67}$$

으로 정의된다. 그러므로 식 (4.67)을 식 (4.66)에 대입하여 정리하면 각각의 망로전류는 식 (4.68)과 같이 계산된다.

$$R_1 i_1 + (R_2 + R_3)(I_s + i_1) = V_s \rightarrow i_1 = \frac{V_s - (R_2 + R_3) I_s}{R_1 + R_2 + R_3}, \tag{4.68}$$

$$i_2 = \frac{V_s + R_1 I_s}{R_1 + R_2 + R_3}.$$

전류원이 포함된 전기회로에 대한 망로해석법은 전류원이 포함된 가지가 가상 개방되면 2개 이상의 망로가 하나의 수퍼망로로 통합되는 과정에서 회로변수인 망로전류에 대한 세심한 고려가 필요하다. 하지만 전체적으로는 전류원의 수만큼 망로방정식의 수가 감소되므로 실제적으로는 연산이 감소되는 효과가 있다.

예제 4.11

다음 전기회로에 망로해석법을 적용하여 망로전류 i_1, i_2, i_3를 구하라.

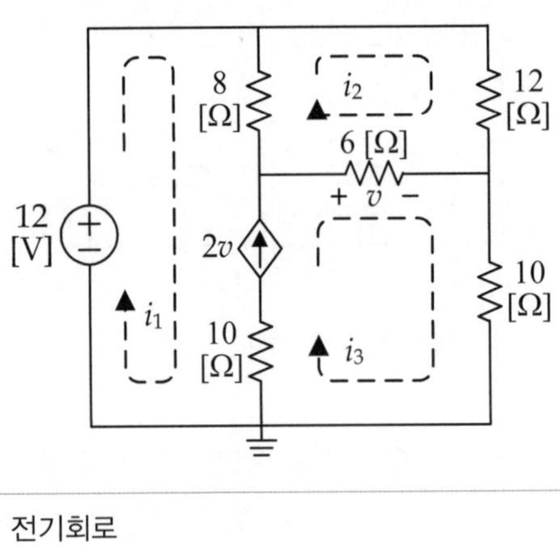

그림 4.36 예제 4.11을 위한 전기회로

풀이

망로 1과 망로 3 사이에 공유된 종속전류원이 있는 가지를 가상 개방시킨 회로를 그림 4.37에 나타내었다. 종속전류원이 포함된 가지가 가상 개방됨에 따라 망로 1과 망로 3은 통합되어 수퍼망로가 된다.

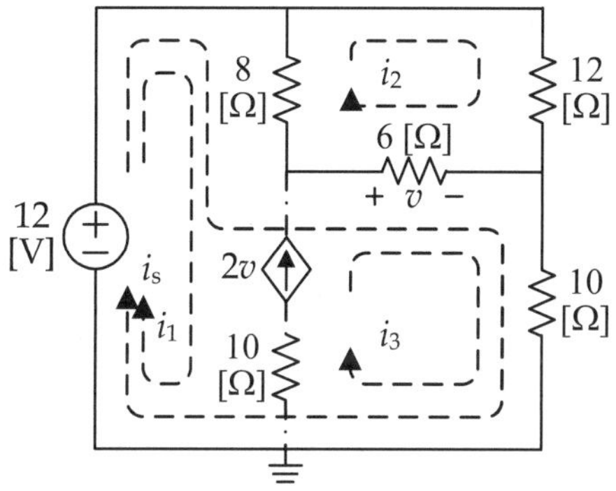

그림 4.37 종속전류원이 있는 가지를 가상 개방시킨 회로

수퍼망로에서 전류의 흐름에 따라 키르히호프 전압법칙을 적용하면

$$-12 + 8(i_1 - i_2) + 6(i_3 - i_2) + 10i_3 = 0 \;\rightarrow\; 8i_1 - 14i_2 + 16i_3 = 12 \qquad ①$$

여기서 가상 개방된 종속전류원의 기준 방향을 고려하면 망로전류 i_1과 i_3의 관계는

$$i_3 - i_1 = 2v \qquad ②$$

이고, 종속전류원에 대한 제어변수는

$$v = 6(i_3 - i_2) \qquad ③$$

로 정의된다. 식 ②와 ③으로부터 $i_3 = (-i_1 + 12i_2)/11$이 된다. 이것을 식 ①에 대입하여 정리하면 수퍼망로의 망로방정식은

$$8i_1 - 14i_2 + 16i_3 = 12 \;\rightarrow\; 72i_1 + 38i_2 = 132 \qquad ④$$

오른쪽 위의 망로에 키르히호프 전압법칙을 적용하면 망로방정식은

$$8(i_2 - i_1) + 12i_2 + 6(i_2 - i_3) = 0 \;\rightarrow\; -82i_1 + 214i_2 = 0 \qquad ⑤$$

식 ④와 ⑤의 망로방정식을 행렬 형태로 정리하여 나타내면 다음과 같다.

$$\begin{pmatrix} 72 & 38 \\ -82 & 214 \end{pmatrix}\begin{pmatrix} i_1 \\ i_2 \end{pmatrix} = \begin{pmatrix} 132 \\ 0 \end{pmatrix} \qquad ⑥$$

크라머 법칙을 적용하기 위하여 계수행렬에 대한 행렬식을 계산하면

$$\Delta = \begin{vmatrix} 72 & 38 \\ -82 & 214 \end{vmatrix} = 72 \times 214 - (-82 \times 38) = 18524$$

이므로 망로전류 i_1, i_2, i_3은 각각 다음과 같이 계산된다.

$$i_1 = \frac{\begin{vmatrix} 132 & 38 \\ 0 & 214 \end{vmatrix}}{\Delta} = \frac{132 \times 214 - 0 \times 38}{\Delta} = \frac{28248}{18524} = 1.52\ [\mathrm{A}],$$

$$i_2 = \frac{\begin{vmatrix} 72 & 132 \\ -82 & 0 \end{vmatrix}}{\Delta} = \frac{72 \times 0 - (-82 \times 132)}{\Delta} = \frac{10824}{18524} = 0.58\ [\mathrm{A}],$$

$$i_3 = \frac{-i_1 + 12 i_2}{11} = 0.49\ [\mathrm{A}].$$

예제 4.12

다음 전기회로에 망로해석법을 적용하여 망로전류 i_1, i_2, i_3를 구하라.

다음 전기회로에 망로해석법을 적용하여 망로전류 i_1, i_2, i_3, i_4를 구하라.

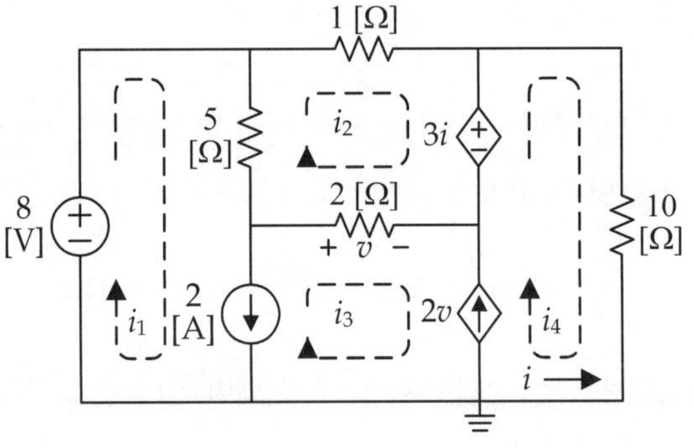

그림 4.38 예제 4.12를 위한 전기회로

힌트 : 그림 4.38의 회로에는 4개의 망로가 있으나 2개의 전류원을 가상 개방시키고 망로 1, 망로 3, 망로 4를 통합하여 수퍼망로를 그림 4.38과 같이 만들면 망로방정식은 2개만 남는다.

정답 $i_1 = 7.59$ [A], $i_2 = 6.65$ [A], $i_3 = 5.59$ [A], $i_4 = 1.35$ [A].

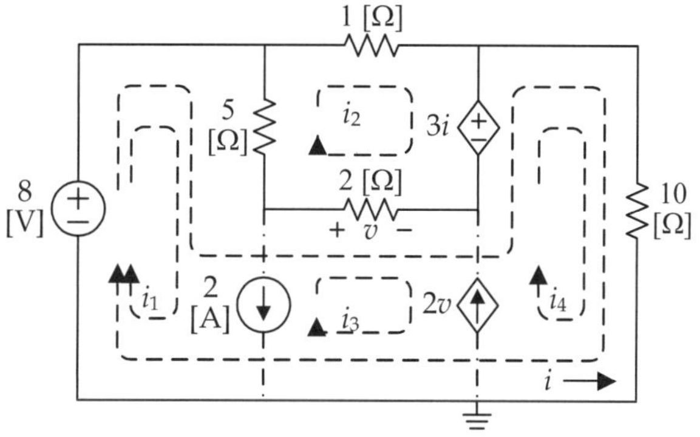

그림 4.39 전류원이 있는 가지를 가상 개방시킨 회로

망로방정식을 도출할 때 다음의 관계식을 이용하라.

$$i_1 - i_3 = 2 \text{ [A]},\ i_4 - i_3 = 2v \text{ [A]},\ v = 2(i_3 - i_2) \text{ [V]},\ i = -i_4 \text{ [A]}.$$

4.7 망로해석법과 마디해석법의 비교

앞에서도 서술한 바 있듯이 망로해석법은 마디해석법과 함께 회로해석에서 가장 빈번하게 사용되는 중요한 도구이다. 두 해석방법을 간단하게 비교하면 표 4.1과 같이 요약하여 나타낼 수 있다.

표 4.1 망로해석법과 마디해석법의 비교

	망로해석법	마디해석법
목적	망로전류 계산	마디전압 계산
회로변수	망로전류	마디전압
해석 도구	망로를 대상으로 키르히호프 전압법칙 적용	마디를 대상으로 키르히호프 전류법칙 적용 (기준마디 제외)
특징	전압원이 많은 경우 유리	전류원이 많은 경우 유리

표 4.1로부터 두 해석법은 서로 반대의 개념이 아니라 쌍대(duality)의 개념을 가진다. 임의의 전기회로에 대하여 망로해석법과 마디해석법 중 어떤 방법이 해석에 더 유리한 것인지 판단하여 적용하면 된다.

연습문제

4.1 그림 P4.1에 나타낸 전기회로에서

(1) 전체 저항을 구하고, 전류 $I = 1$ [A]가 되도록 하는 V_s의 값을 옴의 법칙과 전류 분배법칙을 이용하여 구하라.

(2) 전류 $I = 1$ [A]일 때, 전압원 V_s의 값을 비례성의 원리를 이용하여 구하라.

(3) $V_s = 7$ [V]라면 전류 I는 얼마인가?

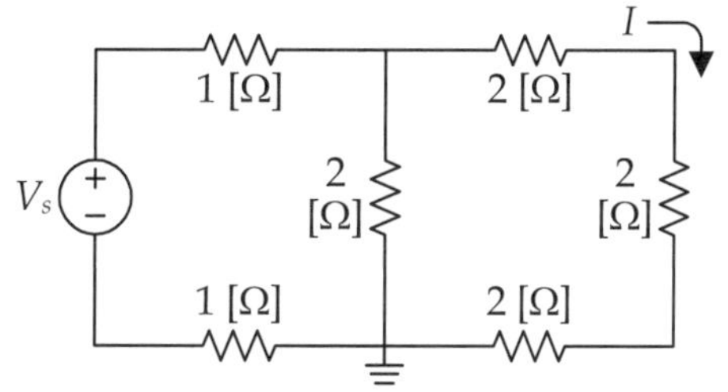

그림 P4.1

4.2 그림 P4.2에 나타낸 전기회로에서

(1) 전류 i_1을 구하라.

(2) 전류원과 전압원의 크기를 각각 5배 증가시킨 경우와 1/5배로 감소시킨 경우 전류 i_1을 구하여 비례성의 원리가 만족되는지 확인하라.

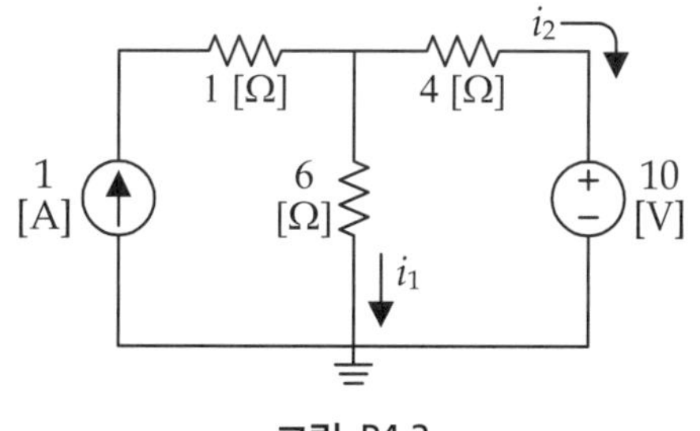

그림 P4.2

4.3 그림 P4.3에 나타낸 사다리꼴 회로에

(1) 비례성의 원리를 적용하여 전류 I를 구하라.

(2) 전체 합성저항을 구하고 각각의 저항 양단에 걸리는 전압 $V_1 \sim V_4$를 구하라.

(3) 8 [mA] 전류원이 회로에 공급하는 전력을 구하라.

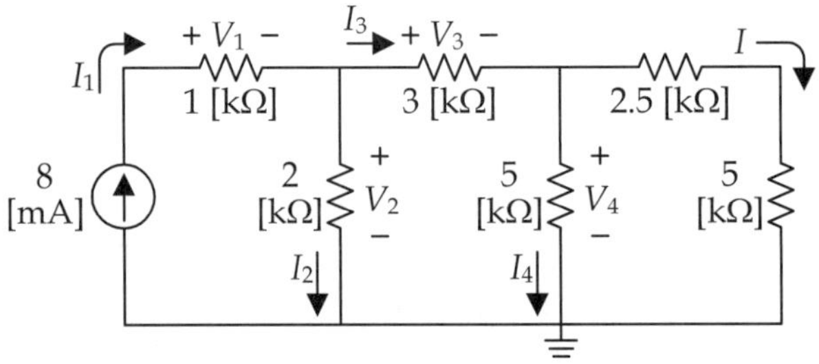

그림 P4.3

4.4 다음 사다리꼴 회로에 비례성의 원리를 적용하여 각각의 가지를 통하여 흐르는 전류와 저항 양단의 전압에 대한 표를 완성하라.

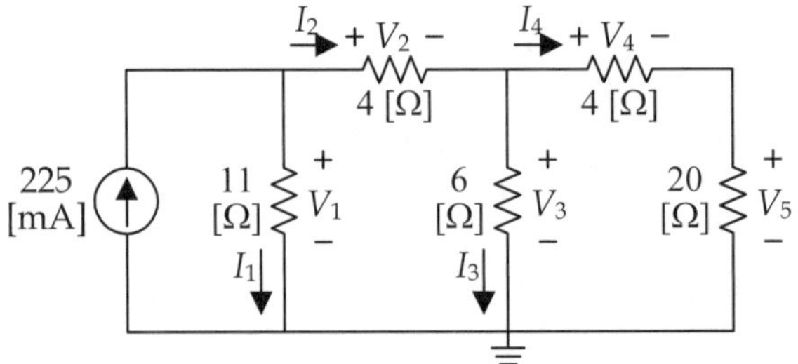

그림 P4.4

가지전류			
I_1	I_2	I_3	I_4

저항 양단의 전압				
V_1	V_2	V_3	V_4	V_5

4.5 그림 P4.5의 사다리꼴 회로에 비례성의 원리를 적용하여

(1) 전류 I_1과 I_2를 구하라.

(2) 전압원에서 흘러나가는 전류 I_s와 전원이 공급하는 전력을 구하라.

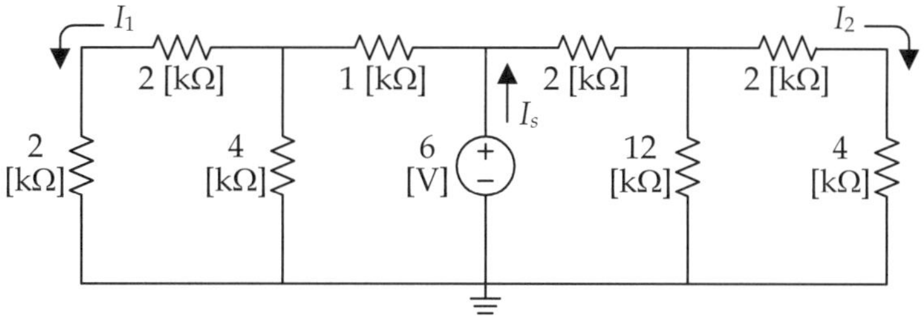

그림 P4.5

4.6 그림 P4.6의 전기회로에 대하여

(1) 5 [Ω] 양단의 전압 V가 2 [V]가 되도록 하는 전압원 V_s는 얼마인가?

(2) 10 [Ω] 저항에서 소비되는 전력이 0.5 [W]가 되도록 하는 전압원 V_s는 얼마인가?

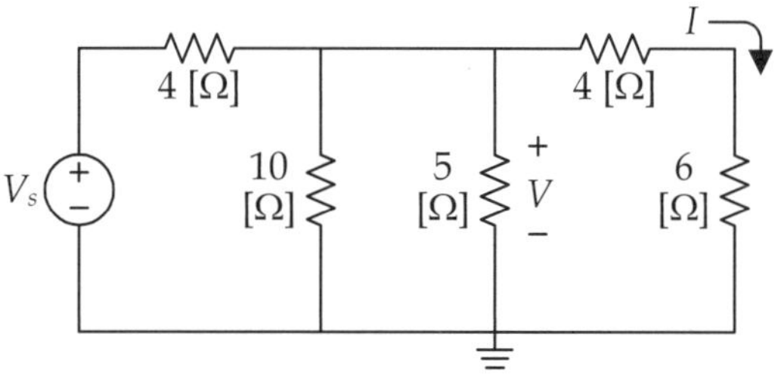

그림 P4.6

4.7 그림 P4.7의 전기회로에 중첩의 원리를 적용하여

(1) V와 I를 구하라.

(2) 각 저항에서 소비되는 전력과 전원들이 공급하는 전력을 구하여 전력보존의 법칙이 성립하는지 확인하라.

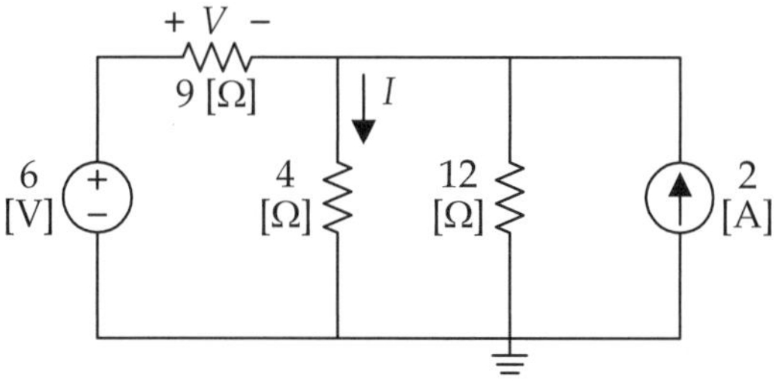

그림 P4.7

4.8 그림 P4.8의 전기회로에 중첩의 원리를 적용하여 마디 a와 마디 b의 전압을 구하라.

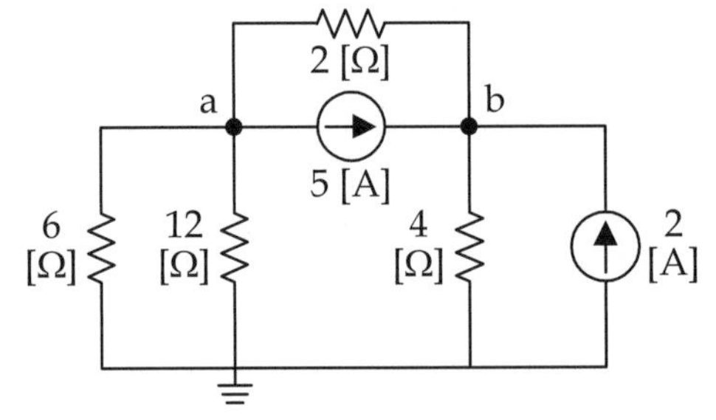

그림 P4.8

4.9 그림 P4.9에 나타낸 전기회로에 중첩의 원리를 적용하여

(1) 마디 a와 마디 b의 전압을 구하라.

(2) V와 I를 구하라.

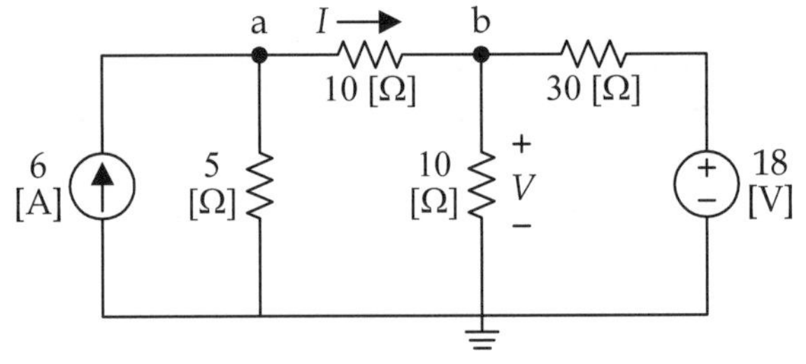

그림 P4.9

4.10 그림 P4.10에 나타낸 전기회로에 중첩의 원리를 적용하여

(1) 전압 V_1~V_3와 전류 I_1~I_3를 구하라.

(2) 마디 a와 마디 b에서 키르히호프 전류법칙이 성립함을 입증하라.

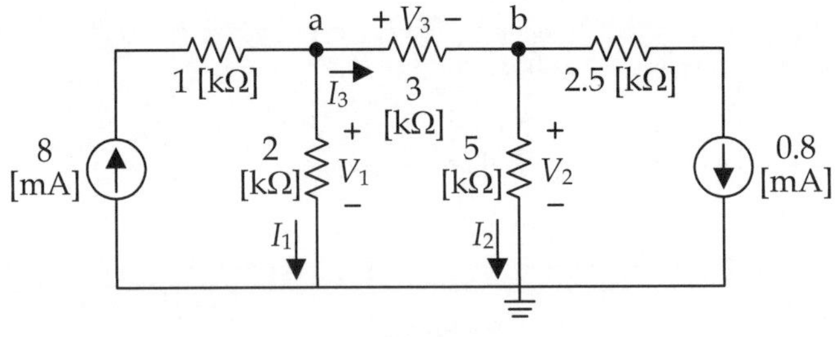

그림 P4.10

4.11 그림 P4.11에 나타낸 전기회로에 중첩의 원리를 적용하여

(1) 전류 V_1, V_2, V_3를 구하라.

(2) 망로전류 i_1, i_2, i_3와 가지전류 I_1, I_2, I_3를 구하라.

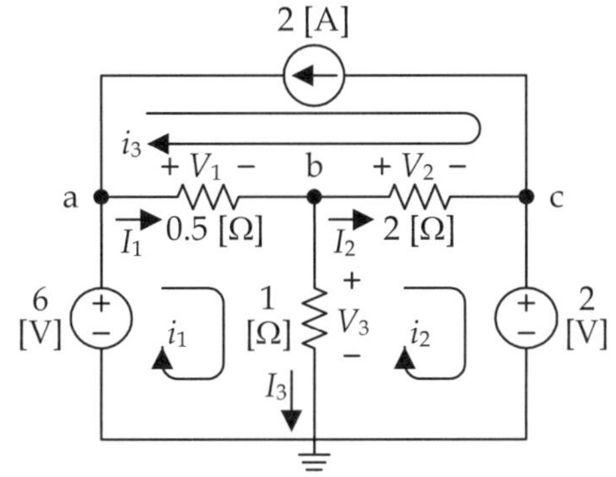

그림 P4.11

4.12 그림 P4.12에 나타낸 전기회로에 중첩의 원리를 적용하여 전압 V_1, V_2와 전류 I_1, I_2를 구하라.

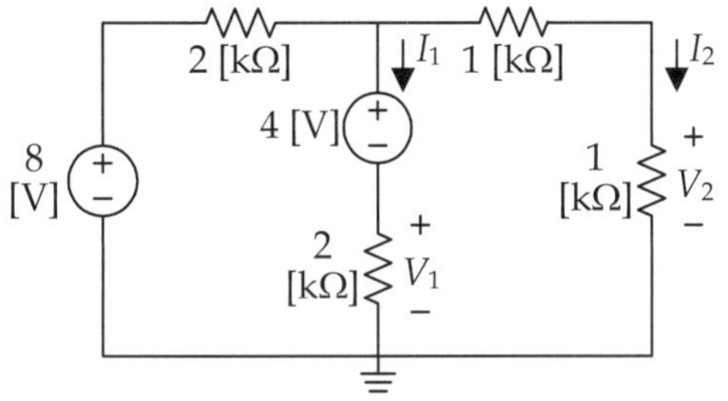

그림 P4.12

4.13 문제 4.8의 전기회로에 마디해석법을 적용하여 마디 a와 마디 b의 전압을 구하고, 중첩의 원리를 적용한 경우와 비교하라.

4.14 그림 P4.14의 전기회로에 마디해석법을 적용하여

(1) 마디전압 V_a와 V_b를 구하라.

(2) 전류 I_1, I_2, I_3를 구하고, 마디 a와 마디 b에서 키르히호프 전류법칙이 성립하는

지 확인하라.

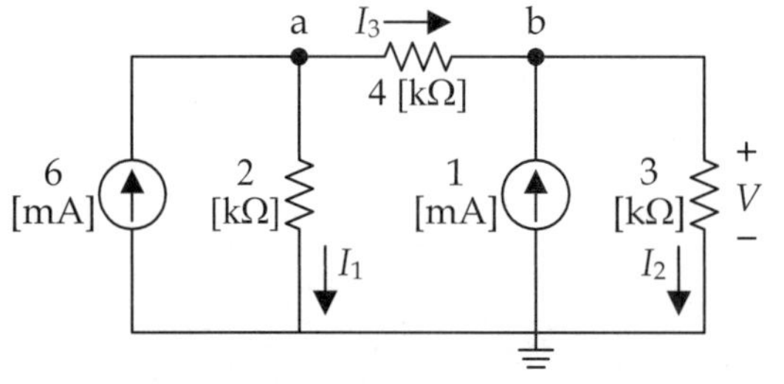

그림 P4.14

4.15 그림 P4.10에 나타낸 전기회로에 마디해석법을 적용하여 문제 4.10을 다시 풀고 결과를 비교하라.

4.16 그림 P4.16에 나타낸 전기회로에 마디해석법을 적용하여

(1) 마디전압 V_a와 V_b를 구하라.

(2) 전류 I_1, I_2, I_3를 구하라.

(3) 세 전류원이 회로에 공급하는 전력을 구하라.

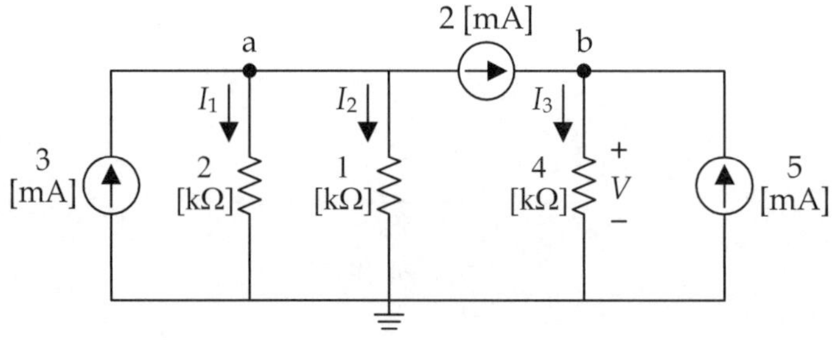

그림 P4.16

4.17 그림 P4.17에 나타낸 전기회로에 마디해석법을 적용하여 종속전류원의 제어전압 v_x를 구하라.

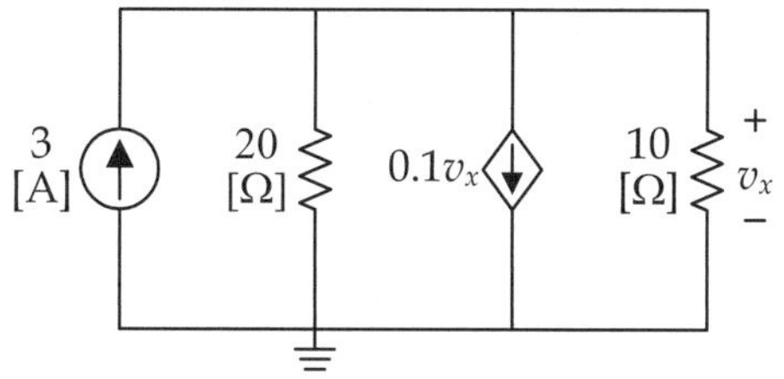

그림 P4.17

4.18 그림 P4.18에 나타낸 전기회로에 마디해석법을 적용하여

(1) 마디전압 V_a와 V_b를 구하라.

(2) 마디 a와 마디 b에서 키르히호프 전류법칙이 성립하는지 확인하라.

(3) 독립전원과 종속전원이 회로에 공급하는 전력과 세 저항에서 소비되는 전력을 구하여 전력보존의 법칙이 성립하는지 확인하라.

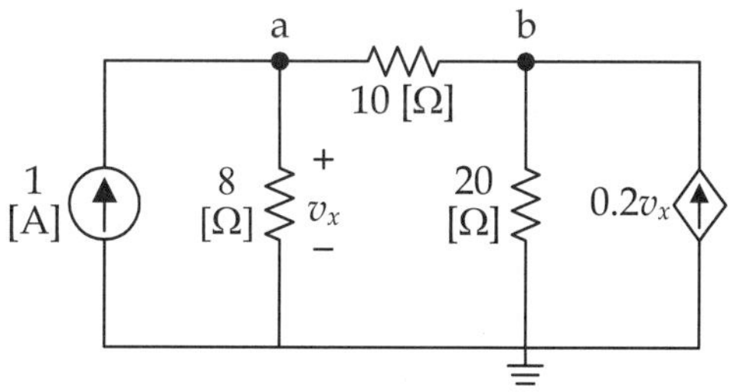

그림 P4.18

4.19 그림 P4.19의 전기회로에 마디해석법을 적용하여 마디전압 V_a, V_b, V_c를 구하라.

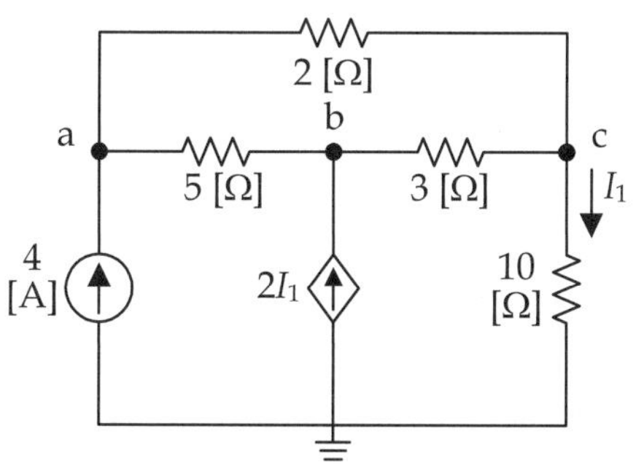

그림 P4.19

4.20 다음 전기회로에 마디해석법을 적용하여 마디전압 V_a, V_b, V_c를 구하라.

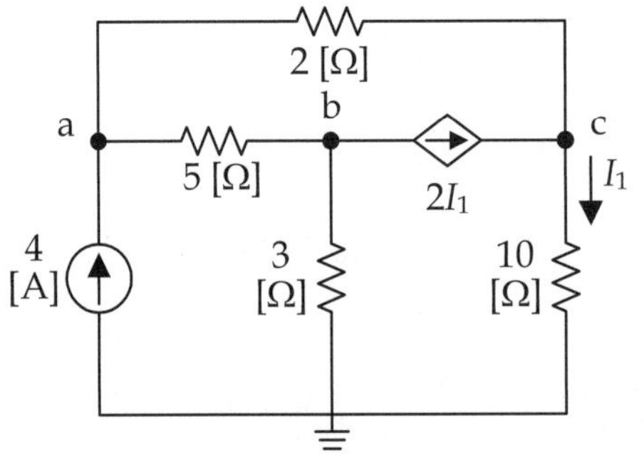

그림 P4.20

4.21 그림 P4.21의 전기회로에 마디해석법을 적용하여 마디전압 V_a, V_b, V_c를 구하라.

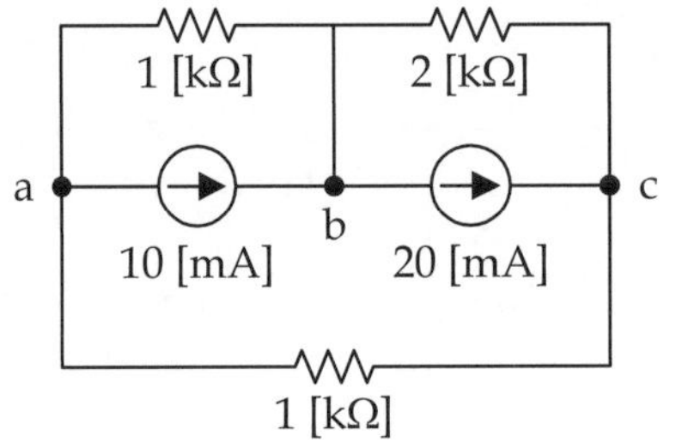

그림 P4.21

4.22 그림 P4.2의 전기회로에 마디해석법을 적용하여 문제 4.2를 다시 풀고, 그 결과를 비교하라.

4.23 그림 P4.7의 전기회로에 마디해석법을 적용하여 문제 4.7을 다시 풀고, 그 결과를 비교하라.

4.24 그림 P4.9의 전기회로에 마디해석법을 적용하여 문제 4.9를 다시 풀고, 그 결과를 비교하라.

4.25 그림 P4.25에 나타낸 전기회로에 마디해석법을 적용하여

(1) 마디전압 V_a와 V_b를 구하라.

(2) 전압 V_1, V_2와 전류 I_1을 구하라.

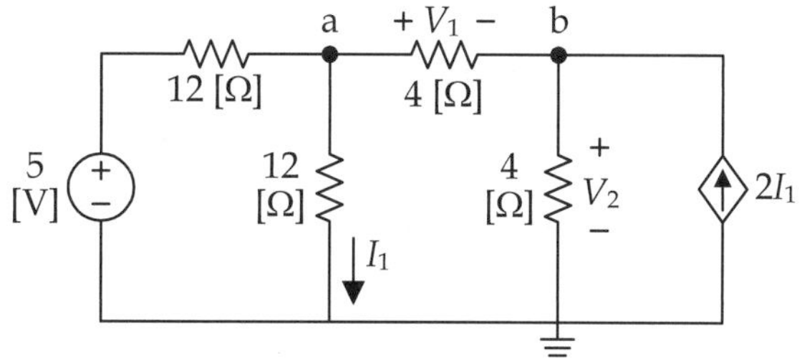

그림 P4.25

4.26 그림 P4.26의 전기회로에 마디해석법을 적용하여

(1) 마디전압 V_a, V_b, V_c를 구하라.

(2) 가지전류 I_1, I_2, I_3를 구하라.

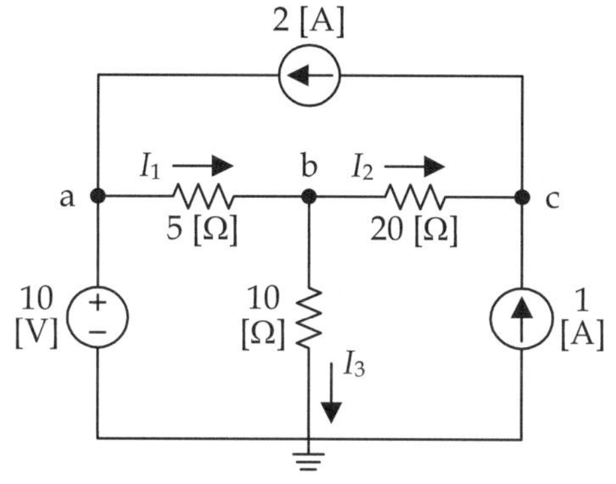

그림 P4.26

4.27 그림 P4.27의 전기회로에 마디해석법을 적용하여

(1) 마디전압 V_a, V_b, V_c를 구하라.

(2) 가지전류 I_1, I_2, I_3를 구하라.

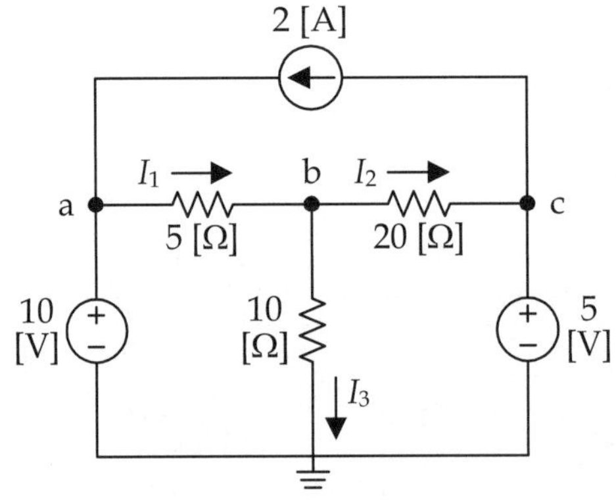

그림 P4.27

4.28 그림 P4.28에 나타낸 전기회로에 마디해석법을 적용하여

(1) 마디전압 V_a와 V_b를 구하라.

(2) 전류 I_1~I_4를 구하고, 마디 a와 마디 b에서 키르히호프 전류법칙이 성립하는지 확인하라.

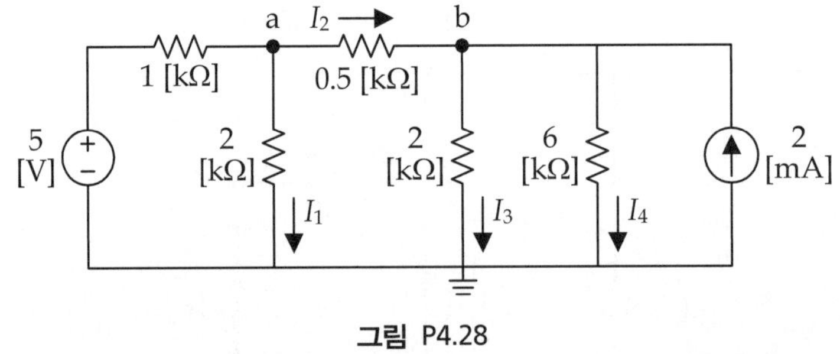

그림 P4.28

4.29 그림 P4.29의 전기회로에 마디해석법을 적용하여

(1) 마디 a와 마디 b의 전압을 구하라.

(2) 각각의 마디에 키르히호프 전류법칙을 적용하여 전류 I_1과 I_2를 구하라.

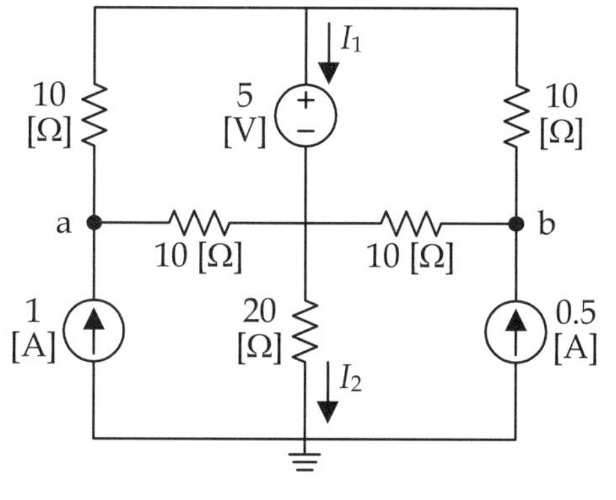

그림 P4.29

4.30 다음 전기회로에 마디해석법을 적용하여

(1) 마디 a, b, c의 전압 V_a, V_b, V_c를 구하라.

(2) 전압 V_1과 V_2, 전류 I_1과 I_2를 구하라.

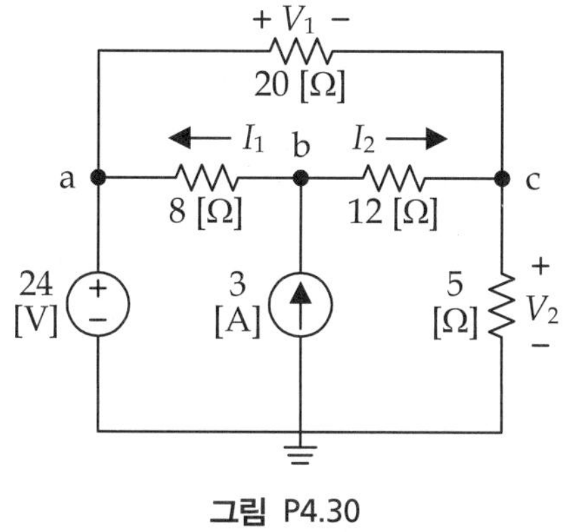

그림 P4.30

4.31 그림 P4.31의 회로에 마디해석법을 적용하여

(1) 마디 a와 b의 전압을 구하라.

(2) 전류 I_1, I_2와 전압 V를 구하라.

(3) 마디 b에서 키르히호프 전류법칙이 성립함을 입증하라.

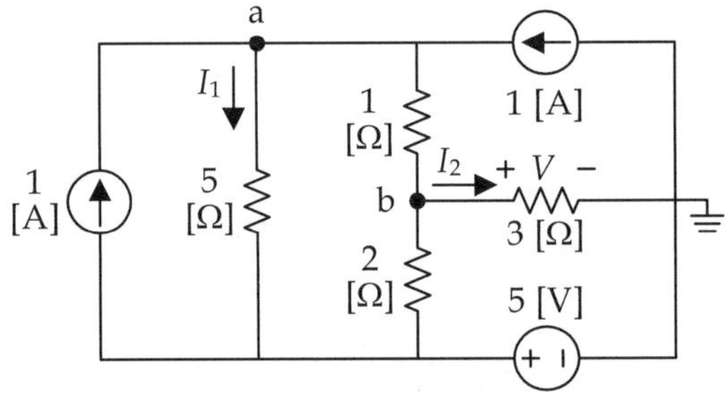

그림 P4.31

4.32 망로해석법을 이용하여 다음 전기회로를 해석하고자 한다.

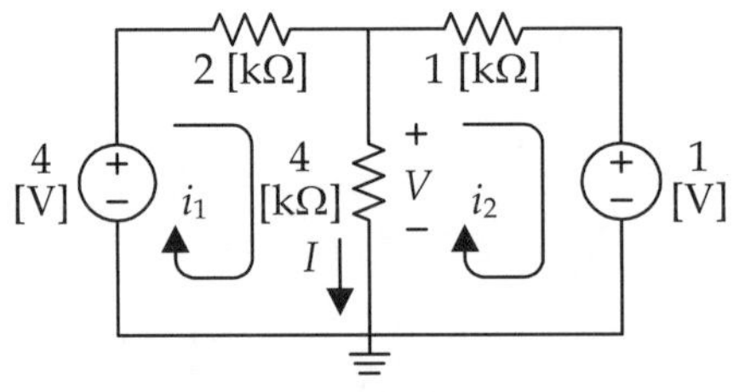

그림 P4.32

(1) 망로전류 i_1과 i_2를 구하라.

(2) 4 [kΩ] 저항을 통하여 흐르는 전류 I와 저항 양단에 걸리는 전압 V를 구하라.

(3) 두 전원이 공급하는 전력과 각 저항에서 소비되는 전력을 구하여 전력보존의 법칙이 성립하는지 확인하라.

4.33 그림 P4.33에 나타낸 회로에 망로해석법을 적용하여

(1) 망로전류 i_1과 i_2를 구하라.

(2) 4 [kΩ] 저항을 통하여 흐르는 전류 I와 저항 양단에 걸리는 전압 V를 구하라.

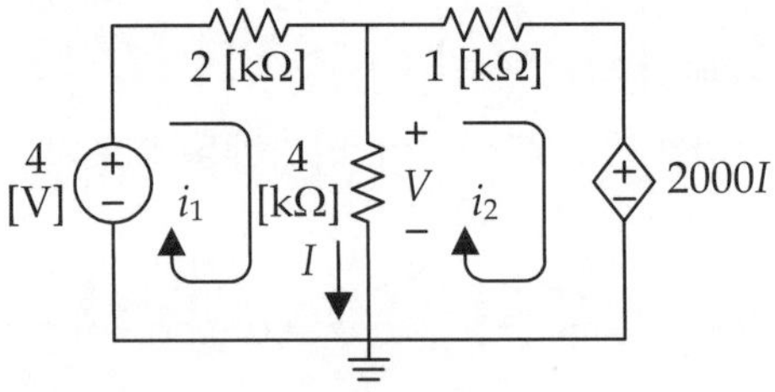

그림 P4.33

4.34 그림 P4.34에 나타낸 전기회로에 망로해석법을 적용하여

(1) 망로전류 i_1과 i_2를 구하라.

(2) 전류 I와 전압 V, 마디 a의 전압 V_a를 구하라.

(3) 중첩의 원리를 적용하여 문제 (2)를 다시 구하라.

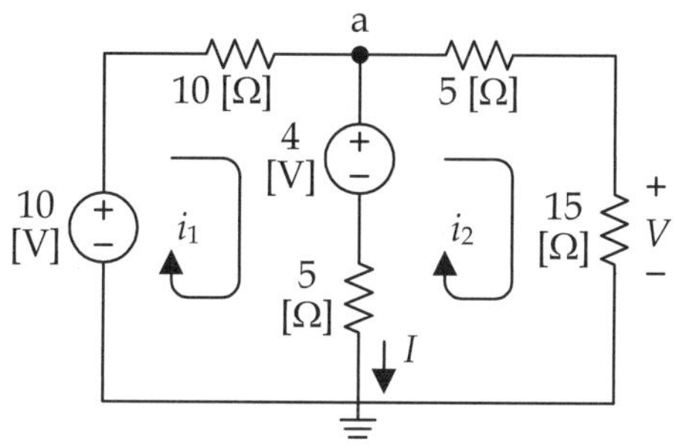

그림 P4.34

4.35 그림 P4.35의 전기회로에서

(1) 단자 a와 b의 오른쪽 부분을 테브냉 등가회로로 변환하라.

(2) 문제 (1)의 결과로 얻은 회로에 망로해석법을 적용하여 망로전류를 구하라.

(3) 전압 V_1, V_2, V_3를 구하라.

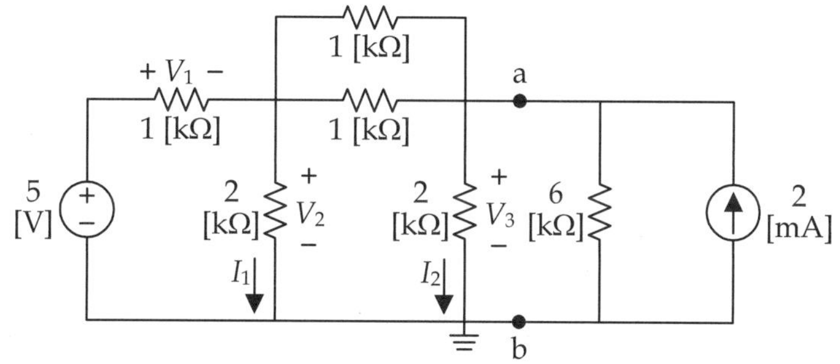

그림 P4.35

4.36 그림 P4.36의 전기회로에

(1) 망로해석법을 적용하여 망로전류 i_1, i_2, i_3를 구하라.

(2) 가지전류 I_1과 I_2를 구하여 마디 a의 전압을 결정하라.

(3) 각각의 전압원이 회로에 공급하는 전력을 구하라.

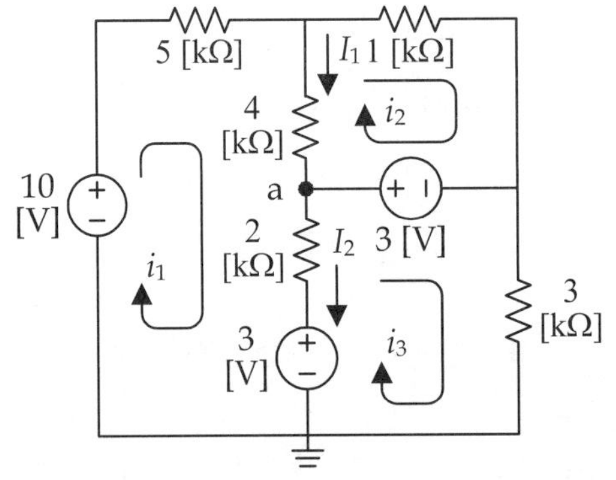

그림 P4.36

4.37 그림 P4.37의 전기회로에

(1) 망로해석법을 적용하여 망로전류 i_1, i_2, i_3를 구하라.

(2) 가지전류 I_1, I_2, I_3와 전압 V_1, V_2를 구하라.

(3) 왼쪽 아래 망로에서 키르히호프 전압법칙이 성립함을 입증하라.

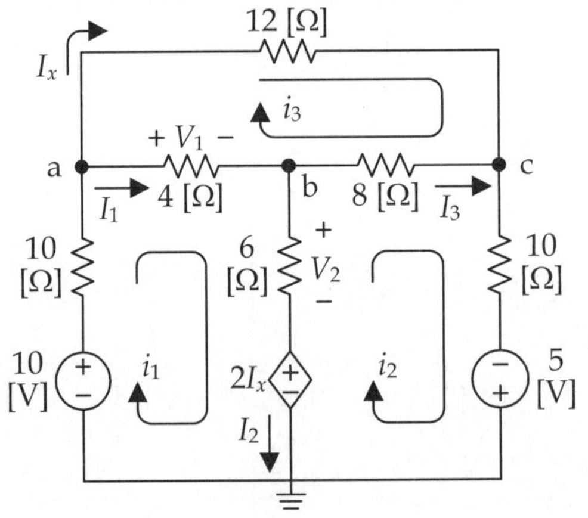

그림 P4.37

4.38 문제 12를 망로해석법을 이용하여 다시 풀어라.

4.39 문제 27을 망로해석법을 이용하여 다시 풀어라.

4.40 그림 P4.40에 나타낸 전기회로에 망로해석법을 적용하여

(1) 망로전류 i_1, i_2, i_3를 구하라.

(2) 전압 V_1, V_2와 종속전원 제어전압 v_x를 구하라.

(3) 마디 a, b, c의 전압을 구하라.

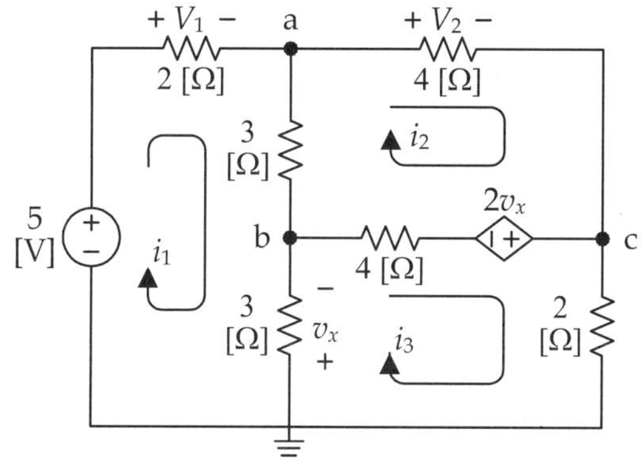

그림 P4.40

4.41 그림 P4.41에 나타낸 전기회로에

(1) 망로해석법을 적용하여 망로전류 i_1, i_2, i_3를 구하라.

(2) 종속전원의 크기를 $4I_x$에서 $2I_x$로 변경하여 망로전류를 다시 구하라.

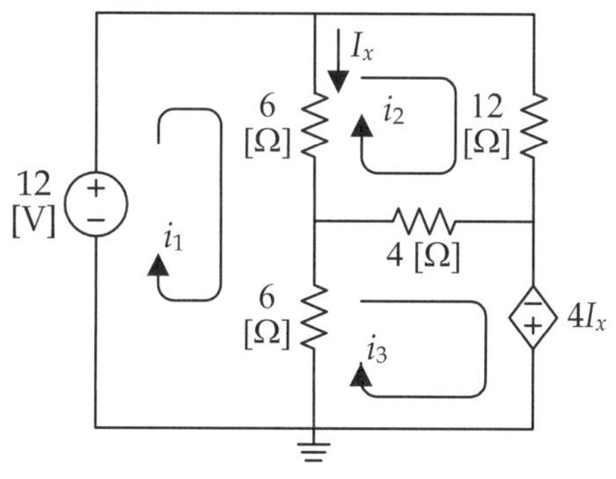

그림 P4.41

4.42 그림 P4.42에 나타낸 전기회로에

(1) 망로해석법을 적용하여 망로전류 i_1과 i_2를 구하라.

(2) 전압 V_1, V_2와 전류 I를 구하라.

(3) 전압원을 12 [V]에서 24 [V]로 변경하고 문제 (1)과 (2)를 다시 풀어라.

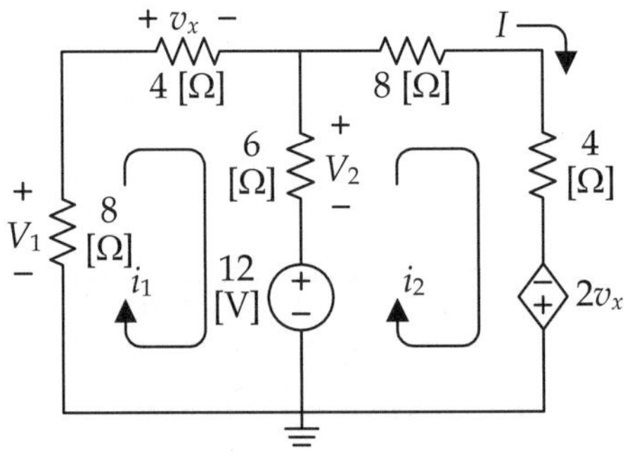

그림 P4.42

4.43 그림 P4.43의 전기회로에

(1) 망로해석법을 적용하여 망로전류 i_1, i_2, i_3를 구하라.

(2) 전압 V_1, V_2를 구하라.

(3) 전원이 공급하는 전력과 저항에서 소비되는 전력을 구하여 전력보존의 법칙이 성립하는지 확인하라.

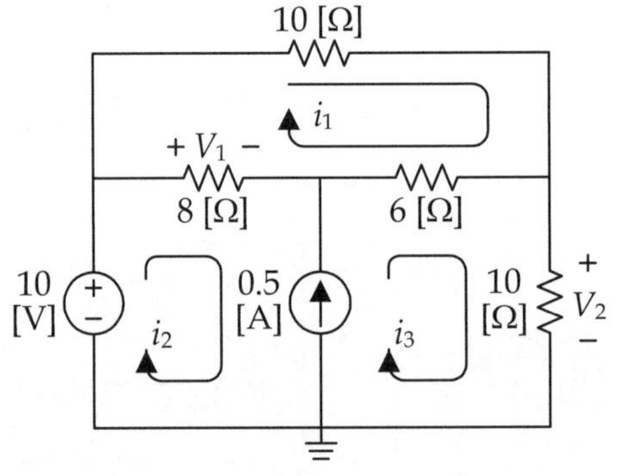

그림 P4.43

4.44 문제 4.43을 중첩의 원리를 이용하여 다시 풀고, 그 결과를 비교하라.

4.45 그림 P4.45에 나타낸 전기회로에 망로해석법을 적용하여

(1) 망로전류 i_1, i_2, i_3를 구하라.

(2) 전압 $V_1 \sim V_4$를 구하라.

(3) 마디 a, b, c의 전압을 구하라.

(4) 세 전원이 공급하는 전력과 각 저항에서 소비되는 전력을 구하여 전력보존의 법칙이 성립하는지 확인하라.

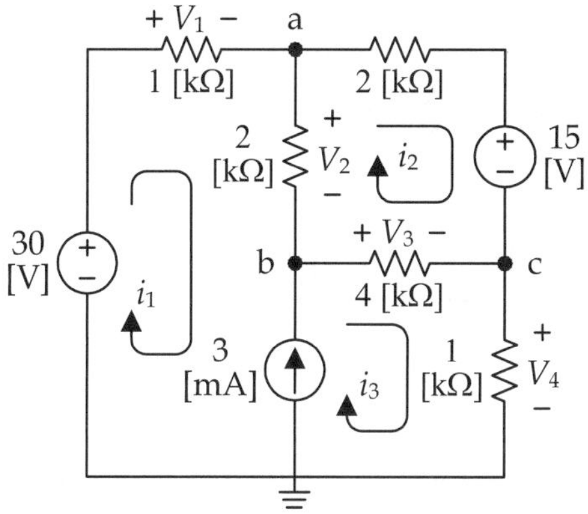

그림 P4.45

4.46 그림 P4.46에 나타낸 전기회로에 망로해석법을 적용하여

(1) 망로전류 i_1, i_2, i_3를 구하라.

(2) 전압 V_1 ~ V_4를 구하라.

(3) 마디전압 V_a, V_b, V_c를 구하라.

(4) 세 전원이 공급하는 전력과 각 저항에서 소비되는 전력을 구하여 전력보존의 법칙이 성립하는지 확인하라.

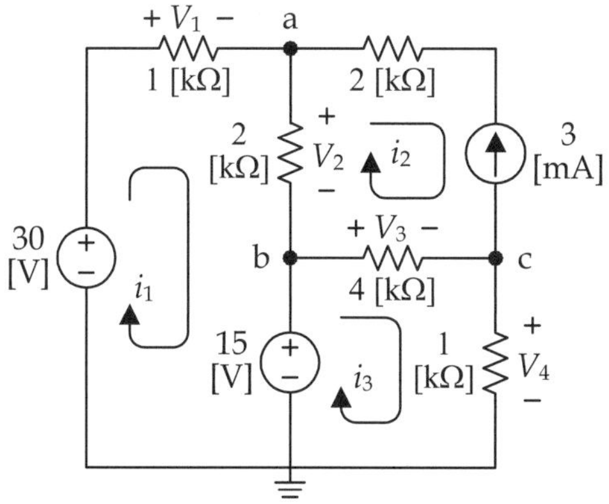

그림 P4.46

4.47 그림 P4.47에 나타낸 전기회로에

(1) 망로해석법을 적용하여 망로전류 i_1, i_2, i_3를 구하라.

(2) 전압 V_1, V_2, V_3와 종속전원 제어전압 v_x를 구하라.

(3) 마디전압 V_a, V_b, V_c를 구하라.

(4) 각각의 전원이 공급하는 전력의 합과 각 저항에서 소비되는 전력의 합이 일치하는지 확인하라.

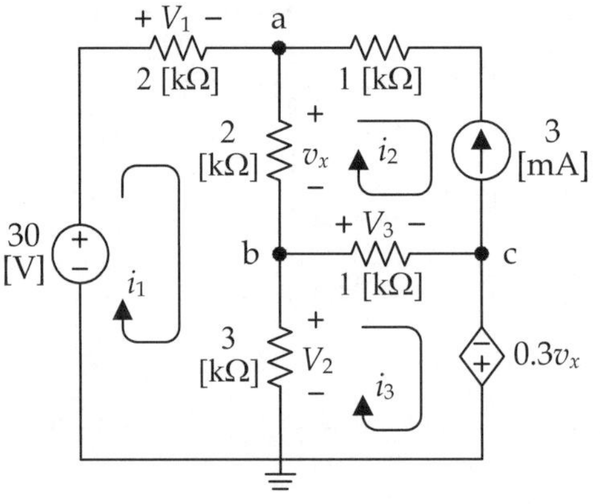

그림 P4.47

에너지 저장소자

CHAPTER

05

전기・전자회로에 대한 정의와 개념을 소개한 이후 지난 4장까지 회로해석에 필요한 세부적인 기법들을 다루고 회로해석법에 대하여 중점적으로 학습하였다. 주목할 것은 회로를 동작시키는 전원을 제외하면 회로를 구성하는 요소로는 저항만을 사용하는 저항회로를 주요 대상으로 하였다는 점이다. 저항은 가장 대표적인 선형소자이므로 해석을 위한 회로방정식이 선형 대수방정식으로 나타나는 것이 저항회로를 사용하여 회로해석 방법을 학습하는 주된 이유이다.

이 장에서는 새로운 수동소자로 커패시터와 인덕터를 학습한다. 에너지를 소비하는 특성만 가지는 저항과는 달리 커패시터와 인덕터는 에너지를 저장할 수 있는 특성이 있으므로 에너지 저장소자(energy storage element)라고 한다. 또한, 에너지를 저장하고 방출하는 과정에서 시간의 변화에 따른 전기적 변화들이 발생되므로 앞으로의 해석에서는 시간의 변화도 주요한 파라미터로 작용한다.

커패시터와 인덕터는 저항보다는 훨씬 동적(dynamic)인 특성을 가지는 회로 구성요소이다. 그럼에도 불구하고 이전의 장들에서 학습한 회로해석을 위한 세부기술들과 해석방법은 앞으로도 여전히 유효하게 사용됨을 강조한다.

5.1 커패시터

커패시터는 금속판과 같은 전도체 사이에 절연체(insulator)를 넣어 분리시킨 2단자 소자이다. 그림 5.1에 평판 커패시터의 개념적 구조를 나타내었다. 절연체로는 운모, 폴리스틸렌, 세라믹 등의 유전물질(dielectric) 등이 삽입된다.

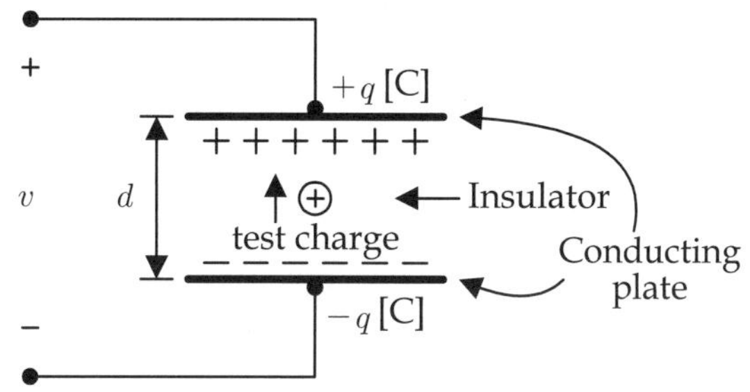

그림 5.1 평판 커패시터의 개념적 구조

전도체 평판에 외부에서 전압을 인가하면 (+) 단자가 연결된 판에는 $+q$ 전하가 축적되고 (−) 단자가 연결된 판에는 $-q$ 전하가 축적된다. 금속판 사이에는 (+) 단자에서 (−) 단자 방향으로 식 (5.1)에 나타낸 세기의 전기장이 형성된다.

$$E = \frac{q}{\epsilon A} \tag{5.1}$$

여기서 ϵ은 유전율이고 A는 전도체 판의 면적이다. 즉, 금속판 사이에 전기장이 형성되면 유전물질은 전기장에 노출되면서 분극현상(polarization)이 발생된다. 또한 전기장의 강도는 외부에서 인가하는 전압과는 식 (5.2)와 같은 관계에 있다.

$$E = \frac{v}{d} \tag{5.2}$$

여기서 v는 외부 인가전압을 나타내고 d는 금속판 사이의 거리이다.

식 (5.1)과 식 (5.2)로부터 커패시터의 정전용량은

$$C = \frac{q}{v} = \frac{\epsilon A}{d} \tag{5.3}$$

로 정의된다. 이에 따라 커패시터의 차원은 [Coulomb/V 또는 C/V]이며, 단위로는 영국의 물리학자인 Michael Faraday를 기리기 위하여 [Farad, F]를 사용한다. 즉, 흔히 커패시턴스라고 부르는 정전용량은 외부 인가전압에 대한 양쪽 극판에 유기된 전하량의 비가 된다. 식 (5.3)으로부터 정전용량은 금속판의 면적과 금속판 사이의 거리 그리고 삽입되는 유전물질이 가지는 유전율에 의하여 결정되는 상수이므로 식 (5.4)에 나타낸 것처럼 외부 인가전압이 커지면 더 많은 전하들이 금속판에 유기된다.

$$q = Cv \tag{5.4}$$

특히, 식 (5.4)는 대표적인 선형 특성을 나타내는 방정식이므로 커패시터는 선형성을 만족하는 소자라고 할 수 있다.

한편, 전류는 시간의 변화에 대한 전하량의 변화의 비로 정의되므로 커패시터를 통하여 흐르는 전류는

$$i = \frac{dq}{dt} = C\frac{dv}{dt} \tag{5.5}$$

이 된다. 식 (5.5)로부터 외부에서 인가하는 전압이 직류인 경우 커패시터를 통하여 흐르는 전류는 0 [A]가 되므로 직류 전압에 대하여 커패시터는 개방회로처럼 동작한다. 커패시터를 통하여 흐르는 전류의 방향과 커패시터 양단에 걸리는 전압의 부호는 수동부호규정에 따라 그림 5.2처럼 정해진다.

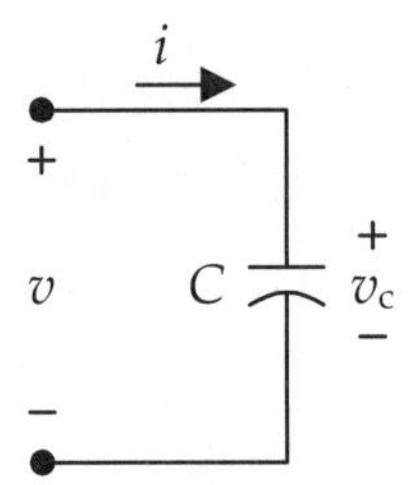

그림 5.2 커패시터의 전기회로 기호

예제 5.1

2 [F] 커패시터 양단에 인가하는 전압이 그림 5.3과 같을 때 커패시터를 통하여 흐르는 전류를 구하고 그림으로 나타내시오.

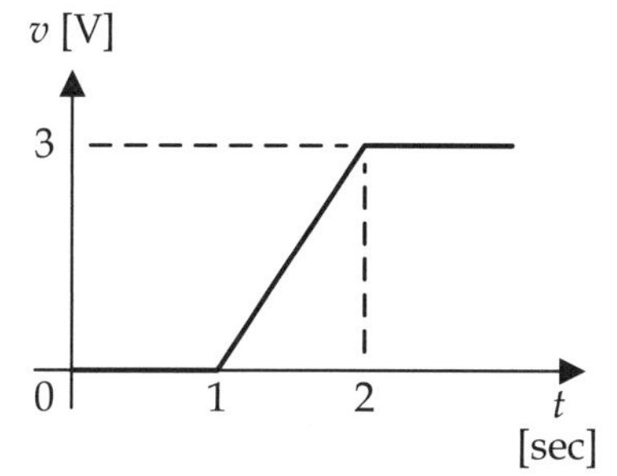

그림 5.3 2[F] 커패시터 양단에 인가되는 전압 파형

풀이

커패시터 양단에 인가하는 전압 파형을 수식으로 나타내면

$$v = \begin{cases} 0\,[\mathrm{V}], & 0 \le t < 1\,[\mathrm{sec}] \\ 3(t-1)\,[\mathrm{V}], & 1 \le t < 2\,[\mathrm{sec}] \\ 3\,[\mathrm{V}], & 2 \le t \end{cases} \quad ①$$

이므로 식 (5.5)를 적용하면 커패시터를 통하여 흐르는 전류는 다음과 같다.

$$i_c = \begin{cases} 6\,[\mathrm{A}], & 1 \le t < 2\,[\mathrm{sec}] \\ 0\,[\mathrm{A}], & \text{otherwise} \end{cases} \quad ②$$

이를 그림으로 나타내면 그림 5.4와 같다.

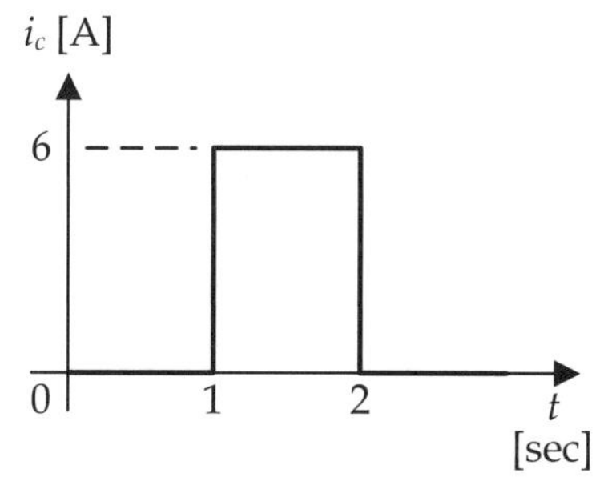

그림 5.4 예제 5.1에서 2[F] 커패시터를 통하여 흐르는 전류

식 (5.5)와 예제 5.1을 통하여 확인할 수 있는 것처럼 커패시터를 통하여 흐르는 전류는 인가하는 전압의 변화에 비례한다. 그렇다면 아주 짧은 시간동안 커패시터에 인가하는 전

압이 순간적으로 변하는 경우라면 커패시터를 통하여 흐르는 전류도 무한대로 증가될 것이다. 예를 들어, 예제 5.1을 전압이 0 [V]에서 3 [V]로 변하는 시간을 $1 \le t < 2$ [sec]에서 $1 \le t < 1.001$ [sec]로 변경하면 커패시터를 통하여 흐르는 전류는 6000 [A]가 될 것이다. 극단적으로는 다음과 같이

$$i_c = \lim_{\Delta t \to 0} \frac{\Delta v}{\Delta t} \simeq \infty \tag{5.6}$$

커패시터를 통하여 흐르는 전류가 무한대가 될 수도 있다. 하지만 무한대의 전류는 물리적으로는 가능하지 않으므로 커패시터 양단의 전압도 순간적으로 급격히 변하거나 수학적 의미의 불연속적인 변화는 발생하지 않는다. 이는 식 (5.5)에서 전류가 불연속적으로 변화되더라도 커패시터 양단의 전압은 항상 연속적이라는 의미한다. 이것을 커패시터 전압의 연속성의 원리(continuity principle)라고 한다. 예제 5.1에서도 커패시터를 통하여 흐르는 전류는 그림 5.4와 같이 불연속이지만 커패시터 양단의 전압은 그림 5.3처럼 연속적인 특성을 가지는 것으로 확인할 수 있다.

식 (5.5)의 양변을 적분하면 커패시터를 통하여 흐르는 전류를 알고 있을 때 커패시터 양단에 걸리는 전압을 다음과 같이 구할 수 있다.

$$v(t) = \frac{1}{C}\int_{t_0}^{t} i(\tau)\, d\tau + v(t_0) \tag{5.7}$$

여기서 $v(t_0) = q(t_0)/C$는 시간 $-\infty$에서 t_0까지 커패시터에 저장된 초기 전압을 의미하며, 통상적으로 $v(-\infty) = 0$ [V]로 가정한다. 그리고 식 (5.7)에서 우변 첫 항인 적분항은 시간 t_0부터 t까지 커패시터에 충전되는 전압이 된다. 따라서 커패시터에 저장되는 전압의 일반적인 표현은 식 (5.8)과 같다.

$$v(t) = \frac{1}{C}\int_{-\infty}^{t} i(\tau)\, d\tau \tag{5.8}$$

예제 5.2

일정한 전류 10 [mA]를 이용하여 완전 방전상태인 5 [μF] 커패시터를 충전한다. 0.1 [sec] 후에 커패시터에 충전된 전압과 전하량을 구하라.

풀이

완전 방전상태인 것으로 가정하였으므로 커패시터의 초기 전압은 $v(0)=0$ [V] 이다. 그러므로 식 (5.8)을 이용하면 0.1 [sec] 후에 커패시터에 충전된 전압은

$$v(t)=\frac{1}{5\times10^{-6}}\int_0^{0.1}10\times10^{-3}d\tau=\frac{10\times10^{-3}}{5\times10^{-6}}[\tau]_0^{0.1}=200\text{ [V]}$$

따라서 전하량은 $q=Cv=5\times10^{-6}\times200=1$ [mC]이다.

평판 커패시터의 두 극판에 인가한 전압에 의하여 커패시터 내에는 전기장이 형성된다고 설명한 바 있다. 전기장은 내부 유전물질에서 분극현상을 유도하고 이 과정에서 발생된 전하에는 힘이 작용하여 전하는 금속 극판으로 움직이게 된다. 이와 같이 전하를 움직이게 하는 것을 커패시터에 저장되는 에너지로 해석한다.

어떤 소자에 공급되는 전류와 전압의 곱을 그 소자가 소비하는 전력이라고 하였다. 그러므로 커패시터에 공급되는 순시전력은 다음과 같다.

$$p=vi=v\left(C\frac{dv}{dt}\right)=Cv\frac{dv}{dt} \tag{5.9}$$

식 (5.9)를 이용하여 커패시터에 저장된 에너지를 계산하면

$$w_C=\int_{-\infty}^{t}p(\tau)\,d\tau=\int_{-\infty}^{t}Cv\frac{dv}{d\tau}\,d\tau=C\int_{v(-\infty)}^{v(t)}v\,dv=\frac{1}{2}Cv^2 \tag{5.10}$$

여기서는 $v(-\infty)=0$으로 가정하였다. 이것은 시간 $t=-\infty$에서 커패시터는 완전 방전된 상태임을 의미하므로 합리적인 가정이다.

식 (5.10)으로부터 커패시터가 저장하는 에너지는 항상 $w_C\geq0$이 되므로 커패시터는 수동소자이다. 또한, 이상적인 경우라면 커패시터는 자체적으로 에너지를 소비하지는 않는다. 즉, 식 (5.10)에 따라 저장된 에너지는 전기회로의 전원이 제거되었을 때 다른 수동소자들이 에너지를 사용할 수 있도록 회로에 공급된다.

예제 5.3

예제 5.2에서 충전을 시작하기 전과 0.1 [sec] 후에 커패시터에 저장된 에너지를 계산하라.

풀이

문제의 조건에서 충전을 시작하기 전 커패시터는 완전 방전된 상태이므로 $v(0)=0$ [V]이다. 이때 커패시터의 에너지는 식 (5.10)을 이용하면

$$w(0)=\left[\frac{1}{2}Cv^2(t)\right]_{t=0}=\frac{1}{2}\times 5\times 10^{-6}\times 0=0\ [\text{J}]$$

0.1 [sec] 후에 커패시터는 200 [V]로 충전되므로 저장된 에너지는

$$w(0.1)=\left[\frac{1}{2}Cv^2(t)\right]_{t=0.1}=\frac{1}{2}\times 5\times 10^{-6}\times 200^2=0.1\ [\text{J}]$$

■

예제 5.4

다음 전기회로에서 2개의 커패시터가 완전히 충전되었을 때 커패시터 양단에 걸리는 전압과 저장되는 에너지를 계산하라.

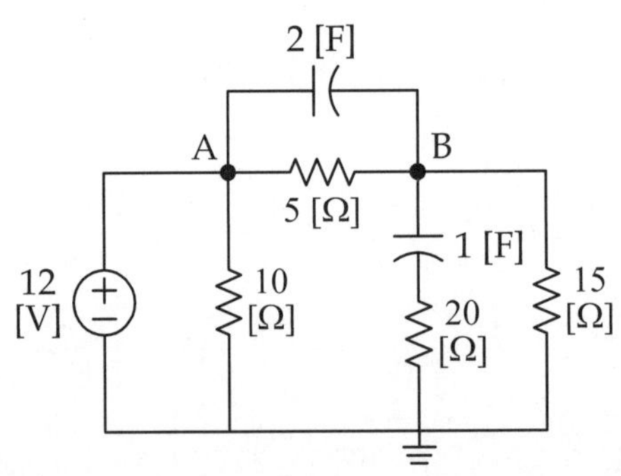

그림 5.5 예제 5.4를 위한 전기회로

풀이

전원이 직류 전압원이므로 회로에서 커패시터는 개방된 것처럼 동작한다. 이러한 커패시터의 동작 상태를 고려하여 주어진 전기회로를 다시 그리면 그림 5.6과 같다.

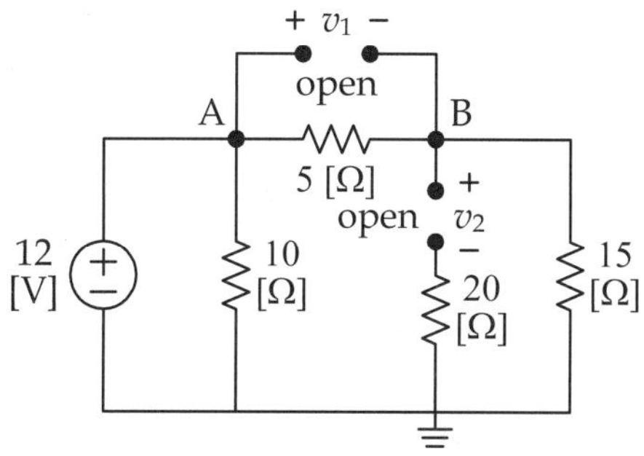

그림 5.6 커패시터의 동작 상태를 고려한 전기회로

커패시터가 개방된 것처럼 동작하기 때문에 20 [Ω] 저항을 통해서는 전류가 흐르지 않는다. 따라서 20 [Ω] 저항 양단의 전압은 0 [V]이다. 5 [Ω]과 15 [Ω]의 직렬연결은 10 [Ω] 저항과 병렬연결이며, 전압원도 병렬로 연결되어 있다. 그러므로 5 [Ω]과 15 [Ω]의 직렬연결에 걸리는 전압이 12 [V]이므로 전압분배법칙을 적용하면

$$V_{AB} = v_1 = 12 \times \frac{5}{5+15} = 3 \text{ [V]}$$

이고, $v_{20[\Omega]} = 0$ [V]이므로 $v_2 = v_{15[\Omega]} = 12 - 3 = 9$ [V]가 된다. 그러므로 2 [F] 커패시터와 1 [F] 커패시터에 저장되는 에너지는 각각 다음과 같이 계산된다.

$$w_1 = \frac{1}{2} \times 2 \times 3^2 = 9 \text{ [J]}, \ w_2 = \frac{1}{2} \times 1 \times 9^2 = 40.5 \text{ [J]}$$

5.2 커패시터의 직병렬연결

2장의 등가회로 부분에서 직렬 또는 병렬로 연결된 저항들은 하나의 등가저항으로 대체하여 나타낼 수 있음을 학습하였다. 커패시터도 선형 소자이므로 동일한 원리를 적용하는 것이 가능하다. 이를 확인하기 위하여 그림 5.7(a)처럼 N개의 커패시터가 직렬연결된 회로를 생각하여보자.

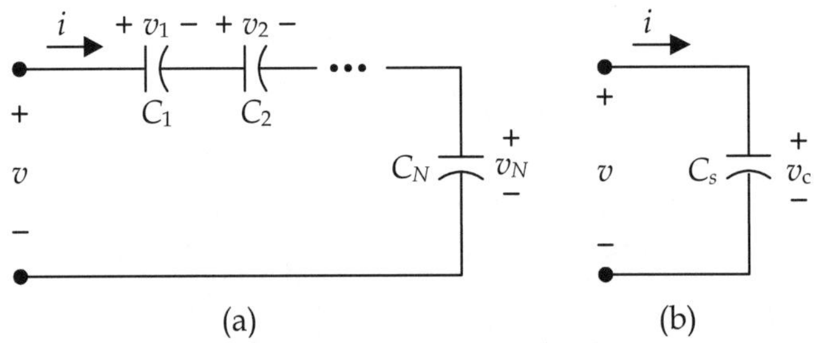

그림 5.7 (a) 직렬연결된 커패시터 (b) 등가커패시터

키르히호프 전압법칙을 적용하면

$$v = v_1 + v_2 + \cdots + v_N \tag{5.11}$$

식 (5.7)을 이용하여 각각의 커패시터 양단에 걸리는 전압을 다시 표현하면

$$\begin{aligned} v &= \left\{\frac{1}{C_1}\int_{t_0}^{t} i(\tau)\,d\tau + v_1(t_0)\right\} + \left\{\frac{1}{C_2}\int_{t_0}^{t} i(\tau)\,d\tau + v_2(t_0)\right\} + \cdots \\ &\quad + \left\{\frac{1}{C_N}\int_{t_0}^{t} i(\tau)\,d\tau + v_N(t_0)\right\} \\ &= \sum_{n=1}^{N}\left(\frac{1}{C_n}\right)\int_{t_0}^{t} i(\tau)\,d\tau + v_c(t_0) \\ &= \frac{1}{C_s}\int_{t_0}^{t} i(\tau)\,d\tau + v_c(t_0) \end{aligned} \tag{5.12}$$

로 나타낼 수 있다. 여기서

$$\frac{1}{C_s} = \sum_{n=1}^{N}\left(\frac{1}{C_n}\right) \rightarrow C_s = \left\{\sum_{n=1}^{N}\left(\frac{1}{C_n}\right)\right\}^{-1}, \tag{5.13}$$

$$v_c(t_0) = \{v_1(t_0) + v_2(t_0) + \cdots + v_N(t_0)\}. \tag{5.14}$$

식 (5.13)으로부터 직렬연결된 커패시터의 등가커패시터 C_s는 각 커패시터의 역수의 합의 역수이다. 이것은 병렬연결된 저항의 등가저항을 구하는 방법과 동일하다.

앞에서 직렬연결된 커패시터들의 등가커패시터를 구하기 위하여 키르히호프 전압법칙을 적용하였다. 쌍대성 원리에 의하여 그림 5.8(a)와 같이 병렬연결된 커패시터들의 등가

커패시터를 구하기 위해서는 키르히호프 전류법칙을 이용한다.

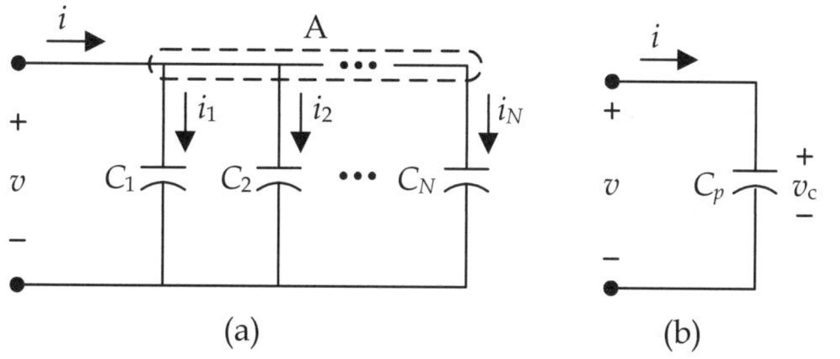

그림 5.8 (a) 병렬연결된 커패시터 (b) 등가커패시터

그림 5.8(a)의 회로에서 마디 A에 키르히호프 전류법칙을 적용하면

$$i = i_1 + i_2 + \cdots + i_N \tag{5.15}$$

식 (5.5)를 이용하여 식 (5.15)에서 각 커패시터를 통하여 흐르는 전류를 표현하면

$$i = C_1 \frac{dv}{dt} + C_2 \frac{dv}{dt} + \cdots + C_N \frac{dv}{dt} = \left(\sum_{n=1}^{N} C_n \right) \frac{dv}{dt} = C_p \frac{dv}{dt} \tag{5.16}$$

로 나타낼 수 있다. 여기서

$$C_p = \sum_{n=1}^{N} C_n \tag{5.17}$$

식 (5.17)로부터 병렬연결된 커패시터의 등가커패시터 C_p는 각 커패시터의 대수적 합이다. 이것은 직렬연결된 저항의 등가저항을 구하는 방법과 동일하다.

한편, 그림 5.8(a)에서 전류분배법칙에 대하여 생각하여보자. 예를 들어, n 번째 가지에 있는 커패시터 C_n을 통하여 흐르는 전류 i_n은 다음과 같다.

$$i_n = C_n \frac{dv}{dt} \tag{5.18}$$

전류분배법칙은 전체 전류에 대한 n 번째 가지로 흐르는 전류의 비로 다음과 같이 나타낼 수 있다.

$$\frac{i_n}{i}=\left(C_n\frac{dv}{dt}\right)/\left(C_p\frac{dv}{dt}\right)=\frac{C_n}{C_p} \tag{5.19}$$

이로부터 병렬연결된 커패시터 회로에서 전류분배법칙의 일반화된 형태는

$$i_n=\frac{C_n}{C_p}i=\frac{C_n}{\sum_{n=1}^{N}C_n}i \tag{5.20}$$

예제 5.5

다음 전기회로의 등가커패시터를 구하라.

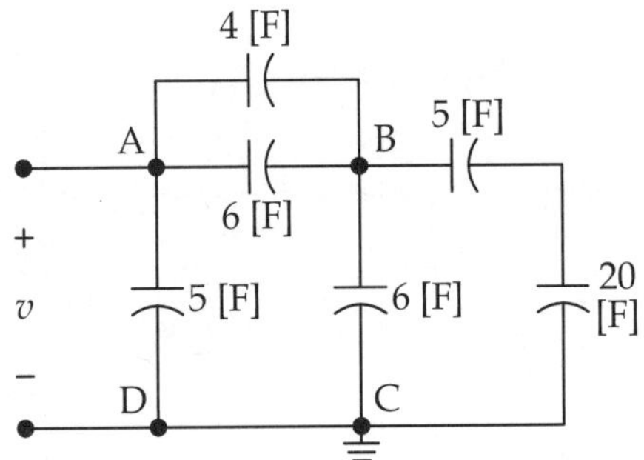

그림 5.9 예제 5.5를 위한 커패시터 연결

풀이

주어진 회로에서 마디 C와 마디 D는 같은 마디이지만 해석의 편리를 위하여 구분하여 표시한다.

가장 오른쪽의 5 [F] 커패시터와 20 [F] 커패시터는 직렬연결이므로

$$C_{5,20}=\left(\frac{1}{5}+\frac{1}{20}\right)^{-1}=\frac{5\times 20}{5+20}=4\ [\mathrm{F}]$$

이고, $C_{5,20}$ 합성커패시터는 6 [F] 커패시터와 병렬연결이므로 $C_{BC}=C_{5,20}+6=10$ [F]이 된다. C_{AB}는 4 [F]과 6 [F]의 병렬연결이므로 $C_{AB}=4+6=10$ [F]이 되고, 이것은 C_{BC}와 직렬연결되므로 합성커패시터 C_{AC}는

$$C_{AC} = \frac{C_{AB} \times C_{BC}}{C_{AB} + C_{BC}} = \frac{10 \times 10}{10 + 10} = 5\ [\mathrm{F}]$$

따라서 마디 A와 D 사이의 전체 커패시턴스는 5 [F] 커패시터와 C_{AC}가 병렬연결된 형태로 다음과 같다.

$$C_{eq} = 5 + C_{AC} = 10\ [\mathrm{F}]$$

예제 5.6

1 [μF] 커패시터 4개를 이용하여 만들 수 있는 가장 큰 합성커패시터와 가장 작은 합성커패시터는 각각 얼마인가?

풀이

가장 큰 합성커패시턴스: $C_{\max} = 1+1+1+1 = 4\ [\mu\mathrm{F}]$

➜ 4개의 커패시터가 모두 병렬연결된 경우

가장 작은 합성커패시턴스: $C_{\min} = (1+1+1+1)^{-1} = 0.25\ [\mu\mathrm{F}]$

➜ 4개의 커패시터가 모두 직렬연결된 경우

예제 5.7

다음 전기회로에서 각각의 커패시터로 흐르는 전류의 비를 구하라.

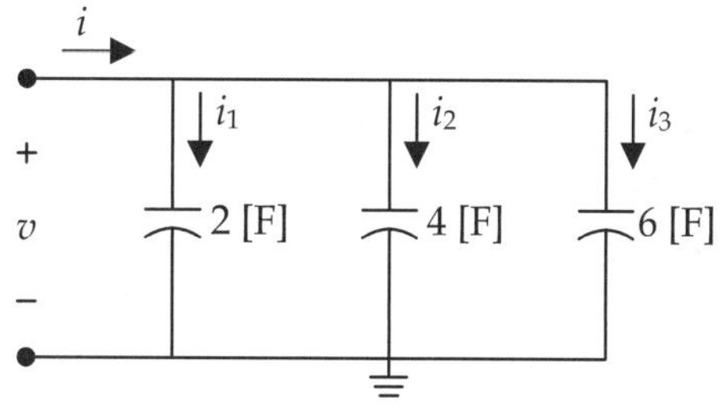

그림 5.10 예제 5.7을 위한 커패시터 연결

풀이

식 (5.20)의 전류분배법칙을 이용하면 각각의 가지로 흐르는 전류는

$$i_1 = \frac{C_1}{C_1 + C_2 + C_3} i = \frac{2}{2+4+6} i = \frac{1}{6} i,$$

$$i_2 = \frac{C_2}{C_1 + C_2 + C_3} i = \frac{4}{2+4+6} i = \frac{1}{3} i,$$

$$i_3 = \frac{C_3}{C_1 + C_2 + C_3} i = \frac{6}{2+4+6} i = \frac{1}{2} i.$$

그러므로 세 가지로 흐르는 전류비는

$$i_1 : i_2 : i_3 = \frac{1}{6} : \frac{1}{3} : \frac{1}{2} = 1 : 2 : 3$$

5.3 인덕터

전선을 통하여 전류가 흐르면 전선의 주변에는 자기장이 형성된다. 인덕터는 자기장에 자기에너지를 저장하는 원리를 이용하는 2단자 소자이다. 그림 5.11(a)는 솔레노이드(solenoid)라고 하는 원통형 코어(core)에 전선을 감은 솔레노이드 인덕터의 구조이다. 그리고 그림 5.11(b)는 전기회로에서 사용되는 인덕터의 기호와 코일 주변에 형성되는 자속(magnetic flux)을 나타낸 것이다.

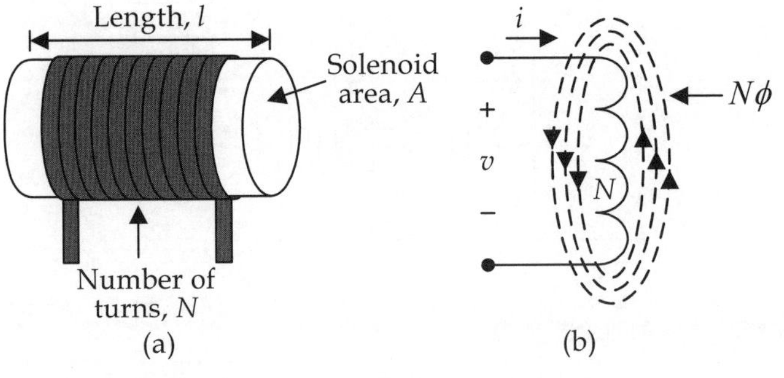

그림 5.11 인덕터의 구조와 원리 (a) 솔레노이드 인덕터 (b) 원리

단면적이 A이고 길이가 l인 솔레노이드 코어에 전선을 N번 감은 경우 코일 주변에 형성되는 총 쇄교자속은

$$\lambda = \left(\frac{\mu A N^2}{l}\right) i = L i \tag{5.21}$$

이다. 자속의 단위는 독일의 물리학자 빌헬름 웨버(Wilhelm Weber)를 기념하기 위하여 [Weber, wb]를 사용한다. 여기서 L은 인덕턴스이고 단위는 미국의 발명가 조셉 헨리(Joseph Henry)의 이름을 따서 [Henry, H]를 사용한다. μ는 코어 물질의 투자율(magnetic permeability)을 나타내며, 코어 물질로는 공기, 철, 니켈, 코발트, 페라이트 합금 등이 사용된다.

ϕ를 자속밀도(magnetic flux density)라고 정의하면 그림 5.10(b)와 같이 N번 감은 코일 주변의 자속은

$$\lambda = N\phi \tag{5.22}$$

가 된다. 식 (5.21)과 식 (5.22)로부터 전류가 증가하거나 코일을 감은 수가 증가하면 쇄교자속이 증가되는 것을 알 수 있다.

한편, 쇄교자속이 변하면 인덕터 양단에 식 (5.23)과 같이 전압이 유기되는 현상이 발생한다.

$$v = \frac{d\lambda}{dt} \tag{5.23}$$

식 (5.23)에 식 (5.21)을 대입하면 인덕터에서 전압-전류 관계식을 다음과 같이 유도할 수 있다.

$$v = \frac{d\lambda}{dt} = \frac{d}{dt}\{Li\} = L\frac{di}{dt} \tag{5.24}$$

식 (5.24)로부터 인덕터에 흐르는 전류의 크기가 항상 일정한 경우 인덕터 양단의 전압은 0 [V]가 된다. 즉, 직류 전류에 대하여 인덕터는 단락회로로 동작한다. 이에 비하여 매우 짧은 시간동안 인덕터를 통하여 흐르는 전류를 급격하게 변화시키기 위해서는 인덕터의 양쪽 단자에 무한대의 전압을 인가해야 한다. 앞서 커패시터의 경우에서도 설명하였지만 이러한 현상은 물리적으로는 불가능하다. 따라서 인덕터를 통하여 흐르는 전류도 커패시터 양단에 걸리는 전압처럼 연속성의 원리가 적용된다. 또한, 소자 양단에 걸리는 전압

과 전류의 관계를 고려하면 인덕터와 커패시터는 서로 쌍대 관계에 있다.

인덕터의 전압-전류 관계식	커패시터의 전압-전류 관계식
$v_L = L\dfrac{di}{dt}$	$i_C = C\dfrac{dv}{dt}$

식 (5.24)로부터 인덕터를 통하여 흐르는 전류를 인덕터 양단에 인가하는 전압으로 표현하면

$$i = \frac{1}{L}\int_{t_0}^{t} v(\tau)\,d\tau + i(t_0), \tag{5.25}$$

여기서 $i(t_0)$는 인덕터를 통하여 흐르는 초기 전류이고, 통상적으로 $i(-\infty) = 0$ [A]로 가정한다.

예제 5.8

20 [mH] 인덕터에 $5\cos(200t)$ [mA]의 전류가 흐르는 경우 인덕터 양단에 걸리는 전압과 쇄교자속을 구하라.

풀이

인덕터 양단의 전압 :

$$v_L = L\frac{di}{dt} = 20\times10^{-3}\times\frac{d}{dt}\{5\cos(200t)\times10^{-3}\}$$
$$= 20\times10^{-3}\times5\times200\times\{-\sin(200t)\times10^{-3}\} = -20\sin(200t)\ \text{[mV]}$$

쇄교자속 :

$$\lambda = Li = 20\times10^{-3}\times5\cos(200t)\times10^{-3} = 0.1\cos(200t)\ \text{[mWb]}$$

예제 5.9

2 [H] 인덕터 양단에 걸리는 전압 파형이 그림 5.11과 같을 때 시간 구간 $0 \le t \le T$ 동안 인덕터 전류를 구하고 그림으로 나타내시오. $i(0) = 0$ [A]인 것으로 가정한다.

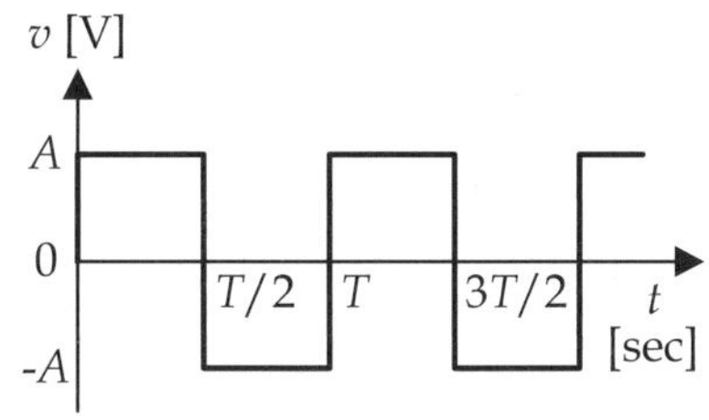

그림 5.12 예제 5.9를 위한 전압 파형

풀이

2 [H] 인덕터 양단의 전압이 T [sec]를 주기로 반복되는 파형이므로 처음 1주기 동안 인덕터를 통하여 흐르는 전류를 식 (5.25)에 따라 계산하면 나머지 시간동안은 동일한 파형이 반복된다. 첫 1주기 파형에서 $0 \le t \le T/2$ 동안에는 A [V]가 인가되므로 인덕터를 통하여 흐르는 전류는 다음과 같이 계산된다.

$$i = \frac{1}{L}\int_0^t v(\tau)\,d\tau + i(0) = \frac{1}{2}\int_0^t A\,d\tau + 0 = \frac{At}{2}\ \text{[A]},\ 0 \le t \le T/2 \qquad ①$$

나머지 반주기인 $T/2 \le t \le T$ 동안에는 $-A$ [V]가 인가되므로 인덕터 전류는

$$i = \frac{1}{L}\int_{T/2}^t v(\tau)\,d\tau + i\left(\frac{T}{2}\right)\ \text{[A]},\ T/2 < t \le T \qquad ②$$

여기서 연속성의 원리에 의하여 초기 전류 $i(T/2)$는 식 ①에서 $t = T/2$일 때의 전류이므로

$$i\left(\frac{T}{2}\right) = \frac{A}{2} \times \frac{T}{2} = \frac{AT}{4}\ \text{[A]} \qquad ③$$

이다. 식 ③을 식 ②에 대입하면 시간구간 $T/2 < t \le T$에서 인덕터 전류는

$$i = \frac{1}{2}\int_{T/2}^t -A\,d\tau + \frac{AT}{4} = -\frac{A}{2}\left(t - \frac{T}{2}\right) + \frac{AT}{4} = \frac{A}{2}(T - t)\ \text{[A]} \qquad ④$$

위의 결과를 이용하면 인덕터에 흐르는 전류 파형은 다음과 같다.

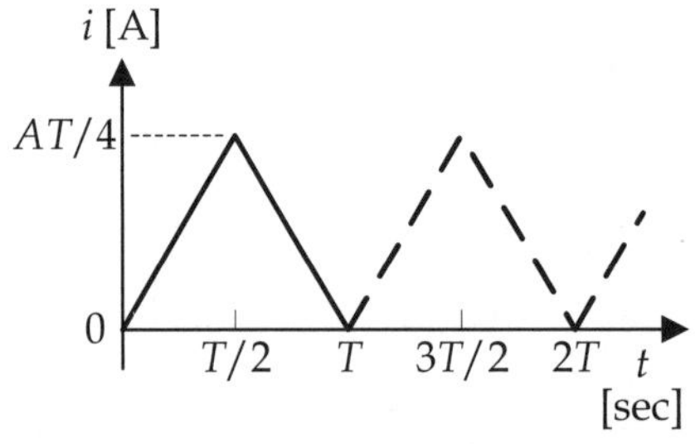

그림 5.13 인덕터를 통하여 흐른 전류 파형

인덕터 양단의 전압이 (+) 극성을 유지하는 동안 전류는 증가하고, 극성이 (−)로 바뀌면 전류의 방향도 바뀌어야 한다. 하지만 연속성의 원리에 따라 인덕터를 통하여 흐르는 전류는 불연속적으로 바뀌지 못하므로 각 시간영역의 초기값으로부터 연속적으로 감소하는 형태를 보인다.

■

인덕터는 전류가 흐르는 도선 주변에 형성되는 자기장에 에너지를 저장한다. 인덕터 양단에 v [V]의 전압을 인가할 때 인덕터에 공급되는 순시전력(instantaneous power)은 전압-전류 관계식에 따라

$$p = vi = \left(L\frac{di}{dt}\right)i \tag{5.26}$$

이다. 따라서 인덕터를 통하여 흐르는 전류에 의하여 형성되는 자기장에 저장되는 에너지는

$$w_L = \int_{-\infty}^{t} p(\tau)\,d\tau = \int_{-\infty}^{t} Li\frac{di}{d\tau}\,d\tau = L\int_{i(-\infty)}^{i(t)} i\,di = \frac{1}{2}Li^2 \tag{5.27}$$

식 (5.27)로부터 인덕터를 통하여 흐르는 전류가 연속성의 원리를 만족하므로 저장되는 에너지도 연속적이며, 항상 $w_L \geq 0$인 수동소자이다. 이상적인 커패시터와 마찬가지로 이상적인 인덕터도 자체적으로 에너지를 소비하지는 않는다. 즉, 식 (5.27)처럼 인덕터가 소비하는 것처럼 보이는 에너지는 인덕터 주변의 자기장에 저장되었다가 전기회로의 전원이 제거되면 저장된 에너지를 회로에 공급한다.

예제 5.10

예제 5.8의 인덕터에 대하여 $t = 0.15$ [sec]에서 인덕터의 순시전력과 저장되는 에너지를 계산하라.

풀이

인덕터에 공급되는 순시전력 :

$$\begin{aligned} p &= vi \\ &= \{-20\sin(200t)\times 10^{-3}\times 5\cos(200t)\times 10^{-3}\}_{t=0.15} = -43.3\,[\mu\text{W}], \end{aligned}$$

자기장에 저장되는 에너지 :

$$\begin{aligned} w &= \frac{1}{2}L\{i(0.15)\}^2 \\ &= 0.5\times 20\times 10^{-3}\times\left[\{5\cos(200t)\times 10^{-3}\}_{t=0.15}\right]^2 = 0.188\,[\mu\text{J}]. \end{aligned}$$

■

5.4 인덕터의 직병렬연결

인덕터도 선형 2단자 소자이므로 직렬 또는 병렬연결된 인덕터들을 하나의 등가 인덕터로 변환할 수 있다. 예를 들어, 그림 5.14(a)처럼 N개의 인덕터가 직렬연결된 회로를 생각하여보자.

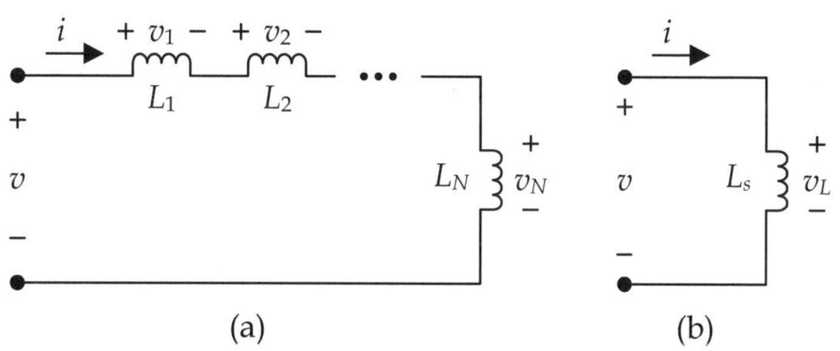

그림 5.14 (a) 직렬연결된 인덕터 (b) 등가인덕터

수동부호규정에 따라 N개의 인덕터가 직렬연결된 회로에 키르히호프 전압법칙을 적용하면

$$v = v_1 + v_2 + \cdots + v_N \tag{5.28}$$

각각의 인덕터 양단에 걸리는 전압을 나타내는 식 (5.24)를 식 (5.28)에 적용하면

$$v = L_1\frac{di}{dt} + L_2\frac{di}{dt} + \cdots + L_N\frac{di}{dt} = (L_1 + L_2 + \cdots + L_N)\frac{di}{dt} \tag{5.29}$$
$$= \left(\sum_{n=1}^{N} L_n\right)\frac{di}{dt} = L_s\frac{di}{dt}$$

여기서 합성 인덕턴스는

$$L_s = \sum_{n=1}^{N} L_n = L_1 + L_2 + \cdots + L_N \tag{5.30}$$

이다. 이것은 N개의 직렬연결된 저항의 합성 저항을 구하는 방법과 동일하다.

한편, 그림 5.14(a)의 직렬연결된 인덕터들에 대한 전압분배법칙에 대하여 생각하여보자. 예를 들어, n 번째 인덕터 L_n 양단에 걸리는 전압은

$$v_n = L_n\frac{di}{dt} \tag{5.31}$$

전압분배법칙은 그림 5.14(b)의 등가회로에서 합성 인덕턴스 양단에 걸리는 전압에 대한 n 번째 인덕터 양단에 걸리는 전압의 비가 되며 다음과 같이 나타낼 수 있다.

$$\frac{v_n}{v_L} = \left(L_n\frac{di}{dt}\right)\Big/\left(L_s\frac{di}{dt}\right) = \frac{L_n}{L_s} \tag{5.32}$$

$v_L = v$이므로 식 (5.32)로부터 직렬연결된 인덕터 회로에서 전압분배법칙의 일반화된 형태는

$$v_n = \frac{L_n}{L_s}v = \frac{L_n}{\sum_{n=1}^{N} L_n}v \tag{5.33}$$

직렬연결된 인덕터의 등가인덕턴스를 구하기 위하여 키르히호프 전압법칙을 적용하였다. 그림 5.15(a)와 같이 병렬연결된 인덕터들의 등가인덕턴스를 구하기 위해서는 쌍대성 원리에 따라 키르히호프 전류법칙을 적용하면 된다.

그림 5.15(a)의 회로에서 마디 A에 키르히호프 전류법칙을 적용하면

$$i = i_1 + i_2 + \cdots + i_N \tag{5.34}$$

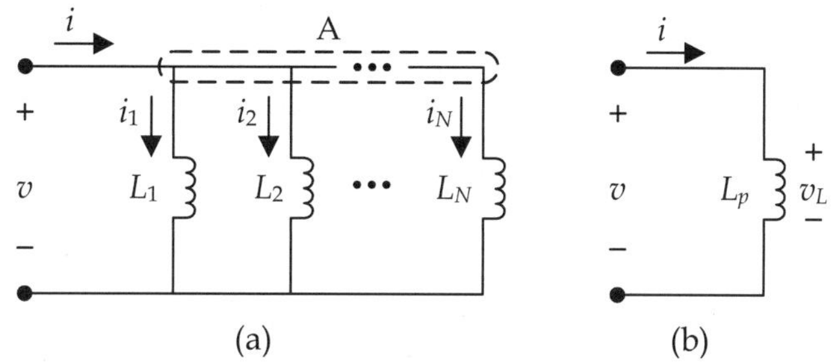

그림 5.15 (a) 병렬연결된 인덕터 (b) 등가인덕터

식 (5.25)를 식 (5.34)에 적용하여 각각의 마디전류를 전압으로 표현하여 다시 나타내면 아래와 같다.

$$\begin{aligned} i &= \left\{\frac{1}{L_1}\int_{t_0}^{t} v(\tau)\,d\tau + i_1(t_0)\right\} + \left\{\frac{1}{L_2}\int_{t_0}^{t} v(\tau)\,d\tau + i_2(t_0)\right\} + \cdots \\ &\quad + \left\{\frac{1}{L_N}\int_{t_0}^{t} v(\tau)\,d\tau + i_N(t_0)\right\} \\ &= \left(\frac{1}{L_1} + \frac{1}{L_2} + \cdots + \frac{1}{L_N}\right)\int_{t_0}^{t} v(\tau)\,d\tau + \{i_1(t_0) + i_2(t_0) + \cdots + i_N(t_0)\} \\ &= \sum_{n=1}^{N}\left(\frac{1}{L_n}\right)\int_{t_0}^{t} v(\tau)\,d\tau + i_L(t_0) = \frac{1}{L_p}\int_{t_0}^{t} v(\tau)\,d\tau + i_L(t_0) \end{aligned} \tag{5.35}$$

따라서 그림 5.15(b)의 등가회로에서 합성 인덕턴스는

$$\frac{1}{L_p} = \sum_{n=1}^{N}\left(\frac{1}{L_n}\right) \rightarrow L_p = \left\{\sum_{n=1}^{N}\left(\frac{1}{L_n}\right)\right\}^{-1}, \tag{5.36}$$

으로 나타낼 수 있고, 초기항은

$$i_L(t_0) = i_1(t_0) + i_2(t_0) + \cdots + i_N(t_0). \tag{5.37}$$

식 (5.36)으로부터 병렬연결된 인덕터의 합성 인덕터가 가지는 인덕턴스 L_s는 각 인덕턴스의 역수의 합의 역수이다. 이것은 병렬연결된 저항의 등가저항을 구하는 방법과 동일하다.

예제 5.11

그림 5.16과 같이 2개의 인덕터가 병렬연결된 회로에서 전체 전류 i에 대한 각 가지전류 i_1과 i_2의 비를 구하라. 여기서 모든 인덕터의 초기 전류는 0 [A]인 것으로 가정한다.

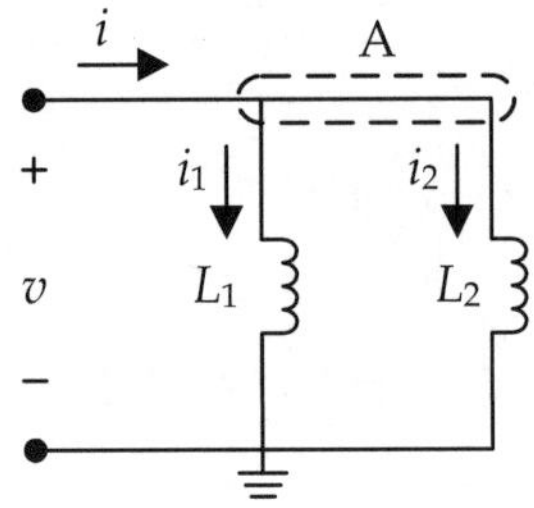

그림 5.16 예제 5.11을 위한 회로

풀이

각각의 병렬 가지를 통하여 흐르는 가지전류는

$$i_1 = \frac{1}{L_1}\int_{t_0}^{t} v(\tau)\,d\tau + i_1(t_0),\ \ i_2 = \frac{1}{L_2}\int_{t_0}^{t} v(\tau)\,d\tau + i_2(t_0),$$

이고, 전체 전류는 다음과 같다.

$$i = \frac{1}{L_p}\int_{t_0}^{t} v(\tau)\,d\tau + i(t_0).$$

모든 초기 전류를 0 [A]로 가정하면 $i(t_0) = i_1(t_0) = i_2(t_0) = 0$이므로 전체 전류에 대한 가지전류 i_1의 비는

$$\frac{i_1}{i} = \left(\frac{1}{L_1}\int_{t_0}^{t} v(\tau)\,d\tau\right) \Big/ \left(\frac{1}{L_p}\int_{t_0}^{t} v(\tau)\,d\tau\right) = \frac{L_p}{L_1} = \frac{L_2}{L_1 + L_2}, \qquad ①$$

이고, 전체 전류에 대한 가지전류 i_2의 비는

$$\frac{i_2}{i} = \left(\frac{1}{L_1}\int_{t_0}^{t} v(\tau)\,d\tau\right) \Big/ \left(\frac{1}{L_p}\int_{t_0}^{t} v(\tau)\,d\tau\right) = \frac{L_p}{L_2} = \frac{L_1}{L_1 + L_2}. \qquad ②$$

예제 5.11의 결과식들인 식 ①과 식 ②로부터 병렬연결된 인덕터에서 발생되는 전류분배법칙을 다음과 같이 정리할 수 있다.

$$i_1 = \frac{L_2}{L_1 + L_2} i, \quad i_2 = \frac{L_1}{L_1 + L_2} i \tag{5.38}$$

예제 5.12

예제 5.11의 회로에서 2개의 인덕터가 각각 $L_1 = 60$ [mH], $L_2 = 120$ [mH]라고 하자. 인가전압 $v = 20\cos(1000t)$ [V]인 경우 전체 전류와 각 가지를 통하여 흐르는 인덕터 전류를 구하라. 그리고 $t = 30$ [msec]에서 각각의 인덕터에 저장되는 에너지를 계산하라. 여기서 모든 인덕터 초기 전류는 0 [A]로 가정한다.

풀이

L_1과 L_2가 병렬연결이므로 합성 인덕턴스는

$$L_p = \left(\frac{1}{L_1} + \frac{1}{L_2}\right)^{-1} = \frac{60 \times 10^{-3} \times 120 \times 10^{-3}}{60 \times 10^{-3} + 120 \times 10^{-3}} = 40 \text{ [mH]}$$

식 (5.25)에 따라 전체 전류는

$$\begin{aligned} i &= \frac{1}{L_p}\int_0^t v(\tau)\,d\tau = \frac{1}{40 \times 10^{-3}}\int_0^t 20\cos(1000\tau)\,d\tau \\ &= \frac{1}{40 \times 10^{-3}} \times 20 \times \frac{1}{1000}\left[\sin(1000\tau)\right]_0^t = \frac{1}{2}\sin(1000t) \text{ [A]} \end{aligned}$$

따라서 식 (5.38)의 병렬연결된 인덕터의 전류분배법칙에 의하여

$$i_1 = \frac{L_2}{L_1 + L_2} i = \frac{120 \times 10^{-3}}{60 \times 10^{-3} + 120 \times 10^{-3}} \times \frac{1}{2}\sin(1000t) = \frac{1}{3}\sin(1000t) \text{ [A]},$$

$$i_2 = \frac{L_1}{L_1 + L_2} i = \frac{60 \times 10^{-3}}{60 \times 10^{-3} + 120 \times 10^{-3}} \times \frac{1}{2}\sin(1000t) = \frac{1}{6}\sin(1000t) \text{ [A]}.$$

각각의 인덕터 주변에 형성되는 자기장에 저장되는 에너지는

$$w_1 = \left[\frac{1}{2}L_1 i_1^2\right]_{t=30\times10^{-3}} = \frac{1}{2}\times 60\times10^{-3}\left[\frac{1}{3}\sin(1000\times30\times10^{-3})\right]^2 = 0.83\ \text{[mJ]},$$

$$w_2 = \left[\frac{1}{2}L_2 i_2^2\right]_{t=30\times10^{-3}} = \frac{1}{2}\times 120\times10^{-3}\left[\frac{1}{6}\sin(1000\times30\times10^{-3})\right]^2 = 0.42\ \text{[mJ]}.$$

■

5.5 직류 정상상태

4장까지 학습한 저항회로에서는 직류 전원과 저항만을 사용하여 회로를 구성하였다. 이런 회로에서는 저항을 통하여 흐르는 전류와 저항 양단에 걸리는 전압뿐만 아니라 전력과 에너지 모두 상수값, 즉 직류로 나타난다. 이것은 직류 전원과 저항으로 구성된 회로의 회로방정식에서 시간에 따라 변하는 물리량이 전혀 없기 때문이다.

커패시터와 인덕터가 포함된 회로에서는 직류 전원이 사용되더라도 시간에 따라 변하는 물리량이 존재한다. 그것은 시간의 변화에 대한 전하량의 변화 또는 쇄교자속의 변화라는 요소가 포함되기 때문이다. 이런 이유로 커패시터와 인덕터가 포함된 회로의 해석에서는 미분과 적분이 사용되었고, 직류 전원이 인가되었음에도 불구하고 응답은 시변함수(time-varying function)로 나타날 수 있다.

직류 정상상태(dc steady state)란 전기회로 내에서 전압과 전류 등의 회로변수가 시간에 따라 변하지 않는 상태를 의미한다. 커패시터의 전류-전압 관계식 $i = Cdv/dt$는 직류 전압에 대하여 커패시터는 $i = 0$ [A]인 개방회로로 동작함을 의미한다. 또한 인덕터의 전압-전류 관계식 $v = Ldi/dt$도 직류 전류에 대하여 인덕터는 $v = 0$ [V]인 단락회로로 동작하는 것을 말한다. 따라서 어떤 회로가 직류 정상상태에 있다고 가정하는 것은 회로 내의 모든 전압과 전류가 직류임을 의미하며, 이 경우 커패시터는 개방회로로 그리고 인덕터는 단락회로로 대체시켜 회로를 해석할 수 있다. 예를 들어, 그림 5.17의 회로를 해석하는 문제에 대하여 생각하여보자.

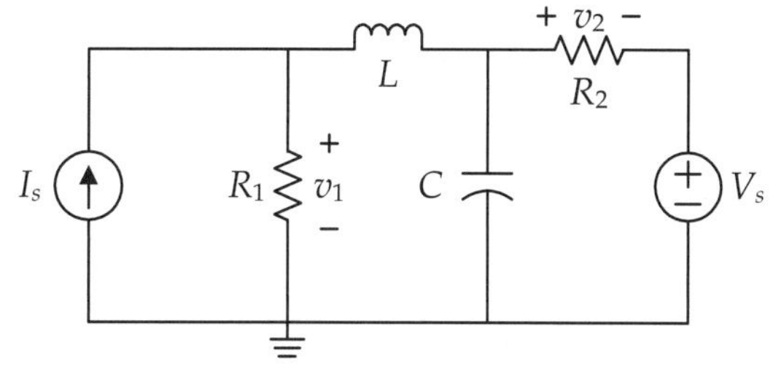

그림 5.17 RLC 소자를 포함하는 전기회로

현재까지 학습한 내용만으로도 그림 5.17에 주어진 전기회로를 해석하는 것은 가능하다. 하지만 해석을 위한 회로방정식이 미적분방정식의 형태로 나타나므로 상당히 복잡한 풀이과정이 필요하다. 주어진 회로에 대한 일반적인 해석은 RL회로와 RC회로의 해석에 대한 충분한 학습이 이루어진 다음에 수행하기로 한다. 여기서는 그림 5.17의 회로가 직류 정상상태에 있다는 가정 아래서 해석하여보자.

직류 정상상태에서 커패시터는 개방회로로, 인덕터는 단락회로로 대체시킬 수 있으므로 그림 5.17의 회로는 그림 5.18과 같이 변환하여 해석할 수 있다. 이렇게 변환된 전기회로는 직류 전원과 저항만으로 구성된 저항회로가 된다.

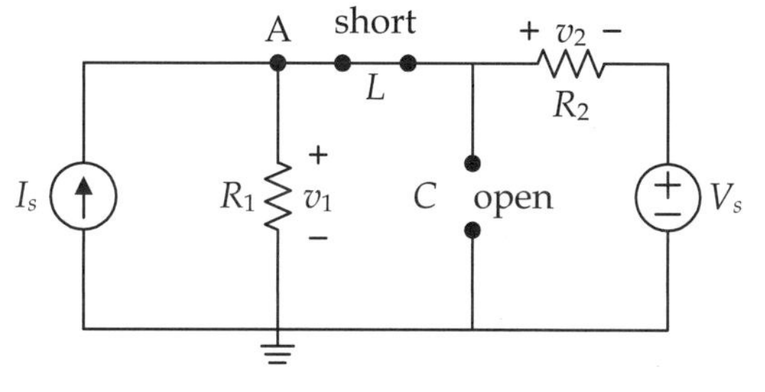

그림 5.18 그림 5.17에 대한 직류 정상상태 등가회로

직류 정상상태 등가회로는 평범한 저항회로가 되며 마디해석법이나 망로해석법을 적용하여 손쉽게 해석할 수 있다. 예를 들어, 마디 A에 키르히호프 전류법칙을 적용하면

$$I_s = \frac{v_1}{R_1} + \frac{v_1 - V_s}{R_2} \;\rightarrow\; I_s = \left(\frac{1}{R_1} + \frac{1}{R_2}\right)v_1 - \frac{V_s}{R_2} \tag{5.39}$$

그러므로 저항 R_1 양단에 걸리는 전압은

$$v_1 = \left(I_s + \frac{V_s}{R_2}\right) / \left(\frac{1}{R_1} + \frac{1}{R_2}\right) \rightarrow v_1 = \left(I_s + \frac{V_s}{R_2}\right) \cdot \frac{R_1 R_2}{R_1 + R_2} \tag{5.40}$$

이고 저항 R_2 양단에 걸리는 전압은

$$v_2 = v_1 - V_s \rightarrow v_2 = \left(I_s - \frac{V_s}{R_1}\right) \cdot \frac{R_1 R_2}{R_1 + R_2} \tag{5.41}$$

예제 5.13

다음 전기회로가 직류 정상상태에 있다고 가정할 때 v와 i를 구하라.

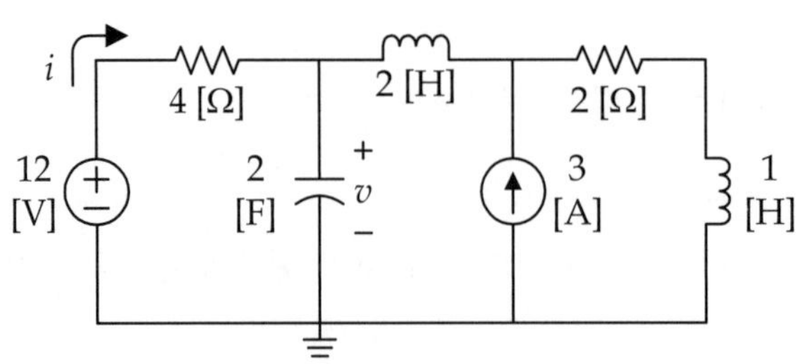

그림 5.19 예제 5.13을 위한 전기회로

풀이

직류 정상상태에서 동작하고 있으므로 주어진 전기회로를 다음과 같이 대체하여 해석한다.

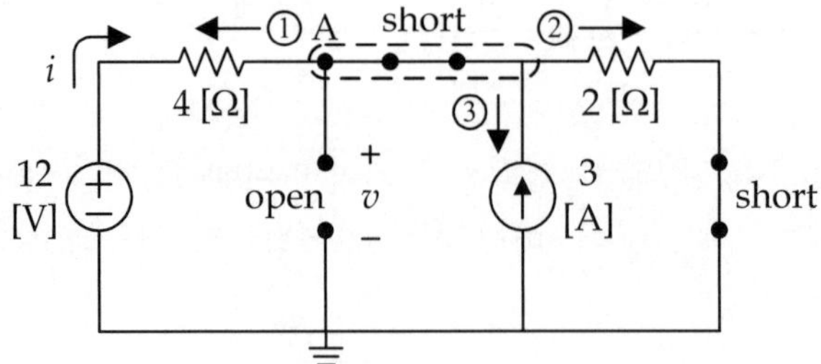

그림 5.20 예제 회로에 대한 직류 정상상태 등가회로

마디 A에 키르히호프 전류법칙을 적용하면 회로방정식은

$$\frac{v-12}{4}+\frac{v}{2}=3 \quad \left(\frac{1}{4}+\frac{1}{2}\right)v=6$$

$$\therefore\ v=8\ [\mathrm{V}]$$

전류 i는 $4\,[\Omega]$ 저항을 통하여 흐르는 전류로 다음과 같이 계산된다.

$$i=\frac{12-v}{4}=\frac{12-8}{4}=1\ [\mathrm{A}]$$

이 예제에서 주목할 점은 커패시터가 개방상태로 동작하더라도 커패시터 양단에는 전압이 걸려 있을 수 있다는 것이다. 이것은 예제 5.4에서도 학습한 것처럼 커패시터가 완전히 충전된 상태인 경우에 나타나는 현상이다.

■

연습문제

5.1 47 [μF] 커패시터에 12 [V] 전압을 인가할 때

(1) 커패시터에 축적되는 전하량은 얼마인가?

(2) 커패시터에 축적되는 에너지를 구하라.

5.2 47 [μF] 커패시터에 $v(t) = 300\cos(377t)$ [V]의 교류전압을 인가할 때 커패시터를 통하여 흐르는 전류를 구하라.

5.3 20 [μF] 커패시터에 인가되는 전압이 그림 P5.3과 같다. 커패시터를 통하여 흐르는 전류를 구하고, 전류파형을 그려라.

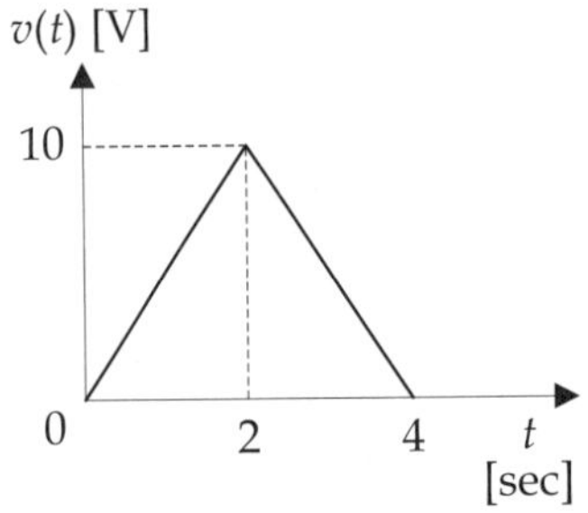

그림 P5.3

5.4 10 [μF] 커패시터에 인가되는 전압이 그림 P5.4와 같다.

(1) 전압파형을 수식으로 정의하라.

(2) 커패시터를 통하여 흐르는 전류를 구하라.

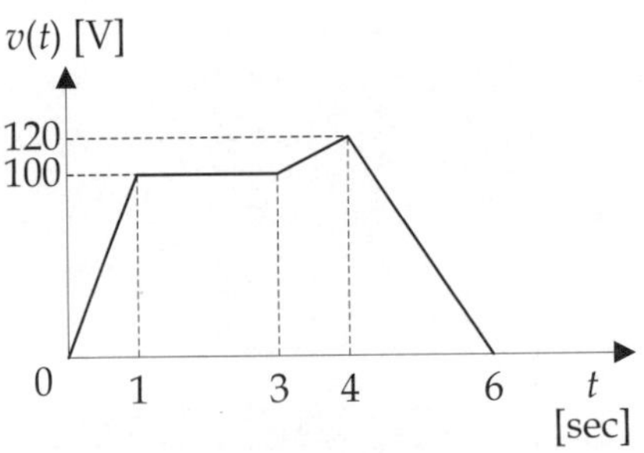

그림 P5.4

5.5 330 [pF] 커패시터에 $i(t) = 20\cos(500t)$ [mA]의 전류원을 연결할 때 커패시터 양단에 걸리는 전압을 구하라. 여기서 커패시터의 초기 전압은 0 [V]로 가정한다.

5.6 초기 전압이 0 [V]인 330 [nF] 커패시터에 $i(t) = 25e^{-300t}$ [mA]의 전류원을 연결한다.

(1) 커패시터 양단에 걸리는 전압을 구하라.

(2) 전원 연결 후 5 [msec]에서 커패시터 양단의 전압을 구하라.

5.7 100 [μF] 커패시터 양단에 걸리는 전압이 그림 P5.7에 나타낸 것처럼 $v(t) = 5(1 - e^{-t})$[V]이다.

(1) 커패시터를 통하여 흐르는 전류를 구하라.

(2) $t = 2$ [sec]에서 커패시터가 소비하는 전력을 구하라.

(2) $0 \le t < 2$ [sec]까지 이 커패시터에 저장되는 총 에너지를 구하라. 여기서 커패시터에 저장된 초기 에너지는 0 [J]인 것으로 가정한다.

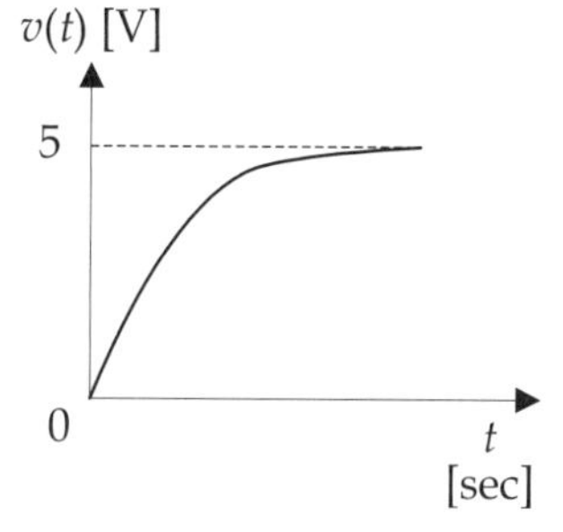

그림 P5.7

5.8 100 [μF] 커패시터에 흐르는 전류가 그림 P5.8과 같다.

(1) 커패시터 양단에 걸리는 전압을 구하라. 여기서 커패시터의 초기 전압은 0 [V]로 가정한다.

(2) $0 \le t < 2$ [sec]동안 커패시터에 축적되는 전하량을 구하라. $t = 0$ [sec]에서 초기 전하량은 0 [C]인 것으로 가정한다.

(3) $0 \le t < 2$ [sec]동안 커패시터에 축적되는 에너지를 구하라.

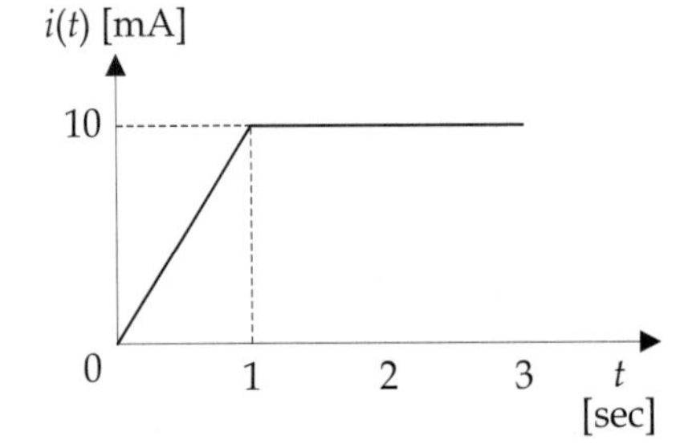

그림 P5.8

5.9 직류 전압원으로 구동되는 그림 P5.9의 전기회로에서

(1) 두 커패시터 양단에 걸리는 전압을 구하라.

(2) 각각의 커패시터에 축적되는 에너지를 구하라.

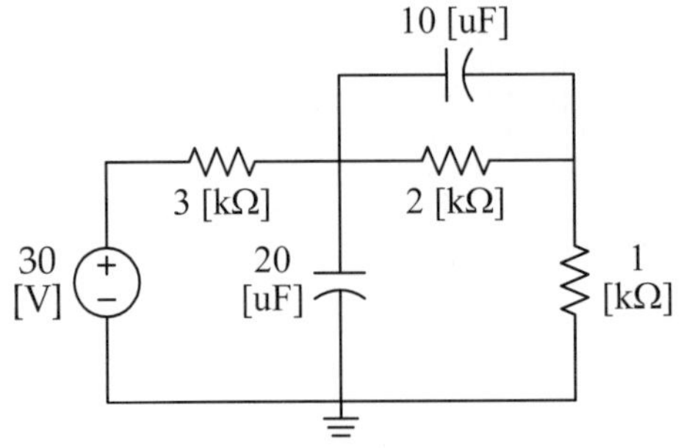

그림 P5.9

5.10 직류 환경에서 동작하는 그림 P5.10에 나타낸 전기회로에서 두 커패시터는 완전히 충전된 상태이다.

(1) 전류 I_1과 I_2를 구하라.

(2) 두 커패시터 양단에 걸리는 전압을 구하라.

(3) 각각의 커패시터에 축적되는 에너지를 구하라.

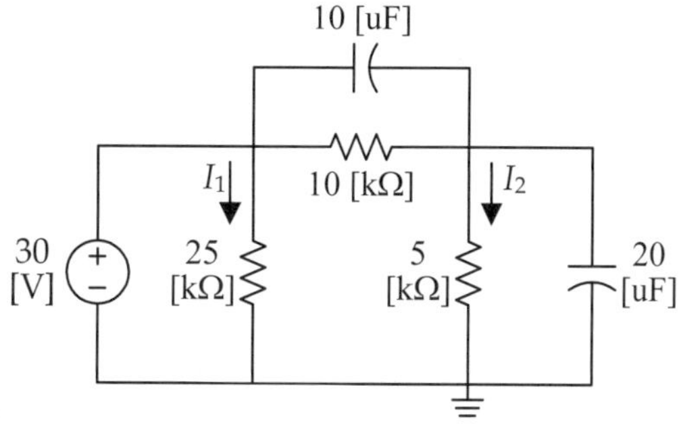

그림 P5.10

5.11 직류 환경에서 동작하는 그림 P5.11에 나타낸 전기회로에서 두 커패시터는 완전히 충전된 상태이다.

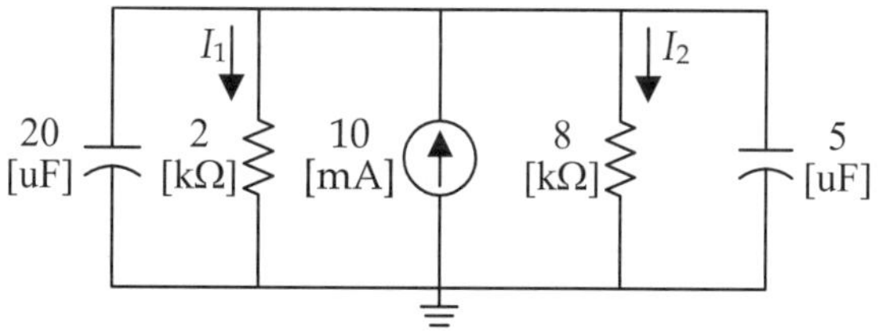

그림 P5.11

(1) 전류 I_1과 I_2를 구하라.

(2) 두 커패시터 양단에 걸리는 전압을 구하라.

(3) 각각의 커패시터에 축적되는 전하량과 에너지를 구하라.

5.12 직류 환경에서 동작하는 그림 P5.12에 나타낸 전기회로에서

(1) 두 커패시터 양단에 걸리는 전압을 구하라.

(2) 각각의 커패시터에 축적되는 에너지를 구하라.

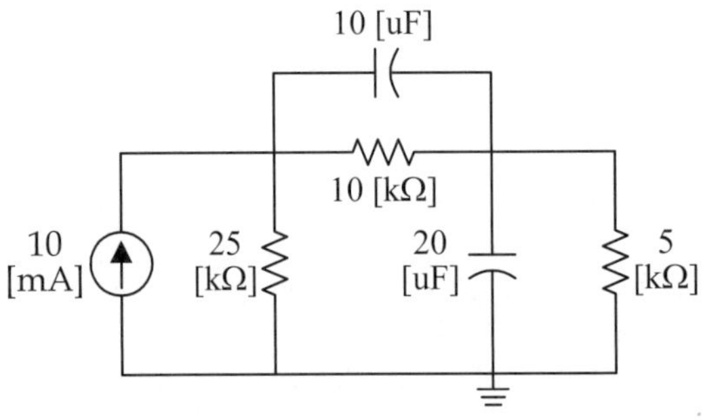

그림 P5.12

5.13 그림 P5.13에 나타낸 커패시터 연결 네트워크에서 단자 a와 b 사이의 등가 커패시터를 구하라.

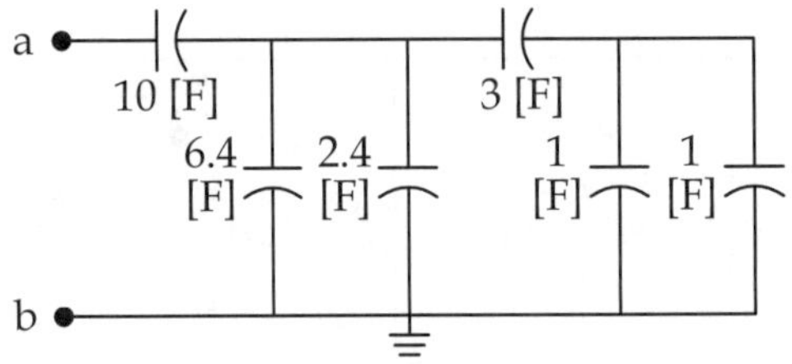

그림 P5.13

5.14 다음 커패시터 연결 네트워크에서 단자 a와 b 사이의 등가 커패시터를 구하라.

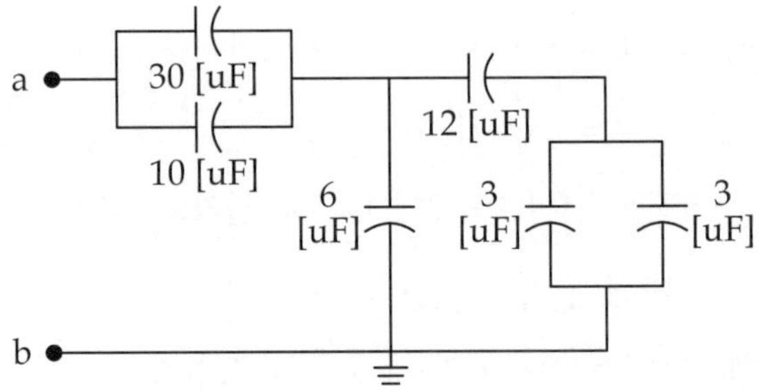

그림 P5.14

5.15 다음 커패시터 연결 네트워크에서 단자 a와 b 사이의 등가 커패시터를 구하라.

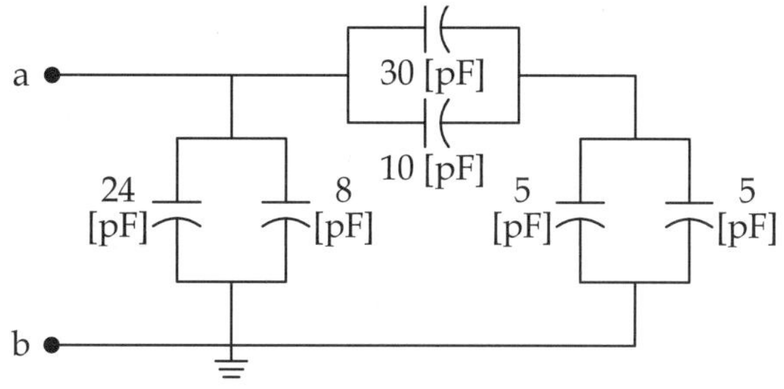

그림 P5.15

5.16 그림 P5.16에 나타낸 커패시터 연결 네트워크에서

(1) 단자 a와 b 사이의 등가 커패시터를 구하라.

(2) 단자 a와 b 사이에 $v(t)=5\sin(100t)$ [V] 전압원을 연결할 때 전류 $i(t)$를 구하라.

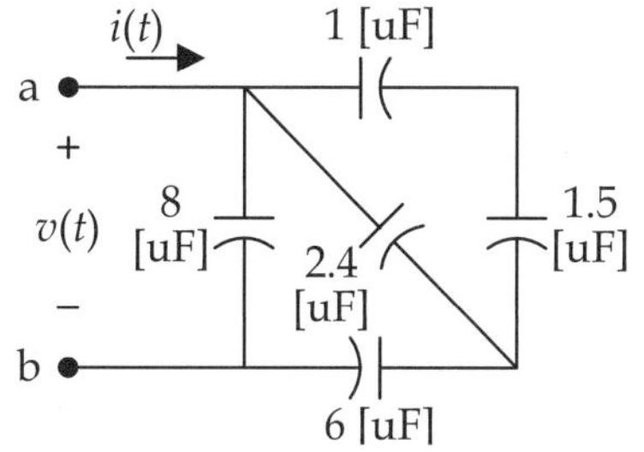

그림 P5.16

5.17 그림 P5.17에 나타낸 전기회로에서

(1) 단자 a와 b 사이의 등가 커패시터를 구하라.

(2) 전압원이 $v(t)=30\cos(200t)$ [V]일 때 전류 $i(t)$와 전압 $v_1(t)$를 구하라. 여기서 모든 커패시터는 초기에 완전히 방전된 상태인 것으로 가정한다.

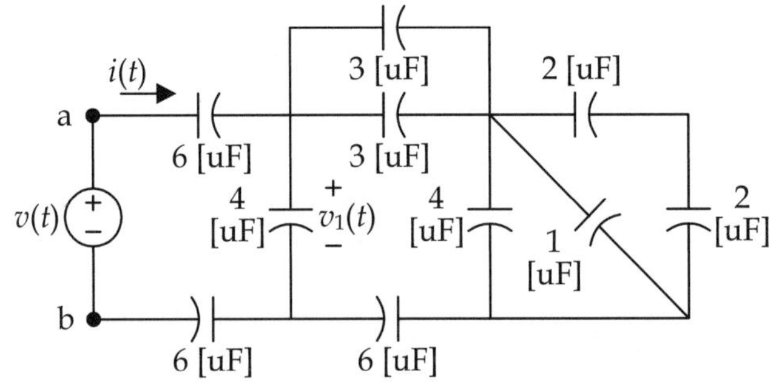

그림 P5.17

5.18 10 [mH] 인덕터를 통하여 $i(t) = 5e^{-0.1t}$ [A]의 전류가 흐른다.

(1) 인덕터 양단에 인가되는 전압을 구하라.

(2) 인덕터에 축적되는 에너지를 구하라. 여기서 인덕터에 저장된 초기 에너지는 0 [J]인 것으로 가정한다.

5.19 2 [H] 인덕터를 통하여 흐르는 전류가 그림 P5.19와 같다. 인덕터 양단에 걸리는 전압을 구하고, 전압파형을 그려라.

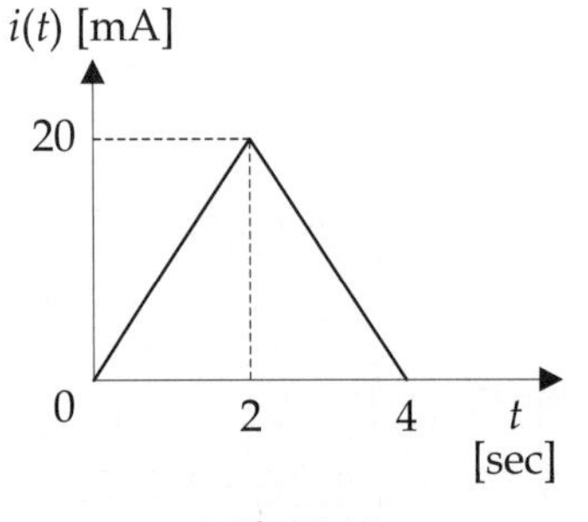

그림 P5.19

5.20 어떤 인덕터를 통하여 흐르는 전류가 $i(t) = 20\sin(200t)$ [mA]이고, 인덕터에 인가되는 전압이 $v(t) = 12\cos(200t)$ [mV]이다. 이 인덕터의 인덕턴스는 얼마인가?

5.21 2 [H] 인덕터의 양단에 걸리는 전압이 그림 P5.21과 같다. $t > 0$ [sec]에서 인덕터를 통하여 흐르는 전류를 구하라. 여기서 인덕터의 초기 전류는 0 [A]로 가정한다.

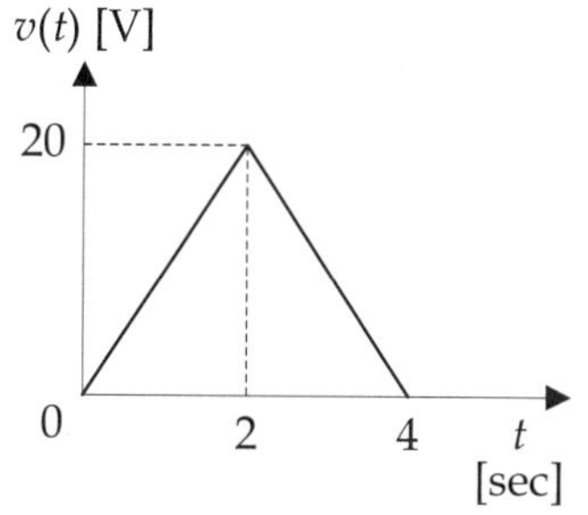

그림 P5.21

5.22 20 [mH] 인덕터에 1 [V]의 전압을 공급할 때

(1) 인덕터를 통하여 흐르는 전류와 쇄교자속을 구하라.

(2) 인덕터에서 소비되는 전력을 구하라.

(3) $0 \le t < 2$ [sec] 동안 인덕터에 축적되는 에너지를 구하라. 여기서 인덕터에 저장된 초기 에너지는 0 [J]인 것으로 가정한다.

5.23 문제 5.21에서

(1) 인덕터에서 소비되는 전력을 구하라.

(2) $0 \le t < 6$ [sec] 동안 인덕터에 저장되는 에너지를 구하라.

5.24 그림 P5.24에 나타낸 인덕터 연결 네트워크에서 단자 a와 b 사이의 등가 인덕터를 구하라.

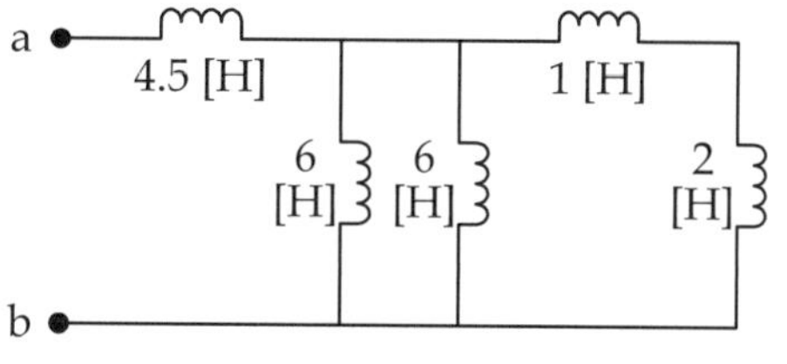

그림 P5.24

5.25 다음 인덕터 연결 네트워크에서 단자 a와 b 사이의 등가 인덕턴스를 구하라.

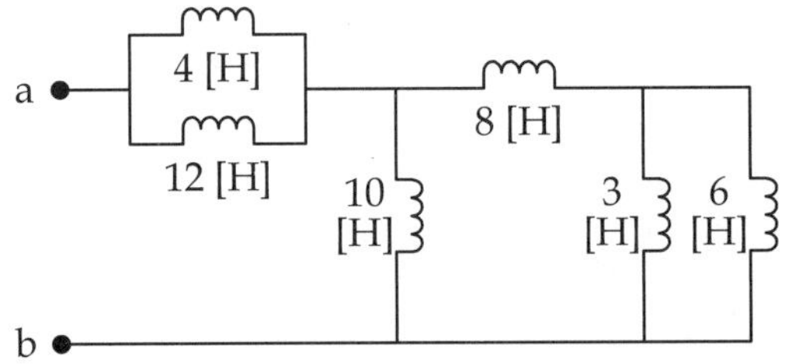

그림 P5.25

5.26 다음 인덕터 연결 네트워크에서

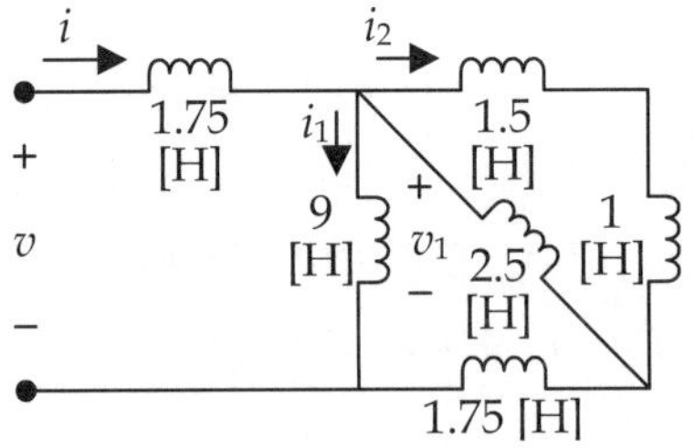

그림 P5.26

(1) 단자 a와 b 사이의 등가 인덕턴스를 구하라.

(2) 단자 a와 b 사이에 $v(t) = 5(1 - e^{-2t})$ [V] 전압원을 연결할 때 전류 i, i_1, i_2를 구하라.

(3) 9 [H] 인덕터 양단에 걸리는 전압 v_1을 구하라.

5.27 그림 P5.27에 나타낸 전기회로에서 전류원은 $I_s(t) = 10\sin(30t)$ [A]이다.

(1) 주어진 회로의 등가 인덕턴스를 구하라.

(2) 전류 i_1과 i_2, 전압 v_1과 v_2를 구하라.

(3) 120 [mH] 인덕터와 10 [mH] 인덕터에 저장되는 에너지를 구하라. 여기서 모든 인덕터에 축적된 초기 에너지는 0 [J]인 것으로 가정한다.

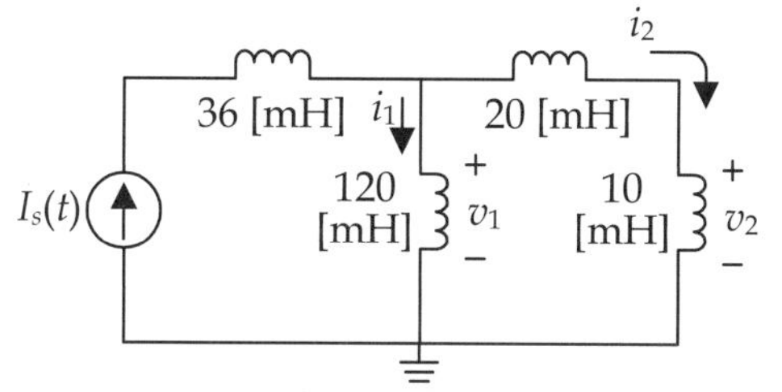

그림 P5.27

5.28 그림 P5.28에 나타낸 전기회로에서 전압원은 $v(t) = 10\cos(20t)$ [V]이다.

(1) 주어진 회로의 등가 인덕턴스를 구하라.

(2) 전류 i_1과 i_2, 전압 v_1과 v_2를 구하라.

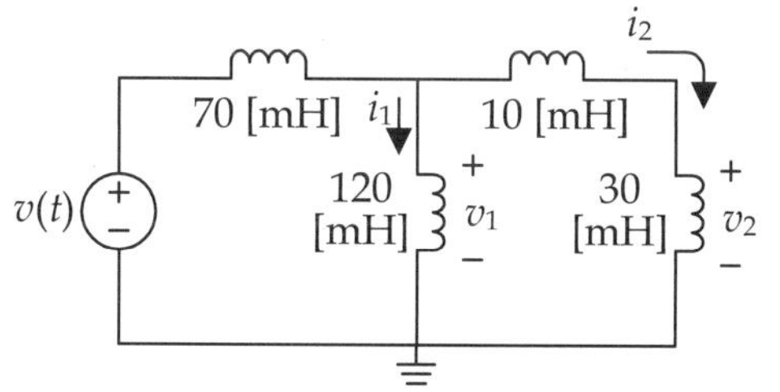

그림 P5.28

5.29 문제 5.28에서

(1) 70 [mH] 인덕터와 10 [mH] 인덕터에서 소비되는 순시전력을 구하라.

(2) 전압원이 회로에 공급하는 순시전력을 구하고, 제시된 회로에서 전력보존의 법칙이 성립함을 입증하라.

5.30 그림 P5.30에 나타낸 전기회로가 직류환경에서 동작하는 것으로 가정할 때

(1) 망로전류 I를 구하라.

(2) 두 저항에서 소비되는 전력을 구하라.

(3) $0 \le t < 5$ [sec] 동안 직류전원이 공급하는 에너지와 각각의 수동소자에서 소비되는 에너지를 구하라.

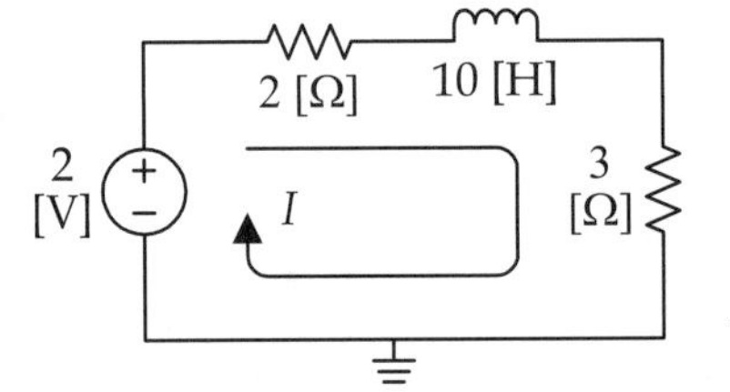

그림 P5.30

5.31 그림 P5.31에 나타낸 전기회로가 직류환경에서 동작하는 것으로 가정할 때

(1) 전류 I와 전압 V_1, V_2, V_3를 구하라.

(2) 능동소자가 공급하는 전력과 수동소자에서 소비되는 전력이 일치하는지 확인하라.

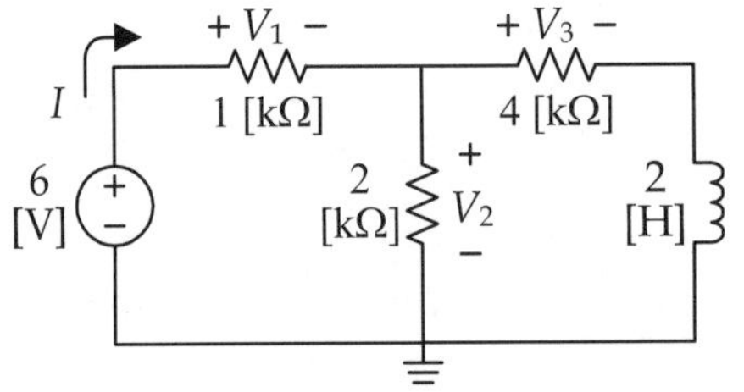

그림 P5.31

5.32 직류환경에서 동작하는 그림 P5.32의 회로에서

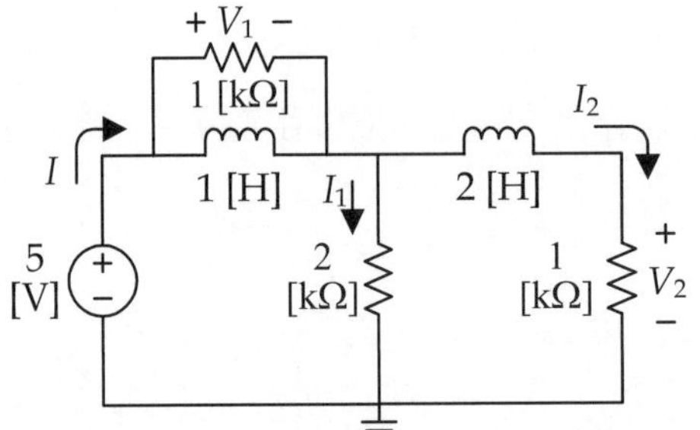

그림 P5.32

(1) 전압 V_1, V_2와 전류 I_1, I_2를 구하라.

(2) 전원이 공급하는 전력과 각각의 수동소자에서 소비되는 전력을 계산하여 전력 보존의 법칙이 성립하는지 확인하라.

5.33 그림 P5.33에 나타낸 전기회로는 직류 정상상태에 있다.

(1) 전류 I, I_1, I_2를 구하라.

(2) 커패시터 양단에 걸리는 전압을 구하라.

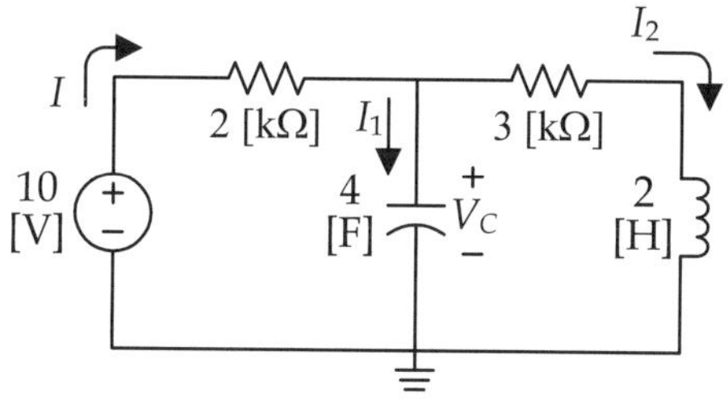

그림 P5.33

5.34 그림 P5.34에 나타낸 전기회로가 직류 정상상태에 있는 것으로 가정할 때

(1) 커패시터 양단의 전압을 구하라.

(2) 전류 I, I_1, I_2, I_3를 구하라.

(3) 10 [V] 전압원이 공급하는 전력이 2 [kΩ] 저항과 8 [kΩ] 저항에서 모두 소비되는 것을 입증하고, 그 이유를 설명하라.

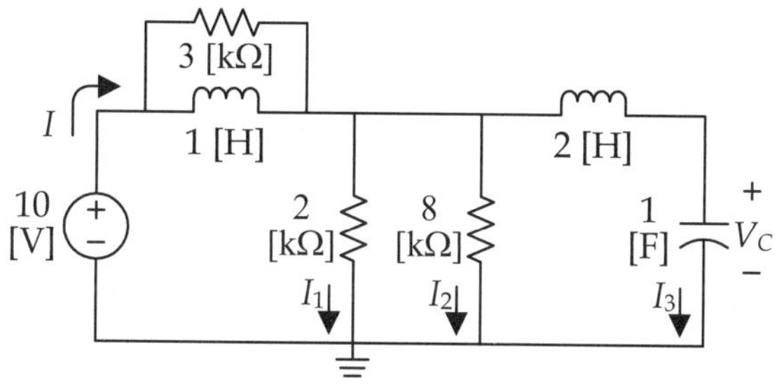

그림 P5.34

5.35 그림 P5.35에 나타낸 전기회로가 직류 정상상태에서 동작하고 있다.

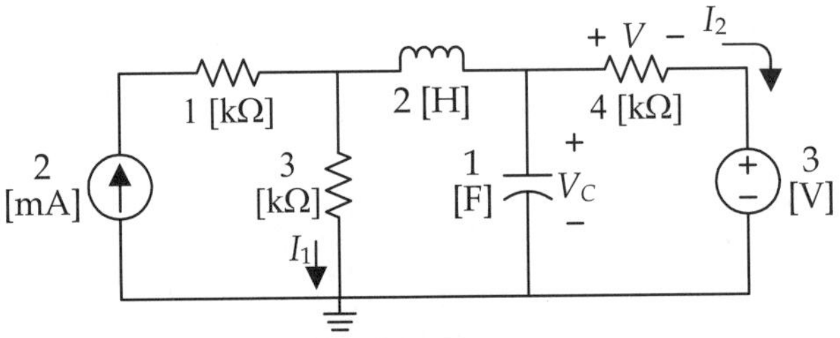

그림 P5.35

(1) 주어진 회로에 대한 직류 정상상태 등가회로를 제시하라.

(2) 커패시터 양단에 걸리는 전압 V_C를 구하라.

(3) 전압 V와 전류 I_1, I_2를 구하라.

5.36 그림 P5.36에 나타낸 전기회로가 직류 정상상태에서 동작하는 것으로 가정한다.

(1) 주어진 전기회로에 대한 직류 정상상태 등가회로 모델을 제시하라.

(2) 전류 I와 커패시터 양단의 전압 V_1, V_2를 구하라.

(3) 두 커패시터에 축적된 에너지를 구하라.

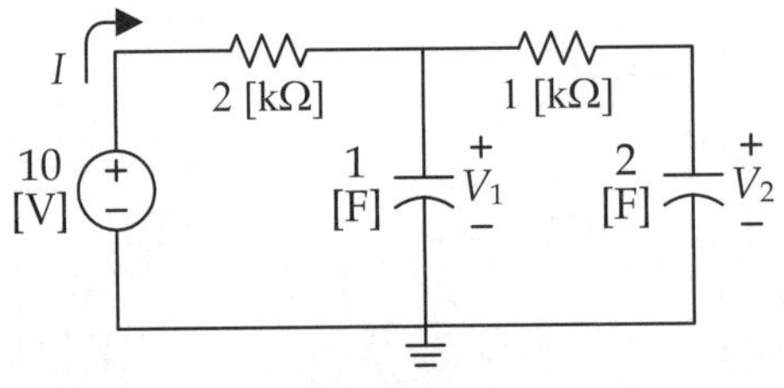

그림 P5.36

5.37 직류 정상상태에서 동작하고 있는 그림 P5.37의 회로에서

(1) 두 커패시터 양단에 걸리는 전압 V_1, V_2를 구하라.

(2) 두 커패시터와 인덕터에 저장된 에너지를 구하라.

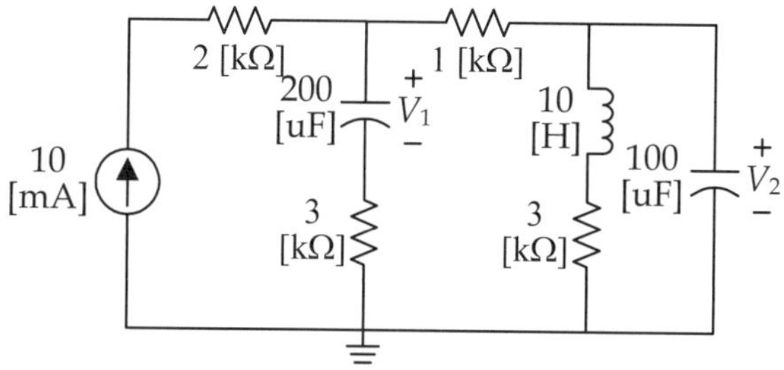

그림 P5.37

5.38 그림 P5.38에 나타낸 전기회로가 직류 정상상태에서 동작하고 있다.

(1) 주어진 회로에 대한 직류 정상상태 등가회로 모델을 구하라.

(2) 전류 I_L과 전압 V_C를 구하라.

(3) 인덕터와 커패시터에 축적된 에너지를 구하라. 여기서 두 소자에 저장된 초기 에너지는 0 [J]인 것으로 가정한다.

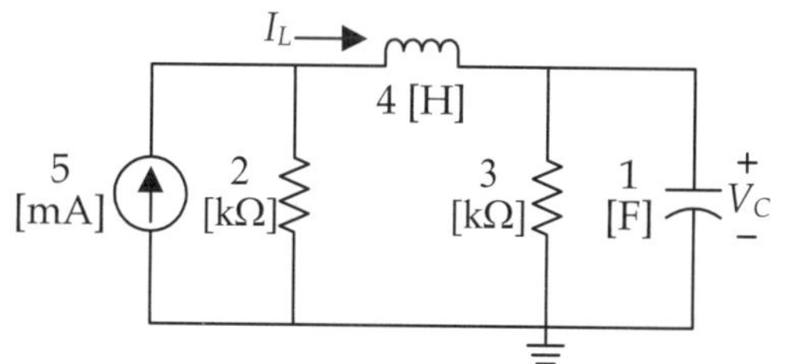

그림 P5.38

5.39 직류 정상상태에서 동작하고 있는 그림 P5.39의 회로에서

(1) 커패시터 양단에 걸리는 전압 V_C와 인덕터를 통하여 흐르는 전류 I_L을 구하라.

(2) 커패시터와 인덕터에 축석된 에너지를 구하라.

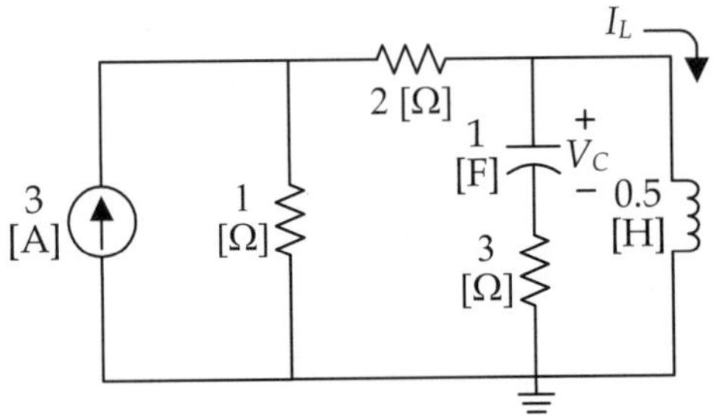

그림 P5.39

5.40 직류 정상상태에서 동작하고 있는 그림 P5.40의 회로에서

(1) 인덕터에 저장된 에너지와 커패시터에 저장된 에너지가 같아지도록 하는 저항 R을 구하라. 여기서 두 소자에 저장된 초기 에너지는 0 [J]인 것으로 가정한다.

(2) (1)의 결과를 적용한 회로에서 커패시터 양단의 전압 V_C와 인덕터를 통하여 흐르는 전류 I_L을 구하라.

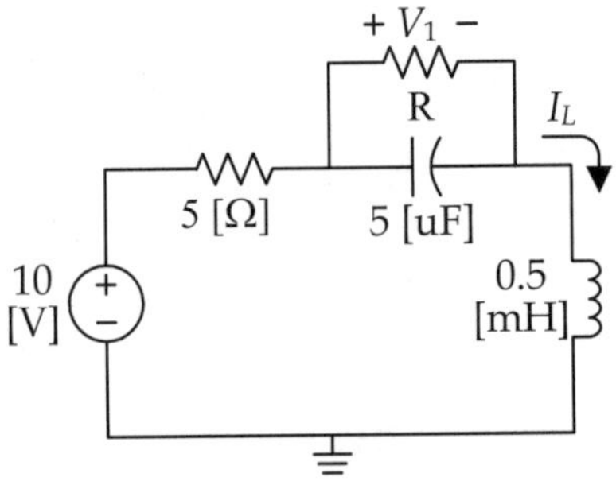

그림 P5.40

5.41 그림 P5.41에 나타낸 전기회로는 직류 정상상태에서 동작한다.

(1) 주어진 회로에 대한 직류 정상상태 등가회로를 구하라.

(2) 종속전원 제어전압 v를 구하여 종속전류원의 크기를 결정하라.

(3) 전압 V_1과 전류 I_L을 구하라.

(4) 각 커패시터와 인덕터에 저장된 에너지를 구하라. 여기서 각 수동소자에 저장된 초기 에너지는 0 [J]인 것으로 가정한다.

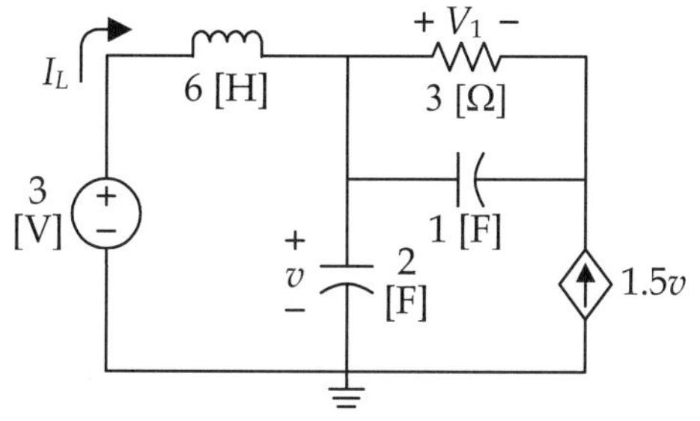

그림 P5.41

5.42 그림 P5.42에 나타낸 전기회로가 직류 정상상태에서 동작한다.

(1) 주어진 회로에 대한 직류 정상상태 등가회로 모델을 제시하라.

(2) 종속전원 제어전류 I_L과 커패시터 양단의 전압 V_C를 구하라.

(3) 전류 I_2를 구하라.

(4) 커패시터에 저장된 에너지와 L [H] 인덕터에 저장되는 에너지가 같아지도록 하는 인덕턴스값을 정하라.

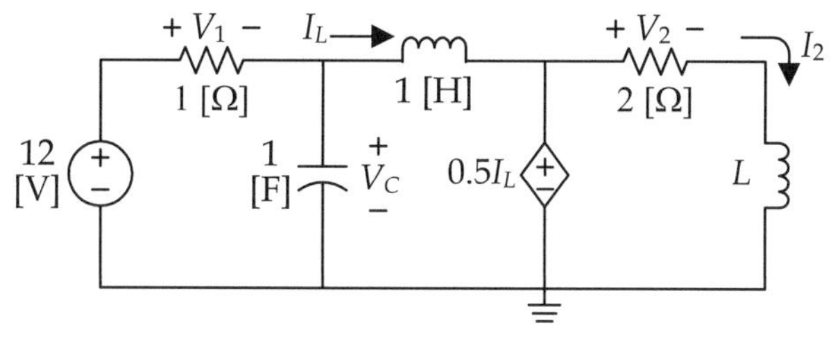

그림 P5.42

1차 회로

CHAPTER

06

6장 1차 회로

4장까지 학습한 저항회로에 더하여 5장에서 두 가지 새로운 수동소자를 학습하였다. 특히, 5장에서 소개한 커패시터와 인덕터는 저항과는 다르게 에너지를 저장하여 두었다가 전원이 제거된 회로에 에너지를 공급해주는 동적 소자이다. 이러한 동작으로 인하여 이 소자들을 에너지 저장소자라고 한다.

이 장에서는 저항과 커패시터 조합(RC회로)과 저항과 인덕터 조합(RL회로)으로 구성된 회로에 대하여 학습한다. 5장의 직류 정상상태에 대한 설명에서도 간단하게 언급하였듯이 인덕터와 커패시터의 동작에서는 시간에 따라 변화되는 물리량이 포함된다. 이것은 RL회로와 RC회로에 대한 회로방정식이 1계 미분방정식(first-order differential equation)의 형식으로 나타나는 원인이 되며, 이런 이유로 RL회로와 RC회로를 1차 회로라고 부른다. 이것은 저항회로에서 회로방정식이 대수방정식으로 나타나는 것과는 확연히 구분되는 특징이다.

이 장에서 처음 학습할 것은 무전원 1차 회로이다. 이 회로는 별도의 독립전원 없이 커패시터나 인덕터에 저장되어 있는 초기 에너지에 의하여 동작한다. 따라서 전원의 영향이 완전히 배제된 상태에서 커패시터와 인덕터의 특성에 의해서만 응답이 결정되므로 고유응답(natural response)[4)]이라고 한다. 소자에 저장된 초기 에너지로만 회로가 동작하므로 저항이나 디스플레이와 같은 에너지 소모성 소자에 의하여 초기 에너지가 완전히 소진되면 회로도 더 이상 동작하지 않게 된다. 따라서 무전원 1차 회로의 고유응답은 시간이 경과됨에 따라 감소되는 경향이 있다.

무전원 1차 회로를 학습한 다음에는 전원이 있는 1차 회로를 학습하게 된다. 전원이 더해짐에 따라 회로에서는 강제응답(forced response)이라고 하는 전원에 의한 응답이 고유응답과 함께 나타난다. 강제응답과 고유응답을 합쳐 완전응답 또는 전체 응답이라고 하며, 이 장에서 소개하는 전기회로를 해석하는 가장 주된 학습목표이다.

---

4) 번역본에 따라 자연응답이라고도 한다. 이것 또한 전원의 영향을 받지 않고 소자의 특성에 따라 자연스럽게 나타나는 응답이라는 의미로 해석한 것이다.

6.1 무전원 RC회로

무전원 회로라고해서 처음부터 전원이 없었던 경우는 거의 없다. 대개는 전원이 연결되어 커패시터의 경우 양쪽 극판 사이에 전기장을 형성하여 에너지를 저장한 다음 전원 연결을 제거한 상태가 대부분이다. 이러한 경우 커패시터는 초기 전압이 V_0 [V]로 충전된 상태라고 한다. 일반적으로 휴대전화의 배터리를 충전하는 것으로 생각하면 이해가 쉬울 것이다.

무전원 RC회로의 예를 그림 6.1에 나타내었다. 여기서 커패시터는 초기 전압 V_0 [V]로 충전된 상태이다.

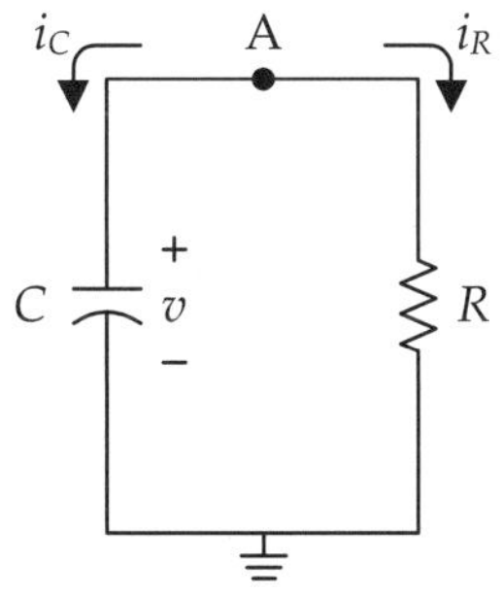

그림 6.1 무전원 RC회로

마디 A에 키르히호프 전류법칙을 적용하면

$$i_c + i_R = 0 \tag{6.1}$$

저항을 통하여 흐르는 전류는 $i_R = v/R$이고 커패시터를 통하여 흐르는 전류는 $i_C = Cdv/dt$이므로 식 (6.1)은

$$C\frac{dv}{dt} + \frac{v}{R} = 0 \tag{6.2}$$

과 같이 1계 미분방정식이 된다. 미분방정식의 해를 구하는 여러 가지 방법들 가운데 식 (6.2)와 같이 변수가 하나인 단변수 미분방정식의 경우 변수분리법(separation of variable)과 시험해(trial solution) 대입법이 많이 사용된다. 여기서는 변수분리법을 적용하여 미분

방정식의 해를 구하기로 한다. 이를 위하여 변수와 계수를 정리하여 다음과 같이 다시 나타낼 수 있다.

$$C\frac{dv}{dt} = -\frac{v}{R} \rightarrow \frac{1}{v}dv = -\frac{1}{RC}dt \tag{6.3}$$

식 (6.3)의 양변을 부정적분하면

$$\int \frac{1}{v}dv = \int -\frac{1}{RC}dt \rightarrow \ln v = -\frac{1}{RC}t + k \tag{6.4}$$

가 된다. 좌측항의 자연로그(natural logarithm)를 제거하기 위하여 양변의 지수를 취하면

$$v = e^{(-t/RC + k)} = Ke^{-t/RC} \tag{6.5}$$

이다. 여기서 $K = e^k$이다.

커패시터 양단에 걸리는 전압은 연속성의 원리를 만족하므로 $v(0) = V_0$이어야 한다. 이는 식 (6.5)로부터

$$v(0) = \left[Ke^{-t/RC}\right]_{t=0} = K = V_0 \tag{6.6}$$

을 의미한다. 그러므로 커패시터 양단에 걸리는 전압은

$$v(t) = V_0 e^{-t/RC}\ [\text{V}] \tag{6.7}$$

가 된다. 이것은 커패시터 양단에 걸리는 전압이 시간이 경과됨에 따라 그림 6.2와 같이 지수함수(exponential function)적으로 감쇠되는 것을 의미한다.

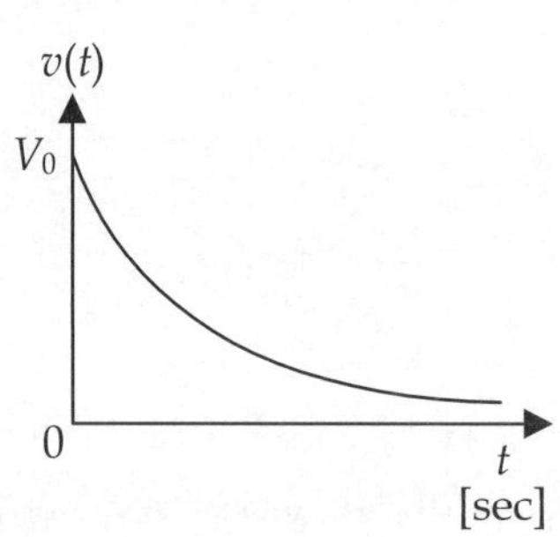

그림 6.2 무전원 RC회로의 커패시터 전압

식 (6.7)과 그림 6.2에 나타낸 무전원 RC회로에서 커패시터 양단에 걸리는 전압은 외부 전원의 영향이 전혀 없이 오로지 커패시터에 저장된 초기 에너지에 의해서만 나타나는 응답이다. 따라서 이것을 그림 6.1과 같은 무전원 RC회로의 고유응답이라고 한다.

커패시터에 충전된 전압이 그림 6.2와 같이 시간에 따라 감쇠되는 형태로 방전되는 것은 커패시터에 저장되어 있는 에너지도 감소되는 것을 의미한다. 커패시터에 저장된 초기 에너지는

$$w_c(0) = \frac{1}{2}CV_0^2 \text{ [J]} \tag{6.8}$$

이다. 이는 커패시터가 방전됨에 따라 감소하므로 어떤 시간 t에서 커패시터에 남아 있는 에너지는

$$w_c(t) = \frac{1}{2}Cv^2 = \frac{1}{2}C\left(V_0 e^{-t/RC}\right)^2 = \frac{1}{2}CV_0^2 e^{-2t/RC} \text{ [J]} \tag{6.9}$$

이 된다. 그러므로 커패시터가 방출한 전체 에너지는

$$w_c(0) - w_c(t) = \frac{1}{2}CV_0^2 - \frac{1}{2}CV_0^2 e^{-2t/RC} = \frac{1}{2}CV_0^2\left(1 - e^{-2t/RC}\right) \text{ [J]} \tag{6.10}$$

저항은 에너지를 저장하지 않고 소비만 하는 수동소자이다. 그림 6.1에서 저항과 커패시터는 병렬로 연결되어 있으므로 커패시터의 전압과 저항의 전압은 항상 동일하다. 즉, $v = v_R$이므로 저항에서 소비되는 전력은

$$p = \frac{v^2}{R} = \frac{1}{R}V_0^2 e^{-2t/RC} \text{ [W]} \tag{6.11}$$

식 (6.11)을 적분하면 저항에서 소비되는 에너지를 다음과 같이 구할 수 있다.

$$w_R(t) = \int_0^t \frac{V_0^2}{R} e^{-2\tau/RC} d\tau = \frac{V_0^2}{R} \cdot \frac{RC}{-2}\left[e^{-2\tau/RC}\right]_0^t = \frac{1}{2}CV_0^2\left(1 - e^{-2t/RC}\right) \text{ [J]} \tag{6.12}$$

그림 6.1의 회로에는 커패시터와 저항만 있으므로 커패시터가 방출한 에너지는 저항에서 소비되는 에너지와 동일하여야 한다. 식 (6.10)의 커패시터에서 방출되는 에너지와 식 (6.12)의 저항에서 소비되는 에너지는 서로 같음을 알 수 있다.

예제 6.1

다음 전기회로에서 커패시터 양단의 전압 v를 구하라. 그리고 커패시터가 방출하는 에너지와 저항에서 소비되는 에너지를 구하여 비교하라. 여기서 커패시터의 초기 전압은 $V_0 = 4$ [V]로 가정한다.

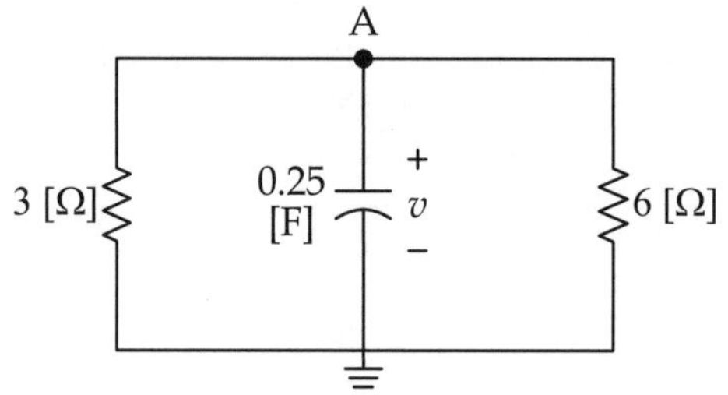

그림 6.3 예제 6.1을 위한 전기회로

풀이

$3\,[\Omega]$ 저항과 $6\,[\Omega]$ 저항이 병렬로 연결되어 있으므로 합성저항은 $R_p = 2\,[\Omega]$이며, 주어진 전기회로는 아래와 같다.

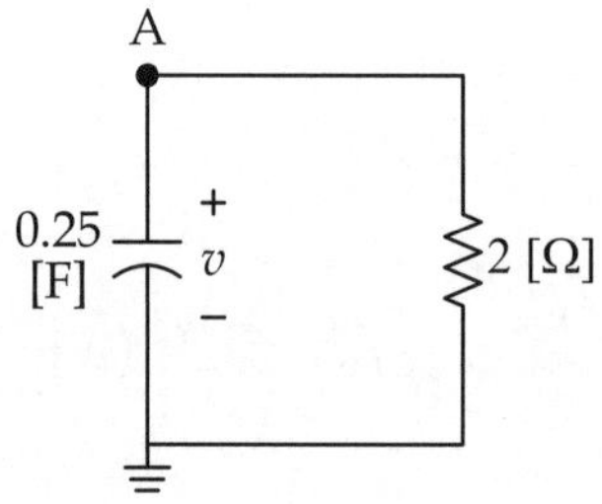

그림 6.4 주어진 전기회로에 대한 등가회로

마디 A에 키르히호프 전류법칙을 적용하면 식 (6.2)에 따라 회로방정식은

$$\frac{1}{4}\frac{dv}{dt} + \frac{v}{2} = 0 \qquad ①$$

식 ①의 1계 미분방정식을 풀고 초기 전압까지 대입하면 커패시터 양단에 걸리는 전압은

$$v = V_0 e^{-t/(0.25 \times 2)} = 4e^{-2t} \text{ [V]} \qquad ②$$

그러므로 어떤 시간 t에 커패시터에 저장된 에너지는

$$w_c(t) = \frac{1}{2}Cv^2 = \frac{1}{2} \times \frac{1}{4} \times (4e^{-2t})^2 = 2e^{-4t} \text{ [J]} \qquad ③$$

이므로 커패시터가 저항에 공급한 에너지는

$$w_c(0) - w_c(t) = \frac{1}{2}CV_0^2 - 2e^{-4t} = \frac{1}{2} \times \frac{1}{4} \times 4^2 - 2e^{-4t} = 2(1 - e^{-4t}) \text{ [J]} \qquad ④$$

3 [Ω] 저항에서 소비되는 에너지를 계산하면

$$w_3(t) = \int_0^t \frac{1}{3}(4e^{-2\tau})^2 d\tau = \frac{16}{3} \times \frac{1}{-4}\left[e^{-4\tau}\right]_0^t = \frac{4}{3}(1 - e^{-4t}) \text{ [J]} \qquad ⑤$$

이고, 6 [Ω] 저항에서 소비되는 에너지를 계산하면

$$w_6(t) = \int_0^t \frac{1}{6}(4e^{-2\tau})^2 d\tau = \frac{16}{6} \times \frac{1}{-4}\left[e^{-4\tau}\right]_0^t = \frac{2}{3}(1 - e^{-4t}) \text{ [J]} \qquad ⑥$$

커패시터가 저항에 공급하는 에너지를 나타내는 식 ④는 3 [Ω] 저항과 6 [Ω] 저항에서 소비되는 에너지를 나타내는 식 ⑤와 식 ⑥의 합과 일치한다.

예제 6.2

다음 무전원 RC회로에서 v, v_1, i_R을 구하라. 여기서 커패시터의 초기 전압은 $V_0 = 18$ [V]로 가정한다.

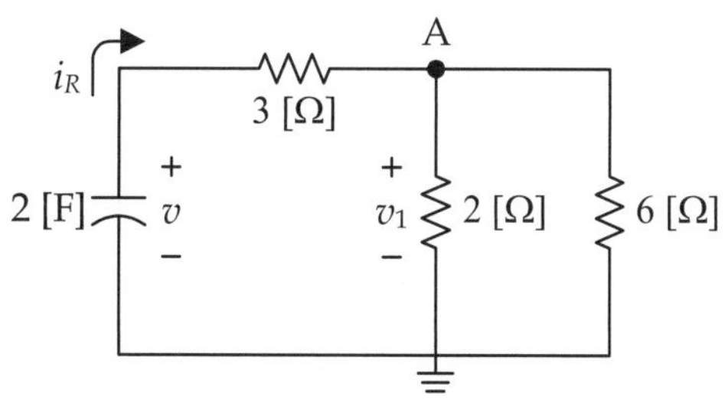

그림 6.5 예제 6.2를 위한 전기회로

힌트 : 직병렬연결된 저항의 합성저항을 구하여 그림 6.1과 동일한 형태의 무전원 RC회로를 만들고 해석한다.

정답 $v(t) = 18e^{-t/9}$ [V], $v_1(t) = 6e^{-t/9}$ [V], $i_R(t) = 4e^{-t/9}$ [A].

6.2 무전원 RL회로

가장 간단한 형태의 무전원 RL회로는 그림 6.1의 무전원 RC회로에서 커패시터를 인덕터로 대체한 것으로 그림 6.6과 같다. 무전원 RC회로에서는 해석을 위한 회로변수로 커패시터 양단에 걸리는 전압을 주로 사용하였다. 쌍대성 원리에 따라 무전원 RL회로에서는 해석을 위한 회로변수로 인덕터를 통하여 흐르는 전류를 사용한다.

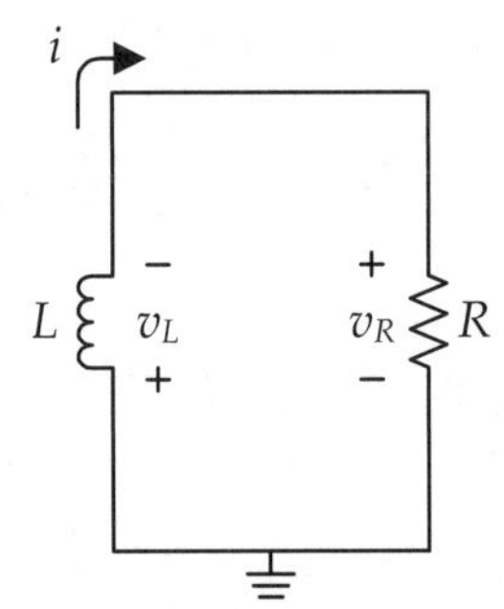

그림 6.6 무전원 RL회로

그림 6.6의 회로에서 인덕터의 초기 전류를 $i(0) = I_0$ [A]라고 가정하면 초기에 저장된 에너지는

$$w_L(0) = \frac{1}{2}LI_0^2 \text{ [J]} \tag{6.13}$$

그림 6.6의 회로에 키르히호프 전압법칙을 적용하면 회로방정식은

$$v_L + v_R = 0 \rightarrow L\frac{di}{dt} + Ri = 0 \tag{6.14}$$

변수분리법을 사용하여 식 (6.14)의 1계 미분방정식의 해를 구하기 위하여 식 (6.3)과 같

은 형태로 변환하여 나타내면

$$\frac{1}{i}di = -\frac{R}{L}dt \tag{6.15}$$

양변을 적분하여 정리하여 나타내면

$$\int_{i(0)}^{i(t)} \frac{1}{i}di = \int_{0}^{t} -\frac{R}{L}d\tau \rightarrow \ln i(t) - \ln i(0) = -\frac{R}{L}t \tag{6.16}$$

따라서 회로방정식의 해, 즉 인덕터 전류에 대한 해는 다음과 같다.

$$i(t) = I_0 e^{-(R/L)t} \text{ [A]} \tag{6.17}$$

식 (6.17)은 인덕터를 통하여 흐르는 전류가 시간이 경과됨에 따라 그림 6.7과 같이 지수함수적으로 감쇠되는 것을 의미한다. 이는 무전원 RC회로에서 커패시터 양단의 전압이 시간에 따라 감쇠되는 것과 같은 원리이다.

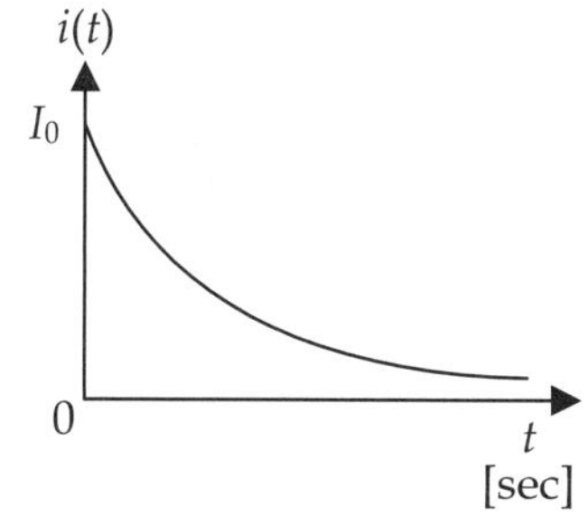

그림 6.7 무전원 RL회로의 인덕터 전류

그림 6.6에 나타낸 무전원 RL회로에서 식 (6.17)로 표현되는 인덕터를 통하여 흐르는 전류는 외부 전원에 의한 영향이 완전히 배제된 상태에서 오로지 인덕터에 저장된 초기 에너지에 의해서만 나타나는 응답이다. 따라서 식 (6.17)을 무전원 RL회로의 고유응답이라고 한다.

한편, 식 (6.17)로부터 어떤 시간 t에서 인덕터에 저장된 에너지는

$$w_L(t) = \frac{1}{2}L\{I_0 e^{-(R/L)t}\}^2 = \frac{1}{2}LI_0^2 e^{-2(R/L)t} \text{ [J]} \tag{6.18}$$

그러므로 시간 $[0, t]$동안 인덕터에서 방출되는 총 에너지는

$$w_L(0) - w_L(t) = \frac{1}{2}LI_0^2 - \frac{1}{2}LI_0^2 e^{-2(R/L)t} = \frac{1}{2}LI_0^2\{1 - e^{-2(R/L)t}\} \text{ [J]} \tag{6.19}$$

그림 6.6에서 저항 양단에 걸리는 전압은 $v_R(t) = RI_0 e^{-(R/L)t}$이므로 저항에서 소비되는 순시전력은

$$p_R = \frac{v_R^2(t)}{R} = \frac{1}{R}\{RI_0 e^{-(R/L)t}\}^2 = RI_0^2 e^{-2(R/L)t} \text{ [W]} \tag{6.20}$$

가 된다. 그러므로 시간 $[0, t]$동안 저항에서 소비되는 총 에너지는

$$w_R(t) = \int_0^t p_R d\tau = \int_0^t RI_0^2 e^{-2(R/L)\tau} d\tau \tag{6.21}$$

$$= RI_0^2 \cdot \frac{L}{-2R}\left[e^{-2(R/L)\tau}\right]_0^t = \frac{1}{2}LI_0^2\{1 - e^{-2(R/L)t}\} \text{ [J]}$$

식 (6.21)에 나타낸 저항에서 소비되는 총 에너지는 인덕터가 방출하는 총 에너지를 나타내는 식 (6.19)와 동일하다. 즉, 무전원 RL회로는 외부 전원에 의한 에너지의 공급이 없으므로 초기에 인덕터 주변에 형성된 자기장에 저장된 에너지를 방출하여 저항이 어떤 일을 수행하도록 에너지를 공급한다.

예제 6.3

다음 전기회로에서 인덕터 전류 i와 6 [Ω] 양단에 걸리는 전압 v_1을 구하라. 여기서 인덕터 전류의 초기값은 $i(5) = 3$ [A]로 가정한다.

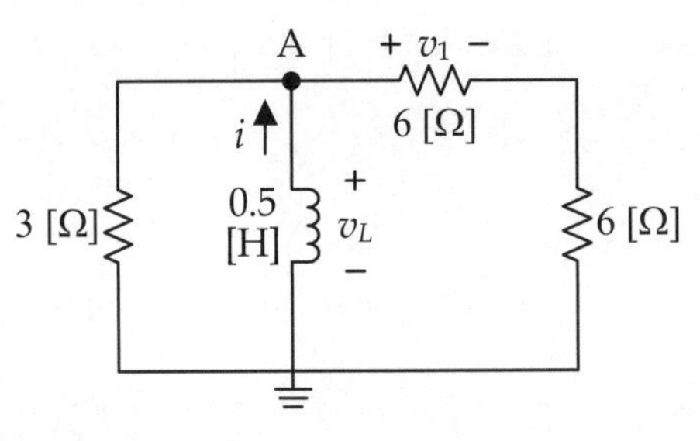

그림 6.8 예제 6.3을 위한 전기회로

풀이

직병렬연결된 저항들의 합성저항은 $R_{eq} = \{(6+6)//3\} = 2.4\ [\Omega]$이므로, 주어진 전기회로에 대한 등가회로는 아래와 같다.

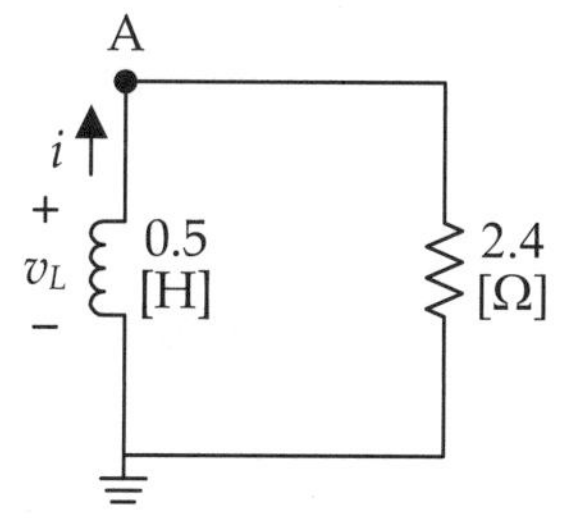

그림 6.9 예제 회로에 대한 등가회로

등가회로에 키르히호프 전압법칙을 적용하면 회로방정식은 식 (6.14)에 의하여

$$\frac{1}{2}\frac{di}{dt} + 2.4i = 0 \quad ①$$

식 ①의 1계 미분방정식을 변수에 따라 정리하여 적분을 취하면

$$\int_{i(t_0)}^{i(t)} \frac{1}{i}\,di = \int_{t_0}^{t} -4.8d\tau \rightarrow \ln i(t) - \ln i(t_0) = -4.8[\tau]_{t_0}^{t} = -4.8(t-t_0) \quad ②$$

여기서 주의할 점은 초기 시간이 0 [sec]가 아니라 t_0 [sec]라는 것이다. 이는 문제에서 초기값을 설정한 시간이 0 [sec]가 아니기 때문이다. 문제에서 주어진 조건을 적용한다면 $t_0 = 5$ [sec]이다. 따라서 인덕터를 통하여 흐르는 전류는 식 ②에 지수함수를 취하여

$$i(t) = i(t_0)e^{-4.8(t-t_0)} = 3e^{-4.8(t-5)}\ [\mathrm{A}] \quad ③$$

가 된다. 그러므로 인덕터 양단에 걸리는 전압은

$$v_L(t) = L\frac{di}{dt} = \frac{1}{2}\frac{d}{dt}\{3e^{-4.8(t-5)}\} = -7.2e^{-4.8(t-5)}\ [\mathrm{V}] \quad ④$$

식 ④에 전압분배법칙을 적용하면 6 [Ω] 양단에 걸리는 전압은

$$v_1(t) = \frac{6}{6+6} v_L(t) = \frac{1}{2} \times -7.2 e^{-4.8(t-5)} = -3.6\, e^{-4.8(t-5)} \text{ [V]}$$

6.3 시상수

커패시터 양단에 걸리는 전압과 인덕터를 통하여 흐르는 전류는 지수함수의 형태로 감소 또는 증가[5]한다. 앞의 두 절에서 학습한 무전원 RC회로와 무전원 RL회로에서는 초기에 커패시터와 인덕터에 저장된 에너지가 방출되어 저항에서 소비되므로 커패시터 양단의 전압과 인덕터를 통하여 흐르는 전류는 각각 식 (6.7)과 식 (6.17)에 따라 지수함수적으로 감쇠된다.

무전원 RC회로와 무전원 RL회로에서 $v_C(t)$와 $i_L(t)$가 시간의 경과에 따라 감쇠되는 정도를 정량화시킬 수 있는 파라미터로 시상수(time constant)가 사용된다. 무전원 회로에서 시상수는 회로변수, 즉 커패시터 전압과 인덕터 전류의 고유응답이 최대값의 e^{-1}배로 감쇠되는데 걸리는 시간으로 정의된다. 이 정의에 따르면 커패시터 양단에 걸리는 전압의 경우 최대값과 τ만큼 경과한 시간의 커패시터 전압의 비가

$$\frac{v(t+\tau)}{v(t)} = \frac{V_0 e^{-(t+\tau)/RC}}{V_0 e^{-t/RC}} = e^{-\tau/RC} = e^{-1} \tag{6.22}$$

이 되는 경과 시간 τ는

$$\tau = RC \text{ [sec]} \tag{6.23}$$

$e^{-1} \simeq 0.368$이므로 시상수는 무전원 회로에서 커패시터 양단에 걸리는 전압 또는 인덕터를 통하여 흐르는 전류가 최대값의 36.8%로 감쇠될 때까지 걸리는 시간이 된다.

무전원 RL회로의 경우에는

---

5) 지수함수적으로 증가하는 경우는 아직 학습하지 않았지만 커패시터나 인덕터에 에너지가 저장될 때 나타난다. 이때 커패시터에 충전되는 전압이나 인덕터를 통하여 흐르는 전류는 지수함수적으로 증가하는 형태를 가진다.

$$\frac{i(t+\tau)}{i(t)} = \frac{I_0 e^{-R(t+\tau)/L}}{I_0 e^{-Rt/L}} = e^{-R\tau/L} = e^{-1} \tag{6.24}$$

이므로 시상수는 다음과 같이 정의된다.

$$\tau = L/R \text{ [sec]} \tag{6.25}$$

식 (6.7)과 식 (6.17)로부터 무전원 회로의 고유응답에 대한 일반식은 다음과 같다.

$$x(t) = X_0 e^{-t/\tau} \tag{6.26}$$

여기서 $x(t)$는 무전원 RC회로의 경우 커패시터 양단의 전압 $v(t)$이고 무전원 RL회로의 경우 인덕터 전류 $i(t)$와 같다. 그리고 X_0는 초기 전압 V_0 또는 전류 I_0이며, 무전원 회로에서는 초기값이 최대값이 되므로 감쇠되는 지수함수는 $x(t)/X_0$로 나타나며 그림 6.10과 같다.

시상수가 작을수록 회로변수 값은 더 빠르게 감쇠되어 0으로 수렴하게 된다. 이는 저장된 에너지의 방출이 더 빠르게 일어나는 것을 의미하며, 더 이상의 변화가 없는 정상상태(steady state)로 빠르게 수렴한다. 이에 비하여 시상수가 크면 고유응답의 변화가 느리게 나타나며 에너지의 소비도 느려진다.

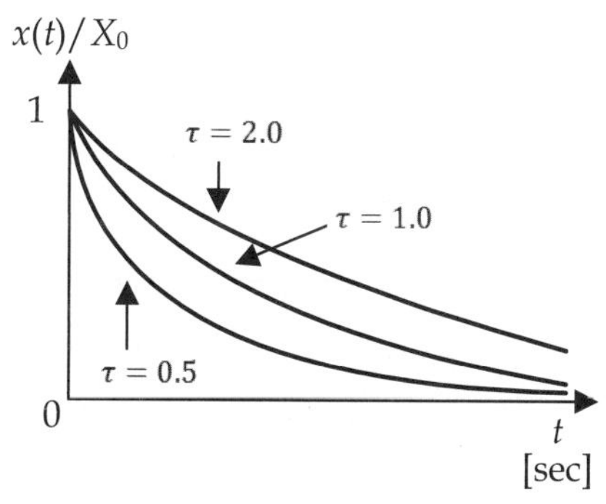

그림 6.10 무전원 회로에서 전압 또는 전류의 감쇠

예제 6.4

다음 전기회로는 스위치(SW)가 열리는 $t=0$ [sec]까지 직류 정상상태에 있었다. 스위치가 열린 이후 커패시터 양단의 전압에 대한 고유응답 $v(t)$와 시상수 τ를 구하라. 그리고 $t=\tau$에서 커패시터 양단의 전압을 계산하라.

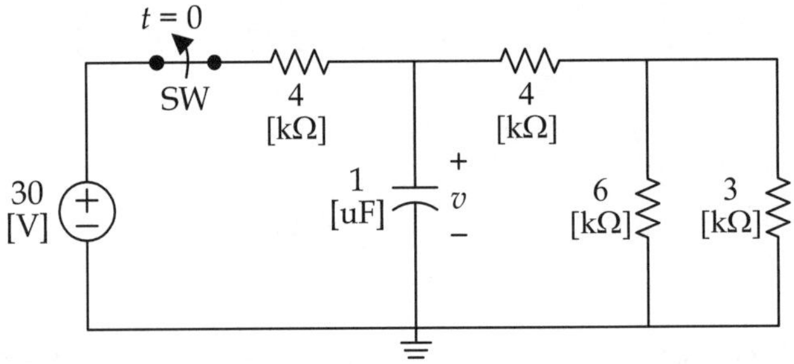

그림 6.11 예제 6.4를 위한 전기회로

풀이

이 예제에서 소개하는 스위치(switch, SW)는 회로의 연결을 기계적으로 제어하는 2단자 소자이다. 주어진 회로가 $t<0$에서 직류 정상상태 있었다는 것은 스위치가 열리는 시간인 $t=0$ 이전에 오랜 시간동안 닫힌 상태로 있었으며, 이로 인하여 커패시터는 충분히 충전된 상태임을 의미한다.

주어진 조건에 따라 $t<0$에서 회로의 상태는 그림 6.12와 같다.

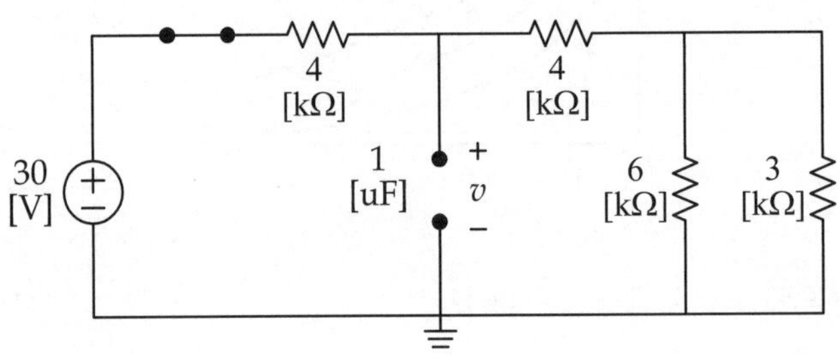

그림 6.12 $t<0$에서 주어진 회로에 대한 등가회로

$t<0$에서 커패시터의 오른쪽에 있는 세 저항의 합성저항은

$$R_{eq}=\{4+(6//3)\}=4+\frac{6\times 3}{6+3}=6\ [\mathrm{k}\Omega], \qquad ①$$

이므로 개방회로로 동작하는 커패시터 양단에 걸리는 전압은 전압분배법칙에 의하여

$$V_0=30\times\frac{6\mathrm{k}}{4\mathrm{k}+6\mathrm{k}}=18\ [\mathrm{V}]. \qquad ②$$

이다. 이 값은 $t=0$에서 스위치가 열리면 커패시터의 초기 전압이 된다.

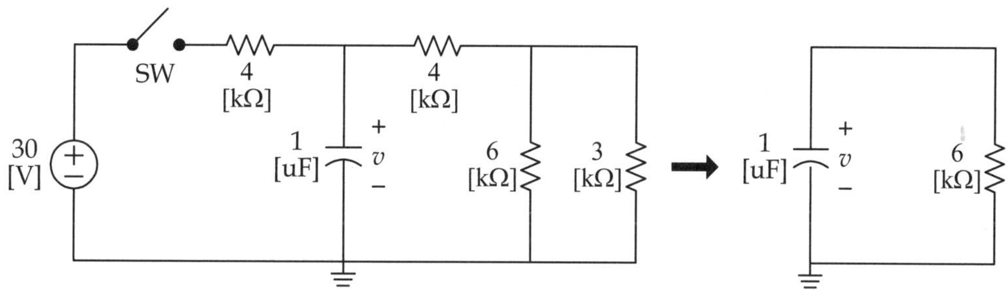

그림 6.13 $t\geq 0$에서 주어진 회로에 대한 등가회로

$t=0$에서 스위치가 열리면 회로는 그림 6.13과 같이 무전원 RC회로가 되고, 가장 왼쪽의 4 [kΩ] 저항은 아무런 역할을 하지 않는다. 그러므로 $t\geq 0$에서 주어진 무전원 RC회로의 시상수는

$$\tau=RC=(6\times 10^3)\times(1\times 10^{-6})=6\times 10^{-3}\ [\mathrm{sec}] \qquad ③$$

식 ②의 커패시터 초기 전압과 식 ③의 시상수를 식 (6.26)에 적용하면 커패시터 양단에 걸리는 전압에 대한 고유응답은

$$v(t)=V_0e^{-t/\tau}=18e^{-(1000/6)t}\ [\mathrm{V}] \qquad ④$$

식 ④로부터 $t=\tau$에서 전압 $v(t)$는 $v(t)|_{t=\tau}=18e^{-(1000/6\times 6\times 10^{-3})}=18e^{-1}=6.62$ [V]이다. 이는 최대값 18 [V]의 약 36.78%로 감쇠된 전압이다.

6.4 직류전원이 있는 1차 회로

앞 절까지는 전원이 없는 1차 회로에 대하여 학습하였다. 이런 회로에서는 커패시터와 인덕터에 저장된 초기 에너지가 나머지 저항회로를 구동시키는 역할을 한다. 특히, 예제 6.4에서는 독립전압원이 커패시터에 초기 에너지를 공급한 다음 스위치를 이용하여 전원을 제거시킴으로써 무전원 RC회로로 동작하게 만들고 이에 대한 고유응답을 구하는 방법을 소개하였다.

무전원 1차 회로의 가장 주된 특징은 커패시터 양단에 걸리는 전압이나 인덕터를 통하여 흐르는 전류 등에 대한 고유응답이 시간이 경과됨에 따라 감쇠하여 최종적으로는 0 [V]나 0 [A]로 수렴하는 것이다. 예제 6.4의 경우에도 커패시터 양단의 전압이 시상수인 $\tau = 6$ [msec] 동안 초기 전압의 36.8% 수준으로 감쇠되는 것을 확인하였다. 만약 시상수의 두 배인 $t = 12$ [msec]에서 전압을 측정하면 초기 전압의 13.5% 수준으로 현저히 감쇠된다. 그러므로 고유응답은 에너지를 저장하고 있는 전기장이나 자기장이 소멸될 때까지만 일시적으로 나타나는 과도상태 응답(transient state response)이라고 할 수 있다.

이 절에서는 초기에 저장된 에너지뿐만 아니라 응답이 지속적으로 나타나도록 강제하는 함수(forcing function)로 작용하는 독립전원이 존재하는 1차 회로에 대하여 학습한다. 이런 회로에서는 초기 에너지에 의한 고유응답과 함께 독립전원에 의한 강제응답(forced response)도 나타난다.

그림 6.14의 직류 전원이 있는 1차 회로를 해석하여보자. 여기서 커패시터는 스위치가 닫히기 전, 즉 $t < 0$에서 초기 전압 V_0 [V]로 충전되어 있는 것으로 가정한다.

$t \geq 0$이 되면 그림 6.14 회로의 스위치는 닫힌 상태로 전환된다. 마디 A에 키르히호프 전류법칙을 적용하면 스위치가 닫힌 이후 회로에 대한 회로방정식을 다음과 같이 구할 수 있다.

$$C\frac{dv}{dt} + \frac{v}{R} = I_0 \tag{6.27}$$

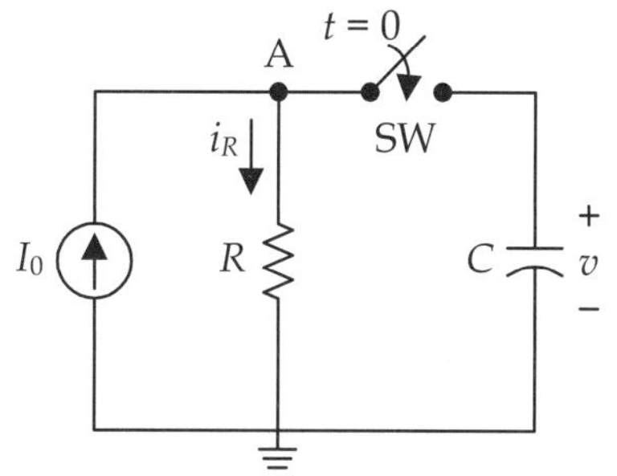

그림 6.14 직류 전원이 있는 1차 회로

무전원 회로에서는 식 (6.27)과 같은 1계 미분방정식의 해를 구하기 위하여 변수분리법을 사용하였다. 이번에는 시험해를 대입하는 방법으로 해를 구하기로 한다. 식 (6.27)의 미분방정식을 살펴보면 어떤 시간함수 $v(t)$의 1차 미분항과 미분하지 않은 원형함수의 합이 상수가 되는 형태이다. 이 조건을 만족하는 대표적인 함수는 지수함수, 삼각함수, 그리고 상수가 있다. 회로에서는 직류 전류원이 강제함수로 사용되므로 이것과 수학적으로 동일한 형태를 가지는 함수인 상수를 시험해로 선택하여 사용하기로 한다.

시험강제해(trial forced solution)를 $v_f(t)=K$로 정의하면, 이 강제해는 식 (6.27)을 만족하여야 한다. 따라서 강제해를 식 (6.27)에 대입하면

$$C\frac{dv_f}{dt}+\frac{v_f}{R}=I_0 \rightarrow C\frac{d}{dt}K+\frac{K}{R}=I_0 \tag{6.28}$$

가 되므로

$$v_f(t)=K=RI_0 \text{ [V]} \tag{6.29}$$

라는 해를 도출할 수 있다. 이 해는 강제함수로 동작하는 전원에 의하여 발생되므로 강제응답이라고 한다.

한편, 그림 6.14의 회로에서 스위치가 닫히면 커패시터도 회로에 연결되므로 전기적 특성변화가 발생된다. 이것은 커패시터가 초기에 저장하고 있는 에너지로부터 기인하는 것으로 전원함수와는 관련이 없는 커패시터의 고유응답이 된다. 따라서 식 (6.27)의 회로방정식에서 전원에 의한 강제함수를 배제시킨 식 (6.30)으로부터 응답을 구한다.

$$C\frac{dv_n}{dt}+\frac{v_n}{R}=0 \tag{6.30}$$

식 (6.30)은 무전원 RC회로의 회로방정식과 동일한 형태이다. 이는 앞 절에서 풀이한 것처럼 변수분리법을 사용하여 구할 수도 있지만 여기서는 시험해를 이용하여 풀이하기로 한다. 식 (6.30)에 대한 시험해를 지수함수를 이용하여 다음과 같이 정의하겠다.

$$v_n(t) = K_1 e^{st} \text{ [V]} \tag{6.31}$$

여기서 K_1와 s는 임의의 상수로 0이 아니어야 한다. 만약 $K_1 = 0$이면 $v_n(t) = 0$이 되므로 커패시터의 초기 에너지에 의한 응답이 없다는 의미가 되므로 커패시터의 전기적 동작 특성에 어긋나는 결과가 초래된다. $s = 0$인 경우에는 $v_n(t) = K_1$이 되어 앞에서 구한 강제해와 같아진다.

시험해는 회로방정식을 만족하여야 하므로 식 (6.31)을 식 (6.30)에 대입하면

$$\frac{d}{dt}\{K_1 e^{st}\} + \frac{1}{RC}\{K_1 e^{st}\} = 0 \;\rightarrow\; sK_1 e^{st} + \frac{K_1}{RC} e^{st} = 0 \tag{6.32}$$

이로부터

$$s + \frac{1}{RC} = 0 \tag{6.33}$$

이라는 특성방정식(characteristic equation)을 얻을 수 있다. 특성방정식의 해를 식 (6.31)에 대입하면

$$v_n(t) = K_1 e^{-t/RC} \text{ [V]} \tag{6.34}$$

가 된다. 이는 식 (6.7) 또는 식 (6.26)과 같은 수학적 형태를 가지는 무전원 RC회로의 고유응답이다.

주어진 회로는 선형회로이므로 식 (6.29)의 강제응답과 식 (6.34)의 고유응답을 합하여 식 (6.27)의 회로방정식에 대한 전체 응답(또는 완전 응답이라고도 함)을 아래와 같이 도출할 수 있다.

$$v(t) = v_f(t) + v_n(t) = RI_0 + K_1 e^{-t/RC} \text{ [V]} \tag{6.35}$$

식 (6.35)의 전체 응답에서 여전히 미지수로 남아 있는 K_1은 회로의 초기값과 관련이 있다. 커패시터 양단에 걸리는 전압은 연속성의 원리를 만족하는 물리량이므로 그림 6.14의

회로에서 스위치가 열린 상태에서 닫힌 상태로 전환되어도 커패시터 양단의 전압은 다음의 조건을 만족하여야 한다.

$$[v(t)]_{t=0^-} = [v(t)]_{t=0^+} \tag{6.36}$$

여기서 $t=0^-$는 스위치가 닫히기 직전 시간을 의미하고 $t=0^+$는 스위치가 닫힌 직후 시간을 의미한다. 따라서 식 (6.36)의 조건을 식 (6.35)에 대입하면

$$v(0^{-1}) = V_0 = v(0^+) = \left[RI_0 + K_1 e^{-t/RC}\right]_{t=0^+} = RI_0 + K_1 \tag{6.37}$$

가 되므로 $K_1 = (V_0 - RI_0)$이 된다. 이를 식 (6.35)에 대입하면 최종적으로 전체 응답은 다음과 같다.

$$v(t) = v_f(t) + v_n(t) = RI_0 + (V_0 - RI_0)e^{-t/RC}\ [\mathrm{V}] \tag{6.38}$$

식 (6.38)의 전체 응답에서 두 가지 극한값을 확인함으로써 그림 6.14의 회로에서 커패시터 양단의 전압이 어떻게 변화하는지 살펴보자. 먼저

$$\lim_{t\to 0} v(t) = \lim_{t\to 0}\left\{RI_0 + (V_0 - RI_0)e^{-t/RC}\right\} = RI_0 + V_0 - RI_0 = V_0\ [\mathrm{V}] \tag{6.39}$$

가 되어 커패시터에 충전된 초기 전압이 된다. 이에 비하여

$$\lim_{t\to \infty} v(t) = \lim_{t\to \infty}\left\{RI_0 + (V_0 - RI_0)e^{-t/RC}\right\} = RI_0 + (V_0 - RI_0)\times 0 = RI_0\ [\mathrm{V}] \tag{6.40}$$

이 된다. 이는 그림 6.14의 회로에서 스위치가 닫힌 상태로 시간이 무한히 경과되면 커패시터 양단의 전압은 RI_0 [V]로 충전된 상태를 유지한다. 전압 RI_0 [V]는 전류원이 공급하는 전류가 저항으로만 흐르는 경우 옴의 법칙에 의하여 저항 양단에 걸리는 전압이다. 따라서 스위치가 닫힌 상태로 시간이 무한히 경과되면 커패시터는 개방회로로 동작하면서 개방된 단자 양단에 전압이 걸려 있는 상태가 되는 것이다. 이것은 직류 정상상태에서 커패시터의 동작과 같은 것이다.

예제 6.5

다음 전기회로는 $t < 0$에서 직류 정상상태에 있었다. $t = 0$에서 스위치가 열린 이후 전류 $i(t)$에 대한 완전 응답을 구하라.

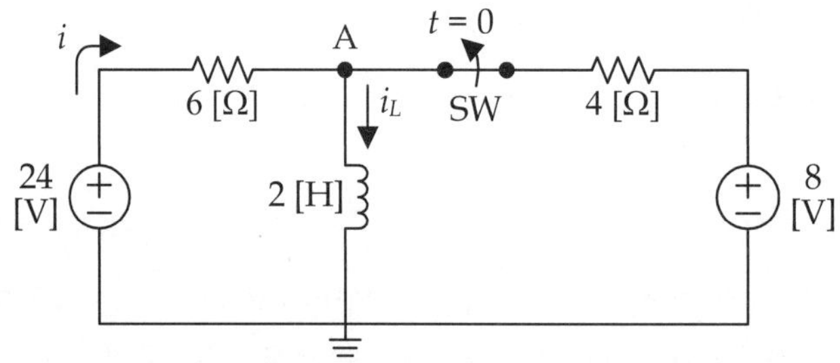

그림 6.15 예제 6.4를 위한 전기회로

풀이

$t<0$에서 주어진 회로는 직류 정상상태에 있었으므로 가운데 가지의 인덕터는 단락회로로 동작하는 상태이다. 따라서 스위치가 개방되기 전까지 인덕터를 통하여 흐르는 전류는 마디 A에 키르히호프 전류법칙을 적용하면

$$i_L(t)=24/6+8/4=6 \ \text{[A]}, \ t<0 \qquad ①$$

$t=0$이 되어 스위치가 개방되면 오른쪽의 8 [V] 전압원과 4 [Ω] 저항은 회로에서 제거된다. 왼쪽 폐경로에 키르히호프 전압법칙을 적용하면 회로방정식은

$$-24+6i+2\frac{di}{dt}=0 \rightarrow \frac{di}{dt}+3i=12 \qquad ②$$

먼저 전원이 직류전압원이므로 강제응답의 시험해를 임의의 상수인 $i_f(t)=K$로 정하면, 이 시험해는 식 ②를 만족하여야 하므로

$$\frac{di_f}{dt}+3i_f=12 \rightarrow \frac{d}{dt}K+3K=12 \qquad ③$$

이므로 강제응답은 $i_f(t)=K=4$ [A]이다.

고유응답은 전원에 의한 영향을 배제시켜야 하므로 식 ②의 회로방정식에서 전원에 의한 강제함수를 아래와 같이 제거한다.

$$\frac{di_n}{dt}+3i_n=0 \qquad ④$$

고유응답의 시험해를 $i_n(t)=K_1e^{st}$로 정하고, 이를 식 ④에 대입하여 정리하면 특성방정

식은

$$\frac{d}{dt}\{K_1e^{st}\}+3\{K_1e^{st}\}=0 \ \rightarrow \ sK_1e^{st}+3K_1e^{st}=0 \ \rightarrow \ s+3=0 \qquad ⑤$$

이로부터 고유응답은 $i_n(t)=K_1e^{-3t}$ [A]가 된다. 그러므로 식 ②의 회로방정식에 대한 완전 응답은

$$i(t)=i_f(t)+i_n(t)=4+K_1e^{-3t} \text{ [A]} \qquad ⑥$$

이다. 여기서 계수 K_1을 구하기 위하여 초기값을 이용한다. 인덕터를 통하여 흐르는 전류는 연속성의 원리를 만족하여야 하므로

$$i(0^-)=6=i(0^+)=\left[4+K_1e^{-3t}\right]_{t=0^+}=4+K_1 \text{ [A]} \qquad ⑦$$

이 된다. 따라서 $K_1=2$가 되며, 주어진 회로에서 인덕터를 통하여 흐르는 전류에 대한 완전 응답은

$$i(t)=4+2e^{-3t} \text{ [A]} \qquad ⑧$$

인덕터 전류의 동작을 확인하기 위하여 식 ⑧에 대하여 두 가지 극한값을 계산하면

$$\lim_{t\to 0} i(t)=\lim_{t\to 0}\{4+2e^{-3t}\}=4+2=6 \text{ [A]}, \qquad ⑨$$

$$\lim_{t\to \infty} i(t)=\lim_{t\to \infty}\{4+2e^{-3t}\}=4+2\times 0=4 \text{ [A]}.$$

식 ⑨로부터 스위치의 개폐 직전과 직후 인덕터의 전류는 6 [A]로 초기 전류와 동일하며, 스위치가 열린 이후 오랜 시간이 경과되면 인덕터는 단락회로로 동작하는 상태가 된다. 즉 주어진 회로는 24 [V] 직류 전압원에 6 [Ω] 저항이 연결되어 있는 구조가 되므로 옴의 법칙에 의하여 4 [A] 전류가 흐르는 정상상태에서 동작한다.

그림 6.14에서 커패시터 양단의 전압에 대한 식 (6.35)와 예제 6.5에서 인덕터를 통하여 흐르는 전류에 대한 식 ⑧로부터 확인할 수 있는 것처럼 전체 응답은 강제응답과 고유응답의 합으로 나타난다. 특히, 극한값을 계산한 결과 고유응답은 주로 스위치의 개폐 전후 일시적으로 나타나는 응답으로 시간이 경과됨에 따라 감쇠되어 그 영향이 줄어든다. 따라

서 고유응답은 스위치의 개폐 또는 전원의 인가 전후에 나타나므로 과도상태 응답 또는 과도응답이라고 한다. 이에 비하여 스위치의 상태 변화 또는 전원의 인가 이후 오랜 시간이 경과되어도 나타나는 응답은 전원이라는 강제함수에 의하여 나타나는 응답으로 정상상태 응답이라고도 한다.

예제 6.6

다음 전기회로에서 출력 전압 $v_o(t)$, $t \geq 0$에 대한 전체 응답을 구하라. 여기서 주어진 회로는 $t < 0$에서 직류 정상상태에 있었으며, 연산증폭기는 이상적인 조건을 만족하는 것으로 가정한다.

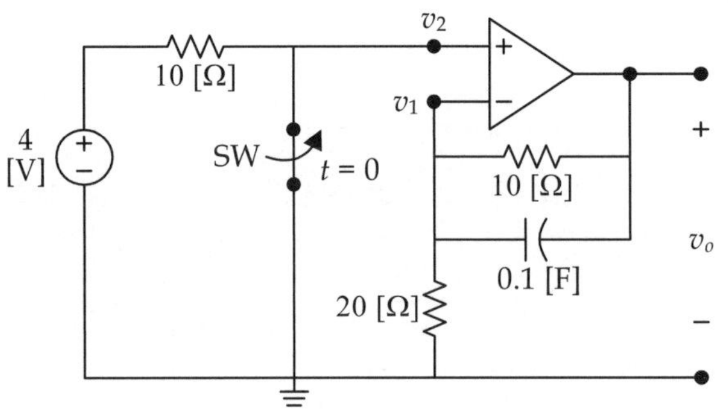

그림 6.16 예제 6.6을 위한 전기회로

풀이

$t < 0$에서 스위치는 닫힌 상태이므로 연산증폭기의 비반전 입력은 접지에 연결되어 $v_2(t) = 0$ [V]이다. 이상적인 연산증폭기의 두 입력단자의 전압차는 $v_2(t) - v_1(t) = 0$ [V]이므로 $t < 0$에서 $v_1(t) = 0$ [V]이다.

한편, 주어진 회로는 $t < 0$에서 직류 정상상태에 있었으므로 피드백 단의 0.1 [F] 커패시터는 개방된 것으로 가정할 수 있다. 반전 입력단자와 출력 전압 사이의 관계는 전압분배법칙에 의하여

$$v_1(t) = \frac{20}{20+10} v_o(t) \qquad ①$$

이다. 따라서 $t < 0$에서 $v_1(t) = 0$가 되려면 $v_o(t) = 0$ [V]이어야 한다.

$t=0$에서 스위치가 개방되면 이상적인 연산증폭기의 입력 저항은 ∞ [Ω]이라는 조건에 의하여 10 [Ω] 저항을 통하여 비반전 입력단자로 흐르는 전류는 0 [A]이다. 이는 10 [Ω] 저항의 양단에는 전압이 걸리지 않는 것을 의미하므로 비반전 입력단자의 전압은 전압원의 전압과 같다. 즉 $v_2(t)=4$ [V]이고, $v_1(t)=v_2(t)$이다.

연산증폭기의 반전 입력단자에 키르히호프 전류법칙을 적용하면 회로방정식은

$$\frac{v_1(t)}{20}+\frac{v_1(t)-v_o(t)}{10}+0.1\frac{d}{dt}\{v_1(t)-v_o(t)\}=0 \qquad ②$$

여기에 $v_1(t)=4$를 대입하고 정리하면

$$\frac{dv_o(t)}{dt}+v_o(t)=6 \qquad ③$$

식 ③에 상수 시험해를 적용하여 강제응답을 구하면

$$v_{o,f}(t)=6 \text{ [V]} \qquad ④$$

이고 지수함수 $v_{o,n}(t)=K_1e^{st}$를 고유응답에 대한 시험해로 적용하면 특성방정식은

$$s+1=0 \qquad ⑤$$

이 된다. 따라서 식 ③에 대한 전체 응답은 강제응답과 고유응답의 합이므로 다음과 같다.

$$v_o(t)=v_{o,f}(t)+v_{o,n}(t)=6+K_1e^{-t} \text{ [V]} \qquad ⑥$$

고유응답의 계수 K_1을 구하기 위하여 초기조건을 생각하여보자. 커패시터 양단의 전압은 연속성의 원리를 만족하므로

$$v_c(0^-)=v_c(0^+)=0 \qquad ⑦$$

이고, 입력단자의 초기 전압은

$$v_1(0^-)-v_2(0^-)=v_1(0^+)-v_2(0^+)=0 \qquad ⑧$$

이어야 한다. $v_2(0^+)=4$ [V]이므로 식 ⑧에 의하여 $v_1(0^+)=4$ [V]이다. 이를 식 ⑥에 대입하면

$$v_o(t)|_{t=0^+} = \left[6 + K_1 e^{-t}\right]_{t=0^+} = 6 + K_1 = v_1(0^+) + v_c(0^+) = 4 \qquad ⑨$$

$$\rightarrow K_1 = -2$$

따라서 연산증폭기 출력단자에서 측정되는 완전 응답은

$$v_o(t) = 6 - 2e^{-t} \text{ [V]}, \ t \geq 0$$

6.5 1차 회로에서 중첩의 원리

전원이 있는 1차 회로에서 중첩의 원리가 적용되는 방법을 살펴보기로 하자. 1계 미분 방정식으로 표현되는 회로방정식의 일반적인 형태는

$$\frac{dx(t)}{dt} + Ax(t) = f(t), \ x(t_0) = x_0 \tag{6.41}$$

여기서 $x(t)$는 전압 또는 전류와 같은 회로변수이고, $f(t)$는 전원에 의한 강제함수이다. 그리고 $x(t_0)$는 초기 조건이다.

초기 조건에 의한 응답을 $x_{ic}(t)$라고 하면 이것은 식 (6.41)에서 강제함수에 의한 영향을 배제시킨 회로방정식을 만족하여야 한다.

$$\frac{dx_{ic}(t)}{dt} + Ax_{ic}(t) = 0, \ x(t_0) = x_0 \tag{6.42}$$

이제 초기 조건에 의한 영향을 배제시킨 상태에서 전원에 의하여 나타나는 응답을 $x_s(t)$라고 한다면, $x_s(t)$는 다음 회로방정식의 해가 된다.

$$\frac{dx_s(t)}{dt} + Ax_s(t) = f(t), \ x(t_0) = 0 \tag{6.43}$$

초기 조건에 의한 응답과 전원에 의한 응답의 합인 $x(t) = x_{ic}(t) + x_s(t)$를 식 (6.41)의 좌변에 대입하여 정리하면

$$\begin{aligned}\frac{dx(t)}{dt}+Ax(t)&=\frac{d}{dt}\{x_{ic}(t)+x_s(t)\}+A\{x_{ic}(t)+x_s(t)\}\\&=\left\{\frac{dx_{ic}(t)}{dt}+Ax_{ic}(t)\right\}+\left\{\frac{dx_s(t)}{dt}+Ax_s(t)\right\}\\&=0+f(t),\end{aligned} \tag{6.44}$$

$$x(t_0)=x_{ic}(t_0)+x_s(t_0)=x_0+0$$

이 된다. 따라서 전원이 있는 1차 회로는 선형시스템이며, 초기 조건에 의한 응답과 전원에 의한 응답은 전체 응답을 구성하는 요소가 되므로 중첩의 원리가 성립한다. 또한, 회로에 여러 개의 독립전원이 존재하는 경우 각각의 전원에 의한 응답 $x_{s1}(t)$, $x_{s2}(t)$ 등도 전체 응답을 구성하는 요소가 된다.

예제 6.7

다음 전기회로에서 시간 $t \geq 0$에 대한 커패시터 양단의 전압을 중첩의 원리를 이용하여 구하라. 스위치가 닫히기 전인 $t < 0$에서 회로는 직류 정상상태에 있었던 것으로 가정한다.

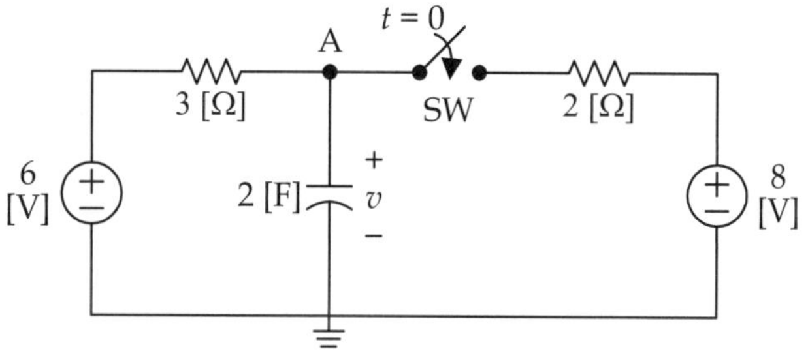

그림 6.17 예제 6.7을 위한 전기회로

풀이

$t < 0$에서 스위치가 열린 상태와 $t \geq 0$에서 스위치가 닫힌 상태에 따라 주어진 전기회로에 대한 등가회로를 그림 6.18에 나타내었다.

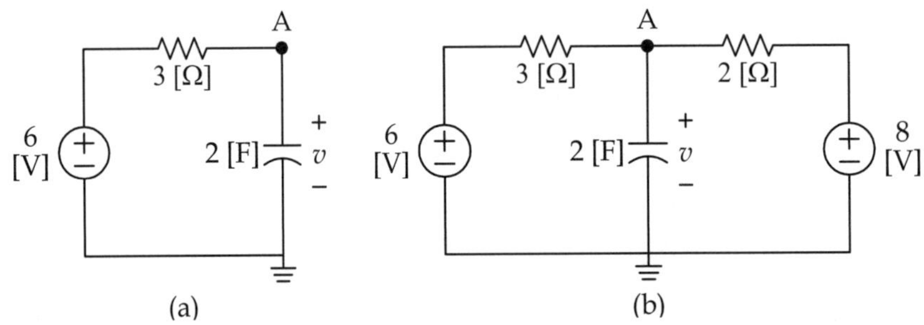

그림 6.18 주어진 회로에 대한 등가회로 (a) $t<0$ (b) $t\geq 0$

$t<0$에서 주어진 회로는 직류 정상상태에 있었던 것으로 가정하였으므로 그림 6.18(a)의 커패시터는 개방상태와 같다. 따라서 3 [Ω] 저항으로 흐르는 전류가 없으므로 저항 양단에 걸리는 전압은 0 [V]이다. 이는 $t=0$에서 스위치가 닫힐 때까지 커패시터가 $v(t)=6$ [V], $t<0$,의 초기 전압으로 충전되어 있음을 의미한다. 또한 연속성의 원리에 의하여 커패시터 초기 전압은

$$v(0^-)=v(0^+)=6 \text{ [V]} \quad ①$$

$t=0$에서 스위치가 닫힌 이후 주어진 전기회로에 대한 등가회로는 그림 6.18(b)와 같다. 2개의 독립전압원이 있으므로 중첩의 원리로 해결하기 위해서는 각각의 전원에 대한 응답을 구하여야 한다.

먼저 왼쪽의 6 [V] 전압원에 의한 커패시터의 전압을 구한다. 이때 오른쪽의 8 [V] 전압원은 그림 6.19에 보인 것처럼 단락시킨다.

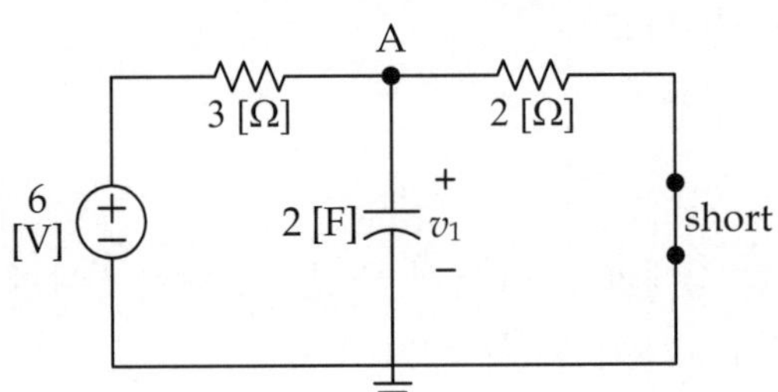

그림 6.19 8 [V] 전압원을 단락시킨 등가회로

그림 6.19의 회로에서 마디 A에 키르히호프 전류법칙을 적용하면 정리하면 회로방정식은

$$\frac{6-v_1}{3}+\frac{0-v_1}{2}=2\frac{dv_1}{dt} \rightarrow \frac{dv_1}{dt}+\frac{5}{12}v_1=1 \qquad ②$$

전원이 직류 전압원이므로 커패시터 양단의 전압에 대한 강제응답의 시험해를 $v_{1,f}(t)=K_1$으로 정하여 식 ②에 대입하면

$$\frac{d}{dt}\{K_1\}+\frac{5}{12}K_1=1 \qquad ③$$

이므로 $v_{1,f}(t)=K_1=12/5=2.4$ [V]가 된다. 커패시터 전압에 대한 고유응답의 시험해를 $v_{1,n}(t)=K_2e^{st}$로 정하여 식 ②에 대입하면 특성방정식은

$$\frac{d}{dt}\{K_2e^{st}\}+\frac{5}{12}\{K_2e^{st}\}=0 \rightarrow s+\frac{5}{12}=0 \qquad ④$$

고유응답은 전원의 영향을 배제시키므로 식 ④에서 등호의 우측항은 0이 되는 것에 주의하여야 한다. 따라서 그림 6.19의 회로에 대한 전체 응답은

$$v_1(t)=v_{1,f}(t)+v_{1,n}(t)=2.4+K_2e^{-5t/12}\text{ [V]} \qquad ⑤$$

중첩의 원리를 이용하기 위하여 초기 조건에 의한 응답은 별도로 구해야 하므로 식 ⑤에서 초기 조건은 $v_1(0)=0$ [V]가 되며, 이를 식 ⑤에 적용하면

$$v_1(0)=2.4+K_2=0 \rightarrow K_2=-2.4 \qquad ⑥$$

이므로 6 [V] 전압원에 의하여 커패시터 양단에 인가되는 전압의 전체 응답은

$$v_1(t)=2.4-2.4e^{-5t/12}=2.4\left(1-e^{-5t/12}\right)\text{ [V]} \qquad ⑦$$

다음으로는 오른쪽의 8 [V] 전압원에 의한 커패시터의 전압을 구한다. 이때 왼쪽의 6 [V] 전압원은 그림 6.20에 보인 것처럼 단락시킨다.

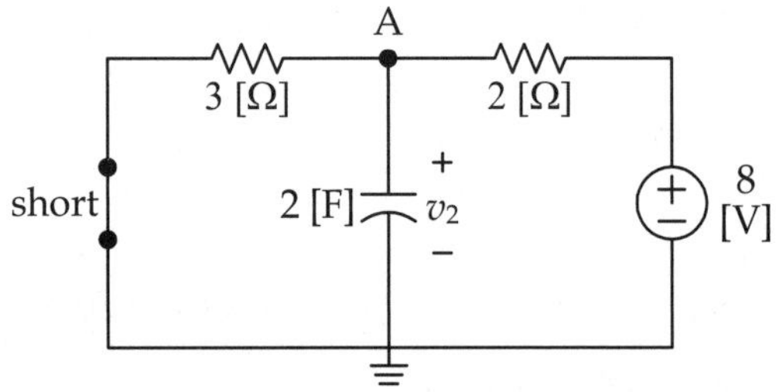

그림 6.20 6 [V] 전압원을 단락시킨 등가회로

그림 6.20의 회로에서 마디 A에 키르히호프 전류법칙을 적용하면 정리하면 회로방정식은

$$\frac{8-v_2}{2}+\frac{0-v_2}{3}=2\frac{dv_2}{dt} \rightarrow \frac{dv_2}{dt}+\frac{5}{12}v_2=2 \quad ⑧$$

커패시터 양단의 전압에 대한 강제응답의 시험해를 $v_{2,f}(t)=K_3$으로 정하여 식 ⑧에 대입하면

$$\frac{d}{dt}\{K_3\}+\frac{5}{12}K_3=2 \quad ⑨$$

이므로 $v_{2,f}(t)=K_3=24/5=4.8$ [V]가 된다. 커패시터 전압에 대한 고유응답의 시험해를 $v_{2,n}(t)=K_4e^{st}$로 정하여 식 ⑧에 대입하면 특성방정식은

$$\frac{d}{dt}\{K_4e^{st}\}+\frac{5}{12}\{K_4e^{st}\}=0 \rightarrow s+\frac{5}{12}=0 \quad ⑩$$

따라서 그림 6.20 회로에 대한 전체 응답은

$$v_2(t)=v_{2,f}(t)+v_{2,n}(t)=4.8+K_4e^{-5t/12}\ \text{[V]} \quad ⑪$$

여기서도 초기 조건에 의한 응답은 별도로 구해야 하므로 식 ⑪에서 초기 조건은 $v_2(0)=0$ [V]가 되며, 이를 식 ⑪에 적용하면

$$v_2(0)=4.8+K_4=0 \rightarrow K_4=-4.8 \quad ⑫$$

이므로 8 [V] 전압원에 의하여 커패시터 양단에 인가되는 전압의 전체 응답은

$$v_2(t)=4.8-4.8e^{-5t/12}=4.8(1-e^{-5t/12})\ \text{[V]} \quad ⑬$$

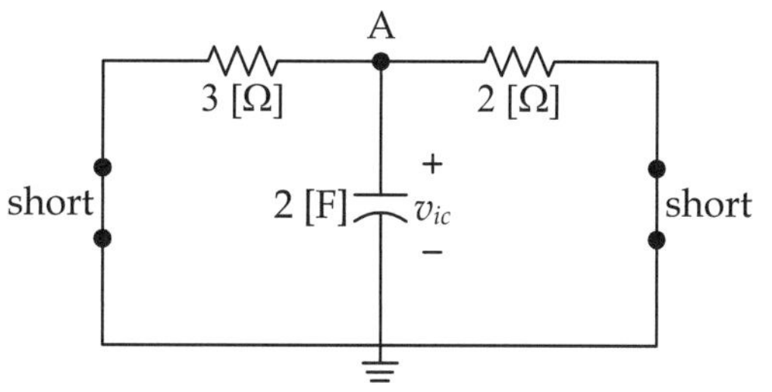

그림 6.21 두 전압원을 모두 단락시킨 등가회로

마지막으로 초기 조건에 의한 응답을 구하기 위하여 주어진 회로의 두 직류 전압원은 그림 6.21에 보인 것처럼 단락시킨다. 마디 A에 키르히호프 전류법칙을 적용하면 정리하면 회로방정식은

$$\frac{0-v_{ic}}{2}+\frac{0-v_{ic}}{3}=2\frac{dv_{ic}}{dt} \rightarrow \frac{dv_{ic}}{dt}+\frac{5}{12}v_{ic}=0 \quad ⑭$$

초기 조건에 의한 응답은 강제함수가 없으므로 고유응답만 존재한다. 고유응답의 시험해를 $v_{ic,n}(t)=K_5e^{st}$로 정하여 식 ⑭에 대입하면 특성방정식은

$$\frac{d}{dt}\{K_5e^{st}\}+\frac{5}{12}\{K_5e^{st}\}=0 \rightarrow s+\frac{5}{12}=0 \quad ⑮$$

따라서 그림 6.21에 대한 고유응답은

$$v_{ic}(t)=v_{ic,n}(t)=K_5e^{-5t/12}\ [\mathrm{V}] \quad ⑯$$

식 ⑯에서 초기 조건 식 ①을 대입하면

$$v_{ic}(0)=K_5=6 \quad ⑰$$

이므로 초기 조건에 의하여 커패시터 양단 전압의 고유응답은

$$v_{ic}(t)=6e^{-5t/12}\ [\mathrm{V}] \quad ⑱$$

그러므로 중첩의 원리에 의하여 초기 조건과 두 전압원에 의하여 커패시터 양단에 걸리는 전압에 대한 전체 응답은 다음과 같다.

$$\begin{aligned} v(t) &= v_{ic}(t) + v_1(t) + v_2(t) \\ &= 6e^{-5t/12} + 2.4\left(1-e^{-5t/12}\right) + 4.8\left(1-e^{-5t/12}\right) \\ &= 7.2 - 1.2e^{-5t/12} = 1.2\left(6-e^{-5t/12}\right)\ [\mathrm{V}] \end{aligned} \quad ⑲$$

예제 6.8

예제 6.7의 전기회로를 같은 조건에서 마디해석법을 이용하여 해석하고, 그 결과를 비교하라.

풀이

커패시터 양단에 걸리는 전압에 대한 초기 조건을 구하기 위한 스위치가 열린 상태와 전체 응답을 구하기 위한 스위치가 닫힌 상태의 등가회로는 각각 그림 6.18(a)와 그림 6.18(b)에 제시되었다. 이를 그림 6.22에 다시 나타내었다.

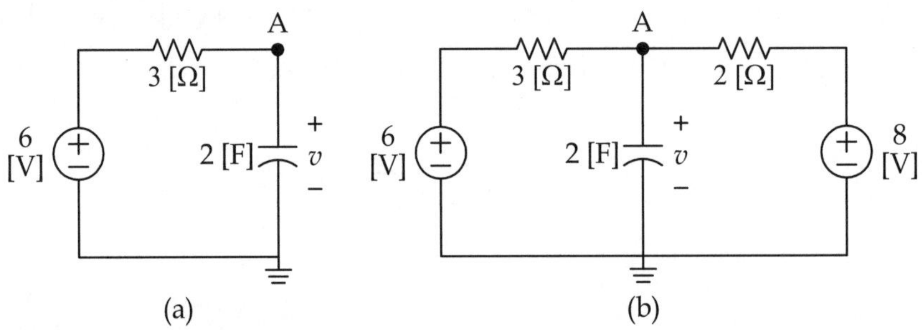

그림 6.22 주어진 회로에 대한 등가회로 (a) $t < 0$ (b) $t \geq 0$

$t < 0$에서 스위치는 개방된 상태이며 주어진 회로는 직류 정상상태에 있었으므로 그림 6.22(a)의 커패시터 양단의 전압은 $v(t) = 6$ [V]로 충전된다. 따라서 연속성의 원리에 의하여 커패시터 초기 전압은

$$v(0^-) = v(0^+) = 6\ [\mathrm{V}] \quad ①$$

$t = 0$에서 스위치가 닫히면 주어진 전기회로에 대한 등가회로는 그림 6.22(b)와 같다. 마디해석법을 이용하여 해석하므로 접지된 기준마디를 제외한 유일한 마디인 A에 키르히호프 전류법칙을 적용하면 회로방정식은

$$\frac{6-v}{3}+\frac{8-v}{2}=2\frac{dv}{dt} \rightarrow \frac{dv}{dt}+\frac{5}{12}v=3 \qquad ②$$

커패시터 양단의 전압에 대한 강제응답의 시험해를 $v_f(t)=K$로 정하여 식 ②에 대입하면

$$\frac{d}{dt}\{K\}+\frac{5}{12}K=3 \qquad ③$$

이므로 $v_f(t)=K=36/5=7.2$ [V]가 된다.

커패시터 전압에 대한 고유응답의 시험해를 $v_n(t)=K_1e^{st}$로 정하여 식 ②에 대입하면 특성방정식은

$$\frac{d}{dt}\left\{K_1e^{st}\right\}+\frac{5}{12}\left\{K_1e^{st}\right\}=0 \rightarrow s+\frac{5}{12}=0 \qquad ④$$

따라서 그림 6.22(b) 회로에 대한 전체 응답은

$$v(t)=v_f(t)+v_n(t)=7.2+K_1e^{-5t/12} \text{ [V]} \qquad ⑤$$

여기에 초기 조건을 대입하여 고유응답의 계수를 다음과 같이 구한다.

$$v(0)=7.2+\left\{K_1e^{-5t/12}\right\}_{t=0}=7.2+K_1=6 \rightarrow K_1=-1.2 \qquad ⑥$$

따라서 커패시터 양단에 걸리는 전압의 전체 응답은

$$v(t)=7.2-1.2e^{-5t/12}=1.2\left(6-e^{-5t/12}\right) \text{ [V]} \qquad ⑦$$

식 ⑦은 예제 6.7의 ⑲와 동일하다. 따라서 초기 조건과 각각의 전원에 의한 응답들의 선형 합은 마디해석법을 적용하여 해석하는 것과 동일한 결과를 도출한다. 비록 중첩의 원리를 이용하여 해석하는 방법이 연산량의 측면에서는 불리한 점이 있지만 각각의 전원과 초기 조건이 전체 응답에 기여하는 정도를 정확하게 정량화시킬 수 있는 장점도 있다.

6.6 단위 계단함수와 응답

앞 절에서 스위치가 포함된 몇 가지 전기회로를 학습하였다. 스위치는 매우 간단한 2단자 소자로 자체적으로는 개방 또는 단락회로 가운데 하나의 상태를 가지지만 좀 더 크게는 회로의 어떤 부분을 다른 부분에 연결시키거나 이미 연결된 회로의 일부를 제거하는 목적으로 사용된다. 여기서 회로의 어떤 부분에 해당하는 대표적인 예는 전원부이다. 전등이나 가정용 전기기기 또는 휴대폰 등에서 전원을 On/Off시키는 스위치를 떠올리면 가장 이해하기 쉬울 것이다.

스위치로 전원을 인가하는 순간 전류나 전압이 급격하게 변한다. 이와 같이 어떤 시점에서 정확한 값을 정의하기 어려울 정도로 급격하게 특성이 변하는 함수를 특이함수(singularity function)라고 한다. 전기전자회로에서 가장 빈번하게 사용되는 특이함수는 단위 계단함수(unit step function)로 수학적으로는 다음과 같이 정의된다.

$$u(t) = \begin{cases} 1, t > 0 \\ 0, t < 0 \end{cases} \tag{6.45}$$

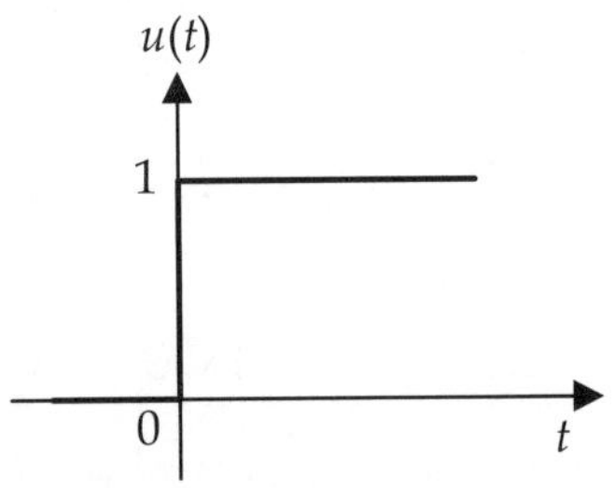

그림 6.23 단위 계단함수

단위 계단함수는 변수 t가 음수이면 0이고, 양수이면 1이 된다. 특히, $t=0$인 순간에는 함수값이 0에서 1로 상태가 변한다. 따라서 함수값의 상태 변화가 마치 계단의 한 칸처럼 오르는 모양과 그 값을 1로 정하기 때문에 단위 계단함수라고 이름이 지어졌다. 참고로 어떤 교재에서는 $t=0$에서 $u(t)=1$로 정의하는 경우도 있고 $u(t)=0.5$로 중간값을 선택하여 정의한 경우도 있다. 하지만 이 책에서는 $u(0)$를 특별한 값으로 정의하지 않겠다.

단위 계단함수는 유한한 불연속적 전압이나 전류를 전원으로 회로에 인가하는 경우를 나타낼 때 사용한다. 예를 들어, 단위 계단함수를 전압원으로 사용하는 회로를 그림 6.24에 나타내었다.

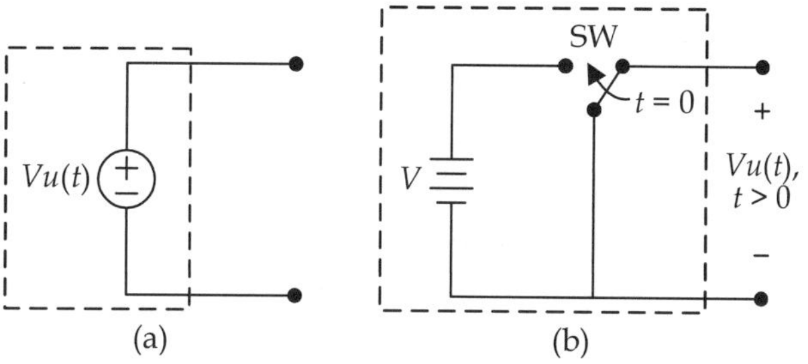

그림 6.24 (a) 단위 계단함수를 이용한 전압원 (b) 등가회로

$Vu(t)$ 전압원은 $t < 0$에서는 0 [V]가 되므로 회로에 전압을 공급하지 못하는 상태가 된다. 이는 그림 6.24(b)처럼 전원이 회로에 연결되지 않으므로 0 [V]를 공급하는 단락회로로 동작하는 것을 의미한다. $t > 0$으로 바뀌면 스위치의 위치가 전환되면 전원이 회로에 V [V]를 공급하는 상태가 된다.

단위 계단함수를 전류원으로 사용하는 경우는 그림 6.25에 나타내었다. 여기서도 $Iu(t)$ 전류원은 $t < 0$에서는 0 [A]가 되므로 회로에 전류를 공급하지 못하는 상태가 된다. 하지만 $t = 0$에서 스위치의 위치가 전환된 이후에는 전류원은 I [A]의 전류를 회로에 공급하는 상태가 된다.

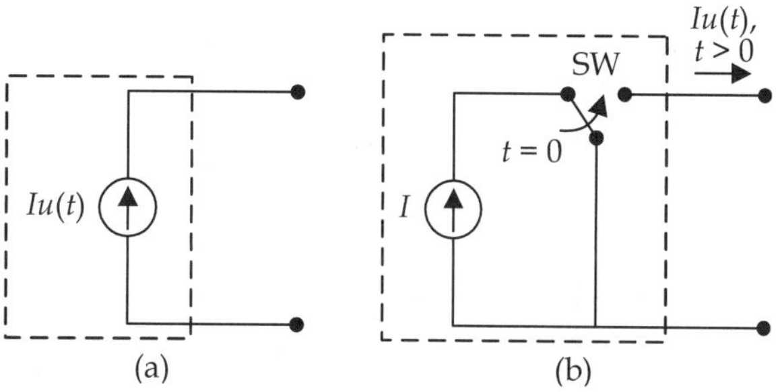

그림 6.25 (a) 단위 계단함수를 이용한 전류원 (b) 등가회로

그림 6.24와 그림 6.25를 살펴보면 등가회로는 스위치를 이용하여 전원을 회로에 인가하는 기계적 기능을 상세히 설명한다. 이에 비하여 단위 계단함수를 이용하면 전원부의 연결을 단순하게 나타낼 수 있다.

단위 계단함수는 수학적 모델링이므로 시간 지연된 입력에 대하여도 간단하게 나타낼 수 있다. 식 (6.45)를 다음과 같이 변경하여 나타내면

$$u(t-t_0)=\begin{cases}1, t>t_0 \\ 0, t<t_0\end{cases} \tag{6.46}$$

이것은 스위치의 개폐시간을 t_0로 지연시킨 것을 의미하므로 함수를 나타내는 그래프도 그림 6.23에 비하여 t_0만큼 지연되어 나타난다.

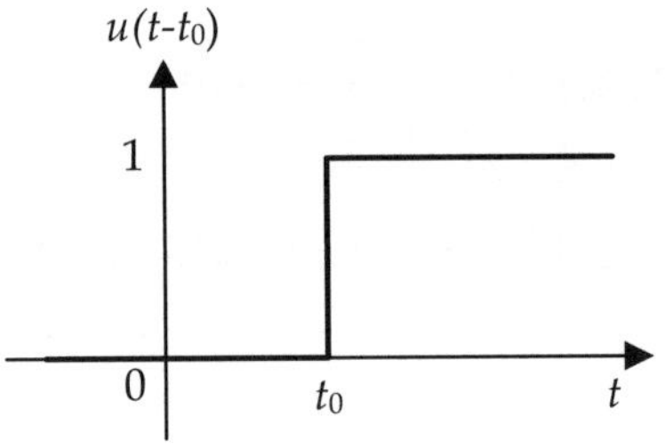

그림 6.26 시간 지연된 단위 계단함수

> **예제 6.9**
>
> 어떤 회로의 전원 입력파형이 그림 6.27과 같다. 전원 전압을 수학적으로 모델링하고 회로의 전원부를 그림으로 나타내시오.

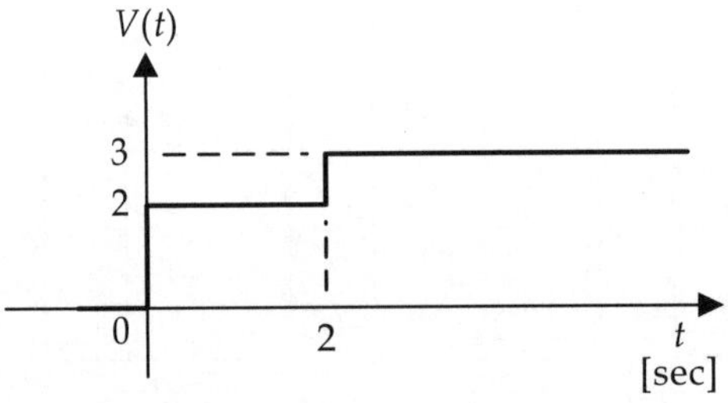

그림 6.27 예제 6.9를 위한 전압파형

풀이

주어진 전압파형은 $t=0$과 $t=2$ [sec]에서 계단식 상승이 발생한다. $t=0$ [sec]에서 발생하는 상승은 크기가 2 [V]이므로 이에 대한 수학적 모델링은 $2u(t)$이다. $t=2$ [sec]에서 발생하는 상승은 크기가 1 [V]이므로 $u(t-2)$가 된다. 따라서 주어진 전압파형에 대한 수학적 모델링은 다음과 같다.

$$V(t) = 2u(t) + u(t-2) \ [\text{V}]$$

이에 따라 전원부 회로는 각각의 계단함수를 독립전압원으로 모델링하여 다음과 같이 구현할 수 있다.

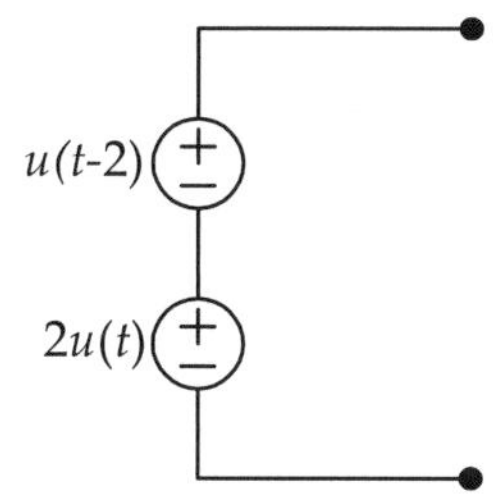

그림 6.28 주어진 전압파형에 대한 전원부 회로 모델

그림 6.29와 같이 단위 계단함수를 전원으로 사용하는 RC회로의 응답에 대하여 생각하여보자.

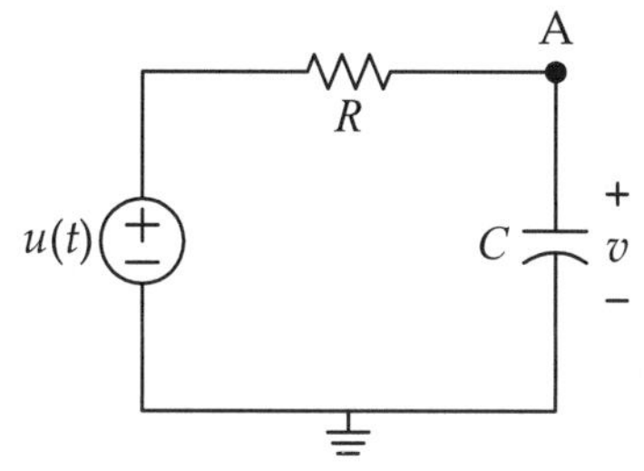

그림 6.29 단위 계단함수를 전압원으로 이용하는 RC회로

전기회로를 구동시키는 전압원이 단위 계단함수이므로 그림 6.24에 나타낸 것처럼 $t<0$ 에서 전압원은 스위치가 개방된 상태라고 할 수 있다. 그리고 전원이 공급되지 않은 상태로 있었으므로 커패시터의 초기 전압을 $v(0^-) = 0$ [V]라고 가정하여도 무리가 없을 것이다.

$t = 0^+$ 인 순간부터 단위 계단함수는 1이 되므로 전원은 1 [V] 직류 전압원으로 동작한다. 마디 A에 키르히호프 전류법칙을 적용하여 정리하면 회로방정식은

$$\frac{v-1}{R} + C\frac{dv}{dt} = 0 \ \rightarrow \ \frac{dv}{dt} + \frac{1}{RC}v = \frac{1}{RC} \tag{6.47}$$

식 (6.47)에 대한 강제응답의 시험해를 전원의 수학적 형태와 동일한 상수 K로 가정하여 대입하면

$$\frac{d}{dt}K+\frac{1}{RC}K=\frac{1}{RC} \rightarrow K=1 \tag{6.48}$$

이 된다. 그러므로 강제응답은 $v_f(t)=1$ [V]이다.

식 (6.47)의 고유응답에 대한 시험해를 $v_n(t)=K_1e^{st}$ [V]로 가정하여 식 (6.47)에 대입하면 특성방정식은

$$\frac{d}{dt}\{K_1e^{st}\}+\frac{1}{RC}\{K_1e^{st}\}=0 \rightarrow s=-\frac{1}{RC} \tag{6.49}$$

이 되므로 고유응답은 $v_n(t)=K_1e^{-t/RC}$ [V]가 된다. 식 (6.47)의 회로방정식에서 등호의 오른쪽 항은 전원에 의한 강제함수이므로 고유응답을 구할 때는 그 영향을 배제시켜야 한다는 점을 다시 한 번 강조한다. 식 (6.47)의 회로방정식에 대한 전체 응답은 강제응답과 고유응답의 합으로 다음과 같다.

$$v(t)=v_f(t)+v_n(t)=1+K_1e^{-t/RC} \tag{6.50}$$

커패시터 양단에 걸리는 전압은 연속성의 원리를 만족하므로 식 (6.50)에 초기 조건을 대입하여 고유응답의 계수를 결정하면

$$v(t)|_{t=0^-}=v(t)|_{t=0^+}=\left[1+K_1e^{-t/RC}\right]_{t=0^+}=1+K_1=0 \tag{6.51}$$

따라서 단위 계단함수를 전원으로 사용하는 RC회로에서 커패시터 양단에 걸리는 전압은 식 (6.52)와 같다.

$$v(t)=\begin{cases}0\ [\mathrm{V}], & t<0\\ 1-e^{-t/RC}\ [\mathrm{V}], & t>0\end{cases} \tag{6.52}$$

특히, 식 (6.52)를 단위 계단함수의 정의를 이용하여

$$v(t)=\left(1-e^{-t/RC}\right)u(t)\ [\mathrm{V}] \tag{6.53}$$

로 간단하게 나타낼 수도 있다. 그리고 이를 그래프로 나타내면 그림 6.30과 같다. 여기서 $\tau=RC$ [sec]는 주어진 RC회로의 시상수이다.

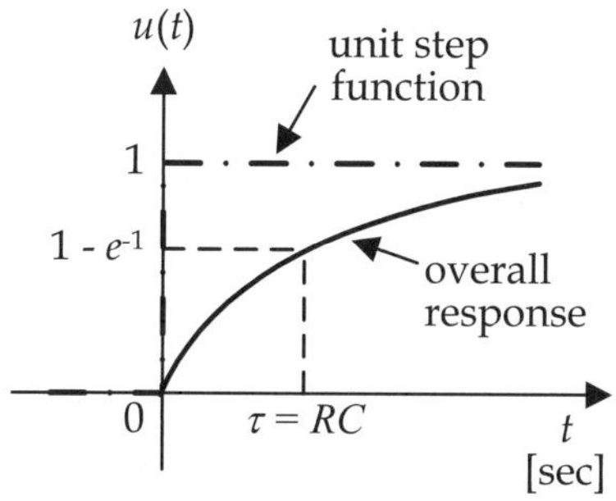

그림 6.30 단위 계단함수를 전원으로 이용하는 RC회로의 응답

예제 6.10

다음 전기회로에서 커패시터 양단의 전압에 대한 완전 응답을 구하라. 여기서 커패시터의 초기 전압은 0 [V]로 가정한다.

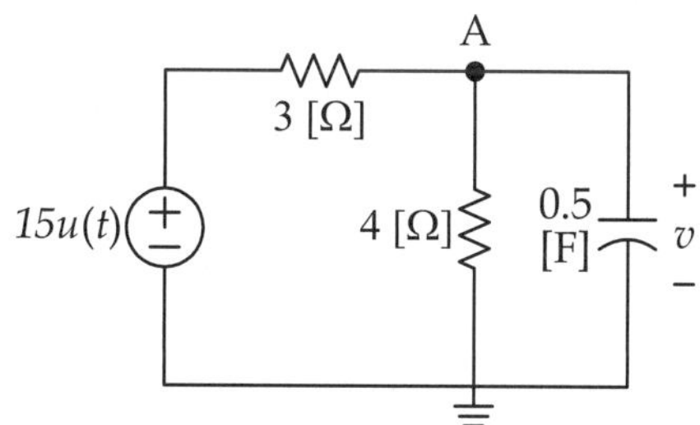

그림 6.31 예제 6.10을 위한 전기회로

풀이

전원의 수학적 모델링은 다음과 같다.

$$v(t) = \begin{cases} 0\ [\mathrm{V}], & t < 0 \\ 15\ [\mathrm{V}], & t > 0 \end{cases} \qquad ①$$

$t < 0$에서 전원은 개방된 상태와 같다. $t > 0$에서 전원이 15 [V] 직류 전압원으로 동작하면 회로방정식은 마디 A에 키르히호프 전류법칙을 적용하여

$$\frac{1}{2}\frac{dv}{dt} + \frac{v}{4} + \frac{v-15}{3} = 0 \ \rightarrow\ \frac{dv}{dt} + \frac{7}{6}v = 10 \qquad ②$$

강제응답의 시험해를 $v_f(t) = K$라고 가정하여 식 ②의 회로방정식에 대입하면

$$\frac{d}{dt}\{K\} + \frac{7}{6}\{K\} = 10 \rightarrow K = \frac{60}{7} \quad ③$$

다음으로 고유응답의 시험해를 $v_n(t) = K_1 e^{st}$라고 가정하여 식 ②에 대입하면 회로방정식에 대한 특성방정식은

$$\frac{d}{dt}\left\{K_1 e^{st}\right\} + \frac{7}{6}\left\{K_1 e^{st}\right\} = 0 \rightarrow s + \frac{7}{6} = 0 \quad ④$$

따라서 주어진 회로에 대한 전체 응답은

$$v(t) = v_f(t) + v_n(t) = \frac{60}{7} + K_1 e^{-7t/6} \text{ [V]} \quad ⑤$$

초기 조건 $v(0^-) = v(0^+) = 0$ [V]를 식 ⑤에 적용하면 고유응답의 계수는 $K_1 = -60/7$이 된다. 그러므로 커패시터 양단에 걸리는 전압에 대한 완전 응답은

$$v(t) = \begin{cases} 0\ [\text{V}], & t < 0 \\ \frac{60}{7}\left(1 - e^{-7t/6}\right)\ [\text{V}], & t > 0 \end{cases}$$

6.7 펄스함수와 응답

사각 펄스함수(square pulse function)는 계단함수의 특별한 응용함수로 그림 6.32와 같은 형태를 가진다.

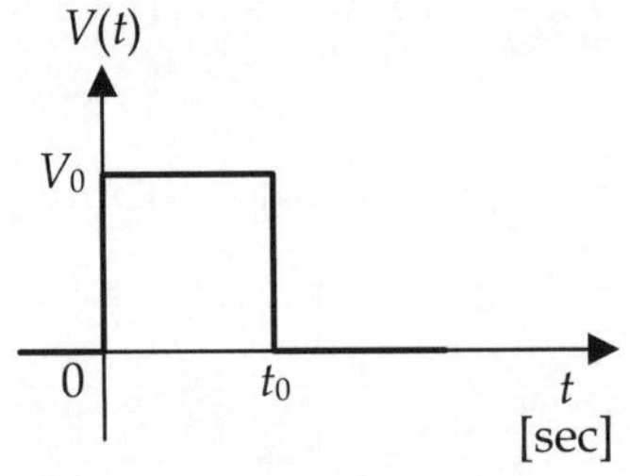

그림 6.32 사각 펄스파형

그림 6.32의 사각 펄스함수 파형의 수학적 모델링은 식 (6.54)와 같다.

$$V(t)=\begin{cases}0, & t<0\\ V_0, & 0<t<t_0\\ 0, & t>t_0\end{cases} \tag{6.54}$$

이와 같은 사각 펄스파형은 그림 6.33에 나타낸 두 계단함수의 합으로 구현할 수 있으며, 수학적으로는 식 (6.55)와 같이 간단히 나타낼 수 있다.

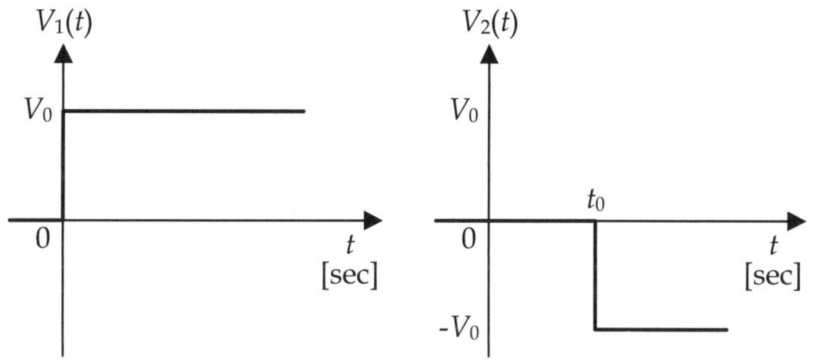

그림 6.33 사각 펄스파형의 요소 신호파형

$$V(t)=V_1(t)+V_2(t)=V_0u(t)-V_0u(t-t_0)\ [\mathrm{V}] \tag{6.55}$$

식 (6.55)와 같은 펄스파형을 전원으로 사용하는 경우 $t<0$에서는 회로에 에너지가 공급되지 않는 상태이다. 이 경우 통상적으로 전기회로는 직류 정상상태에서 동작하고 초기 전압 또는 전류는 0으로 가정한다. 시간구간 $0^+\le t<t_0$에서는 전원 입력이 발생하므로 펄스파형의 상승에지(rising edge) 이후 t_0까지 일반적인 계단함수 전원에 대한 완전 응답을 구한다. $t>t_0$가 되면 펄스파형의 하강에지(falling edge) 이후 다시 전원 입력이 공급되지 않는 상태로 전환된다. 그러므로 이 시간구간에서는 커패시터나 인덕터에 저장된 에너지가 회로를 구동하는 상태가 되므로 무전원 RC회로 또는 무전원 RL회로에 대한 응답을 구한다. 예를 들어, 그림 6.34(a)에 나타낸 RL회로에서 시간에 따른 전원이 그림 6.34(b)처럼 펄스파형으로 동작하는 경우를 살펴보자.

$t<0$에서 펄스함수는 0 [V] 상태를 오래도록 유지했던 것으로 가정하면 인덕터를 통하여 흐르는 전류는 0 [A]이고 인덕터에 저장된 에너지도 0 [J]인 것으로 가정할 수 있다. 따라서 인덕터의 초기 전류는 연속성의 원리에 의하여 $i(0^-)=i(0^+)=0$ [A]가 된다.

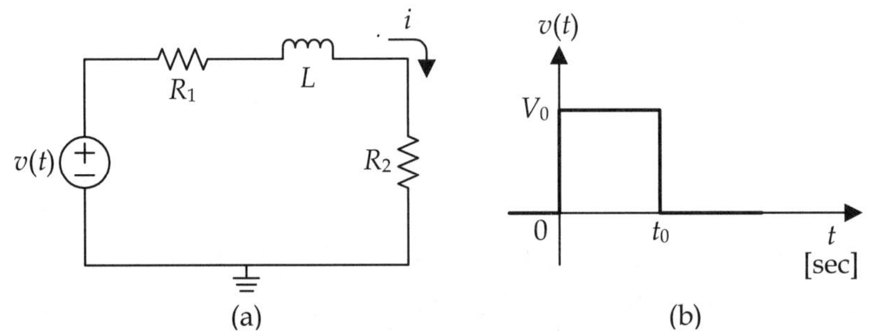

그림 6.34 (a) 저항과 인덕터로 구성된 회로 (b) 펄스파형 전원의 동작

시간구간 $0<t<t_0$에서 전류원은 계단함수로 동작하므로 회로에 키르히호프 전압법칙을 적용하여 전류를 변수로 사용하는 회로방정식을 구하면

$$-v(t)+R_1 i(t)+L\frac{di(t)}{dt}+R_2 i(t)=0 \ \rightarrow\ \frac{di(t)}{dt}+\frac{R}{L}i(t)=\frac{v(t)}{L}, \tag{6.56}$$

여기서 $R=R_1+R_2$이다. 이전에 해석한 것과 같은 방식으로 전원이 직류이므로 회로방정식의 강제응답 시험해를 $i_f(t)=K$로 가정하여 식 (6.56)에 대입하면

$$\frac{d}{dt}\{K\}+\frac{R}{L}K=\frac{V_0}{L} \ \rightarrow\ K=\frac{V_0}{R}. \tag{6.57}$$

식 (6.56)의 1계 미분방정식에 대한 고유응답의 시험해를 $i_n(t)=K_1 e^{st}$로 가정하면 특성방정식은

$$s+\frac{R}{L}=0 \tag{6.58}$$

그러므로 시간구간 $0<t<t_0$에서 인덕터를 통하여 흐르는 전류에 대한 전체 응답은

$$i(t)=i_f(t)+i_n(t)=\frac{V_0}{R}+K_1 e^{-Rt/L}\ [\mathrm{A}] \tag{6.59}$$

의 형태를 가진다. 여기에 인덕터의 초기 전류를 대입하면 완전 응답은 다음과 같다.

$$i(t)=\frac{V_0}{R}\left(1-e^{-Rt/L}\right)\ [\mathrm{A}] \tag{6.60}$$

$t > t_0$가 되면 펄스함수는 다시 0 [V] 상태로 변환되므로 전압원은 단락된 것처럼 동작하므로 그림 6.35와 같이 인덕터가 저장하고 있는 에너지가 회로를 구동하는 무전원 RL 회로가 된다.

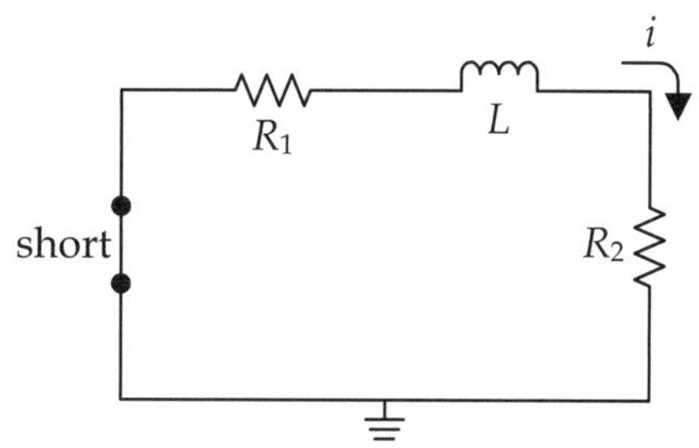

그림 6.35 $t > t_0$에서 그림 6.34에 대한 등가회로

연속성의 원리에 의하여 $t > t_0$에서 인덕터의 초기 전류는 식 (6.60)에 $t = t_0$를 대입하면

$$i(t)|_{t=t_0^-} = i(t)|_{t=t_0^+} = i(t_0) = \frac{V_0}{R}\left(1 - e^{-Rt_0/L}\right) \text{ [A]} \tag{6.61}$$

이 되며, 무전원 RL회로의 회로방정식은 키르히호프 전압법칙을 적용하여 구하면

$$L\frac{di}{dt} + (R_1 + R_2)i = 0 \;\rightarrow\; \frac{di}{dt} + \frac{R}{L}i = 0, \tag{6.62}$$

여기서도 $R = R_1 + R_2$이다. 전원이 단락된 상태로 동작하므로 식 (6.62)에 대한 강제응답은 존재하지 않으며, 고유응답은 무전원 RL회로에서 응답을 구하는 방법을 적용하면

$$i(t) = i(t_0)e^{-Rt/L} \text{ [A]}. \tag{6.63}$$

따라서 펄스파형 전원을 인가할 때 그림 6.34의 회로에서 인덕터를 통하여 흐르는 전류응답은 다음과 같다.

$$i(t) = \begin{cases} 0 \text{ [A]}, & t < 0 \\ \dfrac{V_0}{R}\left(1 - e^{-Rt/L}\right) \text{ [A]}, & 0 < t < t_0 \\ i(t_0)e^{-Rt/L} \text{ [A]}, & t > t_0 \end{cases} \tag{6.64}$$

식 (6.64)로부터 $t < 0$에서는 펄스함수 전원이 인가되지 않은 상태이므로 인덕터를 통하여

흐르는 전류는 0 [A]지만, $0 < t < t_0$ 구간에서는 계단함수 전원이 인가되므로 전원이 있는 1차 RL회로의 응답을 얻을 수 있다. $t > t_0$ 구간에서는 전원이 단락상태처럼 동작하며 회로는 무전원 RL회로로 동작하므로 인덕터에 저장된 에너지가 방출되므로 전류는 시간이 경과됨에 따라 계속 감소하여 다시 0 [A]로 수렴한다. 따라서 인덕터를 통하여 흐르는 전류를 그래프로 나타내면 그림 6.36과 같다. 여기서 $I_0 = V_0/R = V_0/(R_1 + R_2)$ [A]가 되고 τ는 RL회로의 시상수이다.

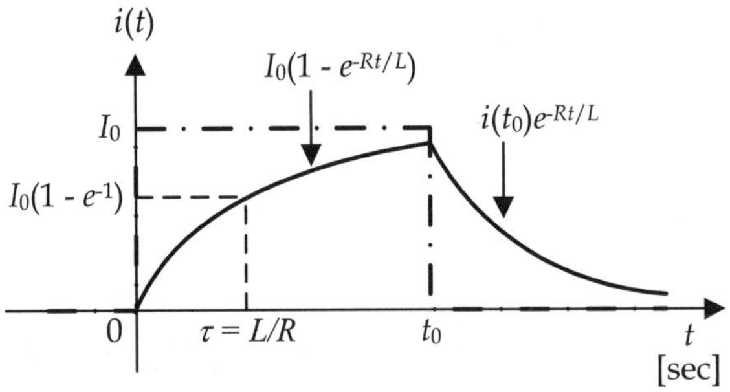

그림 6.36 펄스파형 전원에 대한 인덕터의 전류 응답

예제 6.11

그림 6.37에 나타낸 사각 펄스파형을 수학적으로 모델링하라.

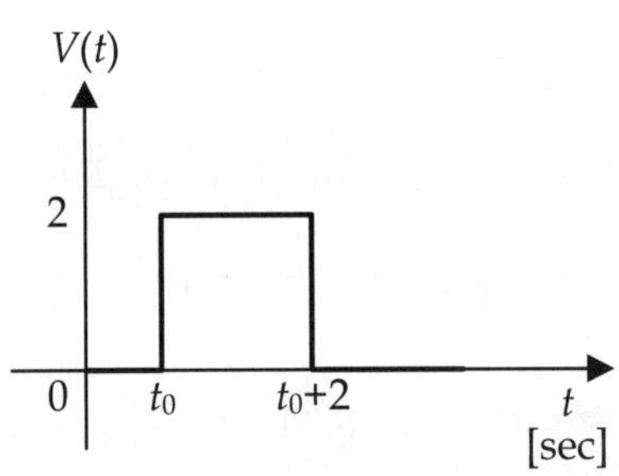

그림 6.37 예제 6.11을 위한 펄스파형

풀이

주어진 펄스파형은 그림 6.38에 나타낸 두 가지 요소 신호파형의 합이다.

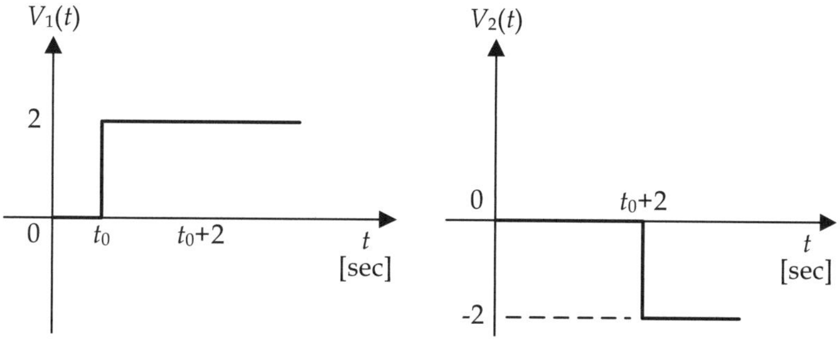

그림 6.38 펄스 파형을 구성하는 요소 신호파형

첫 번째 요소 신호파형에 대한 수학적 모델은 $V_1(t)=2u(t-t_0)$이고, 두 번째 요소 파형에 대한 모델은 $V_2(t)=-2u(t-(t_0+2))=-2u(t-t_0-2)$이다. 그러므로 주어진 펄스 파형에 대한 수학적 모델은

$$V(t)=V_1(t)+V_2(t)=2u(t-t_0)-2u(t-t_0-2)\ [\mathrm{V}]$$

예제 6.12

그림 6.39(a)에 나타낸 전기회로에서 전압원이 그림 6.39(b)와 같이 펄스 전원일 때 인덕터를 통하여 흐르는 전류에 대한 완전 응답을 구하라.

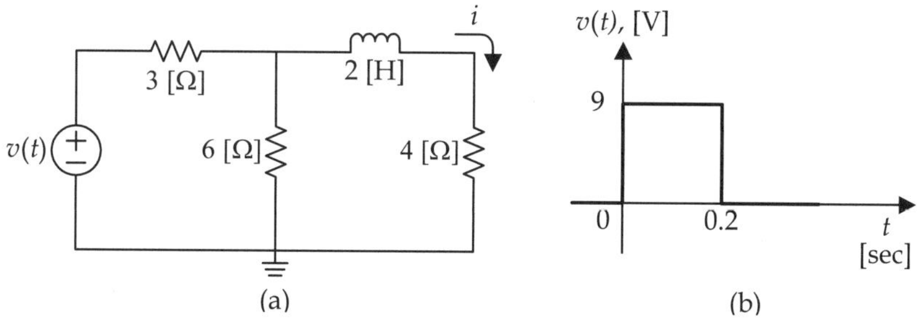

그림 6.39 예제 6.12를 위한 전기회로와 전원의 펄스 파형

풀이

그림 6.39(a)의 회로에는 2개의 망로가 있으므로 망로해석법을 적용하여 해석하는 것도

가능하지만 연산이 복잡해진다. 여기서는 테브냉 등가회로를 이용하여 주어진 회로를 간단한 형태로 변환하여 해석하여보자. 인덕터의 왼쪽 부분 회로에 대한 테브냉 전압원은

$$v_T(t) = \frac{6}{3+6} v(t) = \frac{2v(t)}{3} \text{ [V]} \quad ①$$

가 되고, 테브냉 저항은 전압원을 단락시켜서 구하므로 3 [Ω] 저항과 6 [Ω] 저항의 병렬 연결에 대한 합성저항으로

$$R_T = \{3//6\} = \frac{3\times 6}{3+6} = 2 \text{ [Ω]} \quad ②$$

따라서 그림 6.39(a)에 대한 등가회로는 그림 6.40과 같다.

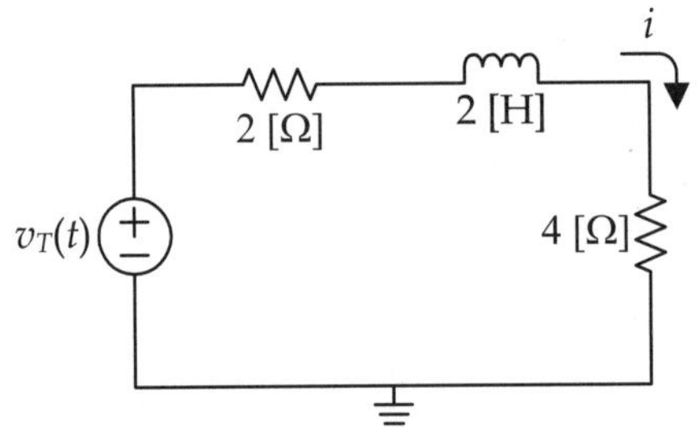

그림 6.40 그림 6.39(a) 회로에 대한 등가회로

$t < 0$에서 펄스 전원은 0 [V] 상태를 장시간 유지한 것으로 가정하여 직류 정상상태로 생각하면 인덕터를 통하여 흐르는 전류는 0 [A]라고 할 수 있다. 이것은 $t = 0$에서 계단함수 입력이 인가되기 직전까지의 상태이므로 연속성의 원리에 의하여 인덕터의 초기 전류는

$$i(0^-) = i(0^+) = i(0) = 0 \text{ [A]} \quad ③$$

시간구간 $0 < t < 0.2$ [sec]에서는 전원이 9 [V]를 회로에 인가하므로 테브냉 전압원은 $v_T(t) = 2\times 9/3 = 6$ [V]이며, 그림 6.40의 회로에 대한 회로방정식은

$$-6 + 2i + 2\frac{di}{dt} + 4i = 0 \rightarrow \frac{di}{dt} + 3i = 3 \quad ④$$

강제응답의 시험해를 $i_f(t) = K$ [A]라고 가정하여 식 ④에 대입하여 정리하면

$$\frac{d}{dt}\{K\} + 3K = 3 \rightarrow i_f(t) = K = 1 \quad ⑤$$

고유응답의 시험해를 $i_f(t) = K_1 e^{-st}$ [A]라고 가정하여 식 ④에 대입하여 정리하면 특성 방정식은

$$\frac{d}{dt}\{K_1 e^{-st}\} + 3\{K_1 e^{-st}\} = 0 \rightarrow s + 3 = 0 \quad ⑥$$

그러므로 $0 < t < 0.2$ [sec]에서 인덕터를 통하여 흐르는 전류에 대한 전체 응답은

$$i(t) = i_f(t) + i_n(t) = 1 + K_1 e^{-3t} \quad ⑦$$

의 형태가 된다. 여기에 식 ③에서 구한 전류의 초기값을 대입하면 $K_1 = -1$이 되므로 식 ⑦은

$$i(t) = 1 - e^{-3t} \text{ [A]} \quad ⑧$$

$t > 0.2$ [sec]가 되면 펄스함수는 다시 0 [V]가 되므로 전압원은 단락상태처럼 동작한다. 따라서 주어진 회로에 대한 등가회로는 그림 6.41과 같은 무전원 RL회로가 된다.

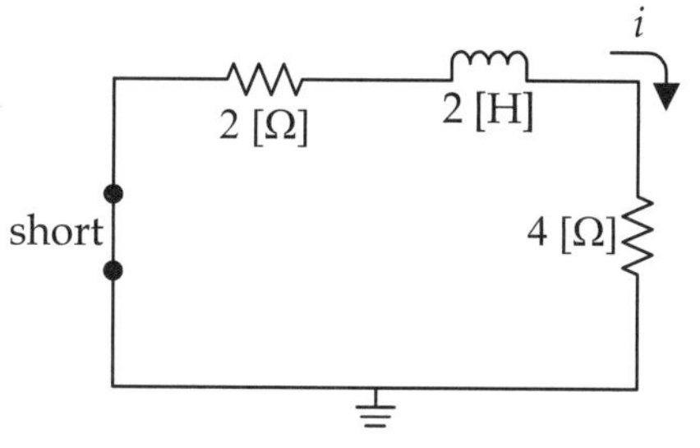

그림 6.41 $t > 0.2$ [sec]에서 그림 6.39 회로에 대한 등가회로

$t = 0.2^+$ [sec]에서 인덕터를 통하여 흐르는 전류는 연속성의 원리에 의하여 $t = 0.2^-$ [sec]의 전류를 유지하므로 식 ⑧에 적용하면

$$i(0.2^-) = \left[1 - e^{-3t}\right]_{t=0.2^-} = 0.45 \text{ [A]} \quad ⑨$$

따라서 식 ⑨는 $t > 0.2$에서 인덕터를 통하여 흐르는 전류의 초기값이 된다.

그림 6.41의 무전원 RL회로에 대한 회로방정식은

$$2i+2\frac{di}{dt}+4i=0 \;\rightarrow\; \frac{di}{dt}+3i=0 \quad ⑩$$

식 ⑩의 무전원 RL회로에 대한 회로방정식을 변수분리법으로 해를 구하면

$$\ln\{i_n(t)\}-\ln\{i_n(0.2^-)\}=-3(t-0.2) \quad ⑪$$

이므로 고유응답은

$$i_n(t)=i_n(0.2^-)e^{-3(t-0.2)}\ [\mathrm{A}] \quad ⑫$$

식 ⑫에 $t>0.2$ [sec]에 대한 초기값을 대입하면

$$i_n(t)=0.45e^{-3(t-0.2)}\ [\mathrm{A}] \quad ⑬$$

따라서 그림 6.39의 회로에서 인덕터를 통하여 흐르는 전류에 대한 완전 응답은 시간의 변화에 따라

$$i(t)=\begin{cases}0\ [\mathrm{A}], & t<0\,[\mathrm{sec}]\\ 1-e^{-3t}\ [\mathrm{A}], & 0<t<0.2\,[\mathrm{sec}]\\ 0.45e^{-3(t-0.2)}\ [\mathrm{A}], & t>0.2\,[\mathrm{sec}]\end{cases} \quad ⑭$$

이 되고, 식 ⑭를 그래프로 표현하면 그림 6.42와 같다.

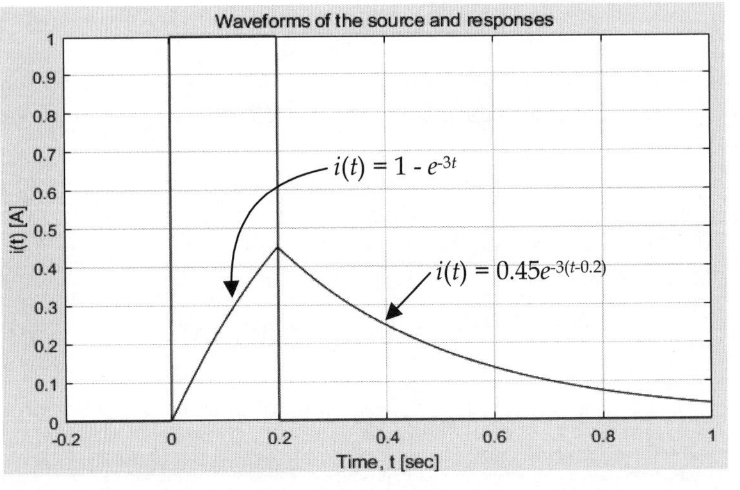

그림 6.42 그림 6.39의 회로에서 인덕터 전류에 대한 완전 응답

연습문제

6.1 그림 P6.1에 나타낸 전기회로의 커패시터는 $t = 0^-$ [sec]에서 초기 전압 $v_C(0^{-1}) = 20$ [V]로 충전되어 있다.

(1) $t \geq 0$ [sec]에서 커패시터의 전압을 구하라.

(2) $t \geq 0$ [sec]에서 16 [Ω] 저항을 통하여 흐르는 전류와 20 [Ω] 양단에 걸리는 전압을

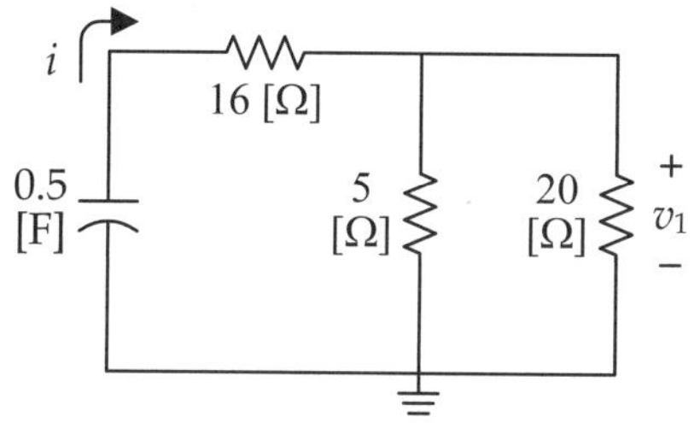

그림 P6.1

6.2 그림 P6.2에 나타낸 전기회로에서 $t = 0^-$ [sec]에 커패시터에 축적된 에너지가 125 [J]이다.

(1) 커패시터의 초기 전압 $v_C(0^-)$와 주어진 회로의 시상수를 구하라.

(2) $t \geq 0$ [sec]에서 커패시터 양단의 전압 $v_C(t)$를 구하고, 그림으로 나타내어라.

(3) $t \geq 0$ [sec]에서 전압 $v(t)$와 전류 $i(t)$를 구하라.

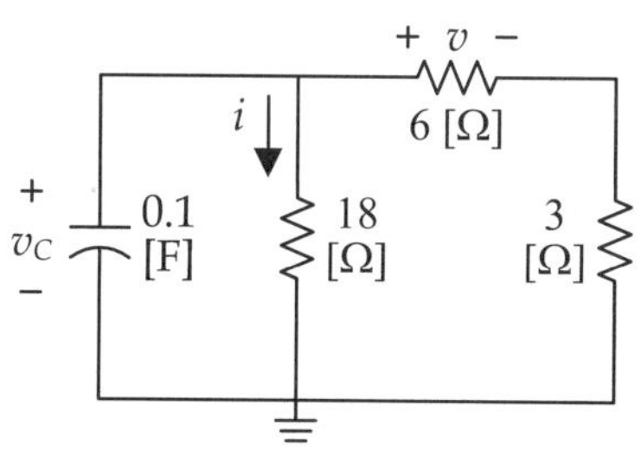

그림 P6.2

6.3 그림 P6.3의 회로에서 $t = 0^-$ [sec]에서 커패시터에 저장된 에너지가 4 [mJ]이다.

(1) $t=0^-$ [sec]에서 커패시터의 초기 전압을 구하고, $t \geq 0$ [sec]에서 커패시터 양단의 전압을 구하라.

(2) $t \geq 0$ [sec]에서 전류 $i_1(t)$와 $i_2(t)$를 구하라.

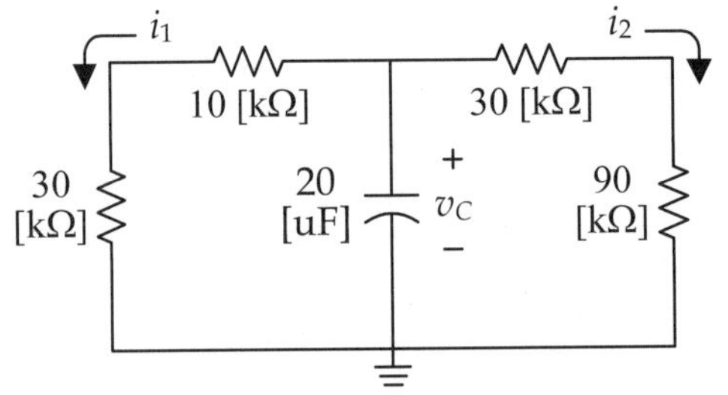

그림 P6.3

6.4 그림 P6.4의 전기회로에서 두 커패시터는 완전히 충전된 상태이다.

(1) 시상수를 구하라.

(2) $t \geq 0$ [sec]에서 $v(t)$, $v_1(t)$, $i(t)$를 구하라. 여기서 $v(t)|_{t=0^-} = 5$ [V]인 것으로 가정한다.

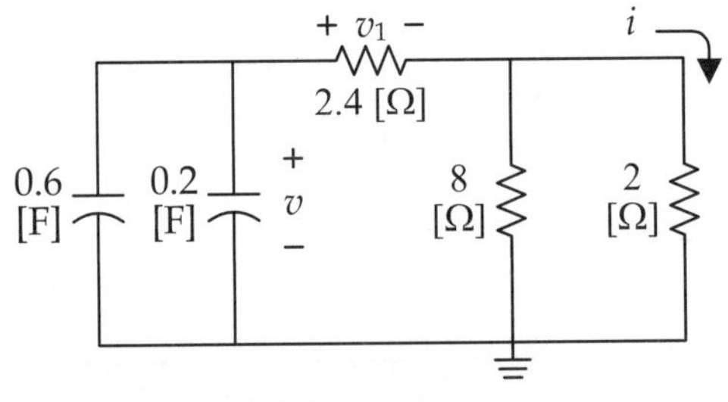

그림 P6.4

6.5 $t=0$ [sec]에서 스위치(SW)가 열리기 전까지 그림 P6.5의 전기회로는 직류 정상상태로 동작하고 있었다.

(1) $t=0^-$ [sec]에서 커패시터 양단의 전압과 2 [kΩ] 저항을 통하여 흐르는 전류를 구하라.

(2) $t \geq 0$ [sec]에서 $v_C(t)$와 $i(t)$를 구하라.

(3) $v_C(t)$, $i(t)$가 연속성의 원리를 만족하는지 판정하라.

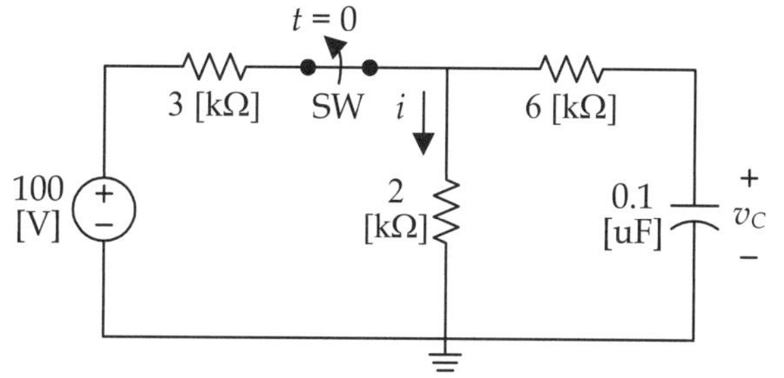

그림 P6.5

6.6 $t=0$ [sec]에서 스위치(SW)가 열리기 전까지 그림 P6.6의 전기회로는 직류 정상상태로 동작한다.

(1) $t=0^-$ [sec]에서 커패시터 양단의 전압 $v_C(t)$와 2 [kΩ] 저항 양단의 전압 $v_1(t)$를 구하라.

(2) $t \geq 0$ [sec]에서 $v_C(t)$와 $v_1(t)$를 구하라.

(3) $0 \leq t \leq 5$ [sec] 동안 커패시터가 회로에 공급한 에너지를 구하라.

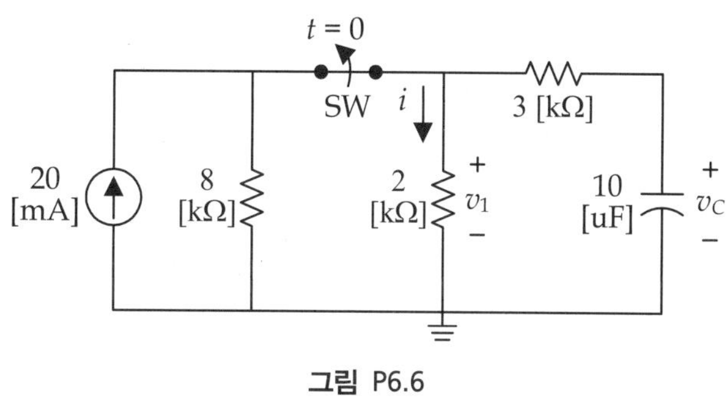

그림 P6.6

6.7 $t=0^-$ [sec]에서 그림 P6.7의 전기회로는 직류 정상상태에서 동작하였다. $t \geq 0$ [sec]에서 $v_C(t)=3.2e^{-2t}$ [V], $i(t)=0.8e^{-2t}$ [A]로 측정되었다.

(1) R과 C 값을 구하라.

(2) $t=0^-$ [sec]에서 커패시터에 저장된 초기 에너지를 구하라.

(3) 커패시터에 저장된 초기 에너지의 90%가 소비될 때까지 걸리는 시간을 구하라.

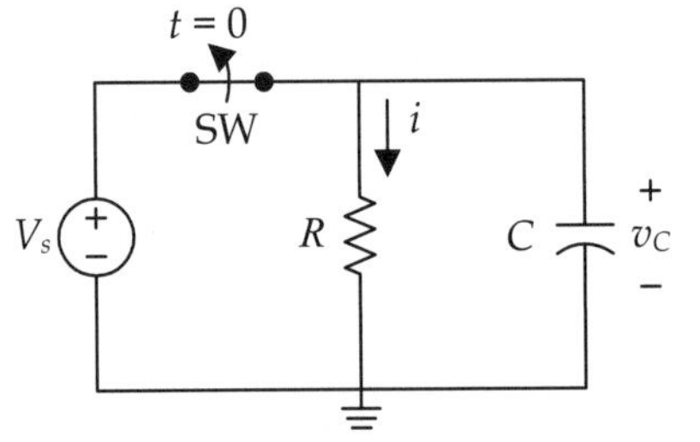

그림 P6.7

6.8 $t=0^-$ [sec]에서 그림 P6.8에 나타낸 전기회로의 인덕터에 저장된 포화에너지는 1 [J]이다.

(1) $t \geq 0$ [sec]에서 인덕터를 통하여 흐르는 전류 $i_L(t)$를 구하라.

(2) $t \geq 0$ [sec]에서 $v(t)$와 $i(t)$를 구하라.

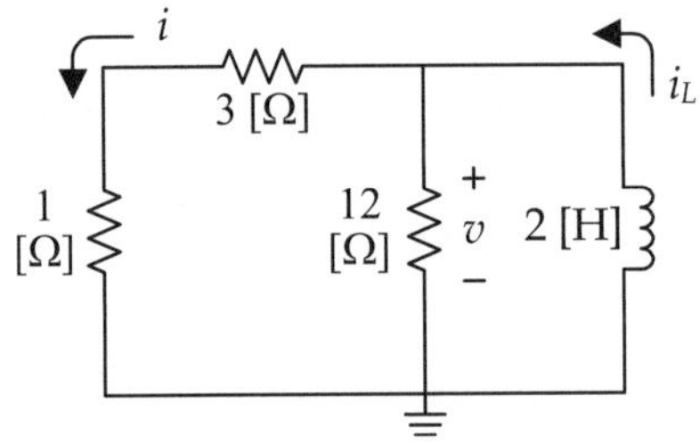

그림 P6.8

6.9 그림 P6.9에 나타낸 전기회로에서 20 [mH] 인덕터에 저장된 에너지는 $t=0^-$ [sec]에서 2.5 [mJ]로 포화된 상태이다.

(1) $t=0^-$ [sec]에서 인덕터를 통하여 흐르는 전류를 구하라.

(2) $t \geq 0$ [sec]에서 $i_L(t)$, $i_1(t)$, $i_2(t)$를 구하라.

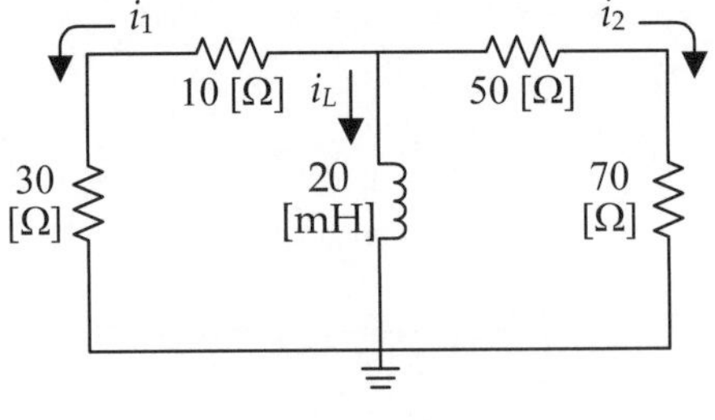

그림 P6.9

6.10 다음 전기회로에서 인덕터를 통하여 흐르는 초기 전류는 $i_L(0^-) = 40$ [mA]로 측정되었다.

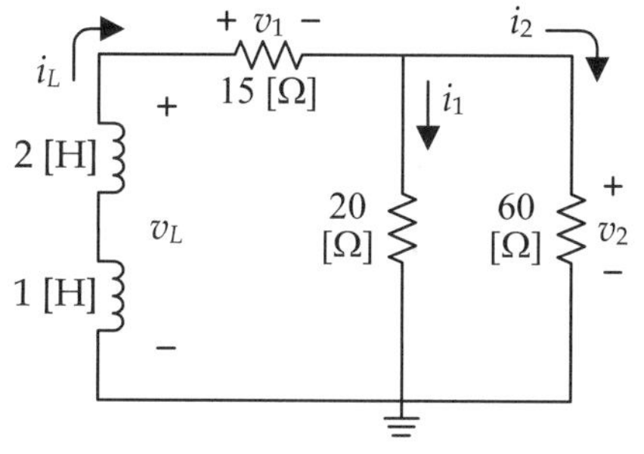

그림 P6.10

(1) $t \geq 0$ [sec]에서 인덕터 전류 $i_L(t)$를 구하라.

(2) $t \geq 0$ [sec]에서 $i_1(t)$와 $i_2(t)$를 구하라.

(3) $v_L(t)$, $v_1(t)$, $v_2(t)$를 구하여 키르히호프 전압법칙이 성립함을 입증하라.

6.11 그림 P6.11의 전기회로에서 $t = 0^-$ [sec]에서 포화된 인덕터의 축적에너지는 25 [mJ]이다.

(1) 주어진 회로의 시상수를 구하라.

(2) $t \geq 0$ [sec]에서 $i_L(t)$와 $v_1(t)$를 구하라.

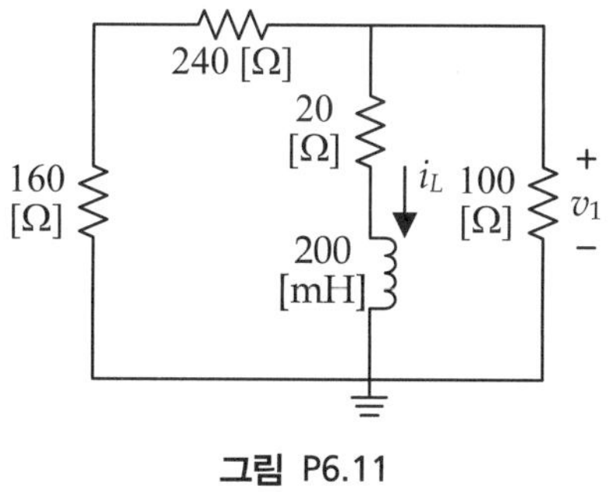

그림 P6.11

6.12 그림 P6.12에 나타낸 전기회로에서 인덕터를 통하여 흐르는 전류의 초기값이 $i_L(0^-) = 2$ [A]이다.

(1) $t \geq 0$ [sec]에서 인덕터 전류 $i_L(t)$와 인덕터 양단의 전압 $v_L(t)$를 구하라.

(2) 주어진 회로의 각 소자들에서 소비되는 순시전력을 구하라.

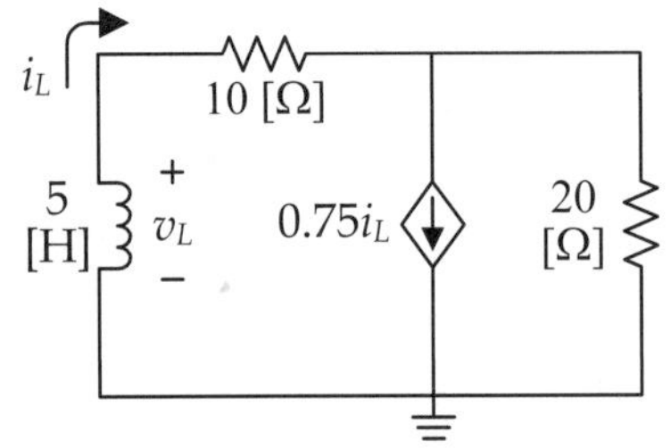

그림 P6.12

6.13 그림 P6.13에 나타낸 전기회로에서 $t \geq 0$ [sec]에서 $v_L(t) = 6e^{-5t}$ [V]이고, $i(t) = 3e^{-5t}$ [A]로 측정되었다.

(1) R과 L을 구하라.

(2) $t = 0^-$ [sec]에서 인덕터에 저장된 초기 에너지를 구하라.

(3) 인덕터 초기 에너지의 90%가 소비될 때까지 걸리는 시간을 구하라.

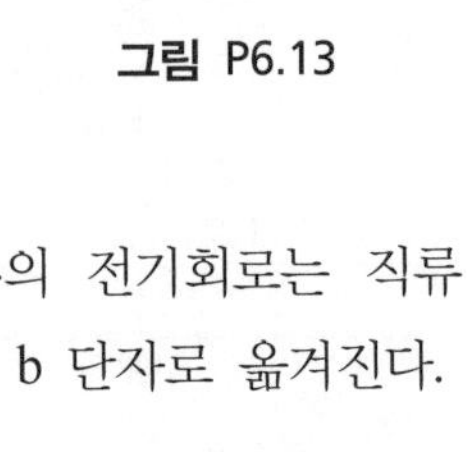

그림 P6.13

6.14 $t = 0^-$ [sec]에서 그림 P6.14의 전기회로는 직류 정상상태에 있다. $t = 0$ [sec]에서 스위치의 연결은 a 단자에서 b 단자로 옮겨진다.

(1) 전류 $i_L(t)$의 초기 전류 $i_L(0^-)$를 구하라.

(2) $t \geq 0$ [sec]에서 $i_L(t)$와 $v_L(t)$를 구하라.

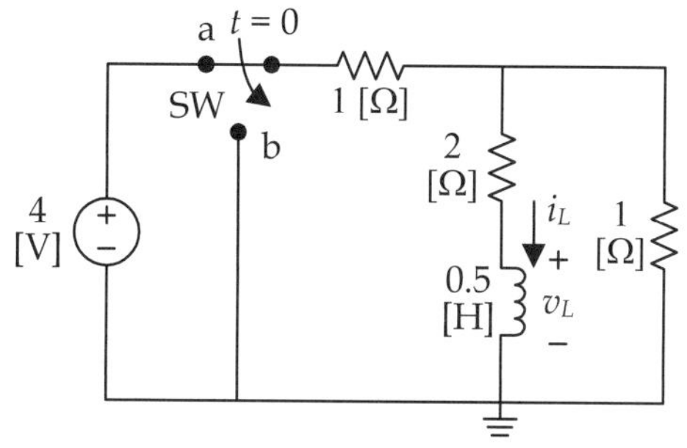

그림 P6.14

6.15 그림 P6.15에 나타낸 전기회로는 $t = 0$ [sec]에서 스위치가 열리기 전까지 직류 정상상태에서 동작하고 있다.

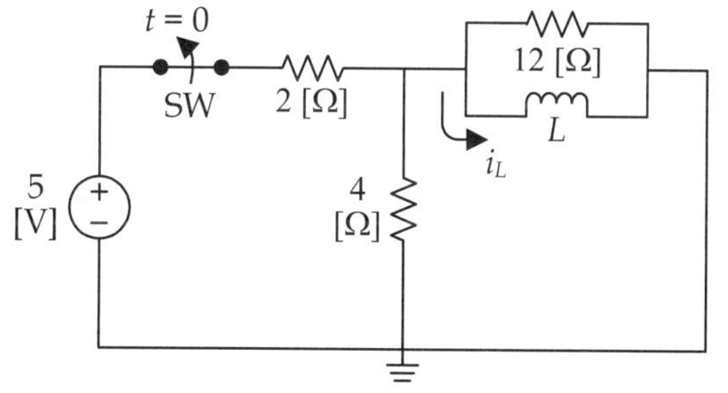

그림 P6.15

(1) $t = 0^-$ [sec]에서 인덕터를 통하여 흐르는 전류를 구하라.

(2) $t \geq 0$ [sec]에서 스위치가 열린 이후 전기회로의 시상수가 $\tau = 0.1$ [sec]가 되도록 하는 L을 구하라.

(3) $t \geq 0$ [sec]에서 인덕터 전류 $i_L(t)$를 구하라.

(4) $t = 0.1$ [sec]에서 인덕터에 저장된 에너지를 구하고, 이때 인덕터에 남아 있는 에너지는 초기 에너지의 몇 % 수준인가?

6.16 그림 P6.16(a)에 나타낸 전기회로의 전압원이 그림 P6.16(b)와 같다. $t = 0^-$ [sec]에서 주어진 회로는 직류 정상상태로 동작한다.

(1) $t = 0^-$ [sec]에서 $i_L(0^-)$, $i_1(0^-)$, $i_2(0^-)$를 구하라.

(2) $t \geq 0$ [sec]에서 $i_L(t)$, $i_1(t)$, $i_2(t)$를 구하라.

(3) 인덕터와 저항을 통하여 흐르는 전류가 연속성의 원리를 만족하는지 입증하라.

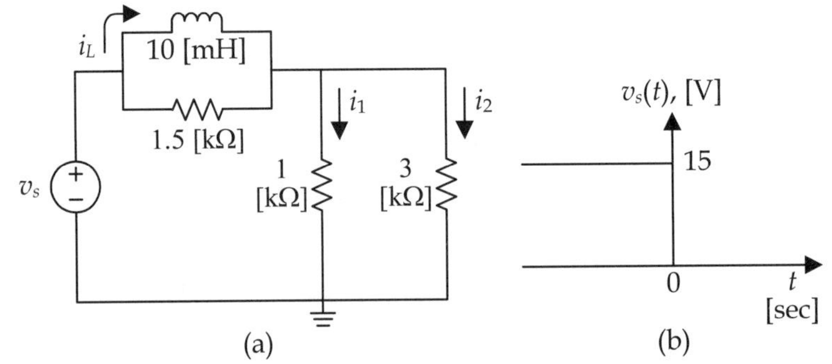

그림 P6.16

6.17 $t = 0$ [sec]에서 스위치가 닫히기 전까지 그림 P6.17에 나타낸 전기회로의 커패시터에 축적된 에너지는 0 [J]이다. $t \geq 0$ [sec]에서 커패시터 양단의 전압을 구하라.

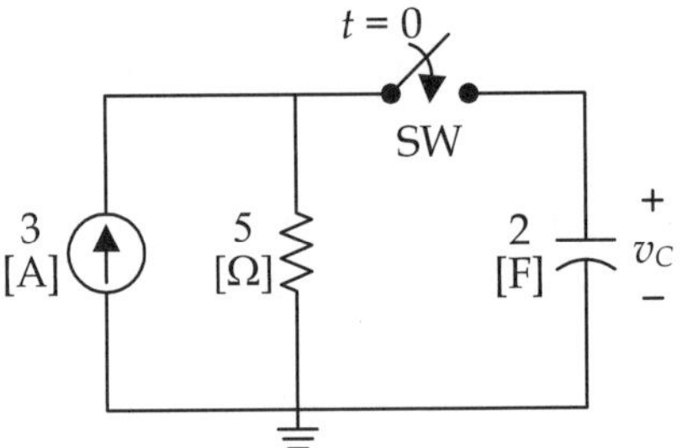

그림 P6.17

6.18 그림 P6.18의 전기회로에서 $t < 0$ [sec]에서 스위치는 오랜 시간 열려 있는 상태이고, 커패시터는 완전히 방전된 것으로 가정한다.

(1) $t \geq 0$ [sec]에서 커패시터 양단의 전압을 구하라.

(2) $i_C(t)$와 $i(t)$를 구하라.

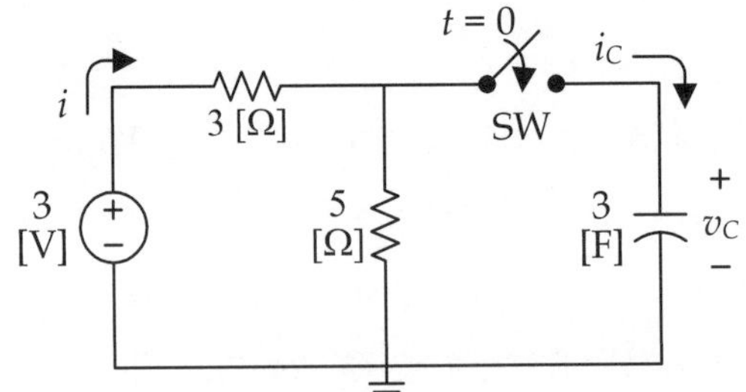

그림 P6.18

6.19 $t=0^-$ [sec]에서 그림 P6.19에 나타낸 전기회로의 커패시터 양단의 전압은 3 [V]로 충전되어 있다.

(1) $t=0$ [sec]에서 스위치가 닫힐 때 커패시터 양단의 전압을 구하라.

(2) $i_C(t)$와 $i(t)$를 구하라.

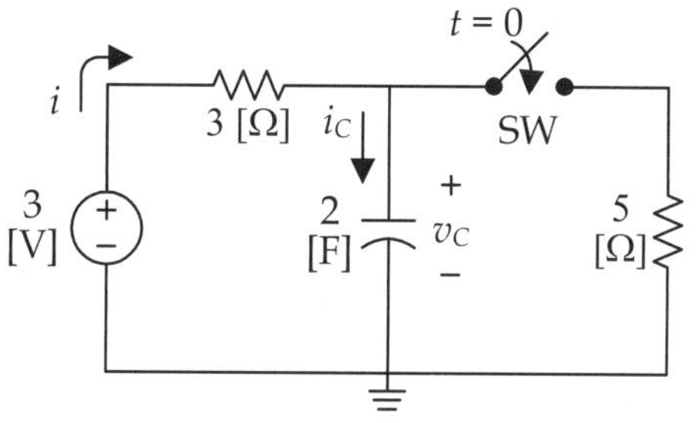

그림 P6.19

6.20 그림 P6.20의 전기회로는 $t=0^-$ [sec]에서 직류 정상상태로 동작하고 있었다.

(1) 커패시터 양단의 전압 $v_C(t)$와 전류 $i(t)$의 초기값을 계산하라.

(2) $t \geq 0$ [sec]에서 $v_C(t)$와 전류 $i(t)$를 구하라.

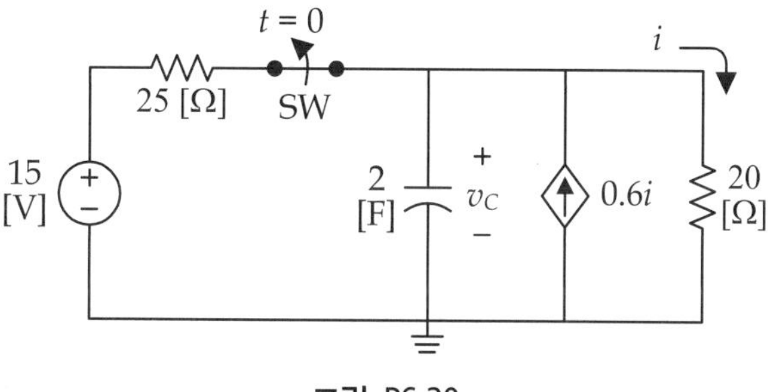

그림 P6.20

6.21 그림 P6.21(a)에 나타낸 전기회로의 전압원이 그림 P6.21(b)와 같이 동작한다.

(1) 커패시터 양단의 전압 $v_C(t)$와 종속전원 제어전류 $i(t)$의 초기값을 구하라.

(2) $t \geq 0$ [sec]에서 $v_C(t)$와 $i(t)$를 구하라.

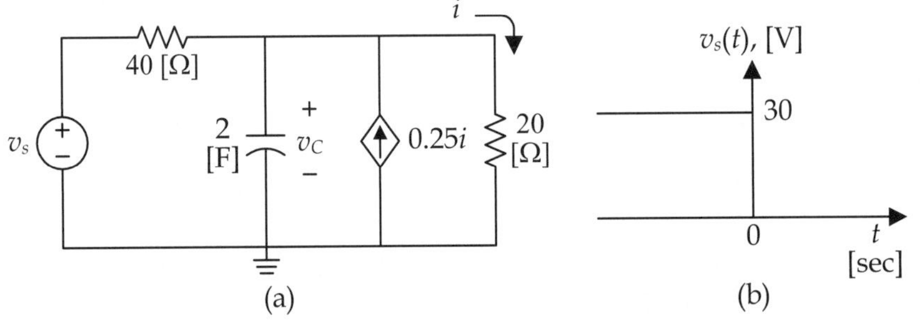

그림 P6.21

6.22 그림 P6.22에 나타낸 전기회로는 $t = 0^-$ [sec]에서 직류 정상상태로 동작하고 있었다.

(1) $v_C(0^-)$, $i(0^-)$, $i_1(0^-)$를 구하라.

(2) $t \geq 0$ [sec]에서 $v_C(t)$, $i(t)$, $i_1(t)$를 구하라.

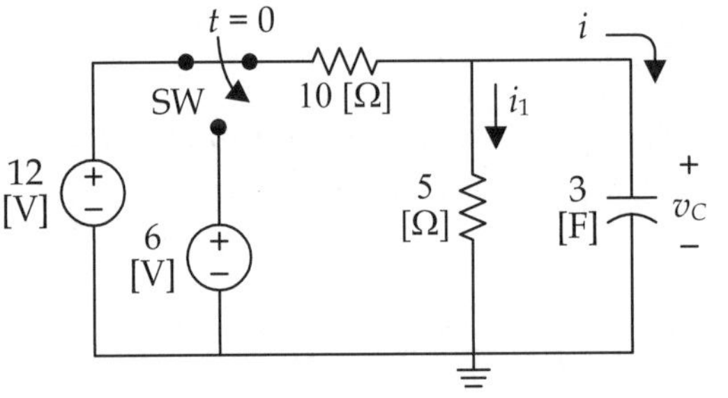

그림 P6.22

6.23 그림 P6.23의 전기회로는 $t = 0^-$ [sec]에서 직류 정상상태로 동작하고 있었다.

(1) $t = 0^-$ [sec]에서 커패시터 양단의 전압 $v_C(t)$와 5 [Ω] 저항을 통하여 흐르는 전류를 구하라.

(2) $t \geq 0$ [sec]에서 스위치가 12 [V] 전압원을 연결할 때 커패시터 양단의 전압과 전류 $i(t)$를 구하라?

(3) $v_C(t)$와 $i(t)$가 연속성의 원리를 만족하는지 확인하라.

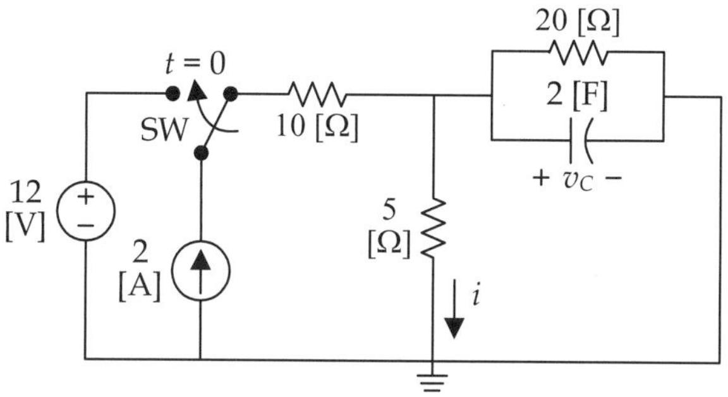

그림 P6.23

6.24 $t = 0^-$ [sec]에서 그림 P6.24에 나타낸 전기회로의 커패시터는 완전히 방전된 상태이다.

(1) $t \geq 0$ [sec]에서 커패시터 양단의 전압 $v_C(t)$와 전류 $i(t)$를 구하라.

(2) $t = 4$ [sec]에서 커패시터에 축적된 에너지는 최대 저장 가능한 에너지의 몇 % 수준인가?

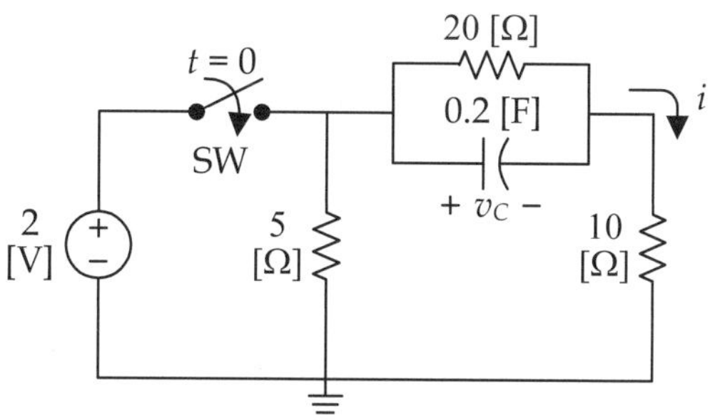

그림 P6.24

6.25 $t = 0^-$ [sec]에서 그림 P6.25에 나타낸 전기회로의 커패시터에 저장된 초기 에너지는 $w_C(0^-) = 5$ [J]이다.

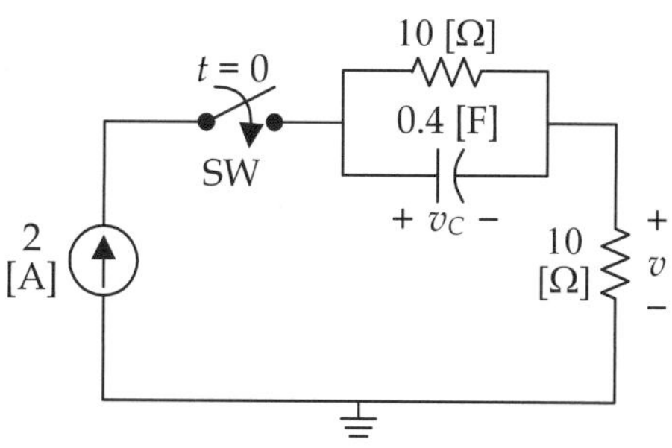

그림 P6.25

(1) $t \geq 0$ [sec]에서 커패시터 양단의 전압을 구하라.

(2) $t \geq 0$ [sec]에서 10 [Ω] 저항 양단에 걸리는 전압 $v(t)$를 구하라.

6.26 그림 P6.26에 나타낸 전기회로에서 스위치는 $t = 0$ [sec] 전에 오랜 시간 개방된 상태이다.

(1) $t \geq 0$ [sec]에서 인덕터를 통하여 흐르는 전류 $i_L(t)$의 완전응답을 구하라.

(2) 인덕터 양단의 전압과 저항 양단의 전압을 구하라.

(3) $t \geq 0$ [sec]에서 주어진 회로는 키르히호프 전압법칙을 만족함을 입증하라.

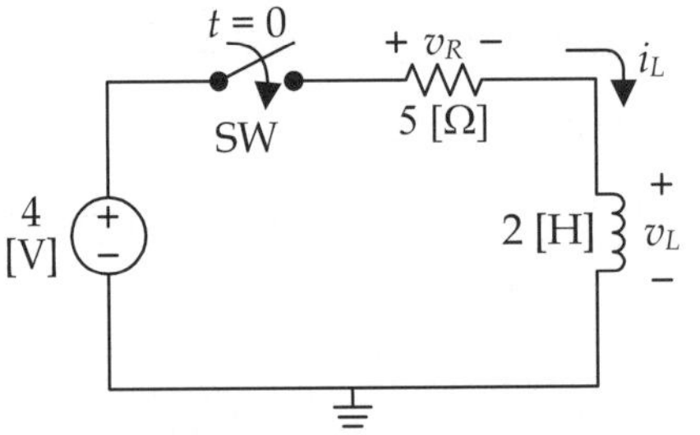

그림 P6.26

6.27 그림 P6.27(a)에 나타낸 전기회로에서 전류원은 그림 P6.27(b)와 같이 동작한다.

(1) $t \geq 0$ [sec]에서 인덕터를 통하여 흐르는 전류 $i_L(t)$와 인덕터 양단의 전압 $v_L(t)$의 완전응답을 구하라.

(2) 저항을 통하여 흐르는 전류 $i_R(t)$를 구하고, 마디 a에서 키르히호프 전류법칙이 성립함을 입증하라.

(3) 전원이 회로에 공급하는 전력과 수동소자들이 소비하는 전력을 구하여 전력보존의 법칙이 성립하는지 확인하라.

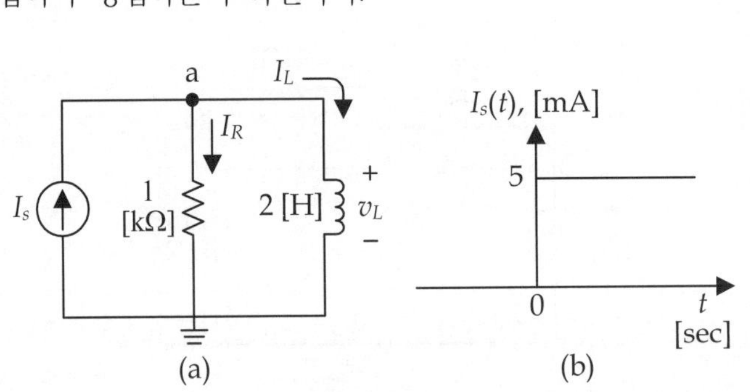

그림 P6.27

6.28 그림 P6.28에 나타낸 전기회로에서 스위치는 $t<0$ [sec]에서 오랜 시간 개방된 상태이고, 인덕터에 저장된 초기 에너지는 0 [J]이다.

(1) $t=0^-$ [sec]에서 $i_L(0^-)$와 $i_2(0^-)$를 구하라.

(2) $t \geq 0$ [sec]에서 $i_L(t)$와 $v_L(t)$를 구하라.

(3) $t \geq 0$ [sec]에서 $i_2(t)$와 $v_1(t)$, $v_2(t)$를 구하라.

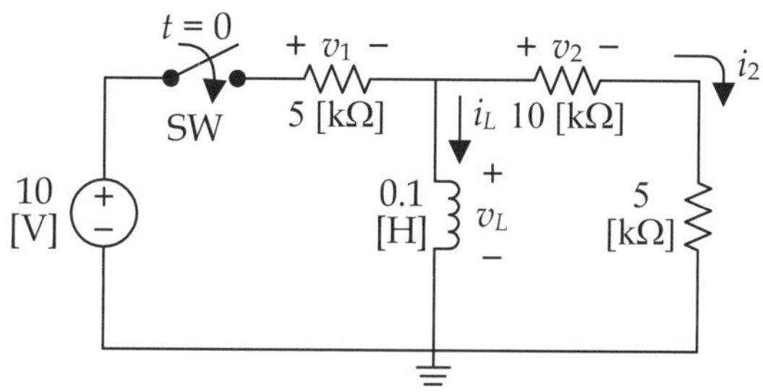

그림 P6.28

6.29 $t=0^-$ [sec]에서 그림 P6.29에 나타낸 전기회로의 인덕터에 저장된 에너지가 160 [mJ]이다.

(1) $t=0^-$ [sec]에서 인덕터를 통하여 흐르는 전류를 구하라.

(2) $t \geq 0$ [sec]에서 스위치가 닫힌 이후 인덕터 전류 $i_L(t)$와 전압 $v_L(t)$를 구하라.

(3) $t \geq 0$ [sec]에서 $i(t)$와 $v(t)$를 구하라.

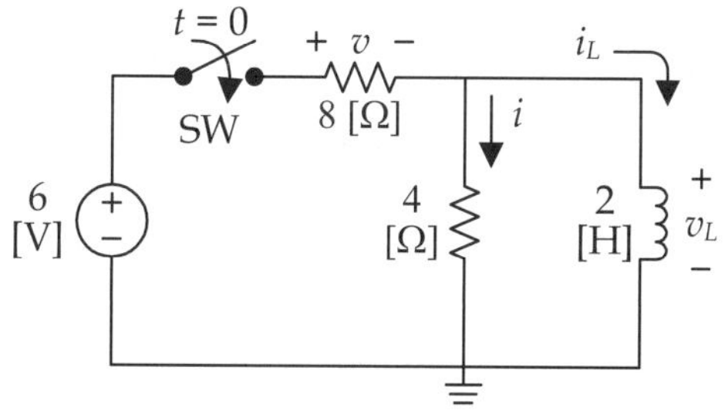

그림 P6.29

6.30 그림 P6.30에 나타낸 전기회로는 $t=0^-$ [sec]에서 직류 정상상태로 동작하고 있었다.

(1) $t=0^-$ [sec]에서 인덕터를 통하여 흐르는 전류와 인덕터에 저장된 에너지를 구하라.

(2) $t=0$ [sec]에서 스위치의 연결이 변경된 이후 인덕터 전류 $i_L(t)$와 인덕터 양단의 전압 $v_L(t)$를 구하라.

(3) $t=\infty$ [sec]에서 전기회로가 다시 직류 정상상태로 동작할 때 인덕터에 저장되는 에너지를 구하라.

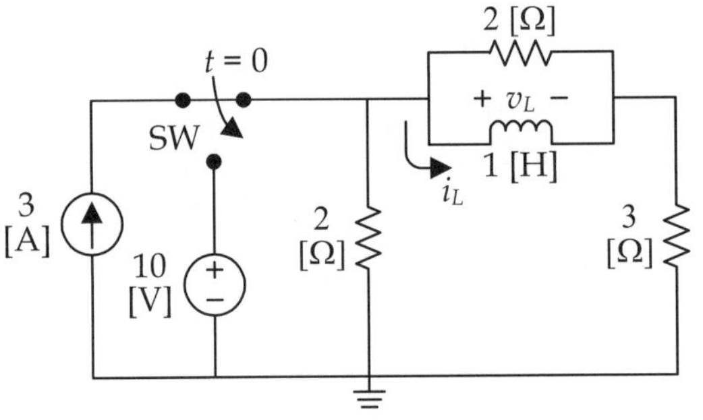

그림 P6.30

6.31 $t=0^-$ [sec]에서 그림 P6.31의 전기회로는 직류 정상상태로 동작하고 있었다.

(1) 스위치가 닫히기 직전까지 인덕터에 저장된 에너지를 구하라.

(2) $t \geq 0$ [sec]에서 $i_L(t)$와 $v_L(t)$를 구하라.

(3) $t \geq 0$ [sec]에서 $i(t)$와 $v(t)$를 구하라.

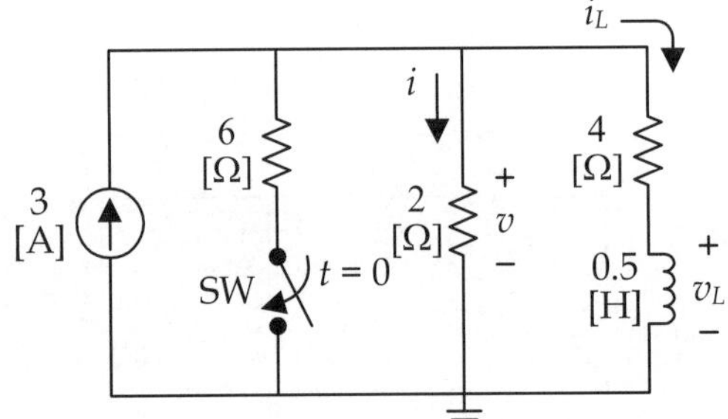

그림 P6.31

6.32 $t=0^-$ [sec]에서 그림 P6.32에 나타낸 전기회로는 직류 정상상태로 동작하고 있었다.

(1) $t=0^-$ [sec]에서 $i_L(t)$, $i_1(t)$, $i_2(t)$를 구하라.

(2) $t \geq 0$ [sec]에서 인덕터를 통하여 흐르는 전류 $i_L(t)$의 완전응답과 $i_1(t)$, $i_2(t)$를 구하라.

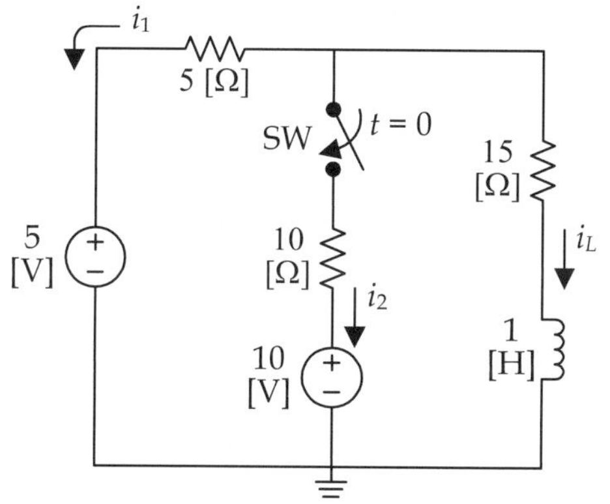

그림 P6.32

6.33 그림 P6.33(a)에 나타낸 전기회로의 전류원이 그림 P6.33(b)와 같이 동작한다. 인덕터를 통하여 흐르는 전류 $i_L(t)$의 완전응답과 인덕터 양단에 걸리는 전압 $v_L(t)$를 구하라.

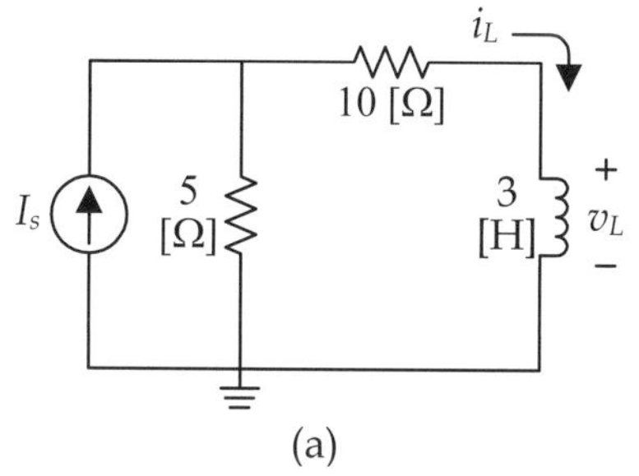

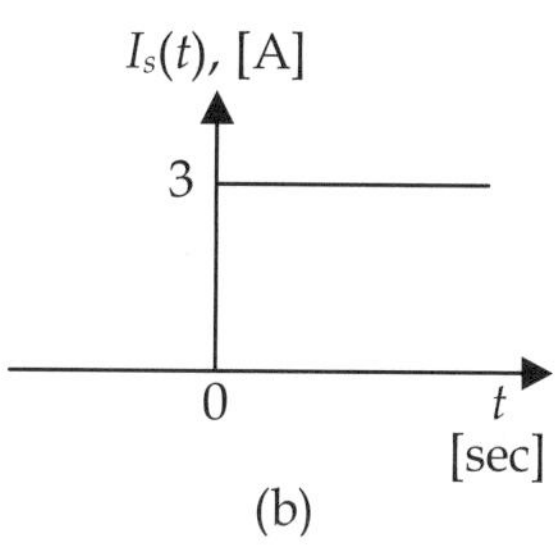

그림 P6.33

6.34 그림 P6.34(a)에 나타낸 전기회로의 전압원이 그림 P6.34(b)와 같이 동작한다. 인덕터를 통하여 흐르는 전류 $i_L(t)$의 완전응답과 인덕터 양단에 걸리는 전압 $v_L(t)$를 구하라.

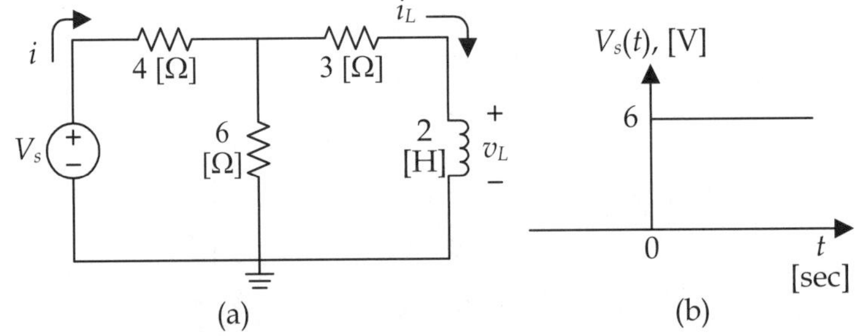

그림 P6.34

6.35 그림 P6.35(a)에 나타낸 전기회로의 전류원이 그림 P6.35(b)와 같이 동작한다.

(1) $t = 0^-$ [sec]에서 인덕터 전류 $i_L(t)$와 인덕터 전압 $v_L(t)$를 구하라.

(2) $0 \le t < 2$ [sec]에서 $i_L(t)$와 $v_L(t)$를 구하라.

(3) $t \ge 2$ [sec]에서 $i_L(t)$와 $v_L(t)$를 구하라.

(4) $i_L(t)$와 $v_L(t)$의 파형을 그려라.

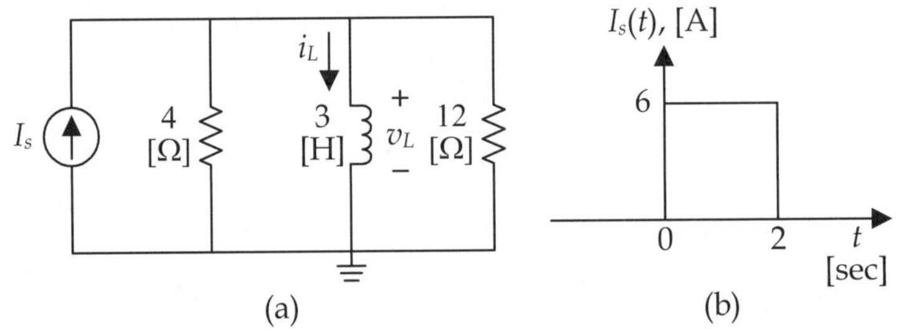

그림 P6.35

6.36 그림 P6.35(a)의 전기회로에서 인덕터를 6 [H]로 교체한 다음

(1) $0 \le t < 2$ [sec]에서 인덕터 전류 $i_L(t)$와 인덕터 전압 $v_L(t)$를 구하라.

(2) $t \ge 2$ [sec]에서 $i_L(t)$와 $v_L(t)$를 구하라.

(3) $i_L(t)$와 $v_L(t)$의 파형을 그리고 문제 6.35의 결과와 비교하여 설명하라.

6.37 그림 P6.37(a)의 전기회로에서 두 인덕터에 저장된 초기 에너지는 0 [J]이고, 전압원은 그림 P6.37(b)와 같이 동작한다.

(1) $0 \le t < 0.4$ [sec]에서 전류 $i_L(t)$의 완전응답과 $i_1(t)$, $i_2(t)$를 구하라.

(2) $t \ge 0.4$ [sec]에서 전류 $i_L(t)$의 완전응답과 $i_1(t)$, $i_2(t)$를 구하라.

(3) $i_L(t)$, $i_1(t)$, $i_2(t)$의 파형을 그려라.

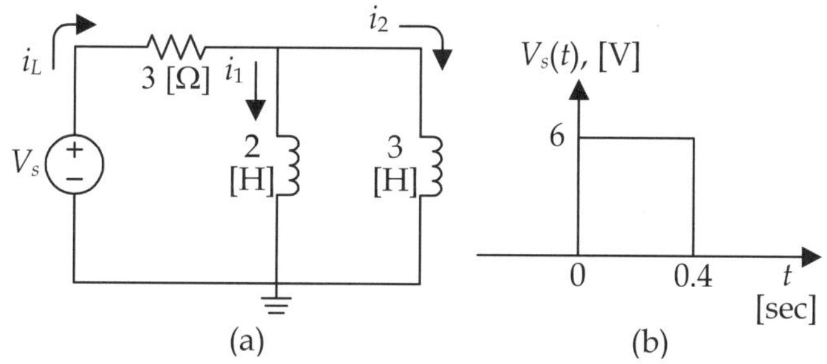

그림 P6.37

6.38 그림 P6.38(a)에 나타낸 전기회로의 전압원이 그림 P6.38(b)와 같이 동작한다. $t = 0^-$ [sec]에서 인덕터에 저장된 초기 에너지는 0 [J]이다.

(1) $0 \le t < 1$ [sec]에서 인덕터 전류 $i_L(t)$와 인덕터 전압 $v_L(t)$를 구하라.

(2) $1 \le t < 2$ [sec]에서 인덕터 전류 $i_L(t)$와 인덕터 전압 $v_L(t)$를 구하라.

(3) $2 \le t < 3$ [sec]에서 인덕터 전류 $i_L(t)$와 인덕터 전압 $v_L(t)$를 구하라.

(4) $t \ge 3$ [sec]에서 인덕터 전류 $i_L(t)$와 인덕터 전압 $v_L(t)$를 구하라.

(5) $0 \le t \le 4$ [sec]에서 인덕터 전류 $i_L(t)$의 파형을 그려라.

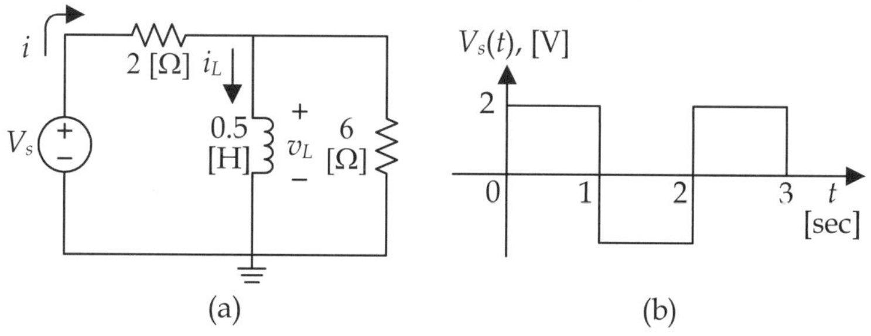

그림 P6.38

6.39 그림 P6.39에 나타낸 연산증폭기 회로의 커패시터에 저장된 초기 에너지는 $w_C(0^-) = 0$ [J]이다.

(1) $t \geq 0$ [sec]에서 커패시터 양단의 전압 $v_C(t)$와 20 [kΩ] 저항을 통하여 흐르는 전류 $i_f(t)$를 구하라.

(2) $t \geq 0$ [sec]에서 연산증폭기 회로의 전압이득을 구하고, 시간의 변화에 따른 전압이득을 그려라.

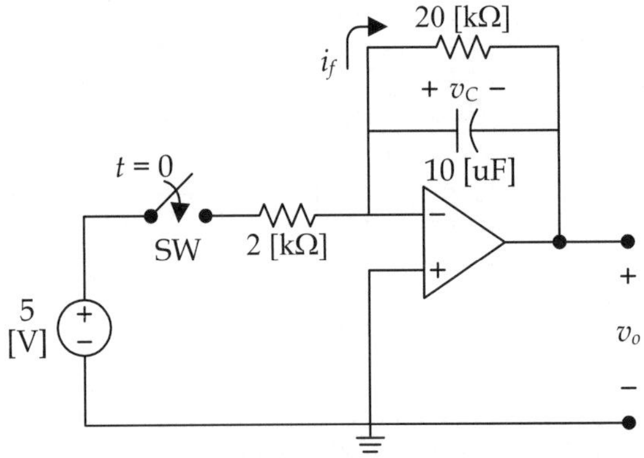

그림 P6.39

6.40 그림 P6.40(a)의 연산증폭기 회로에서 전압원은 그림 P6.40(b)와 같이 동작하고, $t = 0^-$ [sec]에서 커패시터에 저장된 초기 에너지는 0 [J]이다.

(1) $t \geq 0$ [sec]에서 커패시터 양단의 전압 $v_C(t)$와 전류 $i_s(t)$를 구하라.

(2) $t \geq 0$ [sec]에서 출력전압 $v_o(t)$를 구하라.

(3) $V_s(t)$, $v_C(t)$, $v_o(t)$를 파형을 그리고 설명하라.

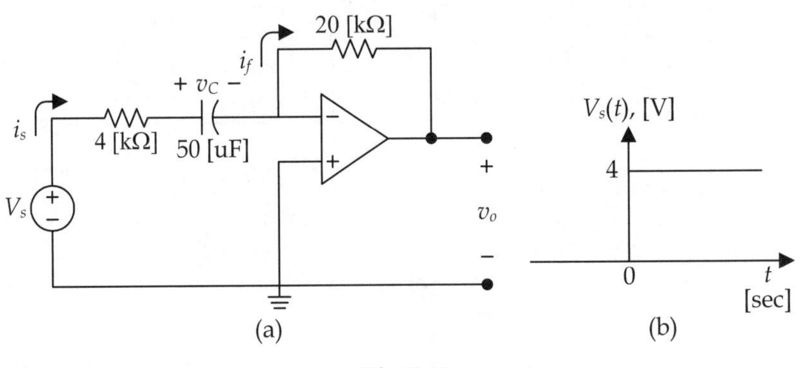

그림 P6.40

6.41 그림 P6.41(a)에 나타낸 연산증폭기 회로의 전압원이 그림 P6.41(b)와 같이 동작한다. $t = 0^-$ [sec]까지 커패시터에 저장된 초기 에너지는 0 [J]이다.

(1) $0 \le t < 0.4$ [sec]에서 커패시터 양단의 전압 $v_C(t)$와 출력전압 $v_o(t)$를 구하라.

(2) $t \ge 0.4$ [sec]에서 커패시터 양단의 전압과 출력전압을 구하라.

(3) 전체 시간구간에서 커패시터 양단의 전압과 출력전압의 파형을 그려라.

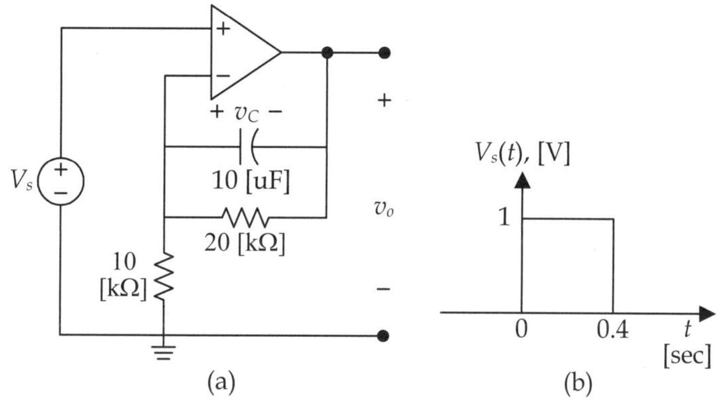

그림 P6.41

6.42 그림 P6.42에 나타낸 연산증폭기 회로는 스위치의 위치가 변경되는 $t = 0$ [sec] 직전까지 직류 정상상태로 동작하고 있었다.

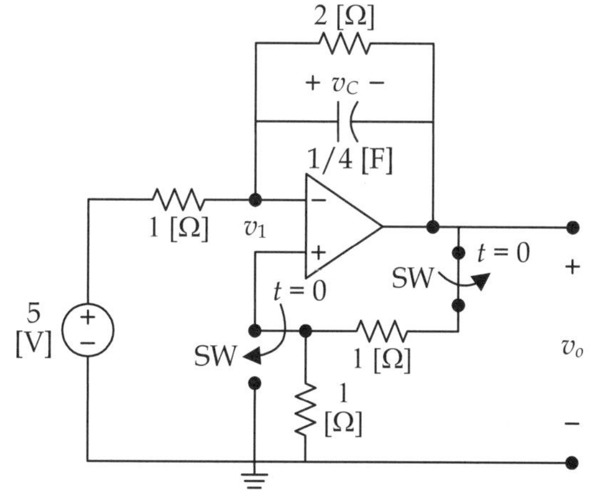

그림 P6.42

(1) $t=0^-$ [sec]에서 마디전압 $v_1(0^-)$, 출력전압 $v_o(0^-)$, 커패시터 양단의 전압 $v_C(0^-)$를 구하라.

(2) $t>0$ [sec]에서 커패시터 전압 $v_C(t)$와 연산증폭기 출력전압 $v_o(t)$를 구하라.

(3) 스위치의 연결상태가 변한 이후 충분한 시간이 경과되어 주어진 회로가 다시 직류 정상상태로 동작할 때 출력전압 $v_o(t)$를 구하라.

2차 회로

CHAPTER

07

7장 2차 회로

지난 6장에서 저항과 하나의 커패시터 또는 저항과 하나의 인덕터로 구성된 RC회로와 RL회로에 대하여 학습하였다. 여기서 하나의 커패시터라는 것은 여러 개의 커패시터가 회로에 존재하더라도 하나의 등가 커패시터로 변환하여 나타낼 수 있음을 의미한다. 마찬가지로 여러 개의 인덕터가 직렬, 병렬, 또는 직병렬연결되어 있을 때 이들을 하나의 등가 인덕터로 표현할 수 있으면 단일 인덕터라고 할 수 있다. 이와 같이 저항과 하나의 커패시터 또는 인덕터로 구성된 회로에서 회로방정식은 1계 미분방정식으로 나타나므로 1차 회로라고 한다.

2개의 에너지 저장소자가 하나의 소자로 변환되지 않는 전기회로도 매우 흔하게 발생한다. 같은 종류의 에너지 저장소자 2개가 직렬 또는 병렬로 연결되지 않아서 등가회로로 대체시키지 못하거나 서로 다른 에너지 저장소자, 즉 인덕터와 커패시터가 하나의 회로에 함께 존재하는 경우가 이러한 회로에 해당한다. 이와 같은 경우 회로변수와 해석방법에 따라 2계 미분방정식이나 1차 미분과 1차 적분이 동시에 포함되는 회로방정식이 나타난다. 1차 미분과 1차 적분이 동시에 존재하는 미적분방정식의 경우 풀이가 쉽지 않으므로 방정식 전체를 1차 미분함으로써 2계 미분방정식의 형태로 변경하여 해석한다.

이 장에서는 2계 미분방정식 형태의 회로방정식을 가지는 2차 회로의 해석에 대하여 학습한다. 1차 회로와 마찬가지로 2차 회로의 회로방정식에 대한 완전응답은 전원에 의한 강제응답과 에너지 저장소자의 과도상태 동작에 의한 고유응답으로 구성된다. 2차 회로의 강제응답은 강제함수, 즉 전원의 수학적 형태와 거의 동일한 특성을 가지므로 1차 회로와 크게 다르지 않다. 하지만 2차 회로의 고유응답은 특성방정식이 가지는 해의 조건에 따라 지수감쇠 함수, 감쇠가 있는 정현파함수, 그리고 감쇠 없이 진동만 있는 정현파함수 등으로 다양하게 나타나며, 이것은 1차 회로의 고유응답에 비하여 현저히 다른 특성이다.

1차 회로는 키르히호프 법칙, 옴의 법칙, 테브냉-노튼 등가회로 등 간단한 회로해석 세부기법들만을 적용하여 해석하였다. 이에 비하여 2차 회로의 해석에서는 저항,인덕터, 커패시터가 직렬연결된 RLC 회로를 제외한 대부분의 경우 마디해석법이나 망로해석법을 주로 사용한다. 따라서 이 장의 효과적인 학습을 위해서는 4장의 내용을 충분히 이해하도록 복습할 것을 권장한다.

7.1 2차 회로의 구조

회로방정식이 2계 미분방정식의 형태로 나타나는 2차 회로는 서로 다른 2개의 에너지 저장소자, 즉 인덕터와 커패시터가 동시에 존재하거나 2개의 동일한 종류의 에너지 저장 소자를 하나의 등가 소자로 변환시킬 수 없는 것이다.

먼저 후자의 경우에 해당하는 예로 그림 7.1에 나타낸 전기회로를 살펴보자. 주어진 회로는 능동소자인 전압원과 함께 2개의 저항과 2개의 인덕터로 구성되어 있으며, 저항 R_2 때문에 두 인덕터를 하나의 합성 인덕턴스로 변환할 수 없는 구조이다.

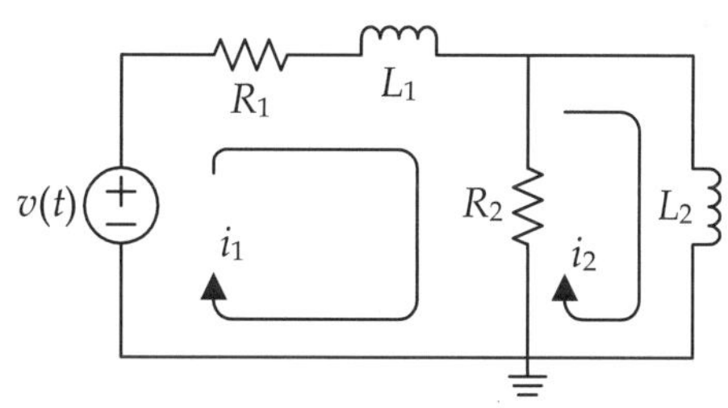

그림 7.1 2개의 인덕터가 포함된 전기회로의 예

그림 7.1의 회로에 망로해석법을 적용하여 망로전류를 구하여보자. 먼저 왼쪽 망로에 키르히호프 전압법칙을 적용하면 회로방정식은

$$-v(t)+R_1 i_1(t)+L_1\frac{di_1(t)}{dt}+R_2\{i_1(t)-i_2(t)\}=0$$

$$\rightarrow \frac{di_1(t)}{dt}+\frac{(R_1+R_2)}{L_1}i_1(t)-\frac{R_2}{L_1}i_2(t)=\frac{1}{L_1}v(t) \tag{7.1}$$

다음으로 오른쪽 망로에 키르히호프 전압법칙을 적용하여 구한 회로방정식은 아래와 같다.

$$R_2\{i_2(t)-i_1(t)\}+L_2\frac{di_2(t)}{dt}=0 \rightarrow \frac{di_2(t)}{dt}+\frac{R_2}{L_2}i_2(t)-\frac{R_2}{L_2}i_1(t)=0 \tag{7.2}$$

식 (7.1)과 식 (7.2)의 회로방정식들은 2개의 망로전류를 회로변수로 사용하고 있으므로 하나의 식을 이용하여 회로변수에 대한 응답을 구할 수 없다. 따라서 두 식을 조합하여 하나의 회로변수에 대한 미분방정식으로 변환한 다음 해를 구하는 것이 합리적인 풀이과정이 된다. 여기서는 식 (7.2)에서 회로변수 $i_1(t)$를 식 (7.3)과 같이 $i_2(t)$에 대한 방정식으로 변환하여 식 (7.1)에 대입하면 다음과 같다.

$$i_1(t) = \frac{L_2}{R_2}\frac{di_2(t)}{dt} + i_2(t) \tag{7.3}$$

$$\frac{d}{dt}\left\{\frac{L_2}{R_2}\frac{di_2(t)}{dt} + i_2(t)\right\} + \frac{(R_1+R_2)}{L_1}\left\{\frac{L_2}{R_2}\frac{di_2(t)}{dt} + i_2(t)\right\} - \frac{R_2}{L_1}i_2(t) = \frac{1}{L_1}v(t) \tag{7.4}$$

따라서 식 (7.4)를 정리하여 나타내면

$$\frac{L_2}{R_2}\frac{d^2 i_2(t)}{dt^2} + \left\{1 + \frac{L_2(R_1+R_2)}{L_1R_2}\right\}\frac{di_2(t)}{dt} + \frac{R_1}{L_1}i_2(t) = \frac{1}{L_1}v(t) \tag{7.5}$$

이 된다. 이것은 매우 복잡하게 보이지만 저항과 인덕터의 값들이 모두 상수이므로 단순화시켜 나타내면 다음과 같다.

$$a\frac{d^2 i_2(t)}{dt^2} + b\frac{di_2(t)}{dt} + ci_2(t) = kv(t) \tag{7.6}$$

여기서 a, b, c, k는 저항과 인덕터의 값으로 계산되는 임의의 상수이다.

식 (7.6)은 회로변수 $i_2(t)$에 대한 2계 미분방정식이며, 그 해는 강제응답과 고유응답으로 구성된다. 그러므로 $i_2(t)$에 대한 완전응답을 구한 다음 식 (7.3)에 대입함으로써 망로전류 $i_1(t)$에 대한 완전응답도 구할 수 있다.

예제 7.1

그림 7.1의 전기회로에서 저항과 인덕터가 각각 $R_1 = 12\,[\Omega]$, $R_2 = 6\,[\Omega]$, $L_1 = 3$ [H], $L_2 = 1$ [H]라고 할 때, 망로전류 $i_2(t)$를 변수로 하는 회로방정식을 구하라.

풀이

왼쪽 망로에 키르히호프 전압법칙을 적용하면 망로방정식은

$$-v(t)+12i_1(t)+3\frac{di_1(t)}{dt}+6\{i_1(t)-i_2(t)\}=0 \;\rightarrow\; \frac{di_1(t)}{dt}+6i_1(t)-2i_2(t)=\frac{1}{3}v(t) \quad ①$$

이 되고, 오른쪽 망로에 키르히호프 전압법칙을 적용하면 망로방정식은

$$6\{i_2(t)-i_1(t)\}+\frac{di_2(t)}{dt}=0 \;\rightarrow\; \frac{di_2(t)}{dt}+6i_2(t)-6i_1(t)=0 \quad ②$$

식 ②를 변수 $i_1(t)$에 대하여 정리하여 식 ①에 대입하면 망로전류 $i_2(t)$에 대한 회로방정식은

$$\frac{d}{dt}\left\{\frac{1}{6}\frac{di_2}{dt}+i_2\right\}+6\left\{\frac{1}{6}\frac{di_2}{dt}+i_2\right\}-2i_2=\frac{1}{3}v(t) \quad ③$$

식 ③을 정리하면 망로전류 $i_2(t)$에 대한 회로방정식은 다음과 같다.

$$\frac{1}{6}\frac{d^2i_2}{dt^2}+2\frac{di_2}{dt}+4i_2=\frac{1}{3}v(t) \;\rightarrow\; \frac{d^2i_2}{dt^2}+12\frac{di_2}{dt}+24i_2=2v(t)$$

2계 미분방정식 형태의 회로방정식을 가지는 다른 구조로는 그림 7.2와 같이 인덕터와 커패시터가 동시에 존재하는 RLC 회로이다.

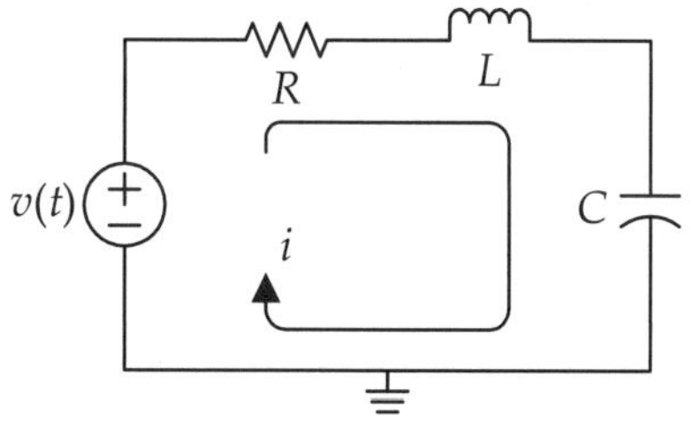

그림 7.2 RLC 직렬회로

그림 7.2의 회로는 하나의 폐경로로 구성되어 있으므로 키르히호프 전압법칙을 적용하면 회로방정식은

$$Ri(t)+L\frac{di(t)}{dt}+\frac{1}{C}\int_{t_0}^{t} i(\tau)\,d\tau+v_c(t_0)=v(t) \quad (7.7)$$

가 된다. 여기서 $v_c(t_0)$는 커패시터의 초기 전압이다. 식 (7.7)의 왼쪽 두 번째 항은 전류 $i(t)$에 대한 미분항이고, 세 번째 항은 적분항이다. 하나의 방정식에 미분항과 적분항이 동시에 존재하므로 식 (7.7)로부터 직접 해를 구하는 것은 매우 어렵다.

식 (7.7)의 양변을 미분하여 나타내면

$$L\frac{d^2 i(t)}{dt^2}+R\frac{di(t)}{dt}+\frac{1}{C}i(t)=\frac{dv(t)}{dt} \tag{7.8}$$

로 2계 미분방정식 형태의 회로방정식이 된다. 전원에 의한 강제함수도 1차 미분된 형태를 가지는 것을 제외하면 식 (7.8)과 식 (7.5)는 동일한 형식의 방정식이다. 또한, 미분에 의하여 초기값을 나타내는 상수항이 제거된다.

예제 7.2

다음 전기회로에서 마디 A의 전압을 변수로 하는 회로방정식을 구하라.

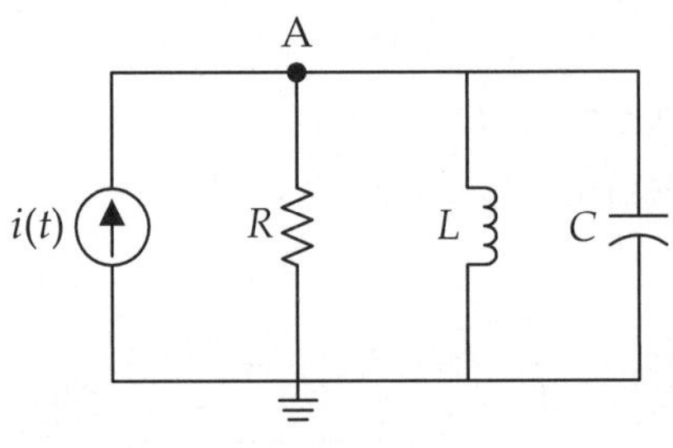

그림 7.3 RLC 병렬회로

풀이

주어진 회로는 RLC 병렬회로로 그림 7.2의 RLC 직렬회로와는 쌍대 관계에 있다. RLC 직렬회로를 해석하기 위하여 키르히호프 전압법칙을 적용하였다면 쌍대 관계에 따라 주어진 회로는 마디 A에서 유출입되는 전류를 관계식으로 이용하는 키르히호프 전류법칙을 적용하여 해석한다. 마디 A의 전압을 $v(t)$로 가정하면 각각의 가지를 통하여 유출되는 전류의 합은

$$-i(t)+\frac{v(t)}{R}+\frac{1}{L}\int_{t_0}^{t} v(\tau)\,d\tau+i(t_0)+C\frac{dv(t)}{dt}=0 \tag{①}$$

이 된다. 식 ①도 식 (7.7)처럼 적분항과 미분항을 동시에 가지고 있으므로 양변을 미분함으로써 적분항을 제거한 회로방정식을 다음과 같이 도출할 수 있다.

$$C\frac{d^2v(t)}{dt^2}+\frac{1}{R}\frac{dv(t)}{dt}+\frac{1}{L}v(t)=\frac{di(t)}{dt} \quad ②$$

그러므로 RLC 병렬회로에 대한 회로방정식도 식 ②와 같이 2계 미분방정식의 형태로 나타난다.

7.2 2계 미분방정식의 응답

2차 회로의 회로방정식은 식 (7.8)과 예제 7.2의 식 ②처럼 2계 미분방정식의 형태를 가지므로 이에 대한 일반형은

$$\frac{d^2x(t)}{dt^2}+a\frac{dx(t)}{dt}+bx(t)=f(t) \quad (7.9)$$

로 나타낼 수 있다. 여기서 a와 b는 저항, 인덕터, 커패시터에 의하여 결정되는 상수이고, $f(t)$는 독립 전원에 의하여 결정되는 강제함수이다.

1차 회로와 마찬가지로 2차 회로의 회로방정식 (7.9)에 대한 완전응답은 고유응답과 강제응답으로 다음과 같이 구성된다.

$$x(t)=x_n(t)+x_f(t), \quad (7.10)$$

여기서 고유응답 $x_n(t)$는 커패시터나 인덕터의 에너지 저장 특성에 의하여 과도상태에 나타나는 것으로 강제함수와는 무관하다. 따라서 고유응답을 구할 때는 강제함수를 $f(t)=0$으로 한다. 이에 비하여 강제응답은 강제함수에 의하여 과도상태 이후에도 지속적으로 나타나는 응답이다. 따라서 강제응답은 강제함수를 결정하는 전원과 수학적으로 동일한 형태를 가진다.

고유응답과 강제응답은 각각 식 (7.11)과 식 (7.12)를 만족하여야 한다.

$$\frac{d^2x_n(t)}{dt^2}+a\frac{dx_n(t)}{dt}+bx_n(t)=0, \quad (7.11)$$

$$\frac{d^2x_f(t)}{dt^2}+a\frac{dx_f(t)}{dt}+bx_f(t)=f(t). \tag{7.12}$$

한편, 식 (7.10)을 식 (7.9)에 대입하면

$$\begin{aligned}&\frac{d^2}{dt^2}\{x_n(t)+x_f(t)\}+a\frac{d}{dt}\{x_n(t)+x_f(t)\}+b\{x_n(t)+x_f(t)\} \\ &=\left\{\frac{d^2}{dt^2}x_n(t)+a\frac{d}{dt}x_n(t)+bx_n(t)\right\}+\left\{\frac{d^2}{dt^2}x_f(t)+a\frac{d}{dt}x_f(t)+bx_f(t)\right\} \\ &=0+f(t)\end{aligned} \tag{7.13}$$

가 되므로 고유응답과 강제응답에 의한 중첩의 원리가 만족됨을 알 수 있다.

예제 7.3

두 함수 $x_1(t)=K_1e^{-t}$와 $x_2(t)=K_2e^{-4t}$는 계수 K_1과 K_2에 무관하게 2계 미분방정식

$$\frac{d^2x(t)}{dt^2}+5\frac{dx(t)}{dt}+4x(t)=0$$

의 해가 됨을 증명하라. 또한, $x_1(t)+x_2(t)$도 위의 2계 미분방정식을 만족함을 증명하라.

풀이

$x_1(t)$가 주어진 2계 미분방정식의 해이므로 $x_1(t)$는

$$\frac{d^2x_1(t)}{dt^2}+5\frac{dx_1(t)}{dt}+4x_1(t)=0 \tag{①}$$

을 만족시켜야 한다. 식 ①을 풀면

$$\begin{aligned}&\frac{d^2}{dt^2}\{K_1e^{-t}\}+5\frac{d}{dt}\{K_1e^{-t}\}+4\{K_1e^{-t}\} \\ &=K_1e^{-t}-5K_1e^{-t}+4K_1e^{-t}=\{K_1-5K_1+4K_1\}e^{-t}=0\end{aligned} \tag{②}$$

따라서 식 ②는 K_1이 어떤 값을 가지더라도 0이므로 $x_1(t)$는 주어진 방정식을 만족시키는 해가 된다.

$x_2(t)$가 주어진 2계 미분방정식의 해이므로 $x_2(t)$를 주어진 방정식에 대입하면

$$\frac{d^2x_2(t)}{dt^2}+5\frac{dx_2(t)}{dt}+4x_2(t)=0 \qquad ③$$

이 된다. 식 ③을 풀면

$$\frac{d^2}{dt^2}\{K_2e^{-4t}\}+5\frac{d}{dt}\{K_2e^{-4t}\}+4\{K_2e^{-4t}\} \qquad ④$$
$$=16K_2e^{-4t}-20K_2e^{-4t}+4K_2e^{-4t}=\{16K_2-20K_2+4K_1\}e^{-4t}=0$$

따라서 식 ④로부터 $x_2(t)$는 K_2가 어떤 값을 가지더라도 주어진 방정식을 만족시키는 해가 된다.

마지막으로 $x_1(t)+x_2(t)$를 주어진 방정식에 대입하면

$$\frac{d^2}{dt^2}\{x_1(t)+x_2(t)\}+5\frac{d}{dt}\{x_1(t)+x_2(t)\}+4\{x_1(t)+x_2(t)\} \qquad ⑤$$
$$=\left\{\frac{d^2x_1(t)}{dt^2}+5\frac{dx_1(t)}{dt}+4x_1(t)\right\}+\left\{\frac{d^2x_2(t)}{dt^2}+5\frac{dx_2(t)}{dt}+4x_2(t)\right\}$$

이 된다. 식 ⑤에서 등호 오른쪽의 첫 번째 항은 식 ②이고 두 번째 항은 ④이므로

$$\frac{d^2}{dt^2}\{x_1(t)+x_2(t)\}+5\frac{d}{dt}\{x_1(t)+x_2(t)\}+4\{x_1(t)+x_2(t)\} \qquad ⑥$$
$$=0+0=0$$

그러므로 $x_1(t)+x_2(t)$는 상수 K_1과 K_2에 무관하게 주어진 방정식을 만족시키는 해이다. 또한, 이는 2계 미분방정식에서도 중첩의 원리가 성립되는 것을 의미한다.

7.3 초기값 결정

2차 회로의 완전응답을 구하기 위해서는 대부분의 경우 적절한 초기값이 필요하다. 특히, 초기값은 어떤 시간 t_0의 직전과 직후 회로의 동작상태가 급격하게 변하더라도 연속성의 원리에 의하여 동일한 값을 유지하는 에너지 저장소자의 값, 즉 커패시터 양단의 전

압과 인덕터를 통하여 흐르는 전류를 사용하는 것이 유리하다.

커패시터의 초기 전압과 인덕터의 초기 전류는 식 (7.7)과 예제 7.2의 식 ①처럼 2차 회로의 회로방정식에 명백하게 포함된다. 이것들 외에도 1차 미분항에 대한 초기값도 정의되어야 완전응답을 구할 수 있지만 미리 주어지거나 정의되지 않는 경우도 많이 있으므로 주어진 전기회로로부터 구하여야 한다. 예를 들어, 그림 7.4의 회로에서 커패시터 전압과 인덕터 전류에 대한 초기값을 정의하여보자.

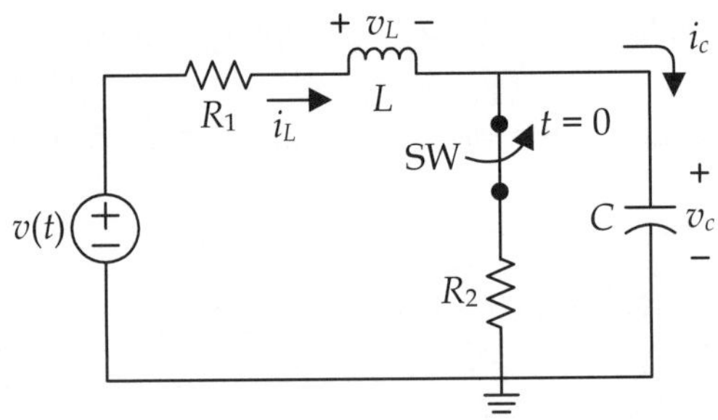

그림 7.4 임의의 2차 회로

스위치가 열리기 전 주어진 회로는 직류 정상상태에 있었던 것으로 가정하면 커패시터는 개방상태, 인덕터는 단락상태로 동작하는 것으로 간주할 수 있다. 따라서 스위치가 열리기 직전인 $t=0^-$에서 주어진 회로에 대한 등가회로는 그림 7.5와 같다.

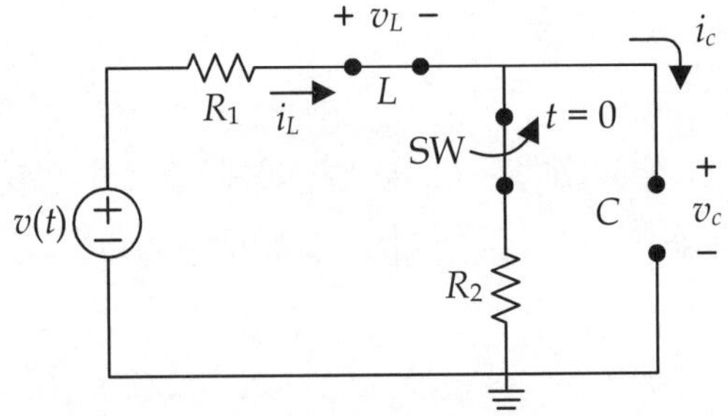

그림 7.5 $t<0$에서 그림 7.4의 회로에 대한 등가회로

그림 7.5의 등가회로에 옴의 법칙을 적용하면 스위치가 열리기 직전까지 인덕터를 통하여 흐르는 전류는

$$i_L(0^-) = \frac{v(t)}{R_1 + R_2} \tag{7.14}$$

가 되고 커패시터 양단에 걸리는 전압은 저항 R_2 양단에 걸리는 전압과 동일하므로 전압 분배법칙에 의하여

$$v_C(0^-) = \frac{R_2}{R_1 + R_2} v(t) \tag{7.15}$$

그리고 직류 정상상태에서 인덕터는 단락회로이고 커패시터는 개방회로이므로 인덕터 양단에 걸리는 전압과 커패시터를 통하여 흐르는 전류는 각각

$$v_L(0^-) = 0 \ \text{[V]},\ i_C(0^-) = 0 \ \text{[A]} \tag{7.16}$$

$t = 0$에서 스위치가 개방되어도 인덕터와 커패시터는 연속성의 원리가 적용되는 소자이므로 인덕터 전류와 커패시터 양단의 전압은 각각

$$i_L(0^+) = i_L(0^-),\ v_C(0^+) = v_C(0^-) \tag{7.17}$$

$t = 0$에서 스위치가 개방되면 주어진 전기회로에 대한 등가회로는 그림 7.6처럼 RLC 직렬회로가 된다.

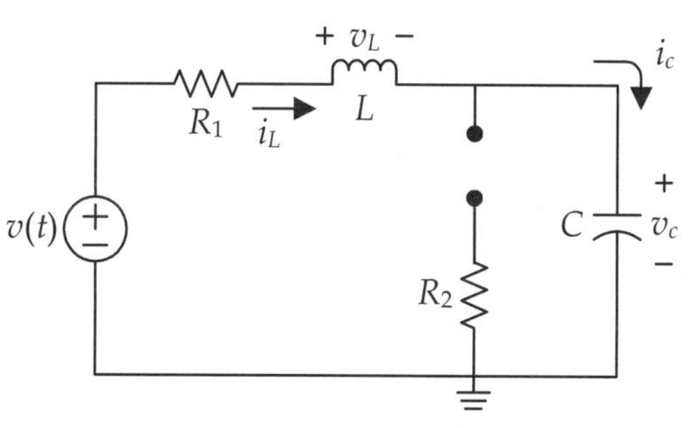

그림 7.6 $t > 0$에서 그림 7.4의 회로에 대한 등가회로

인덕터 양단에 걸리는 전압은 $v_L(t) = L di_L(t)/dt$이므로 $t = 0^+$에서 인덕터 양단에 걸리는 전압식을 이용하면 식 (7.7)의 1차 미분항에 대한 초기값은

$$\left[v_L(t) = L\frac{di_L(t)}{dt} \right]_{t=0^+} \rightarrow \frac{di_L(0^+)}{dt} = \frac{v_L(0^+)}{L} = 0 \ \text{[A/sec]} \tag{7.18}$$

그리고 커패시터를 통하여 흐르는 전류는 $i_C(t) = Cdv_C(t)/dt$이므로 $t = 0^+$에서 커패시터를 통하여 흐르는 전류식을 이용하면 예제 7.2의 식 ①에서 1차 미분항에 대한 초기값은

$$\left[i_C(t) = C\frac{dv_C(t)}{dt}\right]_{t=0^+} \rightarrow \frac{dv_C(0^+)}{dt} = \frac{i_C(0^+)}{C} = 0 \text{ [V/sec]} \tag{7.19}$$

예제 7.4

$t < 0$에서 그림 7.7에 나타낸 전기회로는 직류 정상상태로 동작하는 것으로 가정할 때, 초기값 $i_L(0^-)$, $i_L(0^+)$, $v_L(0^-)$, $v_L(0^+)$, $di_L(0^+)/dt$, $v_C(0^-)$, $v_C(0^+)$, $i_C(0^-)$, $i_C(0^+)$, $dv_C(0^+)/dt$를 계산하라.

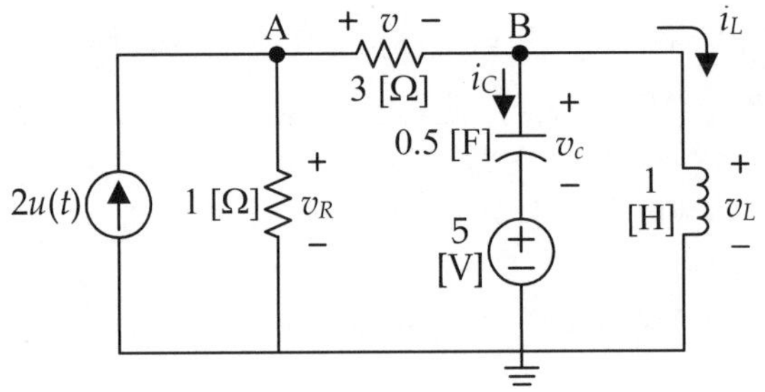

그림 7.7 예제 7.4를 위한 전기회로

풀이

$t < 0$에서 주어진 회로는 직류 정상상태로 동작하고 있으며, 왼쪽의 전류원은 단위계단함수를 포함하고 있으므로 그림 7.7에 대한 등가회로는 그림 7.8과 같다.

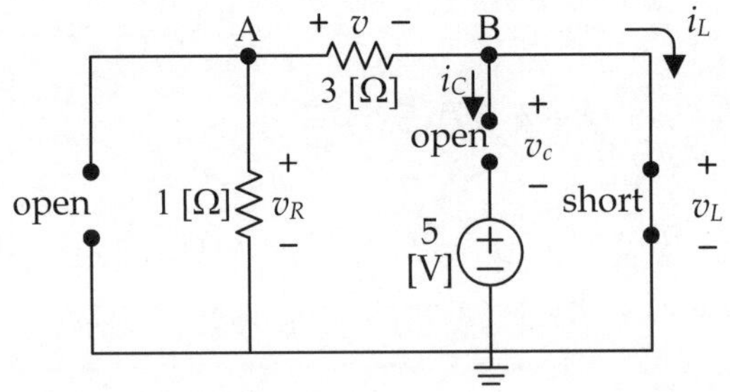

그림 7.8 $t < 0$에서 그림 7.7의 회로에 대한 등가회로

$2u(t)=0,\ t<0$이므로 왼쪽의 전류원은 개방된 것처럼 동작하고 직류 정상상태에서 커패시터는 개방회로이므로 $i_C(0^-)=0$ [A]이다. 따라서 그림 7.8의 등가회로에서 전류를 공급하는 전원이 없으므로 $i_L(0^-)=0$ [A]이다. 이에 따라 3 [Ω] 저항 양단의 전압 $v(0^-)=0$ [V]. 또한, 직류 정상상태에서 인덕터를 통하여 흐르는 전류가 $i_L(0^-)=0$ [A]이므로 인덕터 양단에 걸리는 전압은

$$\left[v_L(t)=L\frac{di_L(t)}{dt}\right]_{t=0^-}=v_L(0^-)=0\ [\mathrm{V}] \qquad ①$$

커패시터와 5 [V] 전압원이 연결된 가지는 인덕터가 있는 가지와 병렬로 연결되어 있으므로 두 가지의 전압은 동일하여야 한다. 즉, $v_L(t)=v_c(t)+5$ [V] 이므로 $v_C(0^-)=v_L(0^-)-5=-5$ [V] 이다.

$t>0$이 되면 왼쪽의 전류원이 $2u(t)=2$ [A]를 회로에 공급한다. 주어진 회로에서 마디 A에 키르히호프 전류법칙을 적용하면

$$\frac{v_R(t)}{1}+\frac{v(t)}{3}=v_R(t)+\frac{v_R(t)-\{v_C(t)+5\}}{3}=2 \qquad ②$$

이므로 초기값을 계산하면

$$v_R(0^+)+\frac{v_R(0^+)-\{v_C(0^+)+5\}}{3}=2 \qquad ③$$

커패시터 전압은 연속성의 원리가 적용되므로 $v_C(0^+)=v_C(0^-)=-5$ [V]이며, 이를 식 ③에 대입하면

$$v_R(0^+)+\frac{v_R(0^+)-\{-5+5\}}{3}=2 \ \rightarrow\ v_R(0^+)=1.5\ [\mathrm{V}] \qquad ④$$

식 ④로부터 $t=0^+$에서 1 [Ω] 저항을 통하여 흐르는 전류는 $i_R(0^+)=v_R(0^+)/1=1.5$ [A]이고 3 [Ω] 저항을 통하여 흐르는 전류는 $2-1.5=0.5$ [A]이다.

마디 B에 키르히호프 전류법칙을 적용하면

$$i_C(0^+)+i_L(0^+)=0.5\ [\mathrm{A}] \qquad ⑤$$

이고, 인덕터를 통하여 흐르는 전류는 연속성의 원리에 의하여 $i_L(0^+) = i_L(0^-) = 0$ [A]를 식 ⑤에 적용하면 $i_C(0^+) = 0.5$ [A]가 된다. $i_C(0^-) = 0$ [A]이므로 커패시터를 통하여 흐르는 전류는 연속성의 원리가 적용되지 않음을 알 수 있다.

커패시터와 5 [V] 전압원이 있는 가지는 인덕터가 있는 가지와 병렬로 연결되므로

$$v_L(0^+) = v_c(0^+) + 5 \text{ [V]} \quad ⑥$$

이어야 하고, 커패시터 전압은 연속성의 원리가 성립하므로 $v_c(0^+) = v_c(0^-) = -5$ [V]이므로 $v_L(0^+) = 0$ [V]이다.

한편, 인덕터 양단에 걸리는 전압식을 이용하면

$$\left[\frac{di_L(t)}{dt} = \frac{v_L(t)}{L}\right]_{t=0^+} = \frac{di_L(0^+)}{dt} = \frac{v_L(0^+)}{L} = \frac{0}{1} = 0 \text{ [A/sec]} \quad ⑦$$

가 되며, 커패시터를 통하여 흐르는 전류식을 이용하면

$$\left[\frac{dv_C(t)}{dt} = \frac{i_C(t)}{C}\right]_{t=0^+} = \frac{dv_C(0^+)}{dt} = \frac{i_C(0^+)}{C} = \frac{0.5}{0.5} = 1 \text{ [V/sec]} \quad ⑧$$

2계 미분방정식 형태의 회로방정식으로부터 회로변수에 대한 완전응답을 구하기 위해서는 앞의 예제들에서 소개한 것처럼 최소 2개 이상의 초기값이 필요하다. 특히, 연속성의 원리를 만족시키는 요소인 커패시터 전압과 인덕터 전류에 대한 초기값과 그것들의 1차 미분항에 대한 초기값은 2차 회로의 해석에서 매우 빈번하게 사용된다. 따라서 이 값들을 구하는 방법에 대한 많은 학습은 2차회로 해석에 큰 도움이 된다.

7.4 2차 회로의 고유응답

2차 회로에 대한 완전응답에서 강제함수를 배제시켰을 때 나타나는 고유응답을 $x_n(t)$라고 하면, $x_n(t)$는 식 (7.9)에 나타낸 회로방정식의 일반적인 형태로부터 다음을 만족시킨다.

$$\frac{d^2x_n(t)}{dt^2} + a\frac{dx_n(t)}{dt} + bx_n(t) = 0 \tag{7.20}$$

이러한 형태의 회로방정식을 도출하는 전형적인 2차 회로는 그림 7.9에 나타낸 것처럼 독립전원이 배제되고 인덕터와 커패시터가 저장하고 있는 에너지로 구동되는 무전원 회로가 된다.

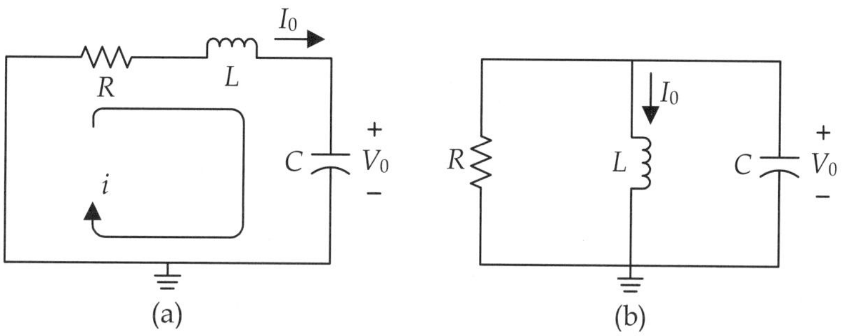

그림 7.9 강제함수를 배제시킨 RLC 회로 (a) 직렬 회로 (b) 병렬 회로

고유응답의 시험해를

$$x_n(t) = Ke^{st} \tag{7.21}$$

로 가정하고, 이를 식 (7.20)에 대입하면

$$\frac{d^2}{dt^2}\{Ke^{st}\} + a\frac{d}{dt}\{Ke^{st}\} + b\{Ke^{st}\} = s^2Ke^{st} + asKe^{st} + bKe^{st} = 0 \tag{7.22}$$

여기서 그림 7.9의 회로들이 인덕터와 커패시터에 저장된 에너지에 의하여 구동되는 것으로 가정하였으므로 임의 상수는 $K \neq 0$이며, 지수함수도 $e^{st} \neq 0$이므로 식 (7.22)의 양변을 Ke^{st}로 나누면 식 (7.20)에 대한 특성방정식은

$$s^2 + as + b = 0 \tag{7.23}$$

으로 단순한 2차 대수방정식의 형태가 된다. 특히, 식 (7.20)의 회로방정식과 식 (7.23)의 특성방정식을 비교하면 2계 미분방정식에서 1차 미분항은 s로 2차 미분항은 s^2으로 대체하면 특성방정식과 같아진다.

2차 회로의 특성방정식이 2차 방정식으로 나타남에 따라 특성방정식의 근은 다음 공식에 따라 2개가 된다.

$$s_{1,2}=\frac{-a\pm\sqrt{a^2-4b}}{2} \tag{7.24}$$

그러므로 회로방정식의 고유응답은

$$x_{n1}(t)=K_1e^{s_1t},\ x_{n2}(t)=K_2e^{s_2t} \tag{7.25}$$

로 2개가 된다. 앞의 예제 7.3에서도 살펴보았듯이 식 (7.25)에 나타낸 각각의 고유응답은 계수 K_1과 K_2에 상관없이 식 (7.20)의 2계 미분방정식을 만족한다. 또한, 식 (7.20)이 선형방정식이므로 두 응답의 합

$$x_n(t)=x_{n1}(t)+x_{n2}(t)=K_1e^{s_1t}+K_2e^{s_2t} \tag{7.26}$$

을 식 (7.20)에 대입하면

$$\begin{aligned}
&\frac{d^2}{dt^2}\left\{K_1e^{s_1t}+K_2e^{s_2t}\right\}+a\frac{d}{dt}\left\{K_1e^{s_1t}+K_2e^{s_2t}\right\}+b\left\{K_1e^{s_1t}+K_2e^{s_2t}\right\} \\
&=\frac{d^2}{dt^2}\left\{K_1e^{s_1t}\right\}+a\frac{d}{dt}\left\{K_1e^{s_1t}\right\}+b\left\{K_1e^{s_1t}\right\} \\
&\quad+\frac{d^2}{dt^2}\left\{K_2e^{s_2t}\right\}+a\frac{d}{dt}\left\{K_2e^{s_2t}\right\}+b\left\{K_2e^{s_2t}\right\} \\
&=K_1e^{s_1t}\left(s_1^2+as_1+b\right)+K_2e^{s_2t}\left(s_2^2+as_2+b\right) \\
&=0+0
\end{aligned} \tag{7.27}$$

이 되므로 중첩의 원리를 만족하는 해가 된다.

2차 방정식 형태의 특성방정식은 식 (7.24)와 같이 일반적으로는 2개의 근을 가진다. 특성방정식의 근은 아래와 같은 판별식에 따라

$$a^2-4b \gtreqless 0 \tag{7.28}$$

서로 다른 2개의 실수근, 실수 중복근, 복소근의 형태가 된다.

근들의 형태에 따라 고유응답의 특성이 크게 달라지므로 식 (7.23)의 특성방정식을 다

음과 같이 변형하여 나타내어보자.

$$s^2 + 2\zeta\omega_0 s + \omega_0^2 = 0 \tag{7.29}$$

식 (7.29)를 식 (7.23)과 비교하면

$$\omega_0 = \sqrt{b}, \ \zeta = \frac{a}{2\sqrt{b}} \tag{7.30}$$

이다. 여기서 ω_0는 비감쇠 고유주파수(undamped natural frequency)라고 하며 단위는 [rad/sec]이다. 주파수는 단위 시간 당 진동수로 정의되므로 항상 양의 값을 가진다. 따라서 식 (7.30)에서 $\omega_0 = -\sqrt{b}$는 배제된다. ζ는 감쇠비(damping ratio)라고 한다.

그림 7.9(a)에 나타낸 RLC 직렬 회로에서 폐경로에 키르히호프 전압법칙을 적용하여 회로방정식을 구하면

$$Ri(t) + L\frac{di(t)}{dt} + \frac{1}{C}\int_{t_0}^{t} i(\tau)\,d\tau + v(t_0) = 0 \tag{7.31}$$

식 (7.31)의 양변을 1차 미분한 다음 정리하여 나타내면

$$\frac{d^2 i(t)}{dt^2} + \frac{R}{L}\frac{di(t)}{dt} + \frac{1}{LC}i(t) = 0 \tag{7.32}$$

따라서 RLC 직렬 회로의 특성방정식은 식 (7.32)로부터

$$s^2 + \frac{R}{L}s + \frac{1}{LC} = 0 \tag{7.33}$$

이 되므로 비감쇠 고유주파수는 다음과 같다.

$$\omega_0 = \frac{1}{\sqrt{LC}} \text{ [rad/sec]} \tag{7.34}$$

특히, 식 (7.34)에 나타낸 비감쇠 고유주파수를 RLC 회로의 공진주파수(resonant frequency)라고 한다. 공진주파수에서 RLC 회로의 응답 특성은 주파수 응답을 학습하면서 구체적으로 다루기로 한다.

예제 7.5

그림 7.9(b)에 나타낸 RLC 병렬 회로의 비감쇠 고유주파수와 감쇠비를 구하라.

풀이

회로의 위쪽 마디의 전압을 $v(t)$로 가정하고 키르히호프 전류법칙을 적용하여 회로방정식을 구하면

$$\frac{v(t)}{R}+C\frac{dv(t)}{dt}+\frac{1}{L}\int_{t_0}^{t}v(\tau)\,d\tau+i(t_0)=0 \quad ①$$

식 ①의 양변을 1차 미분한 다음 정리하여 나타내면

$$\frac{d^2v(t)}{dt^2}+\frac{1}{RC}\frac{dv(t)}{dt}+\frac{1}{LC}v(t)=0 \quad ②$$

식 ②로부터 회로방정식에 대한 특성방정식은

$$s^2+\frac{1}{RC}s+\frac{1}{LC}=0 \quad ③$$

이 된다. 그러므로 비감쇠 고유주파수와 감쇠비는 각각 다음과 같이 계산된다.

$$\omega_0=\frac{1}{\sqrt{LC}},\ \zeta=\frac{1/RC}{2/\sqrt{LC}}=\frac{1}{2R}\sqrt{\frac{L}{C}} \quad ④$$

식 ④의 비감쇠 고유주파수 $1/\sqrt{LC}$ [rad/sec]는 식 (7.34)와 동일하다. 따라서 RLC 회로의 공진주파수는 직렬연결이든 병렬연결이든 항상 일정하다.

식 (7.29)의 특성방정식에 대하여 2차 방정식의 판별식을 적용하면

$$(2\zeta\omega_0)^2-4\omega_0^2=4\omega_0^2(\zeta-1)\gtreqless 0 \tag{7.35}$$

이 된다. $4\omega_0^2 \geq 0$이므로 감쇠비 ζ는 고유응답의 제동(damping) 특성을 결정하는 요소가 된다. 제동 특성이란 과도상태에서 발생되는 고유응답이 시간이 경과됨에 따라 감쇠되는 현상을 의미하며 감쇠비에 따라 다음과 같이 분류된다.

- $\zeta > 1$: 과제동(overdamping)
- $\zeta = 1$: 임계제동(critical damping)
- $\zeta < 1$: 부족제동(underdamping)

과제동, 즉 $\zeta > 1$의 조건에서 특성방정식이 가지는 2개의 실수근을

$$s_1 = \sigma_1,\ s_2 = \sigma_2,\ \sigma_1 \neq \sigma_2 \tag{7.36}$$

로 나타내면, 2차 회로의 고유응답을 구성하는 요소들은

$$x_{n1}(t) = K_1 e^{\sigma_1 t},\ x_{n2}(t) = K_2 e^{\sigma_2 t} \tag{7.37}$$

이 되므로 실제 고유응답은 다음과 같은 형태를 가진다.

$$x_n(t) = x_{n1}(t) + x_{n2}(t) = K_1 e^{\sigma_1 t} + K_2 e^{\sigma_2 t} \tag{7.38}$$

일반적으로 시간이 경과됨에 따라 인덕터나 커패시터에 저장된 에너지는 점진적으로 감소되며, 이에 따라 고유응답도 감쇠되어 나타난다. 이러한 제동 특성을 나타내기 위해서는 과제동 조건의 두 실수근이 $\sigma_1,\ \sigma_2 < 0$이 되도록 회로를 설계하는 것이 바람직하다.

$\zeta < 1$인 부족제동 조건에서 특성방정식의 근들은

$$s_1 = \sigma_1 + j\omega_1,\ s_2 = \sigma_2 + j\omega_2 \tag{7.39}$$

처럼 서로 다른 복소수가 된다. 여기서 $j = \sqrt{-1}$이다. 특히, 식 (7.24)에 따르면 $\sigma_1 = \sigma_2$이고 $\omega_1 = -\omega_2$이 되므로 식 (7.39)의 복소근들은

$$s_1 = \sigma + j\omega = (\sigma - j\omega)^* = s_2^* \tag{7.40}$$

으로 서로 켤레복소수(complex conjugate)의 관계에 있다. 여기서 $\sigma = \sigma_1 = \sigma_2$이고 $\omega = \omega_1 = -\omega_2$이다.

한편, 부족제동에서 고유응답은

$$\begin{aligned} x_n(t) &= x_{n1}(t) + x_{n2}(t) = K_1 e^{(\sigma + j\omega)t} + K_2 e^{(\sigma - j\omega)t} \\ &= K_1 e^{\sigma t} e^{j\omega t} + K_2 e^{\sigma t} e^{-j\omega t} = e^{\sigma t}\left(K_1 e^{j\omega t} + K_2 e^{-j\omega t}\right) \end{aligned} \tag{7.41}$$

가 된다. 복소지수함수(complex exponential function)와 복소삼각함수(complex trigonometric function)의 관계를 나타내는 오일러의 항등식(Euler's identity)

$$e^{j\omega t} = \cos(\omega t) + j\sin(\omega t) \tag{7.42}$$

을 식 (7.41)에 대입하여 정리하면

$$\begin{aligned} x_n(t) &= e^{\sigma t}\left[K_1\{\cos(\omega t) + j\sin(\omega t)\} + K_2\{\cos(\omega t) - j\sin(\omega t)\}\right] \\ &= e^{\sigma t}\{(K_1 + K_2)\cos(\omega t) + j(K_1 - K_2)\sin(\omega t)\} \end{aligned} \tag{7.43}$$

이 된다. $K_1 + K_2 = B_1$으로, $j(K_1 - K_2) = B_2$로 치환하여 식 (7.43)에 대입하면 부족제동 조건에서 고유응답은

$$x_n(t) = e^{\sigma t}\{B_1\cos(\omega t) + B_2\sin(\omega t)\} \tag{7.44}$$

의 형태가 된다.

식 (7.44)에서 $\sigma > 0$이면 $e^{\sigma t}$는 시간이 경과됨에 따라 지수함수적으로 급격하게 증가되고, $\sigma < 0$이면 $e^{\sigma t}$는 시간변수 t가 증가됨에 따라 점진적으로 감소하게 된다. 그러므로 저장된 에너지가 감소됨에 따라 고유응답이 감쇠되는 형태를 보이려면 $\sigma < 0$으로 설계하는 것이 바람직하다. 이 경우 부족제동 조건에서 고유응답은 코사인함수와 사인함수의 합으로 주파수 ω [rad/sec]로 진동하지만 진동폭을 제어하는 $e^{\sigma t}$가 시간이 경과됨에 따라 감소하므로 그림 7.10과 같은 감쇠진동 형태로 나타난다.

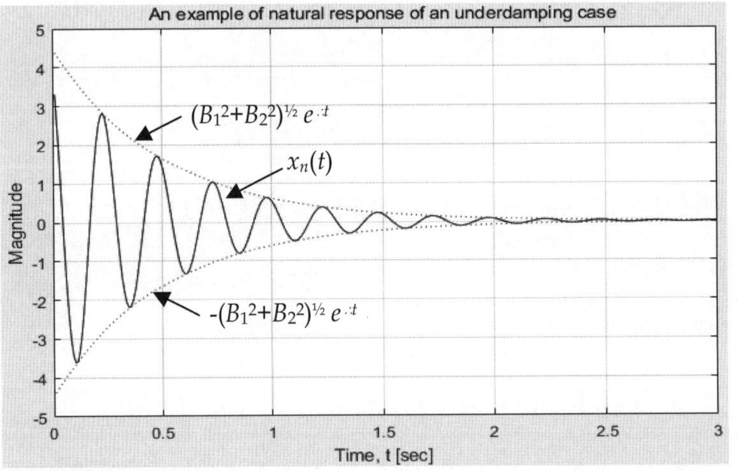

그림 7.10 부족제동 조건에서 고유응답의 한 형태

여기서는 $\sigma = -2$이고 $K_1 = 2 + j$, $K_2 = 2 - j$이다. 따라서 $B_1 = K_1 + K_2 = 4$가 되고 $B_2 = j(K_1 - K_2) = -2$가 되므로 감쇠진동의 폭을 제어하는 경계는 $\sqrt{(B_1^2 + B_2^2)}\, e^{\sigma t}$가 된다.

부족제동 조건에서 $\sigma < 0$이고 $|\sigma|$가 충분히 큰 경우 그림 7.10에서 고유응답이 빠르게 감쇠되지만 $|\sigma|$가 매우 작은 경우에는 감쇠도 느리게 진행된다. 극단적인 경우로 $\sigma = 0$이면 식 (7.44)에서 $e^{\sigma t} = 1$이 되므로 시간이 경과되어도 고유응답은 전혀 감쇠되지 않고 주파수가 $\omega = \omega_0$ [rad/sec]인 정현파함수로 진동한다.

식 (7.40)에서 $\sigma = 0$인 경우 특성방정식의 두 근은 순수한 허수근이 된다.

$$s_1 = j\omega = (j\omega)^* = s_2^* \tag{7.45}$$

이와 같은 근을 가지는 특성방정식은

$$(s - j\omega)(s + j\omega) = s^2 + \omega^2 = 0 \tag{7.46}$$

이것을 식 (7.29)와 비교하면 $\zeta = 0$이고 $\omega = \omega_0$가 된다. 이것을 비제동 또는 비감쇠 조건이라고 하며, ω_0를 비감쇠 고유주파수라고 부르는 이유이다.

임계제동 조건에서는 $\zeta = 1$이므로 식 (7.29)의 특성방정식은

$$s^2 + 2\omega_0 s + \omega_0^2 = (s + \omega_0)^2 = 0 \tag{7.47}$$

이 되므로 실수 이중근 $s = s_1 = s_2 = -\omega_0$을 가진다. 이에 따르면 고유응답은

$$x_n(t) = x_{n1}(t) + x_{n2}(t) = K_1 e^{-\omega_0 t} + K_2 e^{-\omega_0 t} = K_3 e^{-\omega_0 t} \tag{7.48}$$

가 된다. 이것은 서로 다른 2개의 초기 조건을 하나의 상수 K_3가 충족시켜야 하므로 모순이 된다. 이러한 문제점을 해결하기 위해서는 새로운 접근방법이 필요하다.

식 (7.47)과 같은 특성방정식을 가지는 2계 미분방정식은 다음과 같다.

$$\frac{d^2x(t)}{dt^2} + 2\omega_0 \frac{dx(t)}{dt} + \omega_0^2 x(t) = 0 \tag{7.49}$$

식 (7.49)는 등호 왼쪽의 두 번째 항을 분리하여 다음과 같이 변형시킬 수 있다.

$$\left\{\frac{d^2x(t)}{dt^2}+\omega_0\frac{dx(t)}{dt}\right\}+\left\{\omega_0\frac{dx(t)}{dt}+\omega_0^2x(t)\right\}=0$$

$$\rightarrow\ \frac{d}{dt}\left\{\frac{dx(t)}{dt}+\omega_0x(t)\right\}+\omega_0\left\{\frac{dx(t)}{dt}+\omega_0x(t)\right\}=0 \tag{7.50}$$

여기서

$$f(t)=\frac{dx(t)}{dt}+\omega_0x(t) \tag{7.51}$$

로 치환하면 식 (7.50)은

$$\frac{df(t)}{dt}+\omega_0f(t)=0 \tag{7.52}$$

이 된다. 이것은 1차 회로에서 구한 회로방정식의 형태와 동일하다. 그러므로 변수분리법을 적용하여 해를 구하면 $f(t)=K_1e^{-\omega_0t}$가 되며, 이를 식 (7.51)에 적용하면

$$\frac{dx(t)}{dt}+\omega_0x(t)=K_1e^{-\omega_0t}\ \rightarrow\ e^{\omega_0t}\frac{dx(t)}{dt}+\omega_0e^{\omega_0t}x(t)=K_1 \tag{7.53}$$

$y(t)=e^{\omega_0t}$로 치환하면 식 (7.53)은 다음과 같이 전형적인 곱함수의 미분이다.

$$y(t)\cdot\frac{dx(t)}{dt}+\frac{dy(t)}{dt}\cdot x(t)=\frac{d}{dt}\{x(t)y(t)\}=K_1 \tag{7.54}$$

식 (7.54)의 양변을 부정적분하면

$$x(t)y(t)=x(t)e^{\omega_0t}=K_1t+K_2 \tag{7.55}$$

가 된다. 그러므로 임계제동 조건에서 고유응답의 일반형은

$$x_n(t)=(K_1t+K_2)e^{-\omega_0t} \tag{7.56}$$

이것을 식 (7.48)과 비교하면 계수 K_1에 시간변수 t가 곱해진 $K_1te^{-\omega_0t}$ 항이 추가로 나타나는 것을 알 수 있다.

예제 7.6

그림 7.11에 나타낸 무전원 RLC 병렬 회로에서 저항의 변화에 따른 제동조건을 구하라.

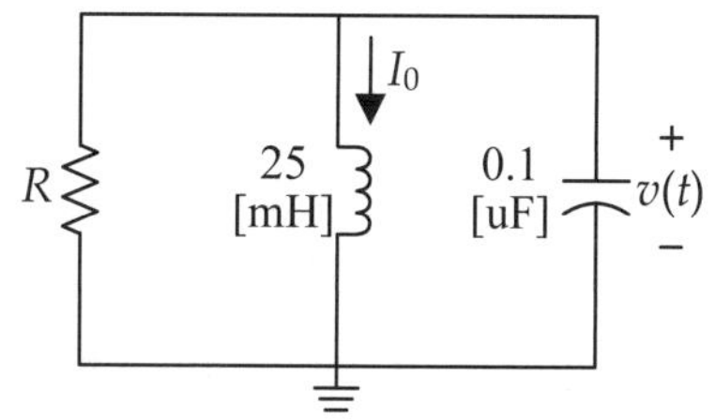

그림 7.11 예제 7.6을 위한 전기회로

풀이

커패시터 양단에 걸리는 전압이 $v(t)$이므로 회로의 위쪽 마디에 키르히호프 전류법칙을 적용하여 회로방정식을 구하면

$$\frac{v(t)}{R}+10^{-7}\frac{dv(t)}{dt}+\frac{1}{25\times10^{-3}}\int_{t_0}^{t}v(\tau)\,d\tau+I_o=0 \quad ①$$

여기서 인덕터를 통하여 흐르는 초기 전류는 $i_L(0^-)=I_0$이다. 식 ①의 양변을 1차 미분하고 계수들을 정리하여 나타내면

$$\frac{d^2v(t)}{dt^2}+\frac{10^7}{R}\frac{dv(t)}{dt}+\frac{10^{10}}{25}v(t)=0 \quad ②$$

식 ②의 회로방정식에 대한 특성방정식은

$$s^2+\frac{10^7}{R}s+\frac{10^{10}}{25}=0 \quad ③$$

이 되므로 근의 판별식은

$$250^2-R^2 \gtreqless 0 \quad ④$$

이므로 제동조건은 다음과 같다.

- $R < 250\ [\Omega]$: 과제동(overdamping)
- $R = 250\ [\Omega]$: 임계제동(critical damping)
- $R > 250\ [\Omega]$: 부족제동(underdamping)

예제 7.7

그림 7.11에 나타낸 무전원 RLC 병렬 회로에서 저항이 $R = 200\ [\Omega]$일 때 커패시터 양단에 걸리는 전압을 구하라. 여기서 커패시터의 전압 $v(0^-) = 4$ [V]이고 인덕터 전류 $i_L(0^-) = I_0 = 0$ [A]로 가정한다.

풀이

그림 7.11의 회로에는 독립 전원이 없으므로 강제응답은 존재하지 않는다. 강제함수가 없으므로 커패시터 양단에 걸리는 전압 $v(t)$를 회로변수로 사용하여 위쪽 마디에 키르히호프 전류법칙을 적용하여 회로방정식을 구하면

$$\frac{v(t)}{200} + 10^{-7}\frac{dv(t)}{dt} + \frac{1}{25\times 10^{-3}}\int_0^t v(\tau)\,d\tau + I_0 = 0 \qquad ①$$

식 ①의 양변을 1차 미분하고 계수들을 정리하여 나타내면

$$\frac{d^2v(t)}{dt^2} + 50000\frac{dv(t)}{dt} + \frac{10^{10}}{25}v(t) = 0 \qquad ②$$

식 ②의 회로방정식에 대한 특성방정식은

$$s^2 + 50000s + \frac{10^{10}}{25} = 0 \qquad ③$$

이 되고, 판별식은 $50000^2 - 4\times 10^{10}/25 = 30000^2 > 0$이 되어 2개의 서로 다른 실수근을 가진다. 특성방정식의 근은 $s_1 = -10000$, $s_2 = -40000$이므로 주어진 회로의 고유응답은

$$v_n(t) = v_{n1}(t) + v_{n2}(t) = K_1e^{-10000t} + K_2e^{-40000t}\ \text{[V]} \qquad ④$$

커패시터 양단에 걸리는 전압은 연속성의 원리를 만족하여야 하므로 식 ④에 초기 조

건을 대입하면

$$v_n(0^-) = v_n(0^+) = \left[K_1 e^{-10000t} + K_2 e^{-40000t}\right]_{t=0^+} = K_1 + K_2 = 4 \qquad ⑤$$

두 번째 초기 조건은 인덕터의 초기 전류이므로 이것을 포함하는 식 ①에 적용한다.

$$\left[\frac{v(t)}{200} + 10^{-7}\frac{dv(t)}{dt} + \frac{1}{25\times 10^{-3}}\int_0^t v(\tau)\,d\tau + i_L(0^-)\right]_{t=0^+} = 0 \qquad ⑥$$

따라서 식 ⑥을 정리하여 나타내면

$$\begin{aligned} &\frac{v(0^+)}{200} + 10^{-7}\left[\frac{dv(t)}{dt}\right]_{t=0^+} + \frac{1}{25\times 10^{-3}}\int_0^{0^+} v(\tau)\,d\tau + I_0 \qquad ⑦\\ &= \frac{(K_1+K_2)}{200} + 10^{-7}\left[-10000K_1 e^{-10000t} - 40000K_2 e^{-40000t}\right]_{t=0^+} + 0 + 0\\ &= \frac{(K_1+K_2)}{200} - \frac{(K_1+4K_2)}{1000} = 0\\ &\rightarrow\ 4K_1 + K_2 = 0 \end{aligned}$$

식 ⑤와 식 ⑦로부터 $K_1 = -4/3$, $K_2 = 16/3$이므로 주어진 회로에 대한 고유응답은

$$v_n(t) = -\frac{4}{3}e^{-10000t} + \frac{16}{3}e^{-40000t}\ \text{[V]}$$

7.5 2차 회로의 강제응답

2차 회로에 대한 강제응답 $x_f(t)$는 식 (7.57)에 나타낸 강제미분방정식을 만족시키는 응답이다. 식 (7.57)은 식 (7.20)에 나타낸 회로방정식에 독립 전원의 영향으로 인한 강제함수 $f(t)$가 더해진 것이다.

$$\frac{d^2x_f(t)}{dt^2} + a\frac{dx_f(t)}{dt} + bx_f(t) = f(t) \qquad (7.57)$$

강제응답을 구하기 위하여 여기서는 전원의 수학적 형태와 동일한 시험해를 대입하는

방법을 사용하기로 한다. 식 (7.57)은 강제함수 $f(t)$의 고유형태와 그것의 1차 미분 및 2차 미분의 선형 조합이 강제함수와 동일해지는 수학적 형태를 가지는 강제응답이 요구된다. 이러한 조건을 만족하는 대표적인 함수로는 상수, 정현파함수, 지수함수 등이 있다. 특히, 강제함수가 상수인 경우는 독립 직류전원을 의미하며 정현파함수는 교류전원을 의미한다.

예를 들어, 그림 7.12의 전기회로에 대한 강제응답을 구하여보자. 이 회로는 그림 7.1의 회로에서 독립 전원이 직류 V_s [V]를 회로에 공급하는 소자로 대체한 것이다. 이 절에서는 오직 강제응답만 구할 것이므로 초기값에 대해서는 고려하지 않는다.

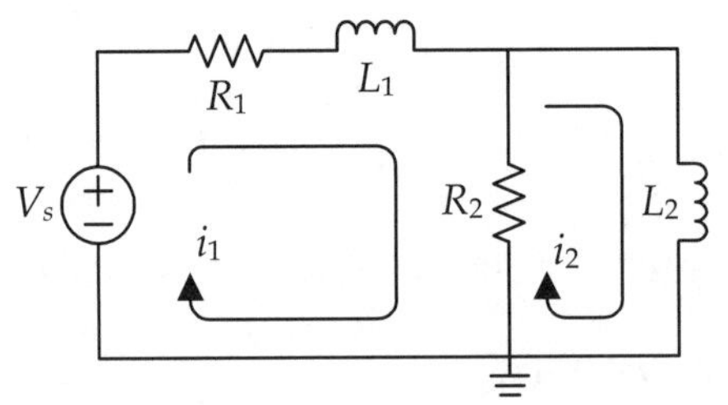

그림 7.12 직류전원을 가지는 2차 회로

왼쪽 망로에 키르히호프 전압법칙을 적용하면 회로방정식은

$$\frac{di_1(t)}{dt}+\frac{(R_1+R_2)}{L_1}i_1(t)-\frac{R_2}{L_1}i_2(t)=\frac{1}{L_1}V_s \tag{7.58}$$

오른쪽 망로에 키르히호프 전압법칙을 적용하면

$$\frac{di_2(t)}{dt}+\frac{R_2}{L_2}i_2(t)-\frac{R_2}{L_2}i_1(t)=0 \tag{7.59}$$

식 (7.59)를 식 (7.60)과 같이 변환하여 식 (7.58)에 대입하여 정리하면

$$i_1(t)=\frac{L_2}{R_2}\frac{di_2(t)}{dt}+i_2(t) \tag{7.60}$$

$$\frac{d^2i_2(t)}{dt^2}+\left\{\frac{L_1R_2+L_2(R_1+R_2)}{L_1L_2}\right\}\frac{di_2(t)}{dt}+\frac{R_1R_2}{L_1L_2}i_2(t)=\frac{R_2}{L_1L_2}V_s \tag{7.61}$$

독립 전압원이 직류이므로 식 (7.61)의 강제함수도 상수로 나타난다. 따라서 강제응답

의 시험해를 $i_{2f}(t)=K$로 가정하여 식 (7.61)에 대입하면

$$0+0+\frac{R_1R_2}{L_1L_2}K=\frac{R_2}{L_1L_2}V_s \;\rightarrow\; K=\frac{V_s}{R_1} \tag{7.62}$$

이다. 그러므로 그림 7.12의 회로에 대한 강제응답은

$$i_{2f}(t)=\frac{V_s}{R_1}\ [\mathrm{A}] \tag{7.63}$$

특히, 그림 7.12와 같이 독립 직류전원을 강제함수로 사용하는 경우에는 강제응답이 직류 정상상태 응답과 동일하다. 가령, 그림 7.12의 회로가 직류 정상상태로 동작하고 있다고 가정하면 인덕터는 단락회로가 되므로 주어진 회로에 대한 등가회로는 그림 7.13과 같다.

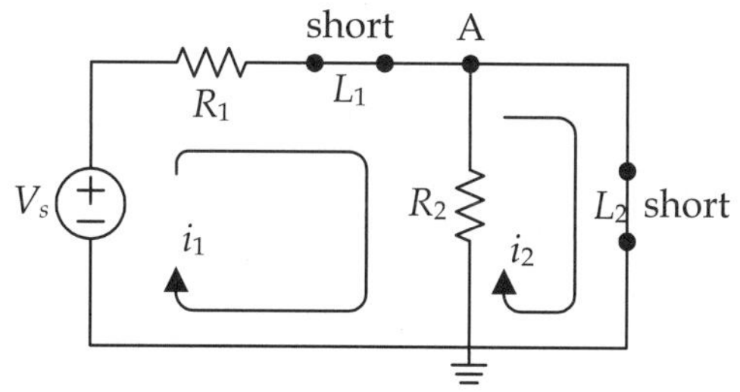

그림 7.13 그림 7.12에 대한 직류 정상상태 등가회로

마디 A에 연결된 두 가지의 저항이 $R_2\,[\Omega]$과 $0\,[\Omega]$이므로 저항 R_1을 통하여 흐른 전류는 단락회로로 동작하는 인덕터로만 흐른다. 따라서 등가회로는 직류 전압원 V_s에 저항 R_1이 직렬연결된 구조이므로 직류 정상상태에서 인덕터 L_2를 통하여 흐르는 전류 $i_2(t)$는 단순히 옴의 법칙에 의하여

$$i_{2s}(t)=\frac{V_s}{R_1}\ [\mathrm{A}] \tag{7.64}$$

이 되므로 식 (7.63)과 동일한 결과가 된다.

예제 7.8

어떤 2차 회로의 회로방정식이 식 ①과 같을 때 강제응답을 구하라.

$$\frac{d^2x(t)}{dt^2}+a\frac{dx(t)}{dt}+bx(t)=A\cos(\omega t) \quad ①$$

풀이

식 ①의 회로방정식으로부터 전기회로를 구동시키는 전원에 의한 강제함수는 정현파함수라는 것을 알 수 있다. 따라서 강제응답의 시험해를

$$x_f(t)=K_1\cos(\omega t)+K_2\sin(\omega t) \quad ②$$

로 정하여 식 ①에 대입하여 풀면

$$\frac{d^2}{dt^2}\{K_1\cos(\omega t)+K_2\sin(\omega t)\}+a\frac{d}{dt}\{K_1\cos(\omega t)+K_2\sin(\omega t)\} \quad ③$$

$$+b\{K_1\cos(\omega t)+K_2\sin(\omega t)\}=A\cos(\omega t)$$

$$\rightarrow \{-\omega^2K_1+a\omega K_2+bK_1\}\cos(\omega t)+\{-\omega^2K_2-a\omega K_1+bK_2\}\sin(\omega t)$$

$$=A\cos(\omega t)$$

식 ③의 계수들을 정리하여 나타내면

$$(b-\omega^2)K_1+a\omega K_2=A,\ -a\omega K_1+(b-\omega^2)K_2=0$$

$$\rightarrow \begin{bmatrix}(b-\omega^2) & a\omega \\ -a\omega & (b-\omega^2)\end{bmatrix}\begin{bmatrix}K_1\\K_2\end{bmatrix}=\begin{bmatrix}A\\0\end{bmatrix} \quad ④$$

크라머 법칙을 적용하기 위하여 계수행렬에 대한 행렬식을 계산하면

$$\Delta=\begin{vmatrix}(b-\omega^2) & a\omega \\ -a\omega & (b-\omega^2)\end{vmatrix}=(b-\omega^2)^2+(a\omega)^2 \quad ⑤$$

시험해의 계수 K_1과 K_2는 다음과 같이 구할 수 있고,

$$K_1=\frac{\begin{vmatrix}A & a\omega \\ 0 & (b-\omega^2)\end{vmatrix}}{\Delta}=\frac{A(b-\omega^2)}{(b-\omega^2)^2+(a\omega)^2} \quad ⑥$$

$$K_2 = \frac{\begin{vmatrix} (b-\omega^2) & A \\ -a\omega & 0 \end{vmatrix}}{\Delta} = \frac{Aa\omega}{(b-\omega^2)^2 + (a\omega)^2} \qquad ⑦$$

이에 따른 강제응답은

$$x_f(t) = \frac{A(b-\omega^2)}{(b-\omega^2)^2 + (a\omega)^2}\cos(\omega t) + \frac{Aa\omega}{(b-\omega^2)^2 + (a\omega)^2}\sin(\omega t) \qquad ⑧$$

이 된다. 그러므로 정현파함수로 동작하는 교류전원이 강제함수로 사용되면 강제응답은 식 ⑧과 같이 사인함수와 코사인함수의 가중합(weighted sum)으로 나타난다.

■

예제 7.8은 2차 회로의 강제응답이 두 함수의 선형합으로 나타날 수 있음을 암시하고 있다. 주파수가 동일한 사인함수와 코사인함수는 위상의 차이만 있는 사실상 동일한 함수이다. 어떤 2차 회로를 구동시키는 두 강제함수가 완전히 다른 수학적 형태를 가지는 경우 강제응답은 어떤 형식이 되는지 다음 예를 통하여 확인하여보자. 어떤 2차 회로의 회로방정식이

$$\frac{d^2x(t)}{dt^2} + a\frac{dx(t)}{dt} + bx(t) = A + Be^{\alpha t} \qquad (7.65)$$

으로 주어진다면 강제함수는 직류 전원과 지수함수형 전원에 의하여 나타나는 것으로 생각할 수 있다. 미분방정식이 중첩의 원리를 만족하는 선형방정식이므로 식 (7.65)를 강제함수에 따라 분리하여 나타내면

$$\frac{d^2x_{1f}(t)}{dt^2} + a\frac{dx_{1f}(t)}{dt} + bx_{1f}(t) = A \qquad (7.66)$$

$$\frac{d^2x_{2f}(t)}{dt^2} + a\frac{dx_{2f}(t)}{dt} + bx_{2f}(t) = Be^{\alpha t} \qquad (7.67)$$

이 된다. 여기서 $x_{1f}(t)$는 직류 전원에 의한 강제응답을 나타내고 $x_{2f}(t)$는 지수함수에 의한 강제응답이다. 그러므로 전체 강제응답은 $x_f(t) = x_{1f}(t) + x_{2f}(t)$가 된다.

식 (7.66)에서 강제응답의 시험해를 $x_{1f}(t) = K$로 정하면

$$\frac{d^2}{dt^2}K + a\frac{d}{dt}K + bK = A \tag{7.68}$$

이므로 $K = A/b$가 된다.

한편, 식 (7.67)을 만족시키는 강제응답의 시험해를 $x_{2f}(t) = K_1 e^{\alpha t}$로 정하여 대입하여 정리하면

$$\frac{d^2}{dt^2}\{K_1 e^{\alpha t}\}K + a\frac{d}{dt}\{K_1 e^{\alpha t}\} + b\{K_1 e^{\alpha t}\} = Be^{\alpha t}$$

$$\rightarrow K_1(\alpha^2 + a\alpha + b)e^{\alpha t} = Be^{\alpha t} \tag{7.69}$$

α의 값에 상관없이 $e^{\alpha t} > 0$이므로 양변을 약분하여 정리하면

$$K_1 = \frac{B}{\alpha^2 + a\alpha + b} \tag{7.70}$$

이므로 전체 강제응답은 다음과 같이 직류 전원에 의한 응답과 지수함수 전원에 의한 응답의 선형합으로 나타난다.

$$x_f(t) = x_{1f}(t) + x_{2f}(t) = \frac{A}{b} + \frac{Be^{\alpha t}}{\alpha^2 + a\alpha + b} \tag{7.71}$$

현재까지 학습한 2차 회로의 고유응답과 강제응답은 서로 독립적으로 시험해를 정하여 해석하였다. 7.4절에서 설명한 것처럼 고유응답은 강제함수의 영향을 배제시킨 상태로 해석하므로 식 (7.72)와 같은 회로방정식의 좌변에 의한 특성방정식으로 구한다. 이에 비하여 강제응답은 강제함수의 수학적 형태와 동일한 함수로 모델링하여 해를 구하였다.

$$\frac{d^2x(t)}{dt^2} + a\frac{dx(t)}{dt} + bx(t) = f(t) \tag{7.72}$$

고유응답과 강제응답에 독립적인 시험해를 적용하여 해석하지 못하는 경우도 있다. 예를 들어, 어떤 2차 회로의 회로방정식이

$$\frac{d^2v(t)}{dt^2} + 5\frac{dv(t)}{dt} + 6v(t) = 3e^{-2t} \tag{7.73}$$

이라고 하면, 특성방정식은 $s^2 + 5s + 6 = 0$이 된다. 따라서 특성방정식의 근을 적용한 고

유응답의 시험해는

$$v_n(t) = K_1 e^{-2t} + K_2 e^{-3t} \tag{7.74}$$

한편, 주어진 회로방정식에서 강제응답의 시험해를 강제함수와 동일한 수학적 형태를 가지도록 $v_f(t) = Ke^{-2t}$로 정하면 고유응답의 첫 번째 항과 같아지므로 사실상 강제응답이 사라지는 현상이 발생한다. 수학적 해석이지만 고유응답을 구하는 과정에서 특성방정식이 실수 이중근을 가지는 경우에도 2차 회로의 두 고유응답 가운데 하나가 없어지는 현상이 발생하였으며, 식 (7.56)처럼 시간변수 t를 곱하여 문제를 해결하였다. 따라서 강제응답의 시험해가 고유응답의 시험해와 동일한 경우 강제응답의 시험해에 시간변수 t를 곱하여

$$v_f(t) = Kte^{-2t} \tag{7.75}$$

와 같은 새로운 형태를 만들어 식 (7.73)에 대입하면

$$\frac{d^2}{dt^2}\{Kte^{-2t}\} + 5\frac{d}{dt}\{Kte^{-2t}\} + 6\{Kte^{-2t}\} = 3e^{-2t} \rightarrow K = 3 \tag{7.76}$$

그러므로 이 예에서 강제응답은 $v_f(t) = 3te^{-2t}$가 된다.

아주 특수한 경우이지만 고유응답의 특성방정식이 실수 이중근을 가지는 경우 식 (7.75)와 같은 형태의 고유응답이 이미 발생한다. 이 경우 강제응답은 시간변수 t를 한 번 더 곱하여 강제응답의 시험해를

$$v_f(t) = Kt^2 e^{-2t} \tag{7.77}$$

로 정하여 문제를 해결하여야 한다.

7.6 2차 회로의 완전응답

1차 회로와 마찬가지로 2차 회로의 완전응답도 고유응답과 강제응답의 합이다. 특히, 고유응답의 경우 미지의 상수를 계수로 포함하고 있으며, 이 계수들은 직류 정상상태 등과 같은 회로의 동작상태 관련 초기 조건 또는 스위치나 계단함수와 같이 회로의 동작을

급격히 변화시키는 상태 변환과정에서 커패시터 전압이나 인덕터 전류 등의 초기값을 활용하여 구할 수 있다.

2차 회로를 설명하는 전형적인 예인 그림 7.14의 시변(time varying) 독립 전압원으로 구동되는 회로에서 폐경로를 통하여 흐르는 전류에 대한 완전응답을 구해보자. 전압원이 단위 계단함수를 포함하는 시변함수이므로 $t<0$에서 회로를 구동시키는 전원은 없는 상태이다. 이는 폐경로를 통하여 흐르는 전류가 $i(t)=0$ [A]이고 커패시터 양단에 걸리는 전압도 $v_C(t)=0$ [V]라는 것을 의미한다. $t>0$이 되어 전압원이 회로를 구동시키기 시작하더라도 연속성의 원리에 의하여 인덕터를 통하여 흐르는 전류와 커패시터 전압의 초기값은

$$i(0^+)=i(0^-)=0\text{ [A]},\ v_C(0^+)=v_C(0^-)=0\text{ [V]}$$

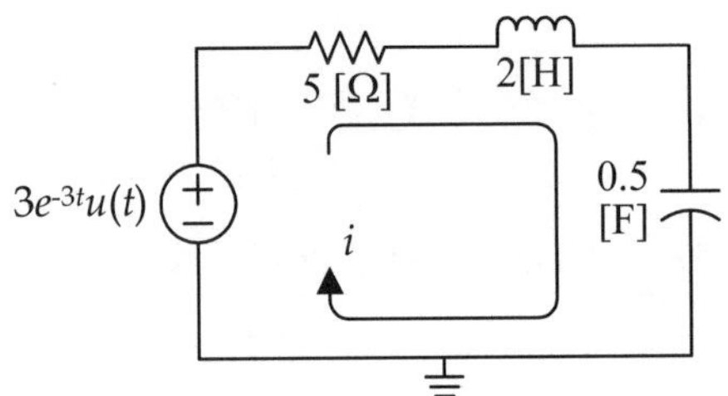

그림 7.14 시변 독립 전압원을 가지는 RLC 회로

$t>0$에서 그림 7.14의 회로에 키르히호프 전압법칙을 적용하면 회로방정식은

$$2\frac{di(t)}{dt}+5i(t)+2\int_0^t i(\tau)\,d\tau+v_C(0)=3e^{-3t}$$

이다. 이것을 한 번 더 미분하여 2계 미분방정식의 형태로 나타내면

$$2\frac{d^2i(t)}{dt^2}+5\frac{di(t)}{dt}+2i(t)=-9e^{-3t}$$

먼저, 고유응답을 구하기 위한 과정으로 회로방정식에 대한 특성방정식을 구하면

$$2s^2+5s+2=0 \rightarrow (2s+1)(s+2)=0$$

이므로, 특성방정식의 근은 $s_1=-0.5$와 $s_2=-2$가 된다. 이로부터 주어진 회로에 대한

고유응답은 $i_n(t) = K_1 e^{-0.5t} + K_2 e^{-2t}$ [A]가 된다.

강제응답의 시험해를 $i_f(t) = Ke^{-3t}$로 가정하여 회로방정식에 대입하여 정리하면

$$2\frac{d^2}{dt^2}\{Ke^{-3t}\} + 5\frac{d}{dt}\{Ke^{-3t}\} + 2\{Ke^{-3t}\} = -9e^{-3t}$$

$$\rightarrow\ 18Ke^{-3t} - 15Ke^{-3t} + 2Ke^{-3t} = 5Ke^{-3t} = -9e^{-3t}.$$

따라서 $K = -9/5$가 되므로 이에 따른 강제응답은

$$i_f(t) = -1.8e^{-3t} \text{ [A]}$$

그러므로 망로전류의 완전응답은 강제응답과 고유응답의 합으로 다음과 같다.

$$i(t) = i_n(t) + i_f(t) = K_1 e^{-0.5t} + K_2 e^{-2t} - 1.8e^{-3t} \text{ [A]}$$

미지 상수 K_1과 K_2를 구하기 위하여 인덕터를 통하여 흐르는 전류에 대한 초기 조건을 대입하면

$$i(0^+) = \left[K_1 e^{-0.5t} + K_2 e^{-2t} - 1.8e^{-3t}\right]_{t=0^+} = K_1 + K_2 - 1.8 = 0 \quad ①$$

K_1과 K_2에 대한 두 번째 방정식은 최초의 회로방정식에 초기 조건을 대입하여 구한다. 이에 앞서 전류의 미분항에 대하여 초기 조건을 적용하면

$$\left[\frac{di(t)}{dt}\right]_{t=0^+} = \left[-0.5K_1 e^{-0.5t} - 2K_2 e^{-2t} + \frac{27}{5}e^{-3t}\right]_{t=0^+} = -0.5K_1 - 2K_2 + \frac{27}{5}$$

최초 회로방정식에 초기 조건을 적용하면 정리하면

$$\left[2\frac{di(t)}{dt} + 5i(t) + 2\int_0^t i(\tau)\,d\tau + v_c(0) = 3e^{-3t}\right]_{t=0^+} \quad ②$$

$$= 2\left[\frac{di(t)}{dt}\right]_{t=0^+} + 5i(0^+) + 2\int_0^{0^+} i(\tau)\,d\tau + 0$$

$$= 2(-0.5K_1 - 2K_2 + 27/5) + 5(K_1 + K_2 - 9/5) + 0$$

$$= 4K_1 + K_2 = 1.2$$

식 ①과 식 ②로부터 미지 상수는 $K_1 = -0.2$, $K_2 = 2.0$이 된다. 따라서 주어진 전기회로에서 망로전류의 완전응답은 다음과 같다.

$$i(t) = \left(-0.2e^{-0.5t} + 2e^{-2t} - 1.8e^{-3t}\right)u(t)\ [\text{A}]$$

예제 7.9

다음 전기회로에서 스위치가 $t = 0$에서 A점에서 B점으로 옮겨서 연결된 이후 마디전압 $v_1(t)$와 $v_2(t)$에 대한 완전응답을 구하라. 여기서 주어진 회로는 $t < 0$에서 직류 정상상태로 동작하고 있었던 것으로 가정하라.

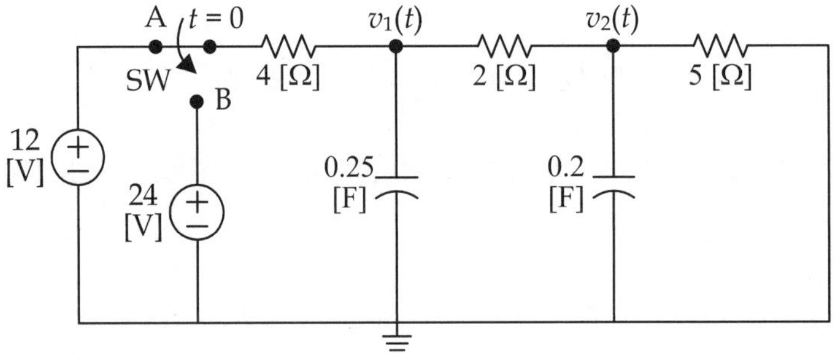

그림 7.15 예제 7.9를 위한 전기회로

풀이

$t < 0$에서 주어진 회로는 직류 정상상태로 동작하고 있었던 것으로 가정하므로 두 커패시터는 개방회로로 동작한다. 따라서 $t < 0$에서 주어진 회로에 대한 등가회로는

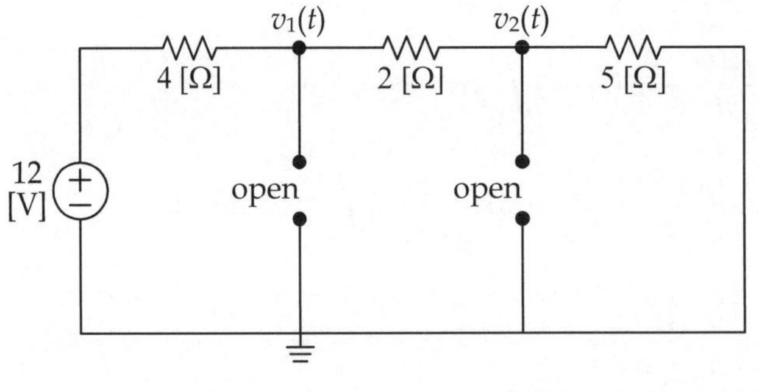

그림 7.16 $t < 0$에서 그림 7.15 회로에 대한 등가회로

그림 7.16의 등가회로에서 마디전압 $v_1(t)$과 $v_2(t)$는 전압분배법칙을 적용하여 구할 수 있다.

$$v_1(t) = 12 \times \frac{2+5}{4+2+5} = 7.63 \text{ [V]}, \; v_2(t) = 12 \times \frac{5}{11} = 5.45 \text{ [V]} \qquad ①$$

$t < 0$에서 구한 마디전압들은 개방회로로 동작하고 있는 커패시터 양단에 걸리는 전압이며, $t = 0$에서 스위치의 위치가 변경된 회로에서는 $v_1(t)$과 $v_2(t)$의 초기값으로 사용된다.

$t > 0$에서 스위치가 A점에서 B점으로 변경된 이후 주어진 전기회로에 대한 등가회로는 그림 7.17과 같다.

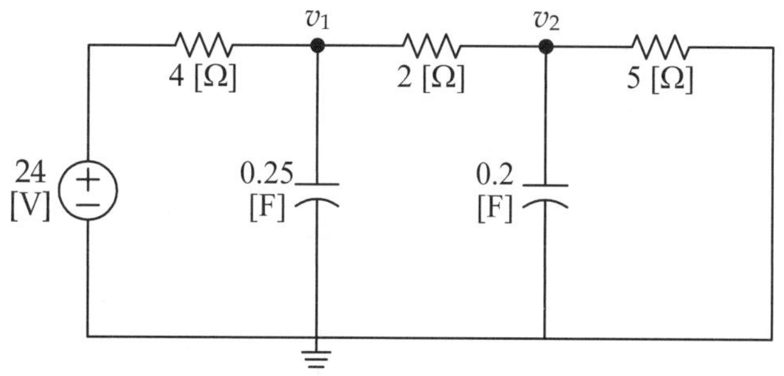

그림 7.17 $t > 0$에서 그림 7.15 회로에 대한 등가회로

마디 1에 키르히호프 전류법칙을 적용하면

$$\frac{v_1(t) - 24}{4} + 0.25\frac{dv_1(t)}{dt} + \frac{v_1(t) - v_2(t)}{2} = 0$$

$$\rightarrow \frac{dv_1(t)}{dt} + 3v_1(t) - 2v_2(t) = 24 \qquad ②$$

마디 2에 키르히호프 전류법칙을 적용하면

$$\frac{v_2(t) - v_1(t)}{2} + 0.2\frac{dv_2(t)}{dt} + \frac{v_2(t)}{5} = 0$$

$$\rightarrow \frac{dv_2(t)}{dt} + 3.5v_2(t) - 2.5v_1(t) = 0 \qquad ③$$

식 ③을 식 ②에 대입하여 정리하면 마디전압 $v_2(t)$에 대한 회로방정식은

$$\frac{d}{dt}\left\{\frac{1}{2.5}\left(\frac{dv_2(t)}{dt}+3.5v_2(t)\right)\right\}+3\left\{\frac{1}{2.5}\left(\frac{dv_2(t)}{dt}+3.5v_2(t)\right)\right\}-2v_2(t)=24$$

$$\rightarrow \frac{d^2v_2(t)}{dt^2}+6.5\frac{dv_2(t)}{dt}+5.5v_2(t)=60 \qquad ④$$

식 ④의 회로방정식에 대한 특성방정식을 나타내면

$$s^2+6.5s+5.5=0 \qquad ⑤$$

이 되므로 마디전압 $v_2(t)$의 고유응답은

$$v_{2n}(t)=K_1e^{-t}+K_1e^{-5.5t}\ [\mathrm{V}] \qquad ⑥$$

그림 7.17의 등가회로에서 강제응답을 만드는 전원이 직류 전압원이므로 강제응답의 시험해를 $v_{2f}(t)=K$라고 가정하여 식 ④에 대입하면

$$\frac{d^2}{dt^2}\{K\}+6.5\frac{d}{dt}\{K\}+5.5\{K\}=60 \rightarrow K=60/5.5=10.91 \qquad ⑦$$

그러므로 마디전압 $v_2(t)$에 대한 완전응답은 강제응답과 고유응답의 합으로 다음과 같은 형태가 된다.

$$v_2(t)=v_{2f}(t)+v_{2n}(t)=10.91+K_1e^{-t}+K_2e^{-5.5t}\ [\mathrm{V}] \qquad ⑧$$

식 ⑧에 있는 미지 상수 K_1과 K_2를 구하기 위하여 마디전압 $v_2(t)$의 초기 조건을 대입하면

$$v_2(0^+)=\left[10.91+K_1e^{-t}+K_2e^{-5.5t}\right]_{t=0^+}=10.91+K_1+K_2=5.45\ [\mathrm{V}] \qquad ⑨$$

식 ①의 첫 번째 초기 조건은 스위치의 위치가 변경되기 직전까지 0.25 [F] 커패시터에 저장된 전압이다. 식 ③으로부터 $v_2(t)$를 이용하여 $v_1(t)$를 나타내면

$$v_1(t)=\frac{1}{2.5}\left\{\frac{dv_2(t)}{dt}+3.5v_2(t)\right\} \qquad ⑩$$

$$=\frac{1}{2.5}\left[\frac{d}{dt}\left\{10.91+K_1e^{-t}+K_2e^{-5.5t}\right\}+3.5\left\{10.91+K_1e^{-t}+K_2e^{-5.5t}\right\}\right]$$

$$=15.27+K_1e^{-t}-0.8K_2e^{-5.5t}$$

이 된다. 그러므로 마디전압 $v_1(t)$의 초기 조건을 대입하면

$$\left[v_1(t)\right]_{t=0^+} = \left[15.27 + K_1 e^{-t} - 0.8K_2 e^{-5.5t}\right]_{t=0^+} \quad ⑪$$

$$= 15.27 + K_1 - 0.8K_2 = 7.63 \text{ [V]}$$

식 ⑨와 식 ⑪을 연립방정식의 형태로 풀면 $K_1 = -6.67$, $K_2 = 1.21$이 된다. 그러므로 마디전압 $v_1(t)$와 $v_2(t)$의 완전응답은 각각 다음과 같다.

$$v_1(t) = 15.27 - 6.67e^{-t} - 0.97e^{-5.5t} \text{ [V]},$$

$$v_2(t) = 10.91 - 6.67e^{-t} + 1.21e^{-5.5t} \text{ [V]}.$$

■

스위칭 회로(switching circuit)에서 자주 등장하는 사각펄스형 전원에 대한 2차 회로의 응답을 해석하기 위하여 다음 회로의 동작을 살펴보자.

예제 7.10

그림 7.18(a)의 회로에 그림 7.18(b)와 같은 사각펄스를 전원으로 인가할 때 인덕터를 통하여 흐르는 전류 $i(t)$와 커패시터 양단에 걸리는 전압 $v_c(t)$를 구하라.

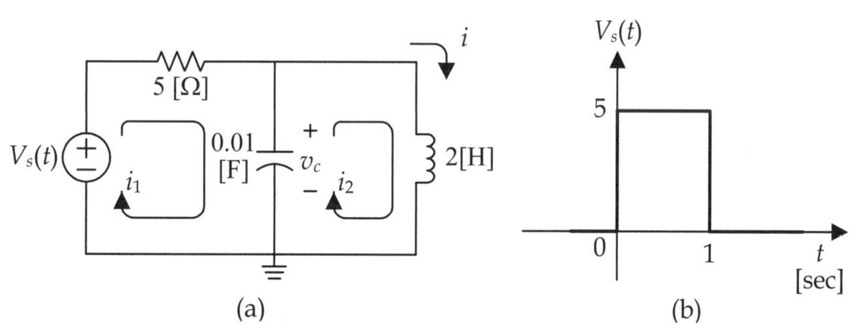

그림 7.18 예제 7.10을 위한 (a) 전기회로 (b) 사각펄스 전원

풀이

$t < 0$에서 회로의 전원은 $V_s(t) = 0$ [V]이며, 이 상태가 오래 동안 지속된 것으로 가정하면 커패시터와 인덕터에 저장된 에너지는 모두 0 [J]이라고 할 수 있다. 그러므로 커패시터

양단에 걸리는 전압과 인덕터를 통하여 흐르는 전류의 초기값들은 각각 $v_c(0^-) = 0$ [V], $i(0^-) = 0$ [A]이다.

$t = 0$에서 전압원이 $V_s(t) = 5$ [V]가 되면 커패시터가 충전되기 시작하고 인덕터를 통하여 전류가 흐르게 된다. 5 [V] 사각펄스 전압이 회로에 인가되는 $0 < t < 1$ [sec]에서 주어진 회로의 동작을 해석하기 위하여 망로방정식을 적용하여 회로방정식을 유도한다. 먼저 왼쪽 망로에 대한 망로방정식은

$$5i_1(t) + \frac{1}{0.01}\int_0^t \{i_1(\tau) - i_2(\tau)\}\,d\tau + v_c(0^-) = V_s(t) \qquad ①$$

이고 오른쪽 망로에 대한 망로방정식은

$$2\frac{di_2(t)}{dt} - \left[\frac{1}{0.01}\int_0^t \{i_1(\tau) - i_2(\tau)\}\,d\tau + v_c(0^-)\right] = 0 \qquad ②$$

이 된다. 여기서 $i_2(t)$는 인덕터를 통하여 흐르는 전류 $i(t)$와 같다. 식 ②에서 등호 왼쪽의 두 번째 항은 식 ①의 등호 왼쪽 두 번째 항과 부호만 반대이므로 두 식을 묶어 하나로 표현하면

$$5i_1(t) + 2\frac{di_2(t)}{dt} = V_s(t) \qquad ③$$

가 된다. 그리고 식 ②를 1차 미분하여 정리하면

$$2\frac{d^2i_2(t)}{dt^2} + 100i_2(t) - 100i_1(t) = 0 \;\rightarrow\; i_1(t) = 0.02\frac{d^2i_2(t)}{dt^2} + i_2(t). \qquad ④$$

식 ④를 식 ③에 대입하여 정리하면

$$5\left\{0.02\frac{d^2i_2(t)}{dt^2} + i_2(t)\right\} + 2\frac{di_2(t)}{dt} = V_s(t),$$

$$\rightarrow\; \frac{d^2i_2(t)}{dt^2} + 20\frac{di_2(t)}{dt} + 50i_2(t) = 10V_s(t). \qquad ⑤$$

식 ⑤와 같이 유도된 2계 미분방정식 형태의 회로방정식에서 $i_2(t)$에 대한 고유응답을 구하기 위한 특성방정식

$$s^2 + 20s + 50 = 0 \qquad ⑥$$

의 두 근은 $s_1 = -(10 - \sqrt{50}) = -2.93$과 $s_2 = -(10 + \sqrt{50}) = -17.07$이 된다. 따라서 전류 $i_2(t)$에 대한 고유응답은

$$i_{2n}(t) = K_1 e^{-2.93t} + K_2 e^{-17.07t} \text{ [A]} \qquad ⑦$$

강제응답의 시험해를 $i_{2f}(t) = K$로 정하여 식 ⑤에 대입하면

$$\frac{d^2}{dt^2}\{K\} + 20\frac{d}{dt}\{K\} + 50\{K\} = 50 \rightarrow K = 1 \qquad ⑧$$

이므로 강제응답은 $i_{2f}(t) = 1$ [A]이다. 따라서 시간구간 $0 < t < 1$ [sec]에서 주어진 회로에 대한 완전응답은 다음과 같다.

$$i_2(t) = i_{2f(t)} + i_{2n}(t) = 1 + K_1 e^{-2.93t} + K_2 e^{-17.07t} \text{ [A]} \qquad ⑨$$

$i_2(t) = i(t)$이고, 인덕터를 통하여 흐르는 전류는 연속성의 원리가 성립하므로 계수 K_1과 K_2를 구하기 위하여 인덕터의 초기 전류를 식 ⑨에 적용하면 첫 번째 방정식은 식 ⑩과 같이 쉽게 구할 수 있다.

$$[i_2(t)]_{t=0^+} = \left[1 + K_1 e^{-2.93t} + K_2 e^{-17.07t}\right]_{t=0^+} = 1 + K_1 + K_2 = 0 \qquad ⑩$$

두 번째 초기 조건은 커패시터 양단의 전압 $v_c(0^-) = 0$ [V]이다. 이를 적용하기 위하여 주어진 회로의 구조를 살펴보면 커패시터와 인덕터가 병렬로 연결되어 있으므로 커패시터 양단에 걸리는 전압은 인덕터 양단의 전압과 동일하여야 한다. 따라서 커패시터 양단의 전압은

$$v_c(t) = 2\frac{di_2(t)}{dt} = -5.858K_1 e^{-2.93t} - 34.142K_2 e^{-17.07t} \text{ [V]} \qquad ⑪$$

여기서 소수점 아래로 셋 째 자리까지 표기한 이유는 반올림에 의한 오차가 누적되어 계수가 달라지는 것을 완화시키기 위한 것이다. 식 ⑪에 초기 조건을 적용하면 두 번째 방정식은

$$[v_c(t)]_{t=0^+} = \left[-5.858K_1 e^{-2.93t} - 34.142K_2 e^{-17.07t}\right]_{t=0^+} \qquad ⑫$$

$$= -5.858K_1 - 34.142K_2 = 0\,[\mathrm{V}]$$

식 ⑩과 식 ⑫로부터 $K_1 = -1.207$, $K_2 = 0.207$이 되므로 $0 < t < 1$ [sec]에서 인덕터를 통하여 흐르는 전류에 대한 완전응답은

$$i(t) = i_2(t) = 1 - 1.207e^{-2.93t} + 0.207e^{-17.07t}\ [\mathrm{A}] \qquad ⑬$$

이 되고, 커패시터 양단에 걸리는 전압에 대한 완전응답은

$$v_c(t) = 7.07\left(e^{-2.93t} - e^{-17.07t}\right)\ [\mathrm{V}] \qquad ⑭$$

$t = 1$ [sec]가 되면 전압원은 다시 $V_s(t) = 0$ [V]로 변경되므로 $t > 1$에서 그림 7.18(a)의 회로에 대한 등가회로는 그림 7.19와 같다.

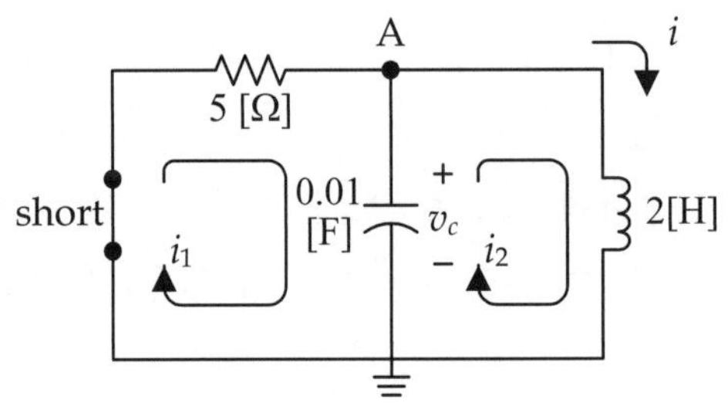

그림 7.19 $t > 1$에서 그림 7.18(a)에 대한 등가회로

$0 < t < 1$ [sec]동안 그림 7.18(a) 회로가 동작하면서 커패시터와 인덕터에는 에너지가 저장된다. 따라서 $t > 1$ [sec]에서는 저장된 에너지들에 의하여 그림 7.19의 회로가 동작하므로 식 ⑬과 식 ⑭로부터 초기값을 다시 계산하여야 한다. $t = 1^-$ [sec]에서 인덕터를 통하여 흐르는 전류와 커패시터 양단의 전압을 계산하면 각각

$$[i(t)]_{t=1^-} = \left[1 - 1.207e^{-2.93t} + 0.207e^{-17.07t}\right]_{t=1^-} = 0.936\ [\mathrm{A}],$$

$$[v_c(t)]_{t=1^-} = \left[7.07\left(e^{-2.93t} - e^{-17.07t}\right)\right]_{t=1^-} = 0.378\ [\mathrm{V}].$$

그림 7.19에 나타낸 등가회로에서 마디 A에 키르히호프 전류법칙을 적용하여 회로방정식을 구하면

$$\frac{v_c(t)}{5}+0.01\frac{dv_c(t)}{dt}+\frac{1}{2}\int_1^t v_c(\tau)\,d\tau+i(1^{-1})=0,$$

$$\rightarrow \frac{d^2v_c(t)}{dt^2}+20\frac{dv_c(t)}{dt}+50v_c(t)=0. \quad ⑮$$

등가회로는 무전원 RLC 회로이므로 고유응답만 존재한다. 식 ⑮의 회로방정식에 대한 특성방정식은 식 ⑥과 동일하므로 고유응답도 거의 같은 형태로 아래와 같다.

$$v_{cn}(t)=K_1e^{-2.93(t-1)}+K_2e^{-17.07(t-1)}\ [\mathrm{V}] \quad ⑯$$

식 ⑯에 커패시터의 초기 전압을 적용하면

$$v_{cn}(1^+)=v_{cn}(1^-)=\left[K_1e^{-2.93(t-1)}+K_2e^{-17.07(t-1)}\right]_{t=1^-}=K_1+K_2=0.378 \quad ⑰$$

두 번째 초기 조건은 식 ⑮의 첫 번째 식으로부터

$$\left[\frac{v_c(t)}{5}+0.01\frac{dv_c(t)}{dt}+\frac{1}{2}\int_1^t v_c(\tau)\,d\tau+i(1^{-1})=0\right]_{t=1^-} \quad ⑱$$

$$=\left[\frac{v_c(t)}{5}\right]_{t=1^-}+0.01\left[\frac{dv_c(t)}{dt}\right]_{t=1^-}+0+0.936$$

$$=\frac{0.378}{5}+0.01\left[-2.93K_1e^{-2.93(t-1)}-17.07K_2e^{-17.07(t-1)}\right]_{t=1^-}+0.936$$

$$=\frac{0.378}{5}+0.01(-2.93K_1-17.07K_2)+0.936=0$$

$$\rightarrow 2.93K_1+17.07K_2=101.16$$

이 된다. 식 ⑰과 식 ⑱의 두 대수방정식을 연립하여 풀면 고유응답의 계수들은 $K_1=-6.698$, $K_2=7.076$이 된다. 따라서 $t>1$ [sec]에서 커패시터 양단에 걸리는 전압에 대한 완전응답은

$$v_c(t)=-6.698e^{-2.93(t-1)}+7.076e^{-17.07(t-1)}\ [\mathrm{V}] \quad ⑲$$

한편, 인덕터는 커패시터와 병렬로 연결되므로 인덕터의 전압과 커패시터의 전압은 항상 같다. 따라서 인덕터를 통하여 흐르는 전류는 식 ⑰의 커패시터 전압에 대한 적분식으로 다음과 같다.

$$i(t) = \frac{1}{2}\int_1^t \{-6.698e^{-2.93(\tau-1)} + 7.076e^{-17.07(\tau-1)}\} d\tau + i(1^-) \qquad ⑳$$

$$= 1.143e^{-2.93(t-1)} - 0.207e^{-17.07(t-1)} \text{ [A]}$$

시간의 변화에 따른 전원, 인덕터를 통하여 흐르는 전류 및 커패시터 양단에 걸리는 전압에 대한 완전응답 파형을 그림 7.20에 비교하여 나타내었다.

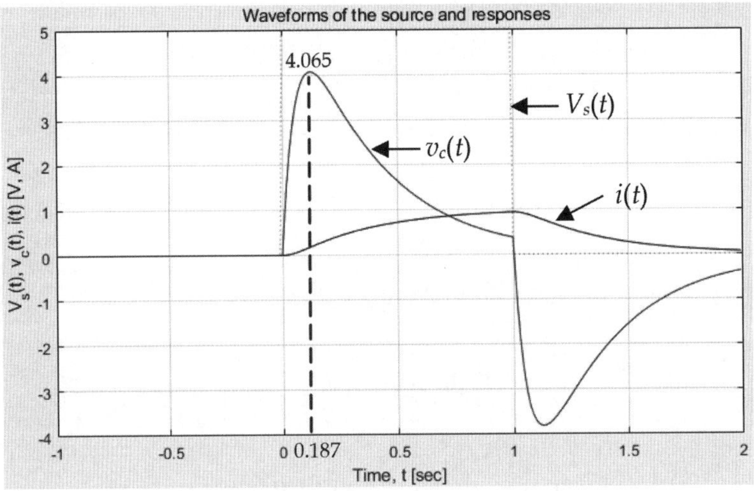

그림 7.20 전원과 인덕터 전류 및 커패시터 전압의 완전응답 파형

인덕터를 통하여 흐르는 전류는 $t=1$ [sec]에서 최대값을 가지며 펄스형 전압원이 $V_s(t)=0$ [V]가 되면 에너지가 감소되면서 전류도 감소된다. 특이한 점은 커패시터 양단에 걸리는 전압이다. 시간 구간 $0<t<1$ [sec]에서 커패시터에 충전되는 전압이 최대값이 되는 시간은 식 ⑭에 대한 1차 미분값이 0이 되는 시간으로

$$\frac{dv_c(t)}{dt} = -2.93e^{-2.93t} + 17.07e^{-17.07t} = 0 \ \rightarrow \ t = 0.187 \text{ [sec]}$$

이므로 커패시터에 충전되는 전압은 0.187 [sec] 이후에는 감소된다[6]. 또한 펄스형 전압원이 $t=1$ [sec]에서 $V_s(t)=0$ [V]가 되면 커패시터 전압의 극성이 바뀌는 것을 볼 수 있다. 이것은 저장된 에너지를 방출하는 상태로 커패시터가 동작하는 것을 의미한다. ■

6) 연산에서 반올림 오차가 반영된 수치임. 반올림하는 자리수를 증가시켜 정밀하게 계산하면 실제 파형의 경우 $t=0.125$ [sec]에서 최대 전압은 약 4.065 [V]임.

다음으로는 부족제동이 완전응답에 어떤 영향을 미치는지 확인하기 위하여 그림 7.21의 회로를 살펴보자. 여기서 주어진 회로는 $t<0$에서 직류 정상상태로 동작하고 있었던 것으로 가정한다.

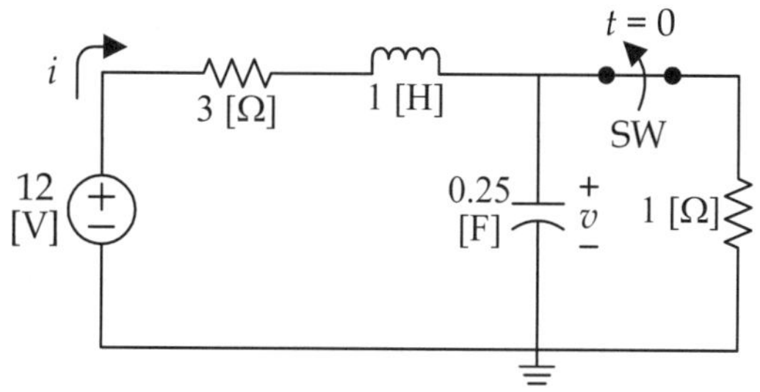

그림 7.21 부족제동이 있는 RLC 회로

스위치가 개방되기 직전까지 주어진 회로가 직류 정상상태로 동작하였다는 가정으로부터 $t<0$에서 그림 7.21 회로에 대한 등가회로는 그림 7.22와 같다.

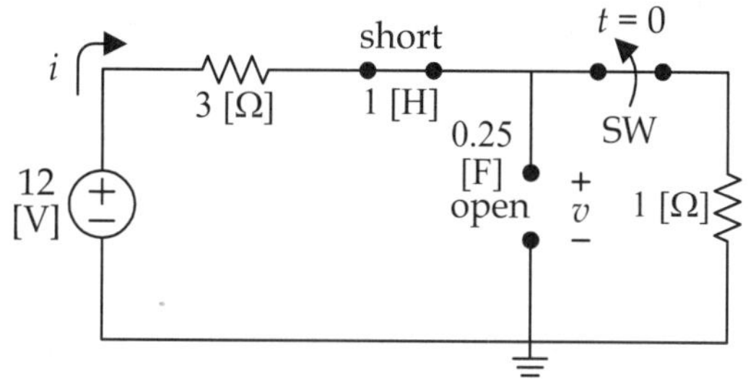

그림 7.22 $t<0$에서 주어진 회로에 대한 등가회로

그림 7.22의 등가회로는 저항회로이므로 인덕터를 통하여 흐르는 전류의 초기값은 단순히 옴의 법칙에 의하여

$$i(0^-)=\frac{12}{3+1}=3\ [\text{A}]$$

커패시터 양단에 걸리는 전압은 1 [Ω] 저항 양단에 걸리는 전압과 동일하므로 전압분배 법칙에 의하여

$$v(0^-)=12\times\frac{1}{3+1}=3\ [\text{V}]$$

$t=0$ [sec]가 되어 스위치가 열리면 1 [Ω] 저항이 개방되므로 주어진 회로는 그림 7.23에 나타낸 것처럼 단순한 RLC 회로가 된다.

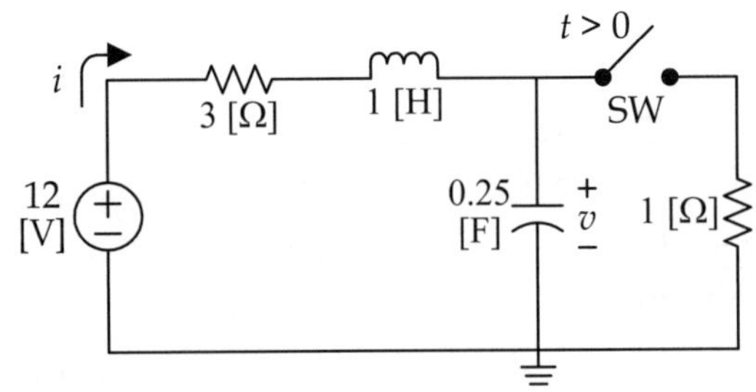

그림 7.23 $t>0$에서 주어진 회로에 대한 등가회로

그러므로 폐경로에 키르히호프 전압법칙을 적용하면 $t>0$에서 회로방정식은

$$3i(t)+\frac{di(t)}{dt}+\frac{1}{0.25}\int_0^t i(\tau)\,d\tau+v(0^-)=12 \tag{7.78}$$

이며, 이를 1차 미분함으로써 2계 미분방정식 형태의 회로방정식을 다음과 같이 구할 수 있다.

$$\frac{d^2i(t)}{dt^2}+3\frac{di(t)}{dt}+4i(t)=0 \tag{7.79}$$

식 (7.79)로부터 특성방정식을 구하면

$$s^2+3s+4=0 \tag{7.80}$$

이며, 판별식이 0보다 작으므로 근은 아래와 같이 켤레복소수로 나타난다.

$$s_1=-1.5+1.32j=s_2^*=(-1.5-1.32j)^*$$

그러므로 $t>0$에서 주어진 회로에 대한 고유응답은

$$i(t)=K_1e^{-(1.5-1.32j)t}+K_2e^{-(1.5+1.32j)t}\ \text{[A]} \tag{7.81}$$

전원이 12 [V] 직류 전압원이므로 강제응답의 시험해를 $i_f(t)=K$로 가정하여 식 (7.79)에 대입하면

$$\frac{d^2}{dt^2}\{K\}+3\frac{di(t)}{dt}\{K\}+4\{K\}=0 \;\rightarrow\; K=0 \tag{7.82}$$

이 된다. 강제응답은 주어진 회로가 스위치가 개방된 상태로 오랜 시간이 지속되면서 강제함수에 의하여 나타나는 응답이다. 그림 7.23에서 스위치가 개방된 상태로 오랜 시간이 경과되면 회로는 다시 직류 정상상태에 도달하게 되므로 회로의 동작상태는 그림 7.24와 같다.

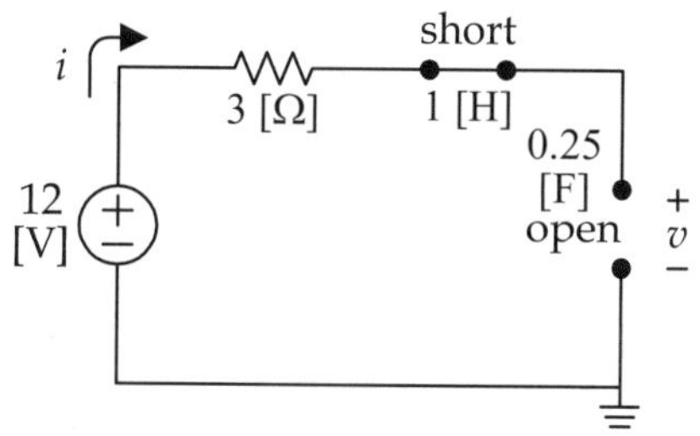

그림 7.24 $t > \infty$ 에서 주어진 회로에 대한 등가회로

그림 7.24의 등가회로에서는 커패시터가 개방상태로 동작하므로 폐경로가 존재하지 않는다. 이런 이유로 식 (7.78)의 회로방정식에 대한 전류의 강제응답은 사라지고 식 (7.81)의 고유응답이 완전응답이 된다.

초기 조건을 이용하여 완전응답에 포함된 미지수 K_1과 K_2를 구해보자. 간단히 인덕터 전류의 초기 조건을 식 (7.81)에 대입하면

$$i(0^+)=i(0^-)=\left[K_1 e^{-(1.5-1.32j)t}+K_2 e^{-(1.5+1.32j)t}\right]_{t=0^+}=K_1+K_2=3\text{ [A]} \tag{7.83}$$

두 번째 초기 조건은 커패시터 전압이므로 식 (7.78)에 적용하여야 한다. 이를 위하여 전류의 미분항에 대한 초기 조건을 먼저 계산하면 다음과 같다.

$$\frac{di(t)}{dt}=-(1.5-1.32j)K_1 e^{-(1.5-1.32j)t}-(1.5+1.32j)K_2 e^{-(1.5+1.32j)t} \tag{7.84}$$

$$\rightarrow \left[\frac{di(t)}{dt}\right]_{t=0^+}=-(1.5-1.32j)K_1-(1.5+1.32j)K_2$$

그러므로 식 (7.78)에 초기 조건을 적용하면

$$\left[3i(t)+\frac{di(t)}{dt}+\frac{1}{0.25}\int_0^t i(\tau)\,d\tau+v(0^-)=12\right]_{t=0^+} \tag{7.85}$$

$$= 3i(0^+) + \left[\frac{di(t)}{dt}\right]_{t=0^+} + 4\int_0^{0^+} i(\tau)\,d\tau + v(0^-)$$

$$= 9 - (1.5 - 1.32j)K_1 - (1.5 + 1.32j)K_2 + 0 + 3 = 12$$

$$\rightarrow \ (1.5 - 1.32j)K_1 + (1.5 + 1.32j)K_2 = 0$$

식 (7.83)과 식 (7.85)로부터 $K_1 = 1.5 - 1.7j$, $K_2 = 1.5 + 1.7j$를 구할 수 있다. 따라서 인덕터를 통하여 흐르는 전류에 대한 완전응답은

$$i(t) = (1.5 - 1.7j)\,e^{-(1.5 - 1.32j)t} + (1.5 + 1.7j)e^{-(1.5 + 1.32j)t} \text{ [A]} \tag{7.86}$$

여기에 식 (7.42)에 나타낸 오일러의 항등식을 대입하여 정리하면

$$\begin{aligned} i(t) &= e^{-1.5t} \cdot 2Re\{(1.5 - 1.7j)\,e^{-(1.5 - 1.32j)t}\} \\ &= e^{-1.5t}\{3.0\cos(1.32t) + 3.4\sin(1.32t)\}\text{[V]} \end{aligned} \tag{7.87}$$

식 (7.87)은 식 (7.44)와 거의 동일한 형식으로 그림 7.25와 같은 파형을 가진다.

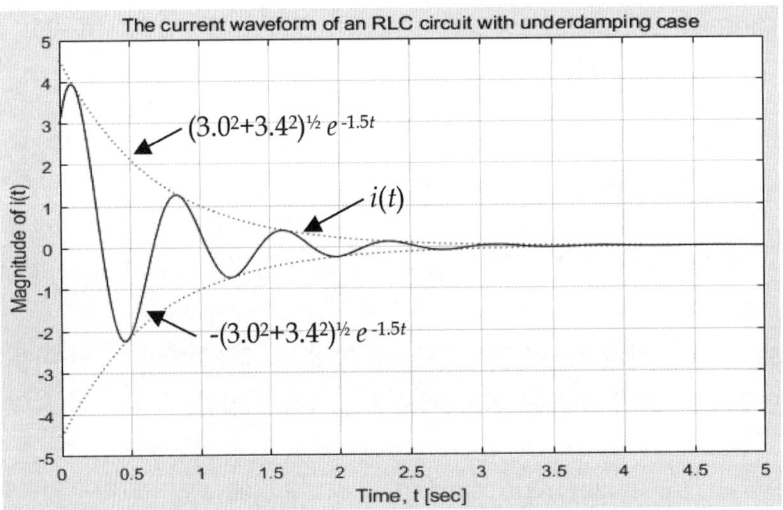

그림 7.25 $t > 0$에서 RLC 회로를 통하여 흐르는 전류

주어진 RLC 회로는 부족제동을 가지므로 폐경로를 통하여 흐르는 전류는 그림 7.25와 같이 진동하면서 감쇠하여 0 [A]로 수렴하는 파형을 가진다. 회로를 동작시키는 전원이 직류 전압원이므로 시간이 경과되면 주어진 회로는 직류 정상상태로 동작한다. 즉, 커패시터 양단에 걸리는 전압이 일정한 수준으로 충전될 때까지는 전류가 흐르지만 시간이 더

경과되어 커패시터가 충분히 충전되면 개방회로처럼 동작하므로 전류가 흐르지 않는 상태가 되는 것이다.

커패시터 양단에 걸리는 전압은 식 (7.88)과 같이 전류를 적분하여 구할 수 있다.

$$\begin{aligned} v(t) &= \frac{1}{C}\int_0^t i(\tau)\,d\tau + v(0^-) \qquad (7.88) \\ &= 4\int_0^t \left[e^{-1.5\tau}\{3.0\cos(1.32\tau)+3.47\sin(1.32\tau)\}\right]d\tau + 3 \\ &= 9.01 + e^{-1.5t}\{-9.01\cos(1.32t)+1.14\sin(1.32t)\}+3 \\ &= 12.01 + e^{-1.5t}\{-9.01\cos(1.32t)+1.14\sin(1.32t)\}[\mathrm{V}] \end{aligned}$$

커패시터 양단에 걸리는 전압의 파형은 그림 7.26과 같다. 초기 전압 $v(0^+)=3$ [V]로 시작하여 시간이 경과됨에 따라 진동하면서 전압이 충전되는 형태를 나타낸다. 시간이 충분히 경과되면 커패시터 전압은 직류 전압원의 전압인 12 [V]까지 충전되고 이후 주어진 회로는 그림 7.24처럼 직류 정상상태로 동작한다.

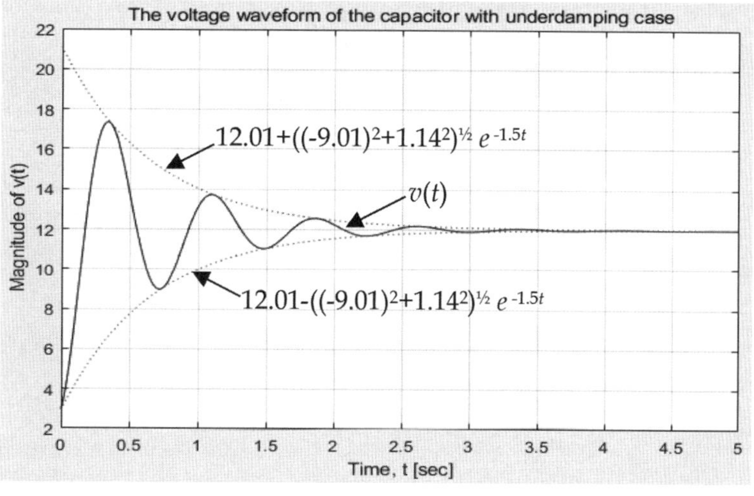

그림 7.26 $t>0$에서 커패시터 양단에 걸리는 전압

3장에서 학습한 다단 연산증폭기 회로는 전원 안정화장치, 제어장치, 전동기 센서신호 증폭, 적분기 등 응용 범위가 매우 넓다. 그림 7.27에 나타낸 궤환이 있는 2단 연산증폭기 회로는 그림 3.25의 연산증폭기 회로와 궤환부에 커패시터가 더해진 것을 제외하면 동일하다. 여기서 연산증폭기는 이상적인 조건을 만족하는 것으로 가정하여 해석하여보자.

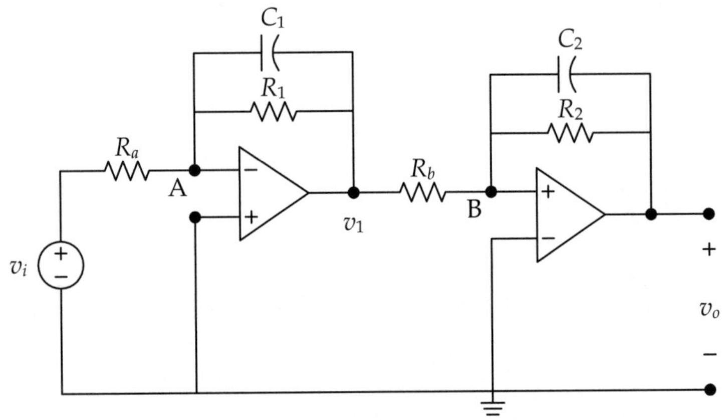

그림 7.27 궤환이 있는 2단 연산증폭기 회로

연산증폭기가 이상적인 조건을 만족하는 것으로 가정하였으며, 첫 번째 연산증폭기의 비반전 입력단자가 접지되어 있으므로 마디 A의 전압은 0 [V]이다. 마디 A에 키르히호프 전류법칙을 적용하면 회로방정식은

$$\frac{0-v_i(t)}{R_a}+\frac{0-v_1(t)}{R_1}+C_1\frac{d}{dt}(0-v_1(t))=0 \tag{7.89}$$

$$\rightarrow \frac{dv_1(t)}{dt}+\frac{1}{R_1C_1}v_1(t)=-\frac{1}{R_aC_1}v_i(t)$$

같은 이유로 마디 B의 전압도 0 [V]이므로 마디 B에 키르히호프 전류법칙을 적용한 회로 방정식은

$$\frac{0-v_1(t)}{R_b}+\frac{0-v_o(t)}{R_2}+C_2\frac{d}{dt}(0-v_o(t))=0 \tag{7.90}$$

$$\rightarrow \frac{dv_o(t)}{dt}+\frac{v_o(t)}{R_2C_2}=-\frac{v_1(t)}{R_bC_2}$$

식 (7.90)을 식 (7.89)에 대입하여 정리하면

$$\frac{d}{dt}\left\{-R_bC_2\frac{dv_o(t)}{dt}-\frac{R_b}{R_2}v_o(t)\right\}+\frac{1}{R_1C_1}\left\{-R_bC_2\frac{dv_o(t)}{dt}-\frac{R_b}{R_2}v_o(t)\right\}=\frac{-v_i(t)}{R_aC_1} \tag{7.91}$$

$$\rightarrow \frac{d^2v_o(t)}{dt^2}+\left(\frac{1}{R_1C_1}+\frac{1}{R_2C_2}\right)\frac{dv_o(t)}{dt}+\frac{v_o(t)}{R_1R_2C_1C_2}=\frac{v_i(t)}{R_aR_bC_1C_2}$$

$\tau_1 = R_1C_1$, $\tau_2 = R_2C_2$로 놓으면 식 (7.91)은

$$\frac{d^2v_o(t)}{dt^2}+\left(\frac{1}{\tau_1}+\frac{1}{\tau_2}\right)\frac{dv_o(t)}{dt}+\frac{v_o(t)}{\tau_1\tau_2}=\frac{v_i(t)}{R_aR_bC_1C_2} \tag{7.92}$$

식 (7.92)로부터 고유응답의 특성방정식을 유도하면

$$s^2+\left(\frac{1}{\tau_1}+\frac{1}{\tau_2}\right)s+\frac{1}{\tau_1\tau_2}=0 \tag{7.93}$$

이 된다. 따라서 특성방정식의 두 근은 $s_1=-1/\tau_1$과 $s_2=-1/\tau_2$가 되므로 고유응답의 시험해는

$$v_{on}(t)=K_1e^{-t/\tau_1}+K_2e^{-t/\tau_2}\ [\text{V}] \tag{7.94}$$

한편, 전원이 $v_i(t)=V_i$ [V] 직류 전압원이라면 강제응답의 시험해를 $v_{of}(t)=K$으로 가정할 수 있으며, 이것을 식 (7.92)에 대입하면

$$\frac{d^2}{dt^2}\{K\}+\left(\frac{1}{\tau_1}+\frac{1}{\tau_2}\right)\frac{d}{dt}\{K\}+\frac{1}{\tau_1\tau_2}\{K\}=\frac{V_i}{R_aR_bC_1C_2} \tag{7.95}$$

$$\rightarrow\ K=\frac{\tau_1\tau_2}{R_aR_bC_1C_2}V_i=\frac{R_1R_2}{R_aR_b}V_i$$

가 된다. 따라서 두 번째 연산증폭기 출력전압의 완전응답은

$$v_o(t)=\frac{R_1R_2}{R_aR_b}V_i+K_1e^{-t/R_1C_1}+K_2e^{-t/R_2C_2}\ [\text{V}] \tag{7.96}$$

예제 7.11

그림 7.27의 2단 증폭기 회로에서 저항들은 $R_1=20$ [kΩ], $R_2=5$ [kΩ], $R_a=10$ [kΩ], $R_b=5$ [kΩ]이고, 커패시터들은 $C_1=1$ [uF], $C_2=5$ [uF]이다. 전원이 $v_i(t)=0.5u(t)$ [V]일 때 각 연산증폭기 출력전압의 완전응답을 구하라. 여기서 각각의 커패시터에 저장된 초기 에너지는 0 [J]인 것으로 가정한다.

풀이

전원이 계단함수이므로 $t<0$에서 회로의 전원은 $v_i(t)=0$ [V]이며, 커패시터의 초기 에너지는 0 [J]인 것으로 가정하였으므로 $v_{c1}(0^-)=v_{c1}(0^+)=0$ [V]이다.

$t>0$에서 첫 번째 연산증폭기 출력전압을 구하기 위하여 마디 A에 키르히호프 전류법칙을 적용하면 식 (7.89)에 따라

$$\frac{dv_1(t)}{dt}+\frac{v_1(t)}{R_1C_1}=-\frac{v_i(t)}{R_aC_1} \rightarrow \frac{dv_1(t)}{dt}+50v_1(t)=-50 \qquad ①$$

식 ①에 대한 특성방정식은 $s+50=0$이므로 고유응답의 시험해는

$$v_{1n}(t)=K_1e^{-50t} \text{ [V]} \qquad ②$$

$t>0$에서 전원은 직류 0.5 [V] 전압원이 되므로 식 ①의 회로방정식에 대한 강제응답의 시험해를 $v_{1f}(t)=K$로 가정하면

$$\frac{d}{dt}K+50K=-50 \rightarrow K=-1 \qquad ③$$

따라서 첫 번째 연산증폭기의 완전응답은

$$v_1(t)=v_{1f}(t)+v_{1n}(t)=-1+K_1e^{-50t} \text{ [V]} \qquad ④$$

커패시터의 초기 전압과 두 연산증폭기 비반전 입력전압이 모두 0 [V]이므로 식 ④에 초기 조건을 대입하면

$$v_1(0^+)=-1+K_1=0 \rightarrow K=1 \qquad ⑤$$

이므로 첫 번째 연산증폭기 출력전압의 완전응답은

$$v_1(t)=-1+e^{-50t} \text{ [V]} \qquad ⑥$$

두 번째 연산증폭기의 응답을 구하기 위하여 마디 B에 키르히호프 전류법칙을 적용하여 정리하면 회로방정식은 식 (7.92)에 의하여

$$\frac{d^2v_o(t)}{dt^2}+\left(\frac{1}{\tau_1}+\frac{1}{\tau_2}\right)\frac{dv_o(t)}{dt}+\frac{v_o(t)}{\tau_1\tau_2}=\frac{v_i(t)}{R_aR_bC_1C_2} \quad ⑦$$

$$\rightarrow \frac{d^2v_o(t)}{dt^2}+\left(\frac{1}{0.02}+\frac{1}{0.025}\right)\frac{dv_o(t)}{dt}+\frac{v_o(t)}{0.02\times 0.025}=2\times 10^3$$

식 ⑦로부터 고유응답의 특성방정식은

$$s^2+\left(\frac{1}{0.02}+\frac{1}{0.025}\right)s+\frac{1}{0.02\times 0.025}=0 \quad ⑧$$

이므로 특성방정식의 두 근은 $s_1=-1/0.025=-40$과 $s_2=-1/0.02=-50$이다. 따라서 고유응답의 시험해는

$$v_{on}=K_1e^{-40t}+K_2e^{-50t}\ [\text{V}] \quad ⑨$$

식 ⑦의 회로방정식에 대한 강제응답의 시험해를 $v_{of}(t)=K_3$라고 가정하여 식에 대입하면

$$\frac{d^2}{dt^2}\{K_3\}+\left(\frac{1}{0.02}+\frac{1}{0.025}\right)\frac{d}{dt}\{K_3\}+\frac{\{K_3\}}{0.02\times 0.025}=2\times 10^3 \quad ⑩$$

$$\rightarrow K_3=2\times 10^3\times(0.02\times 0.025)=1$$

그러므로 두 번째 연산증폭기 출력에 대한 완전응답은

$$v_o(t)=v_{of}(t)+v_{on}(t)=1+K_1e^{-40t}+K_2e^{-50t}\ [\text{V}]. \quad ⑪$$

계수 K_1과 K_2를 구하기 위한 초기 조건으로는 $v_o(0^+)=0$ [V]는 명백하다. $t<0$에서 전원과 커패시터들이 저장하고 있는 에너지가 모두 0인 것으로 가정하였으며, 이 상태가 $t=0$에서 계단함수가 변경되기 전까지는 계속 유지되었으므로 출력전압의 변화율을 나타내는

$$\left[\frac{dv_o(t)}{dt}\right]_{t=0^-}=0\ [\text{V/sec}] \quad ⑫$$

두 개의 초기 조건을 ⑪에 적용하면

$$v_o(0^+)=1+K_1+K_2=0 \rightarrow K_1+K_2=-1, \quad ⑬$$

$$\left[\frac{dv_o(t)}{dt}\right]_{t=0^-} = \left[-40K_1e^{-40t} - 50K_2e^{-50t}\right]_{t=0^-} = 0 \;\; \rightarrow \;\; 4K_1 + 5K_2 = 0.$$

두 대수방정식으로부터 $K_1 = -5$, $K_2 = 4$이므로 두 번째 연산증폭기의 완전응답은

$$v_o(t) = 1 - 5e^{-40t} + 4e^{-50t} \text{ [V]} \qquad ⑭$$

식 ⑥과 식 ⑭에 나타낸 첫 번째 연산증폭기와 두 번째 연산증폭기 출력에 대한 완전응답 파형을 그림 7.28에 나타내었다. 시간이 경과됨에 따라 첫 번째 연산증폭기의 출력전압은 $v_1(t=\infty) = -1$ [V]로 수렴하므로 전압원이 $v_i(t=\infty) = 0.5$ [V]임을 감안하면 증폭이득은 $A_1 = -1/0.5 = -2$이다. 그리고 두 번째 연산증폭기의 출력전압은 $v_o(t=\infty) = 1$ [V]로 수렴하므로 두 번째 연산증폭기의 증폭이득은 $A_2 = -1$이 된다. 따라서 2단 연산증폭기의 전체 증폭이득은 $A = A_1A_2 = (-2)\times(-1) = 2$가 되며, 전압원이 $v_i(t=\infty) = 0.5$ [V]이므로 두 번째 연산증폭기 출력에 대한 완전응답은 $v_o(t) = 2v_i(t) = 2\times 0.5 = 1$ [V]에 수렴하게 되는 것이다.

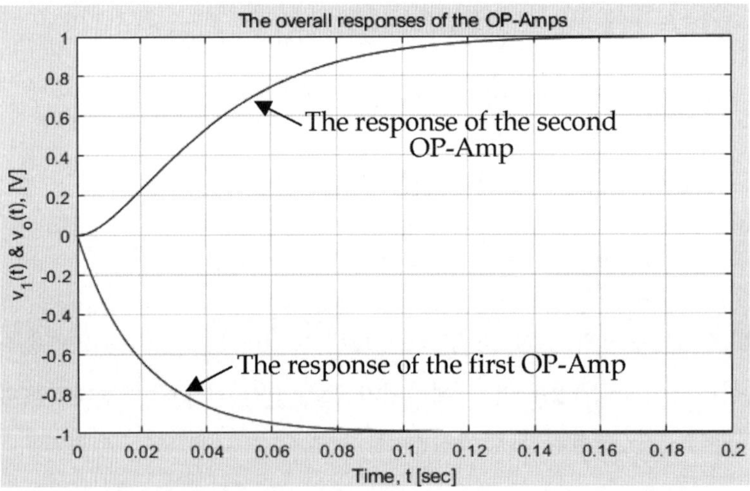

그림 7.28 연산증폭기 출력에 대한 완전응답 파형

추가 풀이

시간이 충분히 경과되면 주어진 회로는 직류 정상상태로 동작하므로 두 커패시터는 개방회로가 된다. 따라서 주어진 회로에 대한 등가회로는 그림 7.29와 같다.

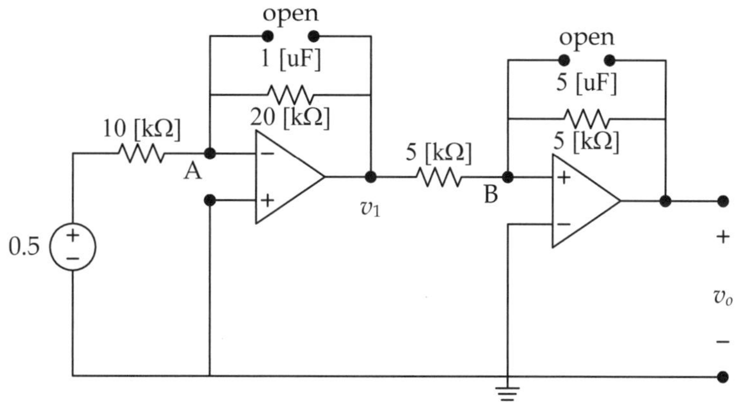

그림 7.29 직류 정상상태($t=\infty$)에서 주어진 회로에 대한 등가회로

마디 A에 키르히호프 전류법칙을 적용하면

$$\frac{-0.5}{10\times10^3}+\frac{-v_1(t)}{20\times10^3}=0 \rightarrow v_1(t)=\frac{-0.5\times20\times10^3}{10\times10^3}=-1\text{ [V]} \quad ⑮$$

이므로 증폭이득은 $A_1=-1/0.5=-2$이다.

두 번째 연산증폭기의 비반전 입력단인 마디 B에 키르히호프 전류법칙을 적용하면

$$\frac{0-(-1)}{5\times10^3}+\frac{-v_0(t)}{5\times10^3}=0 \rightarrow v_o(t)=\frac{1\times5\times10^3}{5\times10^3}=1\text{ [V]} \quad ⑯$$

이므로 증폭이득은 $A_2=1/(-1)=-1$이다. 따라서 전체 증폭이득은

$$A=A_1A_2=(-2)\times(-1)=2 \quad ⑰$$

가 되므로 $t=\infty$에서 두 번째 연산증폭기의 출력전압은 $v_o(t)=2v_i(t)=2\times0.5=1$ [V]가 되어 ⑭에서 $t=\infty$를 대입한 정상상태의 동작과 같다. 이 결과는 그림 7.28에 나타낸 두 번째 연산증폭기 출력에 대한 완전응답과 일치한다.

연습문제

7.1 그림 P7.1에 나타낸 전기회로는 스위치가 열리기 전까지 직류 정상상태로 동작하고 있었다.

(1) $t=0^-$ [sec]에서 인덕터를 통하여 흐르는 전류와 커패시터 양단에 걸리는 전압을 구하라.

(2) $di_L(0^+)/dt$와 $dv_C(0^+)/dt$를 구하라.

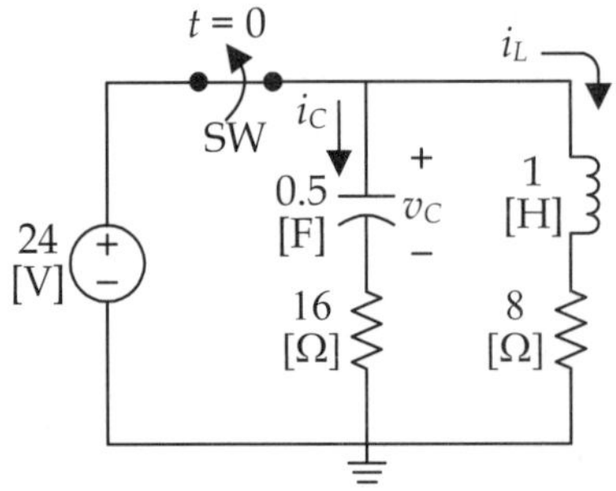

그림 P7.1

7.2 그림 P7.2에 나타낸 전기회로의 스위치는 $t<0$ [sec]에서 오랜 시간 닫혀 있었고, 회로는 직류 정상상태로 동작하고 있었다.

(1) $t=0^-$ [sec]에서 인덕터를 통하여 흐르는 전류와 커패시터 양단에 걸리는 전압을 구하라.

(2) $t=0^+$ [sec]에서 $di_L(t)/dt$와 $dv_C(t)/dt$를 구하라.

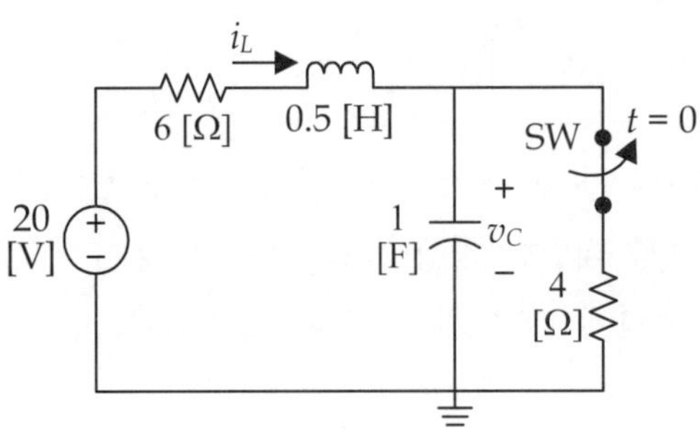

그림 P7.2

7.3 그림 P7.3의 회로에서 스위치가 $t = 0$ [sec]에서 닫히기 전까지 주어진 회로는 직류 정상상태로 동작하고 있었다.

(1) $t = 0^-$ [sec]에서 커패시터의 초기 전압과 인덕터 초기 전류를 구하라.

(2) $t = 0^+$ [sec]에서 $i_L(t)$, $v_C(t)$, $v_R(t)$를 구하라.

(3) $t = 0^+$ [sec]에서 $di_L(t)/dt$, $dv_C(t)/dt$, $dv_R(t)/dt$를 구하라.

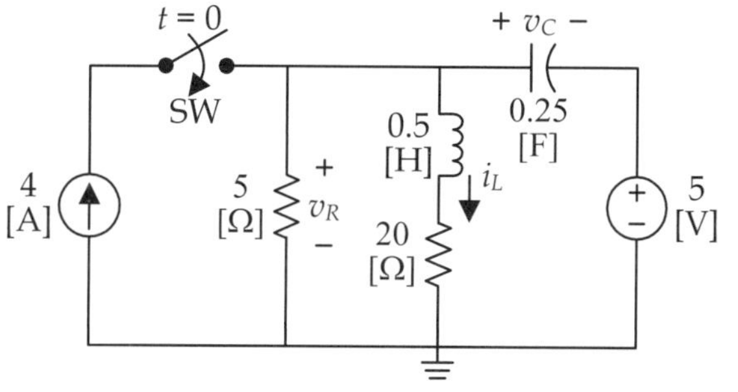

그림 P7.3

7.4 그림 P7.4의 전기회로에서 스위치는 $t = 0$ [sec] 이전 오랜 시간 열린 상태이다.

(1) $t = 0^-$ [sec]에서 $i_L(0^-)$와 $v_C(0^-)$를 구하라.

(2) $t = 0^+$ [sec]에서 $i_L(t)$, $i(t)$, $v_C(t)$, $v(t)$를 구하라.

(3) $t = 0^+$ [sec]에서 $dv_C(t)/dt$, $dv(t)/dt$, $di_L(t)/dt$, $di(t)/dt$를 구하라.

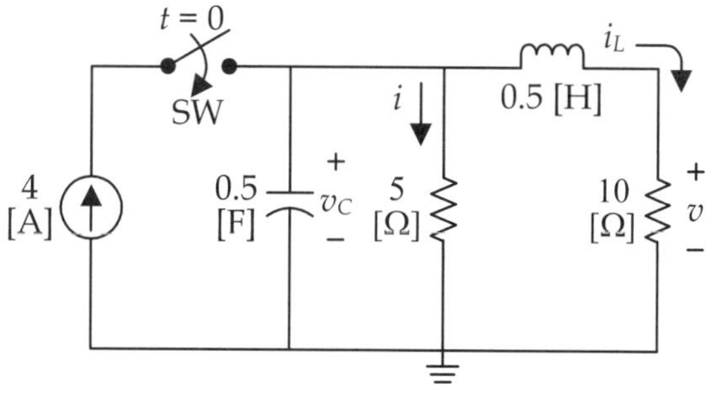

그림 P7.4

7.5 $t < 0$ [sec]에서 스위치는 오랜 시간 열린 상태이고, 그림 P7.5의 전기회로는 직류 정상상태로 동작하고 있었다.

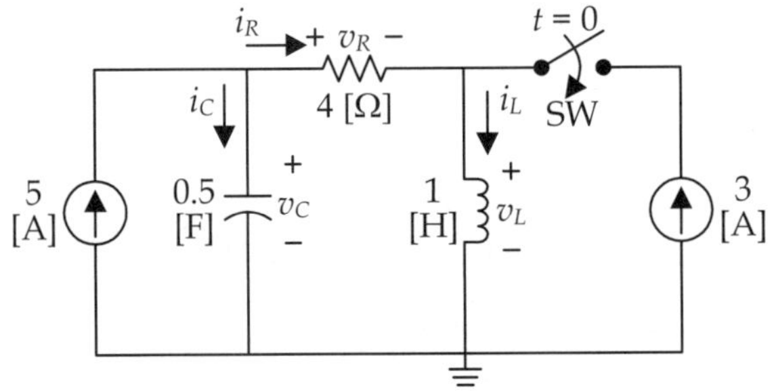

그림 P7.5

(1) $t = 0^-$ [sec]에서 $i_L(0^-)$, $v_C(0^-)$, $v_R(0^-)$를 구하라.

(2) 스위치가 닫힌 직후 $i_L(0^+)$, $v_C(0^+)$, $v_R(0^+)$, $i_C(0^+)$, $i_R(0^+)$, $v_L(0^+)$를 구하라.

(3) $t = 0^+$ [sec]에서 $di_L(t)/dt$, $dv_C(t)/dt$, $dv_R(t)/dt$를 구하라.

7.6 $t = 0$ [sec]에서 스위치가 닫히기 전까지 그림 P7.6의 회로는 직류 정상상태로 동작하고 있었다.

(1) $t = 0^-$ [sec]에서 $i_L(0^-)$와 $v_C(0^-)$를 구하라.

(2) $t = 0$ [sec]에서 스위치가 닫힌 직후 $i_L(t)$, $di_L(t)/dt$, $v_C(t)$, $dv_C(t)/dt$를 구하라.

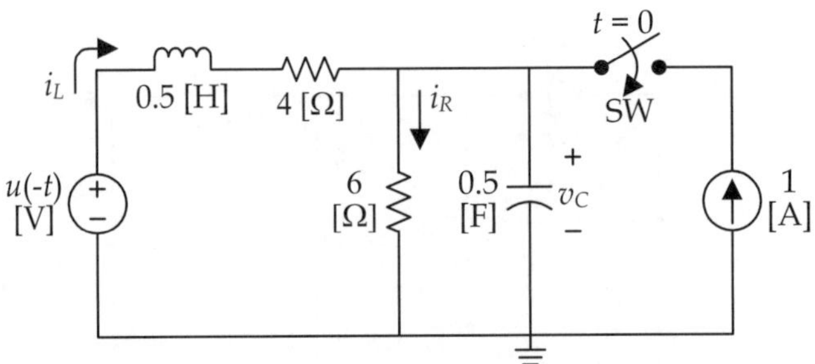

그림 P7.6

7.7 그림 P7.7의 회로에서 스위치는 $t = 0$ [sec]에서 닫히기 전까지 오랜 시간 열려 있었고, 주어진 회로는 직류 정상상태에서 동작하였다.

(1) $i_L(0^-)$와 $v_C(0^-)$를 구하라.

(2) $t=0^+$ [sec]에서 $di_L(0^+)/dt$와 $dv_C(0^+)/dt$를 구하라.

(3) $i_L(\infty)$와 $v_C(\infty)$를 구하라.

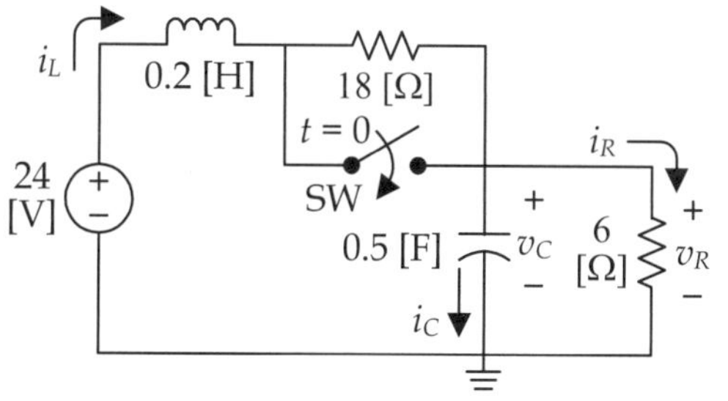

그림 P7.7

7.8 저항, 인덕터, 커패시터가 직렬로 연결된 폐회로에서 $R=0.5$ [kΩ], $L=20$ [mH], $C=5$ [μF]이다.

(1) 이 회로의 특성방정식을 구하라.

(2) 비감쇠 고유주파수(natural frequency)와 감쇠비(damping ratio)를 구하고, 제동형태를 판정하라.

7.9 그림 P7.9의 전기회로에서 수동소자가 $R=4$ [Ω], $L=1$ [H], $C=0.04$ [F]이다.

(1) 회로의 특성방정식을 구하라.

(2) 비감쇠 고유주파수와 감쇠비를 구하고, 제동형태를 판정하라.

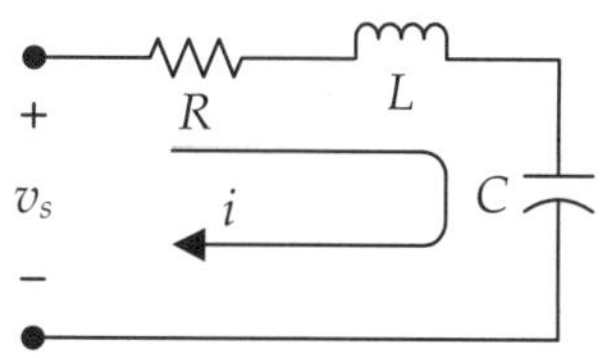

그림 P7.9

7.10 그림 P7.10의 전기회로에서 수동소자가 $R=4$ [Ω], $L=1$ [H], $C=0.04$ [F]이다.

(1) 회로의 특성방정식을 구하라.

(2) 비감쇠 고유주파수와 감쇠비를 구하고, 제동형태를 판정하라.

(3) 이 회로가 임계제동형태의 응답을 가지려면 저항을 어떤 값으로 변경해야 하는가?

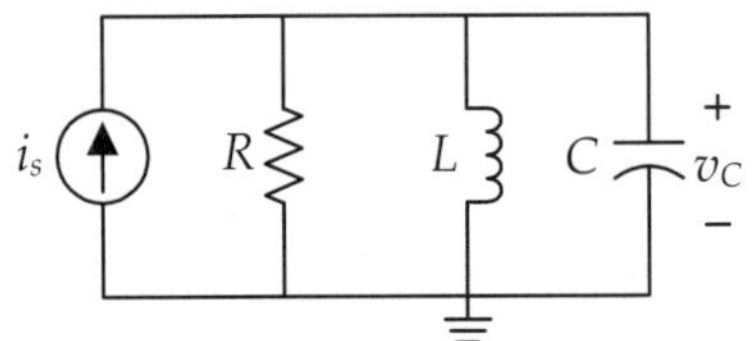

그림 P7.10

7.11 그림 P7.11에 나타낸 전기회로가 과제동형태로 동작하기 위한 저항 R의 조건을 구하라.

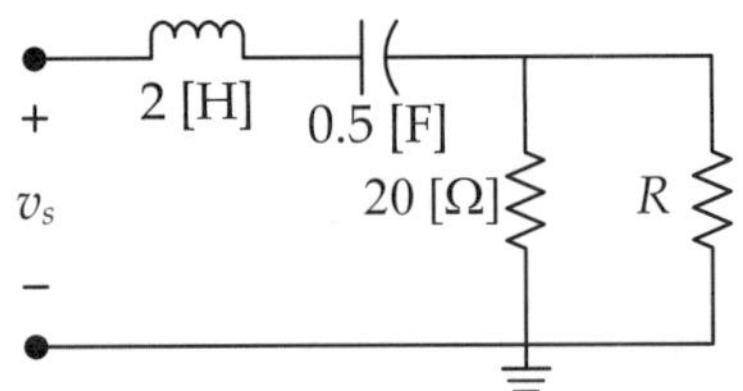

그림 P7.11

7.12 그림 P7.12에 나타낸 전기회로에 대하여

(1) 망로전류 $i_2(t)$에 대한 특성방정식을 구하여 제동조건을 판정하라.

(2) 전류 $i_2(t)$에 대한 고유응답(natural response)의 일반형을 구하라.

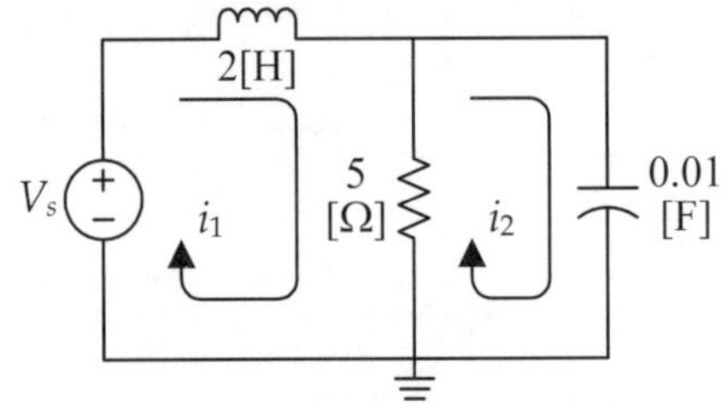

그림 P7.12

7.13 그림 P7.12에 나타낸 전기회로에서 커패시터를 0.1 [F]으로 변경한다.

(1) 망로전류 $i_2(t)$에 대한 특성방정식을 구하여 제동조건을 판정하라.

(2) 전류 $i_2(t)$에 대한 고유응답의 일반형을 구하라.

7.14 그림 P7.14의 전기회로에 대하여

(1) 두 망로에 대한 망로방정식을 쓰고, 망로전류 $i_2(t)$에 대한 특성방정식을 제시하라.

(2) 주어진 회로의 제동형태를 판정하고, $i_2(t)$의 고유응답 일반형을 구하라.

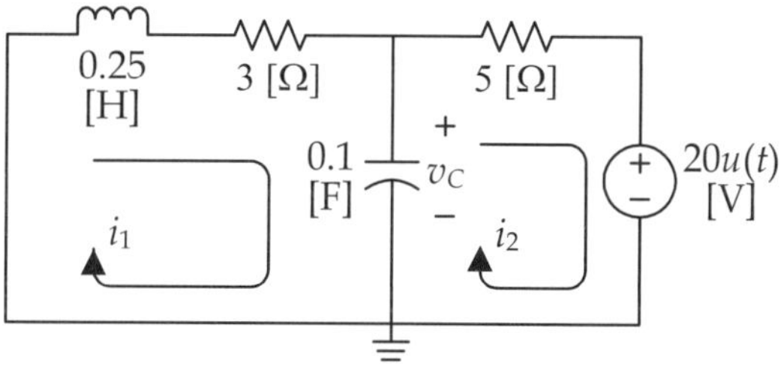

그림 P7.14

7.15 어떤 RLC 회로의 회로방정식이 다음과 같다.

$$2\frac{d^2v(t)}{dt^2}+10\frac{dv(t)}{dt}+12v(t)=0$$

전압 $v(t)$의 초기 조건이 $v(0)=2$ [V], $\dfrac{dv(0)}{dt}=2$ [V/sec]일 때 $v(t)$를 구하라.

7.16 RLC 회로의 회로방정식이 다음과 같다.

$$\frac{d^2i(t)}{dt^2}+6\frac{di(t)}{dt}+5i(t)=0$$

전류 $i(t)$의 초기 조건이 $i(0)=2$ [A], $\dfrac{di(0)}{dt}=-3$ [A/sec]일 때 $i(t)$를 구하라.

7.17 $t<0$ [sec]에서 그림 P7.17에 나타낸 전기회로는 직류 정상상태로 동작한다.

(1) $t\geq 0$ [sec]에서 망로전류 $i_L(t)$를 구하라.

(2) $t\geq 0$ [sec]에서 커패시터 양단의 전압 $v_C(t)$를 구하라.

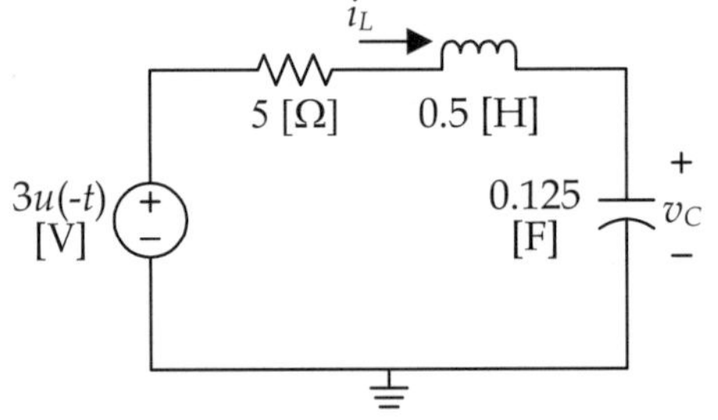

그림 P7.17

7.18 $t=0$ [sec]에서 스위치가 열리기 전까지 그림 P7.18에 나타낸 전기회로는 직류 정상 상태로 동작한다.

(1) $t=0^-$ [sec]에서 전류 $i(t)$와 전압 $v(t)$의 초기값을 구하라.

(2) $t>0$ [sec]에서 $i(t)$와 $v(t)$를 구하라.

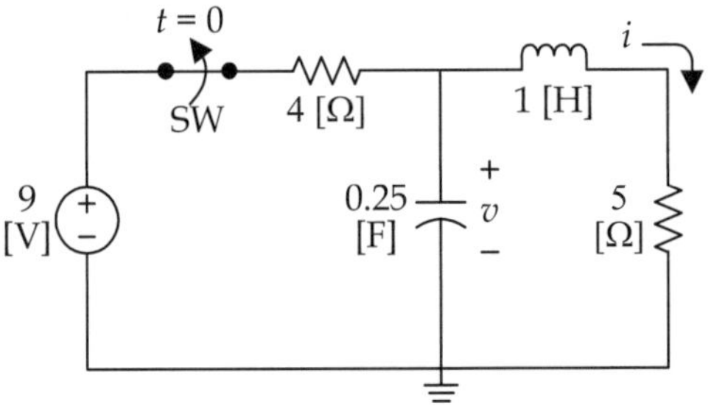

그림 P7.18

7.19 $t=0^-$ [sec]에서 그림 P7.19에 나타낸 전기회로는 직류 정상상태로 동작하고 있었다.

(1) $t \geq 0$ [sec]에서 전류 $i(t)$를 구하라.

(2) $t \geq 0$ [sec]에서 $v_L(t)$, $v_R(t)$, $v_C(t)$를 구하고 키르히호프 전압법칙이 성립함을 입증하라.

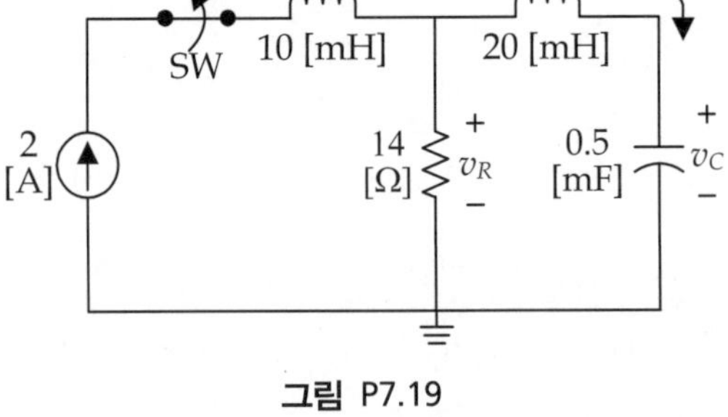

그림 P7.19

7.20 그림 P7.20의 전기회로는 $t=0^-$ [sec]에서 직류 정상상태로 동작하고 있었다.

(1) $t=0$ [sec]에서 스위치의 위치가 변경되기 직전 인덕터 전류 $i_L(0^-)$와 커패시터 전압 $v_C(0^-)$를 구하라.

(2) $t \geq 0$ [sec]에서 $v_C(t)$를 구하라.

(3) $t \geq 0$ [sec]에서 $i_C(t)$, $i_R(t)$, $i_L(t)$를 구하고, 키르히호프 전류법칙이 성립함을 입증하라.

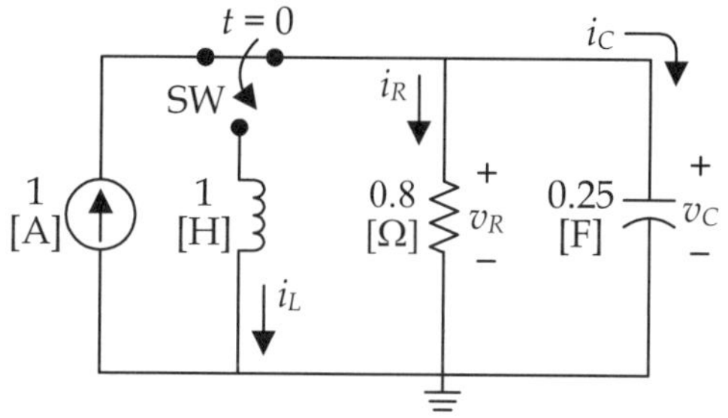

그림 P7.20

7.21 $t=0$ [sec]에서 스위치가 열리기 전까지 그림 P7.21에 나타낸 전기회로는 직류 정상상태로 동작하고 있었다.

(1) $i(0^-)$, $i_R(0^-)$, $v_C(0^-)$를 구하라.

(2) $t \geq 0$ [sec]에서 $i(t)$를 구하라.

(3) $t \geq 0$ [sec]에서 $v_C(t)$와 $v_L(t)$를 구하라.

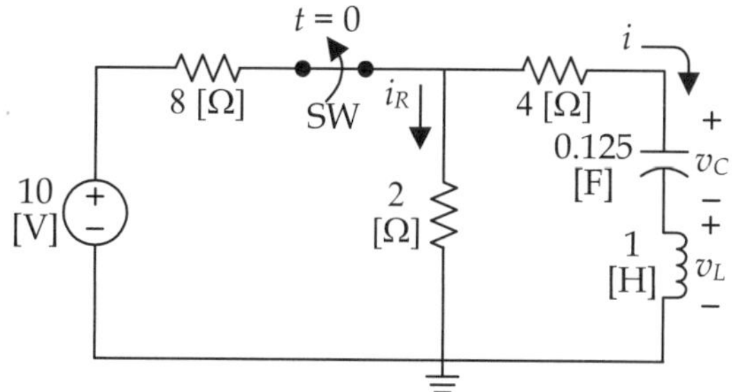

그림 P7.21

7.22 그림 P7.22에 나타낸 전기회로는 $t=0^-$ [sec]에서 직류 정상상태로 동작하고 있었다.

(1) $i_L(0^-)$, $i_R(0^-)$, $v_C(0^-)$를 구하라.

(2) $t \geq 0$ [sec]에서 $v_C(t)$를 구하라.

(3) $t \geq 0$ [sec]에서 $i_C(t)$, $i_R(t)$, $i_L(t)$를 구하라.

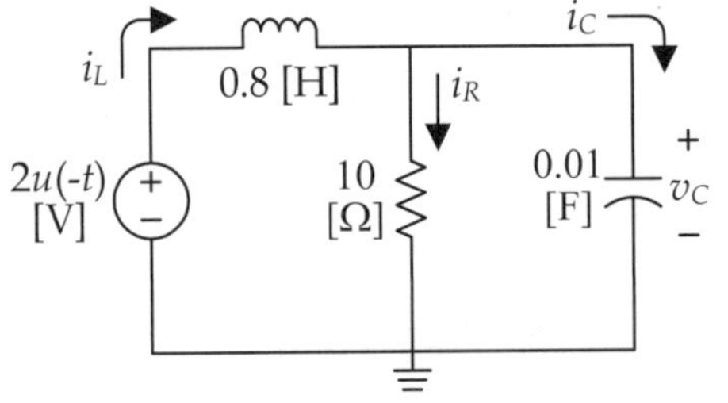

그림 P7.22

7.23 그림 P7.22의 회로에서 인덕터를 4 [H]로 변경한다.

(1) $i_L(0^-)$, $i_R(0^-)$, $v_C(0^-)$를 구하라.

(2) $t \geq 0$ [sec]에서 $v_C(t)$를 구하라.

(3) $t \geq 0$ [sec]에서 $i_C(t)$, $i_R(t)$, $i_L(t)$를 구하라.

7.24 $t = 0^-$ [sec]까지 그림 P7.24에 나타낸 전기회로는 직류 정상상태로 동작한다.

(1) 초기값 $v_C(0^-)$와 $i_L(0^-)$를 구하라.

(2) $t \geq 0$ [sec]에서 $v_C(t)$를 구하라.

(3) $t \geq 0$ [sec]에서 $i_C(t)$, $i_R(t)$, $i_L(t)$를 구하라.

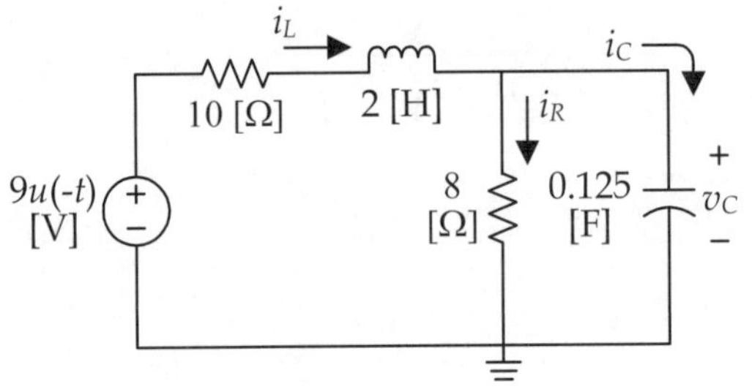

그림 P7.24

7.25 $t = 0^-$ [sec]까지 그림 P7.25에 나타낸 전기회로의 스위치는 닫혀 있었고, 회로는 직류 정상상태로 동작한다.

(1) 초기값 $v_C(0^-)$와 $i_L(0^-)$를 구하라.

(2) $t \geq 0$ [sec]에서 인덕터 전류 $i_L(t)$를 구하라.

(3) $t \geq 0$ [sec]에서 $v_C(t)$, $v_R(t)$, $v_L(t)$를 구하라.

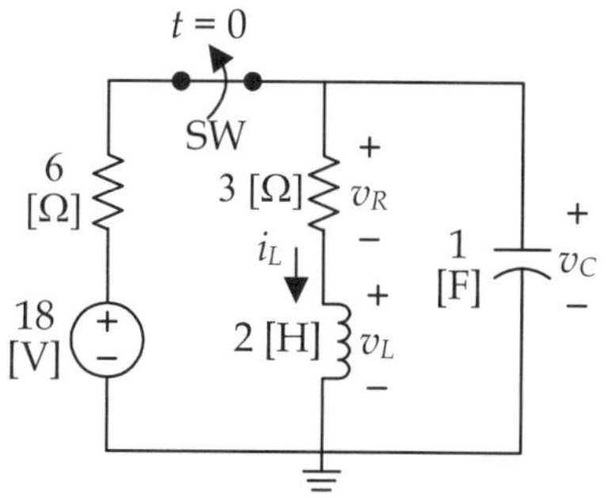

그림 P7.25

7.26 $t = 0^-$ [sec]까지 그림 P7.26에 나타낸 전기회로의 스위치는 닫혀 있었고, 회로는 직류 정상상태로 동작한다.

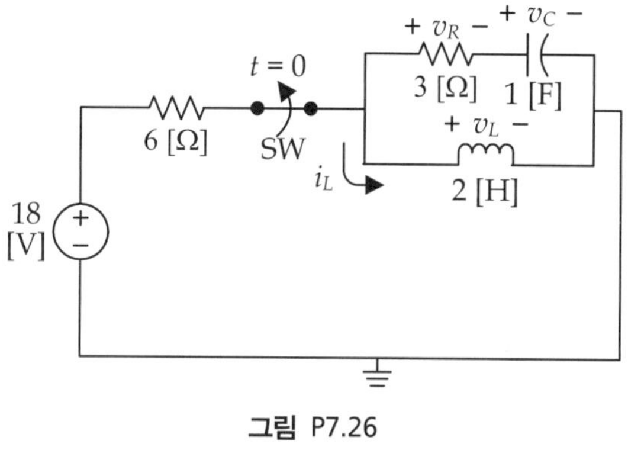

그림 P7.26

(1) 초기값 $i_L(0^-)$와 $v_C(0^-)$를 구하라.

(2) $t \geq 0$ [sec]에서 인덕터 전류 $i_L(t)$를 구하라.

(3) $t \geq 0$ [sec]에서 $v_L(t)$, $v_R(t)$, $v_C(t)$를 구하라.

7.27 $t < 0$ [sec]에서 스위치는 오랜 시간 열려 있었고, 그림 P7.27의 전기회로는 직류 정상상태로 동작한다.

(1) $t=0^-$ [sec]에서 인덕터 전류 $i_L(t)$와 커패시터 전압 $v_L(t)$를 구하라.

(2) $t \geq 0$ [sec]에서 인덕터 전류 $i_L(t)$와 커패시터 전압 $v_L(t)$를 구하라.

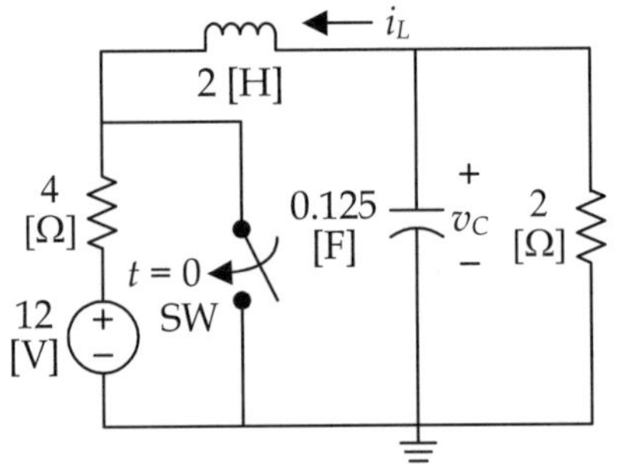

그림 P7.27

7.28 그림 P7.28(a)에 나타낸 전기회로의 전압원이 그림 P7.28(b)와 같이 동작한다. 전원의 상태 천이가 발생하는 $t=1$ [sec] 전까지 회로는 직류 정상상태로 동작한다.

(1) $t=1^-$ [sec]에서 $i_L(t)$와 $v_C(t)$를 구하라.

(2) $t \geq 1$ [sec]에서 커패시터 전압 $v_C(t)$를 구하라.

(3) $t \geq 1$ [sec]에서 $i_C(t)$와 $i_R(t)$, $i_L(t)$를 구하라.

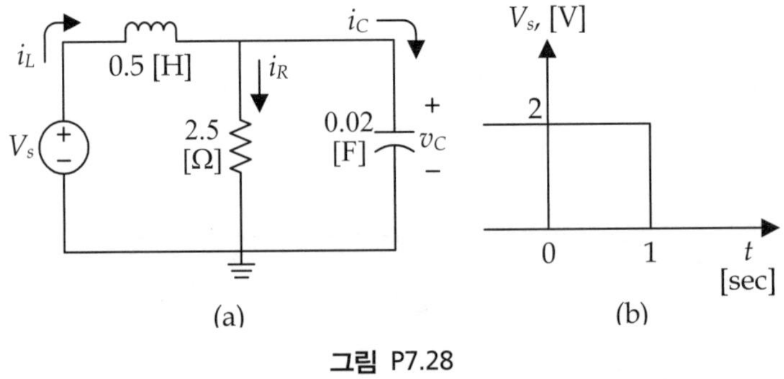

그림 P7.28

7.29 그림 P7.29에 나타낸 연산증폭기 회로는 $t<0$ [sec]에서 직류 정상상태로 동작하고 있었다.

(1) $t=0^-$ [sec]에서 인덕터 전류 $i_L(t)$와 전압 $v_L(t)$를 구하라.

(2) $t \geq 0$ [sec]에서 $i_L(t)$와 연산증폭기 출력전압 $v_o(t)$를 구하라.

(3) $t \geq 0$ [sec]에서 커패시터 전압 $v_C(t)$와 저항 양단의 전압 $v_R(t)$를 구하라.

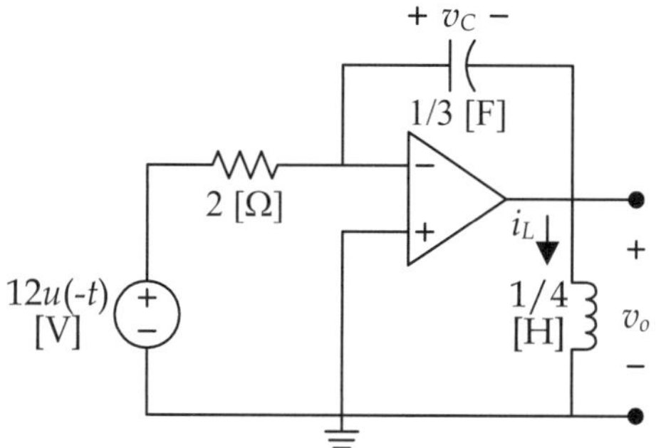

그림 P7.29

7.30 $t=0^-$ [sec]까지 그림 P7.30에 나타낸 전기회로의 스위치는 닫혀 있으므로 회로는 직류 정상상태로 동작하고 있었다.

(1) $t=0^-$ [sec]에서 인덕터 전류와 커패시터 전압의 초기값을 구하라.

(2) $t \geq 0$ [sec]에서 인덕터 전류 $i_L(t)$와 커패시터 전압 $v_C(t)$를 구하라.

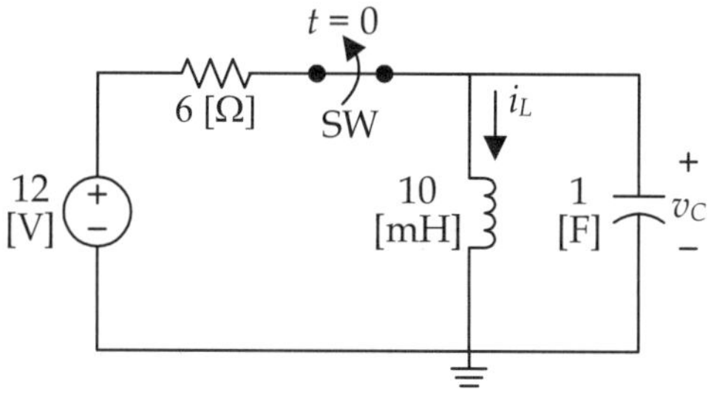

그림 P7.30

7.31 어떤 2차 회로의 회로방정식이 다음과 같다.

$$\frac{d^2x(t)}{dt^2}+3\frac{dx(t)}{dt}+2x(t)=f(t)$$

전원함수 $f(t)$가 다음과 같을 때 강제응답을 구하라.

(1) $f(t)=4$

(2) $f(t)=3e^{-3t}$

(3) $f(t)=2\cos(4t)$

7.32 어떤 2차 회로의 회로방정식이 다음과 같다.

$$\frac{d^2x(t)}{dt^2}+6\frac{dx(t)}{dt}+5x(t)=f(t)$$

전원함수 $f(t)$가 다음과 같을 때 강제응답을 구하라.

(1) $f(t)=2t+1$

(2) $f(t)=3+2e^{-2t}$

(3) $f(t)=2e^{-t}$

7.33 어떤 2차 회로의 회로방정식이 다음과 같다.

$$\frac{d^2x(t)}{dt^2}+4x(t)=f(t)$$

전원함수 $f(t)$가 다음과 같을 때 강제응답을 구하라.

(1) $f(t)=6\sin(2t)$

(2) $f(t)=3e^{j2t}$

7.34 문제 7.33의 회로방정식에서 초기 조건이 다음과 같다.

$$x(0)=1,\ \frac{dx(0)}{dt}=1.5$$

(1) 전원함수가 $f(t)=6\sin(2t)$일 때 $x(t)$의 완전응답을 구하라.

(2) 전원함수가 $f(t)=3e^{j2t}$일 때 $x(t)$의 완전응답을 구하라.

7.35 그림 P7.35에 나타낸 전기회로는 $t=0$ [sec]에서 스위치가 닫히기 전까지 정상 상태로 동작하고 있었다.

(1) $t=0$ [sec]에서 스위치가 닫힐 때, 인덕터 전류와 커패시터 전압의 초기값을 구하라.

(2) $t\ge 0$ [sec]에서 커패시터 전압 $v_C(t)$의 완전응답을 구하라.

(3) $t\ge 0$ [sec]에서 인덕터 전류 $i_L(t)$의 완전응답을 구하라.

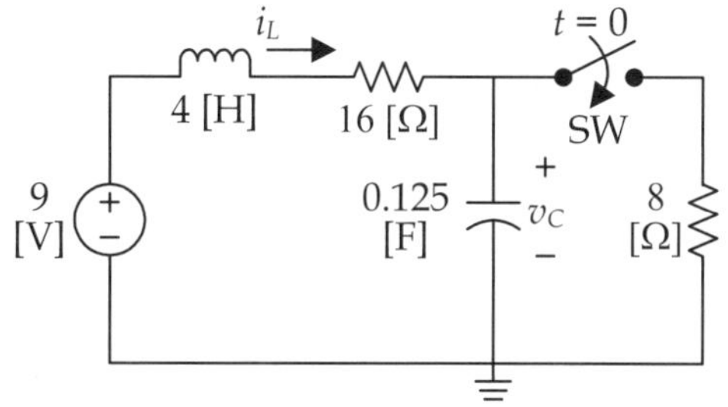

그림 P7.35

7.36 그림 P7.36의 전기회로는 $t < 0$ [sec]에서 직류 정상상태로 동작하고 있었다.

(1) $t = 0^-$ [sec]에서 인덕터 전류 $i_L(t)$와 커패시터 전압 $v_C(t)$를 구하라.

(2) $t = 0$ [sec]에서 두 스위치의 상태가 변경된 후 $i_L(t)$와 $v_C(t)$를 구하라.

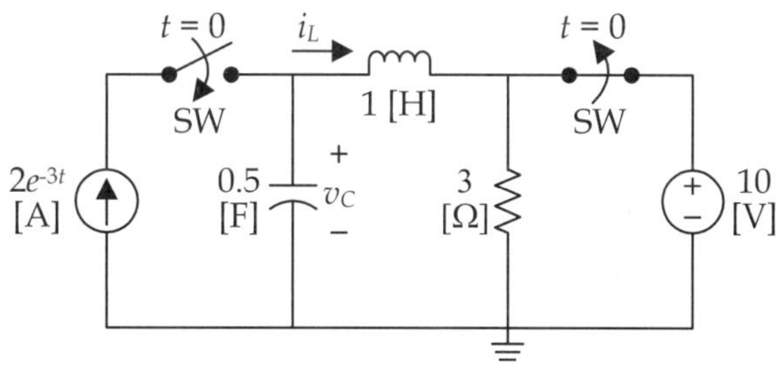

그림 P7.36

7.37 $t = 0^-$ [sec]까지 그림 P7.37의 전기회로는 직류 정상상태로 동작하고 있었다.

(1) 마디전압 $v_1(t)$와 $v_2(t)$의 초기값을 구하라.

(2) $t \geq 0$ [sec]에서 마디전압 $v_1(t)$와 $v_2(t)$의 완전응답을 구하라.

(3) $t \geq 0$ [sec]에서 $i_1(t)$와 $i_2(t)$를 구하라.

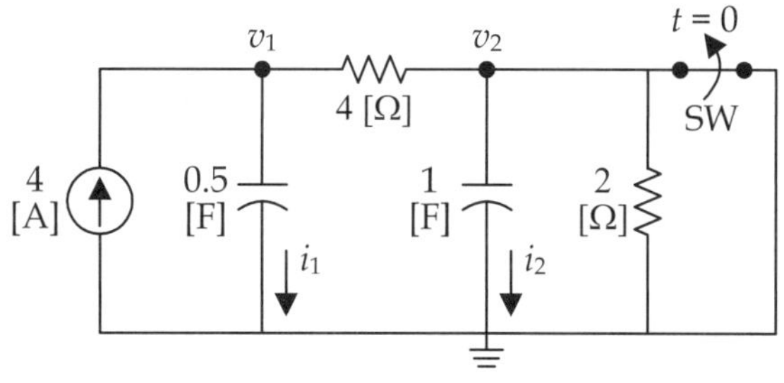

그림 P7.37

7.38 $t=0$ [sec]에서 두 스위치의 위치가 변경되기 전까지 그림 P7.38에 나타낸 전기회로는 직류 정상상태로 동작하고 있었다.

(1) 커패시터 전압과 망로전류의 초기값 $v_C(0^-)$와 $i(0^-)$를 구하라.

(2) $t \geq 0$ [sec]에서 $i(t)$의 완전응답을 구하라.

(3) $t \geq 0$ [sec]에서 $v_C(t)$를 구하라.

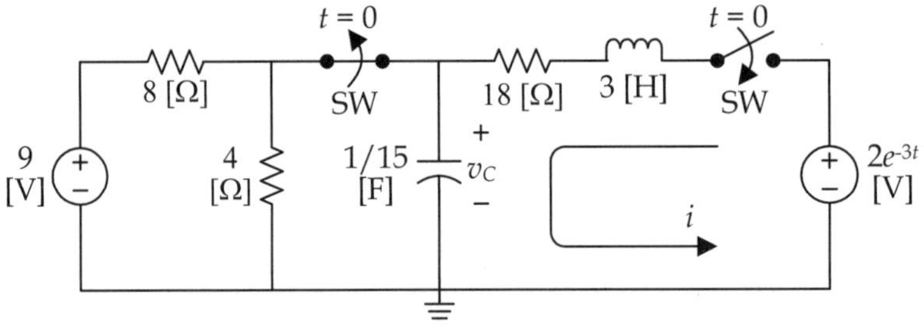

그림 P7.38

7.39 $t<0^-$ [sec]에서 그림 P7.39의 전기회로는 직류 정상상태로 동작하고 있었다. 전압원이 $V_s(t)=6e^{-2t}$ [V]일 때

(1) $t \geq 0$ [sec]에서 저항 R에 따른 제동형태를 판정하라.

(2) $R=16$ [Ω]인 경우 전류 $i(t)$와 커패시터 전압 $v_C(t)$를 구하라.

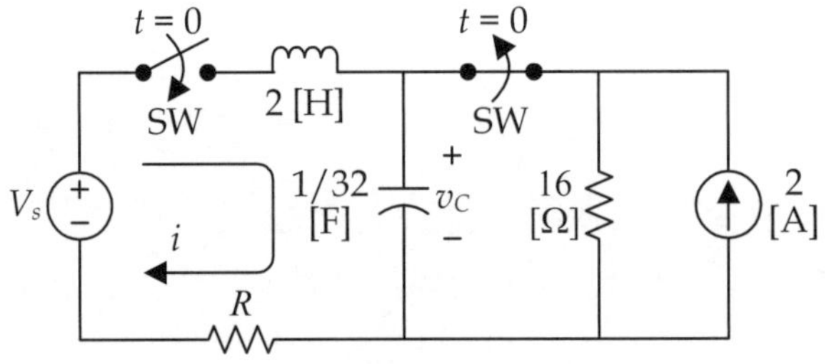

그림 P7.39

7.40 그림 P7.39의 전기회로에서 $R=20$ [Ω]인 경우 전류 $i(t)$와 커패시터 전압 $v_C(t)$를 구하라.

7.41 그림 P7.39의 전기회로에서 $R=12$ [Ω]인 경우 전류 $i(t)$와 커패시터 전압 $v_C(t)$를 구하라.

7.42 $t=0^-$ [sec]에서 그림 P7.42에 나타낸 전기회로는 직류 정상상태로 동작하고 있었다. 전압원은 $V_s(t)=16e^{-t}\{u(t)-u(t-2)\}$[V]이다. 여기서 $u(t)$는 단위계단함수를 나타낸다.

(1) $t=0^-$ [sec]에서 커패시터 전압 $v_C(t)$와 망로전류 $i(t)$를 구하라.

(2) $0 \le t < 2$ [sec]에서 전류 $i(t)$와 전압 $v_C(t)$의 완전응답을 구하라.

(3) $t \ge 2$ [sec]에서 전류 $i(t)$와 전압 $v_C(t)$의 완전응답을 구하라.

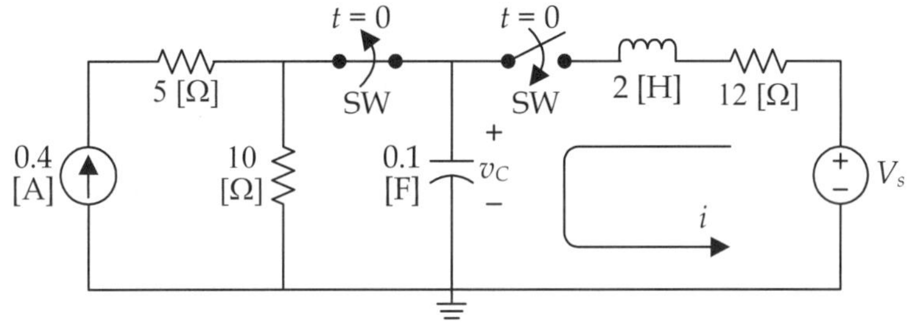

그림 P7.42

7.43 그림 P7.43(a)에 나타낸 전기회로에서 전압원은 그림 P7.43(b)와 같이 동작하고, $t=0^-$ [sec]에 주어진 회로는 직류 정상상태로 동작하고 있었다.

(1) $t=0^-$ [sec]에서 커패시터 전압 $v_C(t)$와 망로전류 $i_1(t)$를 구하라.

(2) $0 \le t < 2$ [sec]에서 전류 $i_1(t)$와 전압 $v_C(t)$의 완전응답을 구하라.

(3) $2 \le t < 4$ [sec]에서 전류 $i_1(t)$와 전압 $v_C(t)$를 구하라.

(4) $t \ge 4$ [sec]에서 전류 $i_2(t)$와 $v_C(t)$를 구하라.

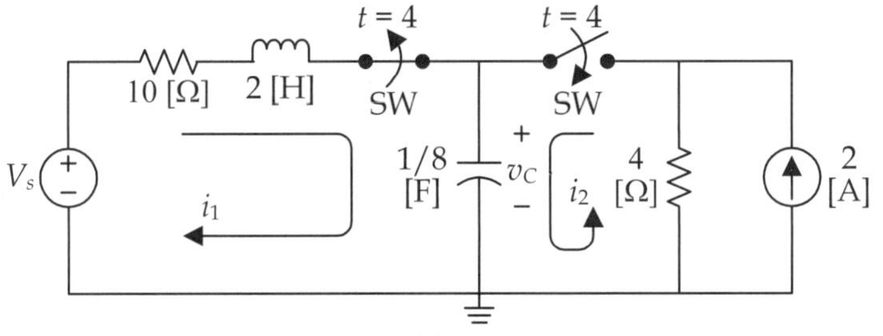

(a)

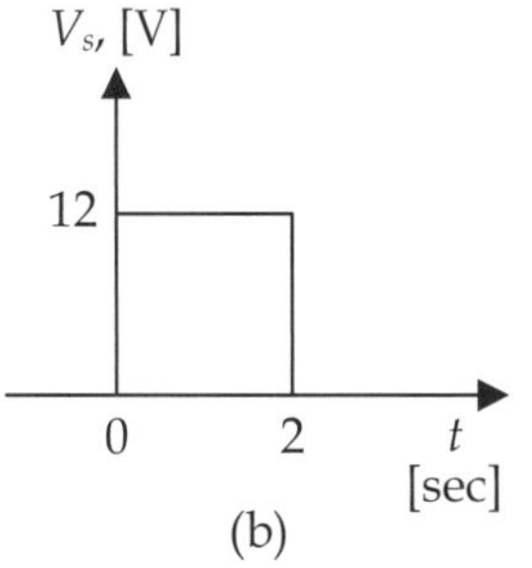

(b)

그림 P7.43

7.44 그림 P7.44(a)에 나타낸 연산증폭기 회로에서 전원은 그림 P7.44(b)와 같이 동작하고, $t=0^-$ [sec]에 주어진 회로는 직류 정상상태로 동작하고 있었다.

(1) $0 \le t < 1$ [sec]에서 출력전압 $v_o(t)$의 완전응답을 구하라.

(2) $0 \le t < 1$ [sec]에서 전압 $v_1(t)$를 구하라.

(3) $t \ge 1$ [sec]에서 전압 $v_o(t)$와 전압 $v_1(t)$를 구하라.

(4) 전원 $V_s(t)$와 전압 $v_1(t)$, $v_o(t)$의 파형을 그려라.

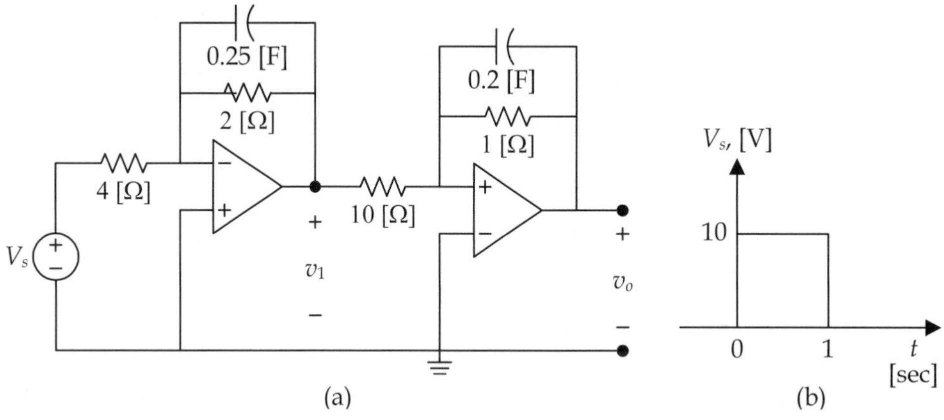

그림 P7.44

7.45 그림 P7.45(a)에 나타낸 연산증폭기 회로에서 전원은 그림 P7.45(b)와 같이 동작하고, $t=0^-$ [sec]에 주어진 회로는 직류 정상상태로 동작하고 있었다.

(1) 연산증폭기 비반전 입력단자에 연결된 0.05 [F] 커패시터 양단의 전압이 출력전압과 같은 이유를 설명하라.

(2) $0 \le t < 1$ [sec]에서 출력전압 $v_o(t)$의 완전응답을 구하라.

(3) $0 \le t < 1$ [sec]에서 마디전압 $v_1(t)$와 커패시터 전압 $v_2(t)$를 구하라.

(3) $t \ge 1$ [sec]에서 출력전압 $v_o(t)$의 완전응답과 마디전압 $v_1(t)$와 커패시터 전압 $v_2(t)$를 구하라.

(4) 전원 $V_s(t)$와 출력전압 $v_o(t)$의 파형을 그려라.

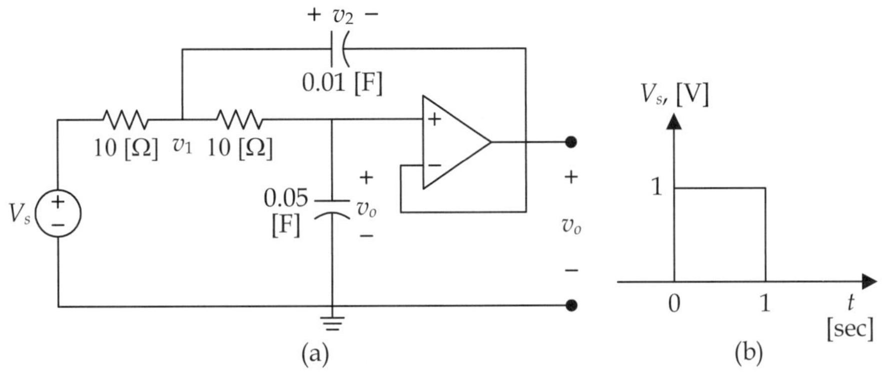

그림 P7.45

정현파 전원과 페이저

CHAPTER

08

8장 정현파 전원과 페이저

저항회로를 대상으로 회로해석에 사용되는 여러 가지 세부 기법들과 해석법에 대하여 학습한 이후 인덕터와 커패시터 등 에너지 저장소자가 포함된 회로로 회로해석의 범위를 확대하였다. 특히, 이전의 두 장에서는 저장소자가 포함된 회로의 회로방정식을 1차 또는 2차 미분방정식의 형태로 도출하고 이에 대한 완전응답을 구하였다. 완전응답은 전원회로의 상태 변화에 따라 소자에 에너지를 저장하거나 또는 저장된 에너지를 방출하는 과도 상태에서 나타나는 고유응답과 전원의 특성에 따라 나타나는 강제응답으로 구성된다.

현재까지 학습한 대부분의 전기회로에서 전원은 직류 전원을 사용하였다. 이에 따라 강제응답도 전원과 수학적으로 동일한 형태를 가지는 상수로 나타났었다. 직류 전원을 사용하는 전기회로에서 강제응답은 회로가 정상상태로 동작할 때 나타나는 응답과 동일하다. 이것은 직류 정상상태에서 인덕터는 단락회로로, 커패시터는 개방회로로 대체시킬 수 있으므로 결국 전기회로에는 저항만 남기 때문에 저장소자에 의한 고유응답은 사라지므로 저항회로에 대한 해석과 같은 결과를 얻게 되는 것이 이유이다.

항상 일정한 값을 유지하는 직류 전원 외에 전기회로를 구동시키는 또 다른 중요한 전원은 정현파(sinusoidal wave) 전원이다. 정현파는 일정한 주기로 최대값과 최소값 사이를 진동하는 움직임을 반복적으로 나타내는 사인함수나 코사인함수의 파형(waveform)을 말한다. 진자의 운동, 빛이나 전자파의 전파, 기계적 진동 등과 같이 연속적으로 진동하는 움직임은 자연 현상에서도 쉽게 찾아 볼 수 있다. 이러한 정현파를 강제함수로 사용하는 전원을 정현파 전원 또는 교류(alternating current) 전원이라고 하고, 정현파함수를 전원으로 사용하는 회로를 교류회로라고 하며 앞으로 몇 장에 걸쳐 학습할 것이다. 이 장에서는 교류회로에 대한 개념을 정립하기 위하여 정현파 전원(sinusoidal source)과 복소전원(complex source), 페이저(phasor)와 수동소자에 대한 복소형식 표현 등에 대하여 자세하게 학습한다. 그리고 교류 정상상태(ac steady-state)에 대한 개념의 소개와 함께 교류 정상상태 해석을 위한 페이저회로(phasor circuit)에 대하여 학습할 것이다.

8.1 정현파

일정한 주기로 최대값과 최소값 사이를 연속적으로 진동하는 정현파 전압은 수학적으로는 식 (8.1)과 같이 나타낼 수 있고

$$v(t) = V_m \cos(\omega t + \phi) \tag{8.1}$$

파형으로 나타내면 그림 8.1과 같다. 여기서 진동하는 전압의 최대값과 최소값을 결정하는 진폭 V_m, 진동주기를 나타내는 각주파수(angular frequency) ω, 어떤 시간에서 정현파의 시작 위치를 나타내는 위상각(phase) ϕ는 정현파를 정의하는 세 가지 요소이다. 각주파수는 [rad/sec]를 단위로 사용하는데, 이것은 단위시간 당 회전각을 나타내며 일반적인 주파수(frequency)와는 다음과 같은 관계를 가진다.

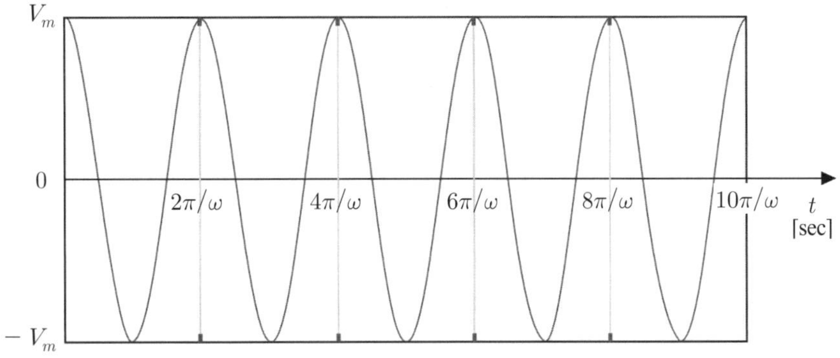

그림 8.1 정현파 전압 ($\phi = 0°$)

$$\omega = 2\pi f \text{ [rad/sec]} \tag{8.2}$$

또한 주파수 f의 단위는 [Hz]이며

$$f = \frac{1}{T} \text{ [Hz]} \tag{8.3}$$

로 주기(period) T [sec]의 역수이다.

그림 8.1에서 정현파함수의 파형은 $2\pi/\omega$ [sec]마다 반복되기도 하지만 $4\pi/\omega$ [sec]와 $6\pi/\omega$ [sec]마다 반복되는 패턴을 가지기도 한다. 그러므로 반복되는 시간만으로 주기를

정의하는 것은 정확하지 못할 수 있으므로 보다 더 엄밀한 정의가 필요하다. 주기에 대한 일반적인 정의는 파형이 반복되는 시간구간들 가운데 가장 작은 시간구간이다. 따라서 그림 8.1과 식 (8.1)에 나타낸 정현파 전압의 주기는

$$T = \frac{2\pi}{\omega} \text{ [sec]} \tag{8.4}$$

가 된다. 이에 따라 임의의 주기함수(periodic function)에 대한 가장 보편적인 정의는 모든 t와 임의의 정수 n에 대하여

$$x(t+nT) = x(t) \tag{8.5}$$

삼각함수의 파라미터는 각도이다. 식 (8.1)에서 괄호 안의 파라미터 $\omega t+\phi$의 단위만을 계산해보면 [rad/sec] × [sec] + [degree 또는 °] = (360/2π) [degree] + [degree] = [degree]이므로 각도가 된다. 이런 이유로 ωt를 편각(argument)이라고도 한다.

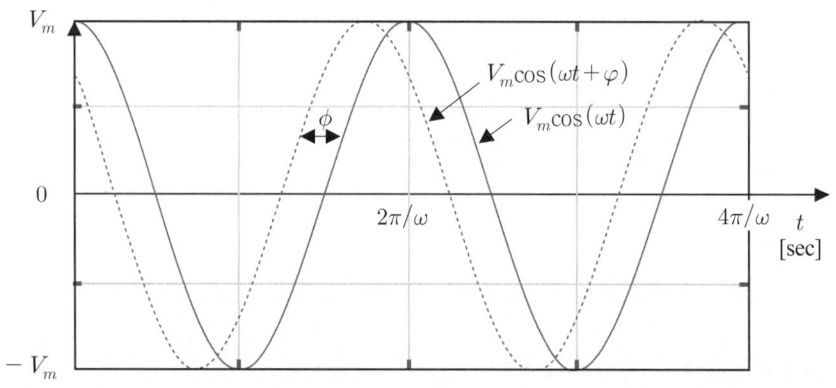

그림 8.2 위상이 다른 두 개의 정현파함수

그림 8.2에 위상이 다른 두 정현파함수를 나타내었다. $v_2(t) = V_m\cos(\omega t+\phi)$의 파형은 $v_1(t) = V_m\cos(\omega t)$보다 앞에 나타난다. 두 함수의 위상 차이는 ϕ [rad]이므로 $v_2(t)$가 ϕ/ω [sec]만큼 앞서(leading) 나타난다. 이처럼 위상이 앞서는 경우 ϕ는 양이 되며, 진상(leading phase angle)이라고 한다. 위상이 뒤처지는 경우 ϕ는 음의 값을 가지며, 지상(lagging phase angle)이라고 한다.

현재까지는 주로 코사인함수를 이용하여 정현파함수를 설명하였다. 사인함수도 코사인함수와 함께 대표적인 정현파함수이다. 그림 8.3에 같은 주기를 가지는 코사인함수와 사

인함수를 나타내었다.

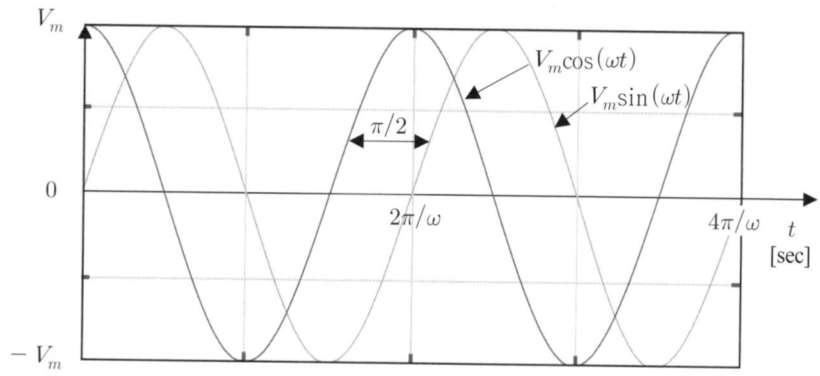

그림 8.3 코사인함수와 사인함수

두 함수의 위상각이 동일할 경우 코사인함수의 파형은 사인함수의 파형보다 앞서 나타나며, 위상각의 차이는 $\pi/2$ [rad] 또는 90° 이다. 따라서 두 함수 사이에는 다음과 같은 관계식이 성립한다.

$$\cos(\omega t - \pi/2) = \sin(\omega t),\ \ \sin(\omega t + \pi/2) = \cos(\omega t) \tag{8.6}$$

식 (8.6)으로부터 코사인함수와 사인함수는 본질적으로 동일한 함수이며 위상만 $\pi/2$ [rad] 차이가 있을 뿐이다.

코사인함수와 사인함수의 특징 가운데 하나는 위상이 π [rad] 또는 180° 차이나면 부호가 바뀐다는 것이다. 이 특징을 수식으로 표현하면

$$\cos(\omega t \pm \pi) = -\cos(\omega t),\ \ \sin(\omega t \pm \pi) = -\sin(\omega t) \tag{8.7}$$

그러므로 위상이 2π [rad] 또는 360° 차이나는 것은$(-1)\times(-1)=1$이므로 원래 함수와 같아진다. 즉, 정현파함수에서는 다음과 같은 관계식도 성립한다.

$$\cos(\omega t \pm 2\pi) = \cos(\omega t),\ \ \sin(\omega t \pm 2\pi) = \sin(\omega t) \tag{8.8}$$

이것은 정현파함수의 주기를 라디안(radian)으로 표시하면 2π [rad]이 되는 것을 의미한다.

예제 8.1

다음과 같은 두 정현파 전압의 위상을 비교하라.

$$v_1(t) = V_m \cos(\omega t + 30^\circ)\ [\mathrm{V}],\ v_2(t) = -V_m \sin(\omega t - 45^\circ)\ [\mathrm{V}].$$

풀이

$v_2(t)$를 코사인함수로 고치면 다음과 같다.

$$\begin{aligned} v_2(t) &= -V_m \sin(\omega t - 45^\circ) = V_m \sin(\omega t - 45^\circ + 180^\circ) \\ &= V_m \cos(\omega t - 45^\circ + 180^\circ - 90^\circ) = V_m \cos(\omega t + 45^\circ) \end{aligned} \quad ①$$

따라서 $v_2(t)$가 $v_1(t)$보다 15° 앞선 위상을 가진다.

식 ①에서 부호의 변경을 양의 위상 180°로 계산하였다. 만약 부호의 변경을 음의 위상 180°로 계산하면 다음과 같다.

$$\begin{aligned} v_2(t) &= -V_m \sin(\omega t - 45^\circ) = V_m \sin(\omega t - 45^\circ - 180^\circ) \\ &= V_m \cos(\omega t - 225^\circ - 90^\circ) = V_m \cos(\omega t - 315^\circ) \end{aligned} \quad ②$$

가 된다. 식 (8.8)을 적용하여 코사인함수와 사인함수의 위상 범위를 $[-\pi, \pi]$ 또는 $[-180^\circ, 180^\circ]$로 표시하면 식 ②는

$$v_2(t) = V_m \cos(\omega t - 315^\circ + 360^\circ) = V_m \cos(\omega t + 45^\circ) \quad ③$$

따라서 $v_2(t)$가 $v_1(t)$보다 15° 앞선 위상을 가지는 사실에는 변함이 없다.

주파수가 같은 두 개의 정현파함수를 더하면 같은 주파수를 가지는 새로운 정현파가 된다. 예를 들어, 두 정현파 전압이 $v_1(t) = A\cos(\omega t)$, $v_2(t) = B\sin(\omega t)$인 경우

$$v_1(t) + v_2(t) = A\cos(\omega t) + B\sin(\omega t) \tag{8.9}$$

를 구하기 위하여 그림 8.4에 나타낸 임의의 직각삼각형의 세 변의 길이에 대한 관계를 식 (8.9)에 적용하면

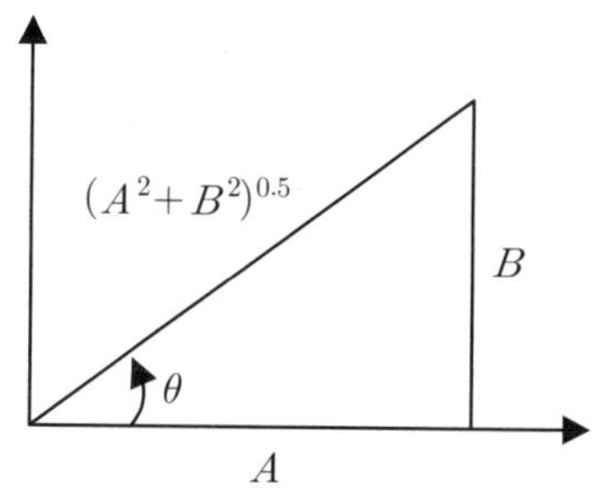

그림 8.4 임의의 직각삼각형

$$\begin{aligned} & A\cos(\omega t)+B\sin(\omega t) \\ &= \sqrt{A^2+B^2}\left\{\frac{A}{\sqrt{A^2+B^2}}\cos(\omega t)+\frac{B}{\sqrt{A^2+B^2}}\sin(\omega t)\right\} \\ &= \sqrt{A^2+B^2}\{\cos(\theta)\cos(\omega t)+\sin(\theta)\sin(\omega t)\} \\ &= \sqrt{A^2+B^2}\cos(\omega t-\theta), \end{aligned} \tag{8.10}$$

여기서 $\theta=\tan^{-1}(B/A)$이다. 따라서 주파수가 동일한 두 정현파함수 합은

$$v_1(t)+v_2(t)=A\cos(\omega t)+B\sin(\omega t)=C\cos(\omega t-\theta)\ [\mathrm{V}] \tag{8.11}$$

와 같이 동일한 주파수를 가지는 하나의 정현파함수로 나타내어진다. 여기서 $C=\sqrt{A^2+B^2}$ 이다. 역으로 어떤 정현파함수는 동일한 주파수를 가지는 코사인함수와 사인함수로 분해하는 것도 가능하다. 특히, 이렇게 분해하여 표현하는 것을 직교형식(quadrature form 또는 quadrature representation)이라고 한다.

예제 8.2

다음과 같은 두 정현파 전압의 합을 하나의 정현파 전압으로 표현하라.

$$v_1(t)=3\cos(2t)\ [\mathrm{V}],\ \ v_2(t)=2\sin(2t-30^\circ)\ [\mathrm{V}].$$

풀이

삼각함수 공식에 의하여

$$\sin(2t-30^\circ) = \sin(2t)\cos(-30^\circ) + \cos(2t)\sin(-30^\circ) \quad ①$$
$$= \frac{\sqrt{3}}{2}\sin(2t) - \frac{1}{2}\cos(2t)$$

이므로 두 정현파 전압의 합은 다음과 같이 등가적으로 표현할 수 있다.

$$v_1(t) + v_2(t) = 3\cos(2t) + 2\sin(2t-30^\circ) \quad ②$$
$$= 3\cos(2t) + 2\left\{\frac{\sqrt{3}}{2}\sin(2t) - \frac{1}{2}\cos(2t)\right\}$$
$$= 2\cos(2t) + \sqrt{3}\sin(2t)$$

따라서 식 (8.10)에 의하여 두 정현파 전압의 합은

$$v_1(t) + v_2(t) = \sqrt{2^2 + (\sqrt{3})^2}\cos\left(2t - \tan^{-1}\left(\frac{\sqrt{3}}{2}\right)\right) = \sqrt{7}\cos(2t - 40.89^\circ)\ [\mathrm{V}]$$

■

8.2 정현파 전원에 대한 강제응답

2차 회로의 완전응답에 정현파함수가 포함될 수 있는 경우는 두 가지이다. 하나는 직류 전원에 의하여 구동되는 2차 회로가 부족제동의 조건에 놓이면 완전응답의 한 요소인 고유응답이 감쇠 정현파의 형태로 나타난다. 다른 하나는 회로를 구동시키는 전원, 즉 강제함수가 정현파함수이면 강제응답도 정현파함수의 형태로 나타나는 것을 학습한 바 있다. 여기서는 그림 8.5에 나타낸 직렬 RLC 회로에서 독립전압원이 $v(t) = 3\cos(3t)$인 경우 나타나는 강제응답에 대하여 간단히 복습한다.

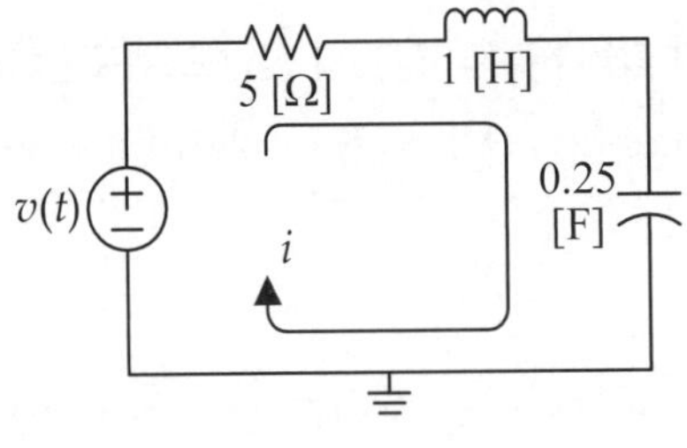

그림 8.5 직렬 RLC 회로

그림 8.5의 직렬 RLC 회로에 키르히호프 전압법칙을 적용하면

$$\frac{di(t)}{dt}+5i(t)+\frac{1}{0.25}\int_{0^-}^{t} i(\tau)\,d\tau+v_c(0^-)=v(t)=3\cos(3t) \tag{8.12}$$

이며, 이것을 1차 미분함으로써 2계 미분방정식 형태의 회로방정식을 다음과 같이 구할 수 있다.

$$\frac{d^2i(t)}{dt^2}+5\frac{di(t)}{dt}+4i(t)=-9\sin(3t) \tag{8.13}$$

강제함수에 따른 망로전류의 강제응답을 $i_f(t)=A\cos(3t)+B\sin(3t)$라고 가정하여 식 (8.13)에 대입하면

$$\begin{aligned}&\frac{d^2}{dt^2}\{A\cos(3t)+B\sin(3t)\}+5\frac{d}{dt}\{A\cos(3t)+B\sin(3t)\}\\&+4\{A\cos(3t)+B\sin(3t)\}=-9\sin(3t)\\&\rightarrow\ (-5A+15B)\cos(3t)+(-15A-5B)\sin(3t)=-9\sin(3t)\end{aligned} \tag{8.14}$$

따라서 $A=0.54,\ B=0.18$이므로 강제응답은

$$i_f(t)=0.54\cos(3t)+0.18\sin(3t)=0.57\cos(3t-18.43^\circ)\ [\mathrm{A}] \tag{8.15}$$

앞의 예에서는 정현파 전원에 의하여 강제응답이 정현파함수로 나타나는 경우를 살펴보았다. 앞서 설명하였듯이 부족제동 조건의 회로에서는 고유응답도 시간이 경과됨에 따라 감소하는 정현파함수로 나타난다. 이와 같이 두 가지 조건이 동시에 포함되는 경우 2차 회로의 완전응답이 어떻게 나타나는지 다음 예제를 통하여 확인해보자.

예제 8.3

그림 8.5의 회로에서 커패시터를 0.125 [F]으로 교체하고, 독립 전압원을 $v(t)=3\cos(3t)u(t)$로 변경하였을 때 망로전류 $i(t)$에 대한 완전응답을 구하라.

풀이

전원이 단위계단함수를 포함하고 있으므로 $t<0$에서 주어진 RLC 회로에는 응답이 전혀

나타나지 않는다. 따라서 인덕터와 커패시터에 저장된 초기 에너지는 0 [J]로 가정할 수 있으므로 인덕터를 통하여 흐르는 전류와 커패시터 양단에 걸리는 전압의 초기값은

$$i(0^-) = 0\ [\text{A}], \quad v_c(0^-) = 0\ [\text{V}] \qquad ①$$

$t > 0$이 되면 정현파 전압원이 회로를 구동하므로 폐경로에 키르히호프 전압법칙을 적용하면 회로방정식은

$$\frac{di(t)}{dt} + 5i(t) + \frac{1}{0.125}\int_{0^-}^{t} i(\tau)\,d\tau + v_c(0^-) = 3\cos(3t) \qquad ②$$

식 ②를 1차 미분하여 정리하면 2차 미분방정식 형태의 회로방정식을 다음과 같이 얻을 수 있다.

$$\frac{d^2 i(t)}{dt^2} + 5\frac{di(t)}{dt} + 8i(t) = -9\sin(3t) \qquad ③$$

회로방정식에 대한 고유응답의 시험해를 구하기 위한 특성방정식은

$$s^2 + 5s + 8 = 0 \qquad ④$$

근의 판별식을 통하여 회로방정식은 부족제동 조건에 해당하며, 특성방정식의 근은

$$s_1 = -(2.5 - 1.32j) = s_2^* = -(2.5 + 1.32j)^* \qquad ⑤$$

이므로 고유응답은

$$i_n(t) = K_1 e^{-(2.5-1.32j)t} + K_2 e^{-(2.5+1.32j)t}\ [\text{A}] \qquad ⑥$$

한편, 회로방정식에 대한 강제응답의 시험해를

$$i_f(t) = A\cos(3t) + B\sin(3t)\ [\text{A}] \qquad ⑦$$

로 정하여 식 ③에 대입하여 정리하면

$$\frac{d^2}{dt^2}\{A\cos(3t) + B\sin(3t)\} + 5\frac{d}{dt}\{A\cos(3t) + B\sin(3t)\} \qquad ⑧$$
$$+\ 8\{A\cos(3t) + B\sin(3t)\} = -9\sin(3t)$$

$$\rightarrow\ (-A+15B)\cos(3t)+(-B-15A)\sin(3t)=-9\sin(3t)$$

이 되므로 두 계수는 $A=0.6$, $B=0.04$이다. 이에 따라 식 ⑦의 강제응답은

$$i_f(t)=0.6\cos(3t)+0.04\sin(3t)=0.6\cos(3t-3.81^\circ)\ [\mathrm{A}] \tag{9}$$

따라서 완전응답은 다음과 같다.

$$i(t)=0.6\cos(3t-3.81^\circ)+K_1e^{-(2.5-1.32j)t}+K_2e^{-(2.5+1.32j)t}\ [\mathrm{A}] \tag{10}$$

인덕터 전류는 연속성의 원리를 만족하므로 식 ⑩에 인덕터 전류에 대한 초기 조건을 대입하면

$$i(0^-)=i(0^+)=0.6+K_1+K_2=0 \tag{11}$$

두 번째 초기 조건은 커패시터 전압이므로 식 ②를 활용하여야 한다. 따라서 전류에 대한 미분항의 초기 조건을 계산하면

$$\frac{di(t)}{dt}=-1.8\sin(3t-3.81^\circ)-(2.5-1.32j)K_1e^{-(2.5-1.32j)t}-(2.5+1.32j)K_2e^{-(2.5+1.32j)t} \tag{12}$$

$$\rightarrow\ \left[\frac{di(t)}{dt}\right]_{t=0^-}=0.12-(2.5-1.32j)K_1-(2.5+1.32j)K_2$$

따라서 식 ②에 초기 조건을 적용하면

$$\left[\frac{di(t)}{dt}+5i(t)+\frac{1}{0.125}\int_{0^-}^{t}i(\tau)\,d\tau+v_c(0^-)=3\cos(3t)\right]_{t=0^-} \tag{13}$$

$$\rightarrow\ \left[\frac{di(t)}{dt}\right]_{t=0^-}+0+0+0=0.12-(2.5-1.32j)K_1-(2.5+1.32j)K_2=3$$

식 ⑪과 식 ⑬으로부터 $K_1=-(0.3+0.52j)=K_2^*=-(0.3-0.52j)^*$이므로 망로전류에 대한 완전응답은

$$i(t)=0.6\cos(3t-3.81^\circ)-(0.3+0.52j)e^{-(2.5-1.32j)t}\ [\mathrm{A}]-(0.3-0.52j)e^{-(2.5+1.32j)t}\ [\mathrm{A}] \tag{14}$$

식 ⑭에서 등호 오른쪽의 두 번째 항과 세 번째 항을 식 (7.44)의 형태로 나타내면

$$\begin{aligned} i(t) &= 0.6\cos(3t-3.81^\circ) - e^{-2.5t}\times 2Re\{(0.3+0.52j)e^{1.32jt}\} \\ &= 0.6\cos(3t-3.81^\circ) - e^{-2.5t}\{0.6\cos(1.32t) - 1.04\sin(1.32t)\}\ [\mathrm{A}] \end{aligned} \quad ⑮$$

여기서 등호 오른쪽의 두 번째 항의 괄호 속의 요소는 식 (8.10)에 의하여 하나의 정현파 함수로 다음과 같이 나타낼 수 있다.

$$\begin{aligned} &0.6\cos(1.32t) - 1.04\sin(1.32t) \\ &= \sqrt{0.6^2+(-1.04)^2}\cos\left(1.32t - \tan^{-1}\left(\frac{-1.04}{0.6}\right)\right) \\ &= 1.2\cos(1.32t+62.02^\circ) \end{aligned} \quad ⑯$$

따라서 망로전류에 대한 완전응답의 최종 형태는

$$i(t) = 0.6\cos(3t-3.81^\circ) - 1.2e^{-2.5t}\cos(1.32t+62.02^\circ)\ [\mathrm{A}] \quad ⑰$$

식 ⑰에서 등호 오른쪽의 첫 번째 항은 강제응답을 나타내고 두 번째 항은 고유응답이다. 강제응답은 전원에 의하여 나타나는 응답이므로 강제함수와 동일한 주파수를 가진다. 하지만 고유응답은 전원에 의하여 나타나는 응답이 아니므로 강제함수와 동일한 주파수를 가지지 않으며, 지수함수가 곱해져 있으므로 시간이 경과됨에 따라 감쇠하여 사라진다.

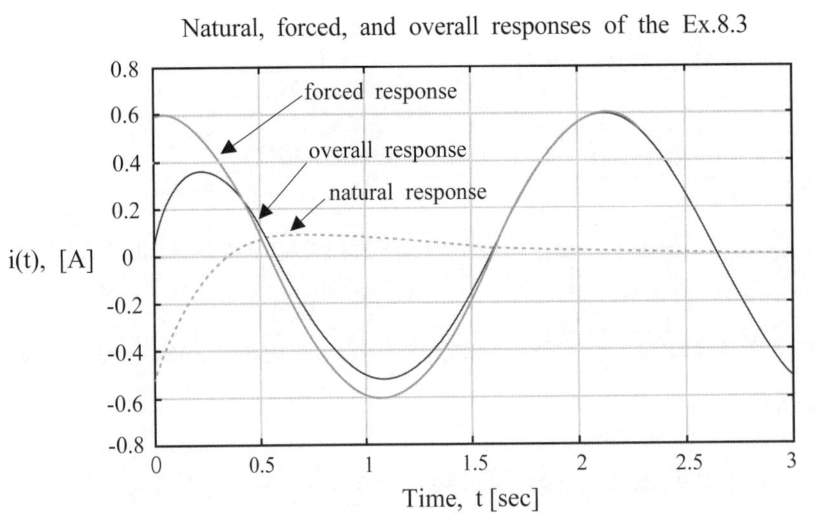

그림 8.6 망로전류 $i(t)$의 응답 특성

그림 8.6은 망로전류 $i(t)$의 고유응답, 강제응답, 완전응답을 그래프로 나타낸 것이다. $t>0$에서 단위계단함수를 포함하는 정현파 전원이 인가되면 부족제동 조건에 의하여 고유응답은 일시적으로 나타나지만 감쇠되어 약 2 [sec] 정도 시간이 경과되면 거의 사라진다. 전원에 의한 강제응답은 $\omega=3$ [rad/sec]의 각주파수(주기로 환산하면 2.09 [sec])를 가지는 정현파함수로 나타난다. 완전응답은 고유응답의 영향 때문에 전원이 인가된 직후에는 강제응답과는 주파수와 진폭이 모두 다르지만 시간이 경과되면서 강제응답에 수렴한다.

8.3 복소전원

전원의 수학적 모델을 복소수로 나타낸 것이 복소전원이다. 이것은 정현파 전원을 대체하여 사용하는 특별한 방법으로 교류회로의 해석에 매우 유용하게 사용된다. 복소수는 그림 8.7에 나타낸 것처럼 복소평면(complex plane)이라고 하는 2차원 평면 위의 한 점을 나타내는 수이며 다음과 같이 표시한다.

$$A=a+jb \tag{8.16}$$

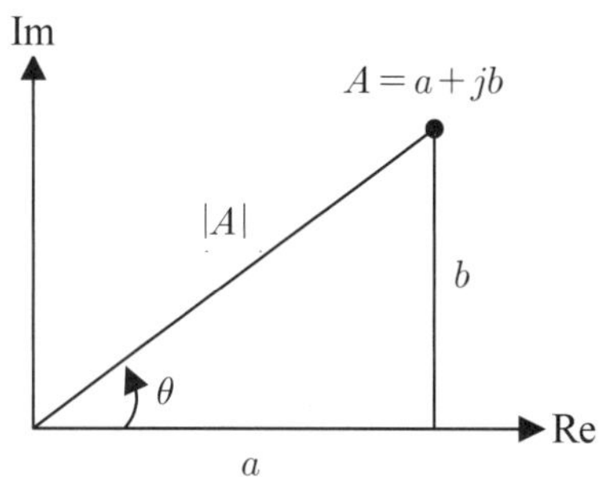

그림 8.7 복소평면 상에서 복소수

여기서 a는 복소수 A의 실수부(real part)로 $a=Re\{A\}$로 나타내고, $b=Im\{A\}$는 A의 허수부(imaginary part)이다. $j(=\sqrt{-1})$은 복소평면에서 허수축의 단위 길이이며, 그 자체로 복소수가 된다.

그림 8.7에서 복소수 A는 다음과 같이 나타낼 수도 있다.

$$A=|A|\angle\theta \tag{8.17}$$

여기서 $|A|$는 원점으로부터의 거리로 복소수 A의 크기(magnitude)이고 $\angle\theta$는 양의 실수축(real axis)으로부터 반시계방향(counter clockwise)으로 측정한 각도이다. 식 (8.16)에 나타낸 복소수의 직각좌표 형식(rectangular form)과 식 (8.17)의 극좌표 형식(polar form)을 비교하면 다음과 같은 관계에 있다.

$$|A| = \sqrt{a^2+b^2},\ \ \angle\theta = \tan^{-1}\left(\frac{b}{a}\right) \tag{8.18}$$

복소수를 표시하는 다른 방법으로 복소지수함수(complex exponential function)를 이용하는 방법도 있다. 이것은 유명한 오일러의 항등식(Euler's identity)

$$e^{j\theta} = \cos(\theta) + j\sin(\theta) \tag{8.19}$$

를 이용한다. 식 (8.19)를 극좌표 형식으로 나타내면

$$e^{j\theta} = \sqrt{\cos^2(\theta)+\sin^2(\theta)}\ \angle\tan^{-1}\left(\frac{\sin(\theta)}{\cos(\theta)}\right) = 1\angle\theta \tag{8.20}$$

따라서 임의의 복소수 A는 다음과 같은 지수함수형 극좌표 형식(exponential polar form, 또는 간단히 지수형식)으로 나타낼 수 있다.

$$A = |A|\angle\theta = |A|\times 1\angle\theta = |A|e^{j\theta} \tag{8.21}$$

예제 8.4

직각좌표 형식 복소수 $A = 4+3j$를 극좌표 형식과 지수함수형 극좌표 형식으로 변경하여 표현하라.

풀이

복소수 A를 극좌표 형식으로 나타내면

$$A = \sqrt{4^2+3^2}\ \angle\tan^{-1}\left(\frac{3}{4}\right) = 5\angle 36.87^\circ$$

이고, 지수함수형 극좌표 형식으로 나타내면

$$A = 5\angle 36.87^\circ = 5\times 1\angle 36.87^\circ = 5e^{j36.87^\circ}$$

■

식 (8.19)에 나타낸 지수함수형 복소수는 복소평면 상의 한 점이다. 지수함수에서 지수가 시간에 따라 변하는 함수라면 지수함수형 복소수는 어떻게 변하는지 알아보기 위하여 $e^{j\omega t}$에 대하여 생각해보자. 복소지수함수 $e^{j\omega t}$는 오일러의 항등식을 이용하면

$$e^{j\omega t} = \cos(\omega t) + j\sin(\omega t) = 1\angle\,\omega t \tag{8.22}$$

이므로 크기는 항상 1이고 어떤 순간 $t = t_0$에서 위상각이 ωt_0 [rad]이다. 시간 t가 변수이므로 위상각은

$$\omega t = 2\pi f t = \frac{2\pi}{T} t \text{ [rad]} \tag{8.23}$$

가 되므로 $t = nT$가 될 때마다 위상각은 2π의 정수배가 되므로 식 (8.22)에 시간지연 성분을 반영하고, 오일러의 항등식을 적용하면

$$\begin{aligned} e^{j\omega(t-nT)} &= e^{j\omega t} e^{-j\omega n T} = e^{j\omega t} e^{-j\frac{2\pi n}{T}T} = e^{j\omega t} e^{-j2\pi n} \\ &= e^{j\omega t}\{\cos(2\pi n) - j\sin(2\pi n)\} = e^{j\omega t} \end{aligned} \tag{8.24}$$

따라서 식 (8.22)에 나타낸 복소지수함수는 주기가 $T = 2\pi/\omega$ [sec]인 주기함수이다. 이것은 크기가 항상 1이고 각주파수가 ω [rad/sec]이므로 그림 8.8과 같이 단위원(unit circle)을 궤적으로 움직이는 복소수 점들의 집합이 된다.

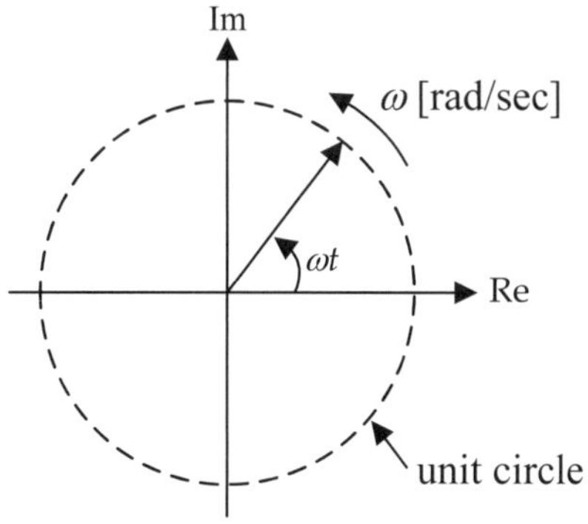

그림 8.8 복소지수함수 $e^{j\omega t}$의 시간에 따른 변화

복소지수함수형 전압의 일반형을 $v(t) = V_m e^{j\omega t}$로 나타내면, $v(t)$의 실수성분과 허수성분은 각각

$$Re\{v(t)\} = V_m \cos(\omega t),\ \ Im\{v(t)\} = V_m \sin(\omega t) \tag{8.25}$$

가 된다. 이것을 그래프로 나타내면 그림 8.9와 같다.

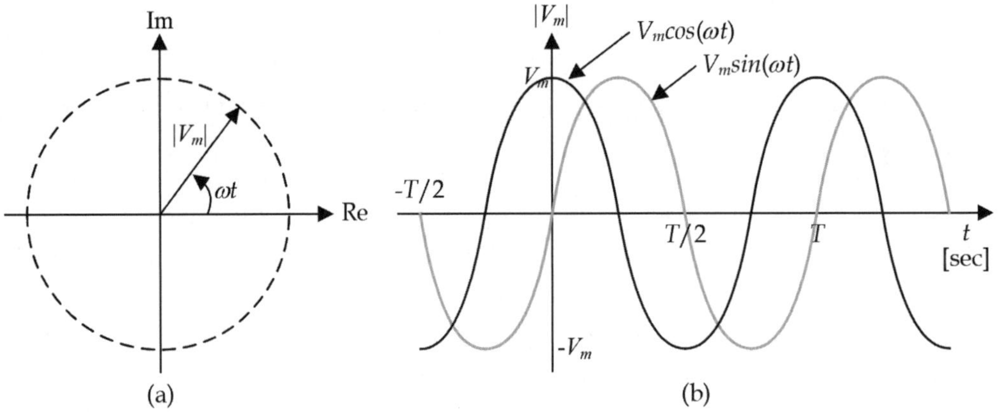

그림 8.9 복소지수함수 (a) $V_m e^{j\omega t}$ (b) $V_m e^{j\omega t}$ 의 실수성분과 허수성분

그림 8.10과 같은 선형회로를 생각하여보자. $x(t)$를 식 (8.26)과 같은 복소전원이라고 가정하자.

$$x(t) = x_R(t) + jx_I(t) \tag{8.26}$$

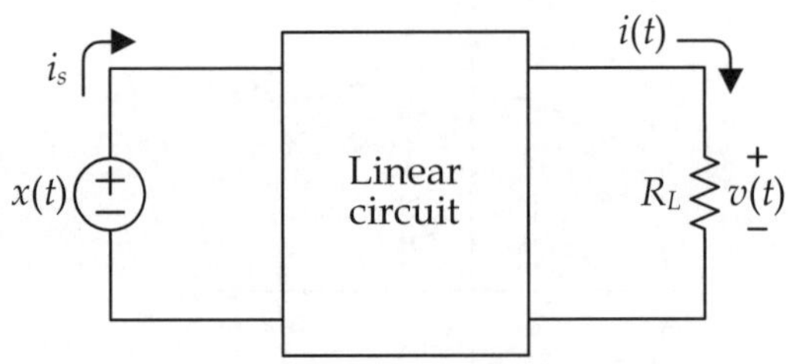

그림 8.10 선형회로시스템

강제함수 $x(t)$에 의하여 부하저항 R_L 양단에 나타나는 응답 $v(t)$도 복소함수가 된다. 예를 들어, 그림 8.11에 나타낸 것처럼 복소함수 $x(t)$의 실수부 $x_R(t)$를 전원으로 인가할 때 나타나는 응답이 $v_R(t)$이고, 허수부 $x_I(t)$를 전원으로 인가할 때 나타나는 응답을 $v_I(t)$라고 하자.

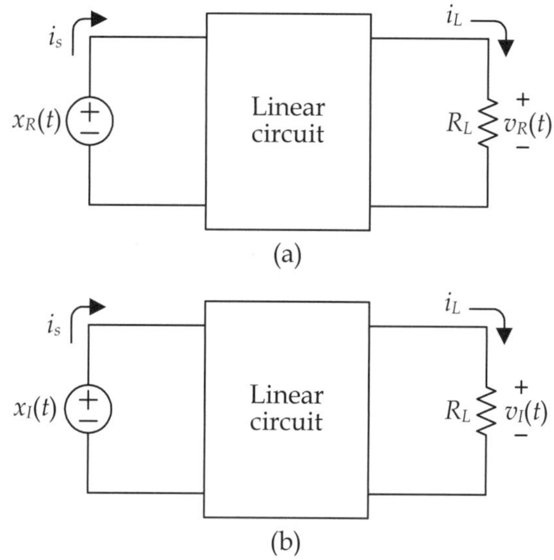

그림 8.11 선형회로시스템의 응답 (a) 실수성분 (b) 허수성분

선형성의 원리에 의하여 그림 8.11에 나타낸 두 전원의 가중합인 식 (8.26)을 전원으로 사용하면 부하저항에 나타나는 응답은

$$v(t) = v_R(t) + jv_I(t) \tag{8.27}$$

부하저항 양단에 걸리는 전압이 복소함수이므로 옴의 법칙에 의하여 부하저항을 통하여 흐르는 전류도 $i(t) = i_R(t) + ji_I(t)$로 복소함수이다. 여기서 전류의 실수성분은 $i_R(t) = v_R(t)/R_L$이고 허수성분은 $i_I(t) = v_I(t)/R_L$이다.

예제 8.5

어떤 선형 2차 회로의 회로방정식이 식 ①과 같다.

$$\frac{d^2v(t)}{dt^2} + 3\frac{dv(t)}{dt} + 6v(t) = 6e^{j2t} \quad ①$$

(1) 이 회로의 강제응답을 구하라.

(2) 강제함수의 실수성분에 대한 응답과 허수성분에 대한 응답을 구하여 중첩의 원리가 성립하는지 확인하라.

풀이

(1) 강제응답의 시험해를 $v_f(t)=Ke^{j2t}$라 두고 식 ①에 대입하면

$$\frac{d^2}{dt^2}\{Ke^{j2t}\}+3\frac{d}{dt}\{Ke^{j2t}\}+6\{Ke^{j2t}\}=6e^{j2t} \quad ②$$

$$\rightarrow (2j)^2Ke^{j2t}+6jKe^{j2t}+6Ke^{j2t}=6e^{j2t}$$

식 ②로부터 $K=6/(2+6j)=0.3-0.9j$가 되므로 강제응답은

$$v_f(t)=(0.3-0.9j)e^{j2t} \quad ③$$

(2) 식 ③의 강제응답에 오일러의 항등식을 적용하여 정리하면

$$\begin{aligned} v_f(t)&=(0.3-0.9j)e^{j2t}=(0.3-0.9j)\{\cos(2t)+j\sin(2t)\} \quad ④ \\ &=\{0.3\cos(2t)+0.9\sin(2t)\}+j\{-0.9\cos(2t)+0.3\sin(2t)\} \end{aligned}$$

그러므로 강제응답의 실수성분과 허수성분은 각각 다음과 같다.

$$Re\{v_f(t)\}=0.3\cos(2t)+0.9\sin(2t), \quad ④$$

$$Im\{v_f(t)\}=-0.9\cos(2t)+0.3\sin(2t).$$

강제함수의 실수성분은 $Re\{6e^{j2t}\}=6\cos(2t)$이므로 식 ①을 고쳐 쓰면

$$\frac{d^2v(t)}{dt^2}+3\frac{dv(t)}{dt}+6v(t)=6\cos(2t) \quad ⑤$$

식 ⑤에 대한 강제응답의 시험해를 $v_R(t)=K_1\cos(2t)+K_2\sin(2t)$로 정하여 식 ⑤에 대입하면

$$\begin{aligned} &\frac{d^2}{dt^2}\{K_1\cos(2t)+K_2\sin(2t)\}+3\frac{d}{dt}\{K_1\cos(2t)+K_2\sin(2t)\} \quad ⑥ \\ &+6\{K_1\cos(2t)+K_2\sin(2t)\}=6\cos(2t) \\ &\rightarrow (2K_1+6K_2)\cos(2t)+(-6K_1+2K_2)\sin(2t)=6\cos(2t) \end{aligned}$$

식 ⑥으로부터 두 계수에 대한 대수방정식은

$$2K_1 + 6K_2 = 6, \ -6K_1 + 2K_2 = 0 \quad ⑦$$

이 되므로 $K_1 = 0.3$, $K_2 = 0.9$가 된다. 따라서 강제함수의 실수성분에 의한 응답은

$$v_R(t) = 0.3\cos(2t) + 0.9\sin(2t) \quad ⑧$$

강제함수의 허수성분 $Im\{6e^{j2t}\} = 6\sin(2t)$을 식 ①에 적용하면

$$\frac{d^2v(t)}{dt^2} + 3\frac{dv(t)}{dt} + 6v(t) = 6\sin(2t) \quad ⑨$$

식 ⑨에 대한 강제응답의 시험해를 $v_I(t) = K_3\cos(2t) + K_4\sin(2t)$로 정하여 식 ⑨에 대입하면

$$\frac{d^2}{dt^2}\{K_3\cos(2t) + K_4\sin(2t)\} + 3\frac{d}{dt}\{K_3\cos(2t) + K_4\sin(2t)\} \quad ⑩$$

$$+ 6\{K_3\cos(2t) + K_4\sin(2t)\} = 6\sin(2t)$$

$$\rightarrow \ (2K_1 + 6K_2)\cos(2t) + (-6K_1 + 2K_2)\sin(2t) = 6\sin(2t)$$

식 ⑩으로부터 두 계수에 대한 대수방정식은

$$2K_1 + 6K_2 = 0, \ -6K_1 + 2K_2 = 6 \quad ⑪$$

이 되므로 $K_1 = -0.9$, $K_2 = 0.3$가 된다. 따라서 강제함수의 허수성분에 의한 응답은

$$v_I(t) = -0.9\cos(2t) + 0.3\sin(2t) \quad ⑫$$

강제응답의 실수성분에 의한 응답을 나타내는 식 ⑧과 허수성분에 의한 응답인 식 ⑫는 식 ④와 일치한다. 즉

$$v_f(t) = v_R(t) + jv_I(t)$$

가 성립하므로 중첩의 원리가 만족된다.

예제 8.5를 통하여 복소지수함수를 강제함수로 사용하면 정현파함수 형태의 실수성분과 허수성분이 중첩된 강제응답을 얻을 수 있음을 확인하였다. 그러므로 정현파 강제함수가 전원으로 인가되는 경우 이것을 복소지수함수 형태로 변환하여 풀이한 다음 실수성분과 허수성분 가운데 필요한 부분만 선택하여도 된다. 예제 8.6의 예를 통하여 이것을 확인하여보자.

예제 8.6

다음 전기회로에서 전원이 $v_s(t) = 4\cos(4t)$ [V]일 때 망로전류 $i(t)$에 대한 강제응답을 구하라.

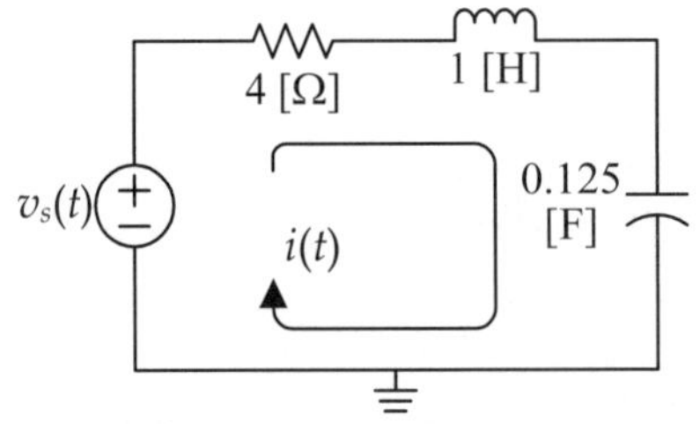

그림 8.12 예제 8.6을 위한 전기회로

풀이 (1) 정현파 강제함수를 사용하는 방법

키르히호프 전압법칙을 적용하여 회로방정식을 구하면

$$4i(t) + \frac{di(t)}{dt} + \frac{1}{0.125}\int_0^t i(\tau)\,d\tau + v_c(0) = 4\cos(4t) \qquad ①$$

식 ①로부터 2차 미분방정식 형태의 회로방정식은

$$\frac{d^2 i(t)}{dt^2} + 4\frac{di(t)}{dt} + 8i(t) = -16\sin(4t) \qquad ②$$

강제응답의 시험해를 $i_f(t) = K_1\cos(4t) + K_2\sin(4t)$로 정하여 식 ②에 대입하여 정리하면

$$\frac{d^2}{dt^2}\{K_1\cos(4t) + K_2\sin(4t)\} + 4\frac{d}{dt}\{K_1\cos(4t) + K_2\sin(4t)\} \qquad ③$$

$$+8\{K_1\cos(4t) + K_2\sin(4t)\} = -16\sin(4t)$$

$$\rightarrow\ (-8K_1+16K_2)\cos(4t)+(-16K_1-8K_2)\sin(4t)=-16\sin(4t)$$

그러므로 $K_1=0.8$이고 $K_2=0.4$이므로 강제응답은

$$i_f(t)=0.8\cos(4t)+0.4\sin(4t)=0.89\cos(4t-26.57^\circ)\ [\mathrm{A}] \quad ④$$

풀이 (2) 복소지수함수를 강제함수로 사용하는 방법

식 ②에서 강제함수는

$$Im\{-16e^{j4t}\}=-16\sin(4t) \quad ⑤$$

이므로 식 ②를 다음과 같이 변경한다.

$$\frac{d^2i(t)}{dt^2}+4\frac{di(t)}{dt}+8i(t)=-16e^{j4t} \quad ⑥$$

강제응답의 시험해를 $i_1(t)=Ke^{j4t}$로 정하여 식 ⑥에 대입하여 정리하면

$$\frac{d^2}{dt^2}\{Ke^{j4t}\}+4\frac{d}{dt}\{Ke^{j4t}\}+8\{Ke^{j4t}\}=-16e^{j4t} \quad ⑦$$

$$\rightarrow (4j)^2Ke^{j4t}+16jKe^{j4t}+8Ke^{j4t}=-16e^{j4t}$$

그러므로 시험해의 계수 K는

$$K=\frac{-16}{-8+16j}=\frac{2}{1-2j}=0.4+0.8j \quad ⑧$$

이므로 복소지수함수 형태의 강제함수에 대한 응답은

$$i(t)=(0.4+0.8j)e^{j4t}\ [\mathrm{A}] \quad ⑨$$

식 ⑨에 오일러의 항등식을 적용하면

$$\begin{aligned} i(t)&=(0.4+0.8j)\{\cos(4t)+j\sin(4t)\} \quad ⑩\\ &=\{0.4\cos(4t)-0.8\sin(4t)\}+j\{0.8\cos(4t)+0.4\sin(4t)\}[\mathrm{A}] \end{aligned}$$

그러므로 식 ⑩에서 허수부분을 취하면 정현파 강제함수에 대한 강제응답은

$$i_f(t) = Im\{i(t)\} = 0.8\cos(4t) + 0.4\sin(4t) = 0.89\cos(4t - 26.57^\circ)\ [\mathrm{A}] \quad ⑪$$

이 결과는 풀이 (1)의 식 ④와 일치한다. 따라서 정현파 강제함수에 대한 직접적인 해법뿐만 아니라 복소지수함수형 강제함수로 변환하여 풀이한 다음 실수부분과 허수부분 가운데 필요한 것만 선택하는 방법도 유효하다.

■

일반적인 복소수 형식과 복소지수 형식은 산술연산의 편리성 측면에서 다음과 같은 특징이 있다. 임의의 두 복소수

$$A_1 = a_1 + jb_1 = |A_1| \angle \phi_1, \ A_2 = a_2 + jb_2 = |A_2| \angle \phi_2 \tag{8.28}$$

에 대하여 덧셈(뺄셈)과 곱셈(나눗셈) 연산은 각각

$$A_1 \pm A_2 = (a_1 \pm a_2) + j(b_1 \pm b_2), \tag{8.29}$$

$$A_1 \times A_2 = |A_1||A_2| \angle (\phi_1 + \phi_2), \ \frac{A_1}{A_2} = \frac{|A_1|}{|A_2|} \angle (\phi_1 - \phi_2). \tag{8.30}$$

이다. 그러므로 통상적으로 덧셈(뺄셈) 연산은 복소수의 형식으로 계산하는 것이 편리하고, 곱셈과 나눗셈 연산은 지수함수 형식으로 계산하는 것이 더 편리하다.

8.4 페이저

앞 절에서 복소수를 나타내는 방법으로는 다음과 같이 직각좌표 형식, 극좌표 형식, 지수 형식의 세 가지가 있음을 학습하였다.

$$A = a + jb = |A| \angle \phi = |A| e^{j\phi} \tag{8.31}$$

또한 복소지수함수는 오일러의 항등식을 이용하여

$$\begin{aligned} v(t) &= V_m e^{j(\omega t + \phi)} = V_m \{\cos(\omega t + \phi) + j\sin(\omega t + \phi)\} \\ &= Re\left\{V_m e^{j(\omega t + \phi)}\right\} + jIm\left\{V_m e^{j(\omega t + \phi)}\right\} \end{aligned} \tag{8.32}$$

로 표시할 수 있다. 그러므로 일반적인 정현파 전압원 $V_m \cos(\omega t + \phi)$는 복소전원의 실수

부이다.

한편, 복소 전압원 $v(t)$는

$$v(t) = V_m e^{j(\omega t + \phi)} = V_m e^{j\phi} e^{j\omega t} = \mathrm{V} e^{j\omega t} \tag{8.33}$$

여기서

$$\mathrm{V} = V_m e^{j\phi} = V_m \angle \phi \tag{8.34}$$

는 전압에 대한 페이저이다.

페이저는 정현파함수를 복소수 형식으로 표현한 것으로 주파수에 대한 정보를 숨겨둔 것이다. 여기서 '숨겨둔다' 것은 페이저는 기본적으로 $\omega = 2\pi f$라는 주파수 성분을 포함하는 시간함수이지만 수학적으로 표현할 때는 식 (8.33)처럼 시간변수와 주파수 성분을 $e^{j\omega t}$에 남겨두고 페이저에는 진폭과 위상만을 표시하는 것을 의미한다. 이것은 $A = a + jb$ 또는 $A = |A| \angle \phi$와 같은 순수한 복소수와는 매우 큰 차이이다. 정현파 전원함수와 그것에 대응하는 페이저를 표 8.1에 나타내었다.

표 8.1 정현파 전원, 복소전원과 페이저의 표현 형식 비교

정현파 전원	복소전원	페이저
$V_m \cos(\omega t + \phi)$	$V_m e^{j(\omega t + \phi)}$	$V_m \angle \phi$
$V_m \sin(\omega t + \phi)$	$V_m e^{j(\omega t + \phi - 90^\circ)}$	$V_m \angle \phi - 90^\circ$

예제 8.7

다음 정현파함수를 지수함수와 페이저로 각각 표시하라.

(1) $v(t) = 3\cos(100\pi t - 30^\circ)$ [V]

(2) $i(t) = 3\cos(4t) - 4\sin(4t + 30^\circ)$ [A]

풀이

(1) $v_s(t)=3\cos(100\pi t-30^\circ)=Re\{3e^{j(100\pi t-30^\circ)}\}=3\angle-30^\circ$ [V] ①

(2) 먼저 두 정현파함수의 합을 하나의 정현파함수로 나타내어야 하므로

$$\begin{aligned}\sin(4t+30^\circ)&=\sin(4t)\cos(30^\circ)+\cos(4t)\sin(30^\circ)\\&=\frac{\sqrt{3}}{2}\sin(4t)+\frac{1}{2}\cos(4t)\end{aligned} \quad ②$$

를 주어진 함수에 대입하면

$$\begin{aligned}i(t)&=3\cos(4t)-4\sin(4t+30^\circ)\\&=3\cos(4t)-4\left\{\frac{1}{2}\cos(4t)+\frac{\sqrt{3}}{2}\sin(4t)\right\}\\&=\cos(4t)-2\sqrt{3}\sin(4t)=\sqrt{13}\cos(4t+73.9^\circ)\,[\mathrm{A}].\end{aligned}$$

그러므로 식 ③에 대한 지수형식 표현과 페이저는

$$i(t)=Re\{\sqrt{13}\,e^{j(4t+73.9^\circ)}\}=\sqrt{13}\angle 73.9^\circ\ [\mathrm{A}]$$

예제 8.8

다음 전기회로의 정현파 전원이 $v_s(t)=6\cos(4t)$ [V]일 때 망로전류 $i(t)$에 대한 강제응답을 구하여 정현파함수, 복소지수함수, 페이저 형식으로 표현하라.

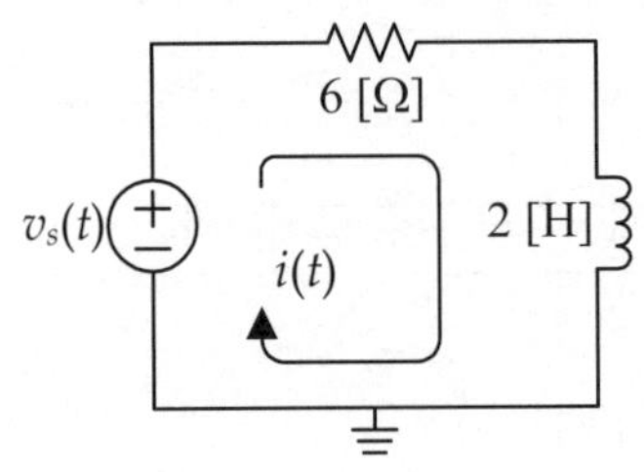

그림 8.13 예제 8.8을 위한 전기회로

풀이

정현파 전원을 지수함수 형식으로 표현하면

$$v_s(t) = 6\cos(4t) = Re\{6e^{j4t}\} \text{ [V]} \quad ①$$

이므로 복소지수함수 형식으로 풀이해보자.

주어진 회로에 키르히호프 전압법칙을 적용하면 회로방정식은

$$6i(t) + 2\frac{di(t)}{dt} = v_s(t) \rightarrow \frac{di(t)}{dt} + 3i(t) = 0.5v_s(t) = 3e^{j4t} \quad ②$$

강제응답의 시험해를 $i_f(t) = Ke^{j4t}$로 두고 식 ②에 대입하여 정리하면

$$\frac{d}{dt}\{Ke^{j4t}\} + 3\{Ke^{j4t}\} = 3e^{j4t} \rightarrow (3+4j)Ke^{j4t} = 3e^{j4t} \quad ③$$

이므로 $K = 3/(3+4j) = (9-12j)/5$가 된다. 따라서 망로전류 $i(t)$에 대한 강제응답은

$$i_f(t) = (1.8-2.4j)e^{j4t} = (3\angle -53.13^\circ)e^{j4t} \quad ④$$

식 ④에 대한 표현방법은 다음과 같다.

- 정현파함수형 표현: $i_f(t) = 3\cos(4t - 53.13^\circ)$ [A]
- 지수함수형 표현: $i_f(t) = Re\{3e^{j(4t-53.13^\circ)}\}$ [A]
- 페이저 표현: $i_f(t) = 3\angle -53.13^\circ$ [A]

지수함수형과 정현파함수형 표현에서는 시간변수와 각주파수 성분이 표시되지만 페이저 형식에서는 시간변수와 각주파수 성분이 표시되지 않는 것을 확인할 수 있다.

8.5 회로소자의 페이저 전압-전류법칙

옴의 법칙은 저항회로에서 저항을 통하여 흐르는 전류와 저항 양단에 걸리는 전압 사이의 관계를 나타낸다. 이 절에서는 저항, 인덕터, 커패시터에서 페이저 전압과 페이저 전

류 사이의 관계에 대하여 살펴본다.

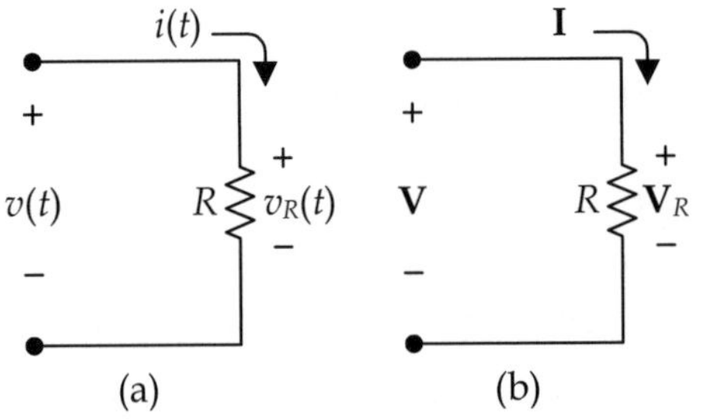

그림 8.14 저항에서 전압-전류 관계 (a) 시간 영역 (b) 페이저 영역

그림 8.14에서 저항을 통하여 흐르는 전류가 $i(t) = I_m \cos(\omega t + \phi_i)$ [A]라고 할 때 전류에 대한 페이저 형식은

$$\mathrm{I} = I_m \angle \phi_i \text{ [A]} \tag{8.35}$$

라고 하자. 옴의 법칙에 의하여 전압과 전류 사이의 관계는

$$v(t) = Ri(t) = RI_m \cos(\omega t + \phi_i) \text{ [V]} \tag{8.36}$$

이다. 저항 양단에 걸리는 전압을 $v_R(t) = V_m \cos(\omega t + \phi_v)$라고 하면 식 (8.36)은

$$V_m \cos(\omega t + \phi_v) = RI_m \cos(\omega t + \phi_i) \tag{8.37}$$

가 된다. 따라서 식 (8.37)로부터 전압의 페이저는

$$\mathrm{V}_R = V_m \angle \phi_v = RI_m \angle \phi_i = R\mathrm{I} \tag{8.38}$$

즉, 저항에서는 전압 페이저의 크기는 $V_m = RI_m$이고 전압 페이저의 위상은 $\phi_v = \phi_i$로 전류 페이저의 위상과 같다. 이와 같은 저항에서 전압 페이저와 전류 페이저의 관계를 그림 8.15의 페이저도(phasor diagram)에 나타내었다.

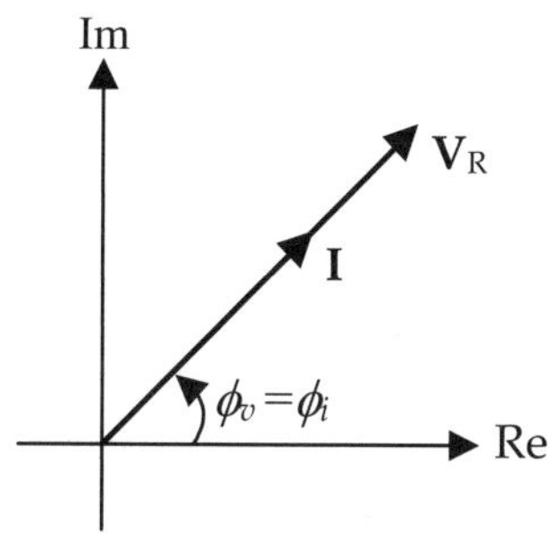

그림 8.15 저항에서 전압-전류 페이저도

그림 8.16에서 인덕터를 통하여 흐르는 전류가 $i(t)=I_m\cos(\omega t+\phi_i)$ [A]라고 할 때 인덕터 양단에 걸리는 전압은 식 (8.39)와 같다.

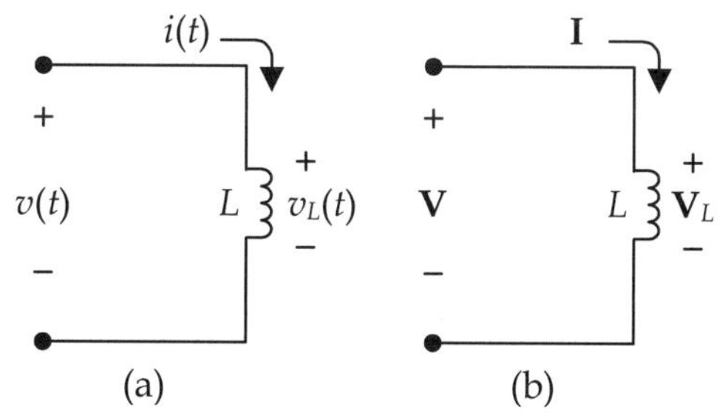

그림 8.16 인덕터에서 전압-전류 관계 (a) 시간 영역 (b) 페이저 영역

$$v_L(t)=L\frac{di(t)}{dt}=L\frac{d}{dt}\{I_m\cos(\omega t+\phi_i)\}=-\omega LI_m\sin(\omega t+\phi_i)\ [\text{V}] \tag{8.39}$$

식 (8.39)를 코사인함수로 고쳐 나타내면

$$v_L(t)=\omega LI_m\cos(\omega t+\phi_i-90^\circ+180^\circ)=\omega LI_m\cos(\omega t+\phi_i+90^\circ)\ [\text{V}] \tag{8.40}$$

이 되며, 이것을 페이저 형식으로 나타내면

$$\text{V}_L=\omega LI_m\angle\phi_i+90^\circ\ [\text{V}] \tag{8.41}$$

식 (8.41)에서 등호 오른쪽 항을 지수형식으로 표현하여 정리하면

$$\omega LI_m\angle\phi_i+90^\circ=\omega LI_m e^{j(\phi_i+90^\circ)}=\omega LI_m e^{j90^\circ}e^{j\phi_i}=j\omega LI_m e^{j\phi_i} \tag{8.42}$$

이 되므로 인덕터 양단에 걸리는 전압에 대한 페이저 형식은

$$\mathbf{V}_L = V_m \angle \phi_v = j\omega L I_m \angle \phi_i = j\omega L \mathbf{I} \text{ [V]} \tag{8.43}$$

여기서 전압 페이저의 크기와 위상각은 각각

$$V_m = \omega L I_m, \tag{8.44}$$
$$\phi_v = \phi_i + 90°.$$

인덕터에서 전압과 전류의 관계를 그림 8.17에 나타내었다. 인덕터에서는 전압의 위상이 전류의 위상보다 90° 앞서 있는 것을 페이저도와 파형을 통하여 알 수 있다.

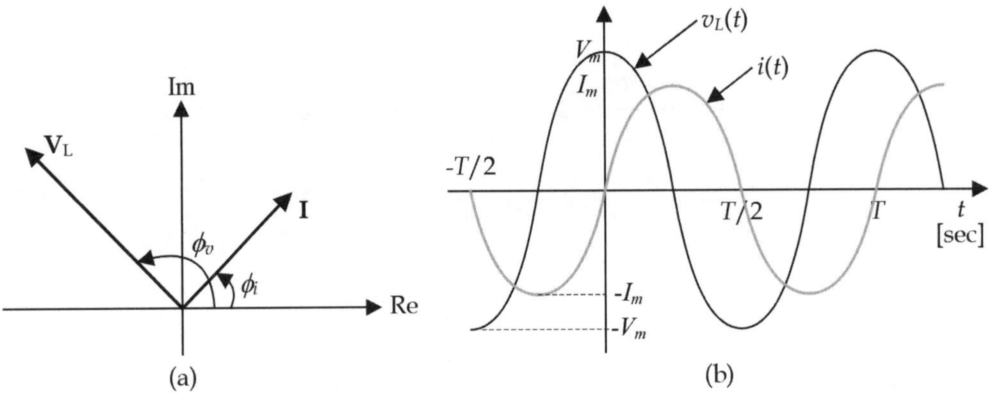

그림 8.17 인덕터에서 전압-전류 관계 (a) 페이저도 (b) 파형

그림 8.18에서 커패시터 양단에 걸리는 전압을 $v_c(t) = V_m \cos(\omega t + \phi_v)$ [V]라고 할 때 커패시터를 통하여 흐르는 전류는 식 (8.45)와 같다.

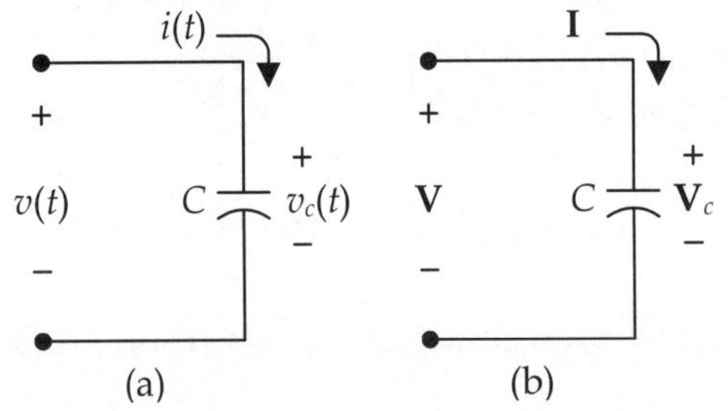

그림 8.18 커패시터에서 전압-전류 관계 (a) 시간 영역 (b) 페이저 영역

$$i(t) = C\frac{dv_c(t)}{dt} = C\frac{d}{dt}\{V_m \cos(\omega t + \phi_v)\} = -\omega C V_m \sin(\omega t + \phi_v) \text{ [A]} \tag{8.45}$$

앞에서 인덕터 양단에 걸리는 전압 페이저를 구하는 방법과 거의 동일한 과정을 적용하면 커패시터에서 전류-전압 페이저 관계는

$$\mathrm{I} = I_m \angle \phi_i = j\omega C V_m \angle \phi_v = j\omega C \mathrm{V} \text{ [A]} \rightarrow \mathrm{V} = \frac{1}{j\omega C}\mathrm{I} \text{ [V]} \tag{8.46}$$

그러므로 커패시터를 통하여 흐르는 전류 페이저의 크기와 위상각은 각각

$$I_m = j\omega C V_m, \quad \phi_i = \phi_v + 90^\circ. \tag{8.47}$$

이와 같은 커패시터의 전압-전류의 관계에 대한 페이저도와 시간영역 파형을 그림 8.19에 나타내었다. 커패시터에서는 전압의 위상이 전류의 위상보다 90° 뒤에 있는 것을 알 수 있다.

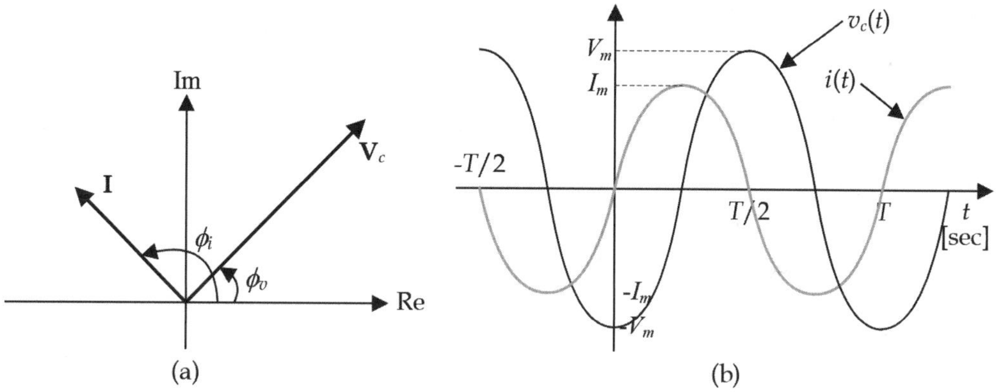

그림 8.19 커패시터에서 전압-전류 관계 (a) 페이저도 (b) 파형

각각의 수동소자에서 발생되는 전압-전류 관계를 정리하여 표 8.2에 나타내었다.

예제 8.9

그림 8.16의 회로에서 $v(t) = 15\cos(30t + 60^\circ)$ [V]일 때 인덕터를 통하여 흐르는 전류 $i(t)$를 페이저를 이용하여 구하고 정현파함수로도 표현하라. 여기서 인덕턴스는 0.5 [H]인 것으로 가정한다.

표 8.2 수동소자에 따른 페이저 전압–전류 관계식

소자	시간영역	페이저
저항	$v(t)=Ri(t)$	$\mathrm{V}=R\mathrm{I}$ 또는 $\mathrm{I}=\dfrac{\mathrm{V}}{R}$
인덕터	$v(t)=L\dfrac{di(t)}{dt}$	$\mathrm{V}=j\omega L\mathrm{I}$ 또는 $\mathrm{I}=\dfrac{1}{j\omega L}\mathrm{V}$
커패시터	$i(t)=C\dfrac{dv(t)}{dt}$	$\mathrm{V}=\dfrac{1}{j\omega C}\mathrm{I}$ 또는 $\mathrm{I}=j\omega C\mathrm{V}$

풀이

인덕터에서 전압-전류 관계식을 이용하면

$$\mathrm{I}=\frac{1}{j\omega L}\mathrm{V}=\frac{1}{j30\times 0.5}\times 15\angle 60^\circ=\frac{1}{j}\angle 60^\circ\ [\mathrm{A}] \quad ①$$

이다. $j^{-1}=1\angle -90^\circ$ 이므로 식 ①은

$$\mathrm{I}=\frac{1}{j}\angle 60^\circ=(1\angle -90^\circ)\times(1\angle 60^\circ)=1\angle -30^\circ\ [\mathrm{A}] \quad ②$$

그러므로 인덕터를 통하여 흐르는 전류에 대한 정현파함수 형식은

$$\mathrm{I}=1\angle -30^\circ \rightarrow i(t)=\cos(30t-30^\circ)\ [\mathrm{A}] \quad ③$$

예제 8.10

그림 8.18의 회로에서 $v(t)=15\cos(30t+60^\circ)$ [V]일 때 커패시터를 통하여 흐르는 전류 $i(t)$를 페이저를 이용하여 구하고 정현파함수로도 표현하라. 여기서 커패시턴스는 10 [mF]인 것으로 가정한다.

풀이

커패시터에서 전압-전류 관계식을 이용하면

$$\mathrm{I}=j\omega C\mathrm{V}=j30\times 0.01\times 15\angle 60^\circ=4.5j\angle 60^\circ\ [\mathrm{A}] \quad ①$$

이다. $j = 1\angle 90^\circ$ 이므로 식 ①은

$$\mathrm{I} = 4.5j\angle 60^\circ = (4.5\angle 90^\circ)\times(1\angle 60^\circ) = 4.5\angle 150^\circ \text{ [A]} \qquad ②$$

그러므로 커패시터를 통하여 흐르는 전류에 대한 정현파함수 형식은

$$\mathrm{I} = 4.5\angle 150^\circ \rightarrow i(t) = 4.5\cos(30t + 150^\circ) \text{ [A]}$$

8.6 임피던스와 어드미턴스

전압 V [V]를 외부에서 인가하여 임의의 2단자 회로를 구동시키는 그림 8.20에 대하여 생각하여보자.

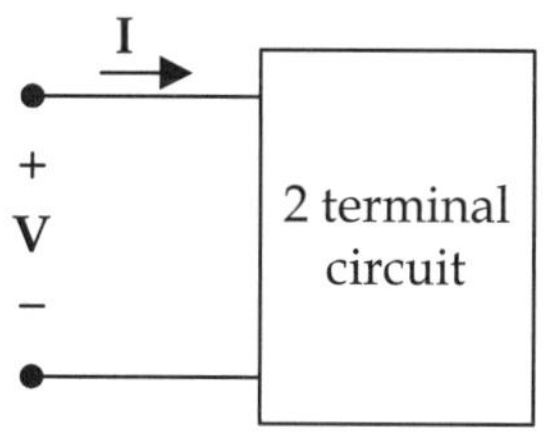

그림 8.20 일반적인 2단자 회로

전류가 I [A]이므로 2단자 회로의 전압-전류 관계식은

$$\mathrm{V} = Z\mathrm{I} \tag{8.48}$$

으로 나타낼 수 있다. 여기서 Z는 전압 $\mathrm{V} = V_m\cos(\omega t + \phi_v)$와 전류 $\mathrm{I} = I_m\cos(\omega t + \phi_i)$의 비로 임피던스(impedance)라고 하며 다음과 같이 정의된다.

$$Z = \frac{\mathrm{V}}{\mathrm{I}} = \frac{V_m\angle\phi_v}{I_m\angle\phi_i} = \frac{V_m}{I_m}\angle\phi_v - \phi_i = |Z|\angle\phi_z \tag{8.49}$$

여기서

$$|Z| = V_m/I_m, \quad \phi_z = \phi_v - \phi_i \tag{8.50}$$

는 각각 임피던스의 크기와 위상각이다. 임피던스의 전압-전류 관계식은 저항회로에서는 옴의 법칙과 동일하며, 임피던스의 단위는 [Ω]을 사용한다. 따라서 임피던스는 회로에서 전류의 흐름을 방해하는 물리량을 나타낸다.

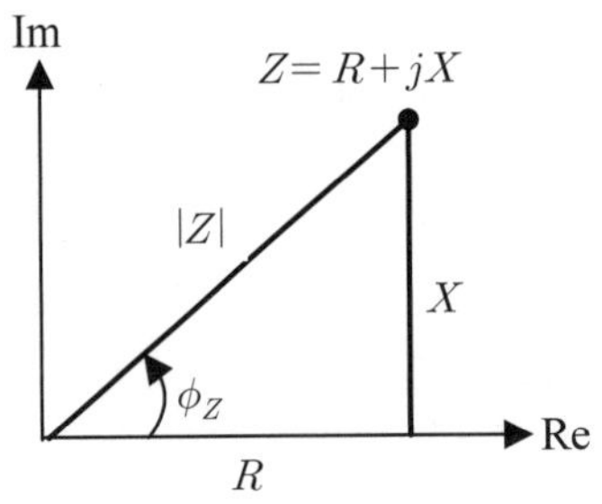

그림 8.21 복소평면에서 임피던스

임피던스가 식 (8.49)처럼 두 복소수의 비를 나타내는 복소수이며, 극좌표 형식으로 나타낼 수 있지만 페이저가 아니라는 점은 반드시 기억해야 한다. 이것은 임피던스는 주파수에 의존적인 특성을 가지지만 시간함수가 아닌 단순한 복소수라는 의미이다. 식 (8.49)는 임피던스를 극좌표 형식으로 표현한 것이다. 이것을 그림 8.21과 같이 직각좌표 형식으로 표현하면

$$Z = R + jX \tag{8.51}$$

가 된다. 임피던스의 실수부, 즉 $Re\{Z\} = R$은 저항이며 허수부 $Im\{Z\} = X$는 리액턴스(reactance)라고 한다. 임피던스의 단위가 [Ω]이므로 리액턴스의 단위도 [Ω]이다. 식 (8.49)와 식 (8.51)을 비교하면 임피던스의 크기와 위상은 각각

$$|Z| = \sqrt{R^2 + X^2}, \ \phi_z = \tan^{-1}\left(\frac{X}{R}\right) \tag{8.52}$$

그리고 임피던스의 실수성분과 허수성분은 각각

$$R = |Z|\cos(\phi_z), \ X = |Z|\sin(\phi_z). \tag{8.53}$$

저항, 인덕터, 커패시터의 임피던스는 표 8.2에 나타낸 전압-전류 관계식으로부터

$$\text{저항의 임피던스 : } Z_R = \frac{\text{V}}{\text{I}} = R \tag{8.54}$$

$$\text{인덕터의 임피던스 : } Z_L = \frac{\text{V}}{\text{I}} = j\omega L = \omega L \angle 90^\circ$$

$$\text{커패시터의 임피던스 : } Z_c = \frac{\text{V}}{\text{I}} = \frac{1}{j\omega C} = \frac{1}{\omega C} \angle -90^\circ$$

이 된다. 임피던스가 주파수에 의존적인 특성을 가지는 것은 식 (8.54)의 인덕터와 커패시터의 임피던스를 보면 확실해진다. 이것은 소자 자체가 주파수를 제어하는 요소를 가지고 있는 것이라기 보다는 전류와 전압이 가지고 있는 주파수에 따라 소자의 동작특성이 달라진다는 의미이다. 예를 들어, $\omega \to 0$ [rad/sec] 또는 $f \to 0$ [Hz]와 $\omega \to \infty$ [rad/sec] 또는 $f \to \infty$ [Hz]로 수렴하는 두 가지 극단적인 경우를 살펴보면 표 8.3과 같다.

표 8.3 주파수에 따른 인덕터와 커패시터의 임피던스 크기

	$\omega \to 0$ [rad/sec]	$\omega \to \infty$ [rad/sec]
$\lvert Z_L \rvert$	$\lim_{\omega \to 0} \omega L = 0\,[\Omega]$	$\lim_{\omega \to \infty} \omega L = \infty\,[\Omega]$
$\lvert Z_c \rvert$	$\lim_{\omega \to 0} \frac{1}{\omega C} = \infty\,[\Omega]$	$\lim_{\omega \to \infty} \frac{1}{\omega C} = 0\,[\Omega]$

인덕터를 통하여 흐르는 전류와 양단에 걸리는 전압의 주파수가 작아질수록 인덕터의 임피던스도 감소된다. 주파수가 0 [rad/sec]인 직류 전류와 전압에 대하여 인덕터의 임피던스는 0 [Ω]이 되어 단락회로처럼 동작한다. 이에 비하여 주파수가 커지면 임피던스도 증가하며, 극단적으로 주파수가 증가하면 임피던스는 ∞ [Ω]이 되므로 개방회로처럼 동작한다. 인덕터와는 반대로 커패시터는 주파수에 반비례하므로 직류 전원에 대하여 커패시터는 개방회로처럼 동작하고 주파수가 매우 높은 전류와 전압에 대해서는 단락회로처럼 동작한다.

식 (8.54)에 나타낸 것처럼 인덕터와 커패시터의 임피던스는 허수인자 j를 포함하므로 식 (8.51)의 허수부인 리액턴스가 된다. 인덕터의 리액턴스 성분인

$$X_L = \omega L \tag{8.55}$$

을 유도성 리액턴스(inductive reactance)라고 하고, 커패시터의 리액턴스 성분인

$$X_c = -\frac{1}{\omega C} \tag{8.56}$$

은 용량성 리액턴스(capacitive reactance)라고 한다.

각주파수 ω, 인덕턴스 L, 커패시턴스 C가 모두 양수이므로 식 (8.55)와 식 (8.56)으로부터 유도성 리액턴스는 양의 값을 가지며, 용량성 리액턴스는 음의 값을 가진다. 어떤 회로에 인덕터와 커패시터가 모두 존재하는 경우 두 소자의 합성 리액턴스가 양수이면 회로는 유도성 리액턴스를 가지는 것으로, 합성 리액턴스가 음수이면 용량성 리액턴스를 가지는 것으로 해석한다.

한편, 어드미턴스(admittance)는 임피던스의 역수로 식 (8.57)과 같이 정의된다.

$$Y = \frac{1}{Z} = G + jB \tag{8.57}$$

어드미턴스의 실수성분 $G = Re\{Y\}$를 컨덕턴스라고 하고, 허수성분 $B = Im\{Y\}$를 서셉턴스(susceptance)라고 한다. Y, G, B의 단위는 모두 [S, 지멘스]를 사용한다. 식 (8.57)의 정의로부터 어드미턴스는 전압 페이저에 대한 전류 페이저의 비로 다음과 같이 나타낼 수 있다.

$$Y = \frac{\mathrm{I}}{\mathrm{V}} = \frac{1}{Z} = \frac{1}{R + jX} = \frac{R}{R^2 + X^2} + j\frac{-X}{R^2 + X^2} \tag{8.58}$$

따라서 어드미턴스의 실수성분과 허수성분은 각각

$$G = \frac{R}{R^2 + X^2}, \quad B = \frac{-X}{R^2 + X^2} \tag{8.59}$$

예제 8.11

그림 8.20에서 2단자 회로에 $\mathrm{V} = 5\angle 60^\circ$ [V]를 인가하였더니 전류 페이저가 $\mathrm{I} = 2.5\angle 30^\circ$ [A]로 측정되었다. 2단자 회로의 임피던스를 극좌표 형식과 복소수 형식으로 구하라.

풀이

임피던스의 정의로부터 극좌표 형식은

$$Z = \frac{\mathrm{V}}{\mathrm{I}} = \frac{5\angle 60^\circ}{2.5\angle 30^\circ} = 2\angle 30^\circ\ [\Omega]$$

이다. 이것을 복소수 형식으로 나타내면

$$Z = 2\angle 30^\circ = 2\cos(30^\circ) + j2\sin(30^\circ) = \sqrt{3} + j\ [\Omega]$$

■

예제 8.12

그림 8.22에 나타낸 회로의 인가 전압이 $v(t) = V_m \cos(\omega t + \phi_v)$ [V]일 때 다음을 구하라.

(1) RL회로의 임피던스에 대한 복소수 형식과 극좌표 형식 표현

(2) 전류 $i(t)$에 대한 페이저 형식과 정현파함수 형식 표현

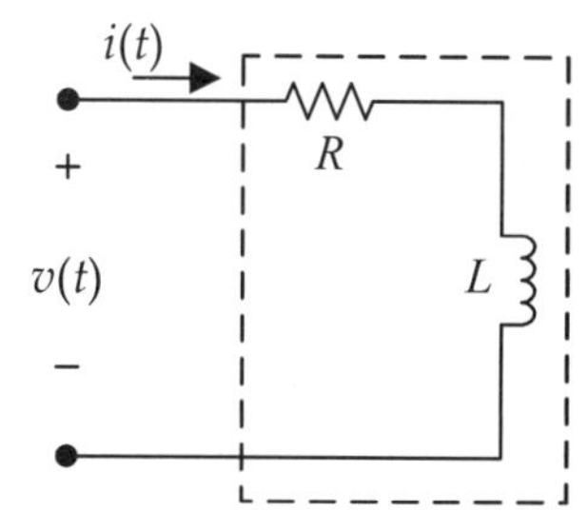

그림 8.22 예제 8.12를 위한 RL회로

풀이

(1) RL회로의 임피던스

$$Z = R + j\omega L = \sqrt{R^2 + (\omega L)^2}\ \angle \tan^{-1}\left(\frac{\omega L}{R}\right)\ [\Omega] \quad ①$$

(2) 전류 $i(t)$

인가 전압을 페이저 형식으로 표현하면

$$\mathrm{V} = V_m \cos(\omega t + \phi_v) = V_m \angle \phi_v\ [\mathrm{V}] \quad ②$$

인덕터의 전압-전류 관계식으로부터 전류 페이저를 계산하면

$$\mathrm{I}=\frac{\mathrm{V}}{Z}=\frac{V_m\angle\phi_v}{\sqrt{R^2+(\omega L)^2}\angle\tan^{-1}(\omega L/R)} \quad ③$$
$$=\frac{V_m}{\sqrt{R^2+(\omega L)^2}}\angle\phi_v-\tan^{-1}\left(\frac{\omega L}{R}\right)[\mathrm{A}]$$

식 ③을 정현파함수 형식으로 변환하면

$$i(t)=\frac{V_m}{\sqrt{R^2+(\omega L)^2}}\cos\left(\omega t+\left[\phi_v-\tan^{-1}\left(\frac{\omega L}{R}\right)\right]\right)\ [\mathrm{A}]$$

8.7 키르히호프 법칙과 합성 임피던스

2장에서 저항의 직병렬연결과 전압 및 전류분배법칙에 대하여 학습하였다. 또한 앞 절에서 학습한 전압-전류 관계식을 통하여 임피던스가 저항회로의 옴의 법칙과 같은 개념을 가지고 있음을 알았다. 이 절에서는 임피던스가 직렬 또는 병렬로 연결된 경우 합성 임피던스에 대하여 학습한다.

먼저, 그림 8.23과 같이 2개의 임피던스가 직렬연결된 회로에 대하여 살펴보자.

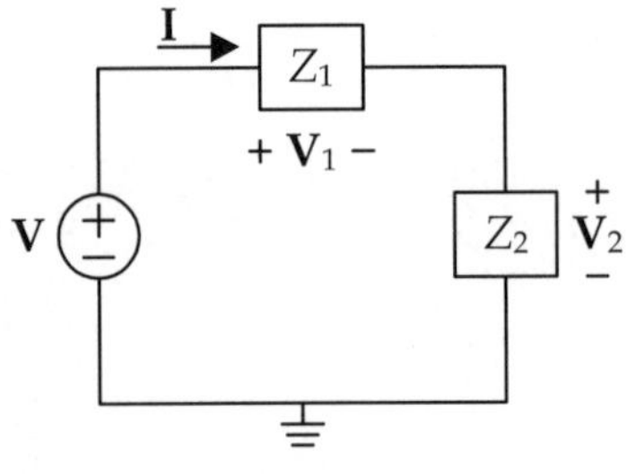

그림 8.23 2개의 임피던스가 직렬연결된 회로

주어진 회로에 키르히호프 전압법칙을 적용하면

$$\mathrm{V}=\mathrm{V}_1+\mathrm{V}_2 \tag{8.60}$$

가 된다. 직렬연결된 임피던스를 통하여 흐르는 전류가 동일하므로 식 (8.60)은

$$V = Z_1 I + Z_2 I = Z I \tag{8.61}$$

로 나타낼 수 있다. 따라서 직렬연결된 두 임피던스의 합성 임피던스는 $Z = Z_1 + Z_2$가 된다. 여기서 $Z_1 = R_1 + jX_1$, $Z_2 = R_2 + jX_2$으로 가정하면 합성 임피던스는

$$Z = (R_1 + jX_1) + (R_2 + jX_2) = (R_1 + R_2) + j(X_1 + X_2) = R + jX \tag{8.62}$$

식 (8.60)과 식 (8.61)로부터 N개의 임피던스가 직렬로 연결된 경우 키르히호프 전압 법칙은

$$V = V_1 + V_2 + \cdots + V_N = (Z_1 + Z_2 + \cdots + Z_N)I = \left(\sum_{n=1}^{N} Z_n\right)I \tag{8.63}$$

으로 표현되므로 직렬연결된 N개의 임피던스에 대한 합성 임피던스는

$$Z_s = Z_1 + Z_2 + \cdots + Z_N = \sum_{n=1}^{N} Z_n \tag{8.64}$$

합성 임피던스 Z_s의 실수성분과 허수성분은 각각

$$R_s = R_1 + R_2 + \cdots + R_N = \sum_{n=1}^{N} R_n \tag{8.65}$$

$$X_s = X_1 + X_2 + \cdots + X_N = \sum_{n=1}^{N} X_n \tag{8.66}$$

으로 직렬연결된 저항들의 합성 저항과 리액턴스들의 합성 리액턴스가 된다.

N개의 직렬연결된 임피던스 가운데 n 번째 임피던스 양단에 걸리는 전압은

$$V_n = Z_n I \tag{8.67}$$

여기에 식 (8.63)을 대입하면

$$V_n = Z_n I = Z_n \frac{V}{\sum_{n=1}^{N} Z_n} = \frac{Z_n}{Z_s} V \tag{8.68}$$

식 (8.68)은 직렬연결된 임피던스에 적용되는 전압분배법칙으로 어떤 임피던스에 걸리는 전

압은 전체 임피던스에 대한 해당 임피던스의 비만큼 인가전압이 분배된다. 그러므로 분배되는 전압은 임피던스에 비례한다.

한편, 그림 8.24와 같이 2개의 임피던스가 병렬연결된 회로를 생각하여보자.

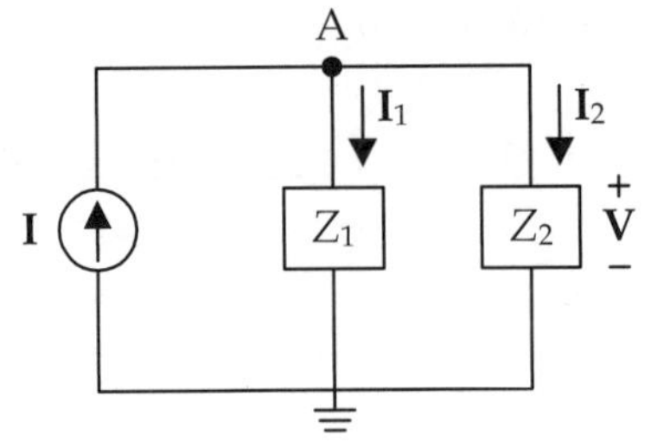

그림 8.24 2개의 임피던스가 병렬연결된 회로

마디 A에 키르히호프 전류법칙을 적용하면

$$\mathrm{I} = \mathrm{I}_1 + \mathrm{I}_2. \tag{8.69}$$

병렬연결된 임피던스 양단에 걸리는 전압이 동일하므로 식 (8.69)는

$$\mathrm{I} = \frac{\mathrm{V}}{Z_1} + \frac{\mathrm{V}}{Z_2} = \left(\frac{1}{Z_1} + \frac{1}{Z_2}\right)\mathrm{V} \tag{8.70}$$

로 나타낼 수 있다. 따라서 병렬연결된 두 임피던스의 합성 임피던스는

$$Z = \left(\frac{1}{Z_1} + \frac{1}{Z_2}\right)^{-1} \tag{8.71}$$

식 (8.69)과 식 (8.70)으로부터 N 개의 임피던스가 병렬로 연결된 경우 키르히호프 전류법칙은

$$\mathrm{I} = \mathrm{I}_1 + \mathrm{I}_2 + \cdots + \mathrm{I}_N = \left(\frac{1}{Z_1} + \frac{1}{Z_2} + \cdots + \frac{1}{Z_N}\right)\mathrm{V} = \left(\sum_{n=1}^{N}\frac{1}{Z_n}\right)\mathrm{V} \tag{8.72}$$

으로 표현되므로 병렬연결된 N 개의 임피던스에 대한 합성 임피던스는

$$Z_p = \left(\frac{1}{Z_1} + \frac{1}{Z_2} + \cdots + \frac{1}{Z_N}\right)^{-1} = \left(\sum_{n=1}^{N}\frac{1}{Z_n}\right)^{-1} \tag{8.73}$$

식 (8.73)으로부터 합성어드미턴스는

$$Y_p = \frac{1}{Z_p} = Y_1 + Y_2 + \cdots + Y_N = \sum_{n=1}^{N} Y_n \tag{8.74}$$

이 되고, 합성 어드미턴스의 실수성분과 허수성분은 각각

$$G_p = G_1 + G_2 + \cdots + G_N = \sum_{n=1}^{N} G_n \tag{8.75}$$

$$B_p = B_1 + B_2 + \cdots + B_N = \sum_{n=1}^{N} B_n \tag{8.76}$$

으로 합성 컨덕턴스와 합성 서셉턴스가 된다.

N 개의 병렬연결된 임피던스 가운데 n 번째 임피던스를 통하여 흐르는 전류는

$$\mathrm{I}_n = Y_n \mathrm{V} \tag{8.77}$$

여기에 식 (8.73)을 대입하면

$$\mathrm{I}_n = Y_n \mathrm{V} = Y_n \frac{\mathrm{I}}{\sum_{n=1}^{N} Y_n} = \frac{Y_n}{Y_p}\mathrm{I} \tag{8.78}$$

이것은 병렬연결된 임피던스에 적용되는 전류분배법칙으로 어떤 임피던스가 연결된 가지를 통하여 흐르는 전류는 전체 어드미턴스에 대한 해당 어드미턴스의 비만큼 전류가 분배되어 흐른다. 따라서 각 가지전류는 임피던스에 반비례한다.

예제 8.13

그림 8.23에 나타낸 회로에서 $Z_1 = 3+4j$ [Ω]이고 $Z_2 = 1-j$ [Ω]이라고 한다. 전압원이 $\mathrm{V} = 10\angle 45^\circ$ [V]일 때 다음을 구하라.

(1) 각 임피던스 양단에 걸리는 전압 V_1과 V_2

(2) 전류 페이저 I

풀이

(1) 각 임피던스 양단에 걸리는 전압을 전압분배법칙을 적용하여 구하면

$$V_1 = \frac{Z_1}{Z_1+Z_2}V = \frac{3+4j}{(3+4j)+(1-j)} \times 10\angle 45^\circ = \frac{3+4j}{4+3j} \times 10\angle 45^\circ \quad ①$$

$$= \frac{5\angle 53.13^\circ}{5\angle 36.87^\circ} \times 10\angle 45^\circ = 10\angle 61.26^\circ \text{ [V]},$$

$$V_2 = \frac{Z_2}{Z_1+Z_2}V = \frac{1-j}{(3+4j)+(1-j)} \times 10\angle 45^\circ = \frac{\sqrt{2}\angle -45^\circ}{5\angle 36.87^\circ} \times 10\angle 45^\circ \quad ②$$

$$= 2.83\angle -36.87^\circ \text{ [V]}.$$

(2) 전류 페이저

전압-전류 관계식으로부터 전류 페이저를 계산하면

$$I = \frac{V}{Z_s} = \frac{10\angle 45^\circ}{(3+4j)+(1-j)} = \frac{10\angle 45^\circ}{5\angle 36.87^\circ} = 2\angle 8.13^\circ \text{ [A]} \quad ③$$

식 ③의 전류 페이저를 이용하여 각각의 임피던스 양단에 걸리는 전압 V_1과 V_2를 계산하면

$$V_1 = Z_1 I = (3+4j) \times 2\angle 8.13^\circ \quad ④$$

$$= 5\angle 53.13^\circ \times 2\angle 8.13^\circ = 10\angle 61.26^\circ \text{ [V]},$$

$$V_2 = Z_2 I = (1-j) \times 2\angle 8.13^\circ \quad ⑤$$

$$= \sqrt{2}\angle -45^\circ \times 2\angle 8.13^\circ = 2.83\angle -36.87^\circ \text{ [V]}.$$

그러므로 각각의 임피던스에 걸리는 전압을 계산하기 위하여 전류 페이저를 이용하는 것과 전압분배법칙을 적용하는 것은 동일한 결과를 얻는다.

예제 8.14

그림 8.25에 나타낸 회로에서 전류원이 $i(t) = 2\cos(5t + 30^\circ)$ [A]일 때 가지전류 $i_1(t)$와 $i_2(t)$를 구하라.

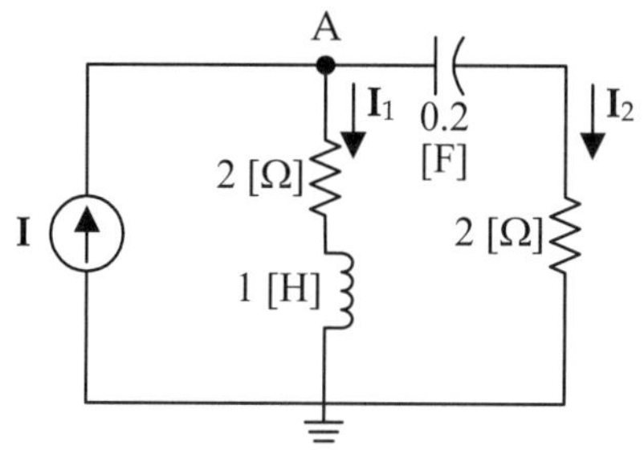

그림 8.25 예제 8.14를 위한 전기회로

풀이

전류원을 페이저 형식으로 나타내면 $\mathrm{I} = 2\angle 30^\circ$ [A]이다. 각주파수가 5 [rad/sec]이므로 전기회로의 가운데 가지의 임피던스를 계산하면

$$Z_1 = R_1 + j\omega L = 2 + 5j = 5.39\angle 68.2^\circ\ [\Omega] \quad ①$$

이다. 마디 A의 오른쪽 가지에는 0.2 [F] 커패시터와 2 [Ω] 저항이 직렬연결되어 있으므로 임피던스는

$$Z_2 = R_2 + \frac{1}{j\omega C} = 2 - j = 2.24\angle -26.57^\circ\ [\Omega] \quad ②$$

전류분배법칙을 적용하여 가운데 가지로 흐르는 전류를 계산하면

$$\mathrm{I}_1 = \frac{Z_2}{Z_p}\mathrm{I} = \frac{2-j}{(2+5j)+(2-j)} \times 2\angle 30^\circ = \frac{\sqrt{5}\angle -26.57^\circ}{\sqrt{32}\angle 45^\circ} \times 2\angle 30^\circ \quad ③$$
$$= 0.79\angle -41.57^\circ\ [\mathrm{A}]$$

이므로 정현파함수 형식의 전류 $i_1(t)$는

$$i_1(t) = 0.79\cos(5t - 41.57^\circ)\ [\mathrm{A}] \quad ④$$

오른쪽 가지로 흐르는 전류 페이저도 전류분배법칙에 의하여

$$\mathrm{I}_2 = \frac{Z_1}{Z_p}\mathrm{I} = \frac{2+5j}{(2+5j)+(2-j)} \times 2\angle 30^\circ = \frac{\sqrt{29}\angle 68.2^\circ}{\sqrt{32}\angle 45^\circ} \times 2\angle 30^\circ \quad ⑤$$
$$= 1.90\angle 53.2^\circ \text{ [A]}$$

이므로 $i_2(t) = 1.90\cos(5t + 53.2^\circ)$ [A]가 된다.

한편, I_2를 구하기 위한 다른 방법으로는 식 ③ 이후 마디 A에 키르히호프 전류법칙을 적용하여 식 ⑥과 같이 계산할 수 있다.

$$\mathrm{I}_2 = \mathrm{I} - \mathrm{I}_1 = 2\angle 30^\circ - 0.79\angle -41.57^\circ \quad ⑥$$
$$= \{2\cos(30^\circ) - 0.79\cos(-41.57^\circ)\} + j\{2\sin(30^\circ) - 0.79\sin(-41.57^\circ)\}$$
$$= 1.14 + 1.52j = 1.90\angle 53.13^\circ \text{ [A]}$$

연산과정에서 발생하는 반올림 오차들에 의한 차이를 고려하면 이 결과는 식 ⑤의 결과와 일치한다.

8.8 페이저회로

5장에서 에너지 저장소자를 소개한 이후 7장까지의 주요 학습 주제는 인덕터와 커패시터가 포함된 회로의 완전응답을 구하는 것이었다. 이것은 소자에 에너지를 저장하거나 저장된 에너지가 소비되면서 회로에서 일어나는 일시적 현상뿐만 아니라 전원에 의하여 나타나는 응답까지 관찰하고 해석하는 것을 의미한다.

8장을 학습하는 동안 주요 주제는 정현파 전원, 즉 교류전원에 대하여 RLC 회로의 동작을 복소수, 페이저, 지수함수 등의 수학적 도구를 이용하여 해석하는 방법이었다. 특히, 현재까지는 주어진 회로에 대한 강제응답에 초점을 두고 학습하였다. 예제 8.3은 교류전원이 구동하는 회로에서도 고유응답이 발생하지만 완전응답에 미치는 영향이 매우 일시적이라는 것을 보여준다.

교류전원은 전압 또는 전류의 급격한 변화 없이 지속적으로 반복되는 파형으로 회로를 구동시키므로 강제응답이 완전응답에서 지배적인 요소가 되도록 한다. 이와 같이 교류전

원에 의하여 나타나는 강제응답이 완전응답과 거의 같아지는 상태를 교류 정상상태라고 하고, 이때 나타나는 응답을 교류 정상상태응답이라고 한다. 그리고 페이저는 교류 정상 상태에서 전기회로를 해석하기 위한 아주 유용한 수학적 도구이다.

페이저회로는 주어진 RLC 전기회로에서 전원을 포함한 전압과 전류 성분을 페이저 형식으로 나타내고, 저항, 인덕터, 커패시터 등 수동소자들은 임피던스 또는 어드미턴스로 변환시켜 나타낸 회로를 말한다. 예를 들어, 그림 8.26(a)에 나타낸 일반적인 RLC 회로는 그림 8.26(b)와 같이 페이저회로로 변환시켜 나타낸다. 여기서 ω는 정현파전원이 가지는 각주파수이다.

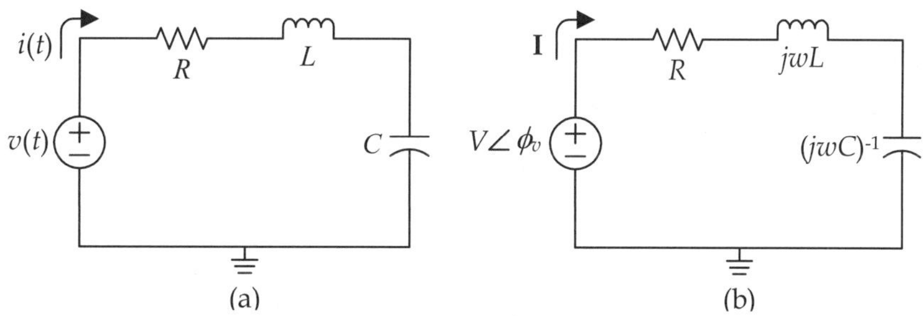

그림 8.26 (a) 일반적인 RLC 회로 (b) 페이저회로

그림 8.26(a)의 일반적인 RLC 회로를 해석하기 위하여 폐경로에 키르히호프 전압법칙을 적용하면 망로전류 $i(t)$에 대한 1차 미분과 1차 적분이 함께 포함된 회로방정식을 얻는다. 이 회로방정식을 1차 미분하여 2차 미분방정식 형태의 회로방정식으로 변환한 다음 고유응답과 강제응답을 구하고, 이들로부터 완전응답을 구하여 시간의 변화에 따른 응답의 변화를 관찰하는 것으로 회로의 동작을 해석한다.

그림 8.26(b)의 페이저회로도 폐경로에 키르히호프 전압법칙을 적용하여 망로전류 페이저에 대한 회로방정식을 다음과 같이 구한다.

$$R\mathrm{I}+j\omega L\mathrm{I}+\frac{1}{j\omega C}\mathrm{I}=\mathrm{V}=V\angle\phi_v \tag{8.79}$$

이후의 풀이과정은 앞 절들에서 학습한 평범한 복소수 또는 페이저 연산과정으로 미분방정식의 풀이법에 비하면 매우 간단하다. 예를 들어, 식 (8.79)에서 망로전류를 구하면

$$\mathrm{I} = \frac{V\angle\phi_v}{R + j\left(\omega L - \dfrac{1}{\omega C}\right)} = \frac{V\angle\phi_v}{|Z|\angle\phi_z}\ [\mathrm{A}] \tag{8.80}$$

가 되므로 정현파함수 형식으로는

$$i(t) = I\cos(\omega t + \phi_i)\ [\mathrm{A}] \tag{8.81}$$

로 나타낼 수 있다. 여기서 $I = V/|Z|$이고 $\phi_i = \phi_v - \phi_z$이다. 따라서 식 (8.81)은 주어진 RLC 직렬회로에 대한 교류 정상상태응답이 된다.

예제 8.15

그림 8.27에 나타낸 회로에서 5 [Ω] 저항을 통하여 흐르는 전류 $i(t)$의 교류 정상상태응답을 구하라.

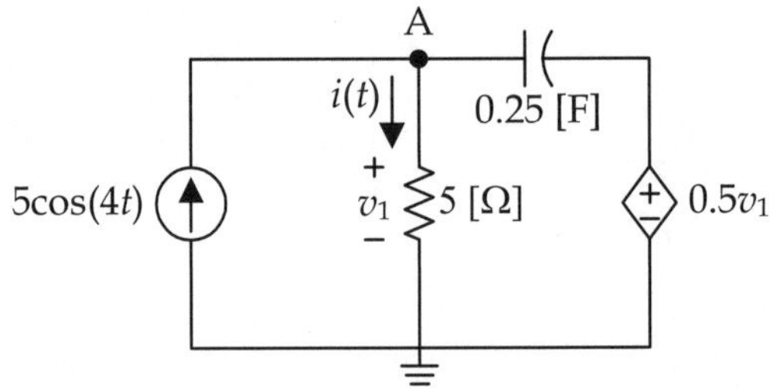

그림 8.27 예제 8.15를 위한 전기회로

풀이

전류원 $i_s(t) = 5\cos(4t)$ [A]를 페이저 형식으로 나타내면

$$i_s(t) = 5\cos(4t) \rightarrow \mathrm{I}_s = 5\angle 0^\circ\ [\mathrm{A}] \quad ①$$

이다. 각주파수가 4 [rad/sec]이므로 0.25 [F] 커패시터를 임피던스로 나타내면

$$Z_c = \frac{1}{j\omega C} = -j\frac{1}{4\times 0.25} = -j\ [\Omega] \quad ②$$

그러므로 주어진 전기회로에 대한 페이저회로는 그림 8.28과 같다.

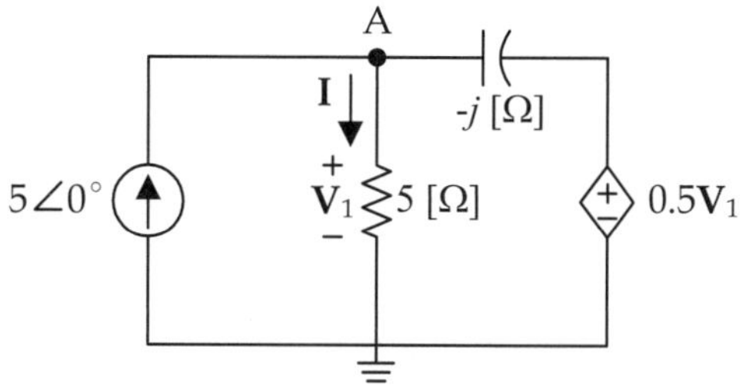

그림 8.28 예제 회로에 대한 페이저회로

마디 A에 키르히호프 전류법칙을 적용하면 회로방정식은

$$I+\frac{V_1-0.5V_1}{-j}=5\angle 0^{\circ} \qquad ③$$

이고, 종속전압원의 크기를 결정하는 V_1은 가운데 가지의 5 [Ω] 저항 양단에 걸리는 전압이므로

$$V_1=5I\ [V] \qquad ④$$

식 ④를 식 ③에 대입하여 정리하면 전류 페이저는

$$I+j0.5V_1=(1+2.5j)I=5\angle 0^{\circ} \qquad ⑤$$

$$\rightarrow\ I=\frac{5\angle 0^{\circ}}{1+2.5j}=\frac{5\angle 0^{\circ}}{2.69\angle 68.2^{\circ}}=1.86\angle -68.2^{\circ}\ [A]$$

따라서 전류 $i(t)$의 교류 정상상태응답은

$$i(t)=1.86\cos(4t-68.2^{\circ})\ [A]$$

예제 8.16

그림 8.29에 나타낸 연산증폭기 회로의 출력전압 $v_o(t)$의 교류 정상상태응답을 구하라. 여기서 교류전원은 $v_i(t)=5\cos(5t)$이고, 연산증폭기는 이상적인 조건을 만족하는 것으로 가정한다.

풀이

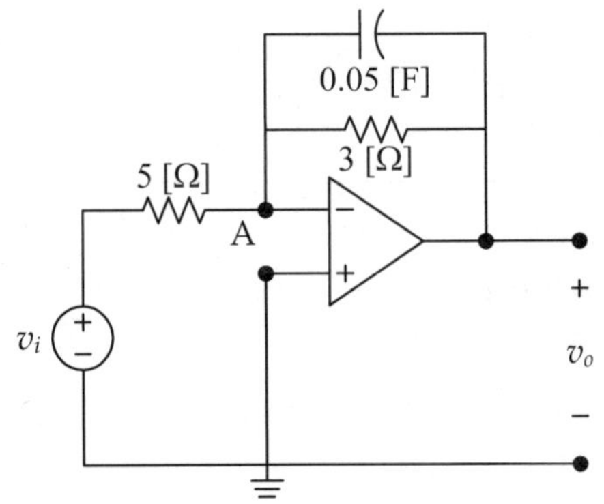

그림 8.29 예제 8.16을 위한 전기회로

먼저, 주어진 회로에 대한 페이저회로를 구하기 위한 과정으로 페이저 전원을 정의하면 $v_i = 5\cos(5t) = 5\angle 0^\circ$ [V]이다. 각주파수가 $\omega = 5$ [rad/sec]이므로 커패시터의 임피던스는

$$Z_c = \frac{1}{j\omega C} = -j\frac{1}{5\times 0.05} = -4j\ [\Omega] \qquad ①$$

출력단 궤환 임피던스는 $3\,[\Omega]$ 저항과 Z_c의 병렬연결 합성 임피던스이므로

$$Z_f = 3//-4j = \frac{3\times -4j}{3-4j} = \frac{-12j\times(3+4j)}{25} = 1.92-1.44j\ [\Omega] \qquad ②$$

그러므로 주어진 전기회로에 대한 페이저회로는 그림 8.30과 같다.

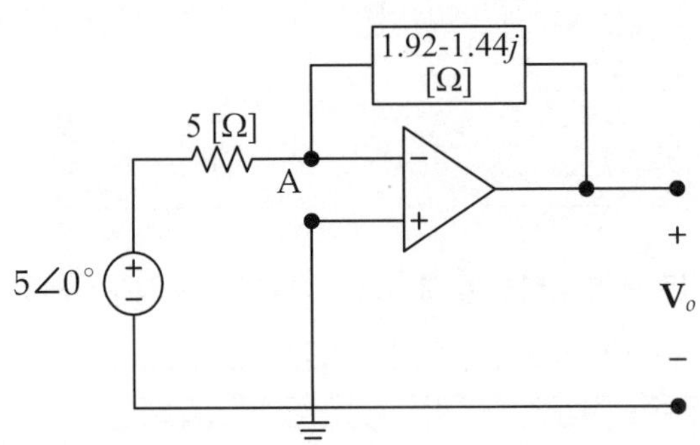

그림 8.30 예제 회로에 대한 페이저회로

연산증폭기의 비반전 입력단자가 접지되어 있으므로 이상적인 연산증폭기 조건을 적용하면 반전 입력단자의 전압, 즉 마디 A의 전압은 0 [V]이다. 마디 A에 키르히호프 전류법칙을 적용하면 회로방정식은

$$\frac{-\mathrm{V}_i}{5}+\frac{-\mathrm{V}_o}{1.92-1.44j}=0 \qquad ③$$

식 ③을 정리하여 출력 전압의 페이저를 계산하면

$$\mathrm{V}_o=\frac{-1.92+1.44j}{5}\mathrm{V}_i=0.48\angle 143.13^\circ \times 5\angle 0^\circ=2.4\angle 143.13^\circ \text{ [V]} \qquad ④$$

따라서 연산증폭기 출력 전압에 대한 교류 정상상태응답은

$$v_o(t)=2.4\cos(5t+143.13^\circ) \text{ [V]}$$

연습문제

8.1 다음 두 정현파함수에 대하여

$$f_1(t) = 5\cos(200t + 30^\circ),\ f_2(t) = 10\sin(200t + 60^\circ),$$

(1) 진폭, 주파수, 주기를 구하라.

(2) 두 함수의 위상차를 구하고, 어떤 함수가 앞서는지 판정하라.

8.2 다음 두 정현파함수에 대하여

$$f_1(t) = 311\cos(60\pi t - 20^\circ),\ f_2(t) = -155\sin(60\pi t + 135^\circ),$$

(1) 진폭, 주파수, 주기를 구하라.

(2) 두 함수의 위상차를 구하고, 어떤 함수가 앞서는지 판정하라.

8.3 주어진 정현파함수를 지시에 따라 변환하라. 단, 변환된 정현파함수의 진폭은 항상 양의 값을 가지고, 위상각은 $\pm 180^\circ$ 이내로 표현하라.

(1) $f(t) = \sin(3t - 30^\circ)$를 코사인 함수로 표현하라.

(2) $f(t) = -2\cos(3t + 45^\circ)$를 사인 함수로 표현하라.

(3) $f(t) = -3\sin(4t - 45^\circ)$를 코사인 함수로 표현하라.

(4) $f(t) = 3\cos(2t + 60^\circ) + 2\sin(2t - 30^\circ)$를 하나의 코사인 함수로 표현하라.

8.4 다음 두 정현파함수에 대하여

$$f_1(t) = 6\cos(60t + 30^\circ),\ f_2(t) = -2\sin(60t + 60^\circ),$$

(1) $f_1(t) - f_2(t) = A\cos(60t) + B\sin(60t)$로 나타낼 때 A와 B를 구하라.

(2) $f_1(t) + f_2(t) = C\cos(60t) + D\sin(60t)$로 나타낼 때 C와 D를 구하라.

8.5 문제 8.4의 두 함수 $f_1(t)$와 $f_2(t)$를 이용하여 새로운 함수를 다음과 같이 정의한다.

$$f_3(t) = f_1(t) - f_2(t),\ f_4(t) = f_1(t) + f_2(t).$$

(1) $f_3(t)$와 $f_4(t)$를 각각 하나의 코사인 함수로 표현하라.

(2) $f_3(t) + f_4(t)$와 $f_3(t) - f_4(t)$를 각각 하나의 코사인 함수로 표현하라.

8.6 그림 P8.6과 같은 구조를 가지는 회로는 교류전류원 $i_s(t) = 2\sin(20t)$ [A]에 의하여 구동된다.

(1) $i_1(t) = 1.2\cos(20t - 30^\circ)$ [A]일 때 $i_2(t)$를 구하라.

(2) $i_3(t) = 0.8\sin(20t + 45^\circ)$ [A]일 때 $i_4(t)$를 구하라.

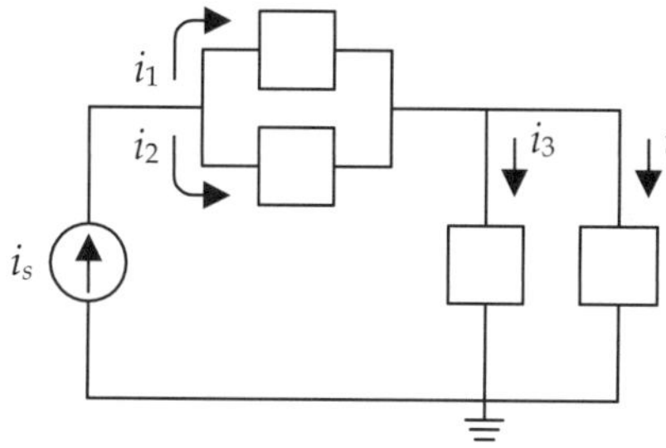

그림 P8.6

8.7 그림 P8.7의 회로에서 교류전압원은 $v_s(t) = 4\cos(2t - 30^\circ)$ [V]이다.

(1) $v_1(t) = 2\sin(2t + 45^\circ)$ [V]일 때 전압 $v_2(t)$를 구하라.

(2) 소자 A가 0.5 [F] 커패시터인 경우 전류 $i_A(t)$를 구하라.

(3) 소자 B가 2 [H] 인덕터인 경우 전류 $i_B(t)$를 구하라.

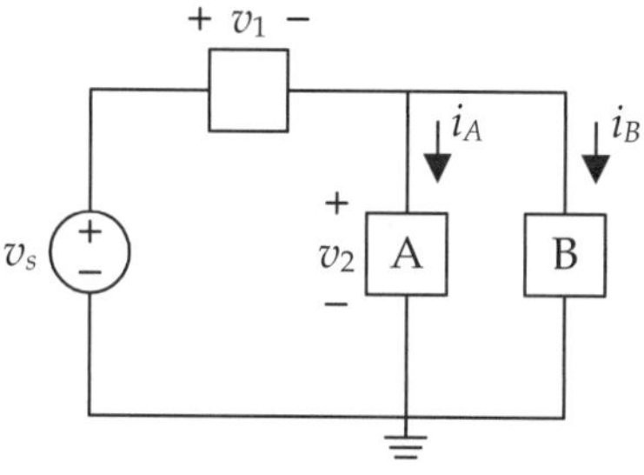

그림 P8.7

8.8 그림 P8.8에 나타낸 직렬 RLC 회로에서 전원은 $v(t) = 5\sin(4t)$ [V]이다.

(1) 이 회로의 회로방정식을 2계 미분방정식으로 형태로 표현하라.

(2) 망로전류 $i(t)$의 강제응답을 코사인 함수로 표현하라. 여기서 커패시터의 초기 전압은 $v_C(0^-) = 0$ [V]로 가정한다.

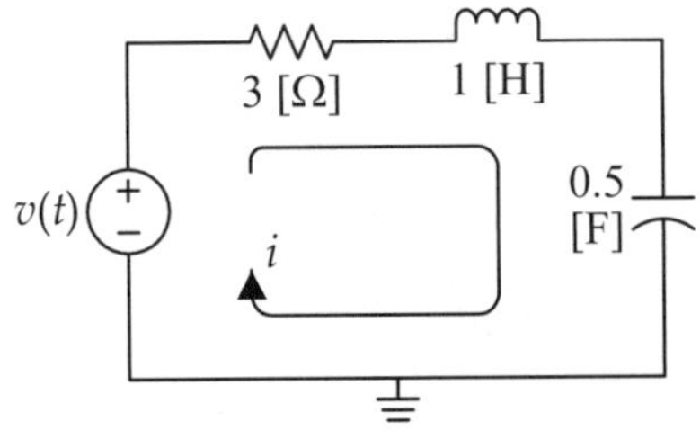

그림 P8.8

8.9 그림 P8.9의 병렬 RLC 회로에서 교류전류원은 $i(t) = 2\cos(50t)$ [A]이고, $t = 0$ [sec]에서 스위치가 닫히기 전까지 커패시터와 인덕터에 저장된 에너지는 0 [J]인 것으로 가정한다.

(1) 이 회로의 회로방정식을 커패시터 전압 $v_C(t)$에 대한 2계 미분방정식으로 형태로 표현하라.

(2) $t \geq 0$ [sec]에서 커패시터 전압 $v_C(t)$의 강제응답을 구하라.

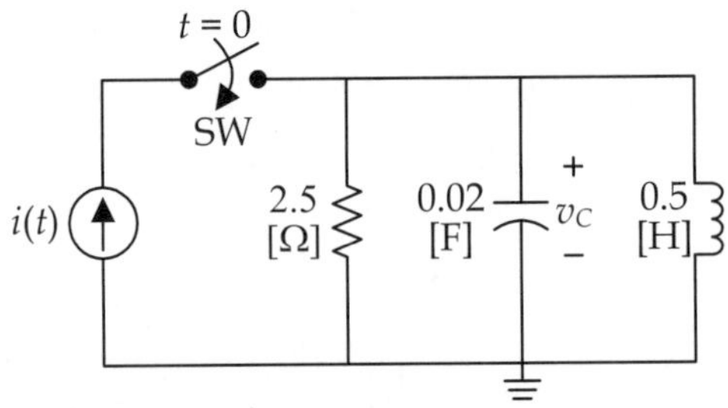

그림 P8.9

8.10 그림 P8.10에 나타낸 전기회로에서 전압원은 $v_s(t) = 20\cos(30t + 50°)$ [V]이고, 전류원은 $i_s(t) = 2\cos(30t - 25°)$ [A]이다.

(1) 커패시터 양단의 전압 $v_C(t)$의 강제응답을 구하라.

(2) 전류 $i(t)$와 $i_C(t)$의 강제응답 성분을 구하라.

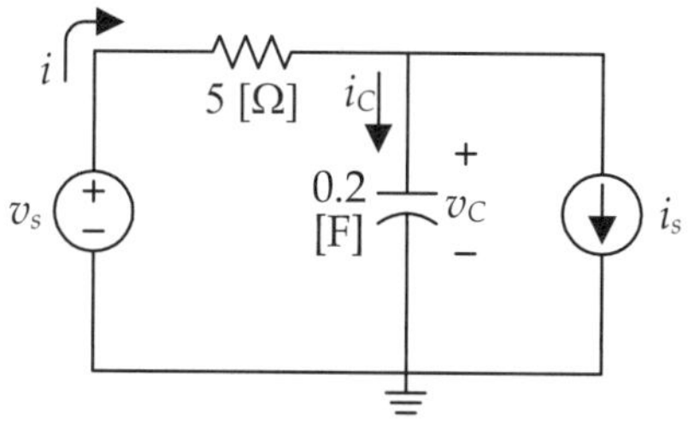

그림 P8.10

8.11 그림 P8.11의 전기회로에서 전원이 $i_s(t) = 0.4\sin(t - 60^\circ)$ [A]일 때

(1) 인덕터를 통하여 흐르는 전류 $i_L(t)$의 강제응답을 구하라.

(2) 5 [Ω] 저항을 통하여 흐르는 전류 $i_R(t)$의 강제응답 성분을 구하라.

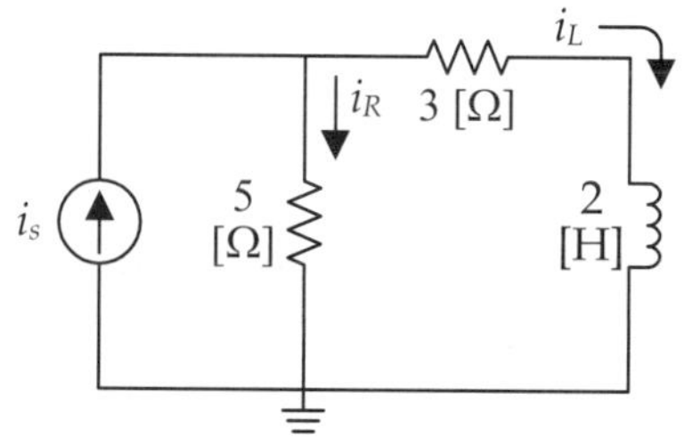

그림 P8.11

8.12 그림 P8.12에 나타낸 연산증폭기 회로의 입력 전원이 $v_i(t) = 3\sin(5t)$ [V]일 때 증폭기 출력전압의 강제응답을 하나의 정현파함수 형태로 구하라.

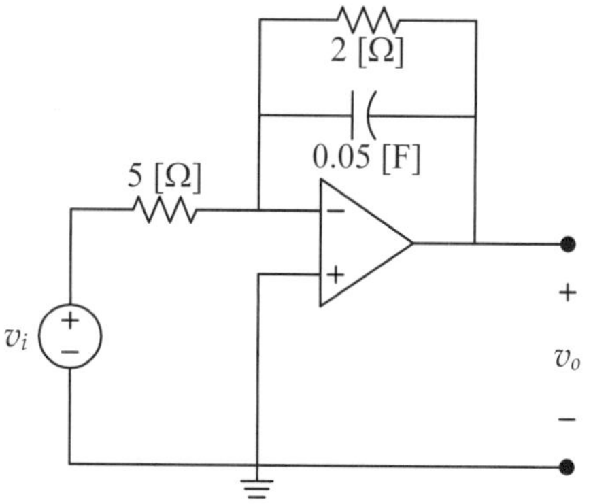

그림 P8.12

8.13 다음 정현파함수를 페이저(phasor) 형식과 복소수 형식으로 표현하라.

(1) $f_1(t) = 4\cos(5t - 30^\circ)$

(2) $f_2(t) = 5\sin(5t + 30^\circ)$

8.14 문제 8.13의 두 함수 $f_1(t)$와 $f_2(t)$에 대하여 다음 연산 수행결과를 페이저 형식, 복소수 형식, 정현파함수 형태로 표현하라.

(1) $f_1(t) + f_2(t)$

(2) $f_1(t) - f_2(t)$

8.15 어떤 직렬 RL회로에서 인덕터를 통하여 흐르는 전류에 대한 회로방정식이 다음과 같다.

$$\frac{di_L(t)}{dt} + 7i_L(t) = 3\cos(5t + 60^\circ)$$

$i_L(t)$의 강제응답을 복소지수함수와 정현파함수 형태로 구하라.

8.16 어떤 2차 회로의 회로방정식이 다음과 같다.

$$\frac{d^2x(t)}{dt^2} + 5\frac{dx(t)}{dt} + 6x(t) = 6\cos(4t + 30^\circ)$$

$x(t)$의 강제응답을 복소지수함수와 정현파함수 형태로 구하라.

8.17 어떤 전기회로의 회로방정식이 다음과 같이 전압 $v(t)$에 대한 2계 미분방정식 형태로 주어진다.

$$\frac{d^2v(t)}{dt^2} + 6\frac{dv(t)}{dt} + 25v(t) = 4\sin(10t + 30^\circ)$$

$v(t)$의 강제응답을 복소지수함수와 정현파함수 형태로 표현하라.

8.18 그림 P8.18의 전기회로에서 전압원은 $v_s(t) = 10\sin(5t - 30^\circ)$ [V]일 때 인덕터를 통하여 흐르는 전류 $i_L(t)$의 강제응답을 복소지수함수와 정현파함수 형태로 구하라.

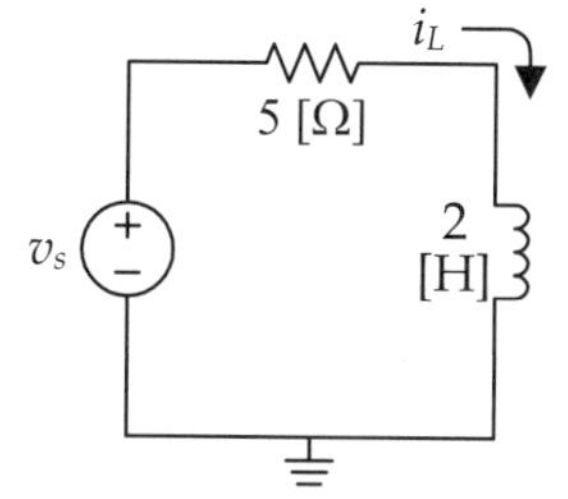

그림 P8.18

8.19 그림 P8.19의 전기회로에서 전압원은 $v_s(t) = 20\cos(5t + 45°)$ [V]일 때

(1) 커패시터 전압 $v_C(t)$의 강제응답을 복소지수함수와 정현파함수 형태로 구하라.

(2) 망로전류 $i_C(t)$의 강제응답 성분을 구하라.

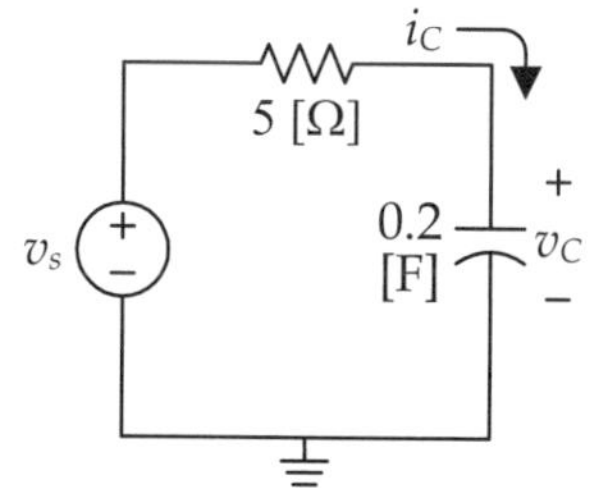

그림 P8.19

8.20 그림 P8.20에 나타낸 전기회로에서 $v_s(t) = -2\sin(10t - 30°)$ [A]이다.

(1) 커패시터 전압 $v_C(t)$의 강제응답을 구하라.

(2) 전류 $i_C(t)$, $i_R(t)$, $i(t)$의 강제응답 성분을 구하라.

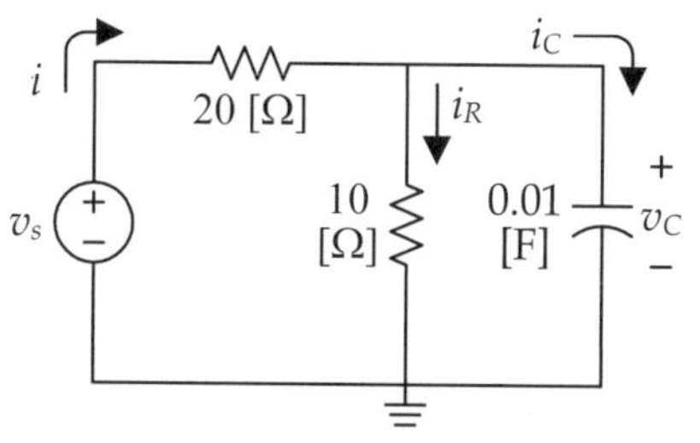

그림 P8.20

8.21 그림 P8.21에 나타난 직렬 RLC 회로에서 전원은 $v_s(t) = 10\cos(3t)$ [V]이다.

(1) 키르히호프 전압법칙을 적용하여 회로방정식을 구하라.

(2) 망로전류 $i(t)$의 정상상태 응답을 페이저를 이용하여 계산하라.

(3) 각 수동소자에 걸리는 정상상태 전압을 페이저를 이용하여 구하고, 정현파 함수 형태로 표현하라.

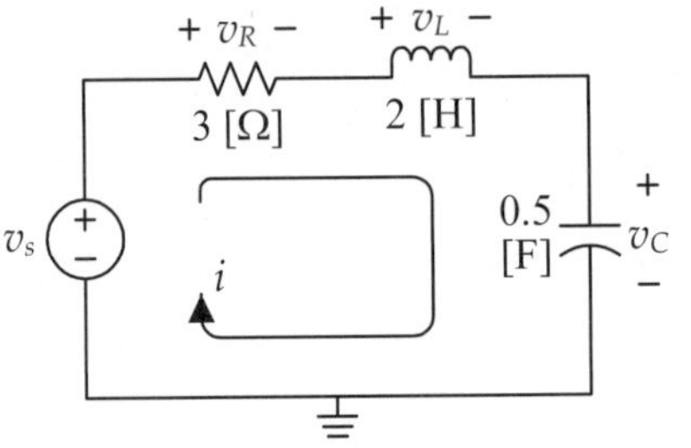

그림 P8.21

8.22 그림 P8.22에 나타낸 전기회로에서 전압원은 $v_s(t) = 10\cos(5t)$ [V]이다.

(1) 전류 $i(t)$의 강제응답을 페이저를 이용하여 구하라.

(2) $v_C(t)$, $v_L(t)$, $v_R(t)$의 강제응답 성분을 페이저를 이용하여 구하라.

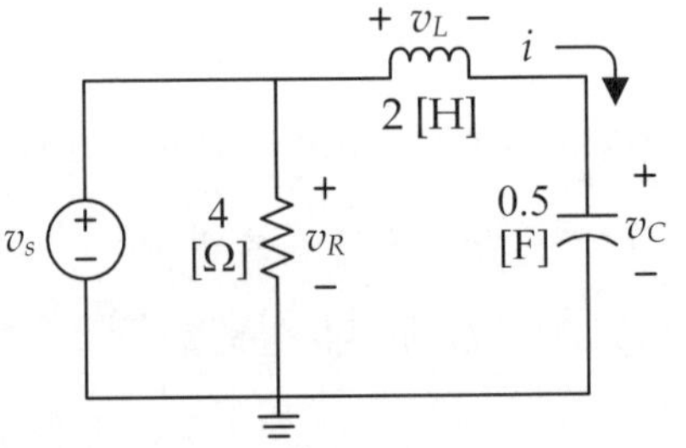

그림 P8.22

8.23 그림 P8.23의 회로에서 전압원이 $v_s(t) = 10\cos(4t - 30^\circ)$ [V]이다.

(1) 커패시터 전압 $v_c(t)$의 강제응답을 페이저를 이용하여 구하라.

(2) $i_C(t)$, $i_L(t)$, $i(t)$의 강제응답 성분을 구하라.

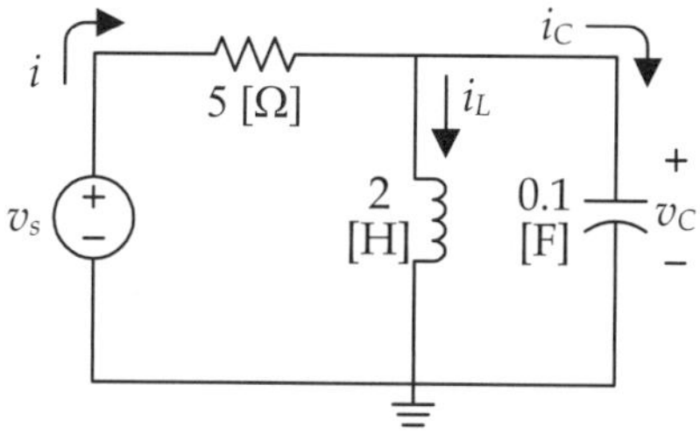

그림 P8.23

8.24 그림 P8.24의 전기회로에서 교류전원은 $v_s(t) = 8\sin(5t - 30^\circ)$ [V]이다.

(1) 커패시터 전압 $v_C(t)$의 강제응답을 구하라.

(2) 전류 $i_C(t)$와 $i_R(t)$의 강제응답 성분을 구하라.

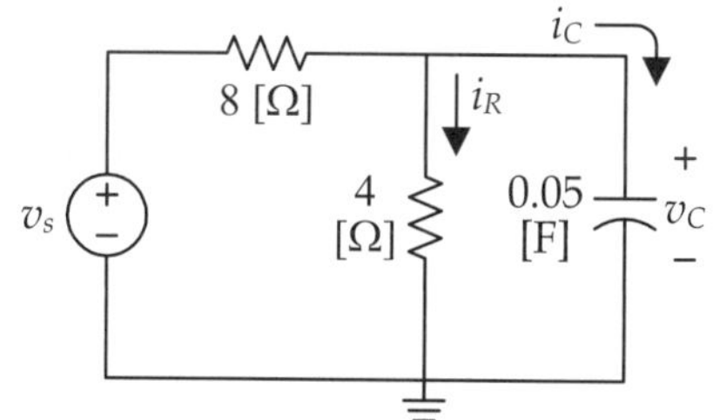

그림 P8.24

8.25 그림 P8.25의 병렬 RLC 회로에서 전류원은 $i_s(t) = 5\cos(4t - 30^\circ)$ [A]이다.

(1) 커패시터 전압 $v_C(t)$의 강제응답을 구하라.

(2) $i_C(t)$, $i_R(t)$, $i_L(t)$의 강제응답 성분을 구하라.

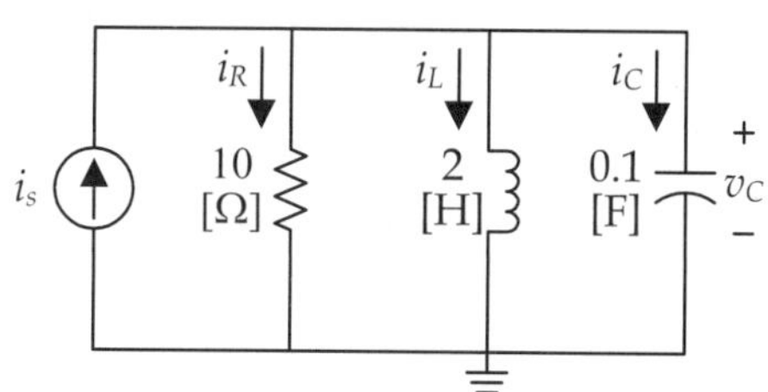

그림 P8.25

8.26 그림 P8.26의 회로에서 단자 a와 b 사이에 각주파수가 ω [rad/sec]인 교류전원을 연결하는 경우 단자 a와 b 사이의 임피던스를 구하라.

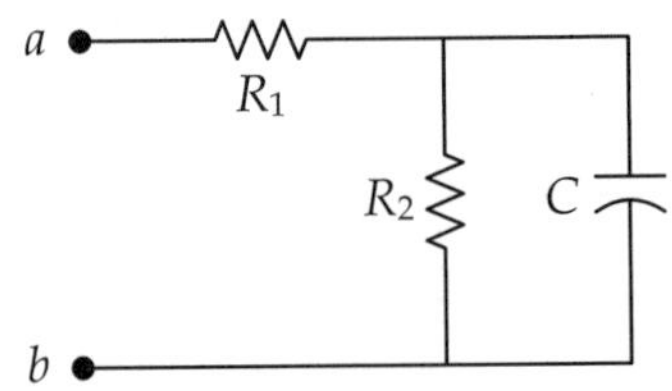

그림 P8.26

8.27 그림 P8.27의 회로에서 단자 a와 b 사이의 임피던스를 구하라. 여기서 전원의 주파수는 $\omega = 5$ [rad/sec]인 것으로 가정한다.

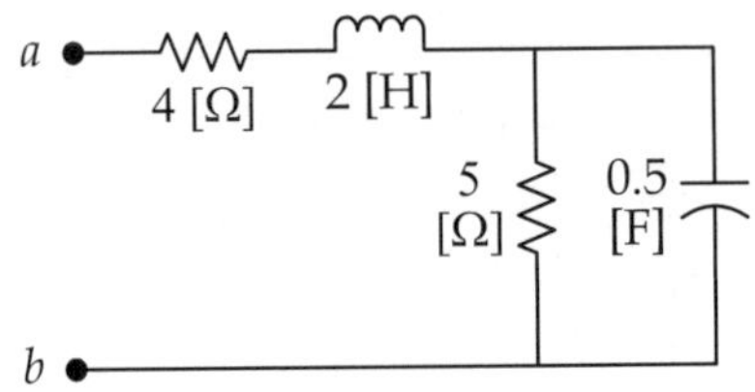

그림 P8.27

8.28 그림 P8.28 회로의 단자 a와 b 사이에 각주파수가 $\omega = 2$ [rad/sec]인 교류전원을 인가한다. 단자 a와 b 사이의 임피던스와 어드미턴스를 구하라.

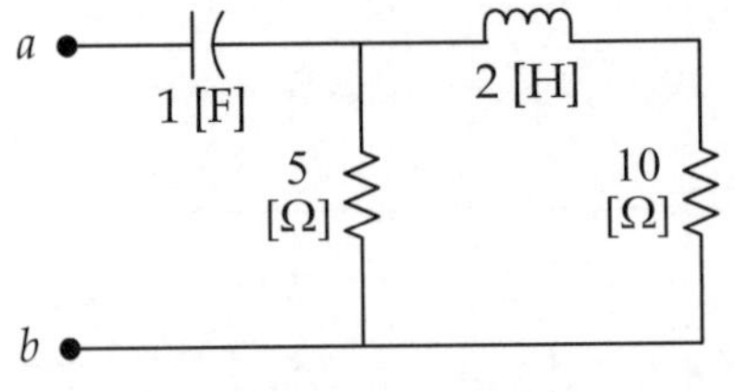

그림 P8.28

8.29 그림 P8.29의 전기회로에서 단자 a와 b 사이에 연결될 전원의 각주파수가 $\omega = 5$ [rad/sec] 이다. 단자 a와 b 사이의 임피던스와 어드미턴스를 구하라.

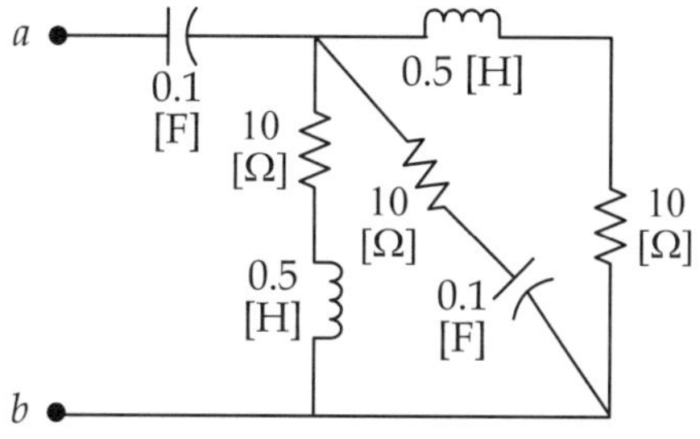

그림 P8.29

8.30 각주파수가 ω [rad/sec]인 교류전원을 그림 P8.30에 나타낸 전기회로의 단자 a와 b 사이에 연결한다.

(1) 단자 a와 b 사이의 임피던스 Z_{ab}를 구하라.

(2) 각주파수 ω가 매우 큰 값을 가지는 경우와 아주 작은 값을 가지는 경우 $|Z_{ab}|$는 어떻게 변하는지 설명하라.

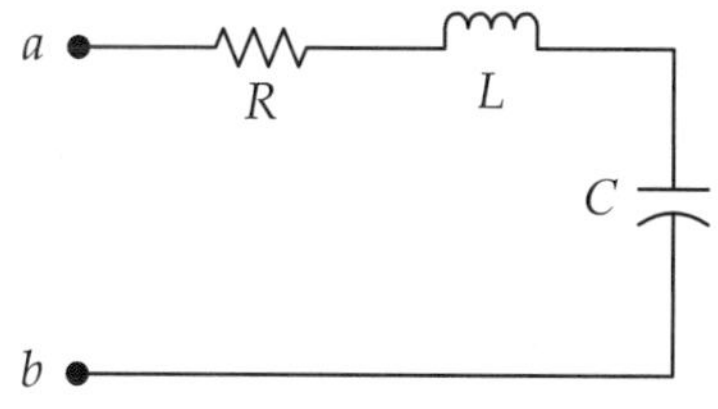

그림 P8.30

8.31 그림 P8.31에 나타낸 전기회로에서 $i_s(t) = 10\cos(4t + 30°)$ [A]이다.

(1) 단자 a와 b 사이의 임피던스를 구하라.

(2) $i_1(t)$와 $i_2(t)$의 교류 정상상태 응답을 구하라.

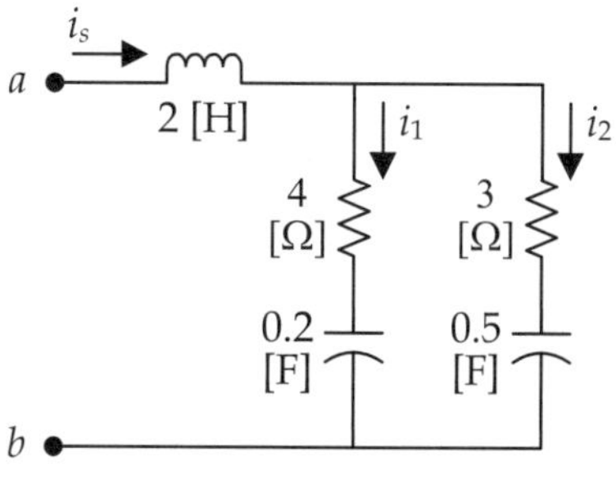

그림 P8.31

8.32 그림의 병렬 RLC 전기회로에서 전류원은 $i_s(t) = 5\sin(4t - 30^\circ)$ [A]이다.

(1) 커패시터 양단에 걸리는 전압 $v_C(t)$의 교류 정상상태 응답을 구하라.

(2) 각 수동소자를 통하여 흐르는 전류의 교류 정상상태 응답을 구하라.

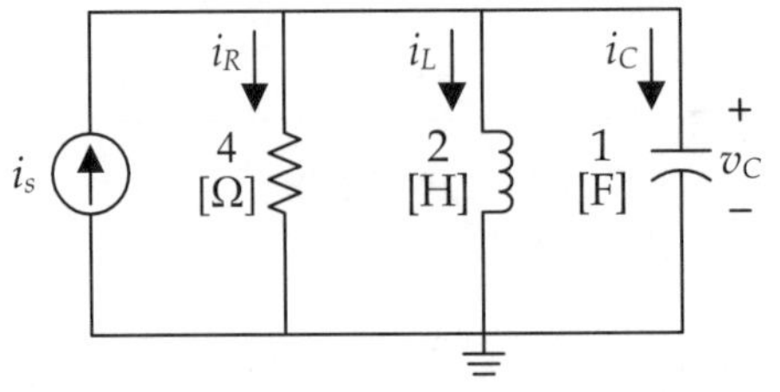

그림 P8.32

8.33 그림 P8.33의 전기회로에서 전원은 $v_s(t) = 24\cos(2t + 45^\circ)$ [V]이다.

(1) 전체 임피던스와 전류 $i(t)$의 교류 정상상태 응답을 구하라.

(2) 전류 $i_1(t)$와 $i_2(t)$의 정상상태 응답을 구하라.

(3) 커패시터와 인덕터 양단에 걸리는 전압을 구하라.

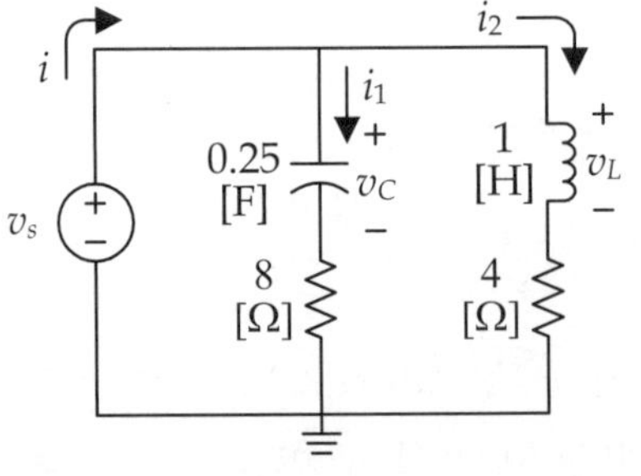

그림 P8.33

8.34 그림 P8.34의 전기회로에서 전원은 $v_s(t) = 24e^{j3t}$ [V]이다.

(1) 전체 임피던스를 구하라.

(2) 전류 $i(t)$, $i_R(t)$, $i_C(t)$의 교류 정상상태 응답을 구하라.

(3) 전압 $v_C(t)$와 $v_L(t)$의 정상상태 응답을 구하라.

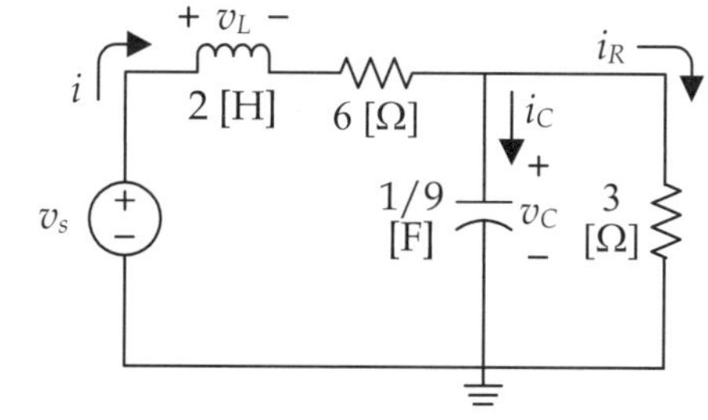

그림 P8.34

8.35 그림 P8.35의 전기회로에서 전압원은 $v_s(t) = 20\sin(5t + 30°)$ [V]이다.

(1) 커패시터 전압 $v_C(t)$의 교류 정상상태 응답을 구하라.

(2) 망로전류 $i_1(t)$와 $i_2(t)$의 교류 정상상태 응답을 구하라.

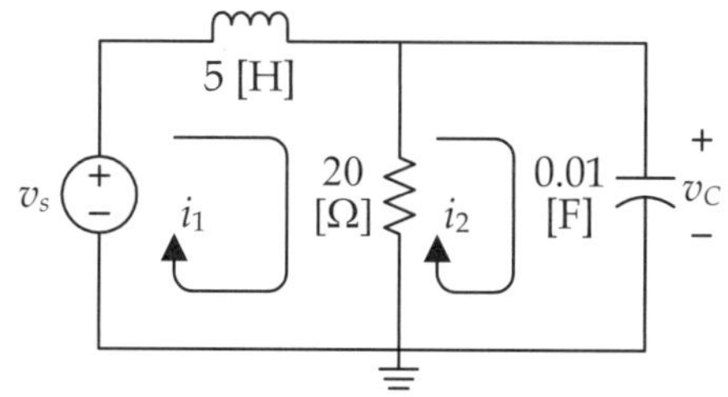

그림 P8.35

8.36 그림 P8.36에 나타낸 전기회로에서 전원은 $i_s(t) = 2e^{j(4t - 15°)}$ [A]이다.

(1) 전체 임피던스를 구하라.

(2) 전류 $i(t)$의 교류 정상상태 응답을 구하라.

(3) 전압 $v_C(t)$, $v_L(t)$, $v_R(t)$를 구하고, 페이저도(phasor diagram)를 그려라.

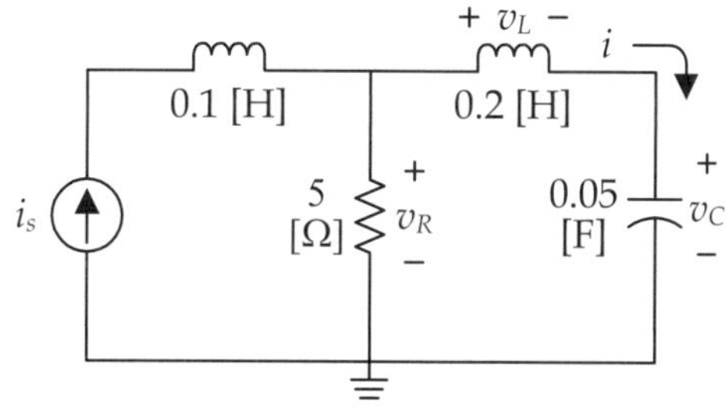

그림 P8.36

8.37 그림 P8.37의 전기회로에서 전압원은 $v_s(t) = 12e^{j(t-60^\circ)}$ [V]이다.

(1) 전체 임피던스를 구하라.

(2) 전류 $i(t)$, $i_1(t)$, $i_2(t)$의 교류 정상상태 응답을 구하고, 페이저도를 그려라.

(3) 인덕터와 커패시터 양단 전압의 교류 정상상태 응답을 구하라.

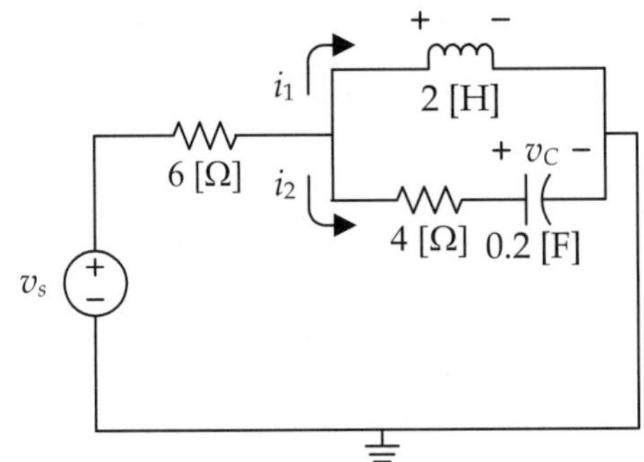

그림 P8.37

8.38 그림 P8.38에 주어진 전기회로에서 전원은 $v_s(t) = 30e^{j(400t+20^\circ)}$ [V]이다.

(1) 전체 임피던스를 구하라.

(2) 전류 $i(t)$와 $i_C(t)$의 교류 정상상태 응답을 구하라.

(3) 전압 $v_C(t)$와 $v_L(t)$의 교류 정상상태 응답을 구하라.

(4) 전압 페이저 V_s, V_R, V_C, V_L의 페이저도를 그려라.

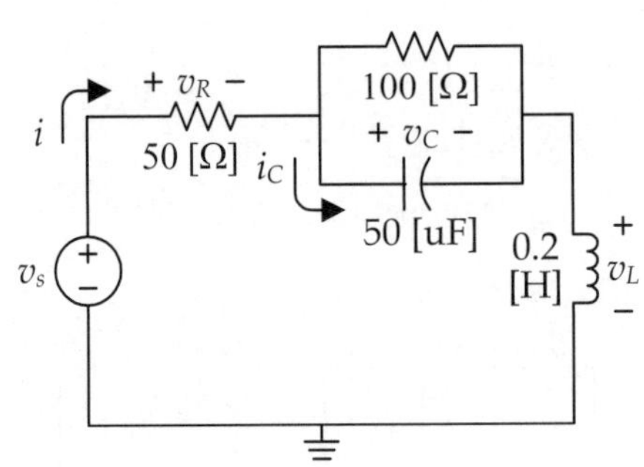

그림 P8.38

8.39 그림 P8.39의 전기회로에서 전압원은 $v_s(t) = 200\sin(100t + 30^\circ)$ [mV]이다.

(1) 전체 임피던스를 구하라.

(2) 전류 $i(t)$, $i_1(t)$, $i_2(t)$의 정상상태 응답을 구하고, 페이저도를 그려라.

(3) 전압 $v_1(t)$, $v_2(t)$, $v_L(t)$의 교류 정상상태 응답을 구하라.

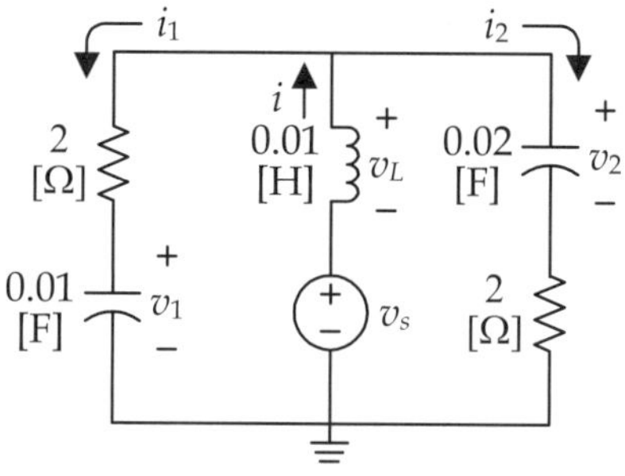

그림 P8.39

8.40 그림 P8.40의 전기회로에서 전류원은 $i_s(t) = 12\cos(5t - 45^\circ)$ [A]이다.

(1) 전체 임피던스를 구하라.

(2) 전류 $i_L(t)$, $i_1(t)$, $i_2(t)$의 정상상태 응답을 구하고, 페이저도를 그려라.

(3) 전압 $v_L(t)$, $v_1(t)$, $v_2(t)$의 교류 정상상태 응답을 구하고, 페이저도에 나타내어라.

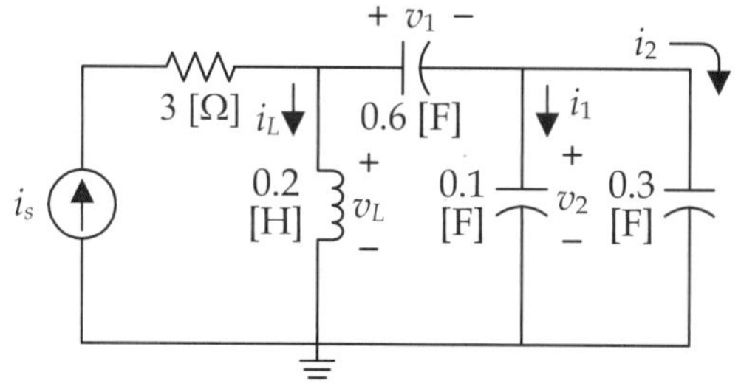

그림 P8.40

8.41 그림 P8.41의 전기회로에서 전압원과 전류원은 각각 다음과 같다.

$$i_s(t) = 2e^{j3t} \text{ [A]}, \quad v_s(t) = 10e^{j(3t+45^\circ)} \text{ [V]}$$

인덕터 전류 $i_L(t)$와 커패시터 전압 $v_C(t)$의 교류 정상상태 응답을 구하라.

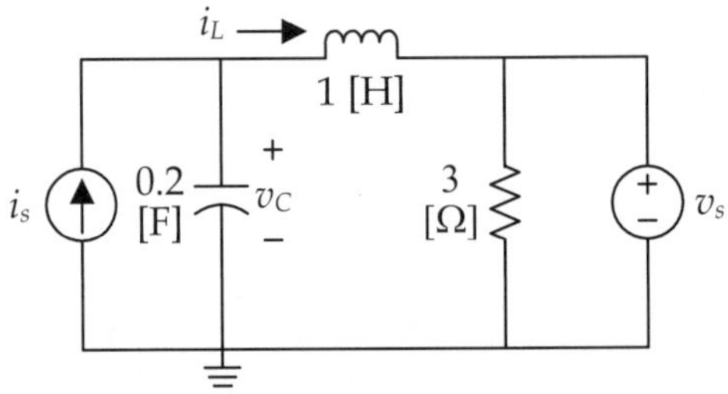

그림 P8.41

8.42 그림 P8.42에 나타낸 전기회로에서 두 전압원은 각각 다음과 같다.

$$v_{s1}(t) = 15\cos(2t + 20^\circ)\ [\text{V}],\ \ v_{s2}(t) = 8\sin(2t + 60^\circ)\ [\text{V}]$$

(1) 중첩의 원리를 이용하여 전류 $i_1(t)$, $i_2(t)$, $i_3(t)$의 교류 정상상태 응답을 구하고, 페이저도를 그려라.

(2) 각 수동소자 양단의 정상상태 전압을 구하라.

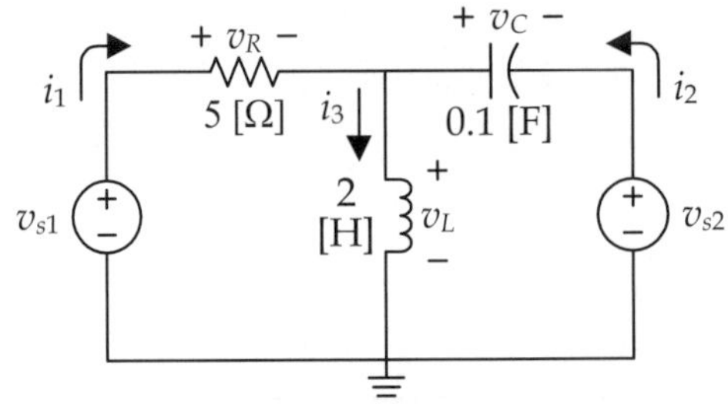

그림 P8.42

8.43 그림 P8.43에 나타낸 전기회로에서 두 전원은 각각 다음과 같다.

$$i_s(t) = 2\cos(4t)\ [\text{A}],\ \ v_s(t) = 4\sin(2t)\ [\text{V}]$$

(1) 전류원에 의한 $v_R(t)$, $v_C(t)$, $i_L(t)$를 구하라.

(2) 전압원에 의한 $v_R(t)$, $v_C(t)$, $i_L(t)$를 구하라.

(3) 두 전원에 의한 $v_R(t)$, $v_C(t)$, $i_L(t)$의 전체 응답을 구하라.

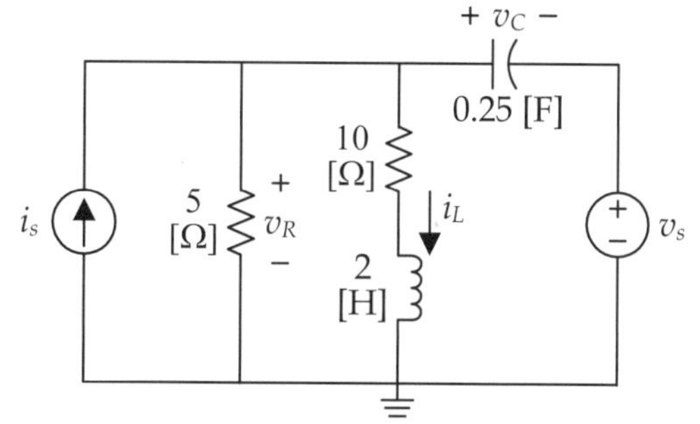

그림 P8.43

8.44 그림 P8.44에 나타낸 연산증폭기 회로에서 전원은 $v_s(t) = 20\cos(50t + 30^\circ)$ [V]이다.

(1) 출력전압 $v_o(t)$의 정상상태 응답을 구하라.

(2) 출력단 전류 $i_R(t)$와 $i_C(t)$의 정상상태 응답을 구하라.

(3) 궤환전류 $i_1(t)$와 $i_2(t)$를 구하고, 전류 $i(t)$와 함께 페이저도에 나타내어라.

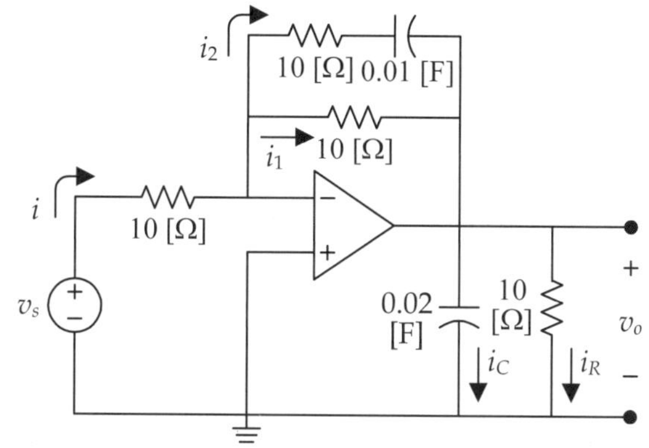

그림 P8.44

8.45 그림 P8.45의 연산증폭기 회로에서 전압원은 $v_s(t) = 200\cos(5t)$ [V]이다.

(1) 출력전압 $v_o(t)$와 중간마디 전압 $v_1(t)$의 정상상태 응답을 구하라.

(2) 출력단 부하전류 $i_L(t)$와 궤환전류 $i_1(t)$, $i_2(t)$의 정상상태 응답을 구하라.

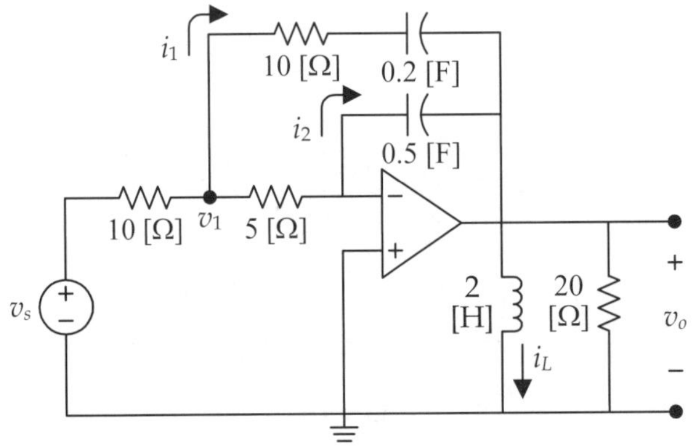

그림 P8.45

8.46 그림 P8.46의 연산증폭기 회로를 구동시키는 전원은 $v_s(t) = 50\sin(4t - 30^\circ)$ [V]이다.

(1) 최종 출력전압 $v_o(t)$와 첫 번째 연산증폭기 출력전압 $v_1(t)$의 정상상태 응답을 구하라.

(2) 전류 $i_1(t)$, $i_2(t)$의 정상상태 응답을 구하라.

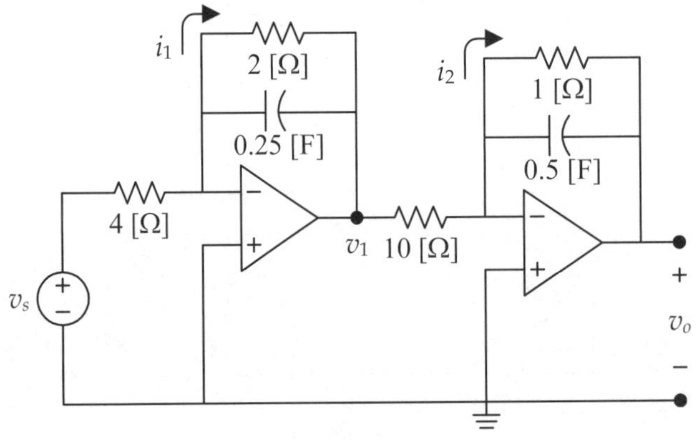

그림 P8.46

행렬 연산

APPENDIX

A

A.1 선형 연립방정식

선형 연립방정식은 회로해석에서 매우 빈번하게 등장한다. 예를 들어, 두 개의 독립변수 x_1과 x_2로 만들어진 선형 방정식

$$a_1x_1 + a_2x_2 = b \tag{A.1}$$

의 경우 하나의 식만으로는 변수 x_1과 x_2의 정확한 해를 구할 수 없다. 그래서 추가적인 실험을 통하여 새로운 방정식을 하나 더 만들어

$$\begin{aligned} a_{11}x_1 + a_{12}x_2 &= b_1 \\ a_{21}x_1 + a_{22}x_2 &= b_2 \end{aligned} \tag{A.2}$$

와 같은 형식으로 나열한 것을 선형 연립방정식이라고 한다.

선형 연립방정식의 해를 구하는 방법은 여러 가지가 있다. 하나의 방정식에서 두 독립변수 간의 비례식이나 변형식을 만들어 다른 하나의 방정식에 대입하는 것이 수학에서 방정식을 배우면서 가장 처음 접하는 방법이다. 가령, 식 (A.2)의 두 번째 식을 식 (A.3)과 같이 변형하고

$$x_2 = \frac{b_2 - a_{21}x_1}{a_{22}} \tag{A.3}$$

이것을 첫 번째 식에 대입하면

$$a_{11}x_1 + a_{12} \cdot \frac{b_2 - a_{21}x_1}{a_{22}} = b_1 \tag{A.4}$$

이 되어 독립변수가 한 개로 줄어들기 때문에 x_1의 값을 구할 수 있다. 그리고 그 결과를 다시 식 (A.3)에 적용하여 x_2의 값을 구한다. 이 방법은 경험상 독립변수의 수가 3개 이내일 때는 추천할만한 하다. 하지만 독립변수의 수가 많아지면 어려워서가 아니라 혼돈스러

워서 틀리는 경우가 종종 있다.

두 번째 방법은 하나의 방정식에 0이 아닌 상수를 곱하여 나머지 식에 더하거나 빼서 독립변수의 수를 줄이는 방법이다. 가령 식 (A.2)의 두 번째 식에 $-a_{12}/a_{22}$를 곱하면

$$-\frac{a_{12}}{a_{22}}a_{21}x_1 - a_{12}x_2 = -\frac{a_{12}}{a_{22}}b_2 \tag{A.5}$$

가 된다. 식 (A.5)의 좌변 두 번째 항은 식 (A.2)의 첫 번째 방정식에서 좌변 두 번째 항과 부호만 다르고 크기는 같기 때문에 두 식을 더하면 변수 x_2에 대한 항은 소거되고 x_1에 대한 하나의 식이 만들어지므로 그 값을 정확하게 구할 수 있다. 이 방법을 가우스 소거법(Gauss elimination)이라고 하며, 선형 연립방정식에서 독립변수의 수가 비교적 많아도 충분히 계산할 수 있으므로 자주 사용된다.

예제 A.1

다음 선형 연립방정식의 해를 가우스 소거법을 이용하여 구해보자.

$$x_1 - x_2 - 2x_3 = 3 \quad ①$$

$$2x_1 - x_2 + x_3 = 5$$

$$-3x_1 + 2x_2 - 5x_3 = 4$$

풀이

두 번째 방정식과 세 번째 방정식에서 x_1항을 소거시키기 위하여

두 번째 방정식 - (2 × 첫 번째 방정식) :

$$(2x_1 - x_2 + x_3) - 2(x_1 - x_2 - 2x_3) = 5 - 2\times 3 \quad ②$$

$$\rightarrow\ x_2 + 5x_3 = -1$$

세 번째 방정식 + (3 × 첫 번째 방정식) :

$$(-3x_1 + 2x_2 - 5x_3) + 3(x_1 - x_2 - 2x_3) = 4 + 3\times 3 \quad ③$$

$$\rightarrow\ -x_2 - 11x_3 = 13$$

식 ②+식 ③ :

$$(x_2+5x_3)+(-x_2-11x_3)=-1+13=12 \quad ④$$

$$\rightarrow -6x_3=12$$

식 ④로부터 $x_3=-2$이고, 이를 식 ③에 대입하면 $x_2=9$가 된다. 마지막으로 x_2와 x_3를 식 ②에 대입하면 $x_1=8$이 된다.

A.2 행렬(Matrix)의 기본

예제 A.1에서는 3개의 독립변수를 가지는 3개의 선형 연립방정식의 예를 살펴보았다. 이를 일반화시키기 위하여 N개의 독립변수를 가지는 방정식에 모든 독립변수의 해를 정확하게 구하기 위해서는 N개의 연립방정식이 필요하다.

$$\begin{gathered} a_{11}x_1+a_{12}x_2+\cdots+a_{1N}x_N=b_1 \\ a_{21}x_1+a_{22}x_2+\cdots+a_{2N}x_N=b_2 \\ \vdots \\ a_{N1}x_1+a_{N2}x_2+\cdots+a_{NN}x_N=b_N \end{gathered} \tag{A.6}$$

식 (A.6)에서 계수들과 변수들을 따로 모아서 다음과 같이 형태로 나타낼 수 있다.

$$\begin{bmatrix} a_{11} & a_{12} & \cdots & a_{1N} \\ a_{21} & a_{22} & \cdots & a_{2N} \\ & & \vdots & \\ a_{N1} & a_{N2} & \cdots & a_{NN} \end{bmatrix} \begin{bmatrix} x_1 \\ x_2 \\ \vdots \\ x_N \end{bmatrix} = \begin{bmatrix} b_1 \\ b_2 \\ \vdots \\ b_N \end{bmatrix} \text{ 또는 } \mathrm{AX}=\mathrm{B} \tag{A.7}$$

여기서 독립변수의 계수들만 모아 놓은

$$\mathrm{A}=\begin{bmatrix} a_{11} & a_{12} & \cdots & a_{1N} \\ a_{21} & a_{22} & \cdots & a_{2N} \\ & & \vdots & \\ a_{N1} & a_{N2} & \cdots & a_{NN} \end{bmatrix} \tag{A.8}$$

은 행의 수와 열의 수가 모두 N인 $(N\times N)$ 행렬이고, 변수들과 결과값들을 모은

$$\mathrm{X}=\begin{bmatrix} x_1 \\ x_2 \\ \vdots \\ x_N \end{bmatrix} \text{와 } \mathrm{B}=\begin{bmatrix} b_1 \\ b_2 \\ \vdots \\ b_N \end{bmatrix} \tag{A.9}$$

는 행의 수는 N이고 열의 수가 1인 $(N\times 1)$ 행렬이다. 식 (A.8)처럼 행의 수와 열의 수가 같은 행렬을 정방행렬(square matrix)이라고 하고, 식 (A.9)처럼 열의 수가 1인 행렬을 열행렬(column matrix) 또는 열벡터(column vector)라고 한다.

임의의 $(M\times N)$ 행렬(M행 N열 행렬 또는 M-by-N 행렬이라고 읽음)이라고 하면 그림 A.1과 같이 행의 수가 M이고 열의 수가 N인 행렬을 말하고, 행렬의 성분 a_{jk}는 j 번째 행과 k 번째 열에 해당하는 값을 의미한다.

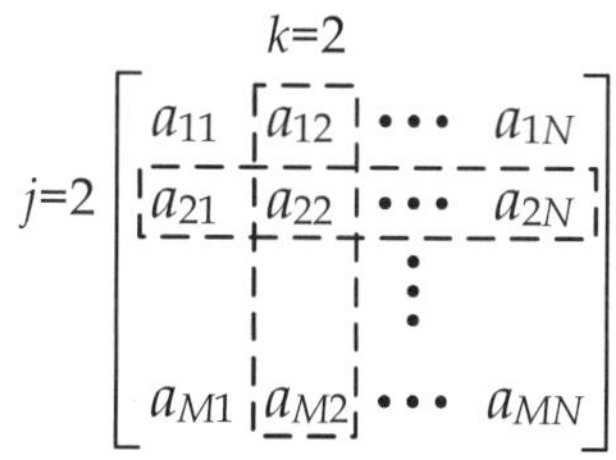

그림 A.1 $(M\times N)$ 행렬과 a_{jk} 성분

임의의 $(M\times N)$ 행렬

$$\mathrm{A}=[a_{jk}]=\begin{bmatrix} a_{11} & a_{12} & \cdots & a_{1N} \\ a_{21} & a_{22} & \cdots & a_{2N} \\ & & \vdots & \\ a_{M1} & a_{M2} & \cdots & a_{MN} \end{bmatrix} \tag{A.10}$$

의 행과 열을 서로 바꿔서 만든 새로운 행렬

$$\mathrm{A}^T=[a_{jk}]^T=[a_{kj}]=\begin{bmatrix} a_{11} & a_{21} & \cdots & a_{M1} \\ a_{12} & a_{22} & \cdots & a_{M2} \\ & & \vdots & \\ a_{1N} & a_{2N} & \cdots & a_{NM} \end{bmatrix} \tag{A.11}$$

을 행렬 A의 전치행렬(transpose matrix)이라고 한다. 따라서 $(M\times N)$ 행렬의 전치행렬은 $(N\times M)$이 된다. 예를 들어, 어떤 (3×2) 행렬의 전치행렬은 아래와 같이 (2×3) 행렬이

된다.

$$\begin{bmatrix} 2 & 1 \\ -1 & 5 \\ 3 & 2 \end{bmatrix}^T = \begin{bmatrix} 2 & -1 & 3 \\ 1 & 5 & 2 \end{bmatrix}$$

행의 수와 열의 수가 같은 임의의 두 행렬 A와 B의 덧셈(또는 뺄셈)은 행과 열의 위치가 같은 성분끼리의 합(또는 차)로 구한다. 예를 들어, 두 개의 (3×2) 행렬의 합은 아래와 같이 계산한다.

$$\begin{bmatrix} -1 & 7 & -3 \\ 2 & -2 & 1 \end{bmatrix} + \begin{bmatrix} 2 & -1 & 3 \\ 1 & 3 & 2 \end{bmatrix} = \begin{bmatrix} (-1+2) & (7-1) & (-3+3) \\ (2+1) & (-2+3) & (1+2) \end{bmatrix} = \begin{bmatrix} 1 & 6 & 0 \\ 3 & 1 & 3 \end{bmatrix}$$

그러므로 행렬의 합과 차는 교환법칙이 성립한다.

어떤 행렬 $A=[a_{jk}]$에 상수 c를 곱하는 것은 행렬 A의 각 성분에 상수 c를 곱하여 다음과 같이 계산한다.

$$cA = c[a_{jk}] = \begin{bmatrix} ca_{11} & ca_{12} & ca_{13} \\ ca_{12} & ca_{22} & ca_{23} \end{bmatrix} \tag{A.12}$$

$(M\times N)$ 행렬 A와 $(N\times L)$ 행렬 B의 곱셈은 그림 A.2와 같이 행렬 A의 행 성분과 행렬 B의 열 성분을 곱한 다음 곱의 결과를 더하여 새로운 행렬 C에서 하나의 성분이 된다.

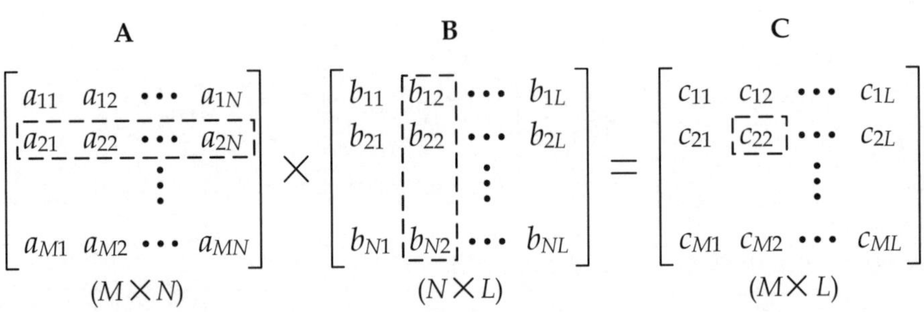

그림 A.2 두 행렬의 곱셈 연산

따라서 행렬 C의 j행과 k열 성분 c_{jk}는

$$c_{jl} = \sum_{n=1}^{N} a_{jn}b_{nl} = a_{j1}b_{1l} + a_{j2}b_{2l} + \cdots + a_{jN}b_{Nl} \tag{A.13}$$

여기서 $1 \le j \le M$, $1 \le l \le L$. 그러므로 행렬 A의 열의 수와 행렬 B의 행의 수는 반드시 일치하여야 행렬의 곱셈을 계산할 수 있으며, $(M \times N)$ 행렬과 $(N \times L)$ 행렬의 곱셈으로 만들어지는 행렬은 $(M \times L)$ 행렬이 된다. 이것은 두 행렬의 순서를 바꿔 곱하면, 즉, $(N \times L) \times (M \times N)$은 $L = M$인 경우가 아니면 수행할 수 없음을 의미한다. 이것을 좀 더 포괄적으로 말하면 행렬의 곱셈은 식 (A.14)에 나타낸 것처럼 교환법칙이 성립하지 않는다.

$$\mathrm{AB} \neq \mathrm{BA} \tag{A.14}$$

행의 수와 열의 수가 같은 정방행렬 가운데 대각성분(diagonal element)이 모두 1이고, 대각성분을 제외한 모든 성분이 0인 행렬을 항등행렬(identity matrix)이라고 한다. 따라서 항등행렬은

$$\mathrm{I} = \begin{bmatrix} 1\,0 \cdots 0 \\ 0\,1 \cdots 0 \\ \vdots \\ 0\,0 \cdots 1 \end{bmatrix} \tag{A.15}$$

와 같은 구조를 가진다. 어떤 행렬 A와 항등행렬의 곱은 행렬 A가된다. 즉,

$$\mathrm{A} \times \mathrm{I} = \mathrm{A} \;\; \text{또는} \;\; \mathrm{I} \times \mathrm{A}^T = \mathrm{A}^T \tag{A.16}$$

여기서 위첨자 T는 식 (A.11)에서 설명한 전치행렬을 의미한다.

A.3 행렬식

어떤 스칼라 값 x와 y의 곱이 곱셈에 대한 항등원, 즉 1이 될 때 x와 y는 역수 관계이다. 이를 수식으로 표현하면

$$x \times y = y \times x = 1 \tag{A.17}$$

을 만족할 때

$$x = y^{-1} \;\; \text{또는} \;\; y = x^{-1} \tag{A.18}$$

스칼라 연산에서 곱셈에 대한 항등원이 1이라면 행렬에서 곱셈에 대한 항등원은 식 (A.16)에서 정의한 항등행렬이다. 두 정방행렬 A와 B의 곱이

$$A \times B = I \tag{A.19}$$

이면

$$A = B^{-1} \text{ 또는 } B = A^{-1} \tag{A.20}$$

으로 행렬 A와 B는 서로 역행렬이다. 여기서 주의할 점은 행렬 A와 B가 반드시 정방행렬이어야 한다는 것이다. 행렬 A와 B가 정방행렬이 아니더라도 식 (A.19)를 만족하는 경우는 얼마든지 있을 수 있다. 아주 간단한 예를 살펴보자.

예제 A.2

다음 두 행렬의 곱을 구하라.

$$A = \begin{bmatrix} 2 & 1 & -1 \\ 1 & -1 & 2 \end{bmatrix}, \ B = \begin{bmatrix} -1 & 3 \\ 7 & -14 \\ 4 & -8 \end{bmatrix}$$

풀이

행렬 A와 B의 곱은

$$\begin{bmatrix} 2 & 1 & -1 \\ 1 & -1 & 2 \end{bmatrix} \begin{bmatrix} -1 & 3 \\ 7 & -14 \\ 4 & -8 \end{bmatrix} = \begin{bmatrix} (-2+7-4) & (6-14+8) \\ (-1-7+8) & (3+14-16) \end{bmatrix} = \begin{bmatrix} 1 & 0 \\ 0 & 1 \end{bmatrix}$$

두 행렬의 곱은 식 (A.19)의 곱셈 조건을 만족한다. 하지만 A와 B가 정방행렬이 아니므로 두 행렬은 서로 역행렬 관계에 있는 것은 아니다.

■

행렬식(determinant)은 임의의 정방행렬에 대하여 역행렬이 존재하는 조건을 검사하기 위한 방법으로 일반적으로 다음과 같이 나타낸다.

$$\Delta = |A| \text{ 또는 } \Delta = \det(A) \tag{A.21}$$

어떤 정방행렬의 역행렬이 존재하기 위한 조건은

$$\Delta = |A| \neq 0 \tag{A.22}$$

으로 0이 아닌 행렬식을 가져야만 한다.

행렬 A가 식 (A.8)과 같은 정방행렬일 때 행렬식은 다음과 같이 계산한다.

$$\Delta = |\mathrm{A}| = \begin{vmatrix} a_{11} & a_{12} & \cdots & a_{1N} \\ a_{21} & a_{22} & \cdots & a_{2N} \\ & & \vdots & \\ a_{N1} & a_{N2} & \cdots & a_{NN} \end{vmatrix} \tag{A.23}$$

$$= (-1)^{1+1} a_{11} \Delta_1 + (-1)^{2+1} a_{21} \Delta_2 + \cdots + (-1)^{N+1} a_{N1} \Delta_N$$

$$= \sum_{j=1}^{N} (-1)^{j+1} a_{j1} \Delta_j$$

여기서 Δ_j는 행렬 A의 j 번째 행에 대한 소행렬식이다. 식 (A.23)에서

$$C_j = (-1)^{j+1} \Delta_j \tag{A.24}$$

로 두면 행렬 A의 행렬식은

$$\Delta = |\mathrm{A}| = \begin{vmatrix} a_{11} & a_{12} & \cdots & a_{1N} \\ a_{21} & a_{22} & \cdots & a_{2N} \\ & & \vdots & \\ a_{N1} & a_{N2} & \cdots & a_{NN} \end{vmatrix} = \sum_{j=1}^{N} a_{j1} C_j \tag{A.25}$$

가 된다. 여기서 C_j를 여인자(cofactor)라고 한다.

식 (A.23)이 다소 복잡한 것처럼 보이지만 원리는 간단하다. 먼저 그림 A.3에 나타낸 것처럼 주어진 행렬 A에서 각 행의 첫 번째 성분 a_{j1}을 계수로 빼내고, 행렬 A에서 a_{j1}과 관련된 j 행과 1열을 제거하여 행과 열이 각각 하나씩 줄어든 $(N-1)\times(N-1)$ 소행렬 B를 만든다. 그리고 소행렬에 대한 행렬식 Δ_{jk}를 같은 방법으로 구한다.

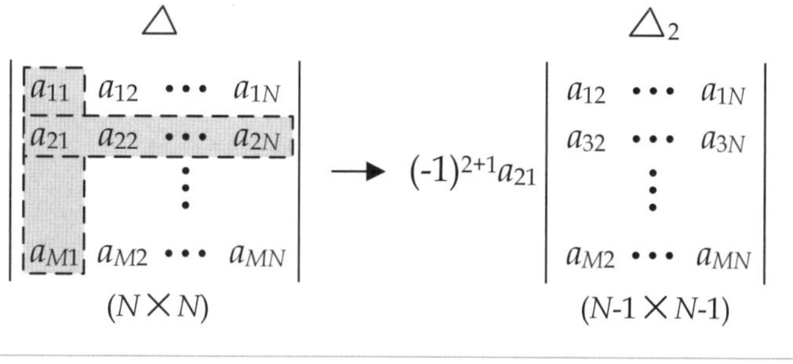

그림 A.3 원래의 행렬에서 2행에 대한 행렬식 성분 계산

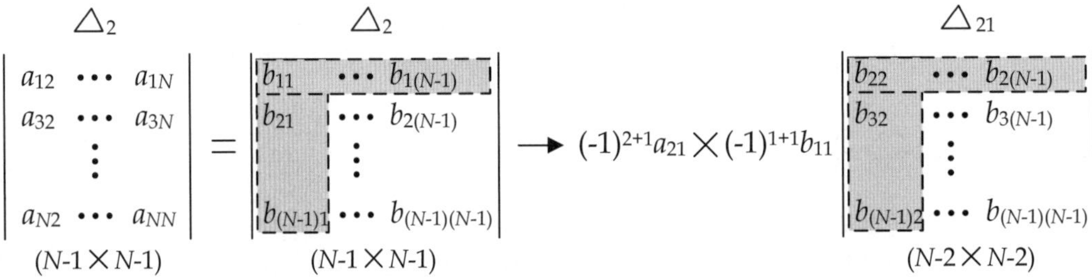

그림 A.4 $(N-1)\times(N-1)$ 소행렬에서 1행에 대한 행렬식 성분 계산

그리고 마지막 1개의 소행렬 성분이 남을 때까지 이 과정을 반복한다.

예제 A.3

다음 행렬의 행렬식을 구하라.

$$A=\begin{bmatrix} a_{11} & a_{12} \\ a_{21} & a_{22} \end{bmatrix},\quad B=\begin{bmatrix} a_{11} & a_{12} & a_{13} \\ a_{21} & a_{22} & a_{23} \\ a_{31} & a_{32} & a_{33} \end{bmatrix}$$

풀이

A는 2×2 행렬이므로 행렬식은 첫 번째 행 성분과 두 번째 행 성분으로부터

$$\Delta_A=\begin{vmatrix} a_{11} & a_{12} \\ a_{21} & a_{22} \end{vmatrix}=(-1)^{1+1}a_{11}\cdot|a_{22}|+(-1)^{2+1}a_{21}\cdot|a_{12}|=a_{11}a_{22}-a_{21}a_{12} \qquad ①$$

식 ①에서 주의할 점은 $|a_{22}|$가 a_{22}의 절대값을 의미하는 것이 아니라 원래의 행렬 A에서 첫 번째 행과 첫 번째 열을 제거하고 남은 소행렬의 행렬식이라는 것이다. 소행렬이 하나의 성분만 가지므로 행렬식은 $|a_{22}|=a_{22}$이다.

B는 3×3 행렬이므로 행렬식은 B의 세 개 행 성분으로부터

$$\Delta_B=\begin{vmatrix} a_{11} & a_{12} & a_{13} \\ a_{21} & a_{22} & a_{23} \\ a_{31} & a_{32} & a_{33} \end{vmatrix}=(-1)^{1+1}a_{11}\cdot\begin{vmatrix} a_{22} & a_{23} \\ a_{32} & a_{33} \end{vmatrix}+(-1)^{2+1}a_{21}\cdot\begin{vmatrix} a_{12} & a_{13} \\ a_{32} & a_{33} \end{vmatrix} \qquad ②$$

$$+(-1)^{3+1}a_{31}\cdot\begin{vmatrix} a_{12} & a_{13} \\ a_{22} & a_{23} \end{vmatrix}$$

식 ②에서 2×2 소행렬에 대한 행렬식은 식 ①에 따라

$$\Delta_1 = \begin{vmatrix} a_{22} & a_{23} \\ a_{32} & a_{33} \end{vmatrix} = a_{22}a_{33} - a_{32}a_{23}, \qquad ③$$

$$\Delta_2 = \begin{vmatrix} a_{12} & a_{13} \\ a_{32} & a_{33} \end{vmatrix} = a_{12}a_{33} - a_{32}a_{13},$$

$$\Delta_3 = \begin{vmatrix} a_{12} & a_{13} \\ a_{22} & a_{23} \end{vmatrix} = a_{12}a_{23} - a_{22}a_{13}.$$

이 된다. 식 ③을 식 ②에 대입하면 B에 대한 행렬식은

$$\begin{aligned} \Delta_B &= (-1)^{1+1}a_{11} \cdot \{a_{22}a_{33} - a_{32}a_{23}\} + (-1)^{2+1}a_{21} \cdot \{a_{12}a_{33} - a_{32}a_{13}\} \\ &\quad + (-1)^{3+1}a_{31} \cdot \{a_{12}a_{23} - a_{22}a_{13}\} \\ &= a_{11}a_{22}a_{33} - a_{11}a_{32}a_{23} - a_{21}a_{12}a_{33} + a_{21}a_{32}a_{13} + a_{31}a_{12}a_{23} - a_{31}a_{22}a_{13} \end{aligned} \qquad ④$$

식 ④의 결과를 부호에 따라 정리하면

$$\Delta_B = (a_{11}a_{22}a_{33} + a_{21}a_{32}a_{13} + a_{31}a_{12}a_{23}) - (a_{11}a_{32}a_{23} + a_{21}a_{12}a_{33} + a_{31}a_{22}a_{13}) \qquad ⑤$$

와 같다.

■

예제 A.3으로부터 2×2 행렬의 경우 식 (A.23)과 같은 복잡한 계산을 거치지 않더라도 행렬의 구조로부터 다음과 같이 비교적 간단하게 행렬식을 구할 수 있다.

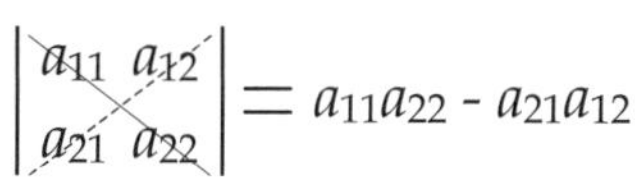

그림 A.5 2×2 행렬의 행렬식 계산법

여기서 실선 아래 성분들의 곱은 양의 부호를 가지고 점선 아래 성분들의 곱은 음의 부호를 가진다. 이 결과는 예제 A.3의 식 ①과 동일하다.

예제 A.3의 3×3 행렬에 대한 행렬식도 비슷한 방법으로 계산할 수 있다. 3×3 행렬의 경우 먼저 1열과 2열의 성분들을 그림 A.6에 나타낸 것처럼 오른쪽에 확장하여 붙여두면 계산하기 편리하다.

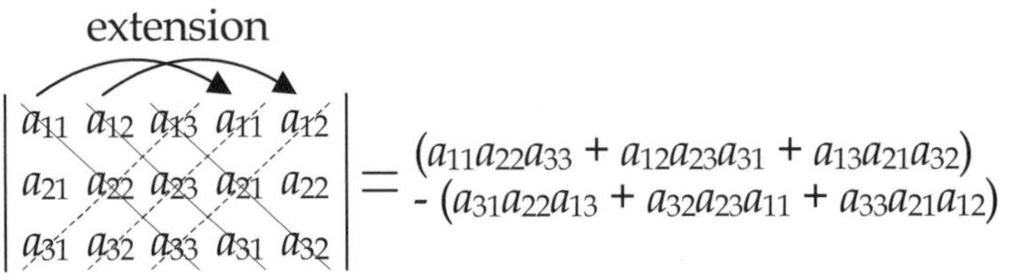

그림 A.6 3×3 행렬의 행렬식 계산법

그림 A.6에 나타낸 계산 결과도 예제 A.3의 식 ⑤와 동일함을 알 수 있다. 하지만 이와 같이 편리한 행렬식 계산방법은 4×4 이상의 크기를 가지는 정방행렬에서도 반드시 성립한다는 보장은 없으므로 4×4 행렬부터는 행렬식을 구할 때 식 (A.23)의 방법을 사용하여야 한다.

A.4 크라머의 법칙(Cramer's Rule)

행렬식을 구하는 방법을 알면 식 (A.6) 또는 식 (A.7)과 같은 선형 연립방정식의 독립변수 x_n, $1 \le n \le N$을 구할 수 있는 새로운 방법이 생긴다. 이것을 흔히 크라머의 법칙이라고 한다. 설명의 편리를 위하여 식 (A.7)을 식 (A.26)에 옮겨 적는다.

$$\begin{bmatrix} a_{11} & a_{12} & \cdots & a_{1N} \\ a_{21} & a_{22} & \cdots & a_{2N} \\ & & \vdots & \\ a_{N1} & a_{N2} & \cdots & a_{NN} \end{bmatrix} \begin{bmatrix} x_1 \\ x_2 \\ \vdots \\ x_N \end{bmatrix} = \begin{bmatrix} b_1 \\ b_2 \\ \vdots \\ b_N \end{bmatrix} \tag{A.26}$$

크라머의 법칙은 독립변수 x_n을 다음과 같이 행렬식의 비율로 구한다.

$$x_n = \frac{1}{\Delta} \begin{vmatrix} a_{11} & \cdots & a_{1(n-1)} & b_1 & \cdots & a_{1N} \\ a_{21} & \cdots & a_{2(n-1)} & b_2 & \cdots & a_{2N} \\ \vdots & \vdots & \vdots & \ddots & \vdots & \vdots \\ a_{N1} & \cdots & a_{N(n-1)} & b_N & \cdots & a_{NN} \end{vmatrix} \tag{A.27}$$

여기서 Δ는 계수행렬 A의 행렬식이고, 분자는 행렬 A에서 n 번째 열을 제거하고 그 자리에 결과값 열벡터 B를 넣은 $(N\times N)$ 행렬의 행렬식이다.

예제 A.4

예제 A.1에서 풀이한 다음 선형 연립방정식의 해를 구하라.

$$x_1 - x_2 - 2x_3 = 3$$

$$2x_1 - x_2 + x_3 = 5$$

$$-3x_1 + 2x_2 - 5x_3 = 4$$

풀이

주어진 선형 연립방정식을 행렬의 형태로 바꾸어 나타내면 다음과 같다.

$$\begin{bmatrix} 1 & -1 & -2 \\ 2 & -1 & 1 \\ -3 & 2 & -5 \end{bmatrix} \begin{bmatrix} x_1 \\ x_2 \\ x_3 \end{bmatrix} = \begin{bmatrix} 3 \\ 5 \\ 4 \end{bmatrix} \quad ①$$

식 ①에서 계수행렬의 행렬식은

$$\begin{aligned} \Delta = \begin{vmatrix} 1 & -1 & -2 \\ 2 & -1 & 1 \\ -3 & 2 & -5 \end{vmatrix} &= \{1 \cdot (-1) \cdot (-5) + (-1) \cdot 1 \cdot (-3) + (-2) \cdot 2 \cdot 2\} \quad ② \\ &\quad - \{(-2) \cdot (-1) \cdot (-3) + 1 \cdot 1 \cdot 2 + (-1) \cdot 2 \cdot (-5)\} \\ &= \{5 + 3 - 8\} - \{-6 + 2 + 10\} = -6 \end{aligned}$$

변수 x_1은 계수행렬의 1열을 제거하고 그 자리에 결과값 벡터를 채워 넣은 행렬의 행렬식과 식 ②에서 구한 계수행렬의 행렬식의 비로 다음과 같다.

$$x_1 = \frac{1}{\Delta} \begin{vmatrix} 3 & -1 & -2 \\ 5 & -1 & 1 \\ 4 & 2 & -5 \end{vmatrix} = \frac{(15 - 4 - 20) - (8 + 6 + 25)}{-6} = \frac{-48}{-6} = 8 \quad ③$$

같은 방법으로 변수 x_2와 x_3을 구하면

$$x_2 = \frac{1}{\Delta} \begin{vmatrix} 1 & 3 & -2 \\ 2 & 5 & 1 \\ -3 & 4 & -5 \end{vmatrix} = \frac{(-25 - 9 - 16) - (30 + 4 - 30)}{-6} = \frac{-54}{-6} = 9, \quad ④$$

$$x_3 = \frac{1}{\Delta}\begin{vmatrix} 1 & -1 & 3 \\ 2 & -1 & 5 \\ -3 & 2 & 4 \end{vmatrix} = \frac{(-4+15+12)-(9+10-8)}{-6} = \frac{12}{-6} = -2. \qquad ⑤$$

그러므로 세 개의 독립변수는 $x_1 = 8$, $x_2 = 9$, $x_3 = -2$이고, 이것은 예제 A.1과 같은 결과이다.

A.5 역행렬(Inverse Matrix)

선형 연립방정식의 해를 구하는 다른 방법으로는 역행렬을 이용하는 것이다. 임의의 선형 연립방정식들을

$$AX = B \tag{A.28}$$

와 같이 행렬 형태로 나타낸다. 식 (A.19)의 조건을 만족하는 A의 역행렬 A^{-1}를 식 (A.28)의 양변에 곱하면

$$A^{-1}AX = A^{-1}B \tag{A.29}$$

이 된다. $A^{-1}A = I$으로 항등행렬이 되고, $IX = X$이므로 식 (A.29)는

$$X = A^{-1}B \tag{A.30}$$

가 되므로 독립변수들로 구성된 열벡터 X를 구할 수 있다.

행렬 A의 역행렬은 다음과 같이 구한다.

$$A^{-1} = \frac{\text{adj}(A)}{\det(A)} \tag{A.31}$$

여기서 $\det(A)$는 식 (A.25)로 정의된 A의 행렬식이고, $\text{adj}(A)$는 행렬 A의 수반행렬(adjoint matrix)라고 하며 A의 모든 성분들의 여인자들로 구성된 행렬의 전치행렬로 다음과 같이 정의된다.

$$\text{adj}\,(A) = \begin{bmatrix} C_{11} & C_{12} & \cdots & C_{1N} \\ C_{21} & C_{22} & \cdots & C_{2N} \\ & & \vdots & \\ C_{N1} & C_{N2} & \cdots & C_{NN} \end{bmatrix}^T = \begin{bmatrix} C_{11} & C_{21} & \cdots & C_{N1} \\ C_{12} & C_{22} & \cdots & C_{N2} \\ & & \vdots & \\ C_{1N} & C_{2N} & \cdots & C_{NN} \end{bmatrix} \tag{A.32}$$

여기서 C_{jk}는 행렬 A의 j행, k열 성분 a_{jk}에 대한 여인자를 나타낸다. A의 행렬식 det(A)를 구하는 식 (A.24)에서는 각 행의 첫 번째 성분에 대한 여인자를 계산하는 것을 보였다. 이를 확장하여 식 (A.32)에서 C_{jk}는 $(N \times N)$ 정방행렬 A에서 j행과 k열 성분을 제거시켜 만든 $(N-1)\times(N-1)$ 소행렬에 대한 행렬식을 다음과 같이 계산한다.

$$C_{jk} = (-1)^{j+k}\Delta_{jk}, \tag{A.33}$$

여기서 Δ_{jk}는 행렬 A에서 j행과 k열 성분을 제거시켜 만든 소행렬에 대한 행렬식을 나타낸다.

예제 A.5

행렬 형태로 나타낸 다음 선형 연립방정식에서 계수행렬의 역행렬을 구하고, 연립방정식의 해를 구하라.

$$\begin{bmatrix} 1 & -1 & -2 \\ 2 & -1 & 1 \\ -3 & 2 & -5 \end{bmatrix} \begin{bmatrix} x_1 \\ x_2 \\ x_3 \end{bmatrix} = \begin{bmatrix} 3 \\ 5 \\ 4 \end{bmatrix}$$

풀이

계수행렬에 대한 행렬식은 예제 A.4에서 계산한 것처럼 다음과 같다.

$$\Delta = \begin{vmatrix} 1 & -1 & -2 \\ 2 & -1 & 1 \\ -3 & 2 & -5 \end{vmatrix} = \{5+3-8\} - \{-6+2+10\} = -6 \qquad ①$$

식 (A.33)을 이용하면 계수행렬의 1행 1열 성분에 대한 여인자 C_{11}은

$$C_{11} = (-1)^{1+1}\Delta_{11} = \begin{vmatrix} -1 & 1 \\ 2 & -5 \end{vmatrix} = 5-2 = 3 \qquad ②$$

이다. 여인자 C_{12}와 C_{13}는 각각 다음과 같이 계산된다.

$$C_{12} = (-1)^{1+2}\Delta_{12} = -1 \cdot \begin{vmatrix} 2 & 1 \\ -3 & -5 \end{vmatrix} = -(-10+3) = 7, \quad ③$$

$$C_{21} = (-1)^{2+1}\Delta_{21} = -1 \cdot \begin{vmatrix} -1 & -2 \\ 2 & -5 \end{vmatrix} = -(5+4) = -9. \quad ④$$

같은 방법으로 나머지 여인자를 모두 계산하여 구한 3×3 여인자 성분 행렬은 다음과 같다.

$$\begin{bmatrix} C_{11} & C_{12} & C_{13} \\ C_{21} & C_{22} & C_{23} \\ C_{31} & C_{32} & C_{33} \end{bmatrix} = \begin{bmatrix} 3 & 7 & 1 \\ -9 & -11 & 1 \\ -3 & -5 & 1 \end{bmatrix} \quad ⑤$$

따라서 수반행렬은 정의에 의하여 식 ⑤에 나타낸 여인자 행렬의 전치행렬이므로

$$\text{adj}\,(\text{A}) = \begin{bmatrix} C_{11} & C_{12} & C_{13} \\ C_{21} & C_{22} & C_{23} \\ C_{31} & C_{32} & C_{33} \end{bmatrix}^T = \begin{bmatrix} 3 & -9 & -3 \\ 7 & -11 & -5 \\ 1 & 1 & 1 \end{bmatrix} \quad ⑥$$

이 되고, 계수행렬의 역행렬은 다음과 같다.

$$\text{A}^{-1} = \frac{\text{adj}\,(\text{A})}{\det(\text{A})} = \frac{1}{-6}\begin{bmatrix} 3 & -9 & -3 \\ 7 & -11 & -5 \\ 1 & 1 & 1 \end{bmatrix} \quad ⑦$$

변수들로 구성된 열벡터는 식 (A.30)에 따라

$$\text{X} = \text{A}^{-1}\text{B} = \frac{1}{-6}\begin{bmatrix} 3 & -9 & -3 \\ 7 & -11 & -5 \\ 1 & 1 & 1 \end{bmatrix}\begin{bmatrix} 3 \\ 5 \\ 4 \end{bmatrix} = \begin{bmatrix} 8 \\ 9 \\ -2 \end{bmatrix} \quad ⑧$$

이다. 따라서 각각의 독립변수는 $x_1 = 8$, $x_2 = 9$, $x_3 = -2$가 되며, 이것은 예제 A.1과 예제 A.4와 같은 결과이다.

■

복소수와 복소지수함수

APPENDIX

B

B 복소수와 복소지수함수

B.1 복소수(Complex Number)

우리가 일상 생활에서 사용하는 수의 체계(number system)는 대부분 자연수(natural number), 정수(integer number), 실수(real number) 등이다. 자연수는 양의 정수로 정수의 부분집합이고, 정수는 실수의 부분집합이다. 이들은 모두 1차원 수의 집합으로 실선 상에 표기할 수 있다. 실수 영역의 수는 다음 예에 나타낸 것처럼

$$x^2 = -1 \tag{B.1}$$

제곱하여 음수가 되는 수를 표기할 수 없다. 수의 차원을 2차원으로 확장하여 식 (B.1)처럼 제곱하여 음수가 되는 수를 표기할 수 있는 방법을 만든 것이 복소수이다.

일반적으로 복소수는

$$x = a + jb \tag{B.2}$$

로 표기한다. 여기서 a와 b는 임의의 실수이고, j는

$$j^2 = -1 \text{ 또는 } j = \sqrt{-1} \tag{B.3}$$

로 정의되는 허수(imaginary number) 인자이다. 따라서 식 (B.2)에서 a는 복소수 x의 실수부(real part)라고 하며, jb는 허수부(imaginary part)라고 한다. 대부분의 이공학 분야에서는 영어 imaginary에서 연유한 i를 허수 인자로 사용하지만 전기전자공학 분야에서는 전류를 나타내는 기호와의 혼동을 피하기 위하여 j를 사용한다.

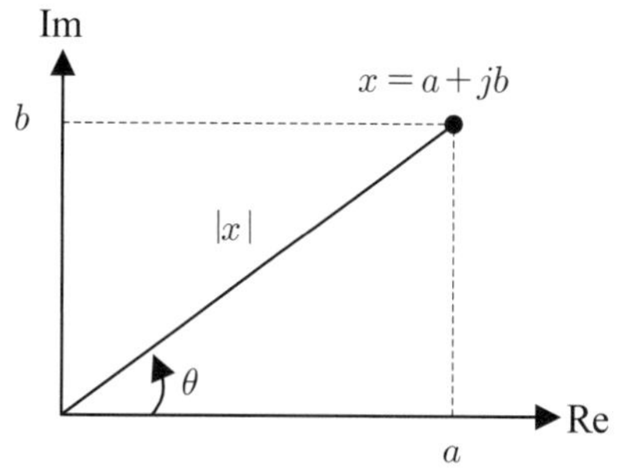

그림 B.1 복소수의 2차원 형식 표현

복소수를 표기하는 방법에는 두 가지가 있다. 식 (B.2)와 같이 나타내는 방법을 데카르트 또는 직각좌표 형식(rectangular form)이라고 한다. 이것은 그림 B.1에 나타낸 것처럼 실수축(Re)과 허수축(Im)으로 구성된 2차원 평면(복소평면이라고도 함)에서 실수부의 크기와 허수부의 크기에 따라 하나의 점으로 표현한다.

복소수를 나타내는 다른 방법으로는

$$x = |x| \angle \theta \tag{B.4}$$

와 같이 극좌표 형식(polar form)을 사용하는 것이다. 여기서 $|x|$는 그림 B.1에 나타낸 것처럼 복소수 x와 원점과의 거리를 나타내는 크기(magnitude)이고, θ는 양의 실수축으로부터 반시계방향으로 회전하는 각도를 나타내며 위상각(phase angle)이라고 한다. 피타고라스(Pythagoras)의 정리에 의하면 복소수의 크기는

$$|x| = \sqrt{a^2 + b^2} \tag{B.5}$$

이다. 삼각함수의 정의에 따라

$$a = |x|\cos(\theta), \ b = |x|\sin(\theta) \tag{B.6}$$

이므로 위상각은 다음과 같이 정의된다.

$$\theta = \tan^{-1}\left(\frac{b}{a}\right) \tag{B.7}$$

따라서 다음은 모두 그림 B.1에 나타낸 복소수를 표현하는 서로 다른 방법이다.

$$x = a + jb = |x|\cos(\theta) + j|x|\sin(\theta) = |x| \angle \theta \tag{B.8}$$

B.2 복소수의 사칙연산

덧셈, 뺄셈, 곱셈, 나눗셈 등 사칙연산은 복소수에서도 유효하게 적용된다. 다만 차이점이 있다면 복소수의 덧셈과 뺄셈의 경우 실수부는 실수부끼리, 허수부는 허수부끼리 덧셈 또는 뺄셈한다. 예를 들면, 두 개의 복소수 $x_1 = a_1 + jb_1$과 $x_2 = a_2 + jb_2$의 덧셈과 뺄셈은 다음과 같이 수행된다.

$$x_1 \pm x_2 = (a_1 + jb_1) \pm (a_2 + jb_2) = (a_1 \pm a_2) + j(b_1 \pm b_2) \tag{B.9}$$

이에 비하여 복소수의 곱셈은 다음 식처럼 실수부와 허수부의 교차 연산도 포함한다.

$$x_1 \times x_2 = (a_1 + jb_1) \times (a_2 + jb_2) = (a_1 a_2 - b_1 b_2) + j(a_1 b_2 + a_2 b_1) \tag{B.10}$$

여기서 실수부의 $-b_1 b_2$항은 $jb_1 \times jb_2 = j^2 b_1 b_2$ 연산에 의하여 발생된 것이다.

한편, 복소수 x_1과 x_2는 식 (B.8)의 두 번째 항을 이용하여 다음과 같이 나타낼 수도 있다.

$$x_1 = |x_1|\cos(\theta_1) + j|x_1|\sin(\theta_1), \tag{B.11}$$

$$x_2 = |x_2|\cos(\theta_2) + j|x_2|\sin(\theta_2).$$

이를 식 (B.10)처럼 곱셈하면

$$\begin{aligned} x_1 x_2 &= \{|x_1|\cos(\theta_1) + j|x_1|\sin(\theta_1)\}\{|x_2|\cos(\theta_2) + j|x_2|\sin(\theta_2)\} \\ &= |x_1||x_2|\{\cos(\theta_1)\cos(\theta_2) - \sin(\theta_1)\sin(\theta_2)\} \\ &\quad + j|x_1||x_2|\{\cos(\theta_1)\sin(\theta_2) + \sin(\theta_1)\cos(\theta_2)\} \\ &= |x_1||x_2|\cos(\theta_1 + \theta_2) + j|x_1||x_2|\sin(\theta_1 + \theta_2) \\ &= |x_1||x_2| \angle (\theta_1 + \theta_2) \end{aligned} \tag{B.12}$$

이 된다. 식 (B.8)의 세 번째 항을 이용하여 $x_1 x_2$를 나타내면 식 (B.12)는

$$x_1 x_2 = (|x_1| \angle \theta_1)(|x_2| \angle \theta_2) = |x_1||x_2| \angle (\theta_1 + \theta_2) \tag{B.13}$$

로 표현할 수 있다. 그러므로 극좌표 형식을 이용하면 두 복소수 곱셈은 크기끼리는 곱으로 계산하고 위상각은 덧셈으로 계산함을 알 수 있다.

두 복소수의 나눗셈은 곱셈보다는 조금 더 복잡하다. 복소수 나눗셈을 설명하기 전에 켤레복소수(complex conjugate, 공액복소수라고도 함)에 대한 설명이 필요하다. 복소수 $x = a + jb$의 켤레복소수는 x^*으로 표시하며 다음과 같이 정의된다.

$$x^* = a - jb \tag{B.14}$$

원래의 복소수에서 허수 인자를 $-j$로 대체하면 켤레복소수가 된다. 켤레복소수 관계인 두 복소수는 그림 B.2에 나타낸 것처럼 같은 크기를 가지면서 위상각의 부호가 반전된다.

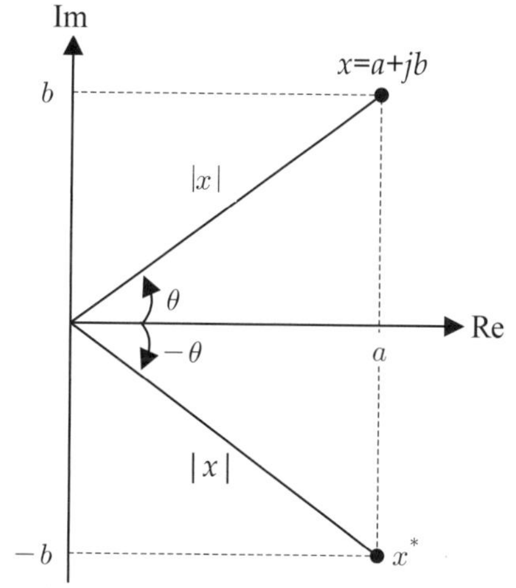

그림 B.2 어떤 복소수와 켤레복소수

복소수 x와 켤레복소수의 곱은

$$x \cdot x^* = (a + jb) \cdot (a - jb) = a^2 + b^2 = |x|^2 \tag{B.15}$$

으로 순수한 실수가 되고, 위상각은 $\angle(\theta - \theta) = \angle 0^\circ$ 가 된다.

식 (B.16)에 나타낸 복소수 나눗셈에서는 복소수 형태의 분모를 실수로 변환시켜야 한다.

$$\frac{x_1}{x_2} = \frac{a_1 + jb_1}{a_2 + jb_2} \tag{B.16}$$

켤레복소수의 특성을 이용하여 식 (B.17)처럼 분모의 복소수에 대한 켤레복소수를 분자와 분모에 곱하여 정리한다.

$$\frac{a_1+jb_1}{a_2+jb_2}=\frac{(a_1+jb_1)\times(a_2-jb_2)}{a_2^2+b_2^2}=\frac{(a_1a_2+b_1b_2)+j(a_2b_1-a_1b_2)}{a_2^2+b_2^2} \tag{B.17}$$

그러므로 두 복소수의 나눗셈 결과는 다음과 같다.

$$\frac{x_1}{x_2}=\frac{a_1+jb_1}{a_2+jb_2}=\frac{a_1a_2+b_1b_2}{|x_2|^2}+j\frac{a_2b_1-a_1b_2}{|x_2|^2} \tag{B.18}$$

또한, 식 (B.16)의 나눗셈은 다음과 같이 표현할 수 있다.

$$\frac{x_1}{x_2}=\frac{a_1+jb_1}{a_2+jb_2}=\frac{|x_1|\cos(\theta_1)+j|x_1|\sin(\theta_1)}{|x_2|\cos(\theta_2)+j|x_2|\sin(\theta_2)} \tag{B.19}$$

분모의 실수화 과정과 x_1과 x_2의 극좌표 형식 변환을 통하여 식 (B.19)는

$$\frac{x_1}{x_2}=\frac{|x_1|\angle\theta_1}{|x_2|\angle\theta_2}=\frac{|x_1|}{|x_2|}\angle(\theta_1-\theta_2) \tag{B.20}$$

으로 정리된다. 따라서 두 복소수의 나눗셈 결과, 크기끼리는 나눗셈 연산이 되고, 위상각은 분자의 위상각에서 분모의 위상각을 빼면 된다.

예제 B.1

다음의 두 복소수 x_1과 x_2에 대한 사칙연산을 구하라.

$$x_1=4+j3,\ x_2=2-j$$

풀이

두 복소수의 덧셈과 뺄셈은 다음과 같다.

$$x_1+x_2=(4+j3)+(2-j)=(4+2)+j(3-1)=6+2j, \quad ①$$

$$x_1-x_2=(4+j3)-(2-j)=(4-2)+j(3+1)=2+4j.$$

복소수의 덧셈과 뺄셈은 그림 B.3과 같이 벡터의 덧셈과 뺄셈처럼 계산할 수도 있다.

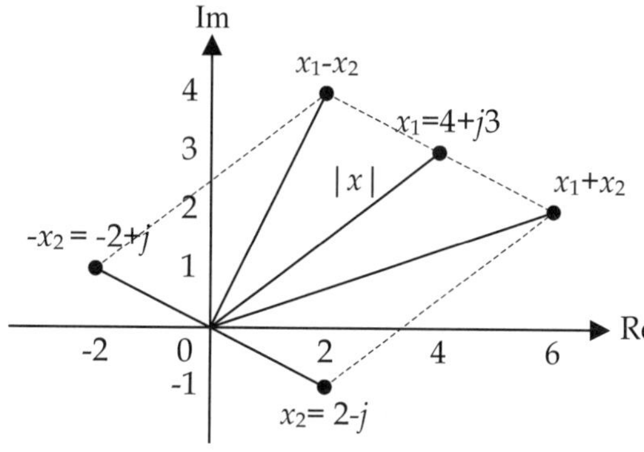

그림 B.3 복소수의 덧셈과 뺄셈

두 복소수의 곱셈은

$$x_1x_2 = (4+j3)(2-j) = (8+3)+j(-4+6) = 11+2j \quad ②$$

이고, 이것을 극좌표 형식으로 고치면

$$x_1x_2 = 11+2j = \sqrt{11^2+2^2}\angle\tan^{-1}\left(\frac{2}{11}\right) = 11.18\angle 10.30^\circ \quad ③$$

가 된다. $x_1 = 4+3j = 5\angle 36.87^\circ$ 이고 $x_2 = 2-j = \sqrt{5}\angle -26.57^\circ$ 이므로 극좌표 형식의 곱셈은

$$\begin{aligned} x_1x_2 &= (5\angle 36.87^\circ)(\sqrt{5}\angle -26.57^\circ) = 5\sqrt{5}\angle(36.87^\circ - 26.57^\circ) \\ &= 11.18\angle 10.30^\circ \end{aligned} \quad ④$$

가 되어 식 ③과 동일하다. 또한, 이를 일반적인 복소수 형식으로 고쳐 쓰면

$$x_1x_2 = 11.18\cos(10.30^\circ) + j11.18\sin(10.30^\circ) = 11+j2 \quad ⑤$$

가 된다. 이는 식 ②와 같은 결과임을 알 수 있다.

마지막으로 복소수 나눗셈은 극좌표 형식의 계산하면

$$\frac{x_1}{x_2} = \frac{5\angle 36.87^\circ}{\sqrt{5}\angle -26.57^\circ} = \sqrt{5}\angle(36.87^\circ - (-26.57^\circ)) = \sqrt{5}\angle 63.44^\circ \quad ⑥$$

가 되며, 이를 일반적은 복소수 형식으로 나타내면

$$\frac{x_1}{x_2} = \sqrt{5}\cos(63.44^\circ) + j\sqrt{5}\sin(63.44^\circ) = 1 + j2 \quad ⑦$$

이다. 확인을 위하여 식 (B.17)처럼 일반적인 복소수 연산으로 계산하면

$$\frac{x_1}{x_2} = \frac{4+j3}{2-j} = \frac{(4+j3)\times(2+j)}{2^2+(-1)^2} = \frac{(8-3)+j(6+4)}{5} = 1 + j2 \quad ⑧$$

이 되어 식 ⑦과 같은 결과를 얻는다. 또한, 식 ⑧을 극좌표 형식으로 나타내면

$$\frac{x_1}{x_2} = 1 + j2 = \sqrt{1^2+2^2}\angle\tan^{-1}\left(\frac{2}{1}\right) = \sqrt{5}\angle 63.43^\circ \quad ⑨$$

이므로 역시 동일한 결과임을 알 수 있다.

B.3 복소지수함수와 오일러 항등식

사인함수와 코사인함수는 전기회로이론에서 교류신호를 나타내는 대표적인 수학적 모델이다. 이들은 복소지수함수(complex exponential function) 형식의 복소수로 나타낼 수 있다. 이러한 함수들 사이의 관계를 정리하기 위하여 식 (B.21)과 같은 복소수를 생각하여보자.

$$f(\theta) = \cos(\theta) + j\sin(\theta) \quad \text{(B.21)}$$

식 (B.21)을 θ로 미분하면

$$\frac{d}{d\theta}f(\theta) = -\sin(\theta) + j\cos(\theta) = j\{\cos(\theta) + j\sin(\theta)\} = jf(\theta) \quad \text{(B.22)}$$

식 (B.22)의 양변을 정리하면 다음과 같이 나타낼 수 있다.

$$\frac{1}{f(\theta)}df(\theta) = j\,d\theta \quad \text{(B.23)}$$

식 (B.23)의 양변을 부정적분하면 부록 D의 식 (D.17)에 의하여

$$\ln f(\theta) = j\theta \tag{B.24}$$

가 되고, 양변에 지수함수를 취하면

$$f(\theta) = e^{j\theta} \tag{B.25}$$

가 되어 원래의 함수 $f(\theta)$와 복소지수함수의 관계로 정리된다. 이를 원래의 정의식 (B.21)과 비교하여 나타내면 복소지수함수와 사인 및 코사인함수로 구성된 복소수와의 관계는 다음과 같다.

$$f(\theta) = \cos(\theta) + j\sin(\theta) = e^{j\theta} \tag{B.26}$$

이로부터 복소지수함수의 크기는

$$|e^{j\theta}| = \sqrt{\cos^2(\theta) + \sin^2(\theta)} = 1 \tag{B.27}$$

이고, 위상각은

$$\angle e^{j\theta} = \tan^{-1}\left(\frac{\sin(\theta)}{\cos(\theta)}\right) = \tan^{-1}(\tan(\theta)) = \theta \tag{B.28}$$

가 됨을 알 수 있다. 식 (B.27)과 식 (B.28)은 모든 복소지수함수가 가지는 공통적인 특징이다.

한편, 식 (B.26)을 오일러의 항등식(Euler's identity)이라고 한다. 식 (B.26)으로부터 몇 가지 유사한 항등식을 유도할 수 있다.

$$e^{j\theta}\big|_{j \to -j} = e^{-j\theta} = \cos(\theta) - j\sin(\theta) \tag{B.29}$$

이고, 식 (B.26)과 식 (B.29)를 더하여 정리하면

$$\cos(\theta) = \frac{1}{2}\{e^{j\theta} + e^{-j\theta}\} \tag{B.30}$$

이 되며, 식 (B.26)에서 식 (B.29)를 빼면 다음과 같이 정리할 수 있다.

$$\sin(\theta) = \frac{1}{2j}\{e^{j\theta} - e^{-j\theta}\} \tag{B.31}$$

따라서 식 (B.26)과 식 (B.29), 식 (B.30), 식 (B.31)은 모두 오일러의 항등식이라고 할 수 있다.

식 (B.25)에서 위상각 θ를 시간변수 t에 대한 1차 함수로 다음과 같이 정의하자.

$$\theta = \omega t, \tag{B.32}$$

여기서 기울기 ω [rad/sec]는 단위 시간당 회전하는 각도를 라디안으로 표현한 것으로 각주파수(angular frequency)라고 한다. ωt의 단위를 계산하면 [rad/sec] × [sec] = [rad]이므로 위상각이 됨을 알 수 있다.

식 (B.32)를 적용하면 식 (B.26)은 다음과 같이 나타낼 수 있다.

$$e^{j\omega t} = \cos(\omega t) + j\sin(\omega t). \tag{B.33}$$

이것은 복소지수함수의 실수부와 허수부가 모두 시간의 함수로 변화하는 형태를 가진다. $e^{j\omega t}$는 식 (B.27)에서 정의한 것처럼 크기가 1이고 위상각이 ωt이므로 변수 t에 따른 복소지수함수와 식 (B.33)의 실수부와 허수부의 변화를 그림 B.4에 나타내었다. 여기서 단위원(unit circle)은 반지름이 1인 원을 의미한다.

식 (B.33)으로 정의되는 복소수는 단위원 상의 한 점으로 시간이 변화됨에 따라 단위원의 원주를 따라 ω [rad/sec]의 주파수로 회전한다. $t = t_0$인 어떤 순간 복소수의 실수부는 $\cos(\omega t_0)$의 값을 가지며 허수부는 $\sin(\omega t_0)$가 된다. 또한, 복소수가 단위원을 1회전하는 동안 변하는 위상은 2π이므로

$$\omega T = 2\pi \tag{B.34}$$

가 된다. 따라서 단위원 상의 어떤 복소수가 단위원을 1회전하여 같은 자리까지 되돌아오는데 걸리는 시간은 주기(period)가 되며, 이것은 식 (B.34)에 의하여

$$T = \frac{2\pi}{\omega} \text{ [sec]} \tag{B.35}$$

가 된다. 이것은 그림 B.4에서 실수부인 $\cos(\omega t)$와 허수부인 $\sin(\omega t)$의 주기와도 일치한다.

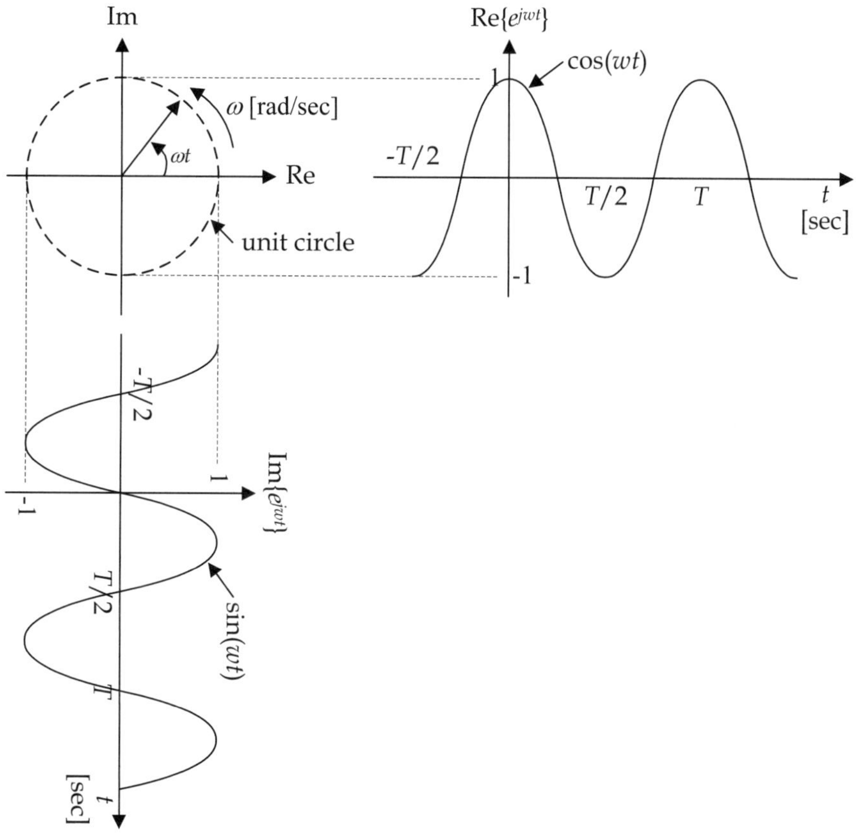

그림 B.4 복소지수함수와 삼각함수 기반 복소수

삼각함수 공식

APPENDIX

C

C 삼각함수 공식

전기회로에서 사용되는 대부분의 교류전원은 주로 코사인 또는 사인함수와 같은 삼각함수(trigonometric function)를 이용하여 모델링된다. 그리고 삼각함수는 복소수와 복소지수함수, 페이저(phasor) 등 교류회로 해석을 위한 유용한 도구들로 변환될 수 있다.

C.1 기본적인 삼각함수 공식

회로이론을 전공하거나 학습하는 학생들은 대부분 고등학교 수학교과과정에서 삼각함수의 기본적인 공식들에 대하여 학습했던 경험이 있을 것이다. 여기에서 다루는 삼각함수 공식은 전기회로의 해석뿐만 아니라 전기공학, 전자공학, 통신공학, 제어공학 등에서 일반적으로 많이 사용되는 것이므로 활용 능력을 갖출 필요가 있다. 이런 이유로 이 절에서는 기본적인 삼각함수 공식과 유도하는 방법을 설명한다.

삼각함수 공식 가운데 가장 많이 알려진 것은

$$\sin^2\phi + \cos^2\phi = 1 \tag{C.1}$$

일 것이다. 이것은 그림 C.1과 같은 단위원(unit circle) 상의 임의의 점 A, x축 상의 a와 y축 상의 b가 이루는 직각삼각형에 피타고라스 정리를 적용하면 간단히 증명할 수 있다.

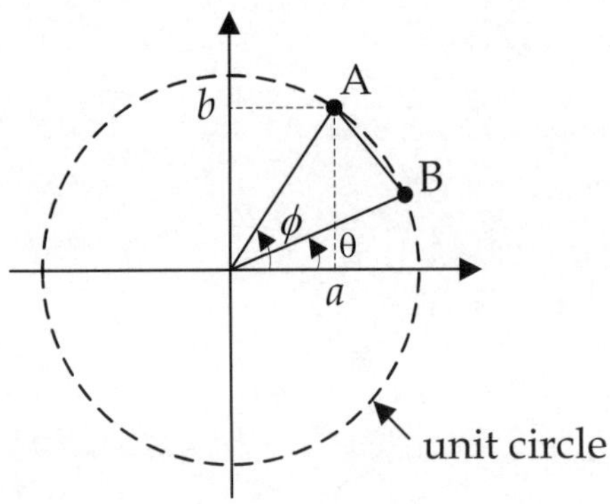

그림 C.1 삼각함수 공식 증명을 위한 단위원

단위원의 반지름은 1이므로

$$a = \cos\phi,\ \ b = \sin\phi \tag{C.2}$$

이 되고, 피타고라스 정리에 의하면

$$a^2 + b^2 = \cos^2\phi + \sin^2\phi = 1 \tag{C.3}$$

다음과 같은 삼각형에서 세 변의 길이가 각각 a, b, c이고, 각각의 변을 마주보고 있는 각을 A, B, C라고 정의한다.

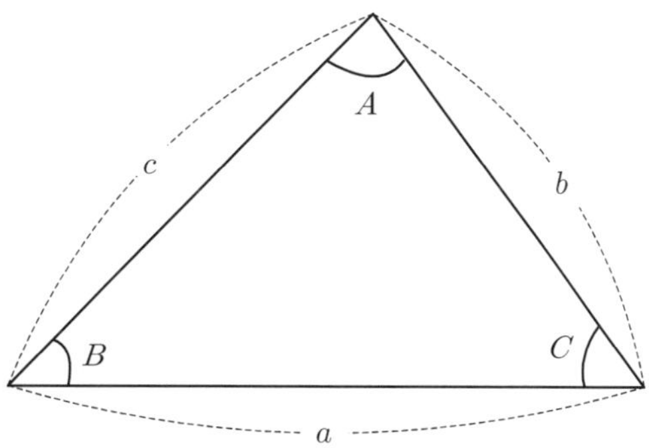

그림 C.2 임의의 삼각형과 삼각형을 이루는 요소

삼각함수의 사인법칙은 이 삼각형을 이루는 변의 길이와 각에 대한 비례식으로 다음과 같다.

$$\frac{a}{\sin A} = \frac{b}{\sin B} = \frac{c}{\sin C} \tag{C.4}$$

코사인법칙은 두 변과 그 사이에 끼인 각을 이용하여 나머지 한 변의 길이를 정의하는 것으로 다음과 같이 정의한다.

$$a^2 = b^2 + c^2 - 2bc\cos A, \tag{C.5}$$

$$b^2 = c^2 + a^2 - 2ca\cos B,$$

$$c^2 = a^2 + b^2 - 2ab\cos C.$$

그림 C.1에서 단위원 상의 두 점 A와 B 사이의 거리를 직각좌표 형식으로 구하면

$$
\begin{aligned}
&(\cos\phi - \cos\theta)^2 + (\sin\phi - \sin\theta)^2 \qquad \text{(C.6)}\\
&= (\cos^2\phi - 2\cos\phi\cos\theta + \cos^2\theta) + (\sin^2\phi - 2\sin\phi\sin\theta + \sin^2\theta)\\
&= (\cos^2\phi + \sin^2\phi) + (\cos^2\theta + \sin^2\theta) - 2(\cos\phi\cos\theta + \sin\phi\sin\theta)\\
&= 2 - 2(\cos\phi\cos\theta + \sin\phi\sin\theta)
\end{aligned}
$$

이다. 점 A와 원점, 점 B와 원점 사이의 거리가 단위원의 반지름이므로 점 A와 점 B, 원점이 이루는 삼각형의 세 변 사이의 관계식을 정의하는 식 (C.5)의 코사인 법칙을 이용하면 두 점 A와 B 사이의 거리는 다음과 같다.

$$(\overline{\mathrm{AB}})^2 = 1^2 + 1^2 - 2\cos(\phi - \theta) = 2 - 2\cos(\phi - \theta) \qquad \text{(C.7)}$$

따라서 식 (C.6)와 식 (C.7)이 같은 길이를 나타내고 있으므로

$$
\begin{aligned}
&(\overline{\mathrm{AB}})^2 = 2 - 2\cos(\phi - \theta) = 2 - 2(\cos\phi\cos\theta + \sin\phi\sin\theta) \qquad \text{(C.8)}\\
&\rightarrow \cos(\phi - \theta) = \cos\phi\cos\theta + \sin\phi\sin\theta.
\end{aligned}
$$

시간변수에 따른 코사인함수와 사인함수의 파형을 그림으로 나타내면 다음과 같다.

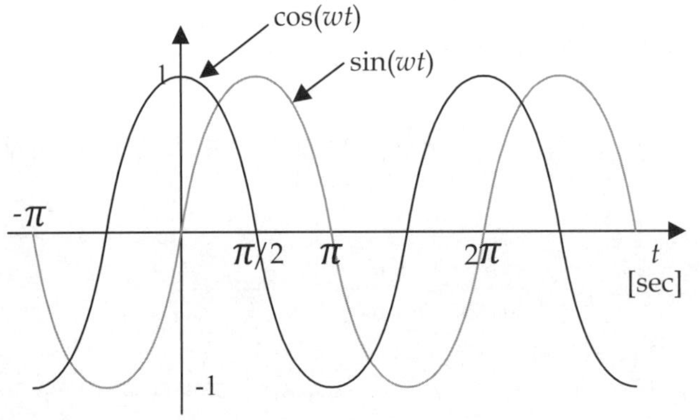

그림 C.3 코사인함수와 사인함수의 파형

코사인함수는 y축을 중심으로 좌우대칭인 우함수(even function)이고, 사인함수는 원점대칭인 기함수(odd function)이다. 우함수와 기함수의 대칭성은

$$\text{우함수의 대칭성 : } f(x) = f(-x) \qquad \text{(C.9)}$$

$$\text{기함수의 대칭성 : } f(x) = -f(-x)$$

을 의미한다. 식 (C.8)에서 θ를 $-\theta$로 대체하고, 식 (C.9)의 대칭성을 적용하면

$$\cos(\phi+\theta)=\cos\phi\cos(-\theta)+\sin\phi\sin(-\theta)=\cos\phi\cos\theta-\sin\phi\sin\theta \tag{C.10}$$

가 된다. 식 (C.8)과 식 (C.10)을 종합하면

$$\cos(\phi\mp\theta)=\cos\phi\cos\theta\pm\sin\phi\sin\theta \tag{C.11}$$

로 표현할 수 있다.

그림 C.3을 통하여 코사인함수와 사인함수는 같은 주기와 진폭을 가지는 사실상 동일한 파형임을 알 수 있다. 코사인함수는 사인함수보다 $\pi/2$ [rad] (= ∠90°) 앞서는 위상을 가진다. 따라서 코사인함수와 사인함수는 다음과 같은 관계를 가진다.

$$\cos\left(\phi-\frac{\pi}{2}\right)=\sin\phi \quad \text{또는} \quad \cos\phi=\sin\left(\phi+\frac{\pi}{2}\right) \tag{C.12}$$

이러한 관계를 적용하면 식 (C.10)의 좌변은

$$\cos\left(\phi+\theta-\frac{\pi}{2}\right)=\sin(\phi+\theta) \tag{C.13}$$

이 되고, 식 (C.10)의 우변은

$$\begin{aligned}\cos\phi\cos\left(\theta-\frac{\pi}{2}\right)-\sin\phi\sin\left(\theta-\frac{\pi}{2}\right)&=\cos\phi\sin\theta-\sin\phi\cdot(-\cos\theta)\\&=\cos\phi\sin\theta+\sin\phi\cos\theta\end{aligned} \tag{C.14}$$

식 (C.13)과 식 (C.14)는 동일하므로

$$\sin(\phi+\theta)=\cos\phi\sin\theta+\sin\phi\cos\theta \tag{C.15}$$

가 되는 것을 알 수 있다. 또한, 식 (C.15)에서 θ를 $-\theta$로 대체하고, 식 (C.9)의 대칭성을 적용하면

$$\sin(\phi-\theta)=\cos\phi\sin(-\theta)+\sin\phi\cos(-\theta)=\sin\phi\cos\theta-\cos\phi\sin\theta \tag{C.16}$$

가 된다. 그러므로 식 (C.15)와 식 (C.16)을 정리하여 나타내면

$$\sin(\phi\pm\theta)=\sin\phi\cos\theta\pm\cos\phi\sin\theta \tag{C.17}$$

그림 C.3의 파형으로부터 코사인함수와 사인함수의 주기와 대칭성의 관계는 다음과 같다.

$$\cos(\phi \pm \pi) = -\cos\phi,\ \ \sin(\phi \pm \pi) = -\sin\phi \tag{C.18}$$

이것은 코사인함수와 사인함수의 위상을 $\pm\pi$ [rad]만큼 천이시키면 부호가 반전되는 것을 의미한다.

$\phi = \theta$인 경우 식 (C.10)은

$$\cos(2\phi) = \cos^2\phi - \sin^2\phi = 1 - 2\sin^2\phi \tag{C.19}$$

가 된다. 이로부터

$$\sin^2\phi = \frac{1}{2}\{1 - \cos(2\phi)\} \tag{C.20}$$

를 유도할 수 있다. 또한, 식 (C.20)에서 위상각을 $\pi/2$ [rad]만큼 천이시키면

$$\sin^2\left(\phi + \frac{\pi}{2}\right) = \frac{1}{2}\{1 - \cos(2\phi + \pi)\} \tag{C.21}$$

가 되고, 여기에 식 (C.12)와 식 (C.18)을 각각 좌변과 우변에 적용하면

$$\cos^2\phi = \frac{1}{2}\{1 + \cos(2\phi)\} \tag{C.22}$$

가 됨을 알 수 있다.

C.2 추가적인 삼각함수 공식

앞선 절에서 회로이론 등 전기전자공학 관련 전공에서 매우 빈번하게 사용되는 기본적인 삼각함수 공식을 대칭성 등의 특성을 적용하여 유도하는 과정과 함께 소개하였다. 이와 같은 유도과정을 적용하면 다음에 열거된 유용한 공식들을 유도할 수 있다. 이 절에서는 유도과정은 생략하고 결과식만 열거하지만, 그것이 열거된 공식들의 중요성이 낮은 것을 의미하는 것은 결코 아니다.

- $\sin\phi + \sin\theta = 2\sin\left(\frac{\phi+\theta}{2}\right)\cos\left(\frac{\phi-\theta}{2}\right)$
- $\sin\phi - \sin\theta = 2\cos\left(\frac{\phi+\theta}{2}\right)\sin\left(\frac{\phi-\theta}{2}\right)$
- $\cos\phi + \cos\theta = 2\cos\left(\frac{\phi+\theta}{2}\right)\cos\left(\frac{\phi-\theta}{2}\right)$
- $\cos\phi - \cos\theta = -2\sin\left(\frac{\phi+\theta}{2}\right)\sin\left(\frac{\phi-\theta}{2}\right)$
- $\cos\phi\cos\theta = \frac{1}{2}\{\cos(\phi-\theta) + \cos(\phi+\theta)\}$
- $\sin\phi\sin\theta = \frac{1}{2}\{\cos(\phi-\theta) - \cos(\phi+\theta)\}$
- $\sin\phi\cos\theta = \frac{1}{2}\{\sin(\phi+\theta) + \sin(\phi-\theta)\}$
- $\sin(2\phi) = 2\sin\phi\cos\phi$
- $\tan(\phi \pm \theta) = \frac{\tan\phi \pm \tan\theta}{1 \mp \tan\phi\tan\theta}$
- $a\cos\phi + b\sin\phi = \sqrt{a^2+b^2}\cos\left(\phi + \tan^{-1}\left(\frac{b}{a}\right)\right)$, a와 b는 임의의 상수

C.3 쌍곡선함수(Hyperbolic Functions) 공식

쌍곡선함수는 삼각함수와 유사한 형식과 특성을 가지고 있으며, 지수함수와 밀접한 관련이 있다. 이 절에서는 쌍곡선함수와 지수함수 사이의 관계식만 간단히 언급한다.

쌍곡선함수	쌍곡선함수의 역함수
$\sinh x = \frac{1}{2}(e^{x} - e^{-x})$	$\operatorname{csch} x = \frac{1}{\sinh x}$
$\cosh x = \frac{1}{2}(e^{x} + e^{-x})$	$\operatorname{sech} x = \frac{1}{\cosh x}$
$\tanh x = \frac{\sinh x}{\cosh x}$	$\coth x = \frac{1}{\tanh x}$

미분과 적분 공식

APPENDIX

D

미적분학은 수학뿐만 아니라 여러 공학 분야에서도 매우 빈번하게 사용된다. 이 장에서는 미분과 적분에 대한 기분 이론과 연산법을 정리하고, 몇 가지 중요한 적분 공식을 제시한다. 부록 C와 마찬가지로 스스로 학습할 수 있는 역량을 기르기 위하여 기본적인 사항들은 부분적으로 유도과정을 제시할 것이다.

D.1 미분(Differentiation)

임의의 함수 $y=f(x)$에 대한 도함수(derivative)는 다음과 같이 여러 가지 형태로 표기한다.

$$y',\ f'(x),\ \frac{dy}{dx},\ \frac{d}{dx}f(x)$$

이와 같은 표기법은 모두 다음과 같이 정의되는 함수 $f(x)$에 대한 1차 도함수를 나타낸다.

$$y'=f'(x)=\lim_{\Delta x\to 0}\left\{\frac{f(x+\Delta x)-f(x)}{\Delta x}\right\} \tag{D.1}$$

식 (D.1)의 정의는 x의 미소 변위에 대한 y 또는 $f(x)$의 변위의 비가 되며, x의 특정 값에 대한 함수 y의 기울기가 된다.

임의의 함수 $y=f(u)$이고, 함수 $u=g(x)$라면, y는

$$y=f\{g(x)\} \tag{D.2}$$

와 같이 x에 대한 함수로 정의된다. 따라서 함수 y를 변수 x로 미분하면

$$y'=\frac{dy}{dx}=\frac{dy}{du}\cdot\frac{du}{dx}=f'\{g(x)\}\cdot g'(x) \tag{D.3}$$

가 된다. 이것을 사슬법칙(chain rule)이라고 한다.

두 개의 변수를 가지는 함수 $f(x,y)$에 대한 도함수도 사슬법칙을 이용하여 정의하면 다음과 같다.

$$df(x,y) = \frac{\partial f(x,y)}{\partial x} \cdot dx + \frac{\partial f(x,y)}{\partial y} \cdot dy \tag{D.4}$$

여기서 $\partial f(x,y)/\partial x$는 함수 $f(x,y)$의 x에 대한 편미분(partial differentiation)이라고 한다. 함수 $f(x,y)$를 x에 대하여 편미분할 때 변수 y는 상수로 취급한다.

두 개의 x에 대한 함수 $f(x)$와 $g(x)$의 곱함수에 대한 미분은 다음과 같다.

$$\frac{d}{dx}\{f(x) \cdot g(x)\} = \frac{df(x)}{dx} \cdot g(x) + f(x) \cdot \frac{dg(x)}{dx} \tag{D.5}$$

$f(x) = g(x)$이면 식 (D.5)는

$$\frac{d}{dx}\{f(x) \cdot f(x)\} = \frac{df(x)}{dx} \cdot f(x) + f(x) \cdot \frac{df(x)}{dx} = 2f(x) \cdot f'(x) \tag{D.6}$$

가 된다. 따라서 이것을 정리하면

$$y' = \frac{d}{dx}\{f(x)\}^2 = 2f(x) \cdot f'(x) \tag{D.7}$$

임을 알 수 있다. 또한, 식 (D.5)를 확장하여 세 개의 x에 대한 함수 $f(x)$, $g(x)$, $h(x)$의 곱함수에 대한 미분은

$$\begin{aligned} &\frac{d}{dx}\{f(x)g(x)h(x)\} \\ &= \frac{df(x)}{dx}g(x)h(x) + \frac{dg(x)}{dx}f(x)h(x) + \frac{dh(x)}{dx}f(x)g(x) \end{aligned} \tag{D.8}$$

가 된다. 여기서 $f(x) = g(x) = h(x)$라면, 식 (D.8)은

$$y' = \frac{d}{dx}\{f(x)\}^3 = 3\{f(x)\}^2 f'(x) \tag{D.9}$$

로 나타낼 수 있다. 따라서 식 (D.7)과 식 (D.9)를 일반화시키면, $\{f(x)\}^n$에 대한 미분은

$$y' = \frac{d}{dx}\{f(x)\}^n = n\{f(x)\}^{n-1} f'(x) \tag{D.10}$$

예를 들어, $y=\sqrt{f(x)}$를 미분하는 경우를 생각해보자. $\sqrt{f(x)}=\{f(x)\}^{1/2}$으로 나타낼 수 있고, 이것을 식 (D.10)에 적용하면

$$y'=\frac{d}{dx}\{f(x)\}^{1/2}=\frac{1}{2}\{f(x)\}^{-1/2}f'(x)=\frac{f'(x)}{2\sqrt{f(x)}}$$

x의 함수 $g(x)$가 0이 아닌 영역에서 분수함수 $f(x)/g(x)$의 미분은

$$y'=\frac{d}{dx}\left\{\frac{f(x)}{g(x)}\right\}=\frac{f'(x)g(x)-f(x)g'(x)}{\{g(x)\}^2} \tag{D.11}$$

로 정의된다. 여기서 $f(x)=1$인 경우라면 식 (D.12)는 다음과 같이 계산된다.

$$y'=\frac{d}{dx}\left\{\frac{1}{g(x)}\right\}=\frac{-g'(x)}{\{g(x)\}^2} \tag{D.12}$$

D.2 적분(Integration)

적분을 간단하게 정의하면 극한의 개념을 사용하는 덧셈이라고 할 수 있다. 이러한 적분은 정적분과 부정적분으로 구분할 수 있지만, 개념적인 차이가 있는 것은 아니고 적분의 구간을 정하느냐 그렇지 않느냐의 차이일 뿐이다. 일반적으로 적분이라고 하면 부정적분을 구하는 것이라고 할 수 있다. 어떤 함수 $f(x)$의 적분은 다음과 같이 표현한다.

$$F(x)=\int f(x)\,dx+c \tag{D.13}$$

여기서 $f(x)$를 피적분함수, x를 적분변수라고 하고 c는 적분상수이다.

적분은 중첩의 원리(superposition principle)를 만족하는 선형연산이다. 어떤 함수 $f(x)$에 임의의 상수 a를 곱한 것의 적분은

$$\int af(x)\,dx=a\int f(x)\,dx \tag{D.14}$$

이다. 두 함수 $f(x)$와 $g(x)$에 임의의 상수 a와 b를 곱한 함수의 적분은

$$\int\{af(x)+bg(x)\}\,dx=a\int f(x)\,dx+b\int g(x)\,dx \tag{D.15}$$

가 되어 중첩의 원리가 성립된다. 이와 같은 선형성은 다항식의 적분에서 유용하게 사용된다.

피적분함수가 $f'(x)/f(x)$와 같이 특별한 형태를 가지는 경우 적분은 다음과 같다.

$$\int \frac{f'(x)}{f(x)} dx = \ln|f(x)| + c \tag{D.16}$$

여기서 $f'(x)$는 함수 $f(x)$의 1차 도함수이다. 분수함수의 적분에서 가장 자주 등장하는 예제 가운데 하나로 $f(x) = x$인 경우 $f'(x) = 1$이므로

$$\int \frac{1}{x} dx = \ln|x| + c \tag{D.17}$$

곱함수에 대한 적분은 다음과 같이 정의된다.

$$\int \{f'(x)g(x)\} dx = f(x)g(x) - \int \{f(x)g'(x)\} dx \tag{D.18}$$

이것을 흔히 부분적분법(integration by parts)이라고 하며, 식 (D.5)의 양변을 적분함으로써 유도할 수 있다.

피적분함수가 직접 적분하기에는 어려운 형태를 가지고 있지만, 적절한 치환을 통하여 적분이 가능해지는 경우도 빈번하게 접하게 된다. 가령, 함수 $f(x)$를 적분하기 위하여 $x = g(t)$로 치환하면 $f(x) = f\{g(t)\}$가 되고, 미소 변위 $dx = g'(t)dt$가 된다. 이것을 적용하면 함수 $f(x)$의 적분은

$$\int f(x)\, dx = \int f\{g(t)\} \cdot g'(t)\, dt \tag{D.19}$$

으로 나타낼 수 있다. 다시 $t = g(x)$로 치환하여 식 (D.19)에 대입하면

$$\int f\{g(t)\} \cdot g'(t)\, dt = \int f(t)\, dt \tag{D.20}$$

의 형태가 되어 쉽게 적분 가능한 다른 형태로 변환시킬 수 있다.

예제 D.1

다음 함수를 적분하라.

$$f(x) = \frac{2x+2}{x^2+2x+3}.$$

풀이 1

$g(x) = x^2+2x+3$라 두면

$$\frac{d}{dx}g(x) = \frac{d}{dx}(x^2+2x+3) = 2x+2 \qquad ①$$

따라서 주어진 함수 $f(x)$는

$$f(x) = \frac{2x+2}{x^2+2x+3} = \frac{g'(x)}{g(x)} \qquad ②$$

의 형태를 가진다. 식 (D.16)을 적용하면 함수 $f(x)$의 적분은 다음과 같다.

$$\int f(x)\,dx = \int \frac{(x^2+2x+3)'}{x^2+2x+3}\,dx = \ln|x^2+2x+3| + c. \qquad ③$$

풀이 2

$x^2+2x+3 = t$라 치환하고, 양변을 미분하면

$$\frac{dt}{dx} = 2x+2 \;\rightarrow\; dx = \frac{1}{2(x+1)}dt \qquad ④$$

이를 원래의 적분식에 대입하면

$$\begin{aligned}\int f(x)\,dx &= \int \frac{2(x+1)}{x^2+2x+3}\,dx = \int \frac{2(x+1)}{t} \cdot \frac{1}{2(x+1)}\,dt \qquad ⑤\\ &= \int \frac{1}{t}\,dt = \ln|t| + c\end{aligned}$$

가 된다. 여기에 $t = x^2+2x+3$로 되돌리면 함수 $f(x)$의 적분 결과는

$$\int f(x)\,dx = \ln|x^2+2x+3| + c \qquad ⑥$$

이 된다. 이 결과는 풀이 1의 결과와 일치하는 것을 알 수 있다.

D.3 적분 공식

앞선 절에서 적분법에 대하여 간단히 언급하였지만 적분은 미분에 비하여 상대적으로 복잡한 것이 사실이다. 이런 이유로 적분 공식표를 많이 활용한다. 다음에 열거된 유용한 부정적분 공식들은 이공학 계열에서 상대적으로 빈번하게 사용되는 것이므로 학습에 활용할 것을 추천한다.

- $\int a\,dx = ax + c$, a는 임의의 상수
- $\int \{f(x)\}^n dx = \frac{1}{n+1}\{f(x)\}^{n+1} + c$, $n \neq 1$
- $\int \frac{1}{f(x)}\,df(x) = \int \frac{f'(x)}{f(x)}\,dx = \ln|f(x)| + c$
- $\int a^{f(x)}\,df(x) = \frac{a^{f(x)}}{\ln a} + c$, $a > 0$, $a \neq 1$
- $\int e^{ax}\,dx = \frac{1}{a}e^{ax} + c$
- $\int xe^{ax}\,dx = \frac{1}{a^2}e^{ax}(ax - 1) + c$
- $\int x^2e^{ax}\,dx = \frac{1}{a^3}e^{ax}(a^2x^2 - 2ax + 2) + c$
- $\int \ln x\,dx = x\ln x - x + c$
- $\int \sin ax\,dx = -\frac{1}{a}\cos ax + c$
- $\int \cos ax\,dx = \frac{1}{a}\sin ax + c$
- $\int \tan ax\,dx = -\frac{1}{a}\ln|\cos ax| + c$
- $\int \sin^2 ax\,dx = \frac{x}{2} - \frac{\sin 2ax}{4a} + c$
- $\int \cos^2 ax\,dx = \frac{x}{2} + \frac{\sin 2ax}{4a} + c$

- $\int \tan^2 x\,dx = \tan x - x + c$
- $\int x \sin ax\,dx = \frac{1}{a^2}(\sin ax - ax\cos ax) + c$
- $\int x \cos ax\,dx = \frac{1}{a^2}(\cos ax + ax\sin ax) + c$
- $\int x^2 \sin ax\,dx = \frac{1}{a^3}(2ax\sin ax + 2\cos ax - a^2x^2\cos ax) + c$
- $\int x^2 \cos ax\,dx = \frac{1}{a^3}(2ax\cos ax - 2\sin ax + a^2x^2\sin ax) + c$
- $\int e^{ax} \sin bx\,dx = \frac{1}{a^2+b^2}e^{ax}(a\sin bx - b\cos bx) + c$
- $\int e^{ax} \cos bx\,dx = \frac{1}{a^2+b^2}e^{ax}(a\cos bx + b\sin bx) + c$
- $\int \sin ax \sin bx\,dx = \frac{\sin(a-b)x}{2(a-b)} - \frac{\sin(a+b)x}{2(a+b)} + c,\ a^2 \neq b^2$
- $\int \sin ax \cos bx\,dx = \frac{\cos(a-b)x}{2(a-b)} - \frac{\cos(a+b)x}{2(a+b)} + c,\ a^2 \neq b^2$
- $\int \cos ax \cos bx\,dx = \frac{\sin(a-b)x}{2(a-b)} + \frac{\sin(a+b)x}{2(a+b)} + c,\ a^2 \neq b^2$
- $\int \frac{1}{x^2+a^2}\,dx = \frac{1}{a}\tan^{-1}\left(\frac{x}{a}\right) + c$
- $\int \frac{1}{(x^2+a^2)^2}\,dx = \frac{1}{2a^2}\left\{\frac{x}{x^2+a^2} + \frac{1}{a}\tan^{-1}\left(\frac{x}{a}\right)\right\} + c$
- $\int \frac{x^2}{x^2+a^2}\,dx = x - a\tan^{-1}\left(\frac{x}{a}\right) + c$
- $\int \frac{1}{\sqrt{a^2-x^2}}\,dx = \sin^{-1}\left(\frac{x}{a}\right) + c$
- $\int \frac{1}{\sqrt{x^2+a^2}}\,dx = \sinh^{-1}\left(\frac{x}{a}\right) + c$
- $\int \frac{1}{\sqrt{x^2-a^2}}\,dx = \cosh^{-1}\left(\frac{x}{a}\right) + c$

유용한 정적분 공식

- $\int_0^{\pi} \sin ax \sin bx\, dx = \int_0^{\pi} \cos ax \cos bx\, dx = 0$, $a \neq b$, a와 b는 정수

- $\int_0^{2\pi} \sin ax \sin bx\, dx = \begin{cases} 0, & a \neq b \\ \pi, & a = b \end{cases}$, a와 b는 정수

- $\int_0^{\pi} \sin ax \cos bx\, dx = \begin{cases} 0, & a+b = \text{even} \\ \dfrac{2a}{a^2 - b^2}, & a+b = \text{odd} \end{cases}$, a와 b는 정수

- $\int_0^{\infty} \dfrac{\sin ax}{x}\, dx = \begin{cases} \dfrac{\pi}{2}, & a > 0 \\ 0, & a = 0 \\ -\dfrac{\pi}{2}, & a < 0 \end{cases}$

- $\int_0^{\infty} \dfrac{a}{x^2 + a^2}\, dx = \begin{cases} \dfrac{\pi}{2}, & a > 0 \\ 0, & a = 0 \\ -\dfrac{\pi}{2}, & a < 0 \end{cases}$